KB094051

실내건축 기사 실기

작업형

예문사

CONTENTS • 목차

PART 1

시험개요 및 안내

PART 2

기초제도 작성법

PART 3

과년도 기출문제

APPENDIX

부록

DAY 30 작업형 30일 스터디 플랜

기초 제도	Day – 1	□ 선, 종이 등분, 문자, 마감재
	Day – 2	□ 축척, 벽체
	Day – 3	□ 창호, 문
	Day – 4	□ 조명, 기호, 치수
	Day – 5	□ 가구, 주방가구
	Day – 6	□ 화장실
단면도	Day – 7	□ 단면상세도(천장 구조틀)
	Day – 8	□ 유형별 단면상세도
기초 도면	Day – 9	□ 실기 작업형 예시 – 침실(평면도, 천장도, 내부입면도)
	Day – 10	□ 실기 작업형 예시 – 침실(단면상세도, 실내투시도, 마카 채색)
기출 문제	Day – 11	□ 귀금속 전문점(평면도, 천장도, 내부입면도)
	Day – 12	□ 귀금속 전문점(단면상세도, 실내투시도, 마카 채색)
	Day – 13	□ 커피 전문점(평면도, 천장도, 내부입면도)
	Day – 14	□ 커피 전문점(단면상세도, 실내투시도, 마카 채색)
	Day – 15	□ 한의원(평면도, 천장도, 내부입면도)
	Day – 16	□ 한의원(단면상세도, 실내투시도, 마카 채색)
	Day – 17	□ 아웃도어 매장(평면도, 천장도, 내부입면도)
	Day – 18	□ 아웃도어 매장(단면상세도, 실내투시도, 마카 채색)
	Day – 19	□ 정형외과(평면도, 천장도, 내부입면도)
	Day – 20	□ 정형외과(단면상세도, 실내투시도, 마카 채색)

기출 문제	Day – 21	□ 휴대폰 판매점(평면도, 천장도, 내부입면도)
	Day – 22	□ 휴대폰 판매점(단면상세도, 실내투시도, 마카 채색)
	Day – 23	□ 치과의원(평면도, 천장도, 내부입면도)
	Day – 24	□ 치과의원((단면상세도, 실내투시도, 마카 채색)
	Day – 25	□ 어린이 도서관(평면도, 천장도, 내부입면도)
	Day – 26	□ 어린이 도서관(단면상세도, 실내투시도, 마카 채색)
	Day – 27	□ 스터디 카페(평면도, 천장도, 내부입면도)
	Day – 28	□ 스터디 카페(단면상세도, 실내투시도, 마카 채색)
	Day – 29	□ 북카페(평면도, 천장도, 내부입면도)
	Day – 30	□ 북카페(단면상세도, 실내투시도, 마카 채색)

TIP

① 기출문제 플랜은 빈출문제로 구성하였고, 기출문제 21개 중에서 꼭 10개 이상을 연습해야 합격 가능성이 높으며 시간 여유가 있으면 그 외 문제도 작도해 보자.

② 연습하지 못한 기출문제는 도면 틀에 공간분할(레이아웃)을 연습해야 한다.

③ 시간 분배방법 : 6시간 30분

• 평면도 : 2시간~2시간30분 • 천장도 : 1시간 • 내부입면도 : 30분 • 단면상세도 : 30분 • 실내투시도 : 2시간

PART 1

시험개요 및 안내

SECTION 01 실기시험안내

❶ 시험개요

실내공간은 기능적 조건뿐만 아니라, 인간의 예술적 · 정서적 욕구의 만족까지 추구해야 하는 것으로, 실내공간을 계획하는 의장분야는 환경에 대한 이해와 건축적 이해를 바탕으로 기능적이고 합리적인 계획, 시공 등의 업무를 수행할 수 있는 지식과 기술이 요구되므로, 이러한 능력을 갖춘 인력을 선발하기 위한 자격증 시험이다.

출처 : 한국산업인력공단(http://www.hrdkorea.or.kr)

❷ 출제경향

실기시험은 복합형(필답형+작업형)으로 시행되며 건축실내의 설계에 있어 각종 유형의 실내디자인을 계획하고 실무도면을 작성하기 위한 개념도, 평면도, 천장도, 입면도, 상세도, 투시도 등의 작성능력을 평가한다.

❸ 시험수수료

- 필기 : 19,400원
- 실기 : 28,700원

❹ 취득방법

(1) 시행처

한국산업인력공단 [홈페이지 : http://www.hrdkorea.or.kr]

(2) 응시자격

전문대학 이상의 실내건축, 실내디자인 건축설계디자인, 건축설계학 관련 학과

(3) 시험과목

- 필기(1과목 : 실내디자인계획, 2과목 : 실내디자인 색채 및 사용자 행태분석, 3과목 : 실내디자인 시공 및 재료, 4과목 : 실내디자인환경)
- 실기 : 실내디자인 실무

(4) 검정방법

- 필기 : 객관식 4지 택일형 과목당 20문항/총 80문제(과목당 30분)
- 실기 : 복합형(필답형(1시간, 40점)+작업형(6시간 정도, 60점)
  (총 7시간 30분, 연장시간 없음)

(5) 합격기준

- 필기 : 100점을 만점으로 하여 과목당 40점 이상, 전과목 평균 60점 이상
- 실기 : 100점을 만점으로 하여 60점 이상(필답, 작업형 합계점수)

❺ 직무내용

건축공간을 기능적 · 미적으로 계획하기 위하여 현장분석자료 및 기본개념을 가지고 공간의 기능에 맞게 면적을 배분하여 공간을 계획 및 구성하며, 이러한 구성개념의 표현을 위하여 개념도, 평면도, 천장도, 입면도, 상세도, 투시도 및 재료 마감표를 작성, 완료된 설계도서에 의거하여 현장의 공정 및 시공을 총괄관리 하는 등의 직무수행이다.

❻ 진로 및 전망

건축설계사무실, 건설회사, 인테리어사업부, 인테리어전문업체, 백화점, 방송국, 모델 하우스 전문시공업체, 디스플레이전문업체(VMD) 등에 취업할 수 있으며, 본인이 직접 개업하거나 프리랜서로 활동이 가능하다.
실내건축은 창의적인 능력과 경험을 토대로 하는 지식산업의 하나로 상당한 부가가치를 창출할 수 있으며, 실내공간의 용도가 전문적이고도 특별한 기능이 요구되는 상업공간, 주거공간, 전시공간, 사무공간, 의료공간, 예식공간, 교육공간, 스포츠 · 레저공간, 호텔, 테마파크 등 업무영역의 확대로 실내건축기사의 인력수요는 증가할 전망이다. 또한 경쟁도 심화되어 고도의 전문지식 습득 및 서비스정신, 일에 대한 정열은 필수적이다.

SECTION 02 응시자격

큐넷(www.q-net.or.kr) 자격검색으로 응시자격 자가진단이 가능하다.
응시자격 자가진단은 시험 접수 전 본인의 응시자격 여부를 스스로 진단해 보는 것으로서, 실제 제출서류의 사실관계 등에 따라 결과가 달라질 수 있으므로 유의해야 한다.

실내건축기능사	실내건축산업기사	실내건축기사
• 제한 없음 • 실업계 고등학교의 관련 학과 (산업수요 맞춤형 고등학교 및 특성화 고등학교 필기시험 면제자 검정)	• 기능사 취득 후+(유사 직무분야)실무경력 1년 • (관련 학과)대학 졸업, 졸업예정자 • (관련 학과)전문대 졸업, 졸업예정자 • (유사 분야)실무경력 2년 • 동일 및 유사 직무분야의 다른 종목 산업기사 등급 이상 취득자	• 산업기사 취득 후+(유사 직무분야)실무경력 1년 • 기능사 취득 후+(유사 직무분야)실무경력 3년 • (관련 학과)대학 졸업, 졸업예정자 • (관련 학과)2년제 전문대 졸업+실무경력 2년 • (관련 학과)3년제 전문대 졸업+실무경력 1년 • (유사 분야)실무경력 4년 • 동일 및 유사 직무분야의 다른 종목 기사 등급 이상의 취득자

SECTION 03 검정기준

작업형 실내건축 실기시험은 실내건축 설계와 관련된 내용으로 문제에서 주어진 기본개념을 바탕으로 공간을 기능에 맞게 계획하고 구성하며, 그 내용을 토대로 설계도면(평면도, 천장도, 입면도, 단면도, 실내투시도) 작성 능력과 완료된 설계도서에 따라 시공 및 공정관리 능력을 평가하는 시험이다.

실내건축기능사	실내건축산업기사	실내건축기사
작업형(100점 만점에 60점 이상)	(100점 만점에 60점 이상) 작업형(60점 만점) + 필답형(40점 만점)	(100점 만점에 60점 이상) 작업형(60점 만점) + 필답형(40점 만점)
작업형 : 평면도, 천장도, 입면도, 실내투시도	• 작업형 : 평면도, 천장도, 입면도, 실내투시도 • 필답형 : 시공실무(주관식 12문제)	• 작업형 : 평면도, 천장도, 입면도, 단면도, 실내투시도 • 필답형 : 시공실무(주관식 12문제)
작업형 : 5시간 30분 (연장시간 없음)	필답형 : 1시간, 작업형 : 5시간 30분 (연장시간 없음)	필답형 : 1시간, 작업형 : 6시간 30분 (연장시간 없음)

SECTION 04 시험장소

- 실기시험 접수 후 제도판이 있는지 확인한다.
  (접수 후 해당 학교 홈페이지 및 전화로 확인한다)
- 실기시험장에 제도판이 있을 경우 구비된 제도판을 사용한다.
  (수험자가 본인의 제도판을 들고 가도 된다)
- 실기시험장에 제도판이 없을 경우 개인 제도판을 들고 가야 한다.

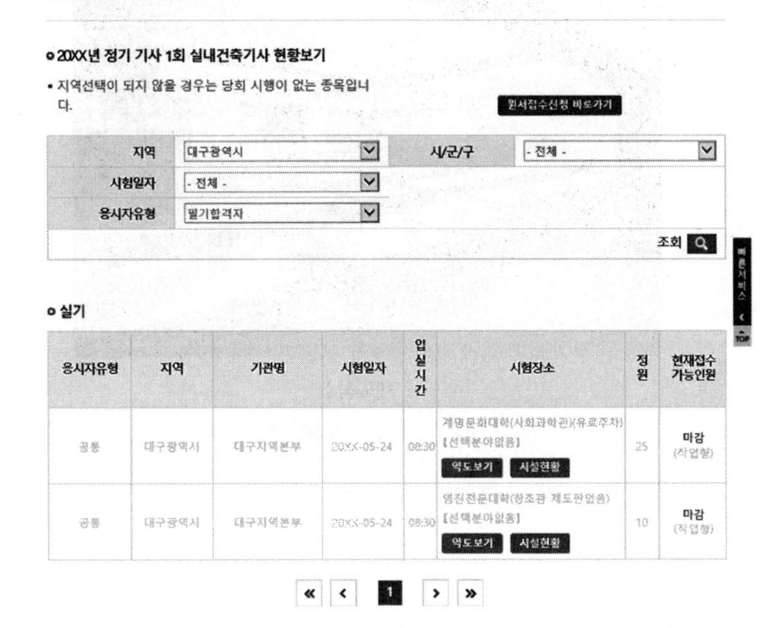

원서접수현황

20XX년 정기 기사 1회 실내건축기사 현황보기

• 지역선택이 되지 않을 경우는 당회 시행이 없는 종목입니다.

원서접수신청 바로가기

지역	대구광역시	시/군/구	- 전체 -
시험일자	- 전체 -		
응시자유형	필기합격자		

조회

실기

응시자유형	지역	기관명	시험일자	입실시간	시험장소	정원	현재접수가능인원
공통	대구광역시	대구지역본부	20XX-05-24	08:30	계명문화대학(사회과학관)(유료주차) 【선택분야없음】 약도보기 시설현황	25	마감 (작업형)
공통	대구광역시	대구지역본부	20XX-05-24	08:30	영진전문대학(창조관 제도판없음) 【선택분야없음】 약도보기 시설현황	10	마감 (작업형)

« ‹ 1 › »

출처 : 큐넷(https://www.q-net.or.kr)

▲ 일체형 제도판 – 책상과 제도판이 일체형인 상태, 개인 제도판 사용 불가능

▲ 분리형 제도판 – 책상과 제도판이 분리된 형태, 개인 제도판 사용 가능

▲ 제도장소

❶ 제도판

용지를 펴서 제도하기 위한 판으로 기울기를 조절할 수 있고, 제도판에 부착된 I자를 활용하여 수평을 제도할 수 있으며, 그 위에 삼각자를 올려놓고 수직을 작도할 수 있는 작업대이다.

(1) 제도판 사이즈

- 큰 제도판 : 900 × 600
- 작은 제도판 : 600 × (450∼500)

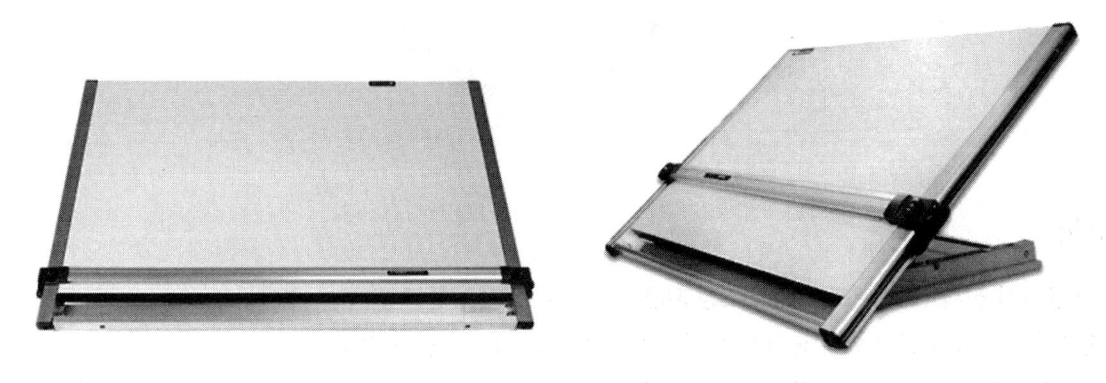

▲ 미카도제도판 PA－609(900×600)

(2) T자

T자 모양 자로, 제도판 왼쪽 가장자리에 T의 모서리 부분을 맞춰놓고 위아래로 이동하여 위치를 정해놓으면 평행인 수평선을 작도할 수 있다.

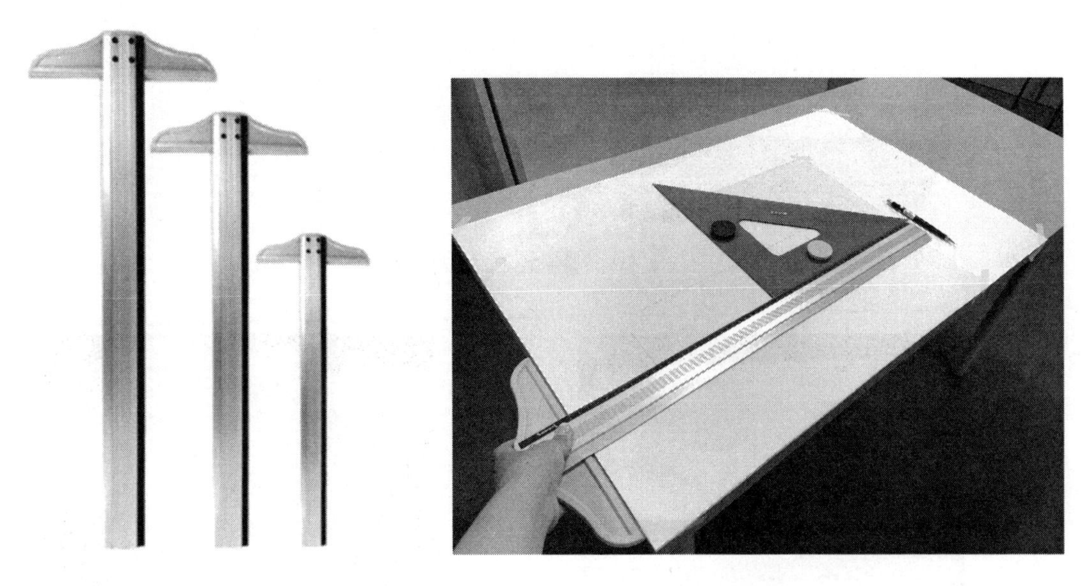

▲ T자(가로길이: 60cm, 75cm, 90cm, 105cm, 120cm)

(3) 일체형 제도판

제도대와 제도판이 일체형이 된 형태로 제도대 위에 제도판이 설치된 작업대로, 시험장에 대부분 일체형 제도판이 설치되어 있다.

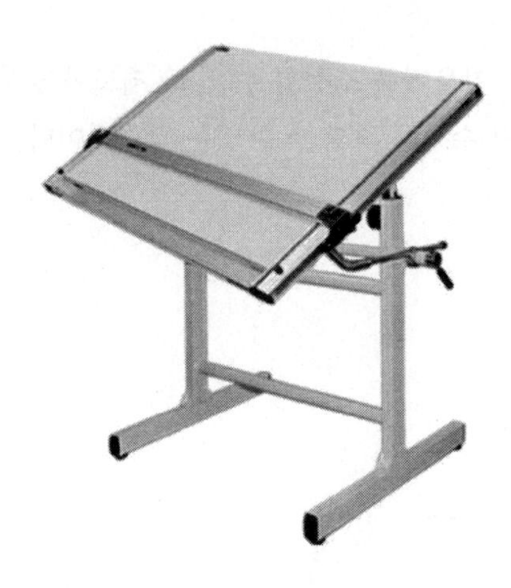

❷ 종이

시험장에서 **전지 1장+트레싱지(A2) 3장 지급**(여유 트레싱지는 들고 갈 필요 없다)

- **전지** : 순백질의 질이 좋은 도화지로, 제도판 위에 마스킹 테이프로 붙인다.
- **A2 트레싱지** : 반투명하며 평활도가 높고 설계 · 제도에 적합하며, 표면에 긁힘이 적어 쉽게 지우고 다시 그릴 수 있다.

▲ 전지 1장+A2 트레싱지 3장 지급

제도판 위에 전지를 부착 후 그 위에 A2 트레싱지를 올려 도면을 작도한다.

〈제도판 위에 종이를 붙이는 방법〉

① 제도판 위에 전지를 올려 마스킹 테이프로 붙인다.(지급된 전지는 받침용으로 사용한다)

② 전지 위에 트레싱지를 붙여 도면을 작도한다.

③ 전지는 도면 작도 및 시험이 끝날 때까지 계속 붙여 둔다.

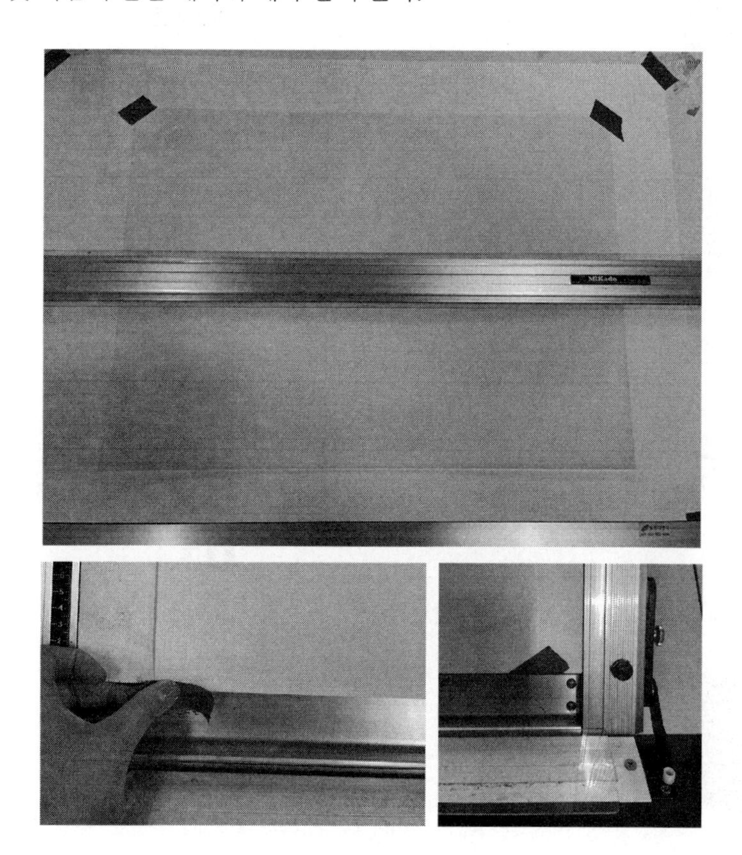

❸ 그 외 준비물

(1) 제도용 샤프 0.5

(2) 제도용 샤프심(HB, H)

(3) 삼각자(36cm 또는 45cm)

(4) 스케일자(30cm)

(5) 지우개판

(6) 지우개(샤프지우개 추천)

(7) 템플릿(원형 K－101, 타원형 K－201, 사각형 K－104)

(8) 마스킹 테이프, 투명 테이프

(9) 제도용 브러시

(10) 스테들러펜(0.3 또는 0.4), 컴퓨터용 사인펜(검은색)

(11) 에탄올, 알코올스왑

(12) 휴지, 물티슈

(13) 마카[신한마카 60색, 중국마카 60색(인테리어용) 또는 수험자의 기존마카]

(14) 신분증(운전면허증, 주민등록증)

(15) 수험표

▲ 트레싱지(A2)

▲ 제도샤프(0.5)

▲ 제도샤프심(H, HB)

▲ 지우개판

▲ 삼각자(36cm 또는 45cm)

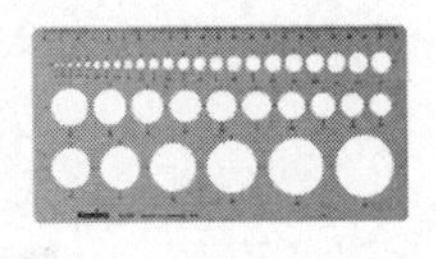

▲ 원형 템플릿

▲ 타원 템플릿

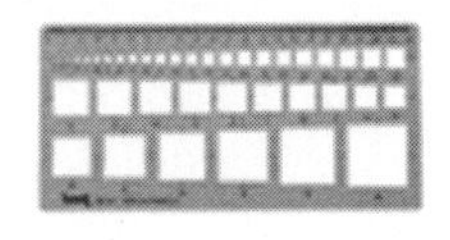

▲ 사각 템플릿

▲ 삼각자(30cm)

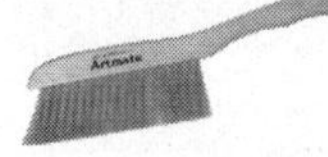
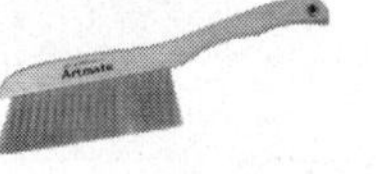

▲ 제도용 브러시

▲ 지우개

▲ 스테들러펜

▲ 마카터치펜[신한마카 또는 중국산(인테리어용)]

▲ 알코올스왑

▲ 마스킹 테이프

(16) 기타 준비물

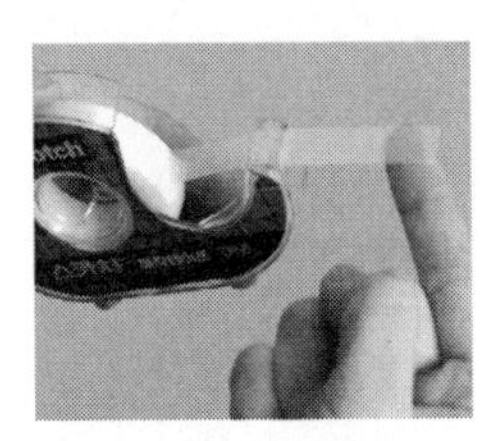

▲ 3M 매직 테이프

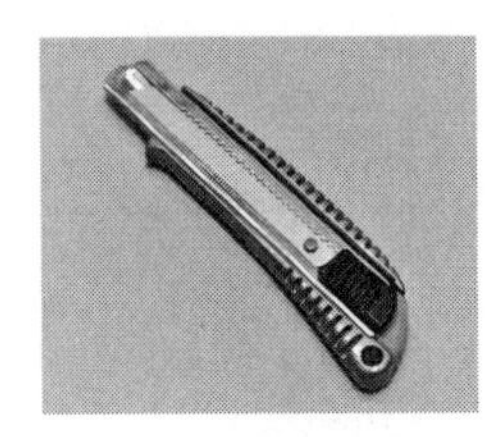

▲ 커터칼

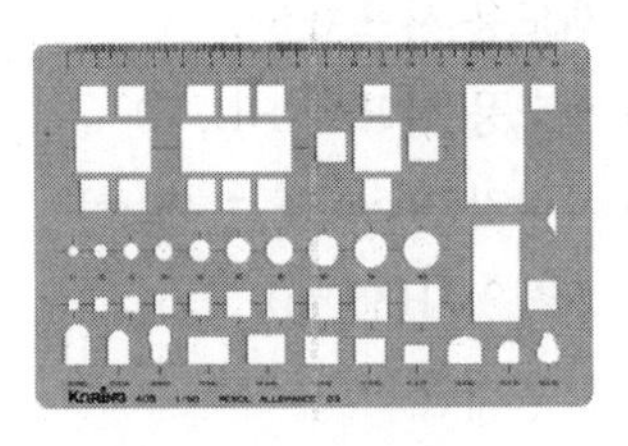

▲ 사무실 템플릿

SECTION 06

기출문제(2005~2024년)

시험회차	기출문제	시험회차	기출문제
2005년 1회	TAKE OUT 가능한 COFFEE & CAKE 전문점	2015년 1회	동물병원
2005년 2회	웨딩숍	2015년 2회	헤어숍
2005년 4회	CD, 비디오 판매점	2015년 4회	정형외과
2006년 1회	컴퓨터 전시장 부스	2016년 1회	중저가 보석점
2006년 2회	치과병원	2016년 2회	한의원
2006년 4회	치과병원	2016년 4회	제과 전문점
2007년 1회	TAKE OUT 가능한 COFFEE & CAKE 전문점	2017년 1회	스터디 카페
2007년 2회	CD, 비디오 판매점	2017년 2회	커피 전문점
2007년 4회	PC방	2017년 4회	어린이 도서관
2008년 1회	전시장 내 컴퓨터 홍보용 부스	2018년 1회	치과병원
2008년 2회	치과병원	2018년 2회	프랜차이즈점 제과점
2008년 4회	최저가 화장품 판매점	2018년 4회	프랜차이즈점 카페
2009년 1회	TAKE OUT 가능한 COFFEE & CAKE 전문점	2019년 1회	중저가 화장품 판매점
2009년 2회	CD, 비디오 판매점	2019년 2회	이동통신 전문점
2009년 4회	치과병원	2019년 4회	광고디자인회사
2010년 1회	COFFEE & CAKE 전문점	2020년 1 · 2회	정형외과
2010년 2회	PC방	2020년 2회	자동차판매 대리점(2013)
2010년 4회	CD, 비디오 판매점	2020년 3회	귀금속 전문점(2016)
2011년 1회	한의원	2020년 4 · 5회	아웃도어 매장(2013)
2011년 2회	유기농 판매점	2021년 1회	유기농 판매점
2011년 4회	커피 전문점	2021년 2회	어린이 도서관(2017)
2012년 1회	약국	2021년 4회	상가 내 북카페
2012년 2회	패스트푸드점	2022년 1회	스터디 카페(2017)
2012년 4회	PC방	2022년 2회	치과병원(2018)
2013년 1회	자동차판매 대리점	2022년 4회	아파트 단지 내 북카페
2013년 2회	제과 전문점	2023년 1회	프랜차이즈 제과점(2018)
2013년 4회	아웃도어 매장	2023년 2회	인테리어 설계 사무소
2014년 1회	커피 전문점(흡연공간)	2023년 4회	아파트 단지 내 북카페
2014년 2회	참치 전문점	2024년 1회	휴대폰 판매점
2014년 4회	중저가 화장품 판매점	2024년 2회	광고기획 디자인 사무실

SECTION 07 도면 작성방법

설계도면 작성에서 가장 중요한 점은 도면 선, 문자, 치수 등의 표현방법이 명확해야 한다는 것이다. 벽체와 가구선과 바닥선이 구분되지 않는다면, 도면을 알아보지 못할 것이기 때문이다. 특히, 실내건축자격증 실기시험은 작업형이므로 선의 강약이 더욱 중요하며 작성순서를 지키지 않고 도면을 작도한다면 도면이 지저분해질 수도 있기 때문에 항상 순서를 기억하고 작도한다.

구분	작성순서	구분	작성순서
평면도	1. 연한선 : 스케일 확인 후 중심선 선긋기 2. 연한선 : 벽체 간격, 창문, 문위치 파악 3. 중간선 : 창문, 문 작도 4. 진한선 : 벽체 5. 중간선 : 마감(20mm) 6. 연한선 : 가구위치 설정 7. 중간선 : 가구작도 8. 연한선 : 바닥해치 9. 중간선 : 치수, 글자 기입(가구명, 마감재료 표현) 10. 중간선 : 벽체해치, 입면기호, ENT 11. 진한선 : 도면명 작성	천장도	1. 진한선 : 벽체, 창문, 문 2. 중간선 : 마감(20mm) 3. 중간선 : 몰딩(20~40mm) 4. 연한선 : 조명계획 5. 중간선 : 조명, 설비 배치 6. 중간선 : 치수, 글자 기입(천장마감재, 조명이름) 7. 중간선 : 벽체해치 8. 범례표(LEGEND) 작성 9. 진한선 : 도면명 작성
입면도	1. 연한선 : 벽체 중심선 → 벽체 두께를 뺀 내부벽면 2. 연한선 : 도면문제 확인 후 높이 설정 3. 진한선 : 내부 입면 벽체 4. 중간선 : 가구, 창문 5. 중간선 : 걸레받이(H : 100mm), 몰딩(20~40mm) 6. 중간선 : 치수, 글자 기입(가구명, 마감재료 표현) 7. 진한선 : 도면명 작성	단면도	1. 평면도에서 단면선위치 파악 2. 연한선 : 중심선 및 벽체선 긋기 3. 연한선 : 천장고 확인 후 슬래브 높이 설정 4. 진한선 : 슬래브 및 양쪽 벽체 5. 중간선 : 벽체, 바닥 마감선 표기 6. 연한선 → 중간선 : 금속 또는 목재구조로 천장구조 작도 7. 중간선 : 치수, 마감재 글자 기입 8. 진한선 : 도면명 작성
실내 투시도	1. 평면도 확인 후 투시도 방향 정하기 2. 연한선 : 평면 가로치수 설정, 천장고 확인 후 작도 3. 연한선 : V.P(소점)를 바닥에서 1,500(사람 눈높이) 위치로 설정 4. 연한선 : 바닥 왼쪽부터 300mm 간격 나누기 5. 연한선 : D.P(거리점) 위치 설정 6. 연한선 : 평면 확인 후 벽면, 가구 그리기 7. 연한선 : 천장도 확인 후 조명위치, 공간에 맞게 사인 표현 8. 진한선 : 도면명 작성(실내투시도 SCALE : N.S) 9. 샤프 작업 위에 검정펜 덧작업 10. 뒷장에 마카 채색(컬러링)하기		

SECTION 08 도면 채점 시 감점기준

① 선의 번짐, 얼룩, 더러움 등이 없이 청결해야 하고, 선의 만남이 어긋난 것이 없어야 한다.
② 도면 배치의 균형이 있어야 하고, 선, 문자, 치수들의 표시방법이 명확해야 한다.
③ 마감재 뜻을 정확 · 명료하게 나타내어야 하고, 의문이 생길 요소가 없어야 한다.

기준	작도 시 주의사항	기준	작도 시 주의사항
평면도	1. 계획상 미흡할 경우(좁거나, 가구 레이아웃 미흡 시) 2. 문제에서 요구된 벽체 및 창문, 개구부의 위치나 크기가 다를 경우 3. 문제에서 요구된 가구 및 집기에서 누락 시 개당 감점 4. 공간에서 가구 및 집기 등의 크기가 맞지 않을 경우 5. 마감재료의 표현이 누락되었을 경우 6. 출입구 부분 ENT 표시 누락 7. 입면기호 표시 누락	천장도	1. 조명의 계획이 미흡할 경우 2. 조명의 배치가 일정치 않을 경우 3. 조명 사이 간격이 너무 가깝거나, 너무 멀 경우(일정 간격 유지가 안 될 때) 4. 조명의 명칭 미기재 5. 소방, 설비기구(화재감지기, 스프링클러) 누락 6. 화장실 천장재료 누락 7. 천장마감재 및 층고높이 표기 누락 8. 범례표(LEGEND) 누락
입면도	1. 문제에서 주어진 입면방향과 다르게 작도했을 경우 2. 내부가 아닌 외부방향으로 입면도를 작도했을 경우 3. 벽면에 대한 재료 표현 누락 4. 가구 및 집기 등의 높이가 터무니없을 경우 5. 주어진 개구부 및 창문을 미작도했을 경우	실내 투시도	1. 투시 연필 보조선이 없을 경우 2. 가구 및 집기 등의 공간상 비례가 맞지 않을 경우 3. 투시도가 허전해 보일 경우 4. 개구부(특히 창호)의 누락 5. 마카 컬러링 표현의 미숙 6. 마카 채색 시 얼룩이 많이 질 경우 7. 색이 어울리지 않을 경우
공통	1. 테두리선을 작도하지 않고 임의로 작도했을 때 2. 도면이 한쪽으로 치우치거나 중심에 들어오지 않을 때 3. 도면의 훼손 정도가 심하고 청결하지 못할 때 4. 손때가 눈에 보이도록 묻어 있을 경우 5. 선의 굵기와 용도에 맞는 선의 표현이 미숙할 때 6. 선과 선이 만나는 부분이 교차하지 않을 때 7. 치수선 및 인출선의 각도 및 구도가 미숙할 때 8. 중심선의 표시가 누락 또는 보이지 않을 경우 9. 도면명 미기입 10. 스케일 미기입 ※ 특히 실내투시도 SCALE : N.S 11. 요구된 도면 미작도 12. 요구된 스케일과 다르게 작도할 경우 13. 완성하지 못할 경우 실격사유[평면도, 천장도, 입면도, 실내투시도(컬러링 포함)]		

PART 2

기초제도 작성법

SECTION 01 선 [LINE]

❶ 선의 종류

선은 도면을 나타낼 때 가장 많이 쓰이며, 성질과 모양 및 굵기에 따라 명칭과 용도가 다르므로 선의 용도와 종류를 잘 파악하여 용도에 따라 사용하는 것이 중요하다. 선의 굵기는 보통 굵은선, 중간선, 가는선 3단계로 구분할 수 있다.

선의 종류	선의 굵기	선의 용도에 의한 명칭	선의 용도
굵은실선	———— 0.6~0.8mm	외형선, 단면선, 입면선	• 도면에서 외부벽체, 내부벽체, 입면선, 단면을 나타내기 위한 선 • 글자 BOX, 도면테두리를 표시하는 선
중간실선	———— 0.4~0.5mm	치수선, 지시선, 가구선, 중심선, 마감선	• 가구 및 치수를 기입하기 위한 선 • 지시, 기호 등을 나타내기 위한 선
가는실선	———— 0.3mm	글자보조선, 치수보조선, 바닥해치	• 치수 및 글자를 기입하기 위해 보조로 사용하는 선 • 가구와 구별하기 위해 바닥해치에 쓰이는 선
파선	-------------------------	숨은선	• 대상물의 보이지 않는 부분의 모양을 표시하는 선
일점쇄선	—·—·—·—·—·—·—·—	중심선	• 벽체 및 물체의 중심을 나타내는 선

❷ 선의 작도 시 유의사항

- 용도에 따라 선의 굵기를 구분하여 사용한다.
- 시작에서 끝까지 일정한 힘을 주어 일정한 속도로 긋는다.
- 파선의 끊어진 부분은 길이와 간격을 일정하게 한다.
- 각을 이루어 만나는 선은 정확하게 작도한다.
- 한번 그은 선은 중복해서 긋지 않는다.
- 수평선은 (좌 → 우)로 작도한다.
- 수직선은 (아래 → 위)로 작도한다.
- 사선은 (좌 → 우)로 작도한다.

❸ 선의 용도(선 굵기에 따른 적용방법)

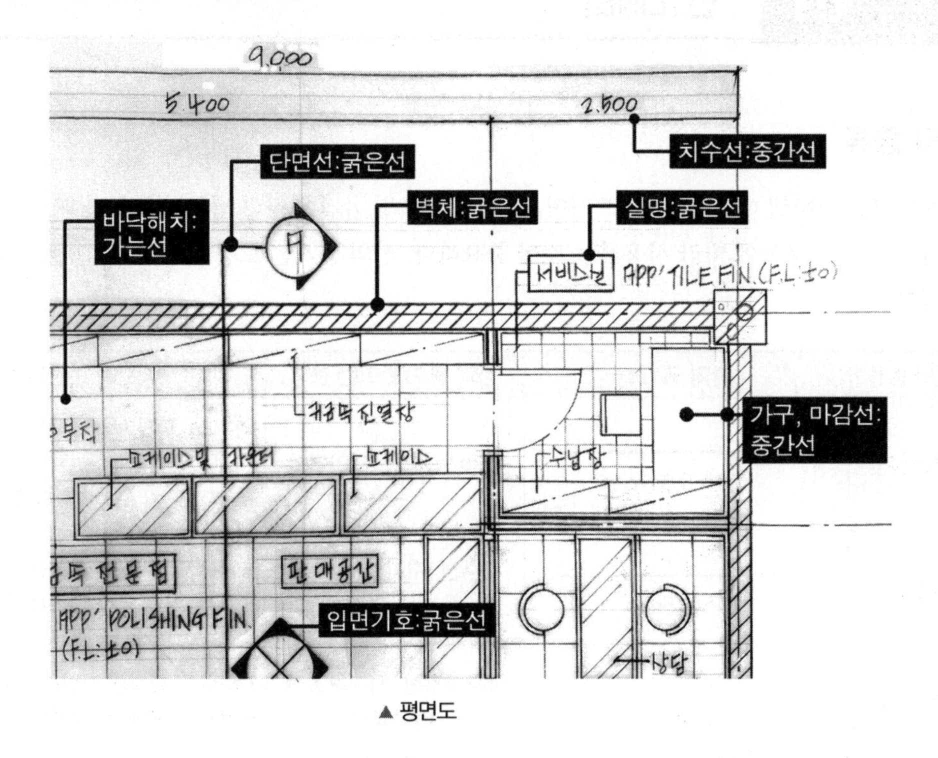

▲ 평면도

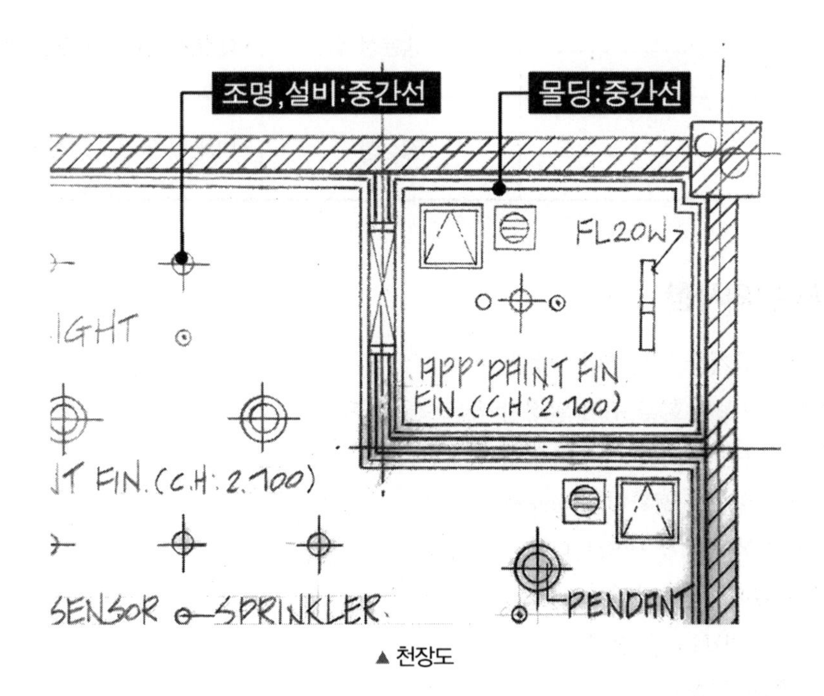

▲ 천장도

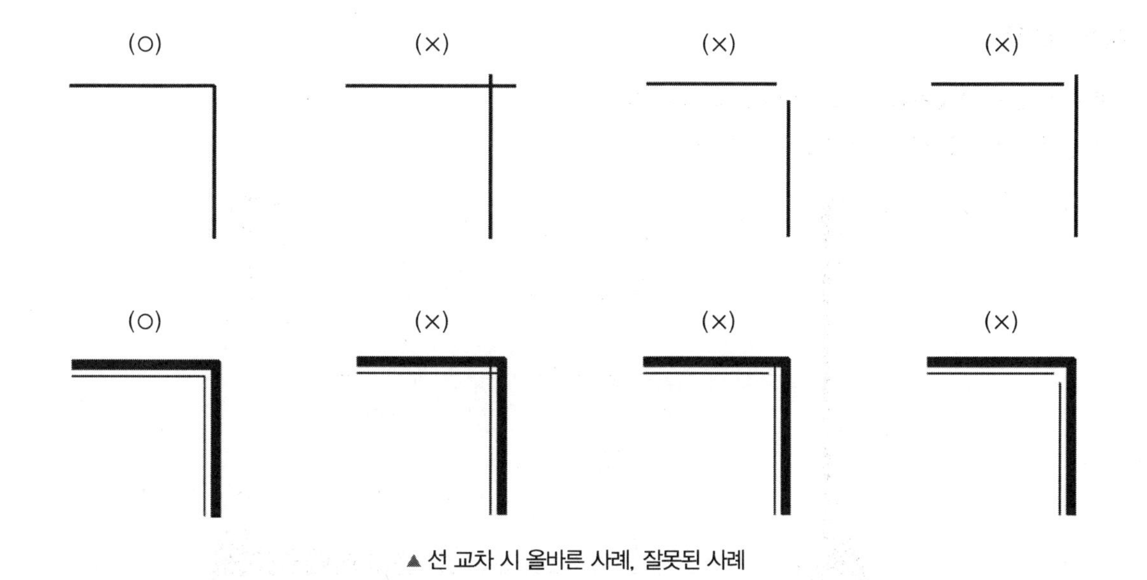

▲ 선 교차 시 올바른 사례, 잘못된 사례

❹ 작도 방향

굵은선(가로) 좌 → 우	굵은선(세로) 아래 → 위	가는선(사선) 좌 → 우	가는선(사선) 좌 → 우
중간선(가로) 좌 → 우	중간선(세로) 아래 → 위	가는선(가로) 좌 → 우	가는선(세로) 아래 → 위
파선(가로) 좌 → 우	파선(세로) 아래 → 위	일점쇄선(가로) 좌 → 우	일점쇄선(세로) 아래 → 위

❺ 작도 연습

- 제도판에 트레싱지를 마스킹 테이프로 부착한다.
- 트레싱지를 등분해서 4등분으로 나눈다.

- 가로선 : 왼쪽에서 오른쪽 방향으로 작도한다.(굵은선, 중간선, 가는선 순으로 연습)
- 세로선 : 아래에서 위쪽 방향으로 작도한다.(굵은선, 중간선, 가는선 순으로 연습)

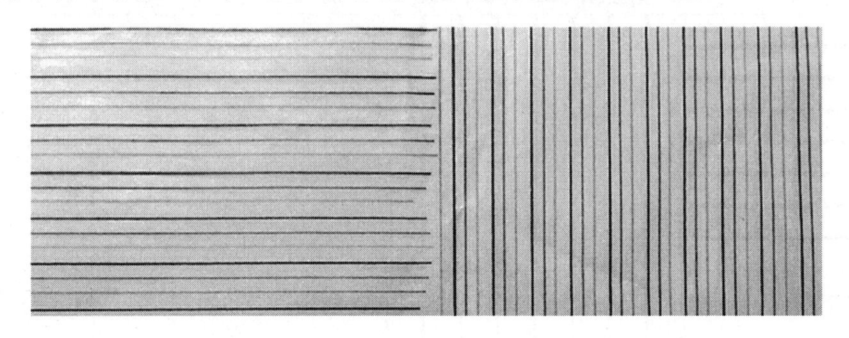

- 대각선 : 45도 삼각자를 활용하여 아래에서 위쪽 방향으로 긋는다.(중간선으로만 연습)
- 일점쇄선 : 왼쪽에서 오른쪽 방향으로 작도하며 점을 찍고 실선으로 표현한다.(중간선으로만 연습)
- 파선 : 일정한 간격으로 짧게 왼쪽에서 오른쪽 방향으로 작도한다.(중간선으로만 연습)

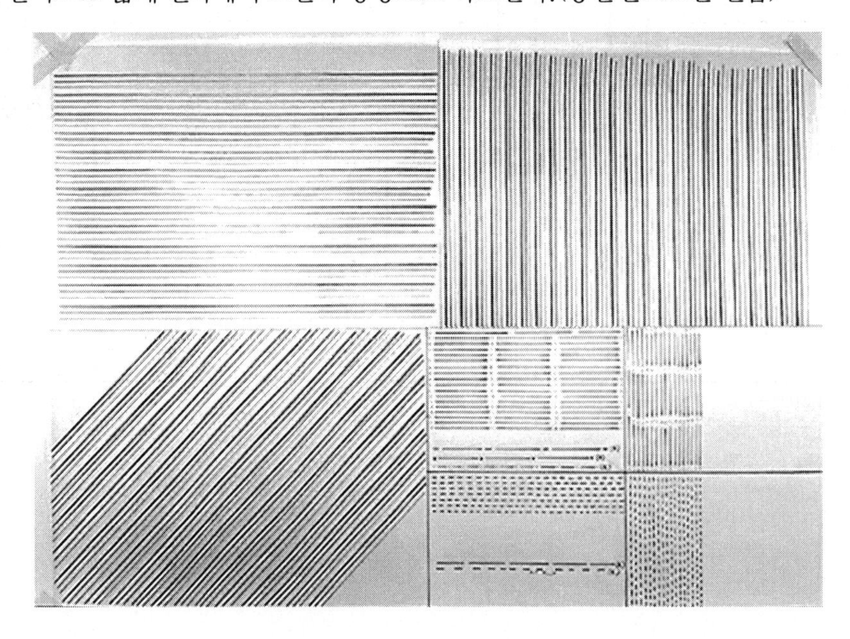

SECTION 02 종이 등분

도면은 트레싱지 중간에 배치하므로 삼각자를 활용하여 트레싱지를 등분하는 방법을 습득해야 한다.

❶ 세로 등분법

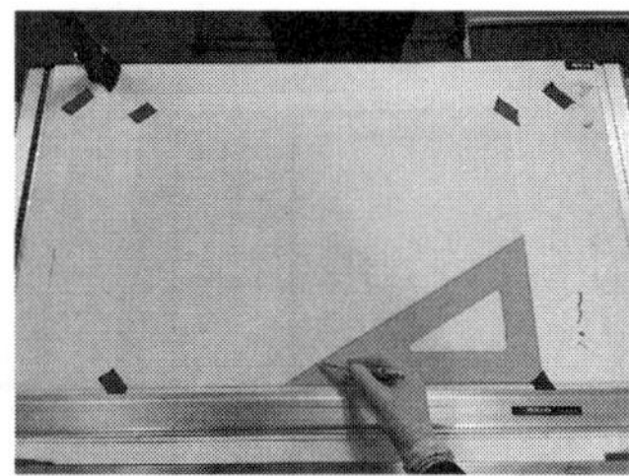

① 트레싱지를 마스킹 테이프로 부착한다.
② 30도 삼각자를 활용하여 트레싱지를 등분한다.
③ 왼쪽 트레싱지 세로와 가로를 맞춰 중앙에 대각선을 긋는다.
④ 반대편도 오른쪽 트레싱지 세로와 가로를 맞춰 중앙에 대각선을 긋는다.
⑤ 수직선은 제도판 I자 위에 삼각자를 올려서 수직을 밑에서 위로 긋는다.

❷ 가로 등분법

① 왼쪽 트레싱지 세로와 가로를 맞춰 중앙에 대각선을 긋는다.
② 아래쪽도 동일하게 세로와 가로를 맞춰 중앙에 대각선을 긋는다.
③ 교차된 대각선을 I자를 활용하여 가로선을 왼쪽에서 오른쪽으로 긋는다.

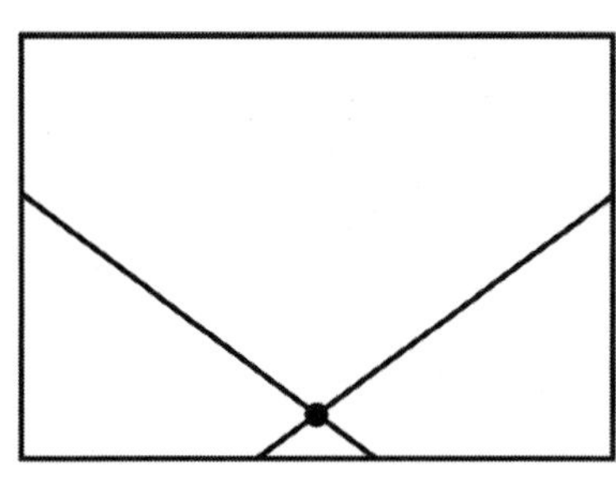
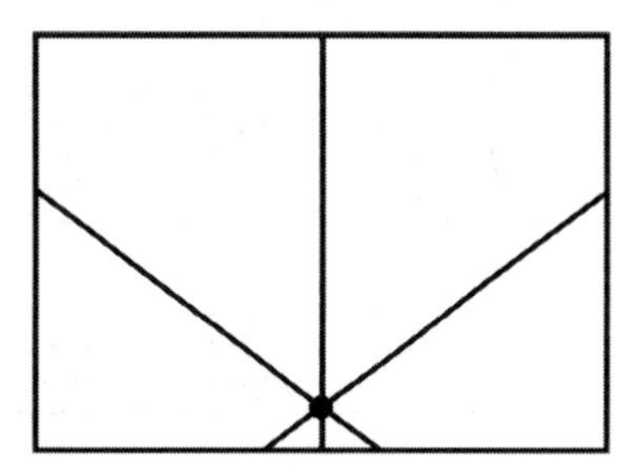

▲ 트레싱지 등분연습 1－세로

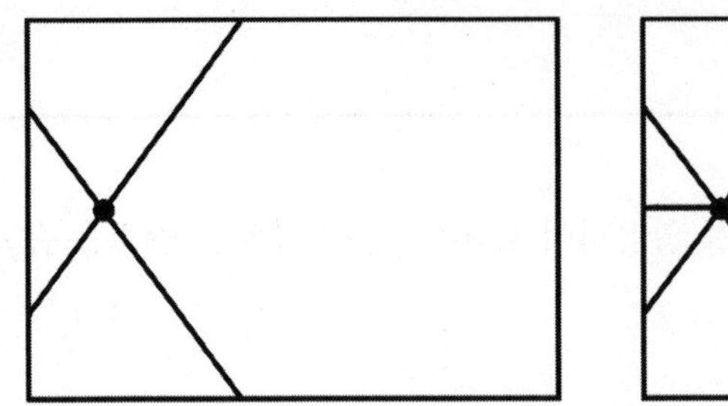

▲ 트레싱지 등분연습 2-가로

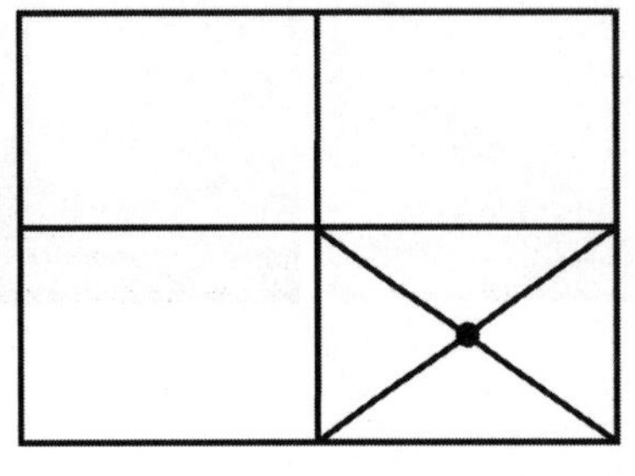

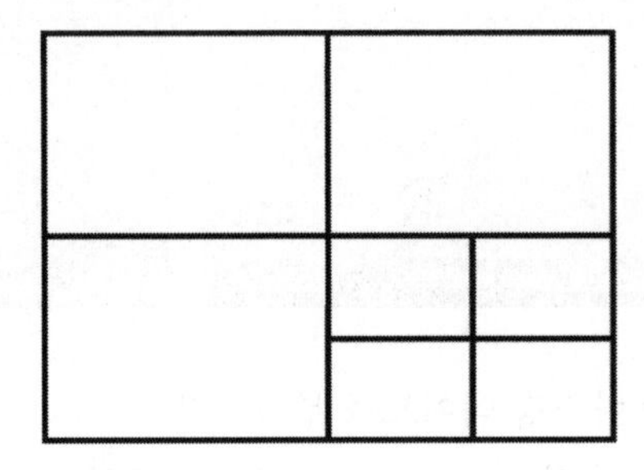

▲ 트레싱지 등분연습 3-작은 사각형

SECTION 03

문자 [TEXT]

❶ 문자 표기방법

- 도면의 이해를 돕기 위해 문자를 써 넣는 것을 주기라 하며, 문장은 왼쪽부터 가로쓰기를 원칙으로 하며 명확하고 깨끗하게 써야 한다.
- 도면별 제목은 항상 도면 밑에 있도록 하는 것이 좋으나, 도면크기가 클 경우는 오른쪽에 표기해도 무방하다.
- 주요 공간별 마감재는 도면에 방해가 되지 않는 적당한 곳에 가는 실선을 그어 문자를 써넣고, 진한 외형 선으로 구별한다.
- 숫자를 기입할 때는 1,000단위마다 '콤마'를 찍어야 한다.

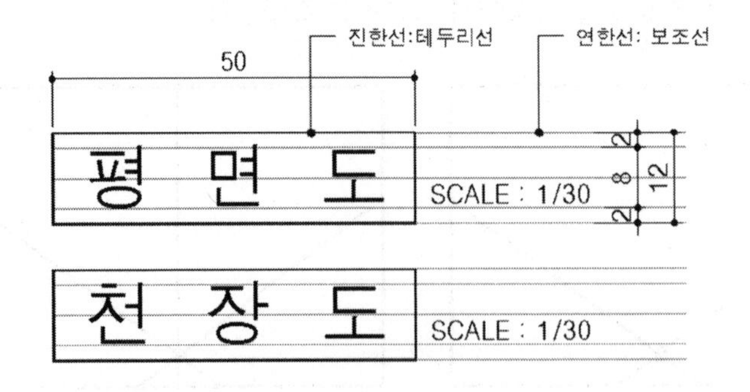

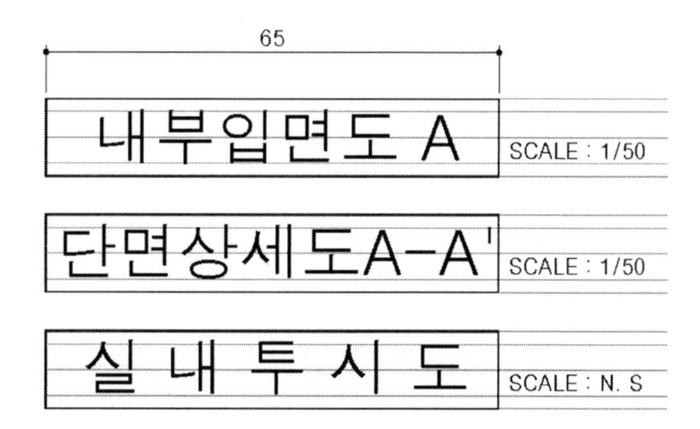

카운터단면상세도 A-A' SCALE : 1/10

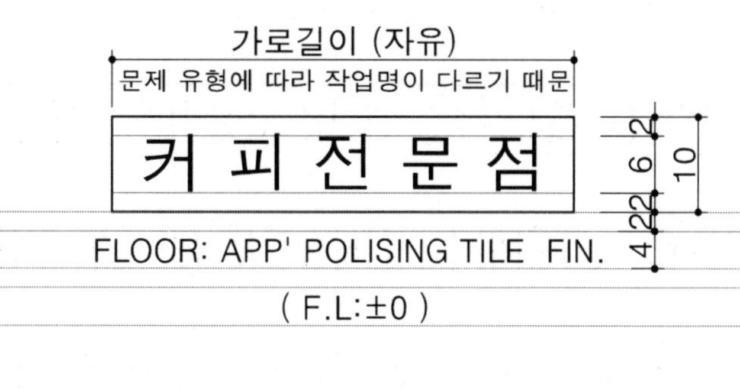

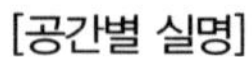

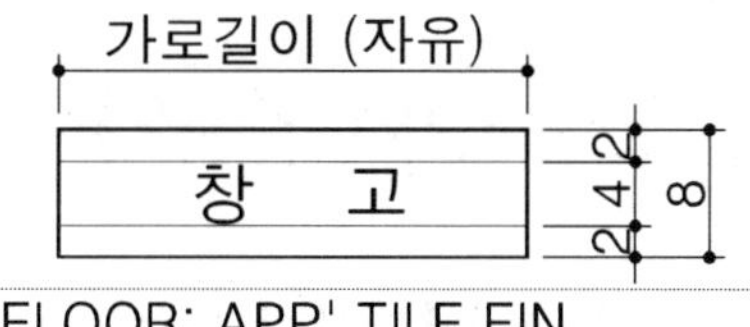

[천장도 마감재 표기방법]

CEILING: APP' PAINT FIN.

(C.H : 2,400)

4 2 4

[입면도 마감재 표기방법]

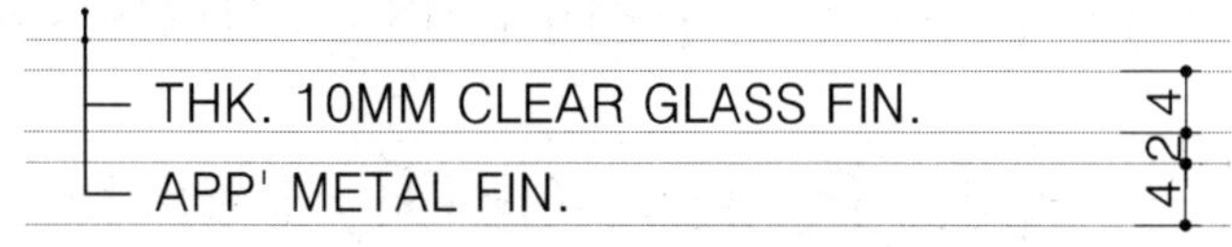

❷ 문자 (영문)작성방법

APP' POLISHING TILE FIN. APP' MARBLE FIN. (F.L

±0) DECO TILE POCEILAIN TILE CARPET FIN.

APP' TILE FIN. (F.L : -100) PAINT PLASTIC PANEL

SMC PANEL EXAPANEL METAL FILM WOOD

WOOD VENEER WOOD FILM THK. 12MM GLASS

FIN. TEMPERED GLASS THK. 1.6MM ST'L FIN.

STEEL PLATE Ø9MM HANGER BOLT HANGEG

50X19X0.5T@450 M-BAR CLIP CARRYING CHAN

NE THK. 9.5MM G/B 2PLY APP' PAINT FIN.

RUNNER THK. 100MM METAL C-STUD GLASS WOOL

50T □200X100 ST'L PIPE FIN. SHELE DESK

CONC. SLAB REF. SHOW CASE MENU LOGO

THK. 12MM IMITATION STON FIN SINK SET 2EA

APP' BARRISOL FIN. (FL 40W×16EA) DOWN LIGHT

※ 영문 문자연습은 부록 참고

❸ 문자 (한글)작성방법

평 면 도 천 장 도 내부입면도 ABCDE

단면상세도 A-A' 실내투시도 지정 타일 마감

지정 폴리싱타일 마감. 지정 대리석 마감.(F.L:±0)

지정 데코타일마감. 지정 포세린 타일 마감.(F.L:±0)

지정 카펫 마감. 타일 페인트 엑사 판넬 SMC

도장 금속 필름 무늬목 우드필름 강화유리 마감

두께 12MM 유리 마감. 두께 1.6MM스틸 마감.

주물 인서트 Ø9MM 행거볼트 행거 엠바클립

캐링 찬넬 스터드벽체 1.0B 조적쌓기 1.5B 공간조적

쌓기 고름 모르타르 두께 200MM 건축슬라브 붙임

달대 45×45@900 달대받이 45×45@450 반자틀

두께 9.5MM 석고보드마감. 쇼케이스 채광 원장실

커피전문점 치과의원 동물병원 한의원 화장품

판매점 패스트푸드 헤어샵 어린이도서관 카페

※ 한글 문자연습은 부록 참고

SECTION 04 마감재 [MATERIAL]

❶ 도면별 마감재 기입방법

(1) 평면도

공간명	마감재명[영문]	마감재명[한글]
메인공간	APP' POLISHING TILE FIN. APP' MARBLE FIN.(FL : ±0)	지정 폴리싱타일 마감 지정 대리석 마감(FL : ±0)
	APP' DECO TILE FIN. APP' POCEILAIN TILE.(FL : ±0)	지정 데코타일 마감 지정 포세린타일 마감(FL : ±0)
	APP' WOOD FLOORING FIN.(FL : +100)	지정 강화마루 마감(FL : ±0)
	APP' CARPET FIN.	지정 카펫 마감(FL : ±0)
주방	APP' TILE FIN.(FL : ±0)	지정 타일 마감(FL : ±0)
화장실	APP' TILE FIN.(FL : −100)	지정 타일 마감(FL : −100)

(2) 천장도

공간명	마감재명[영문]	마감재명[한글]
메인공간	APP' PAINT FIN.(CH : 천장고)	지정 페인트 마감(CH : 천장고)
화장실	APP' PLASTIC PANEL FIN.(CH : 천장고)	지정 플라스틱보드 마감(CH : 천장고)
	APP' EXAPANEL FIN.(CH : 천장고)	지정 엑사패널 마감(CH : 천장고)
	APP' SMC PANEL FIN.(CH : 천장고)	지정 SMC 패널 마감(CH : 천장고)

(3) 입면도

공간명	마감재명[영문]	마감재명[한글]
몰딩	APP' PAINT FIN.	지정 도장 마감
걸레받이	APP' PAINT FIN.	지정 도장 마감
	APP' METAL FIN.	지정 금속 마감
벽	APP' PAINT FIN.	지정 페인트 마감
	APP FILM FIN.	지정 필름 마감
	APP' TILE FIN. APP' MARBLE FIN.	지정 타일 마감 벽 : 지정 대리석 마감
	APP' WOOD VENEER FIN. APP' WOOD FILM FIN.	지정 무늬목 마감 벽 지정 우드필름 마감
	THK.12MM TEMPERED GLASS FIN.	두께 12MM 강화유리 마감
	THK.1.6MM STEEL PLATE (H/L) FIN. (STEEL PLATE=ST'L)	두께 1.6MM 스틸 마감

❷ 단면도 마감재

목재 반자틀	경량철골 반자틀(L.G.S)
ϕ9MM 주물인서트	ϕ9MM 주물인서트
60×90@900 달대받이	ϕ9MM HANGER BOLT(행거볼트)
45×45@900 달대	20×150×2T HANGER(행거)
45×45@450 반자틀	50×19×0.5T@450 M－BAR CLIP(엠바클립)
45×45@450 반자틀받이	50×19×0.5T@450 M－BAR(엠바)
〈천장〉 THK. 9.5MM G/B 2PLY APP' PAINT FIN.	38×12×1.2T CARRYING CHANNEL(캐링채널) **〈천장〉** THK. 9.5MM G/B 2PLY APP' PAINT FIN.
〈건식－스터드 벽체〉 RUNNER(러너 사이즈 : 52MM,67MM,77MM,92MM,102MM) THK.100MM METAL C－STUD (스터드 사이즈 : 50MM, 65MM 75MM, 90MM,100MM) THK. 9.5MM G/B 2PLY APP' PAINT FIN. **〈습식－조적벽체〉** 1.0B 조적쌓기 고름모르타르(붙임 모르타르) APP' PAINT FIM.(APP' TILE FIN.)	**〈건식－스터드 벽체〉** RUNNER(러너 사이즈 : 52MM,67MM,77MM,92MM,102MM) THK.100MM METAL C－STUD (스터드 사이즈 : 50MM, 65MM 75MM, 90MM,100MM) THK. 9.5MM G/B 2PLY APP' PAINT FIN. **〈습식－조적벽체〉** 1.0B 조적쌓기 고름모르타르(붙임 모르타르) APP' PAINT FIM.(APP' TILE FIN.)
〈바닥〉 THK. 10MM TILE FIN.(THK.20MM MARBLE FIN.) 고름/붙임모르타르	**〈바닥〉** THK. 10MM TILE FIN.(THK.20MM MARBLE FIN.) 고름/붙임모르타르
THK.200MM CONC. SLAB(건축슬래브)	THK.200MM CONC. SLAB(건축슬래브)

❸ 도면에서 사용하는 약어

복잡한 도면을 효과적으로 표현하기 위해 관련 용어들을 약어로 줄여 표기하는 경우가 있다. 이런 약어를 사용하면 도면의 공간을 절약할 수 있다.

〈마감재 표기 예〉

- THK. 9.5MM G/B 2PLY(두께 9.5MM 석고보드 2장)
- APP' PAINT FIN.(지정 페인트/도장 마감)

약어	원어	약어	원어
THK.	Thickness(두께)	EQ	Equal(동일)
VER.	Verify(절대치수)	VAR.	Varies(변화치수)
G/B	Gypsum Board(석고보드)	C.H	Ceiling Height(천장고)
APP'	Appointed(지정)	W	Width(넓이)
FIN.	Finish(마감)	@	At(간격마다)
SST'L	Stainless Steel(스테인리스 스틸)	#	Number(번호)
ST'L	Steel(철)	R	Radius(반지름)
V.P	Vinyl Paint (비닐페인트)	RM	Room(방)
A/C	Air Conditioning(에어컨)	SPEC	Specification(사양. 시방)
CONC.	Concrete(콘크리트)	ELEV.	Elevator(승강기)
AL	Aluminum(알루미늄)	DN	Down(아래)
ENT.	Entrance(입구)	UP	Up(위)
F.C.U	Fan Coil Unit(팬코일 유닛)	DIM	Dimension(치수)
H	Height(높이)	SEC	Section(단면)
W	Width(폭, 너비)	REF.	Refrigerator(냉장고)
D	Depth(깊이)	T	Thickness(두께)
TYP	Typical(공통)	FL.	Floor Finish Level
W.P	Water Paint(수성페인트)	SL.	Structural Level
LGS	Lightweight Galvanized Structure(경량철골구조)		

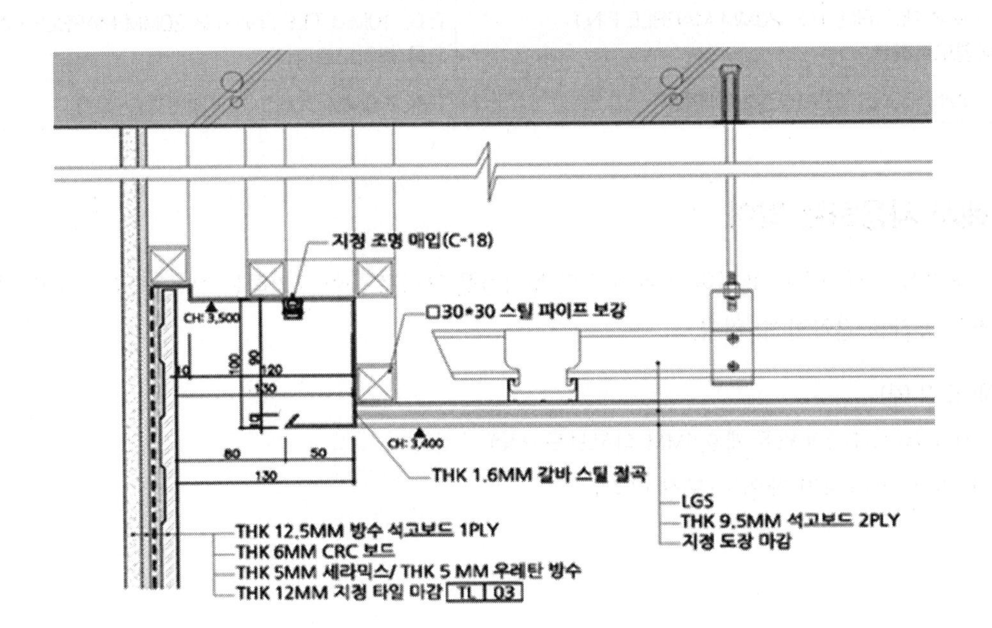

SECTION 05 축척 [SCALE]

❶ 축척의 종류

축척은 실물을 일정한 비율로 축소하는 것으로 도면 작도 시 반드시 기재해야 한다.

- 평면도, 천장도, 입면도 : 1/30, 1/50, 1/100
- 단면도 : 1/2, 1/5, 1/10, 1/20

❷ 스케일자

- 실제의 건축물을 도면으로 작성할 때, 크기를 줄이거나 늘릴 때 사용한다.
- 스케일에 쓰여진 숫자는 미터(m)로 1m=1,000mm이다.

▲ 스케일자 : 1/100

❸ 스케일자 보는 방법

- 1/1 : 숫자 1=10mm, 눈금 한 칸=1mm
- 1/10 : 숫자 1=100mm, 눈금 한 칸=10mm
- 1/100 : 숫자 1=1,000mm, 눈금 한 칸=100mm
- 1/30 : 숫자 10=1,000mm, 20=2,000mm, 30=3,000mm
- 1/50 : 숫자 10=1,000mm, 20=2,000mm, 30=3,000mm

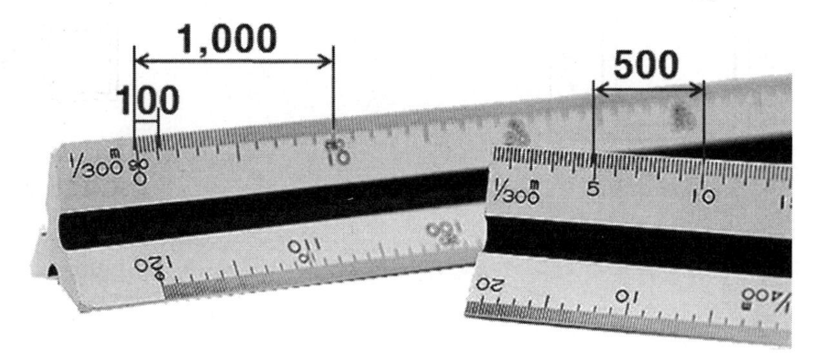

▲ 스케일자 : 1/30

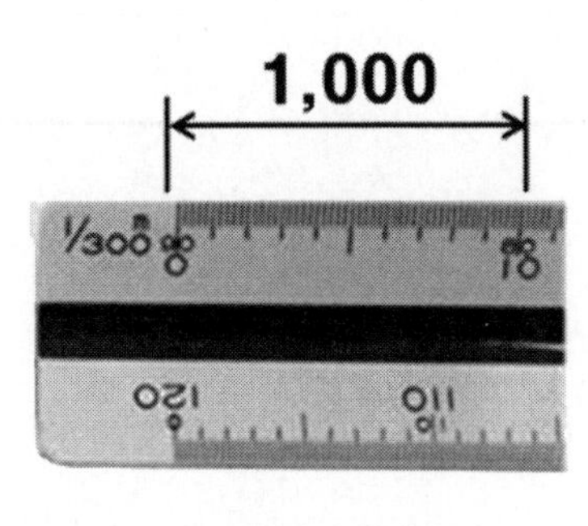

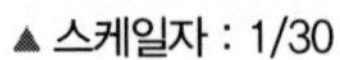
▲ 스케일자 : 1/30

▲ 스케일자 : 1/50

1/30 스케일자의 1,000과 1/50 스케일자의 1,000을 비교해보면 1/50 스케일자의 1,000이 작다는 것을 알 수 있다. 즉, 1/50으로 작도한 도면은 비교적 작아 보인다.

❹ 스케일연습

1/20, 1/30, 1/50, 1/100 4가지 스케일자로 사각형을 연습한다.(시험에서는 1/50으로 자주 나온다)

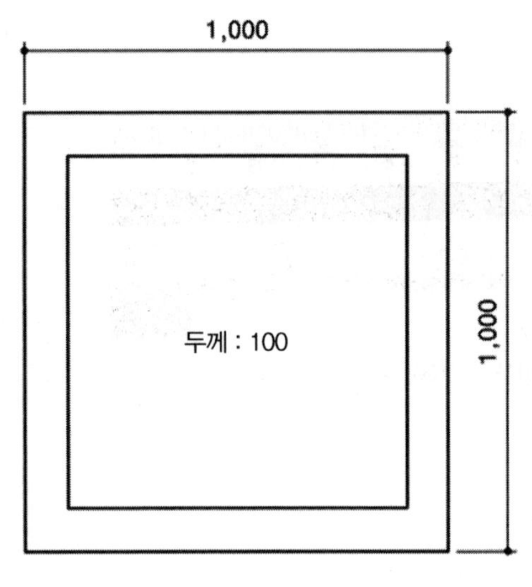

▲ SCALE : 1/20

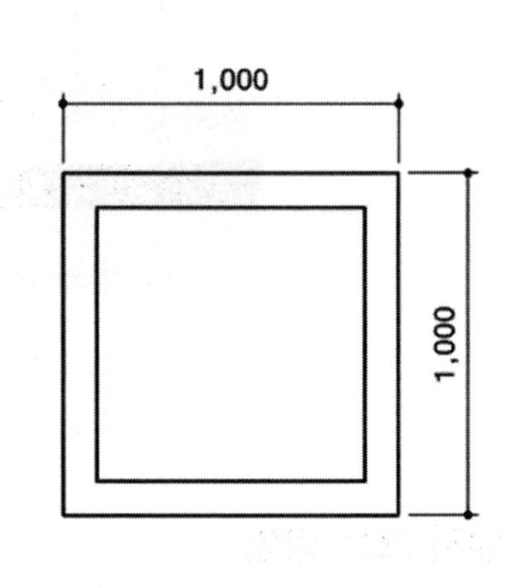

▲ SCALE : 1/30

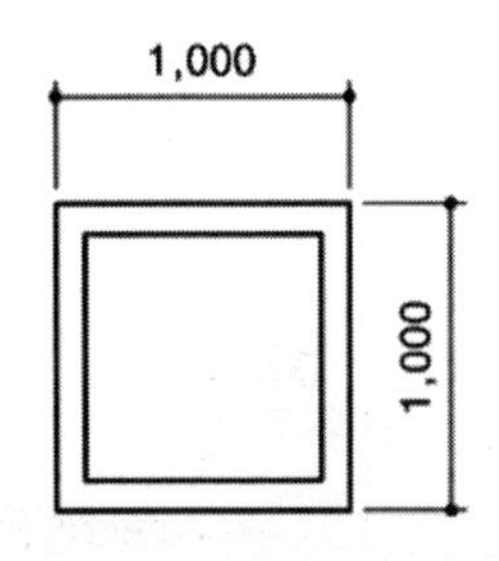

▲ SCALE : 1/50

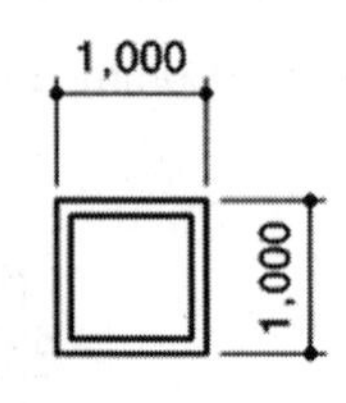

▲ SCALE : 1/100

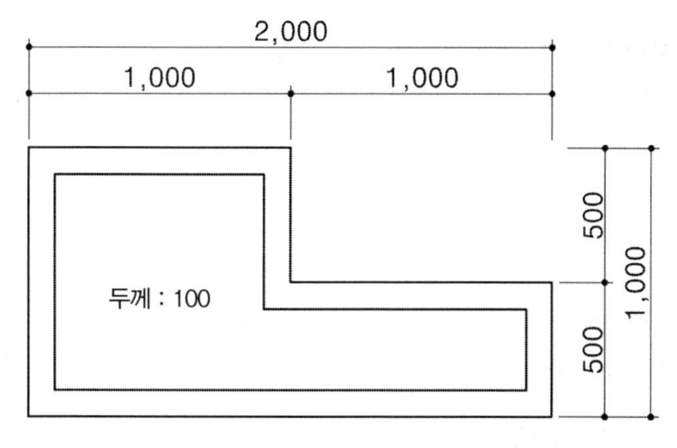

▲ SCALE : 1/30

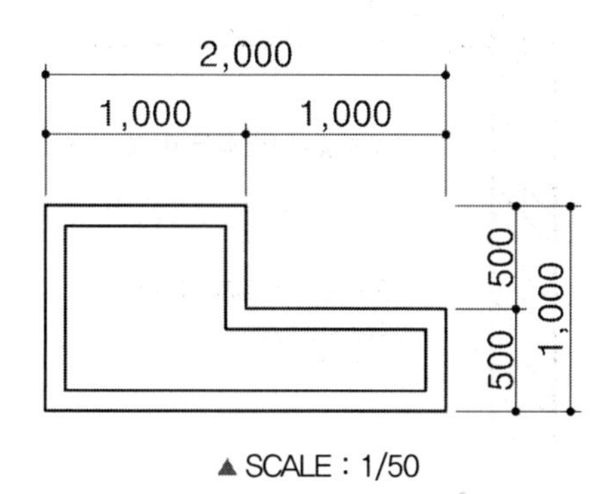

▲ SCALE : 1/50

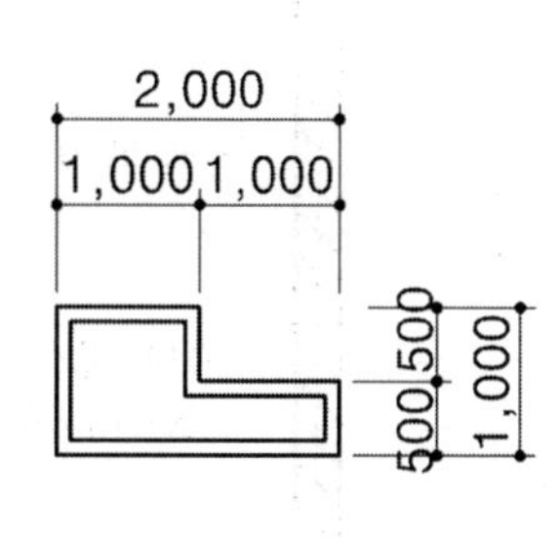

▲ SCALE : 1/100

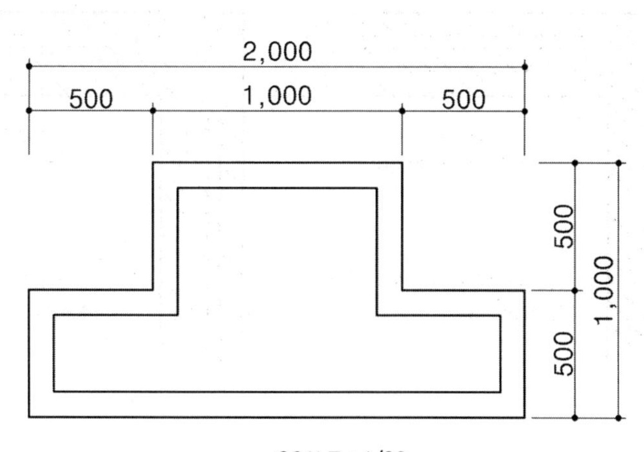

▲ SCALE : 1/30

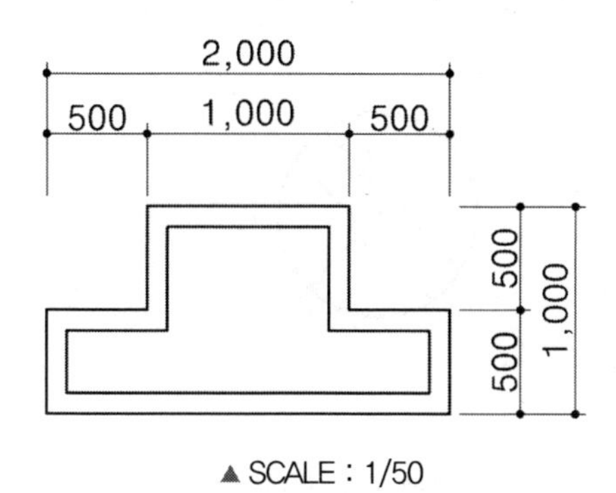

▲ SCALE : 1/50

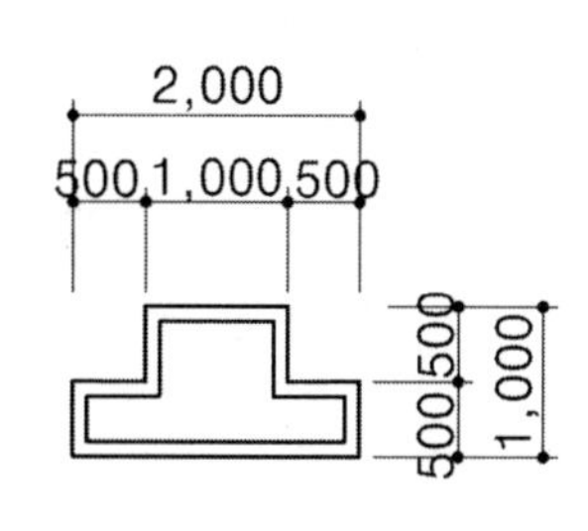

▲ SCALE : 1/100

SECTION 06 벽체 [WALL]

❶ 조적구조

조적벽체는 일반적으로 붉은 벽돌, 시멘트벽돌 등의 블록재료에 교착제(모르타르)를 사용하여 구성하는 구조이다.

※ 벽돌의 표준사이즈 : 190mm × 90mm × 57mm

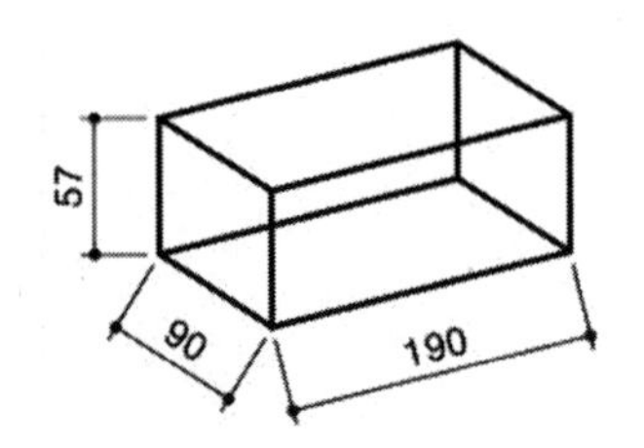

[벽체연습 : 0.5B, 1.0B, 1.5B 공간쌓기]

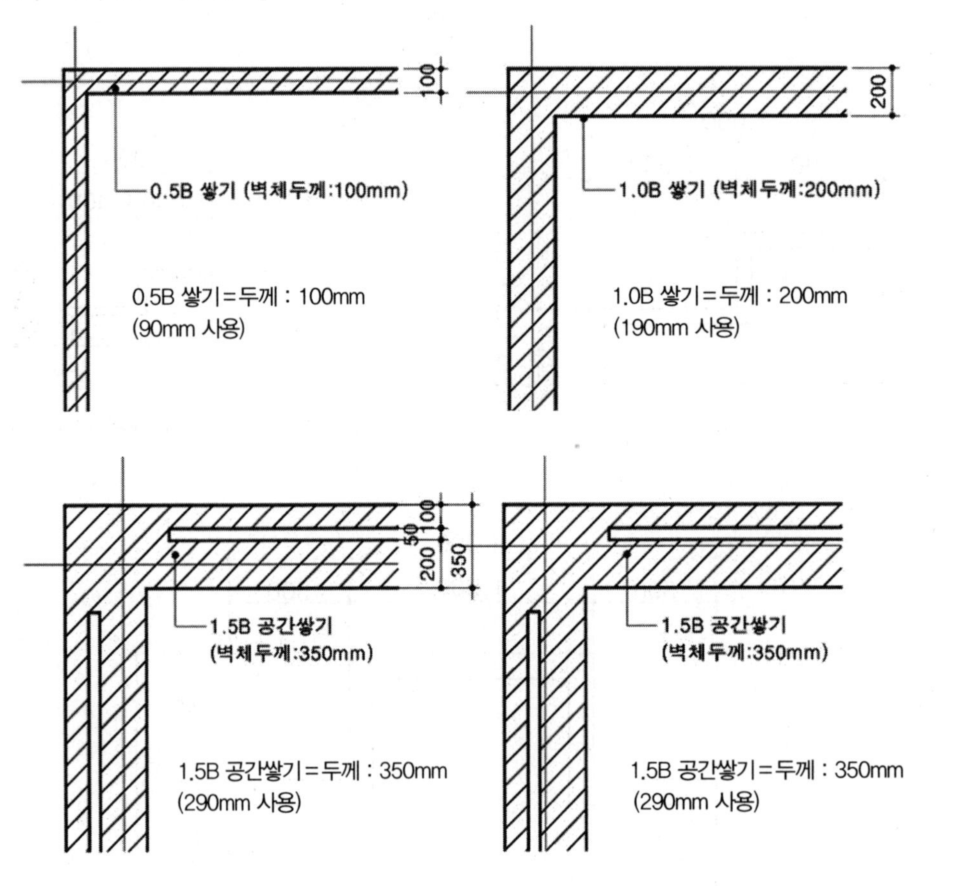

❷ 철근콘크리트구조

철근을 조립하고 콘크리트를 부어 일체식으로 구성한 구조로, 형태 및 크기를 자유롭게 할 수 있다.

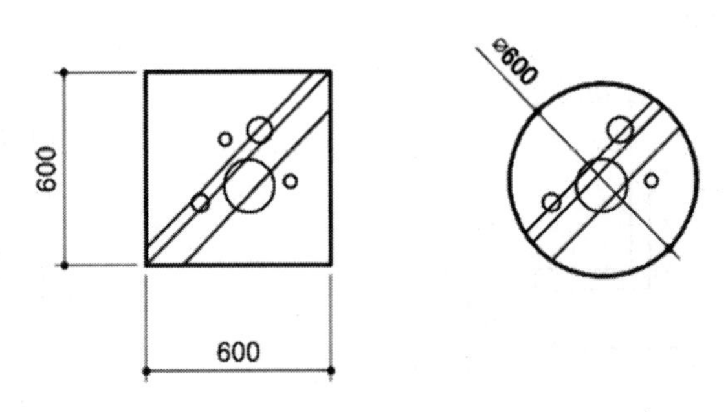

▲ 사각형(SIZE : 500, 600) ▲ 원형(SIZE : 600)

※ 문제에 따라 유동적일 수 있음

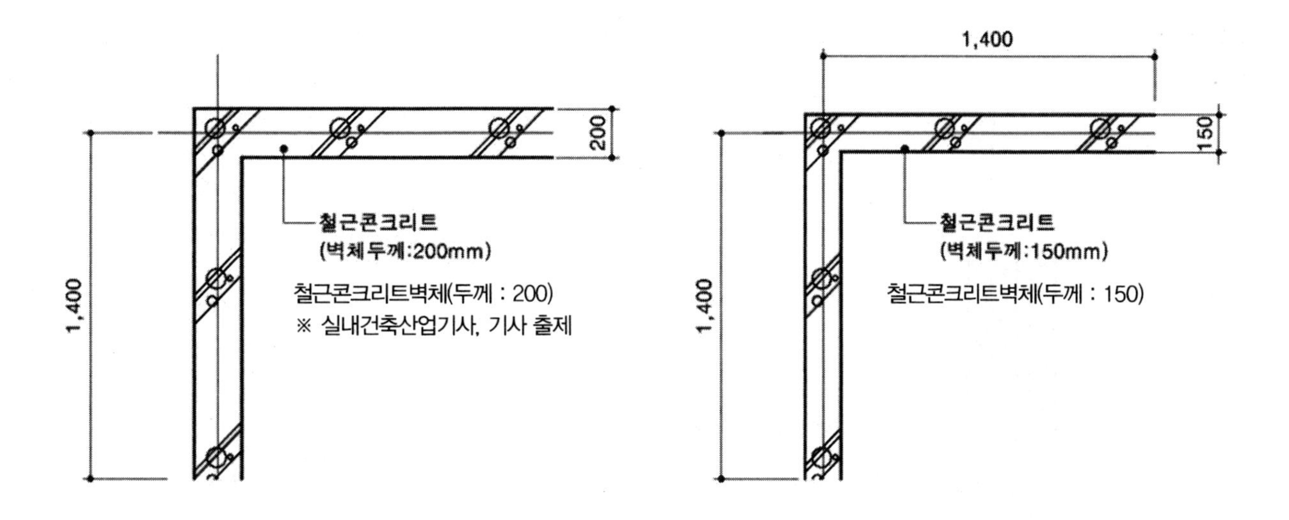

❸ 벽체연습 [철근콘크리트기둥 + 조적구조]

[평면도]

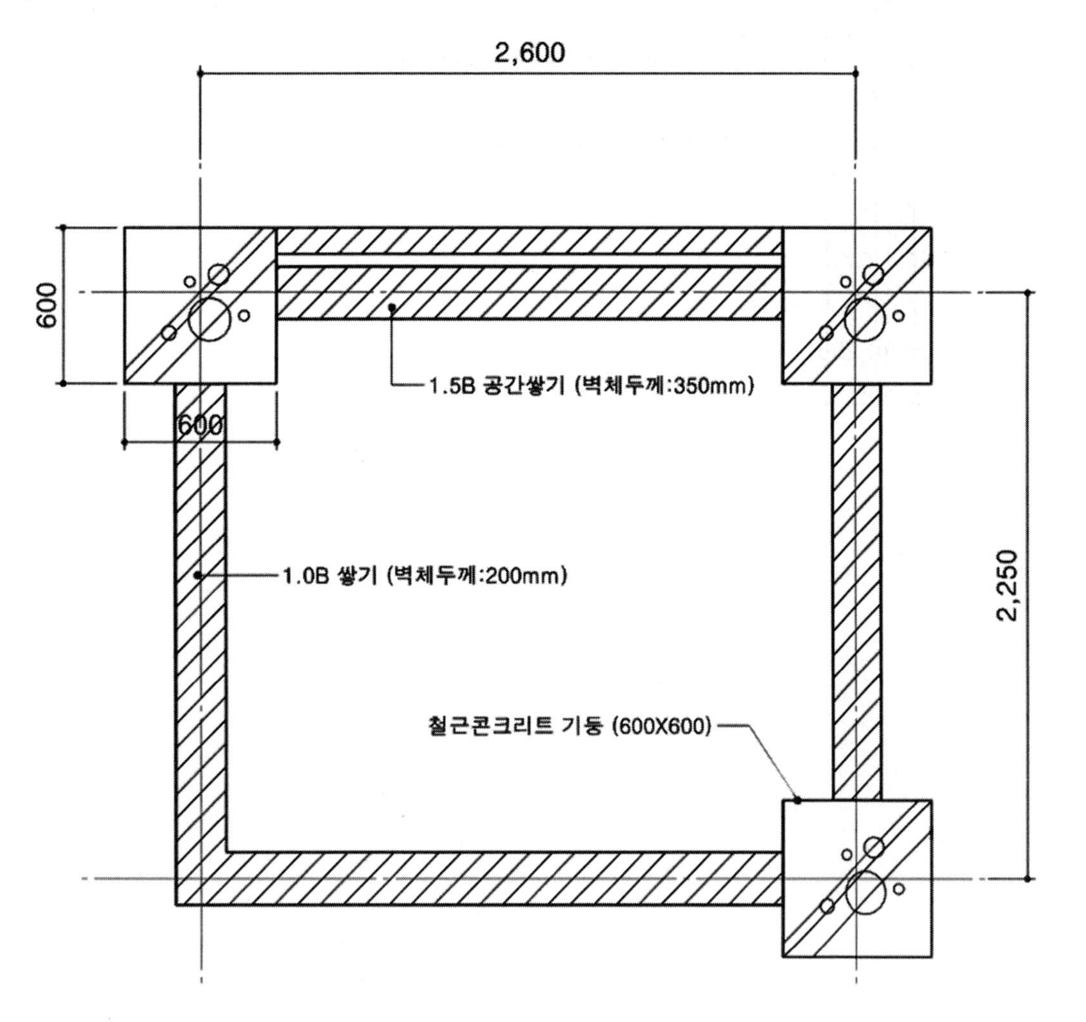

▲ 철근콘크리트기둥 + 조적구조

[평면도]

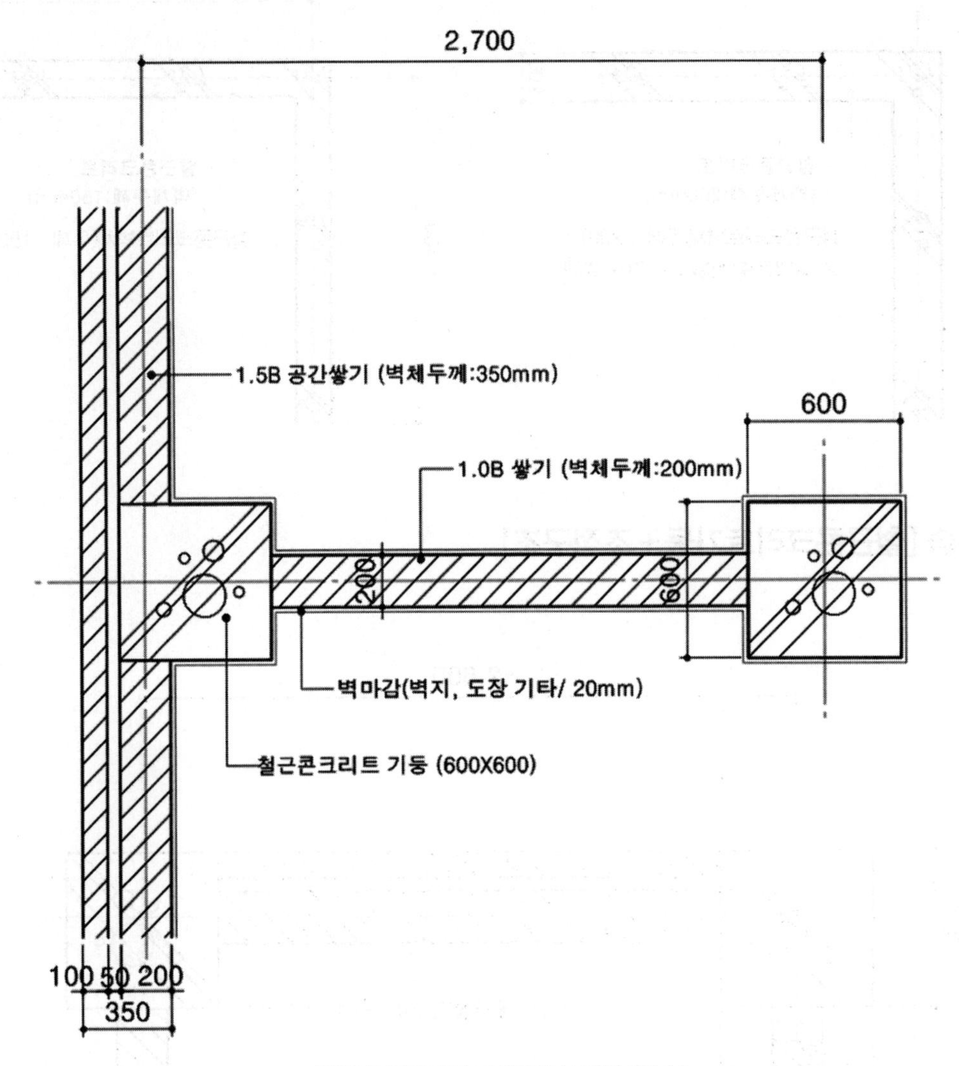

▲ 철근콘크리트기둥＋조적구조＋마감 20MM

❹ 벽체연습 [철근콘크리트기둥+조적구조+고정창]

- 실내건축산업기사, 실내건축기사에 많이 출제되는 벽체 구조로서 상업시설에 많이 이용된다.
- 유리를 벽체로 쓸 경우 외부소리를 차단하고 단열성이 뛰어나면서 채광과 시선의 연장이 가능하므로 공간이 더 넓어 보이는 효과가 있다.

[평면도]

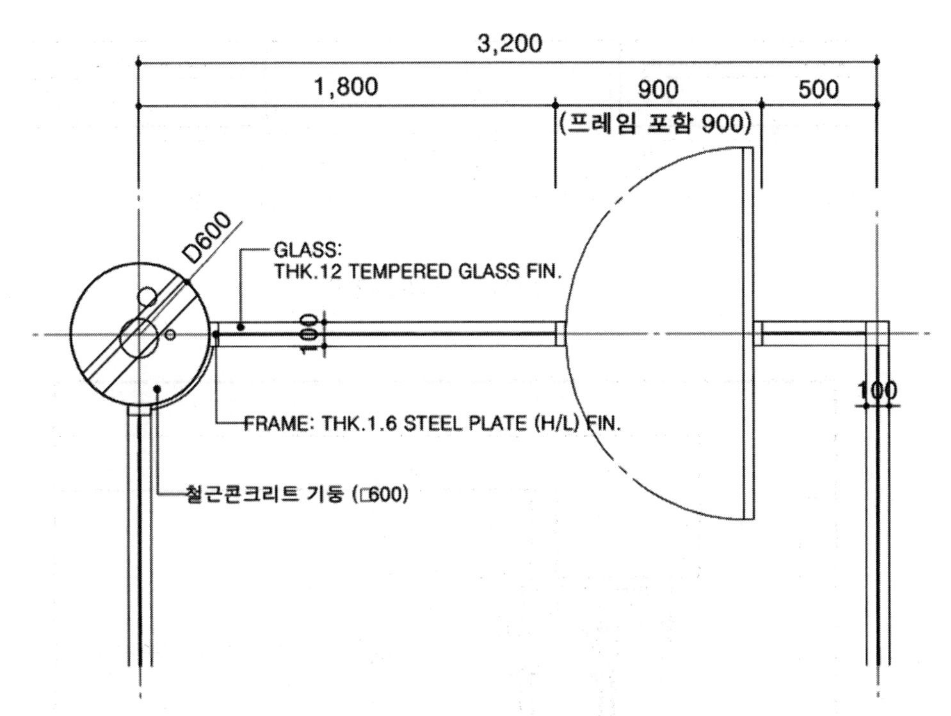

▲ 철근콘크리트기둥+고정창+유리문

[평면도]

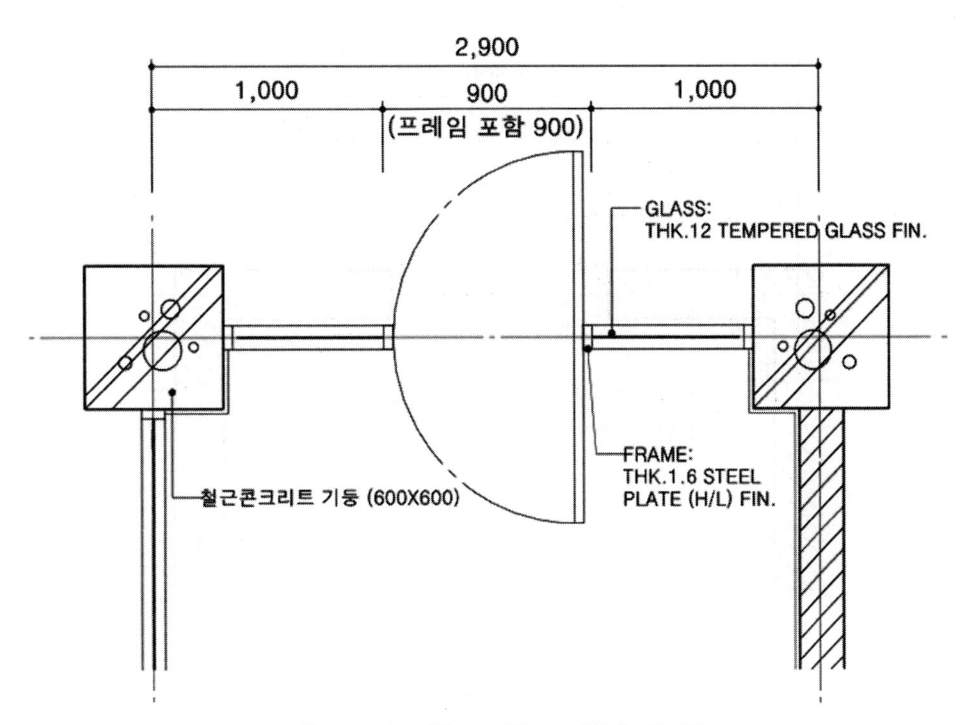

▲ 철근콘크리트기둥+고정창+조적벽체+유리문

❺ 벽체연습 [천장도 벽체+커튼박스+몰딩]

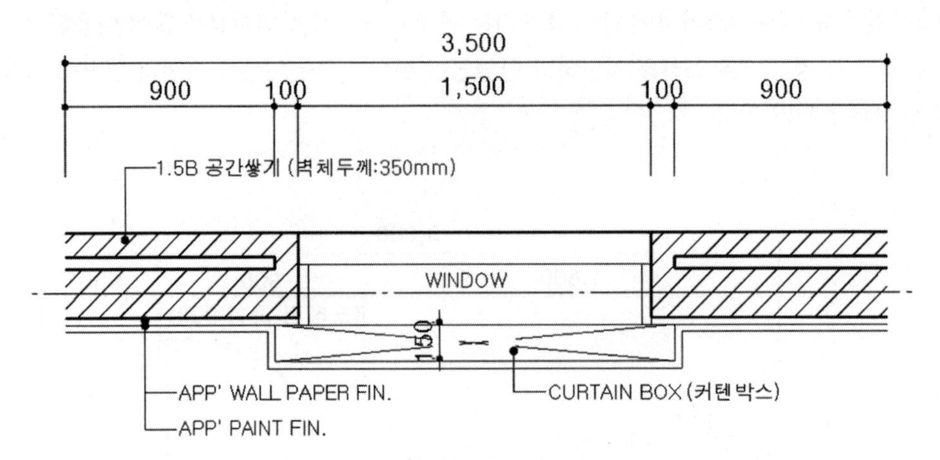

▲ 천장도 : 커튼박스+몰딩

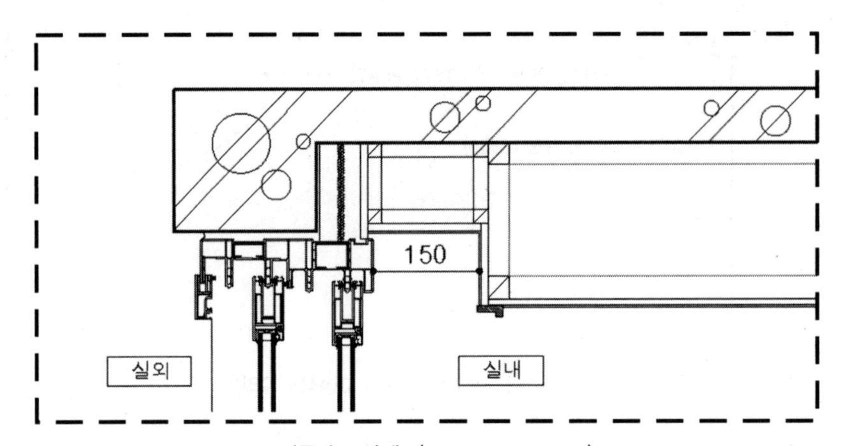

▲ 커튼박스 상세도(Curtain Box Detail)

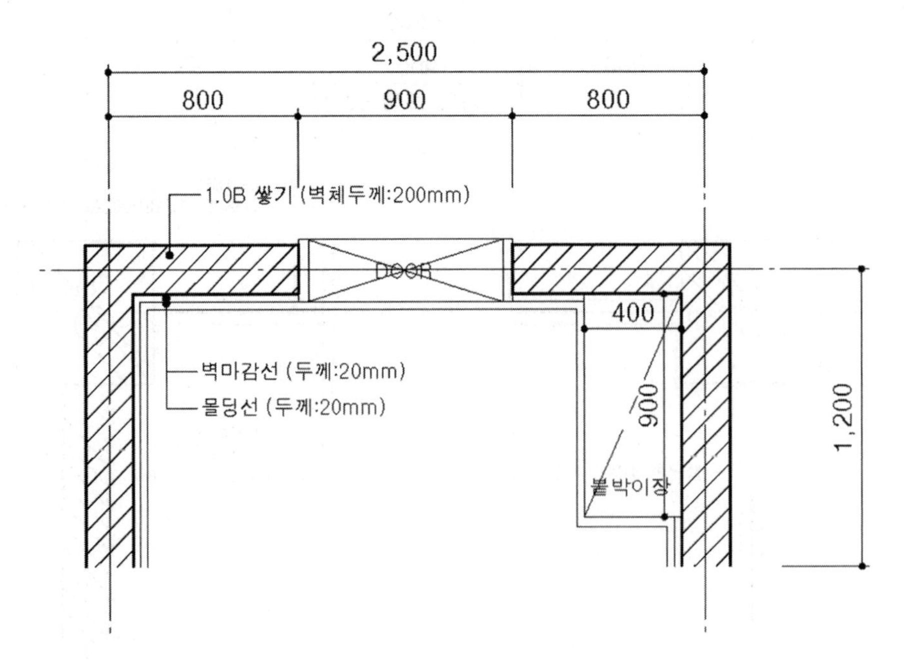

▲ 천장도 : 문+붙박이장+마감+몰딩

❶ 미서기창 [DOUBLE SLIDING WINDOW]

- 창호는 일반적으로 실내의 환기 및 채광을 위하여 벽체에 개구부를 내고 개폐할 수 있도록 만든 장치이다.
- 미서기창은 미닫이창과 거의 유사한 구조로 두 줄의 홈을 파서 창 한 짝을 다른 한 짝 옆에 밀어붙이게 한 것이다.

[평면도]

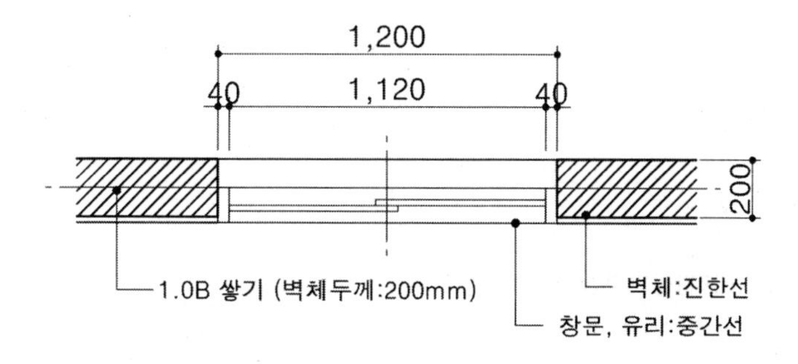

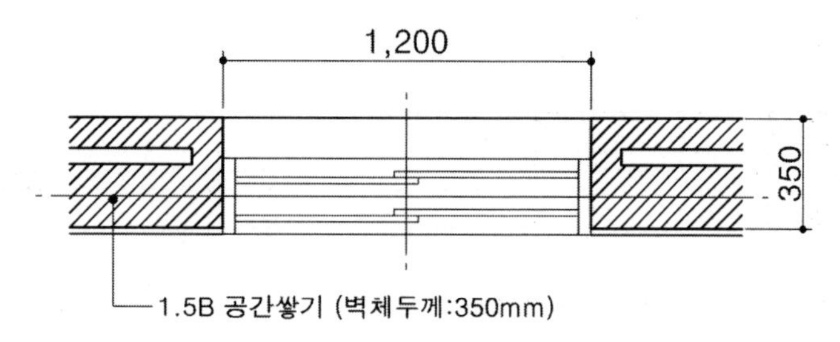

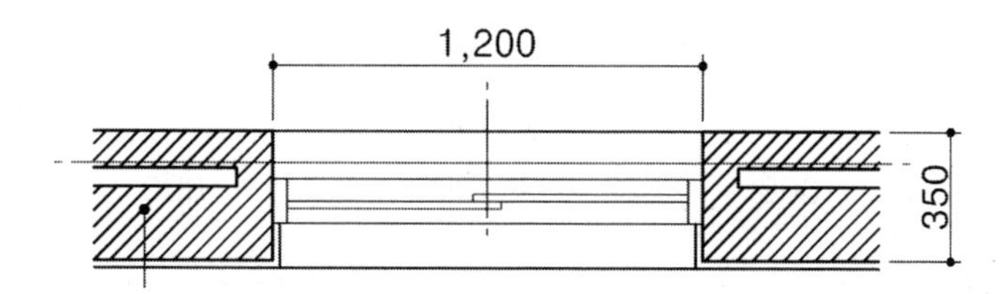

[입면도]

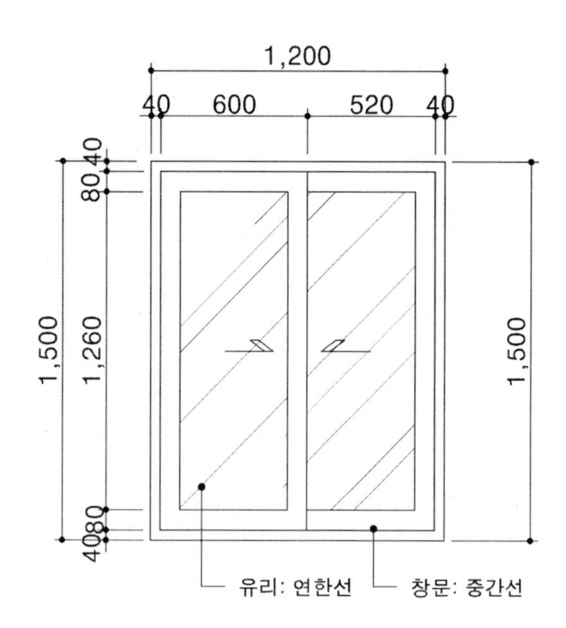

[평면도]

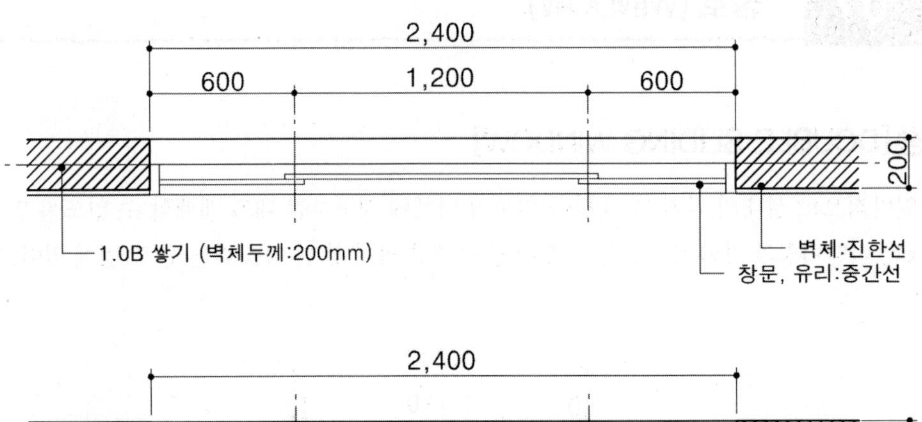
2,400
600
1,200
600
200
1.0B 쌓기 (벽체두께:200mm)
벽체:진한선
창문, 유리:중간선

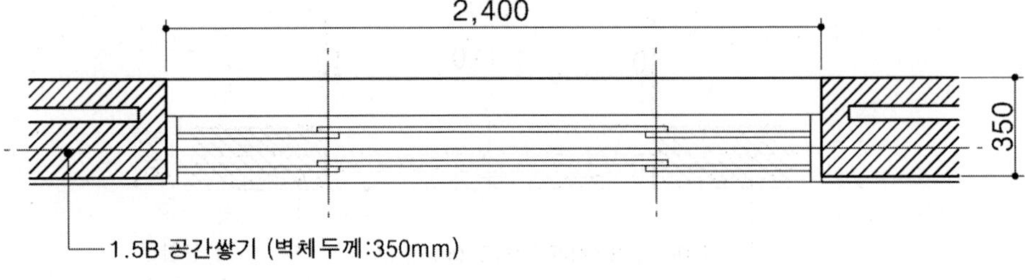
2,400
350
1.5B 공간쌓기 (벽체두께:350mm)

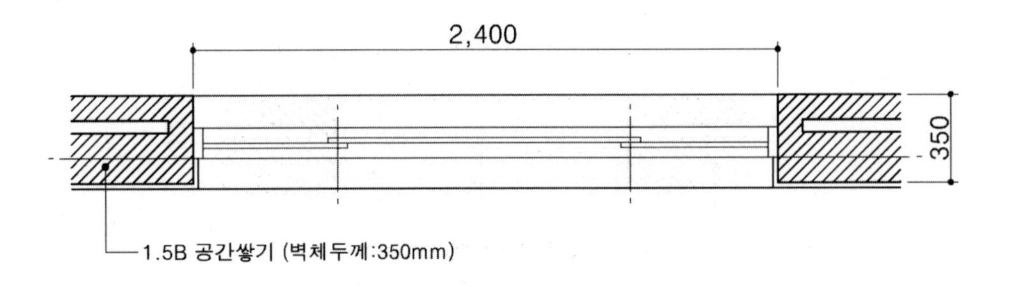
2,400
350
1.5B 공간쌓기 (벽체두께:350mm)

[입면도]

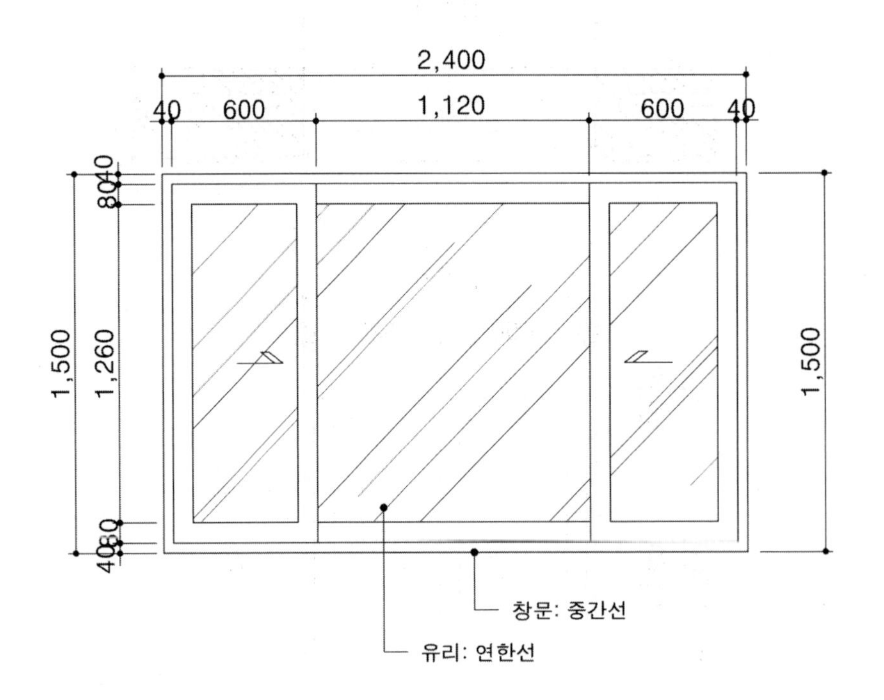
2,400
40
600
1,120
600
40
1,500
1,260
1,500
창문: 중간선
유리: 연한선

SECTION 08 문 [DOOR]

❶ 여닫이문 [SWING DOOR]

- 정첩, 돌쩌귀, 자유경첩 등을 문선틀에 달거나 문장부(Pivot), 바닥지도리(Floor Hinge) 등을 문의 한쪽 상하부에 장치하여 회전하면서 개폐되는 문으로 외여닫이와 쌍여닫이가 있다.
- 개폐방법에 따라 안여닫이, 밖여닫이로 구분한다.

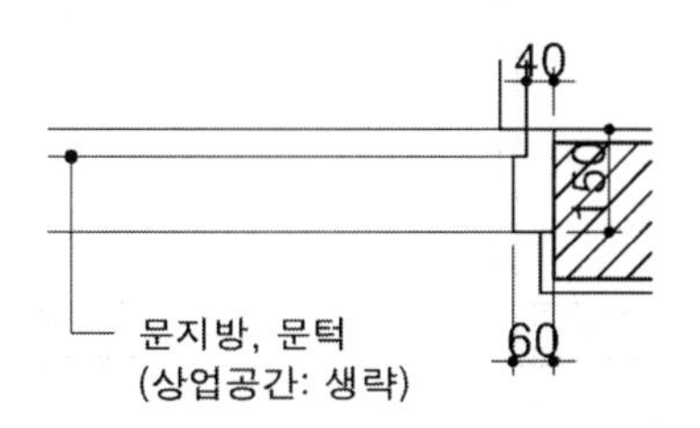

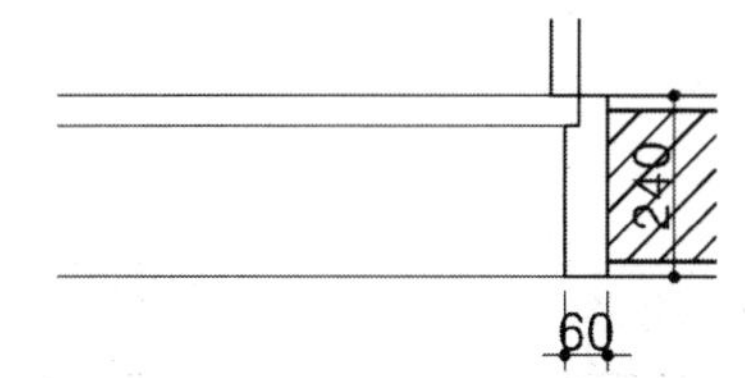

[평면도]

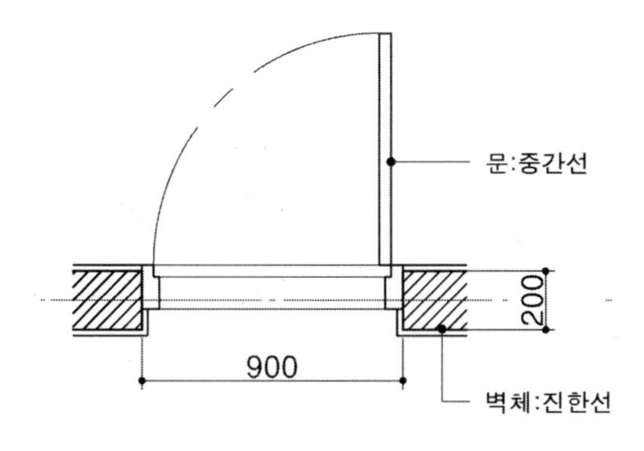

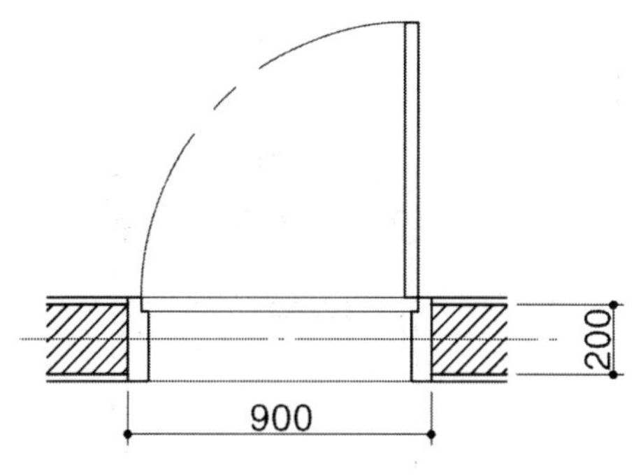

[입면도]

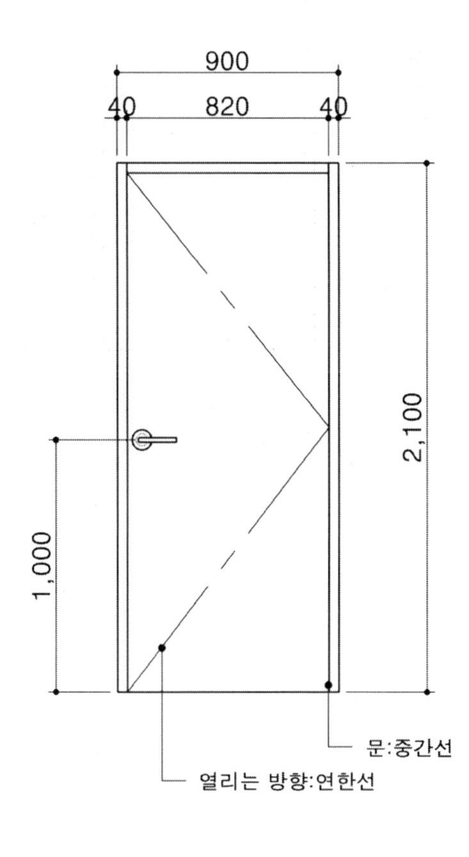

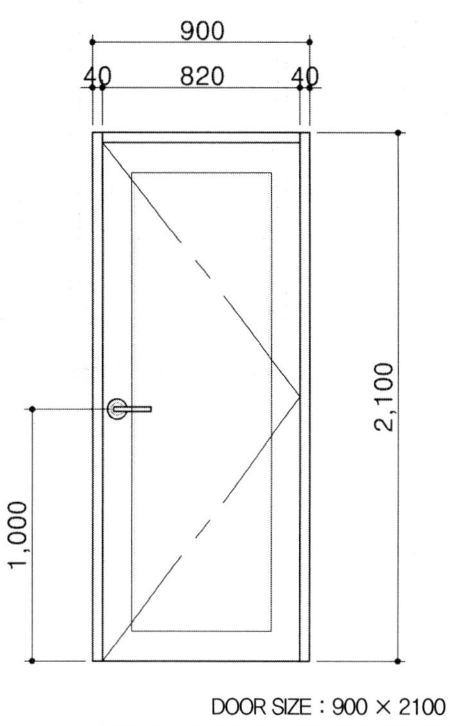

DOOR SIZE : 900 × 2100
※ 기준 치수를 준수하여 디자인에 따른 형태변경 가능

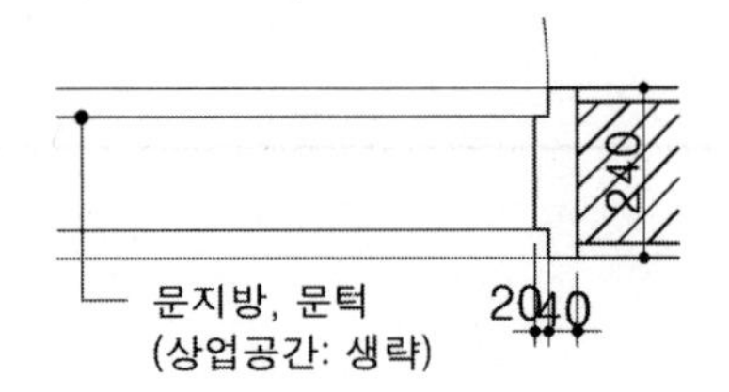
240
문지방, 문턱
(상업공간: 생략)
20
40

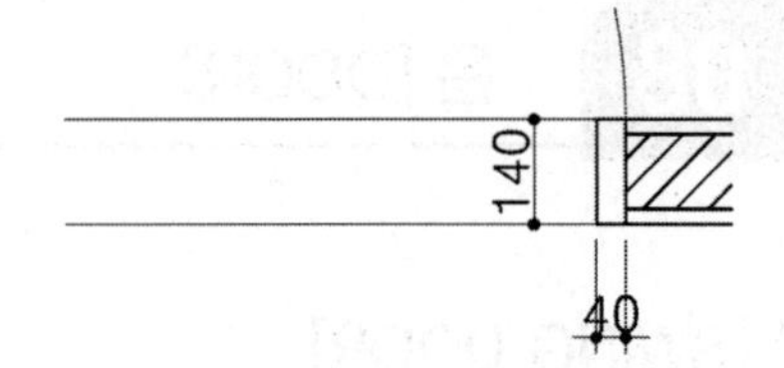
140
40

[평면도]

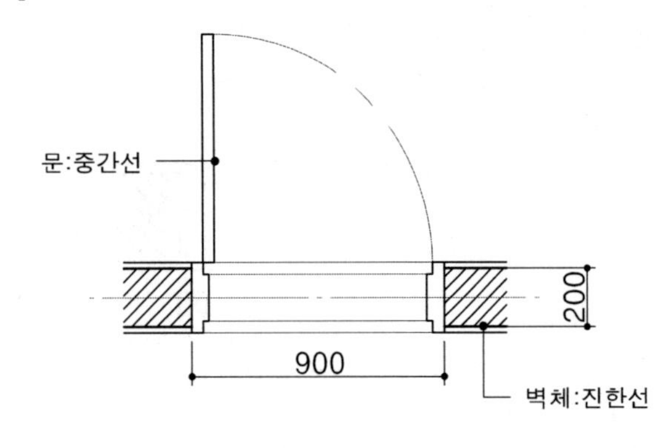
문:중간선
200
900
벽체:진한선

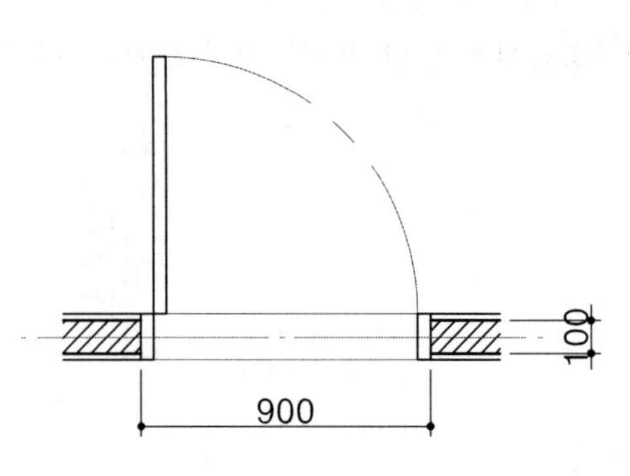
100
900

[입면도]

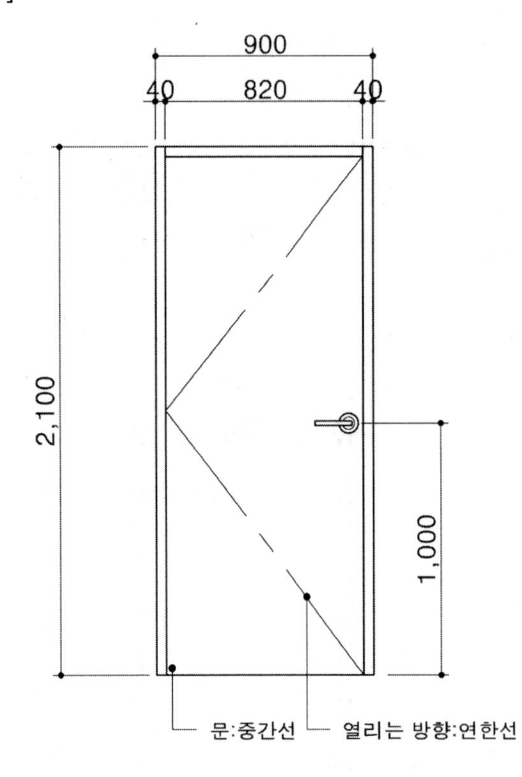
900
40
820
40
2,100
1,000
문:중간선
열리는 방향:연한선

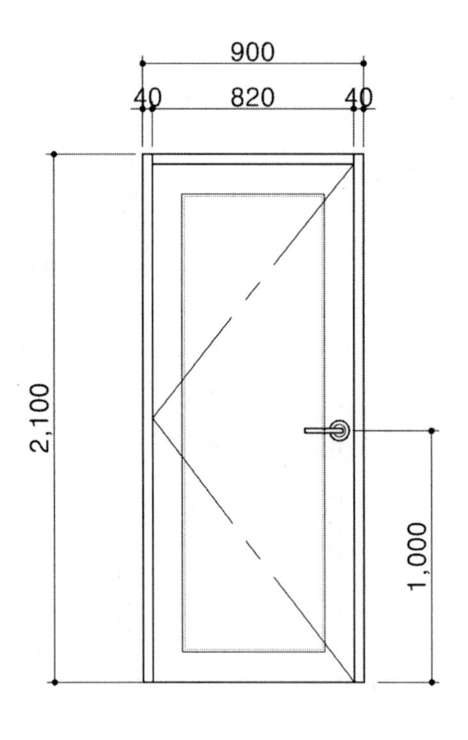
900
40
820
40
2,100
1,000

❷ 쌍여닫이문 [DOUBLE SWING DOOR]

쌍여닫이문은 좌우 2매의 여닫이문으로 이루어지며, 회전축이 양쪽에 있고, 중앙이 넓게 열리는 창호의 개폐 방식이다.

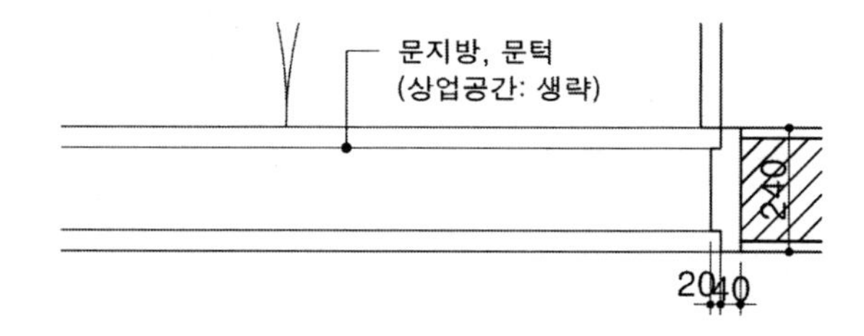

[평면도]

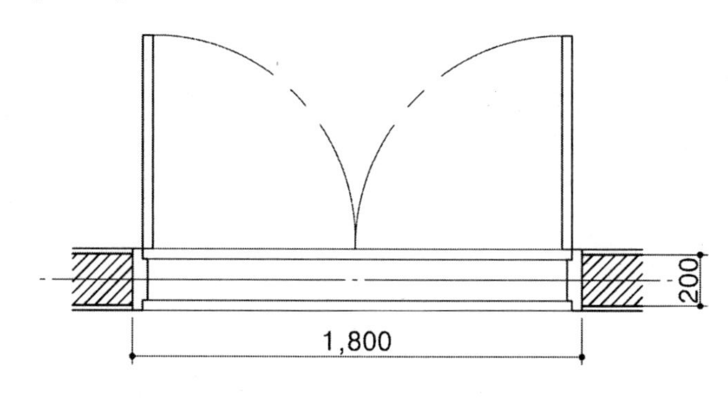

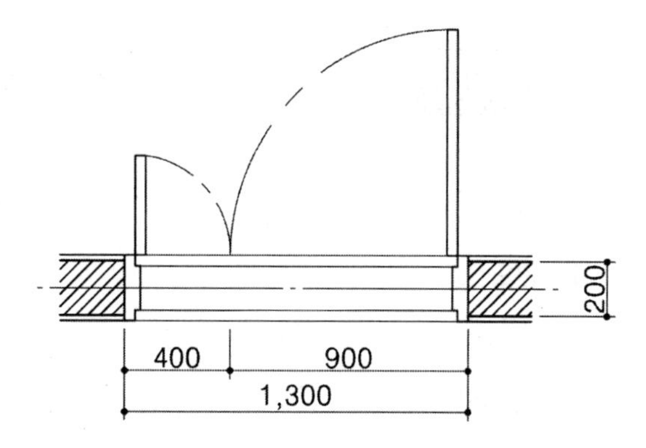

[입면도]

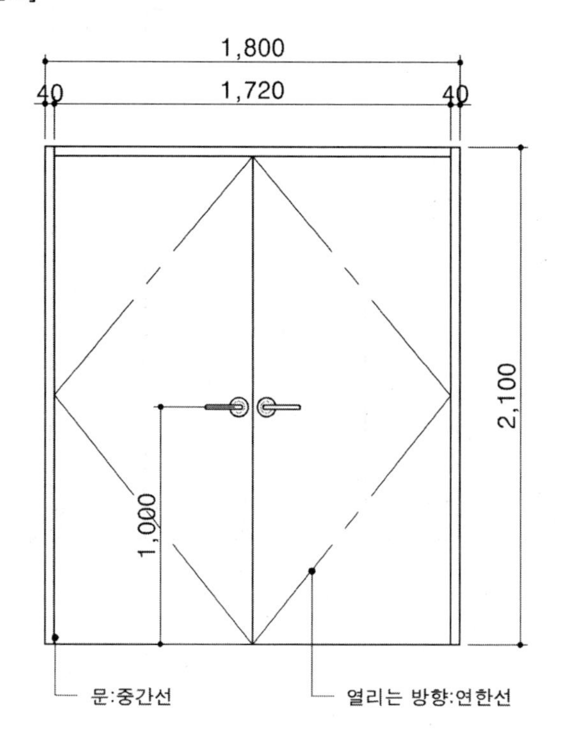

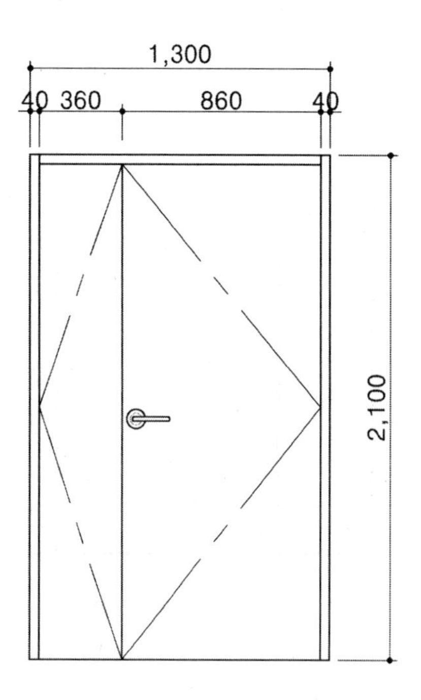

❸ 개방형문 [OPEN DOOR]

[천장도]

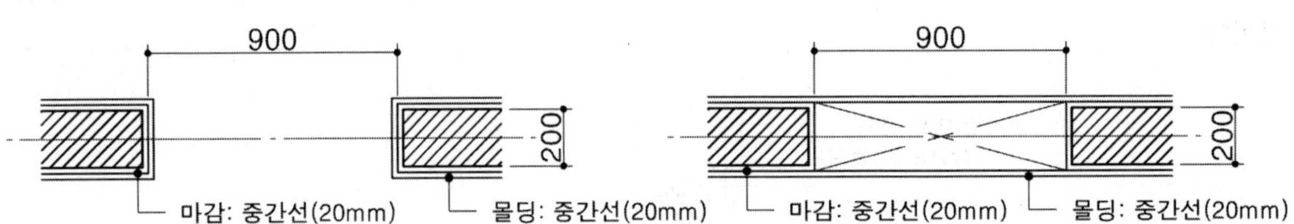

[평면도]

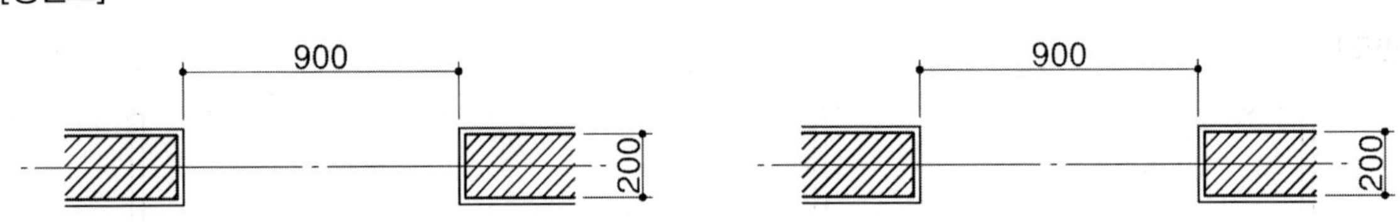

[입면도]

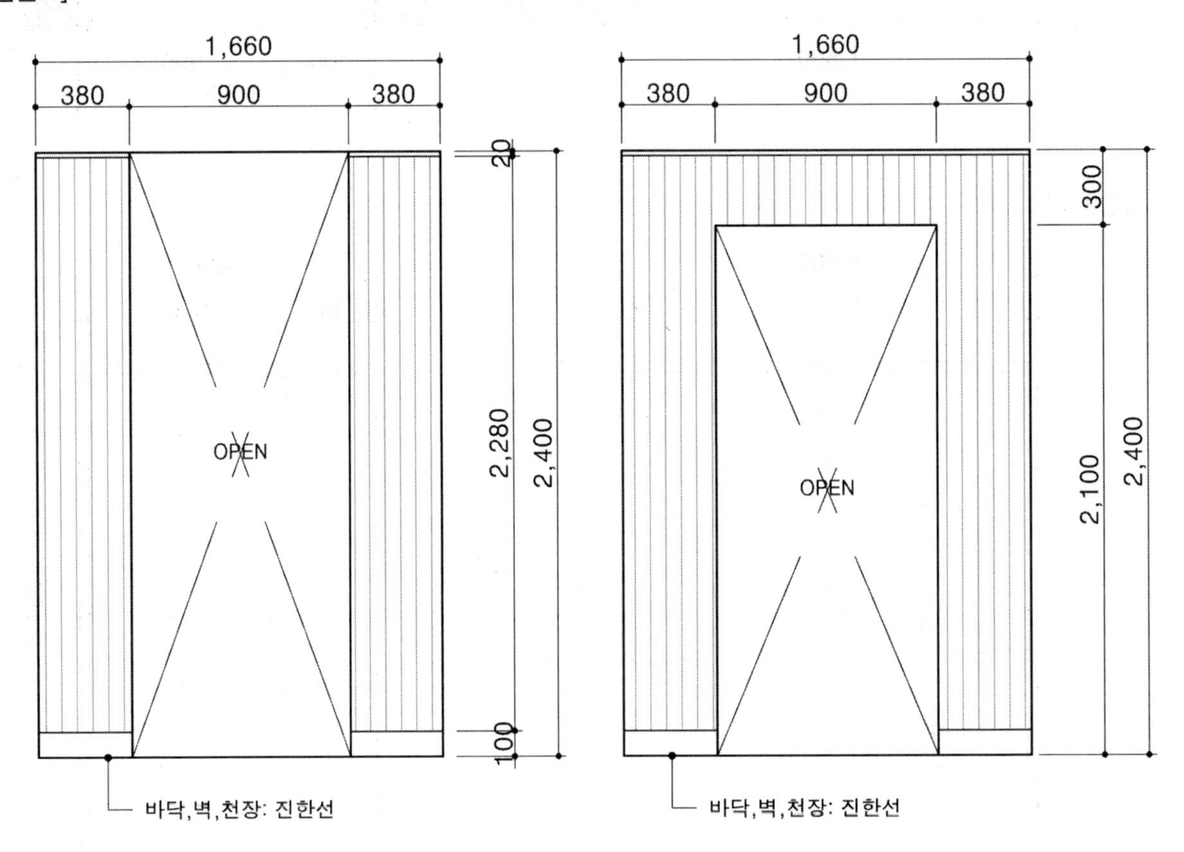

❹ 자동문 [AUTOMATIC DOOR]

- 센서 및 전동장치에 의해 문이 자동으로 개폐되고 일반적으로 미닫이문 형식으로 사용되며, 문짝은 두께 12mm의 강화유리가 사용된다.
- 문의 개폐는 센서에 의하며 센서에서 발사하는 전파를 동행자가 차단하면 문이 자동으로 열리게 된다.

[천장도]

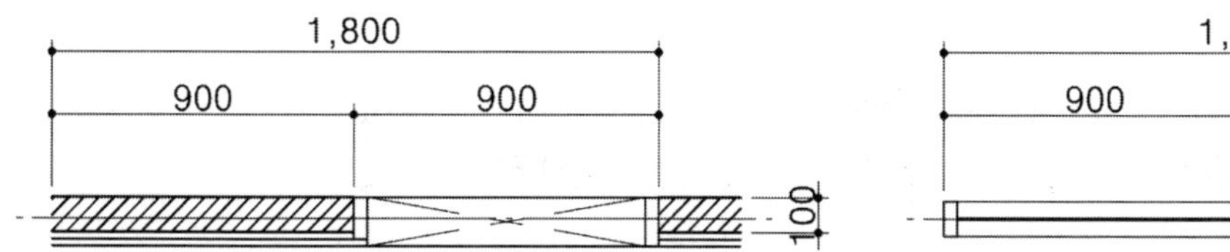

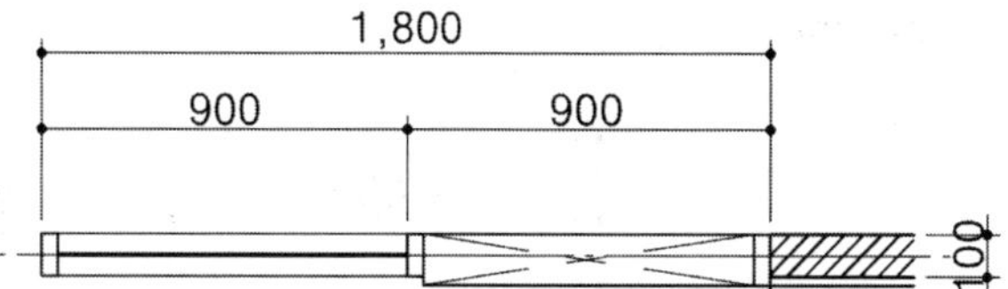

[평면도]

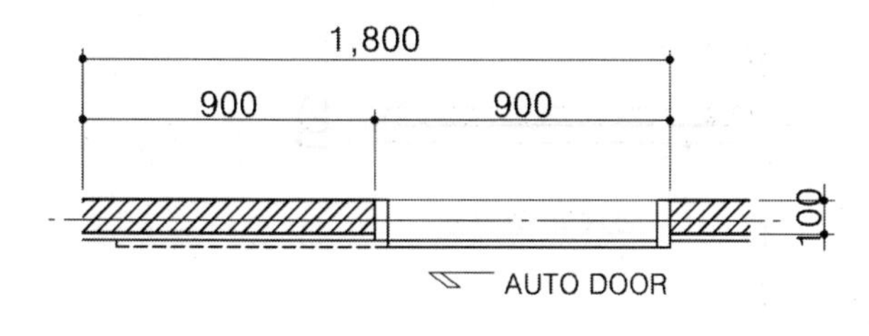

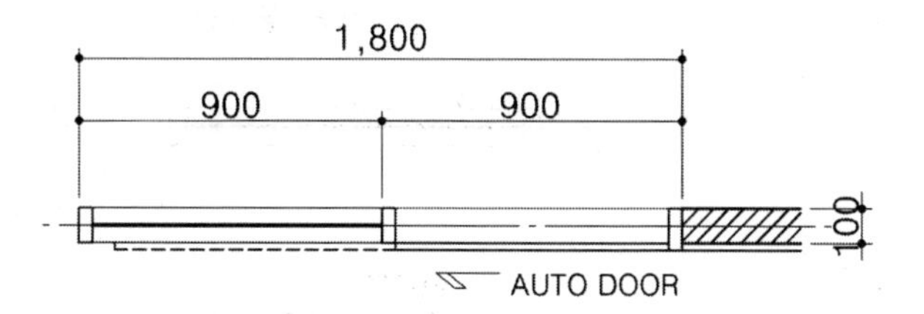

[입면도]

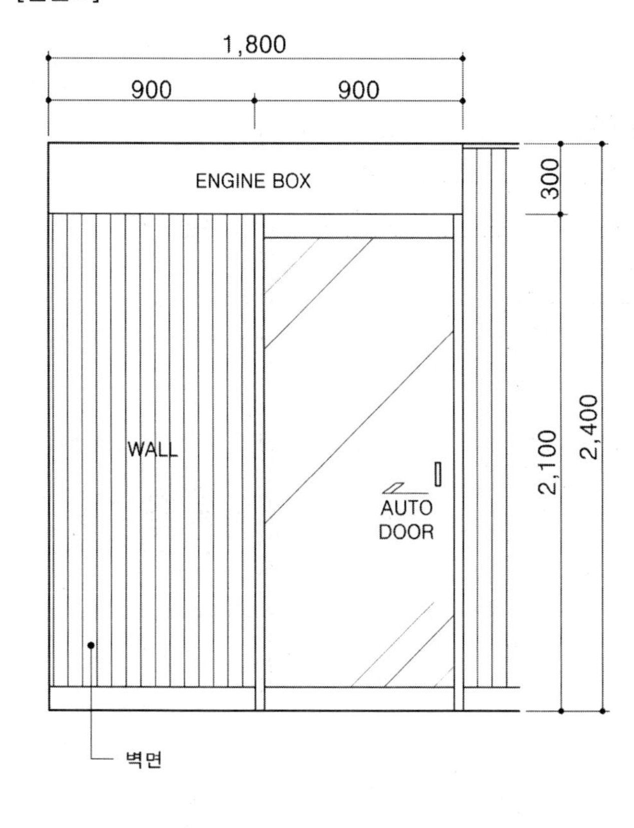

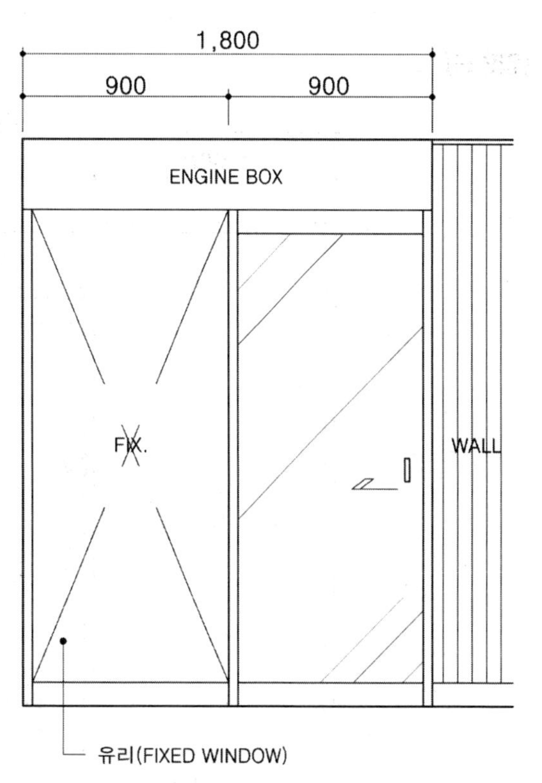

❺ 유리 무테문 [TEMPERED GLASS DOOR]

- 문짝을 강화유리로 하고 유리판의 상하부에 보강테를 댄 것으로 강화유리도어(Tempered Glass Door)라고도 한다.
- 사용하는 유리두께는 10mm, 12mm, 16mm가 일반적이며, 유리판의 상하부에 대는 보강테는 스테인리스스틸이 주로 사용된다.
- 주로 상업공간 등 사람의 출입이 많은 장소의 현관문에 이용된다.

[평면도]

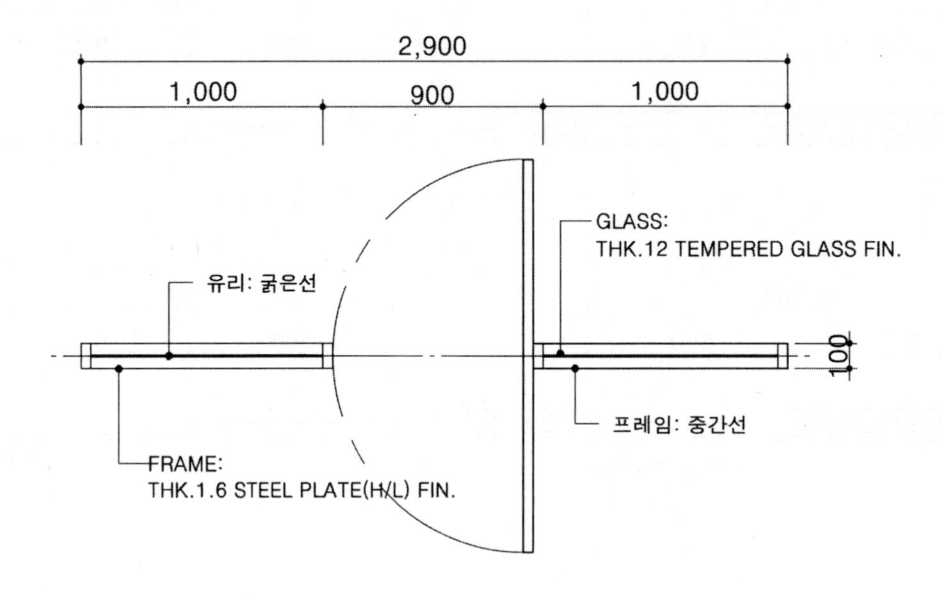

[입면도]

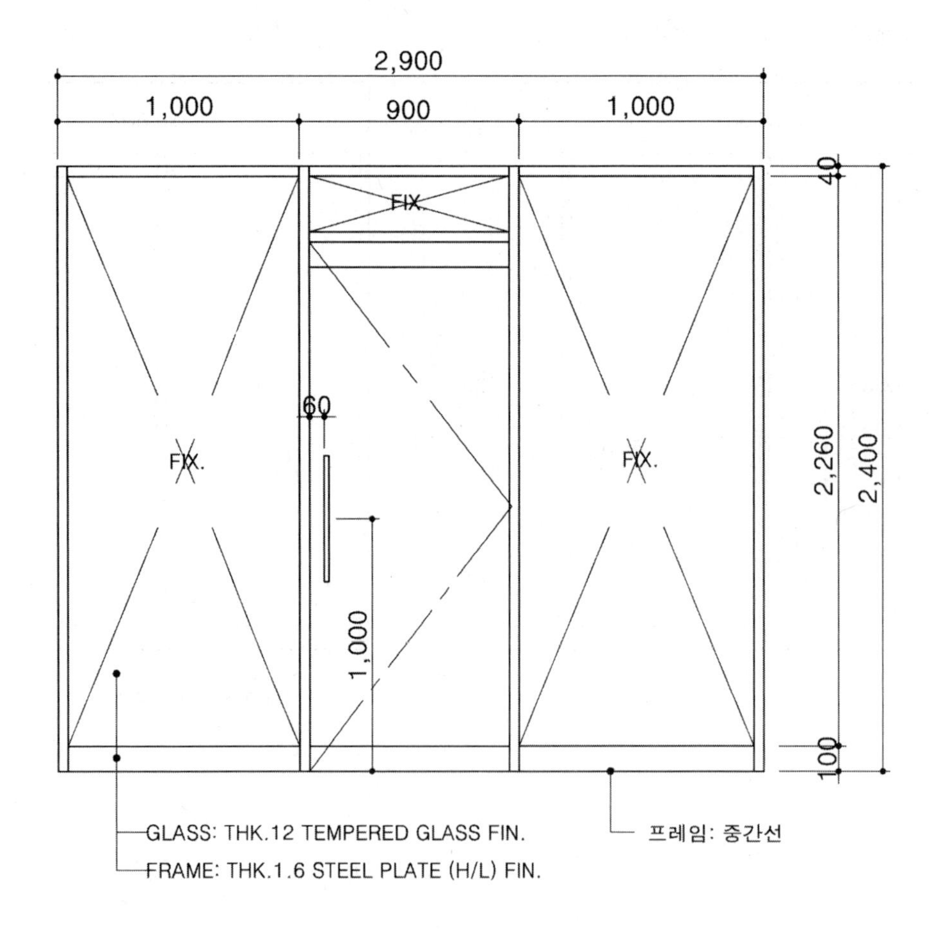

⑥ 쌍유리 무테문 [DOUBLE TEMPERED GLASS DOOR]

[평면도]

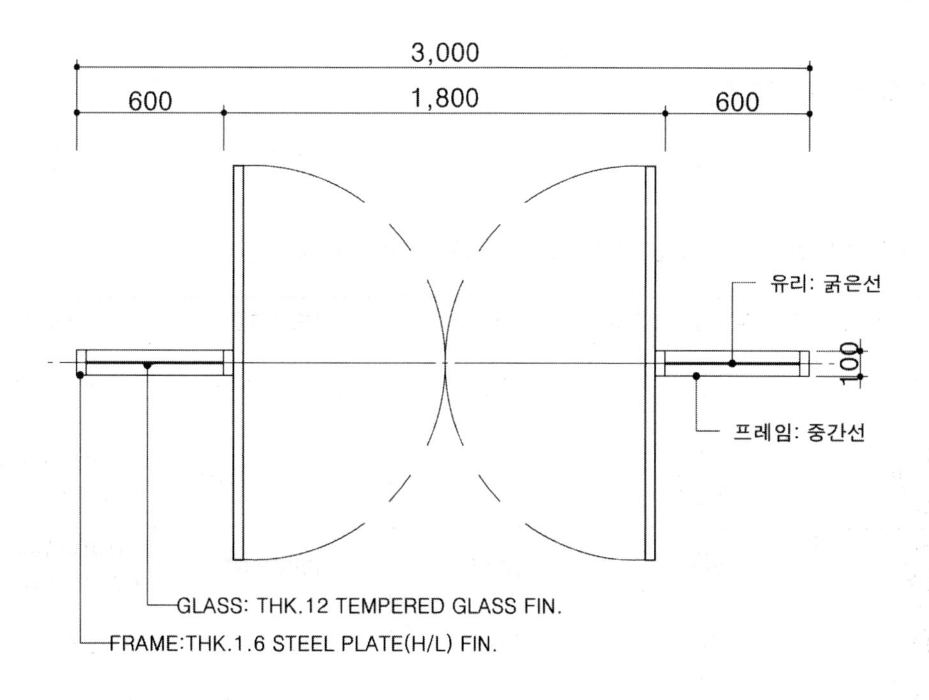

[입면도]

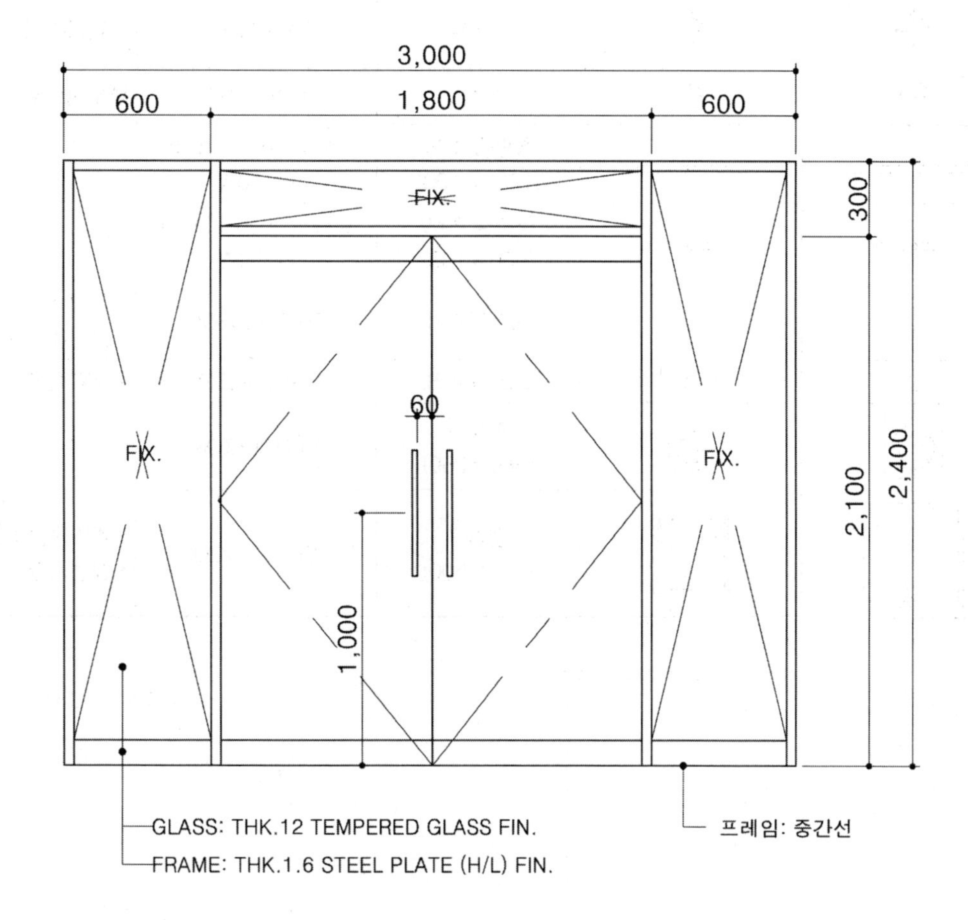

SECTION 09 조명 [LIGHT]

❶ 조명의 종류 및 표기방법

조명기호를 작성하는 가장 중요한 목적은 시공현장에서 조명의 종류와 위치, 간격 등 시공에 필요한 정보를 파악하기 위해서이다.

※ 실기시험 문제에서는 천장도의 스케일이 1/30, 1/50 두 종류가 가장 많이 출제되고 있다.

기호(SCALE : 1/30)	기호(SCALE : 1/50)	명칭(한글)	명칭(영문)	배치 시 주의사항
		매입등	DOWN LIGHT	매입등 간격(최소 1,200)
		직부등	CEILING LIGHT	• 주거공간에 많이 사용됨 • ROOM에 1개씩 배치
		달대등	PENDANT	• 테이블 위에 설치 • 입면도 : 테이블 위로 800
		센서등	SENSOR LIGHT	주거공간 현관입구 사용
		비상등	EXIT LIGHT	주출입구에 무조건 설치
		국부등	SPOT LIGHT	상업공간, 전시공간 설치
		벽부등	BRACKET	부분적으로 포인트
		형광등 40W (1200×100)	(Fluorescent Lamp) FL 40W	
		형광등 20W (600×100)	(Fluorescent Lamp) FL 20W	
		화재감지기	FIRE SENSOR	• 화재 시 경보음 울림 • 공간에 1개 이상 설치
		스프링클러	SPRINKLER	2,400 간격으로 설치
		환풍기 (260×260)	VENTILATOR	
		점검구 (500×500)	ACCESS DOOR	• 주거공간 : 화장실 설치 • 상업공간 : 공간별로 설치

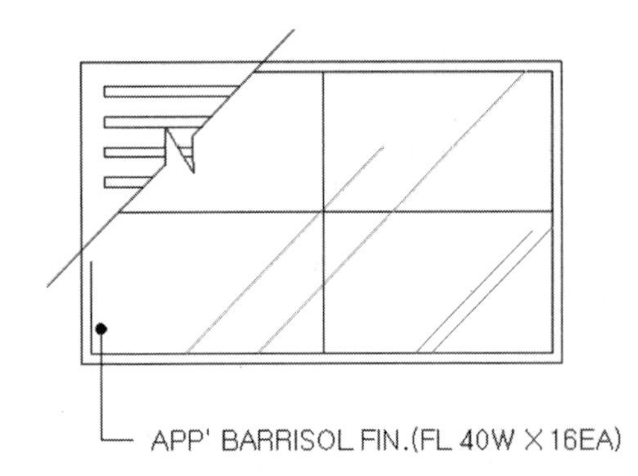

▲ 형광등을 이용하여 라이팅 박스, 바리솔 표현

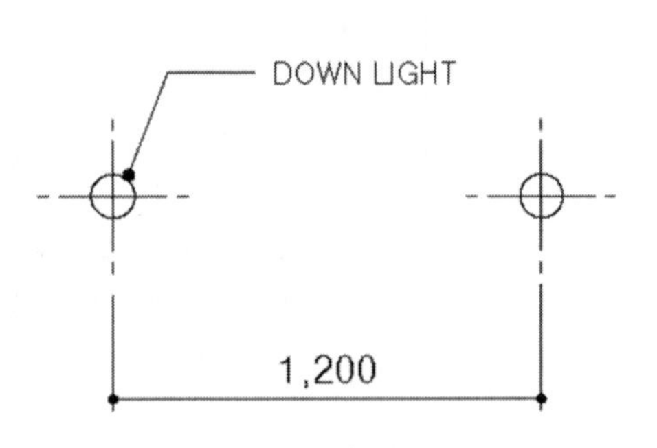

▲ 매입등(다운라이트) – 조명간격 및 이름 표기

SECTION 10 기호 [SYMBOL]

❶ 입면, 단면, 출입구 기호

입면 기호는 평면도 내부 4면의 방향을 기호로 표기하여 해당 번호를 보고 벽면에 대한 입면도를 작성한다. 특히, 단면 기호는 시공을 정확히 하기 위해 평면도 특정부위를 끊어서 다른 도면에 설명될 필요성이 있다고 판단한 경우에 사용된다.

[입면 기호 표시]

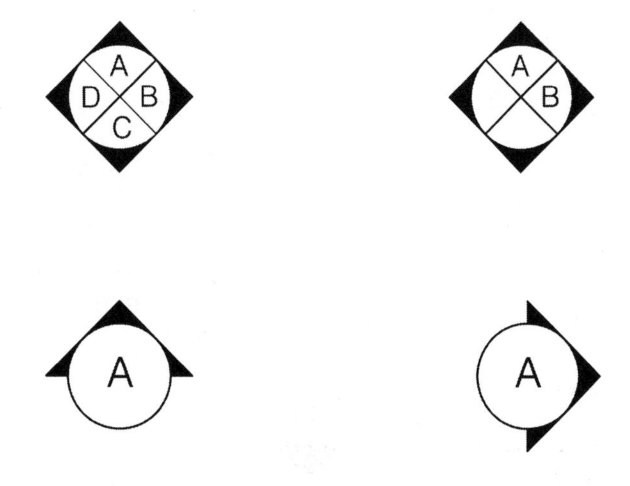

[단면 기호 표시]

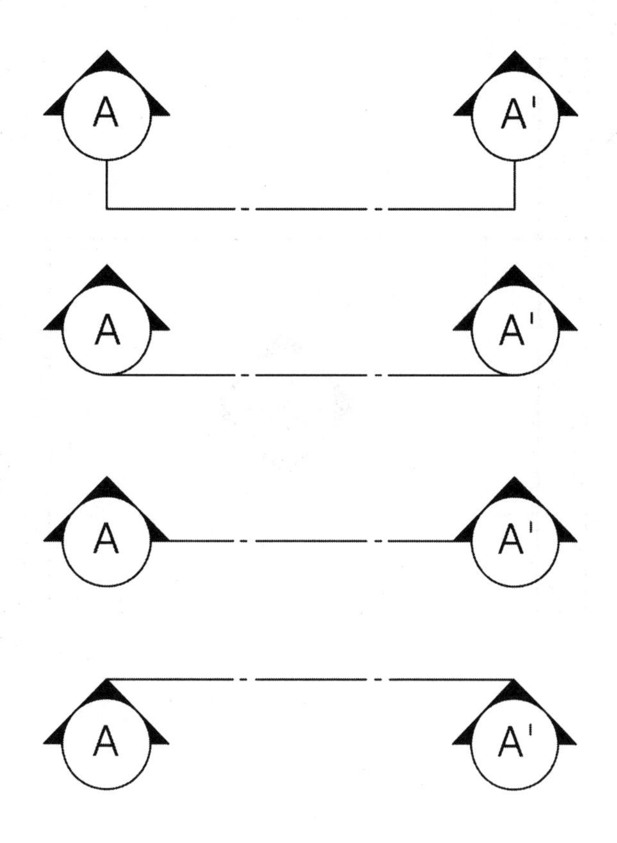

[주출입구 기호 표시]

ENT. =ENTRANCE

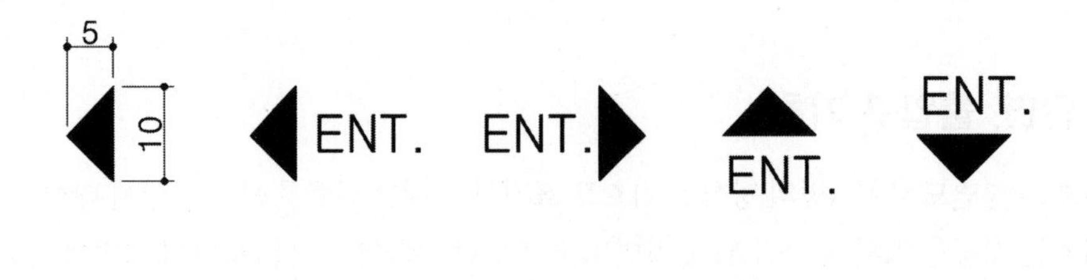

[지시선 기호 표시]

※ 사각템플릿 활용

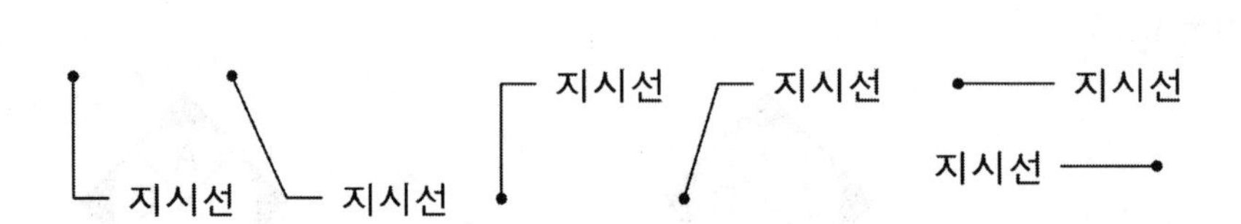

[평면도] 기호 적용 도면

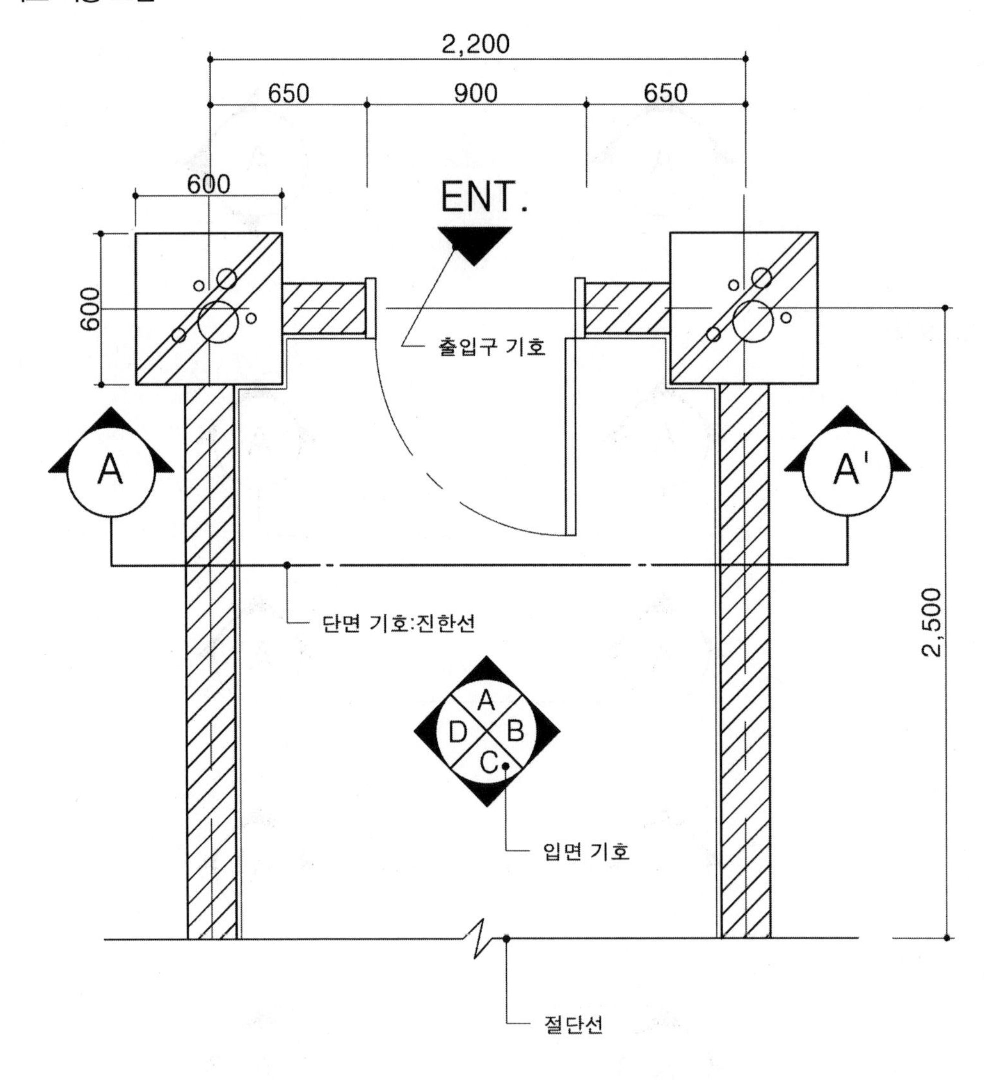

❷ 바닥, 천장 레벨 표현

바닥 레벨은 평면도 내에 표기하는 레벨 기호로, 바닥 마감 높이를 표현하기 위해 기재하고, 천장의 높이가 다를 때는 천장도에 레벨 표현을 기입해 준다.

[바닥 레벨 표시 – 평면도]

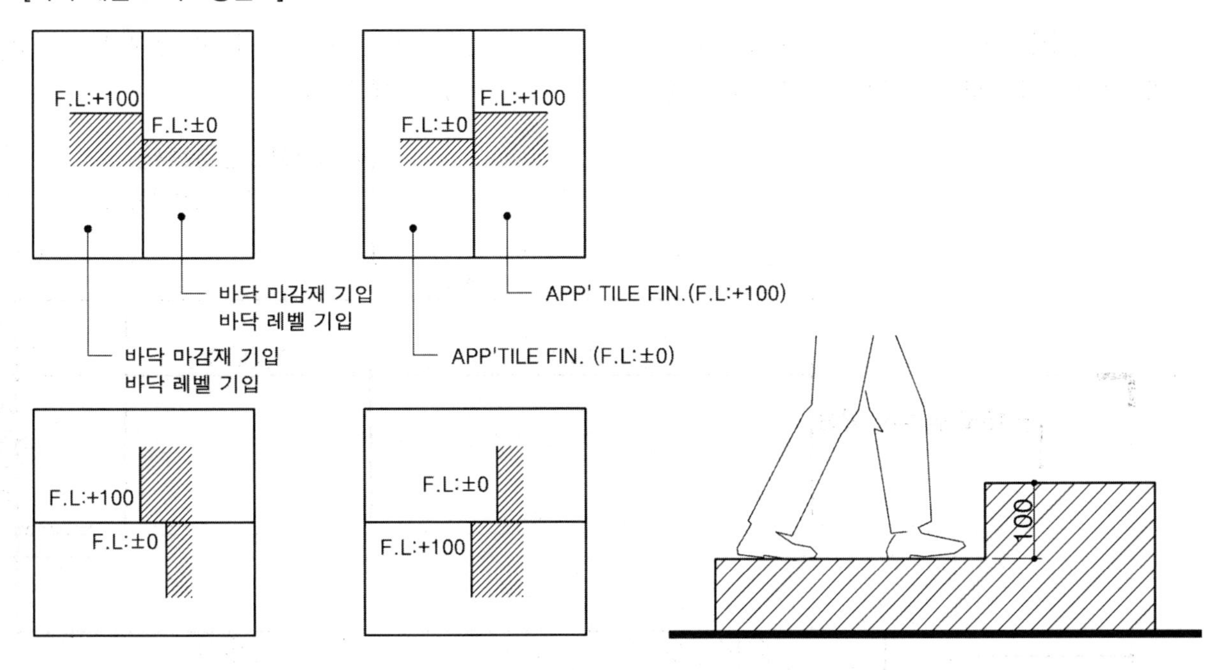

[천장 레벨 표시 – 천장도]

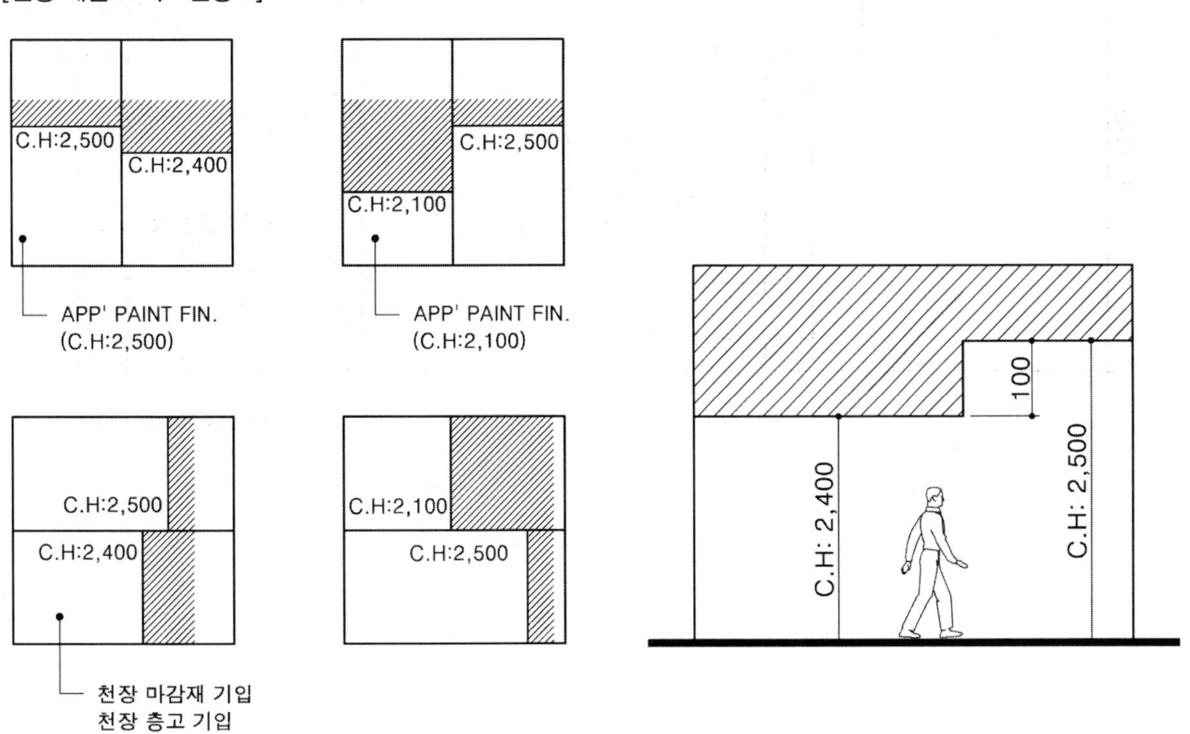

SECTION 11 치수 [DIM]

❶ 치수 표기방법

치수의 단위는 mm로 하고, 기호는 붙이지 않으며, 보는 사람의 입장에서 명확한 치수를 기입한다. 또한 필요한 치수의 기재가 누락되는 일이 없도록 하고, 치수선의 양끝을 모두 동일하게 긋는다.

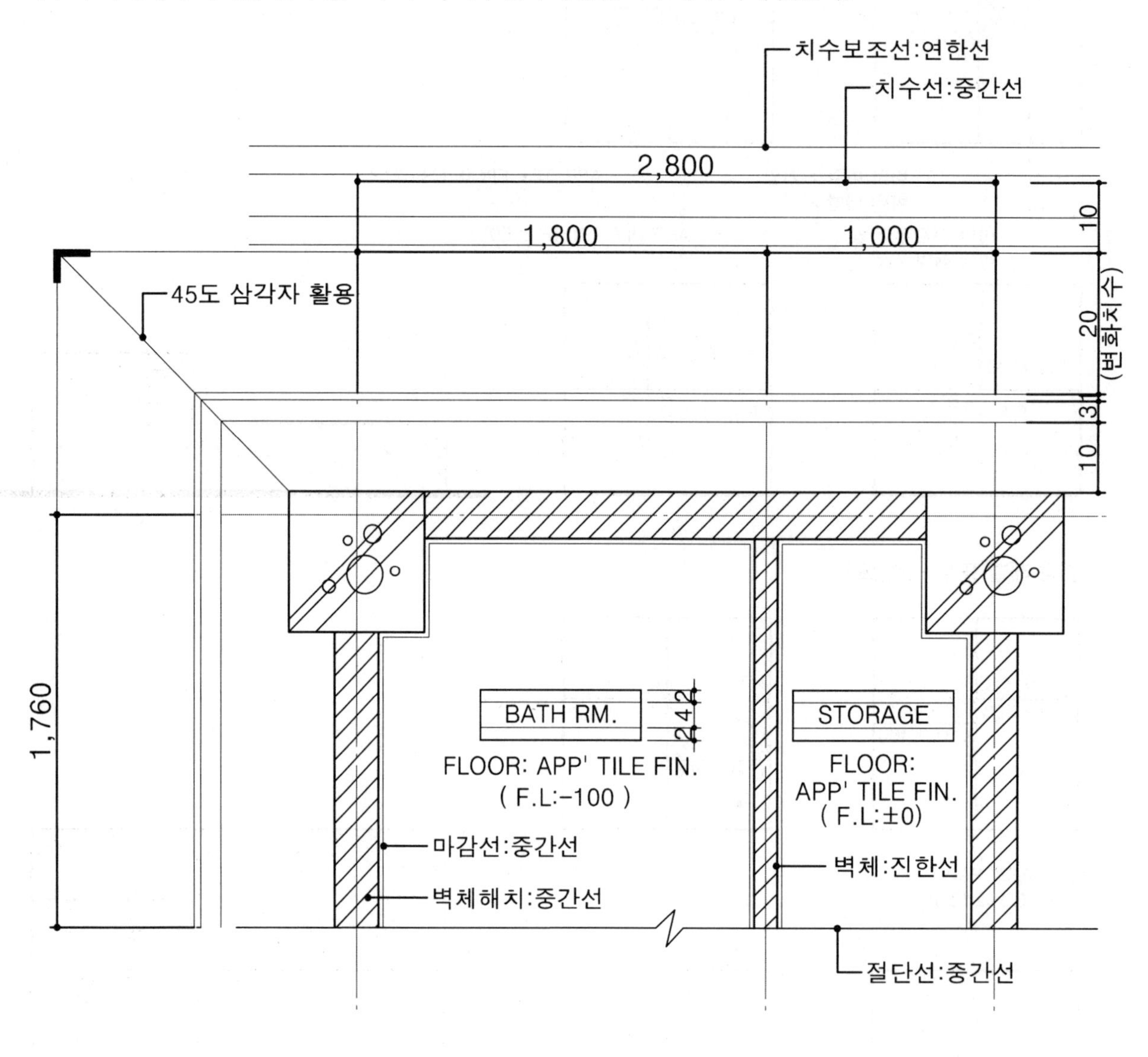

❶ 싱글침대, 더블침대, 의료용 침대 [SINGLE BED, DOUBLE BED]

의료용 침대 사이즈는 800 × 1,800으로 작도하고 침대와 침대 사이는 파티션으로 구분하며, 통로는 평균 900mm, 최소 800mm로 배치하여 의료진의 공간을 충분히 확보한다.

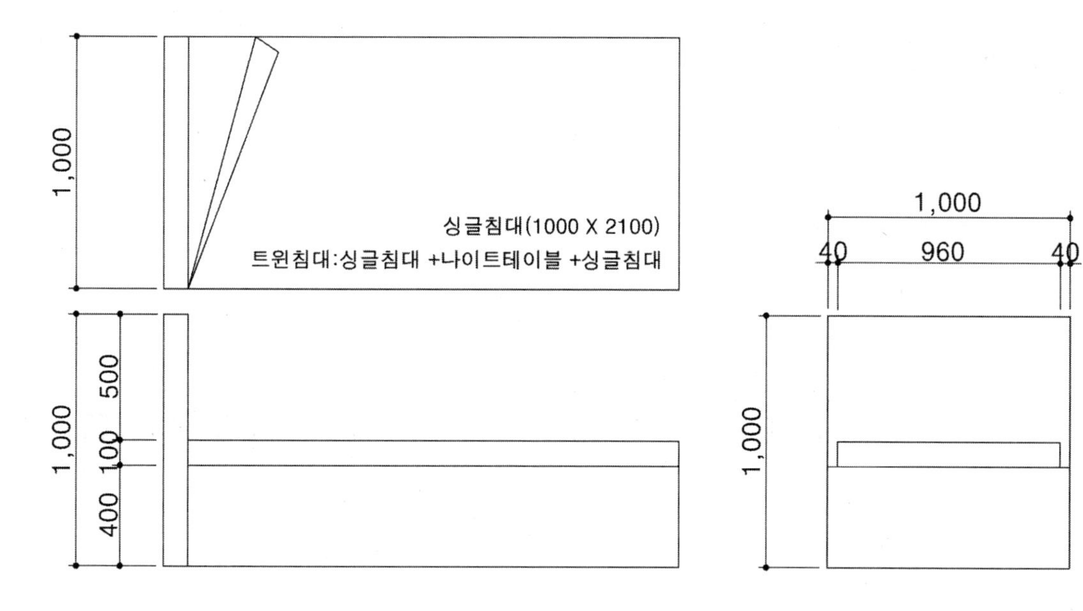

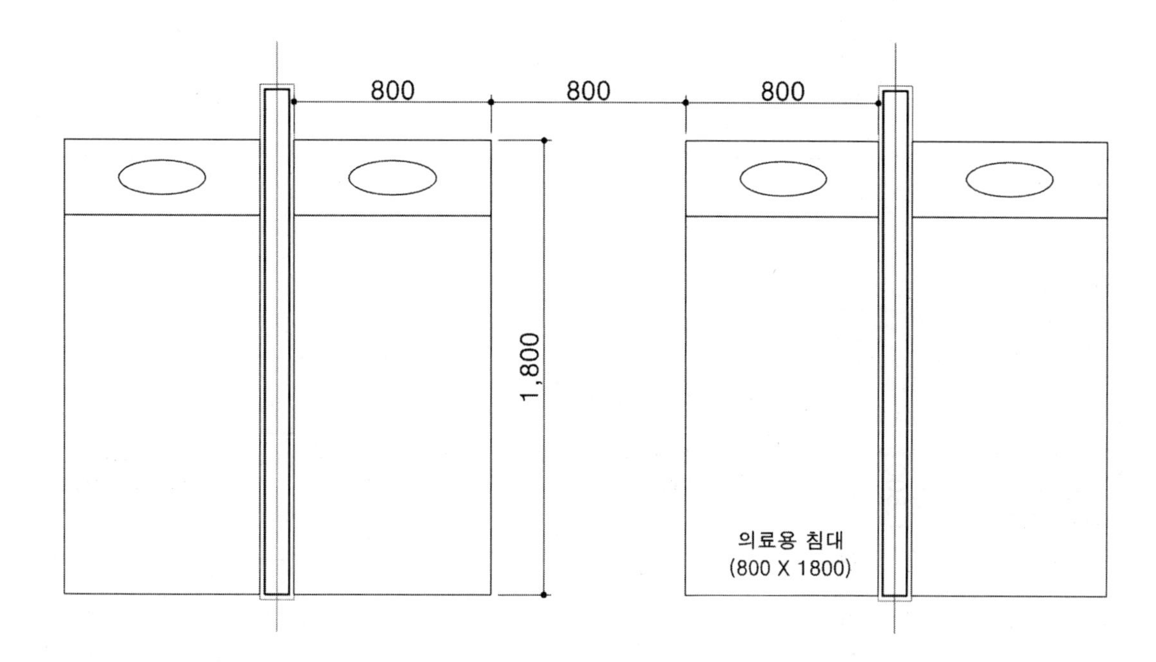

❷ 소파, 의자세트 [SOFA SET]

의자 사이즈는 400 × 400으로 작도하며 테이블 사이 간격은 평균 900mm, 최소 600mm로 설정하여 배치한다.

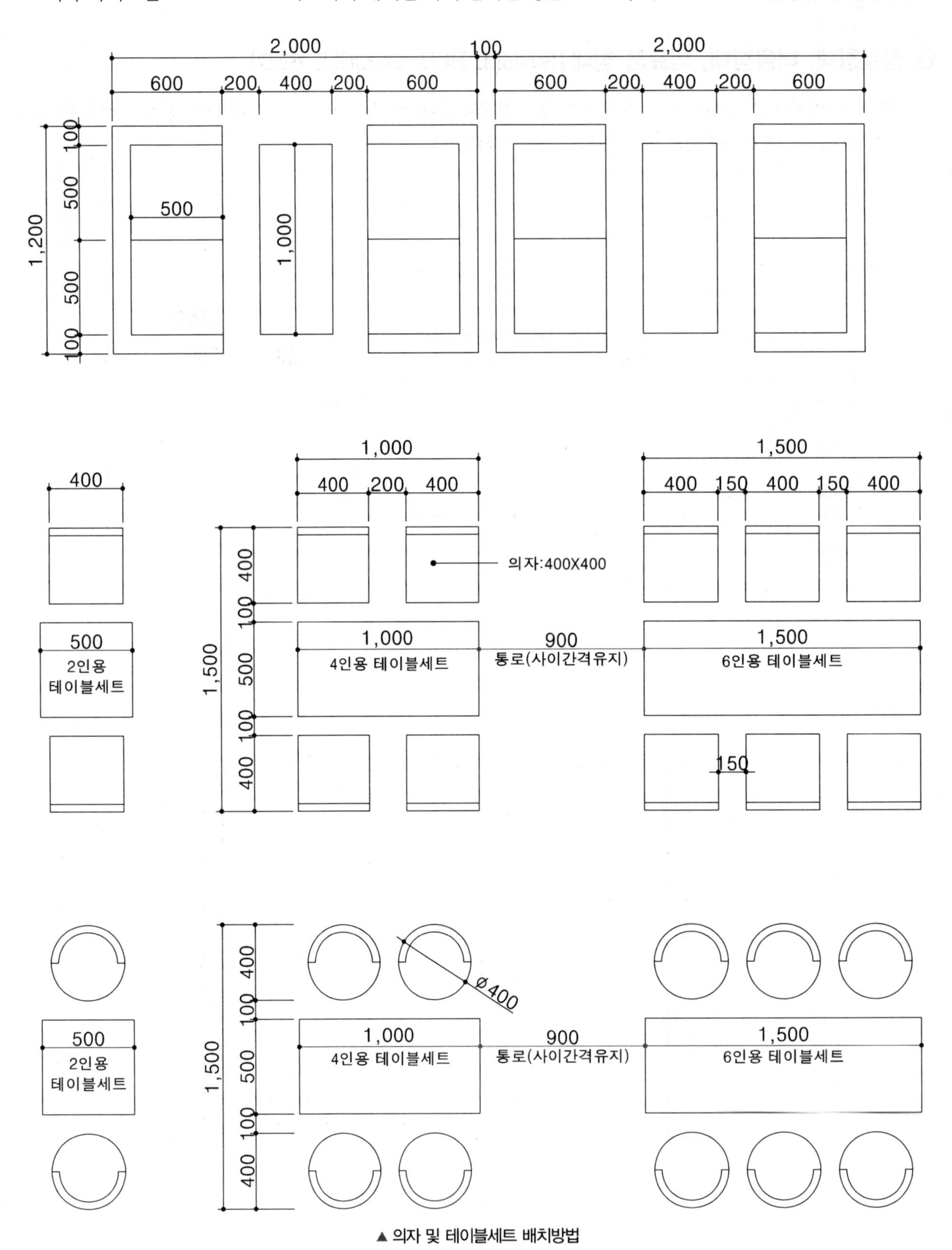

▲ 의자 및 테이블세트 배치방법

❸ 쇼케이스 [SHOW CASE]

쇼케이스 길이는 공간에 따라 조절 가능하며 고객의 동선과 통로를 고려하여 시험에서 주어진 가구를 다양한 방법으로 배치한다.

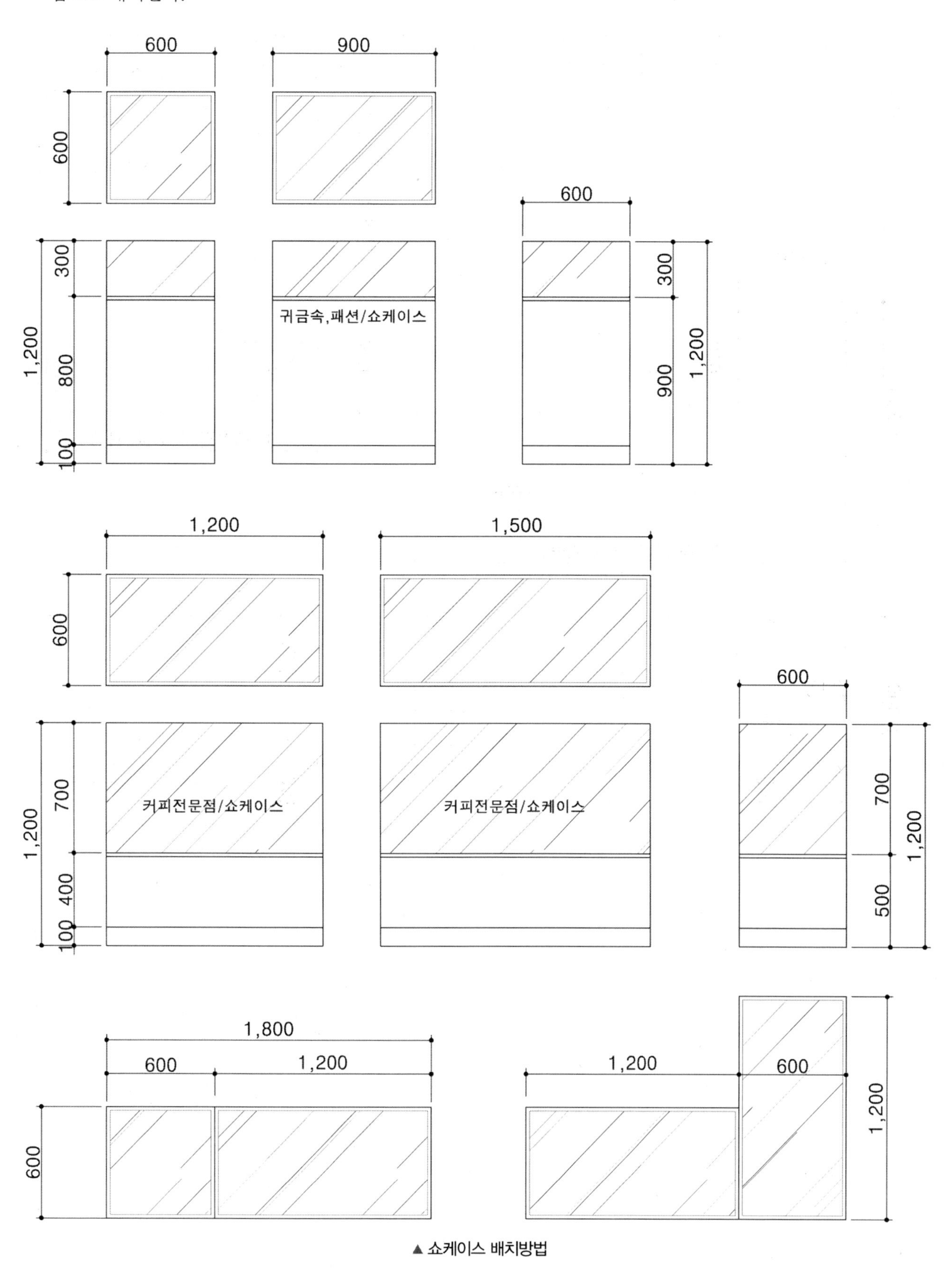

▲ 쇼케이스 배치방법

❹ 카운터 [COUNTER, INFORMATION]

카운터의 길이는 공간의 크기에 따라 조절 가능하며 직원의 동선을 고려하여 적절한 통로인 평균 900mm, 최대 1,200mm를 고려하여 카운터를 배치해야 한다.

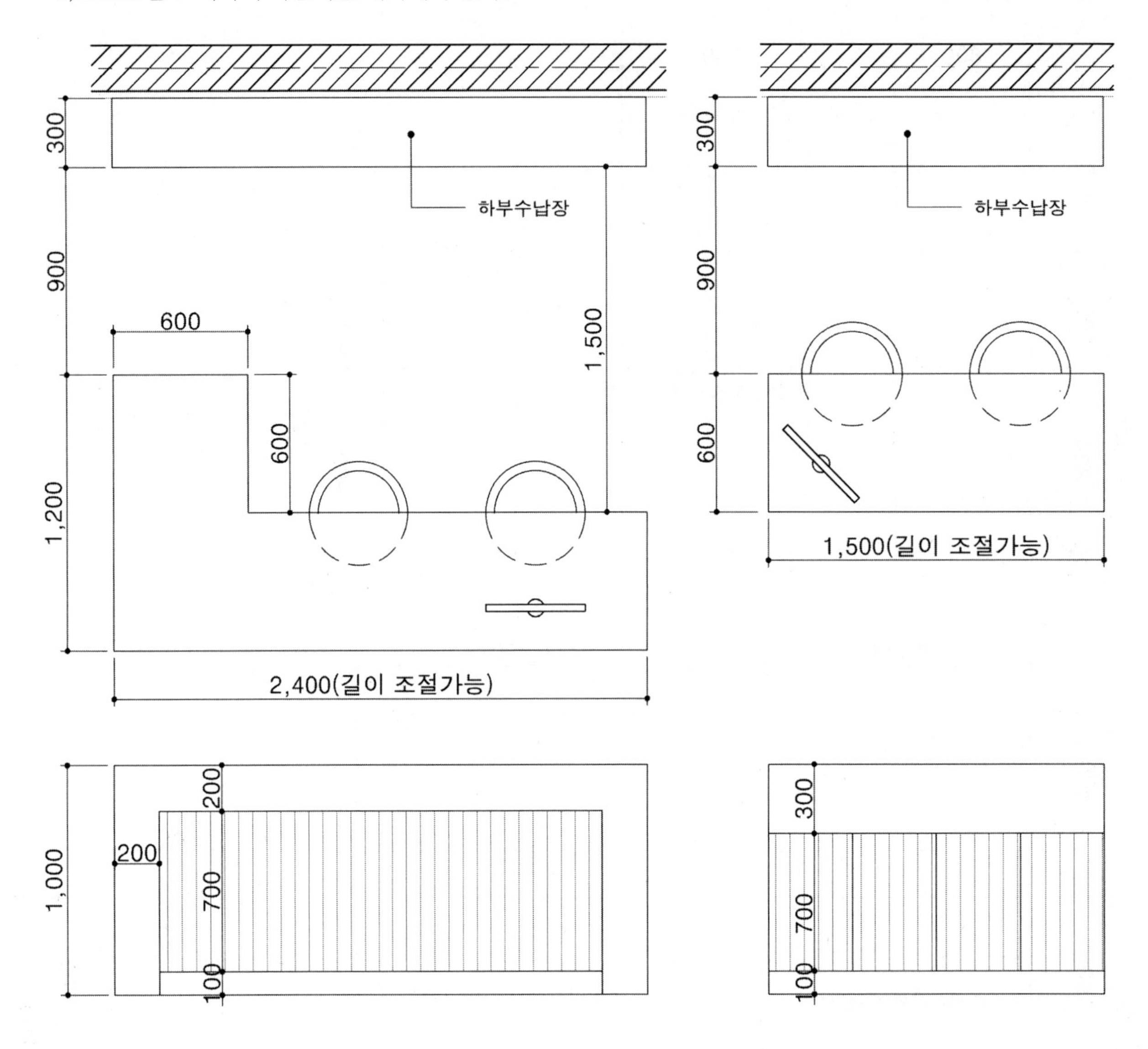

❺ 행거 [HANGER]

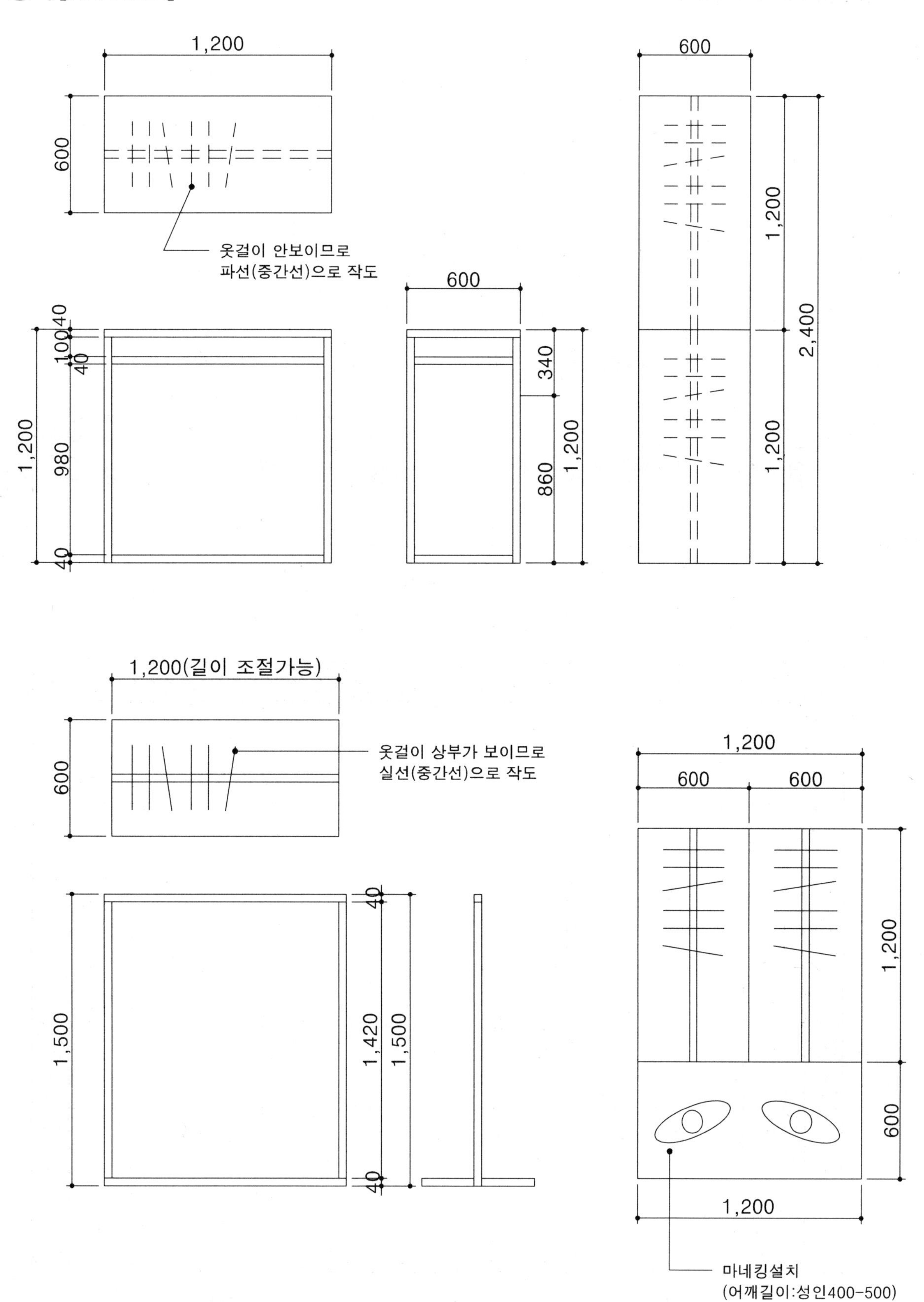

1,200
600
옷걸이 안보이므로
파선(중간선)으로 작도
600
40
100
40
1,200
980
40
340
860
1,200
600
1,200
1,200
2,400
1,200(길이 조절가능)
600
옷걸이 상부가 보이므로
실선(중간선)으로 작도
1,200
600
600
1,500
40
1,420
1,500
40
1,200
600
1,200
마네킹설치
(어깨길이:성인400-500)

⑥ 책상 [DESK, TABLE]

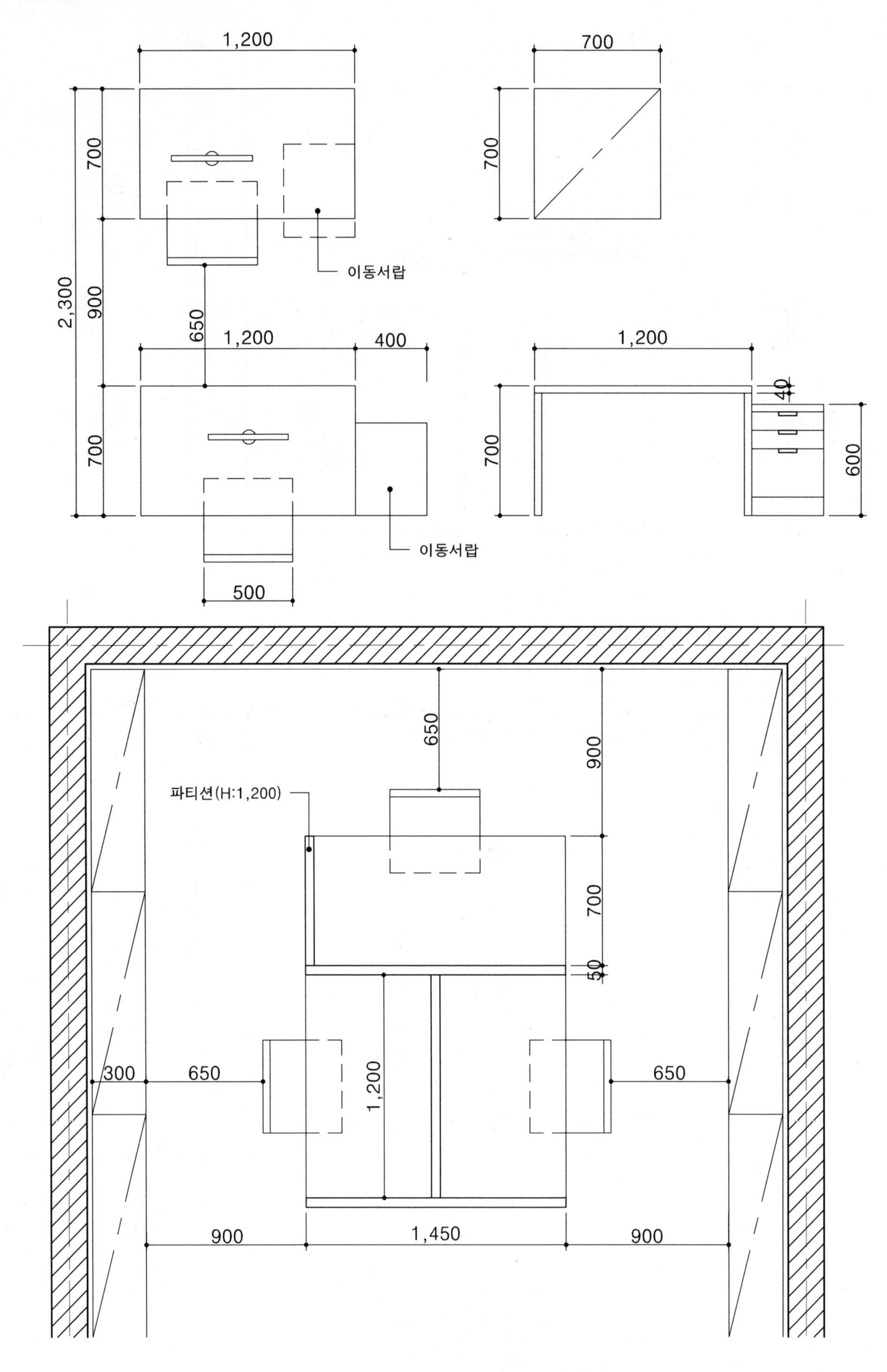

❼ 책장, 선반 [BOOK SHELF]

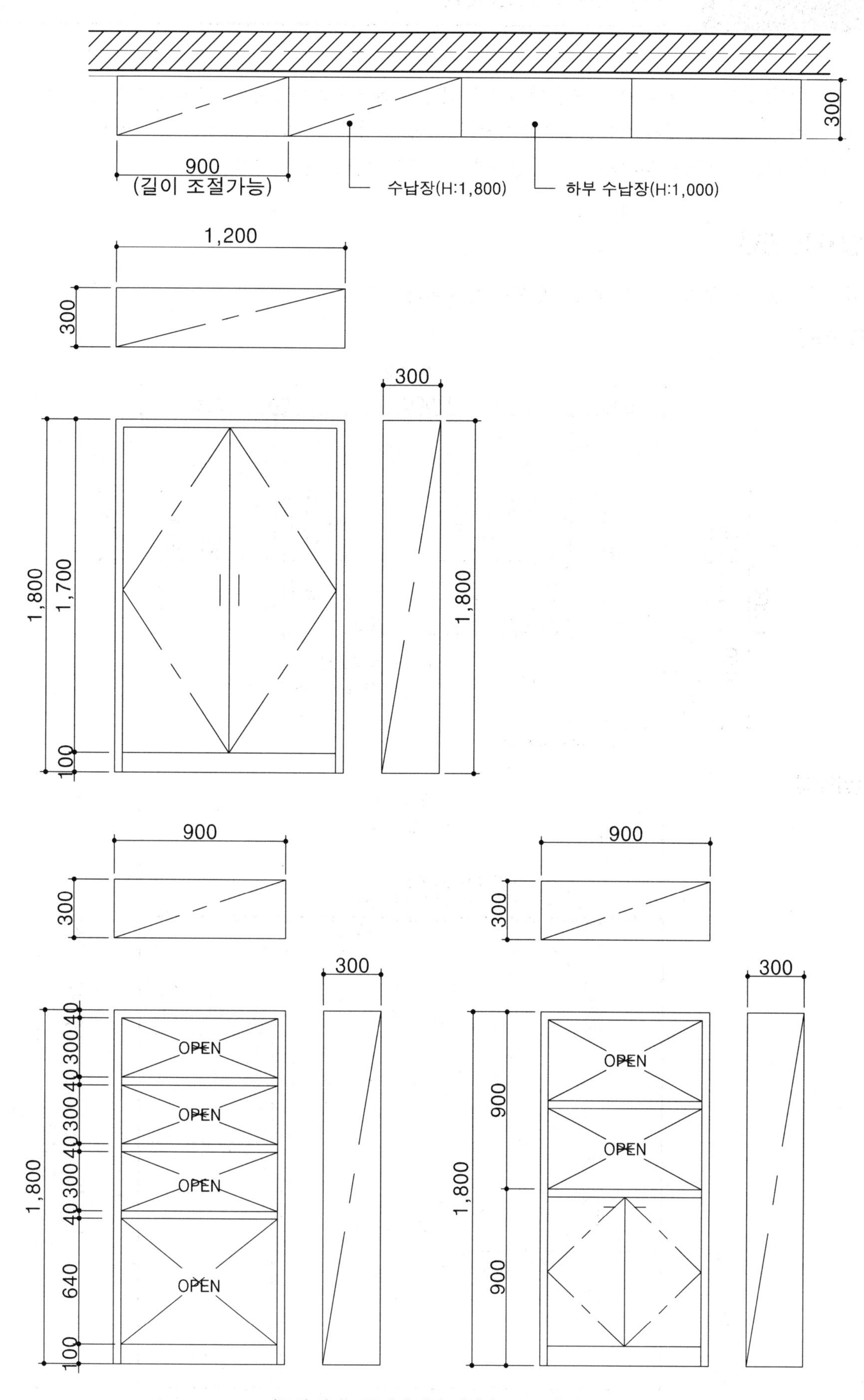

※ 가구의 길이는 공간에 따라 제작가구로 조절 가능

작업대의 배치유형에 따라 주방가구를 배치할 수 있다. 기본적으로 주방가구는 일자형 평면, 병렬형 평면, U자형 평면, L자형 평면으로 배치되며, 변형으로 아일랜드(Island)형이나 반도(Peninsula)형이 있다.
각 조리공간은 준비대 – 개수대 – 가열대 등 3개의 주 활동시설로 이루어진다.

❶ 일자형 평면

최소한의 공간을 차지하나, 긴 삼각 작업도를 갖게 된다.

[평면도]

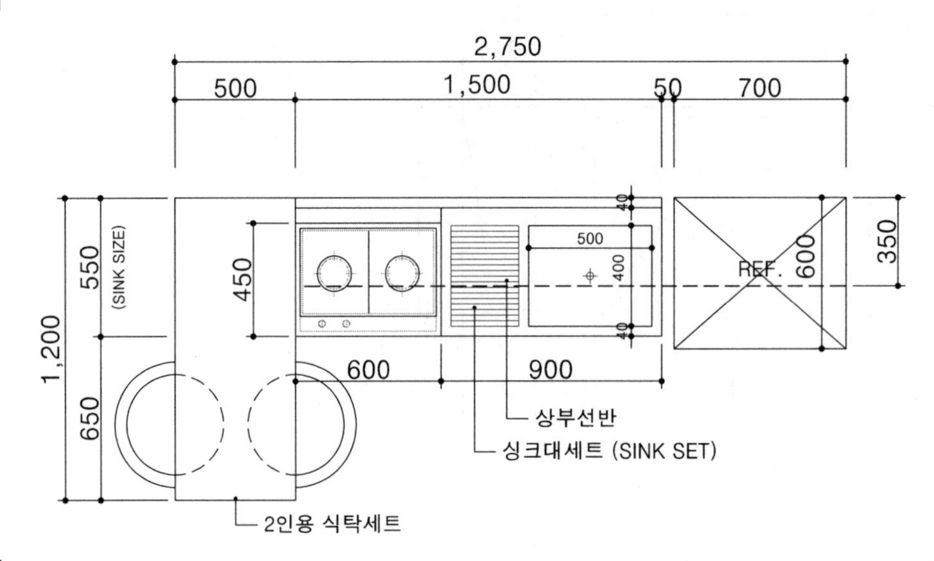

[입면도]

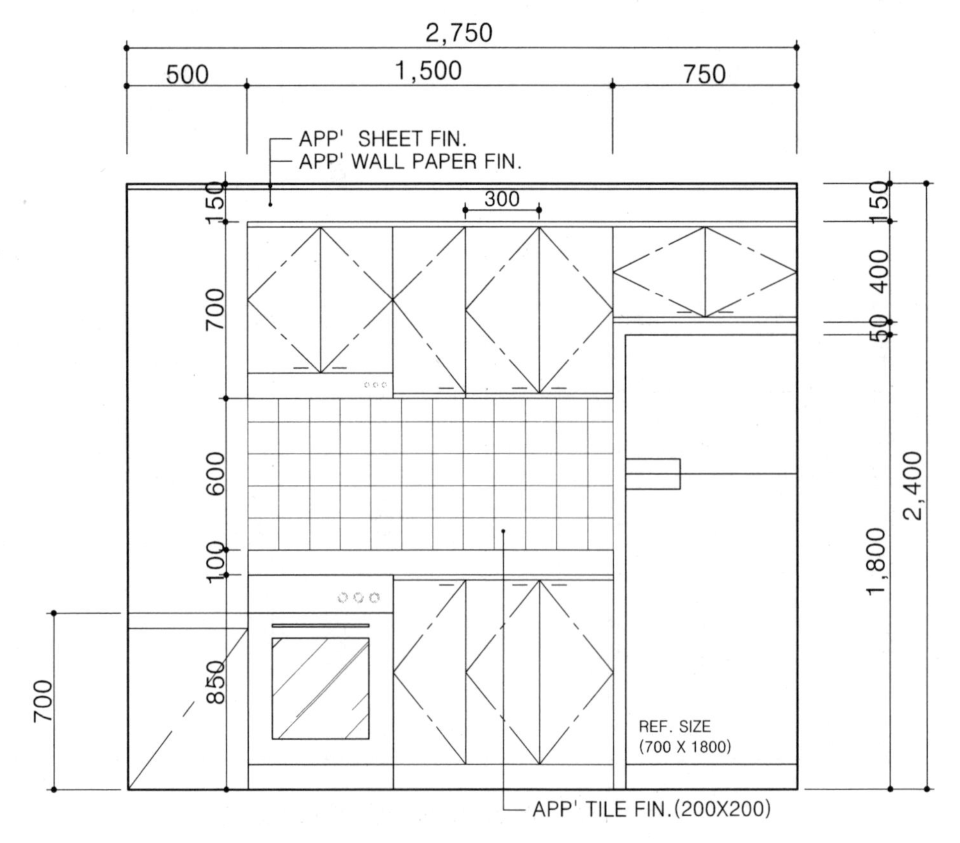

❷ L자형 평면

일자형 평면보다 더 짜임새가 있고, 동선에 방해를 덜 받는다.(개수대－준비대－가열대)

[평면도]

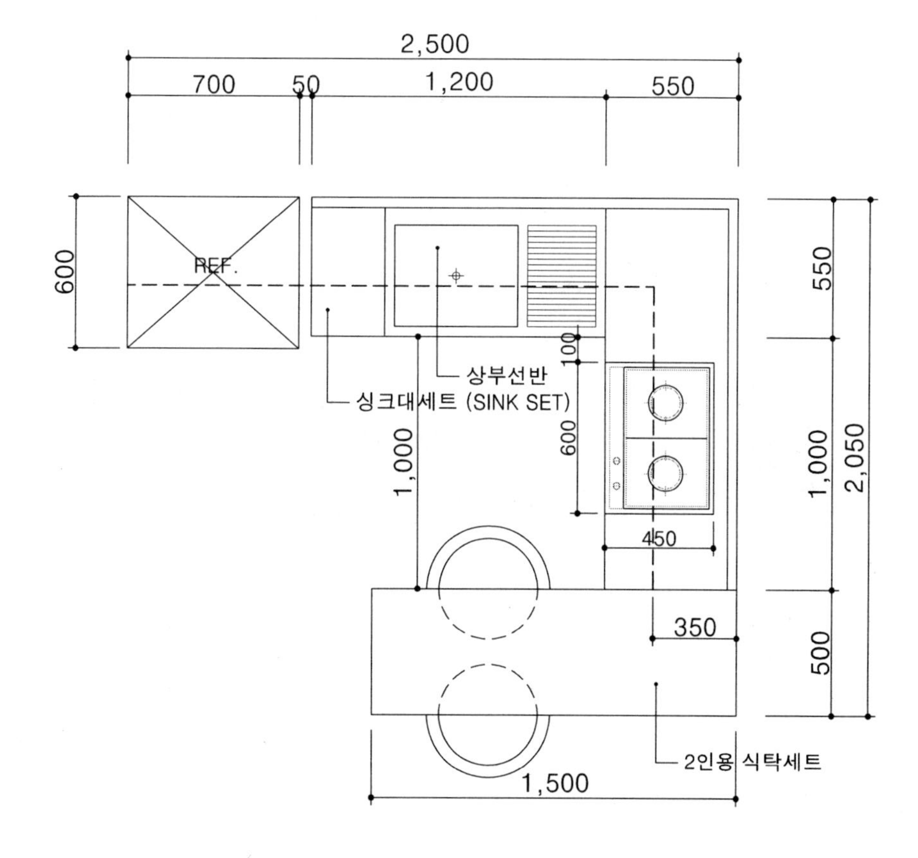

[입면도]

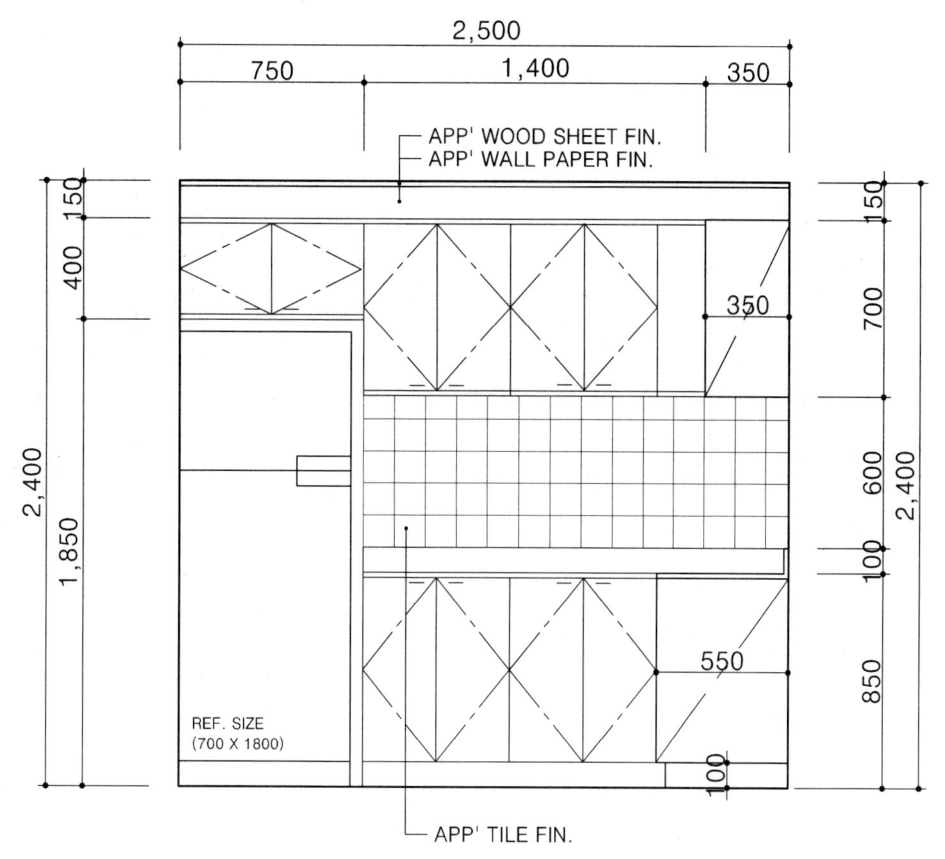

❸ L자형 평면+아일랜드

- 부엌과 식탁을 별도로 마련하여 식사 또는 작업대로 사용할 수 있으며 동선의 중복 없이 작업의 시간 및 에너지를 절약할 수 있다.

[평면도]

[입면도]

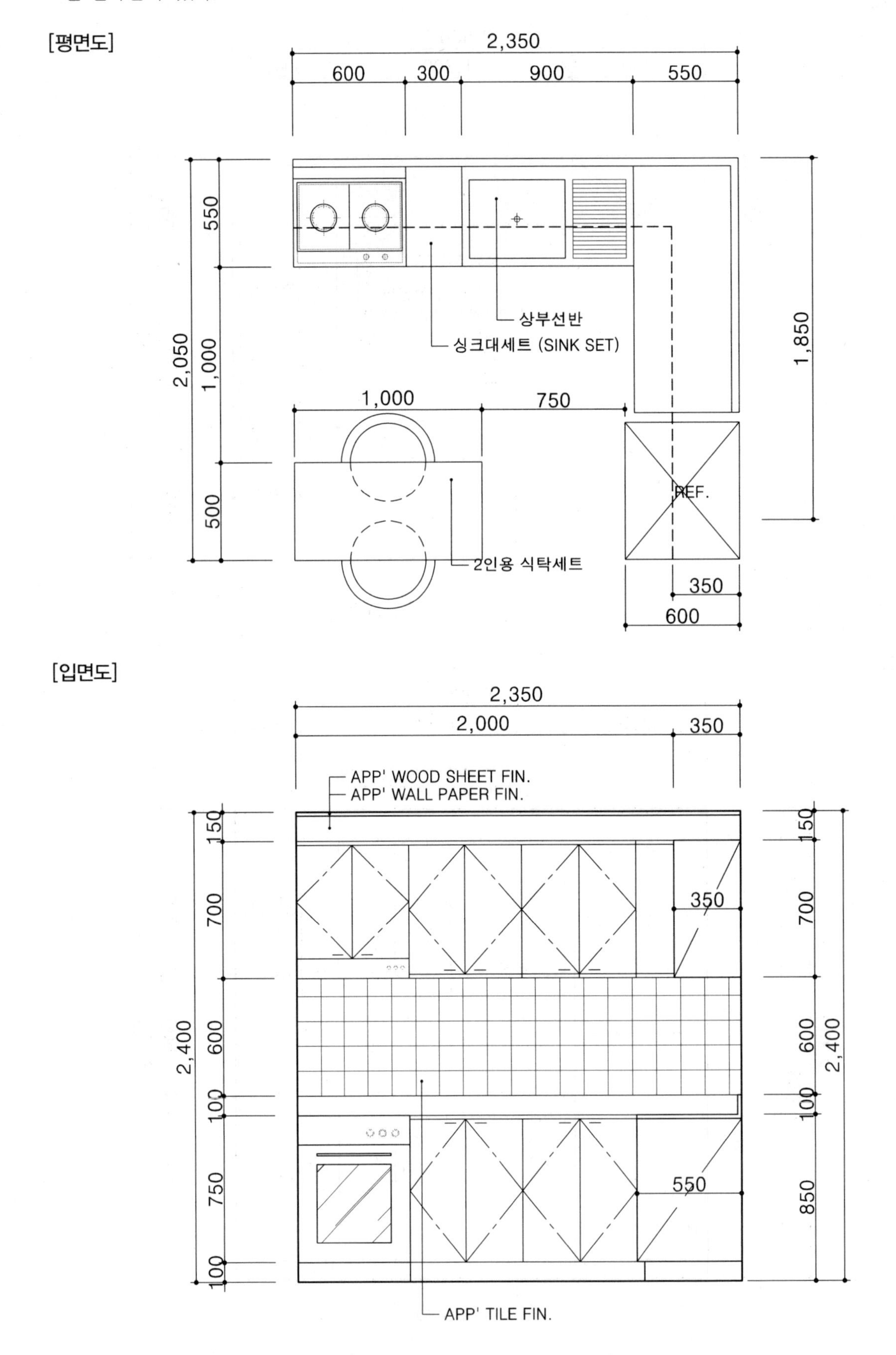

• 실내공간의 벽체시공에 필요한 내용을 명확하게 보여주기 위해 입면 기호를 이용하여 입면도를 작성하며 상업 공간의 주방가구에서 입면 기호의 위치에 따라 보이는 입면도가 달라질 수 있다.

[평면도]

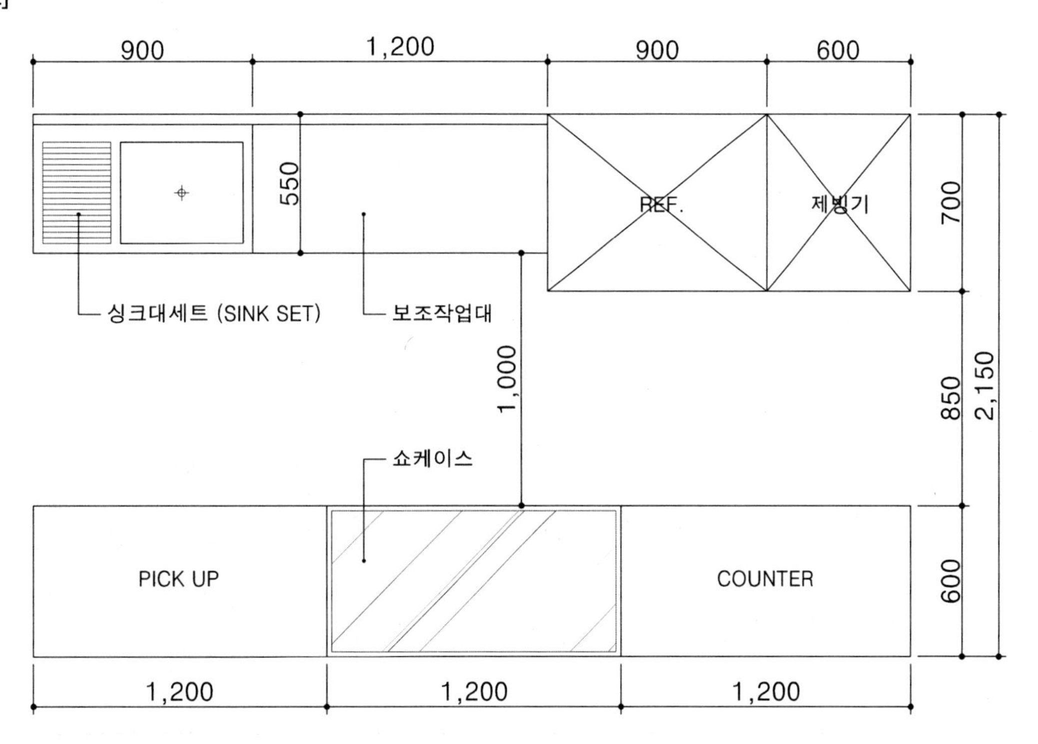

[입면도]

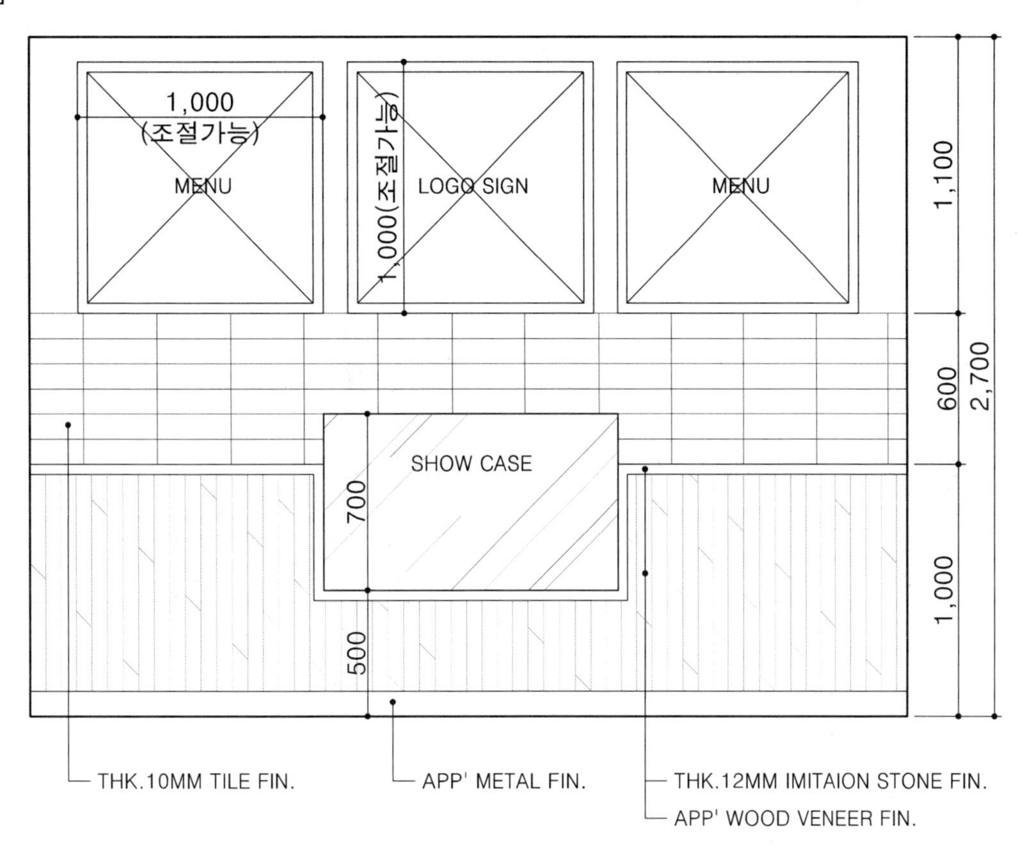

[평면도]

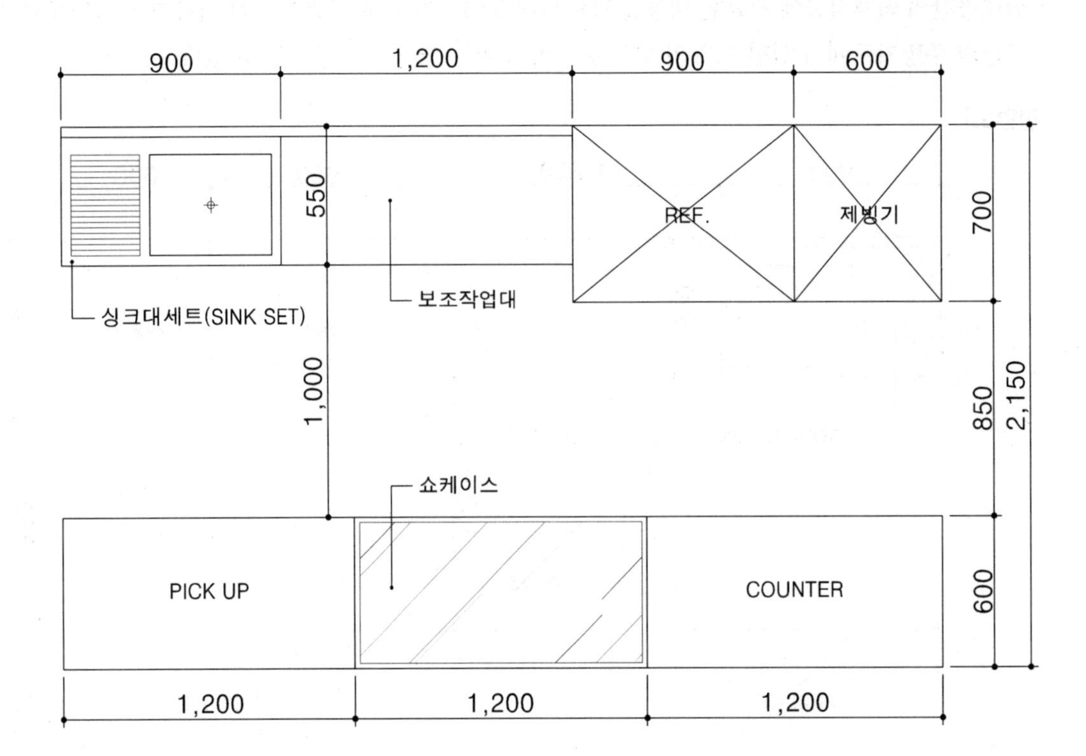
900
1,200
900
600
550
REF.
제빙기
700
싱크대세트(SINK SET)
보조작업대
1,000
850
2,150
쇼케이스
PICK UP
COUNTER
600
1,200
1,200
1,200

[입면도]

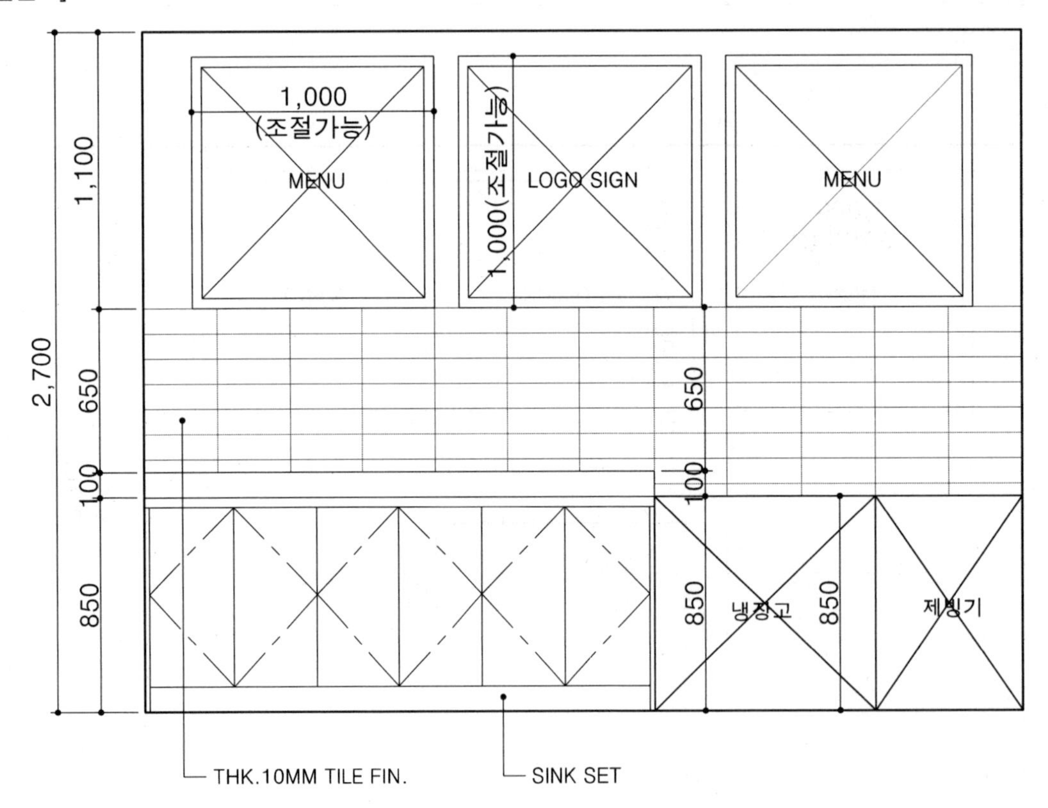
1,000
(조절가능)
MENU
1,000(조절가능)
LOGO SIGN
MENU
1,100
2,700
650
650
100
100
850
850
냉장고
850
제빙기
THK.10MM TILE FIN.
SINK SET

❶ 주거공간 화장실

가로 1,500mm, 세로 2,100mm 정도의 공간이 필요하며 세면기(Lavatory), 변기(Water Closet), 욕조(Bathing Tub)로 구성되어 있다.

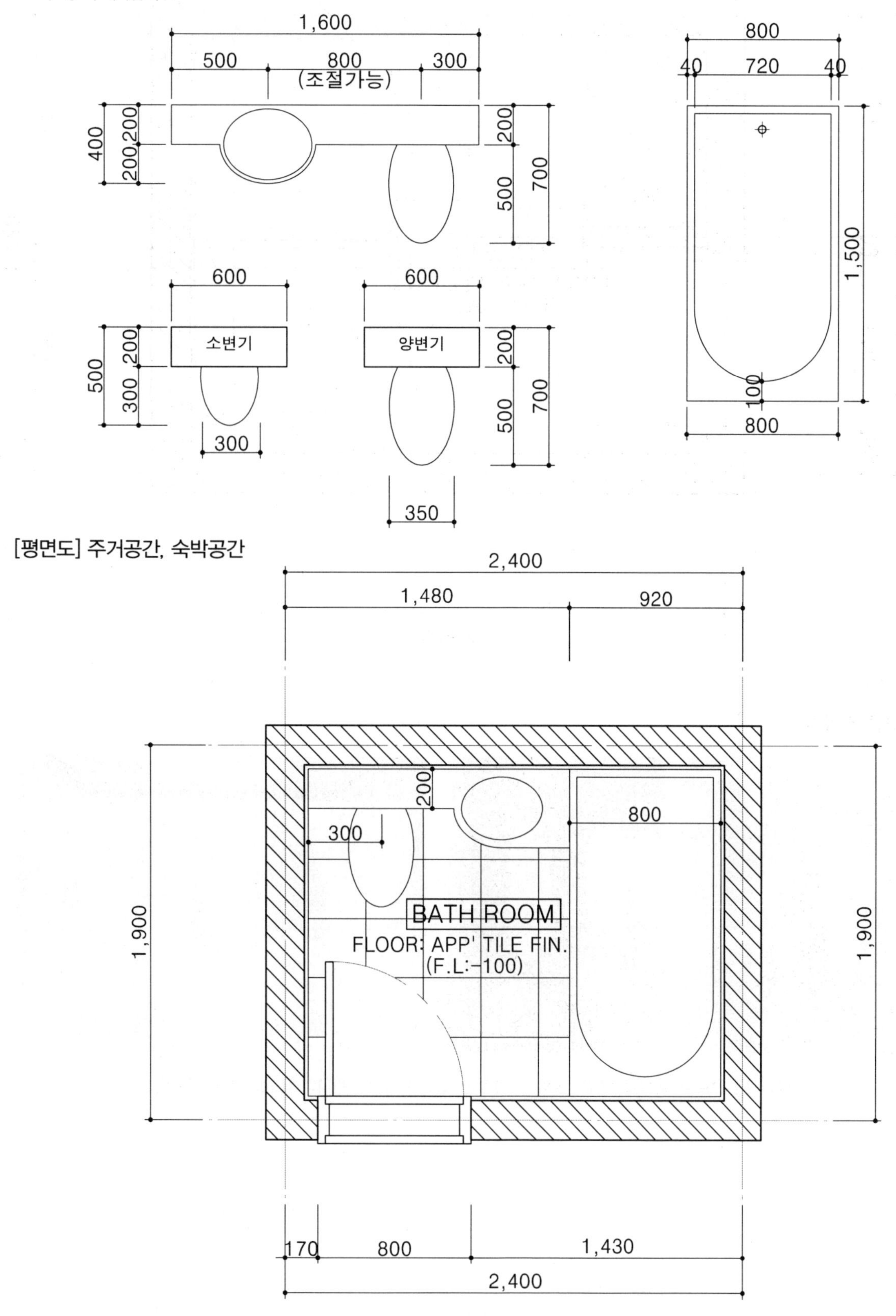

[평면도] 주거공간, 숙박공간

❷ 상업공간 화장실－1

[평면도]

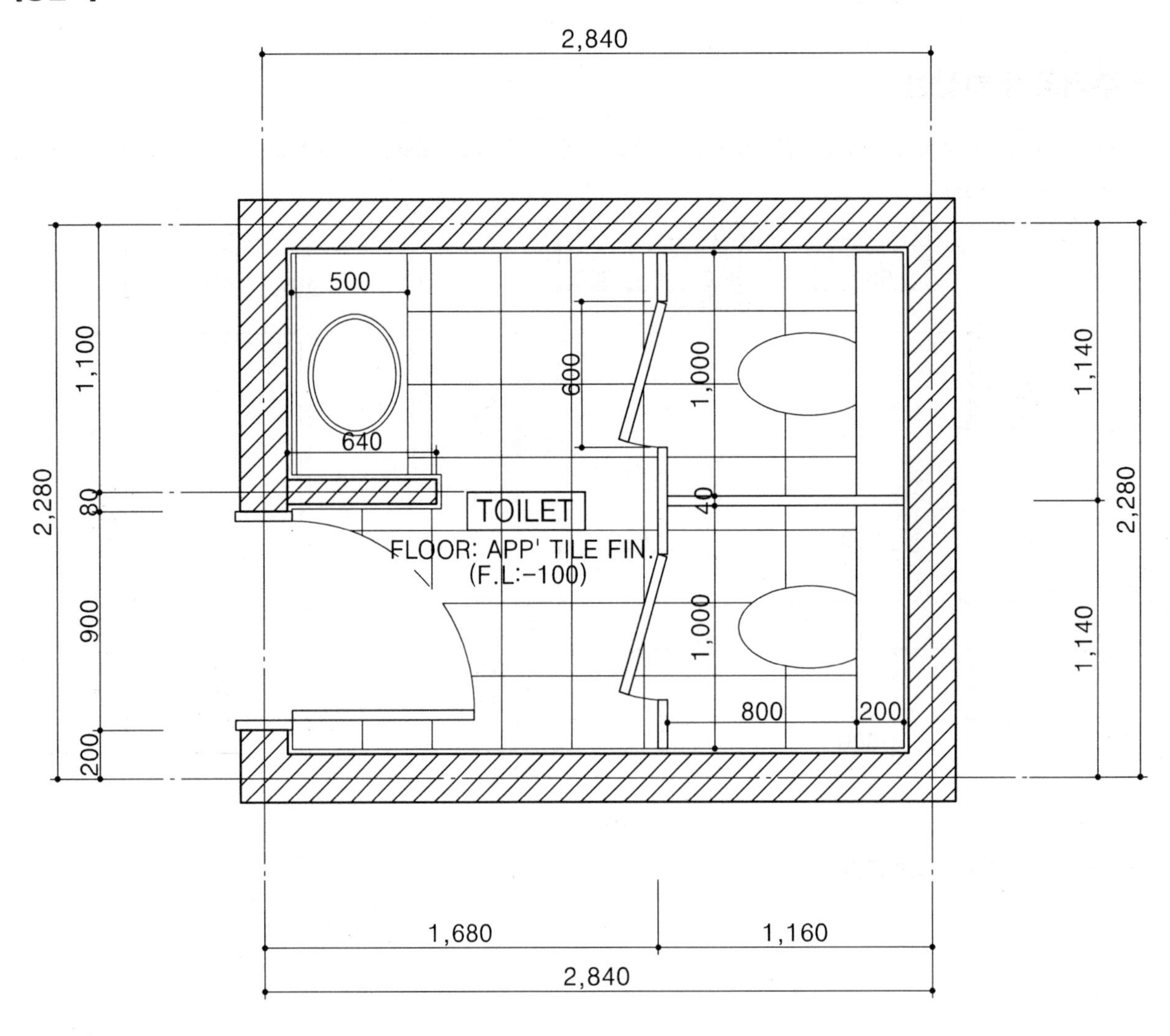

[큐비클 칸막이]

타일시공 완료 후 화장실 칸막이 설치 → 마감선 작도 후 화장실 칸막이 작도(선굵기 : 중간선)

❸ 상업공간 화장실 – 2

- 양변기 칸 출입문은 안여닫이로 하고 출입문의 아랫부분은 환기 등을 위하여 바닥에서 100mm 이상 200mm 이하의 빈 공간을 두어야 한다.
- 다만, 화장실 구조를 고려하여 불가피한 경우에는 출입문을 안여닫이로 하지 않을 수 있다.(「공중화장실 등에 관한 법률 시행령」 제6조 제3항)

[평면도]

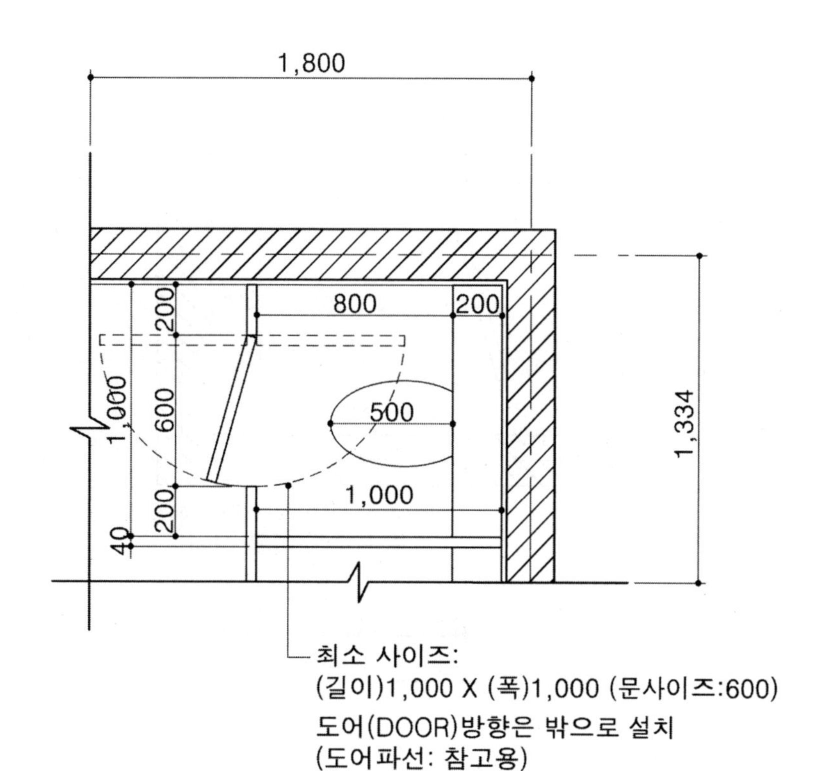

2,300
1,400
200
600
1,000
500
1,200
200
200
1,300

사이즈:
(길이)1,400 X (폭)1,000 (문사이즈:600)
도어(DOOR)방향은 안으로 설치가능
(도어파선: 참고용)

❹ 상업공간 화장실 – 3

양변기의 칸막이 규격은 너비(폭) 850mm 이상, 길이 1,150mm 이상(서양식 변기를 설치하는 경우 1,300mm 이상)으로 하여야 한다.

[평면도]

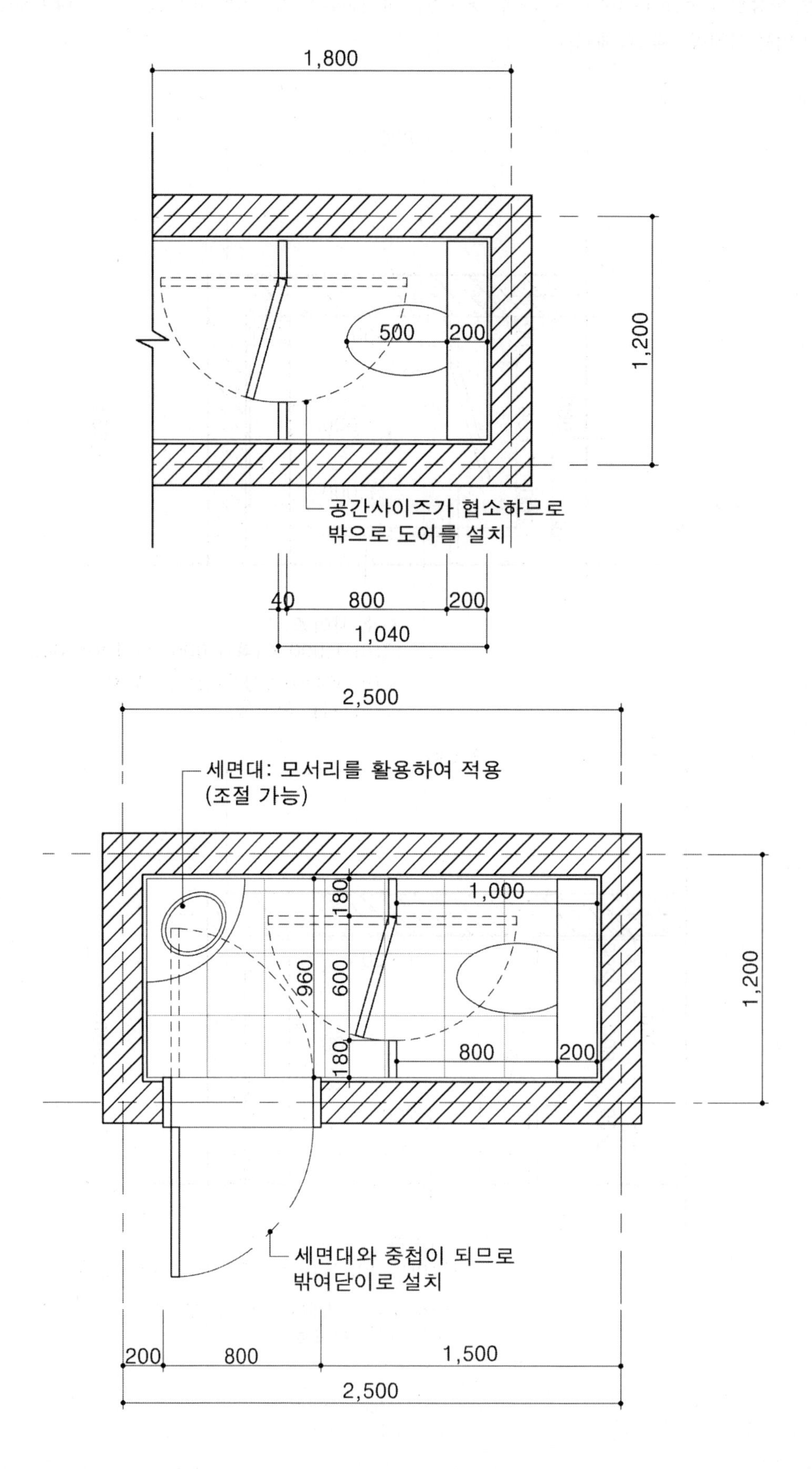

⑤ 상업공간 화장실 – 4

출입구는 남자화장실과 여자화장실이 구분되도록 따로 설치해야 하며, 복도나 도로 등을 통행하는 사람들에게 화장실 내부가 직접 보이지 않도록 설치해야 한다.

[평면도]

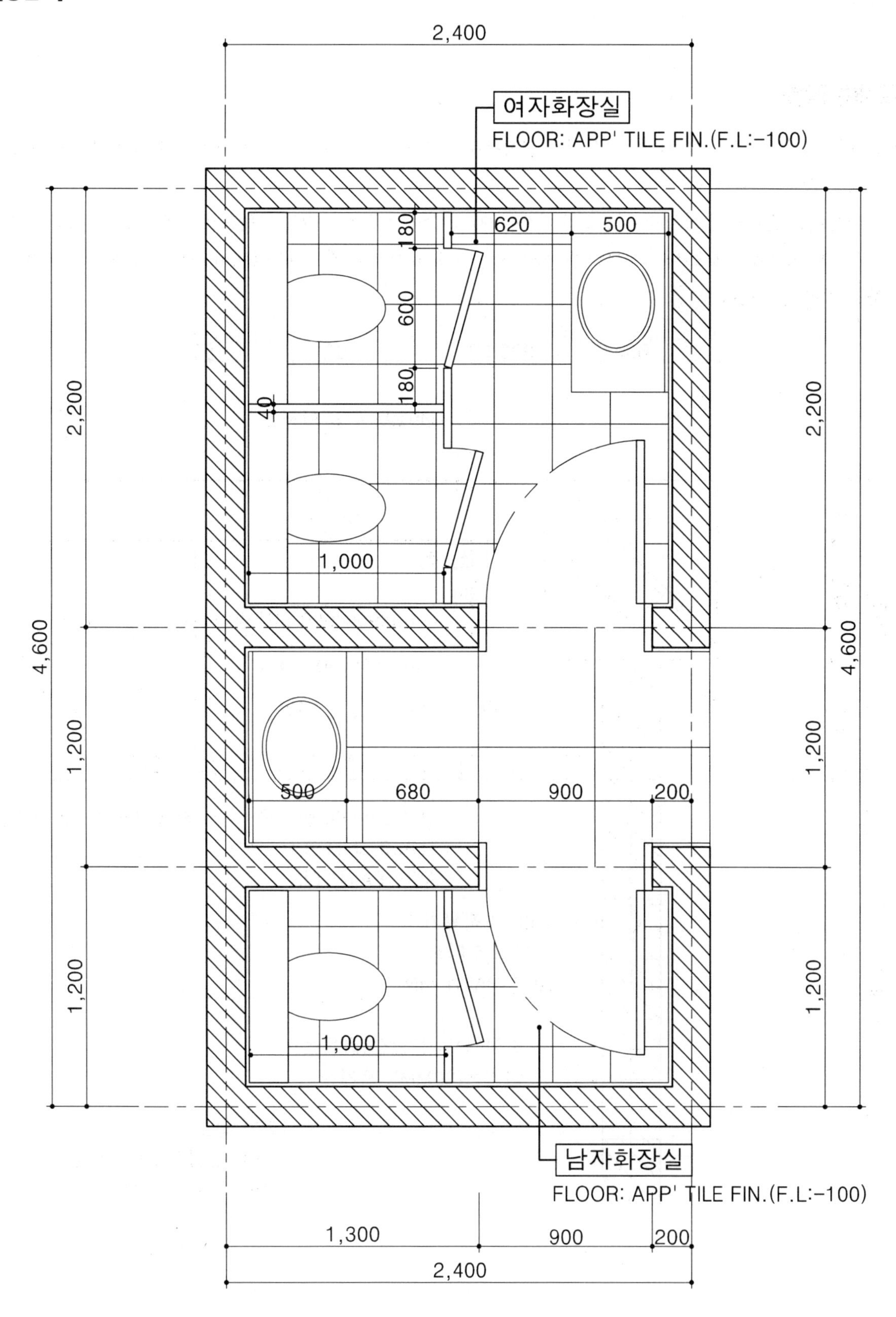

SECTION 15 단면상세도 [천장 구조틀]

단면도(Section)는 건축물을 수직으로 절단하여 수평방향에서 본 도면으로, 건축물 내부의 높이, 절단한 부위가 어떻게 시공되어야 하는지 보여준다.

❶ 목재천장틀

- 목재를 접합 · 연결하여 뼈대를 구성하고 접합부분은 철물로 보강하여 내구적이며 지붕 방한, 방서, 차음, 흡음 등의 역할을 한다.
- 달대받이는 슬래브 밑에서 9cm 정도의 각재를 90cm 간격으로 걸쳐대고 큰못으로 고정하고, 달대의 거리의 간격은 90~120cm 정도로 배치하며, 반자틀은 3.5~4.5cm 각재를 간격 45~60cm 정도로 수평으로 격자로 대고 못을 박아 설치한다.

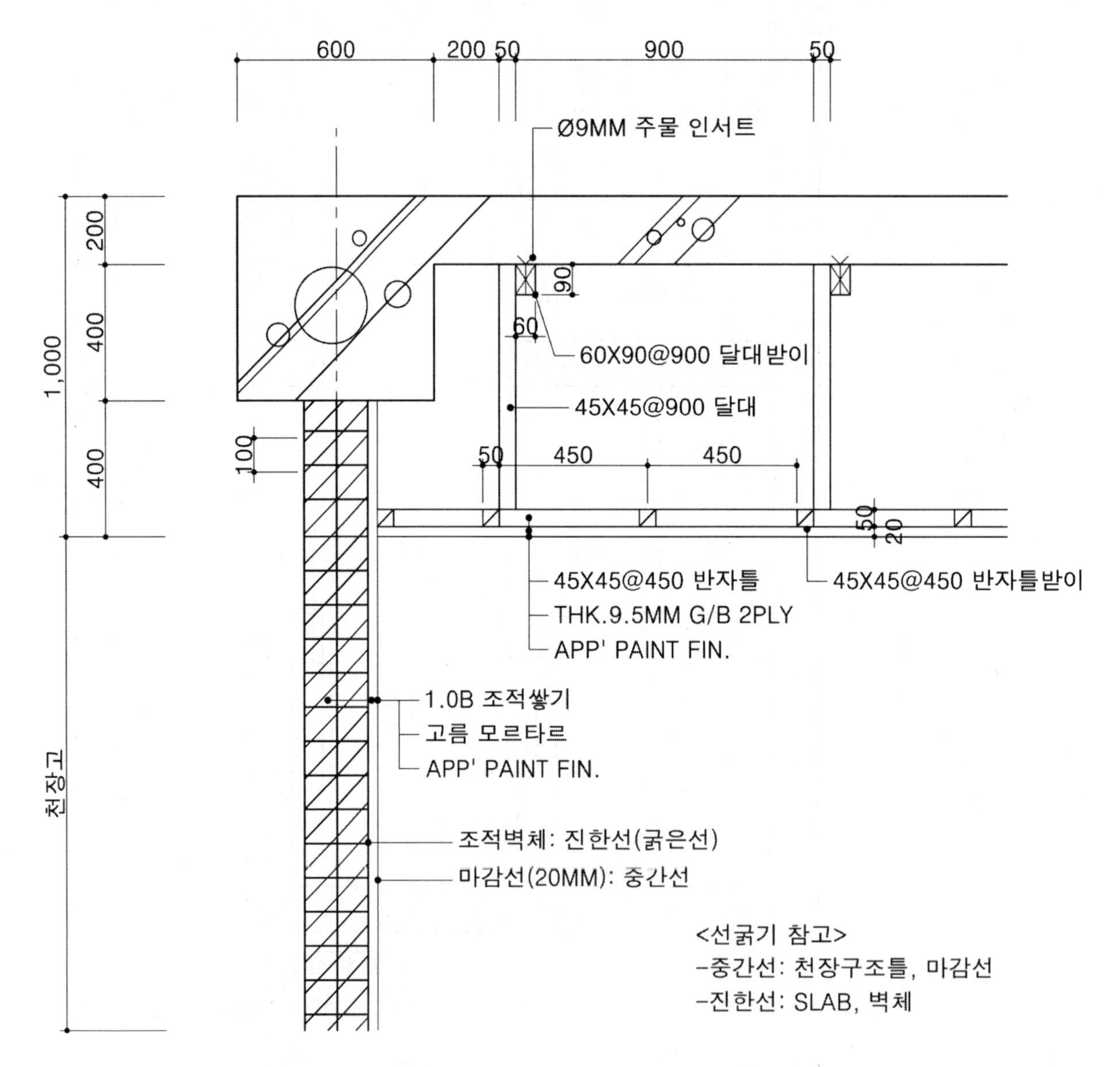

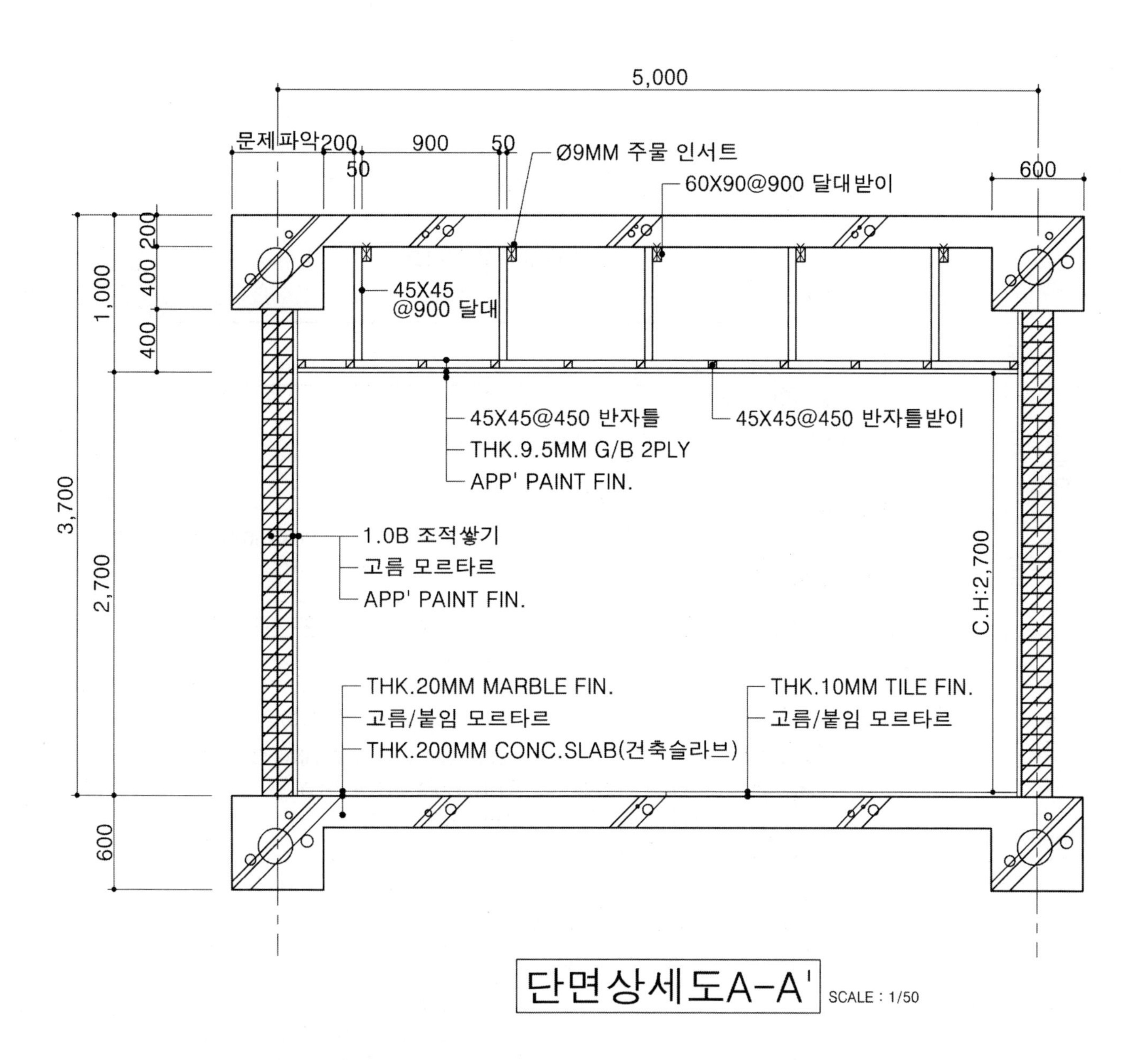

단면상세도A-A' SCALE : 1/50

❷ 경량철골 천장틀 [LGS : Lightweight Galvanized Structure(경량아연도금 구조)]

경량철골은 얇은 두께의 형강 또는 구조체의 무게를 감소시킬 목적으로 단면이 얇은 강판을 가장 유효한 단면상으로 구부려 구조부재를 형성시킨 것으로, 목재 천장틀에 비해 내구성이 좋으며 구조적으로 튼튼하다. 천장판은 석고보드를 부착하고 페인트 또는 도배지로 마감한다.

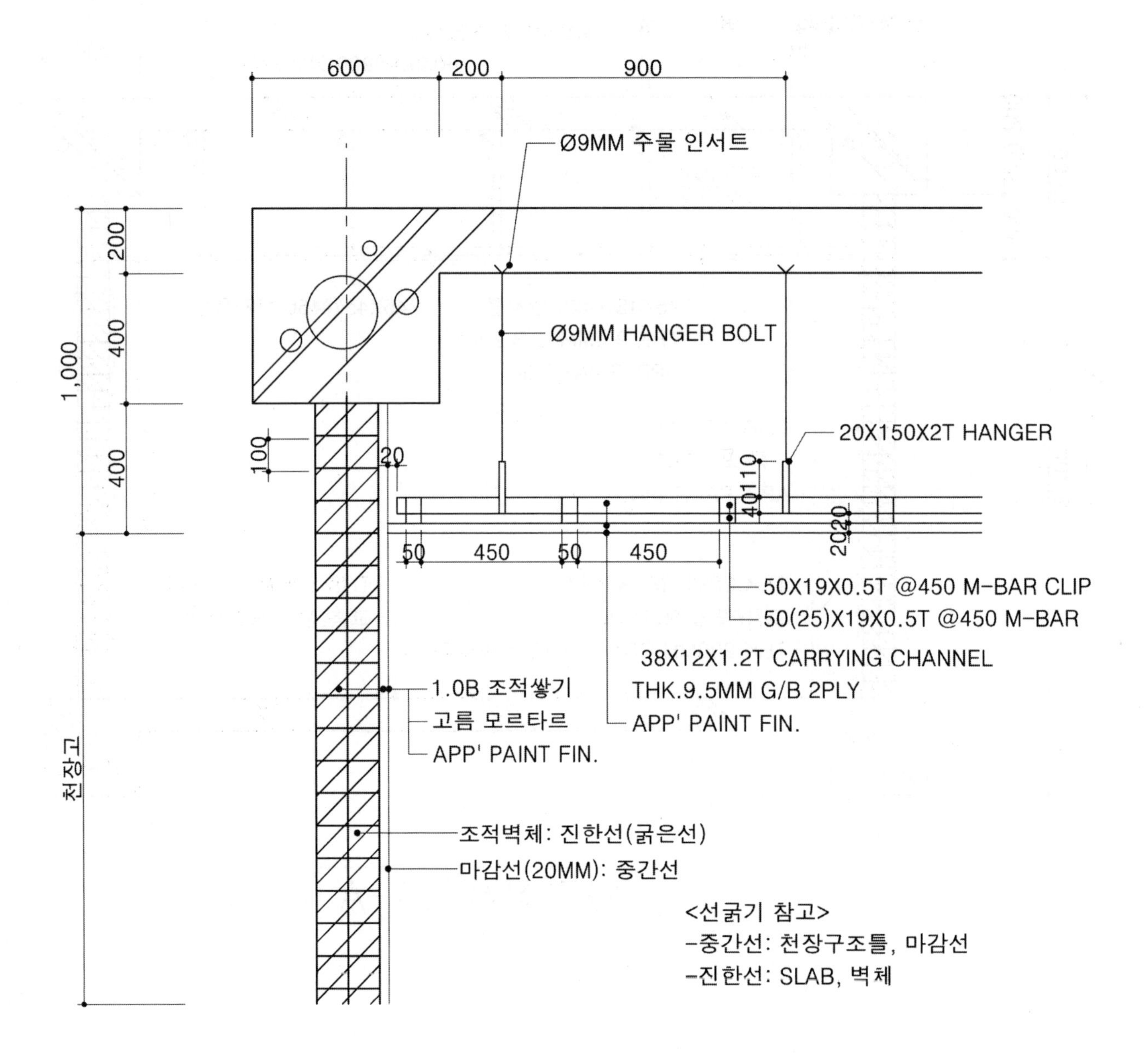

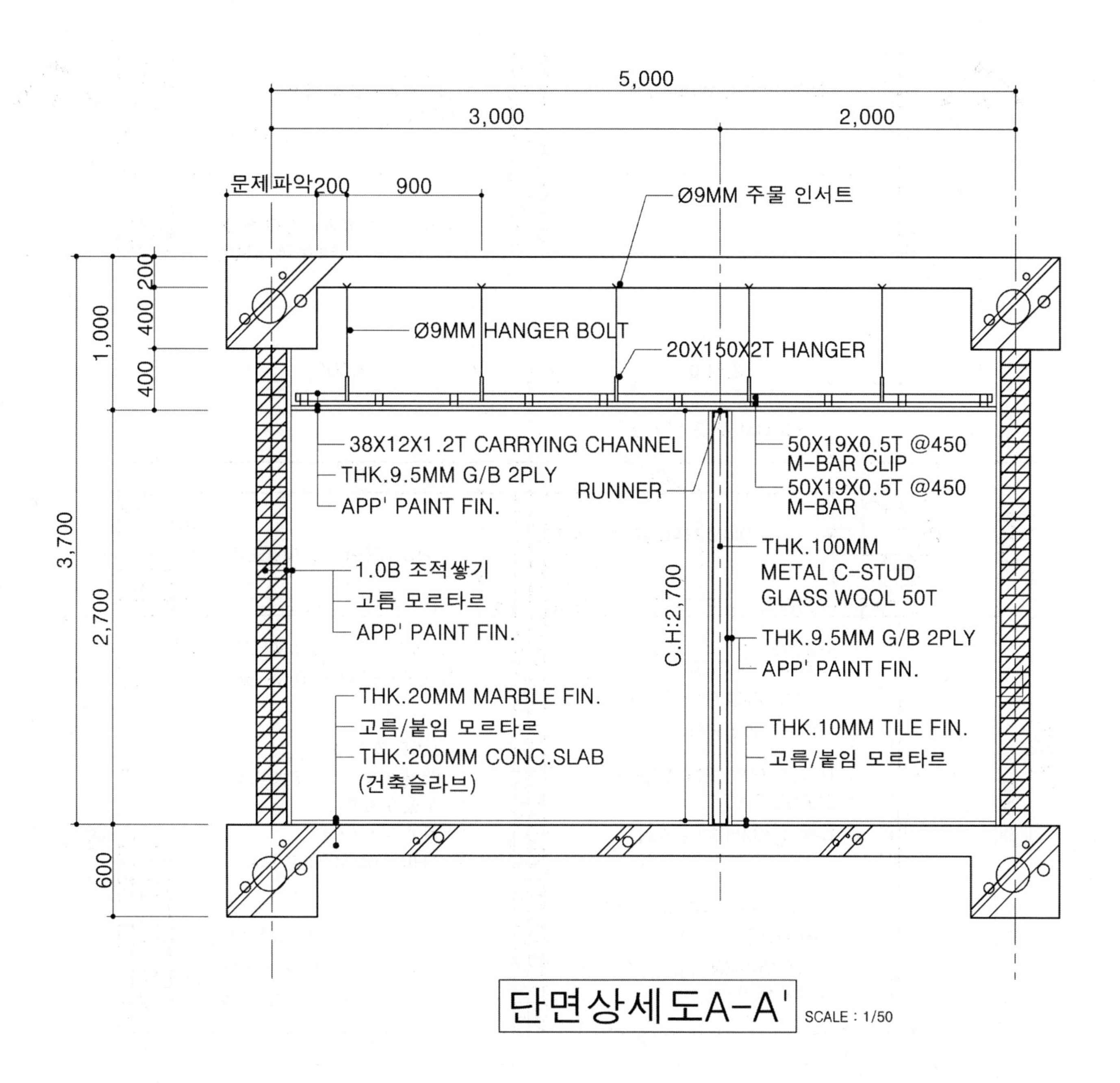

단면상세도A-A' SCALE : 1/50

❶ 유형별 단면상세도 - 1 [턱 위 고정창+조적벽체+미서기창]

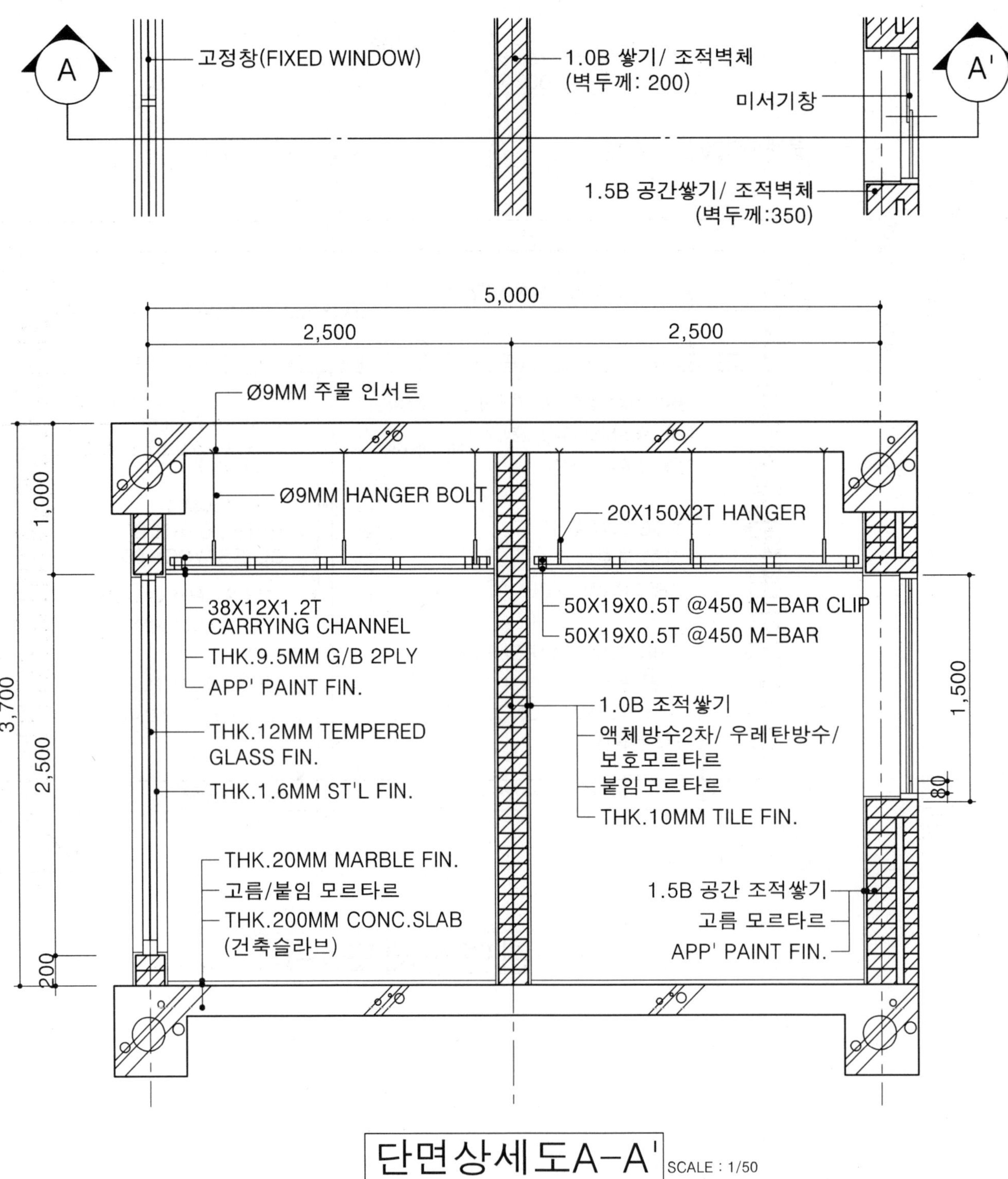

단면상세도A-A' SCALE : 1/50

❷ 유형별 단면상세도 – 2 [조적벽체 + 경량칸막이벽 + 강화유리도어]

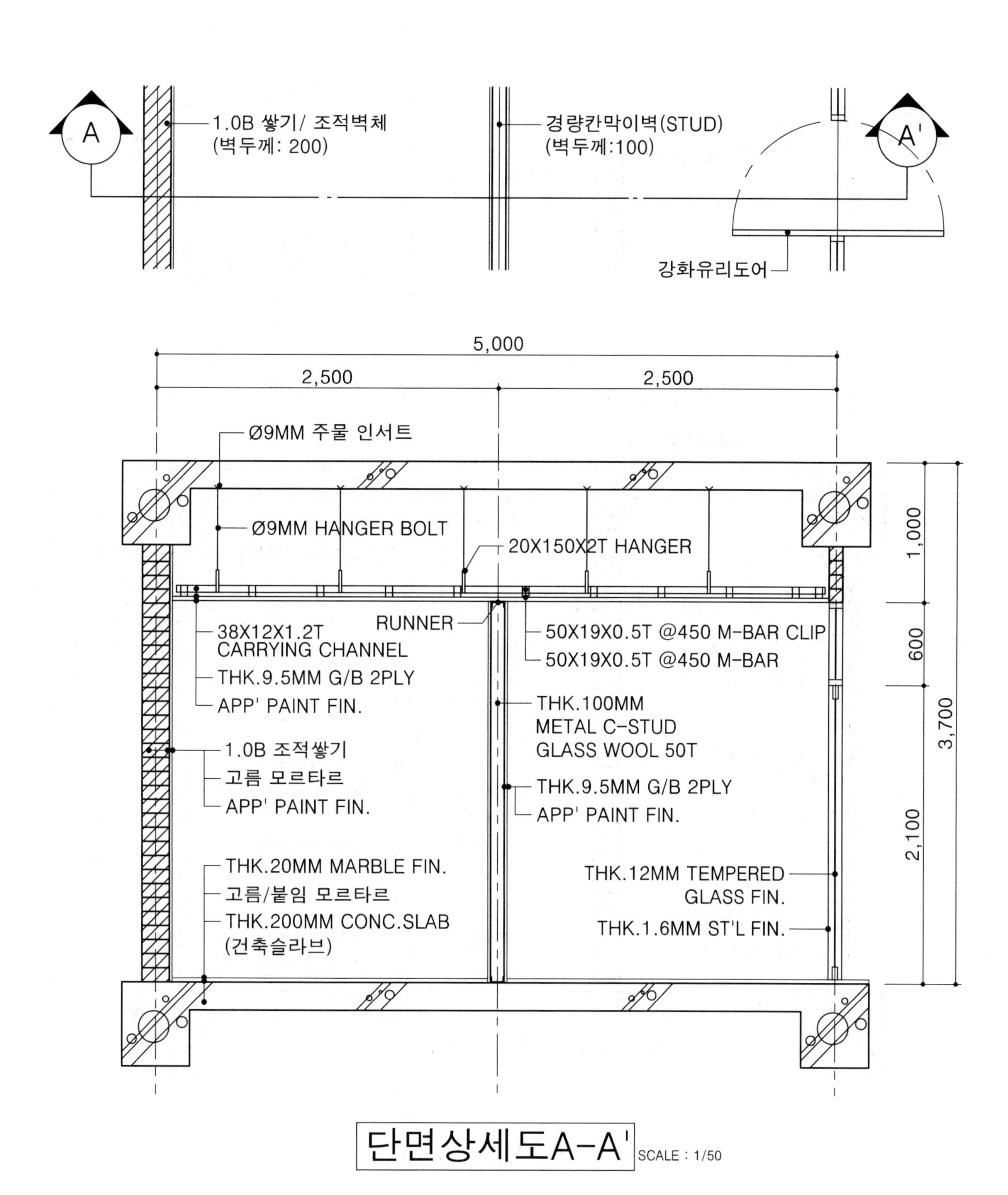

단면상세도A-A' SCALE : 1/50

❸ 유형별 단면상세도 – 3 [고정창 + 조적벽체 + 여닫이문]

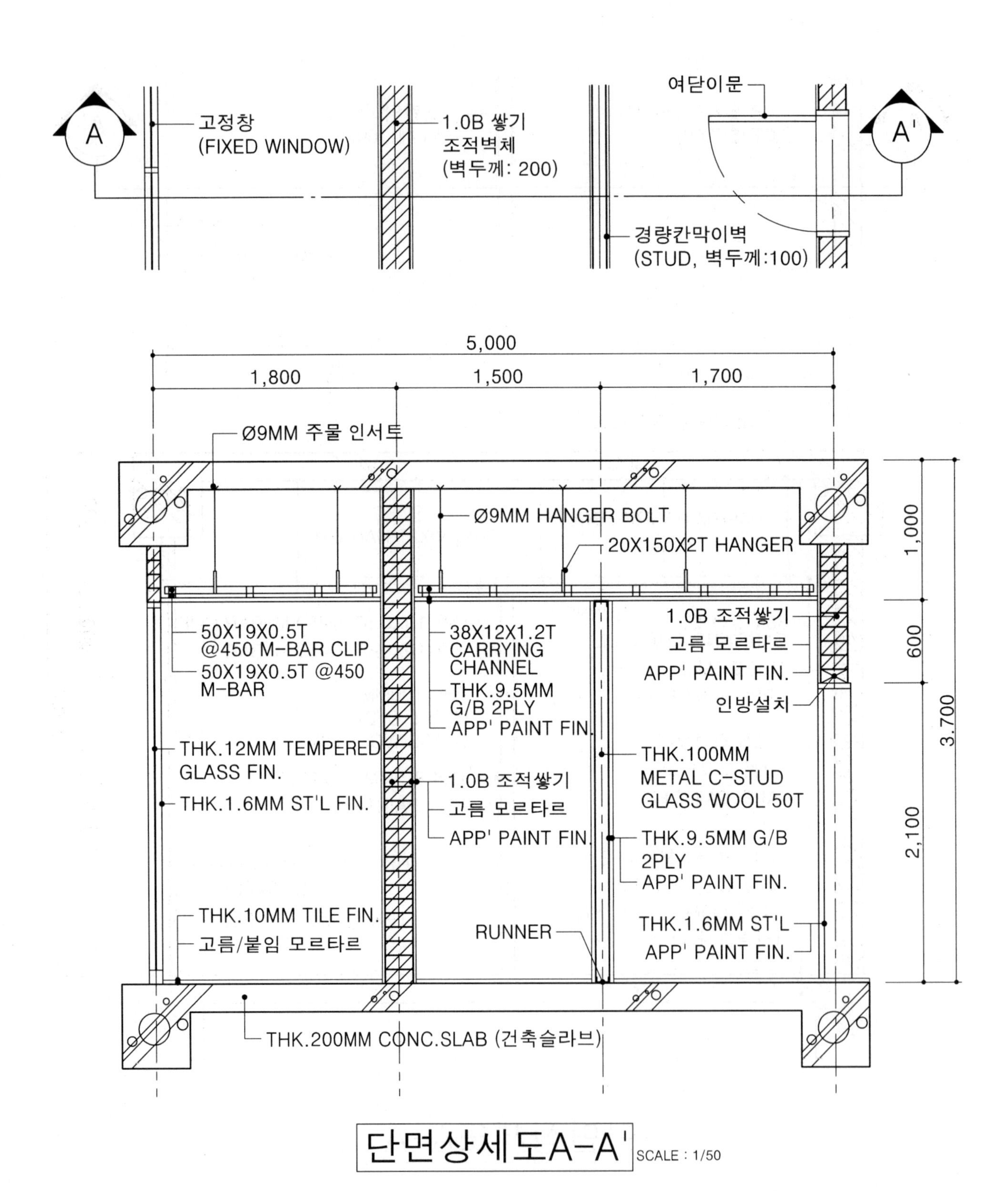

❹ 유형별 단면상세도 – 4 [조적벽체+고정창]

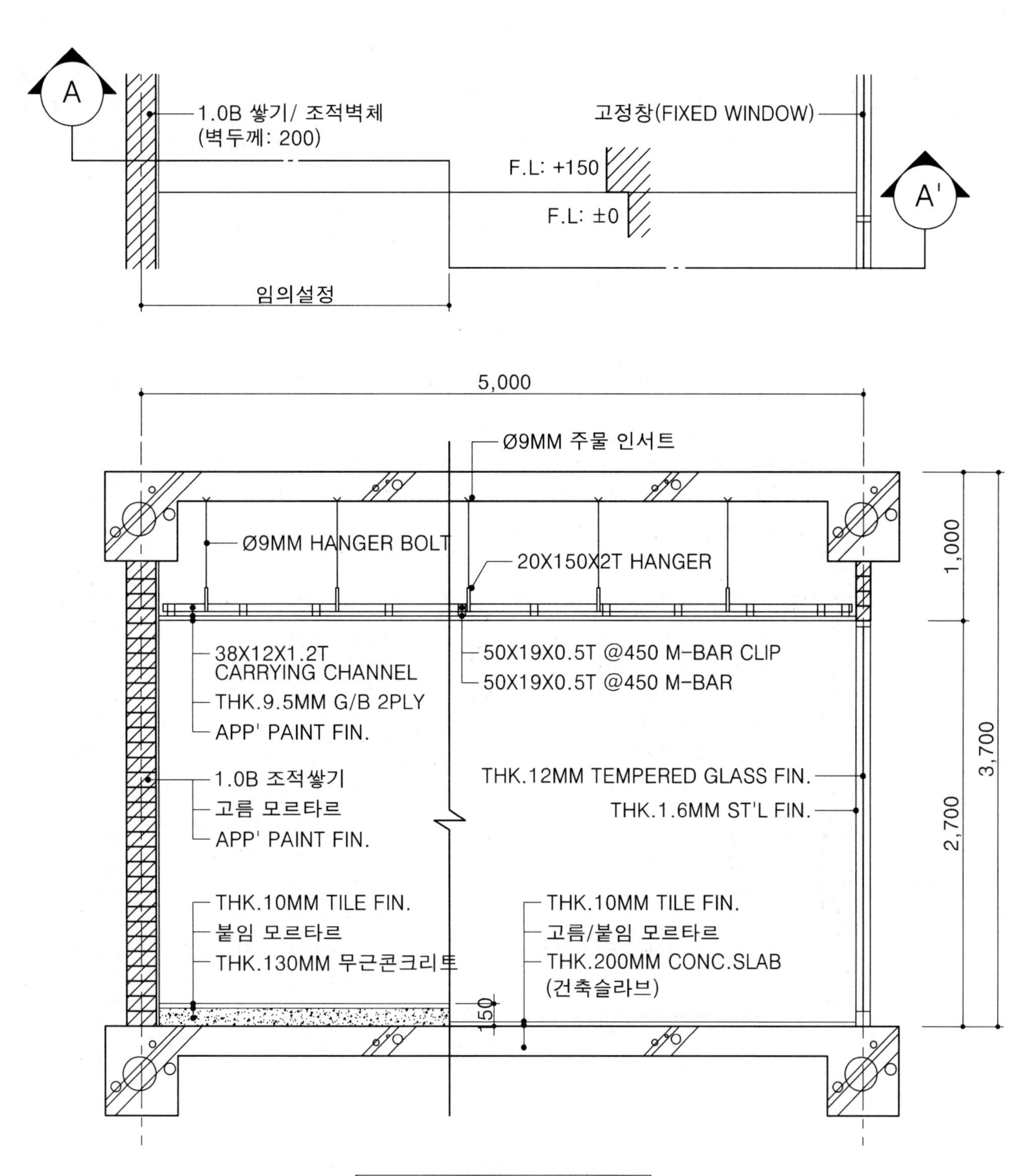

단면상세도A-A' SCALE : 1/50

❺ 유형별 단면상세도 – 5 [조적벽체 + 경량철골문 +1.5B 공간쌓기)

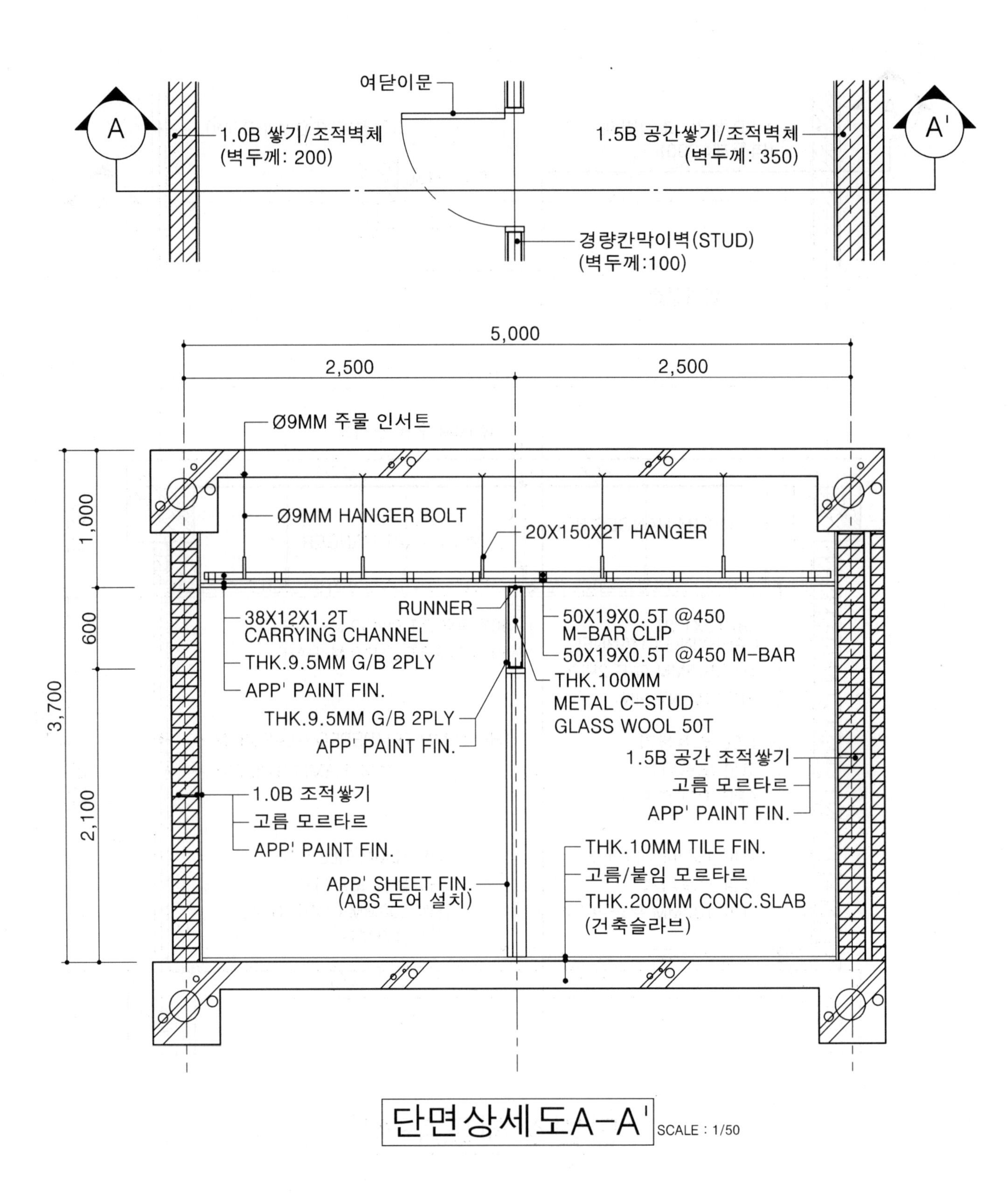

단면상세도A-A' SCALE : 1/50

국가기술자격 실기시험문제

자격종목	실내건축기사	작업명	침실

※ 시험시간 : 6시간 30분

1. 요구사항

주어진 도면은 소규모 아파트의 침실이다. 다음의 요구조건에 따라 요구도면을 작성하시오.

2. 요구조건

1) 설계면적 : 4,000mm × 4,000mm × 2,400mm(H)
2) 인적구성 : 30대 인테리어 전문가(여성)
3) 벽체 : 외벽 – 1.5B 붉은벽돌 쌓기, 내벽 – 1.0B 시멘트 벽돌쌓기
4) 창호 : 2중창호(내부 – 목재, 외부 – 알루미늄)으로 한다.
5) 출입문 : 900mm × 2,100mm(H)
6) 필요공간 및 가구 : 싱글침대, 나이트테이블, 화장대, 옷장, TV테이블, 컴퓨터책상 및 책장(그 외 가구는 수험자 임의로 작도한다)
   ※ 이상 제시된 가구는 필수적이며, 이 외에 필요한 가구와 실내장식이 있다면 수험자가 임의로 추가할 수 있음

3. 요구도면

1) 평면도(가구 배치 및 바닥마감재 표기) : S = 1/50
2) 천장도(조명기구 및 마감재료 표기) : S = 1/50
3) 내부입면도 B방향(벽면재료 표기) : S = 1/50
4) 단면상세도 A – A′(조명기구 및 마감재료 표기) : S = 1/50
5) 실내투시도(채색작업 필수) : S = N.S
   계획의 포인트가 좋은 지점에서 1소점 투시도법으로 작성하되, 작성과정의 투시보조선을 남길 것

4. 수험자 유의사항

※ 다음 유의사항을 고려하여 요구사항을 완성하시오.

1) 다음 사항에 대해서는 채점대상에서 제외하니 특히 유의하시기 바랍니다.

① 실격

- 지급된 재료 이외의 재료를 사용한 경우
- 시험 중 시설 · 장비의 조작 또는 재료의 취급이 미숙하여 위해를 일으킬 것으로 예상되어 시험위원 전원이 합의한 경우
- 타인의 공구를 빌려 사용한 경우

② 미완성

- 시험시간 내에 요구사항을 완성하지 못한 경우

③ 오작

- 구조적 또는 기능적으로 사용 불가능한 경우
- 각 부분이 미숙하여 시공이 불가능한 경우
- 주어진 조건을 지키지 않고 작도한 경우

예 요구조건에 철근콘크리트조 외벽으로 되어 있으나 벽돌조로 작도, 또는 그 반대로 한 경우

2) 각각의 도면명은 아래 예시와 같이 도면의 중앙 하단에 기입하고 일체의 다른 표기를 금합니다.

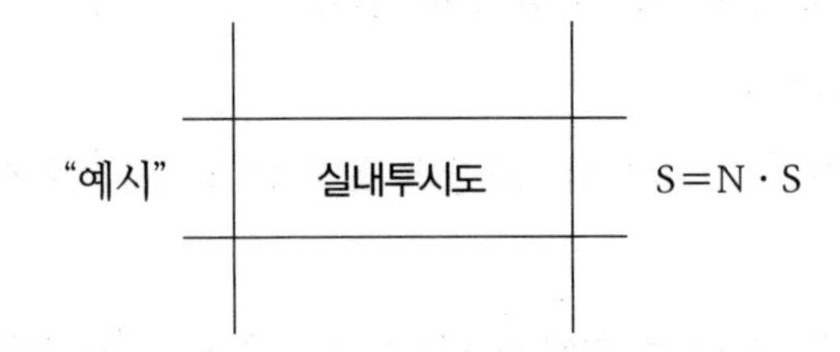

3) 수험번호, 성명은 도면 좌측 상단에 고무인 도장으로 표시한 표에 매 장마다 기입합니다.

5. 도면

자격종목	실내건축기사	과제명	침실

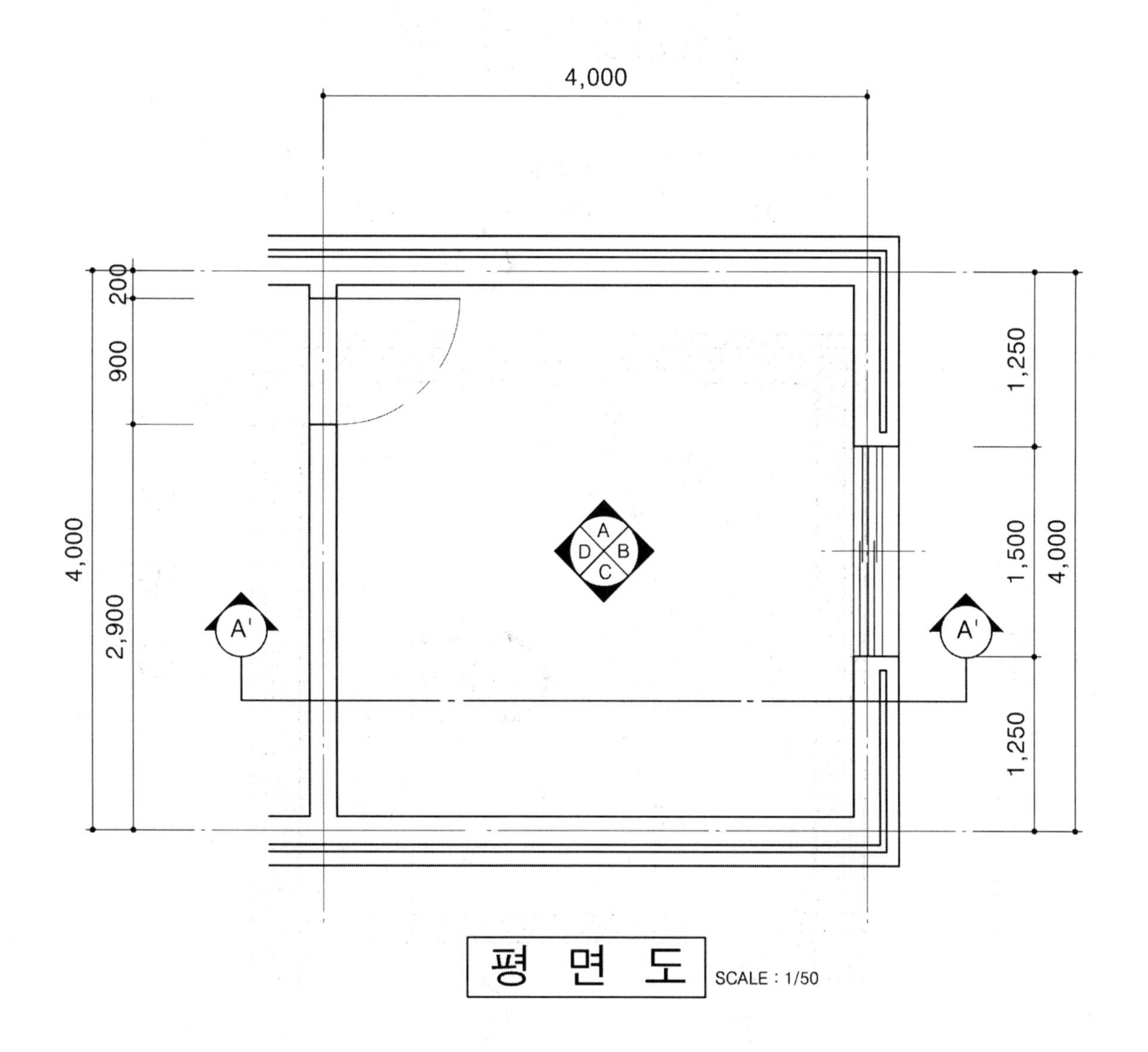

❶ 평면도

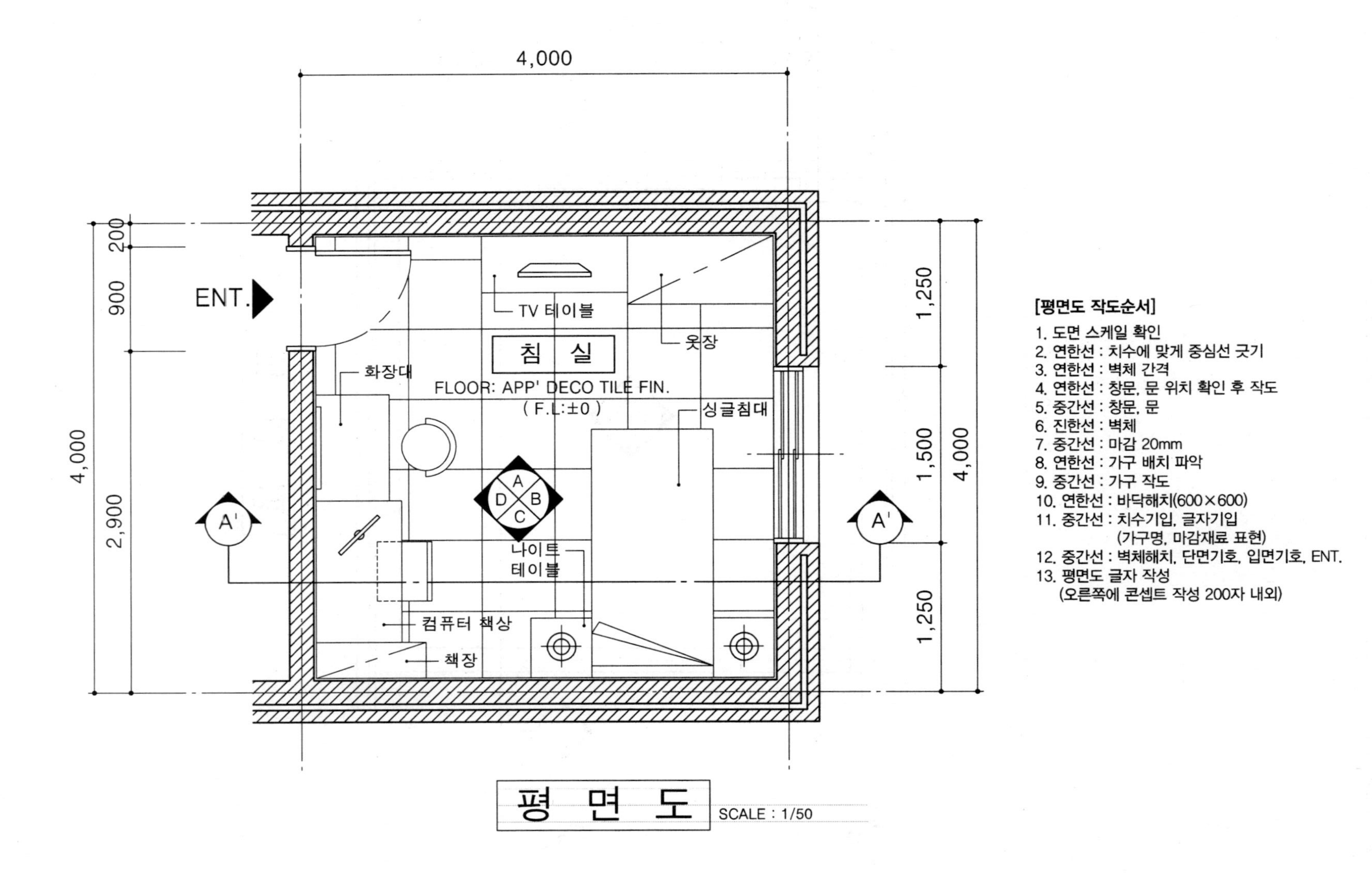

[평면도 작도순서]
1. 도면 스케일 확인
2. 연한선 : 치수에 맞게 중심선 긋기
3. 연한선 : 벽체 간격
4. 연한선 : 창문, 문 위치 확인 후 작도
5. 중간선 : 창문, 문
6. 진한선 : 벽체
7. 중간선 : 마감 20mm
8. 연한선 : 가구 배치 파악
9. 중간선 : 가구 작도
10. 연한선 : 바닥해치(600×600)
11. 중간선 : 치수기입, 글자기입
(가구명, 마감재료 표현)
12. 중간선 : 벽체해치, 단면기호, 입면기호, ENT.
13. 평면도 글자 작성
(오른쪽에 콘셉트 작성 200자 내외)

❷ 천장도

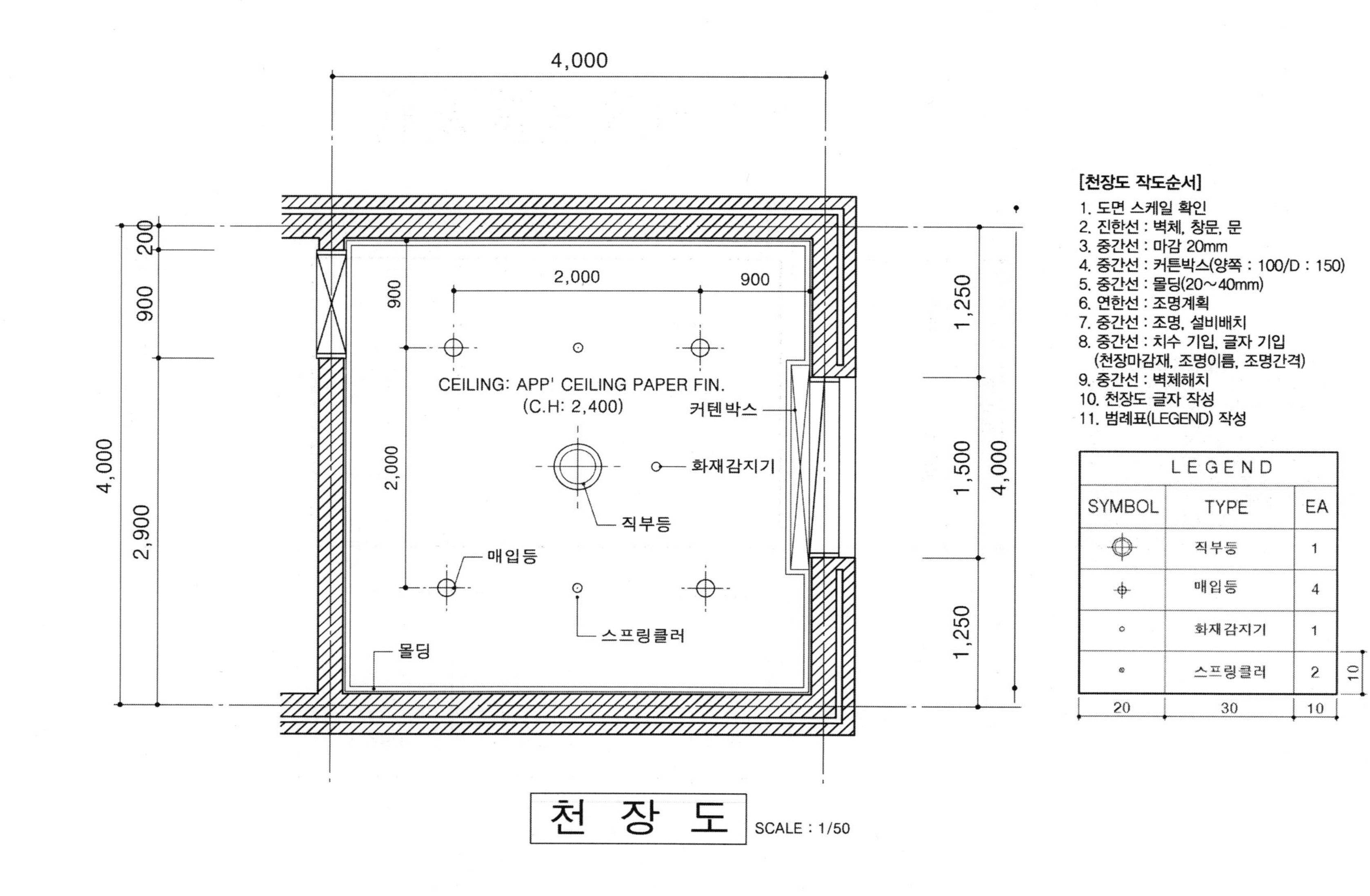

4,000
200
900
2,900
4,000
2,000
900
900
2,000
CEILING: APP' CEILING PAPER FIN.
(C.H: 2,400)
커텐박스
화재감지기
직부등
매입등
스프링클러
몰딩
1,250
1,500
1,250
4,000
[천장도 작도순서]
1. 도면 스케일 확인
2. 진한선 : 벽체, 창문, 문
3. 중간선 : 마감 20mm
4. 중간선 : 커튼박스(양쪽 : 100/D : 150)
5. 중간선 : 몰딩(20~40mm)
6. 연한선 : 조명계획
7. 중간선 : 조명, 설비배치
8. 중간선 : 치수 기입, 글자 기입
(천장마감재, 조명이름, 조명간격)
9. 중간선 : 벽체해치
10. 천장도 글자 작성
11. 범례표(LEGEND) 작성
LEGEND
SYMBOL
TYPE
EA
직부등
1
매입등
4
화재감지기
1
스프링클러
2
10
20
30
10
천 장 도
SCALE : 1/50

③ 내부입면도

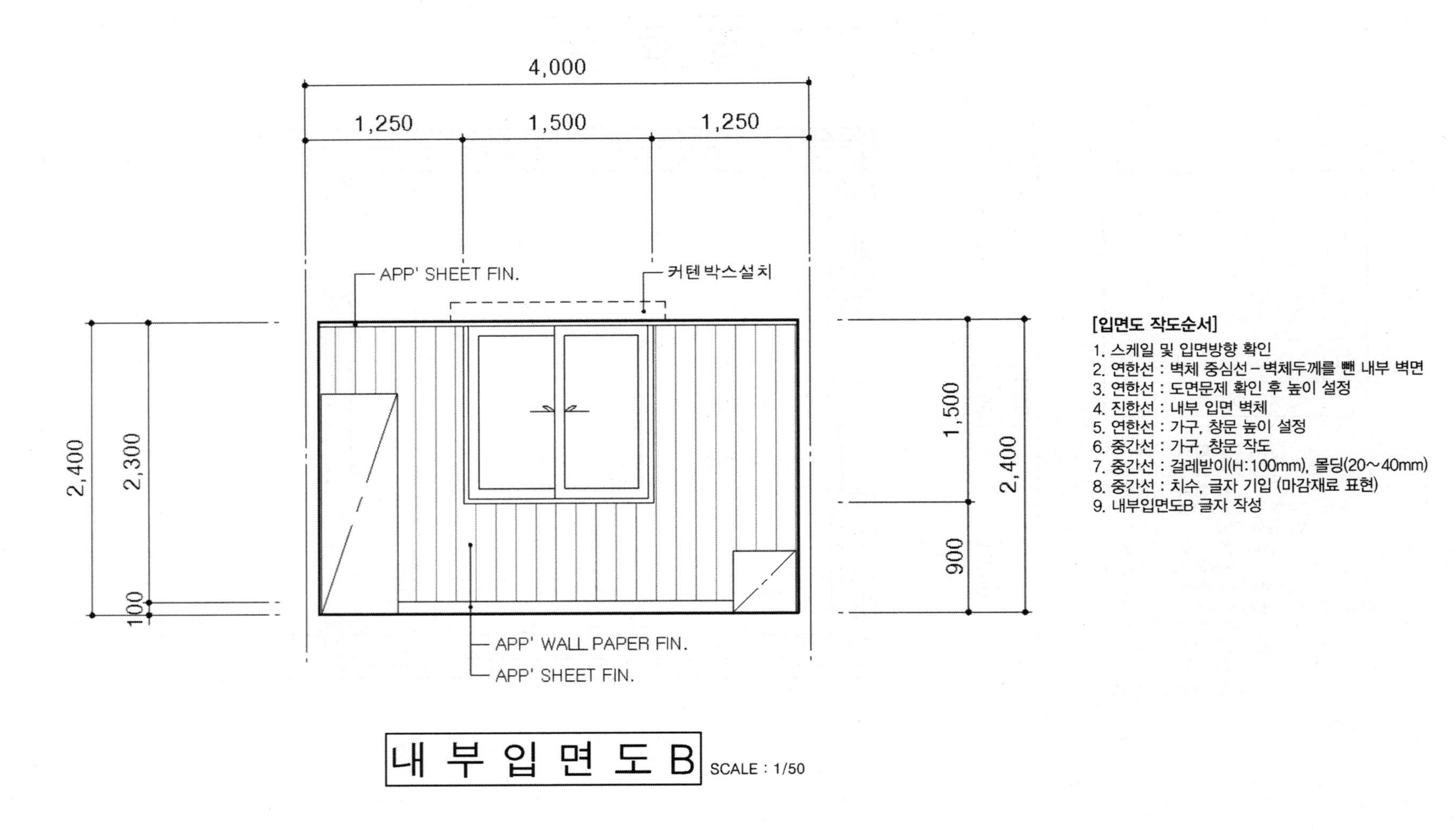

4,000
1,250
1,500
1,250
APP' SHEET FIN.
커텐박스설치
2,400
2,300
100
1,500
900
2,400
APP' WALL PAPER FIN.
APP' SHEET FIN.
내 부 입 면 도 B
SCALE : 1/50
[입면도 작도순서]
1. 스케일 및 입면방향 확인
2. 연한선 : 벽체 중심선 – 벽체두께를 뺀 내부 벽면
3. 연한선 : 도면문제 확인 후 높이 설정
4. 진한선 : 내부 입면 벽체
5. 연한선 : 가구, 창문 높이 설정
6. 중간선 : 가구, 창문 작도
7. 중간선 : 걸레받이(H:100mm), 몰딩(20~40mm)
8. 중간선 : 치수, 글자 기입 (마감재료 표현)
9. 내부입면도B 글자 작성

❹ 단면상세도

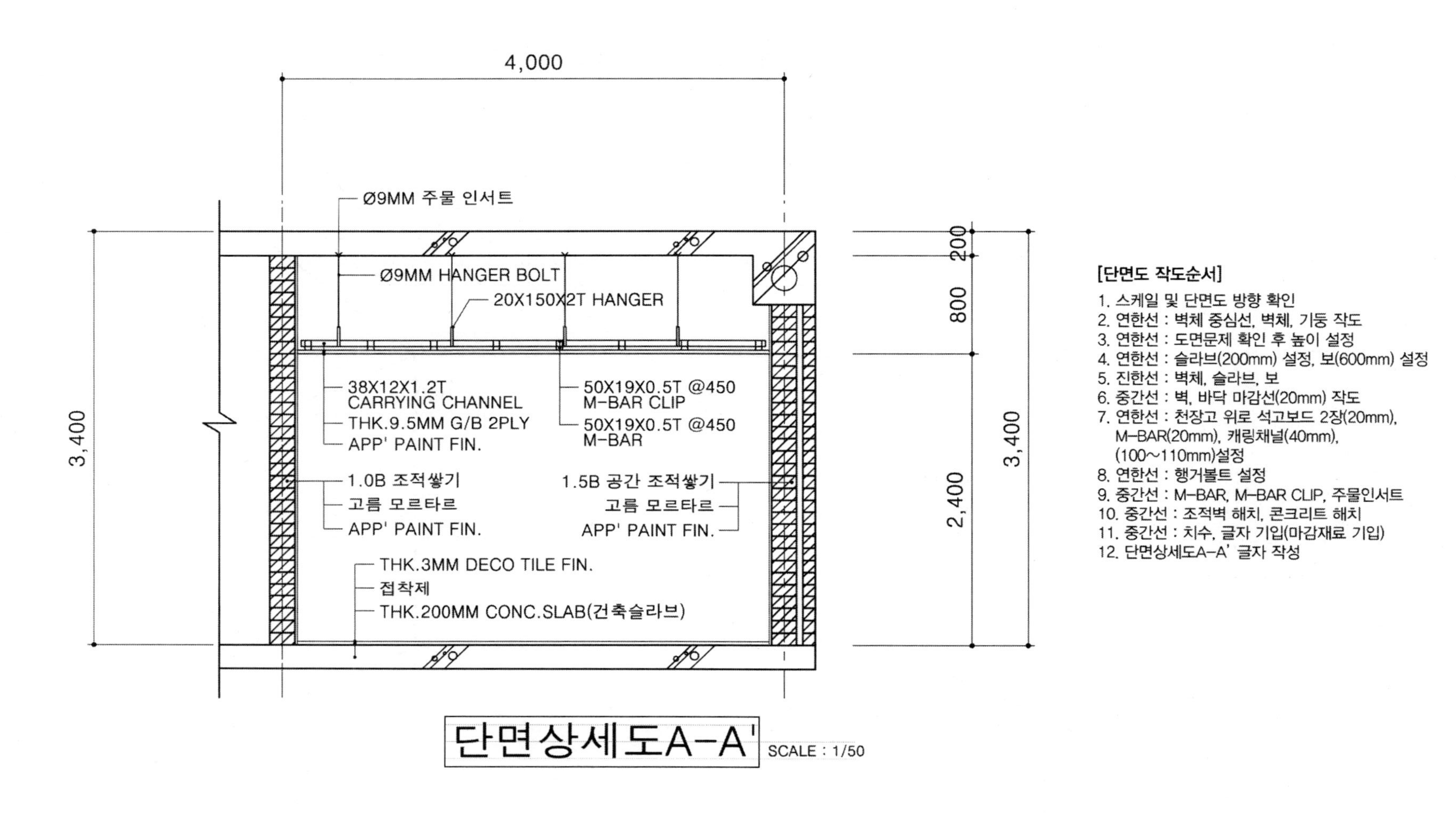

4,000
Ø9MM 주물 인서트
Ø9MM HANGER BOLT
20X150X2T HANGER
38X12X1.2T CARRYING CHANNEL
THK.9.5MM G/B 2PLY
APP' PAINT FIN.
50X19X0.5T @450 M-BAR CLIP
50X19X0.5T @450 M-BAR
1.0B 조적쌓기
고름 모르타르
APP' PAINT FIN.
1.5B 공간 조적쌓기
고름 모르타르
APP' PAINT FIN.
THK.3MM DECO TILE FIN.
접착제
THK.200MM CONC.SLAB(건축슬라브)
3,400
200
800
2,400
3,400
단면상세도A-A'
SCALE : 1/50
[단면도 작도순서]
1. 스케일 및 단면도 방향 확인
2. 연한선 : 벽체 중심선, 벽체, 기둥 작도
3. 연한선 : 도면문제 확인 후 높이 설정
4. 연한선 : 슬라브(200mm) 설정, 보(600mm) 설정
5. 진한선 : 벽체, 슬라브, 보
6. 중간선 : 벽, 바닥 마감선(20mm) 작도
7. 연한선 : 천장고 위로 석고보드 2장(20mm), M-BAR(20mm), 캐링채널(40mm), (100~110mm)설정
8. 연한선 : 행거볼트 설정
9. 중간선 : M-BAR, M-BAR CLIP, 주물인서트
10. 중간선 : 조적벽 해치, 콘크리트 해치
11. 중간선 : 치수, 글자 기입(마감재료 기입)
12. 단면상세도A-A' 글자 작성

❺ 실내투시도

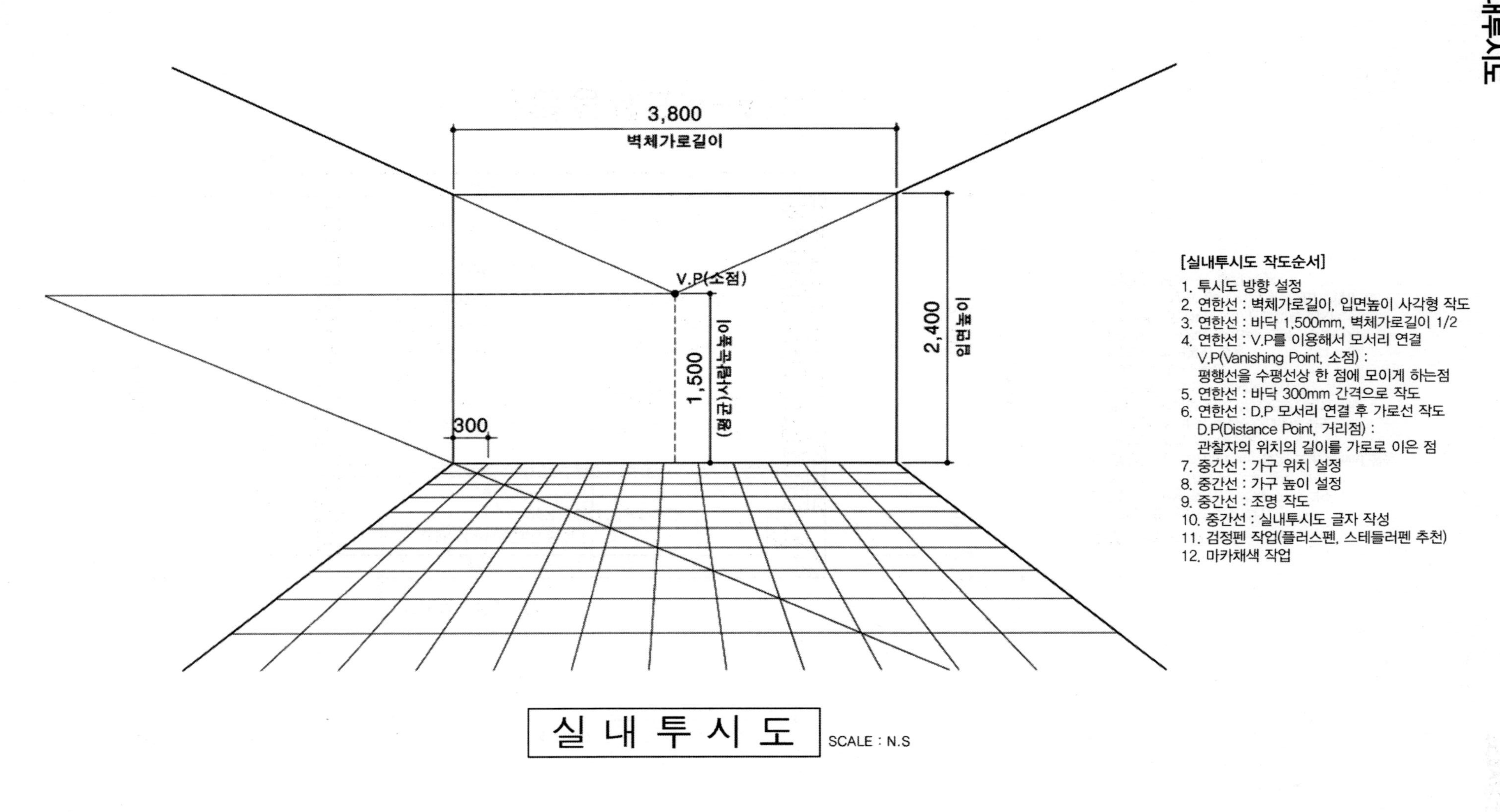

3,800
벽체가로길이
V.P(소점)
2,400
입면높이
1,500
(평균)사람눈높이
300
[실내투시도 작도순서]
1. 투시도 방향 설정
2. 연한선 : 벽체가로길이, 입면높이 사각형 작도
3. 연한선 : 바닥 1,500mm, 벽체가로길이 1/2
4. 연한선 : V.P를 이용해서 모서리 연결
V.P(Vanishing Point, 소점) :
평행선을 수평선상 한 점에 모이게 하는점
5. 연한선 : 바닥 300mm 간격으로 작도
6. 연한선 : D.P 모서리 연결 후 가로선 작도
D.P(Distance Point, 거리점) :
관찰자의 위치의 길이를 가로로 이은 점
7. 중간선 : 가구 위치 설정
8. 중간선 : 가구 높이 설정
9. 중간선 : 조명 작도
10. 중간선 : 실내투시도 글자 작성
11. 검정펜 작업(플러스펜, 스테들러펜 추천)
12. 마카채색 작업
실내투시도
SCALE : N.S

⑥ 실내투시도 – 샤프 작업/기본 그리드 작도

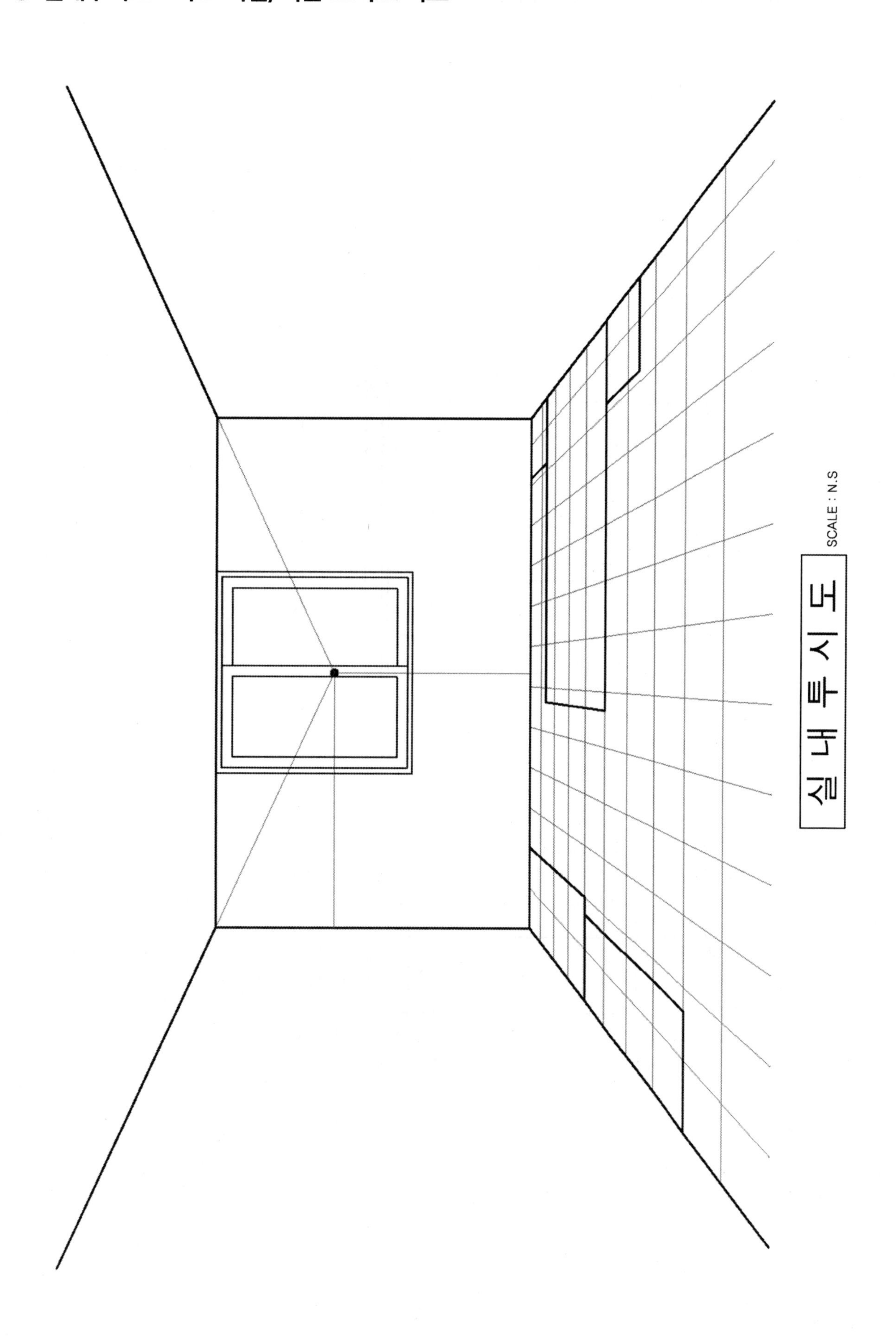

❼ 실내투시도 – 샤프 작업/공간 볼륨감 및 가구 작도

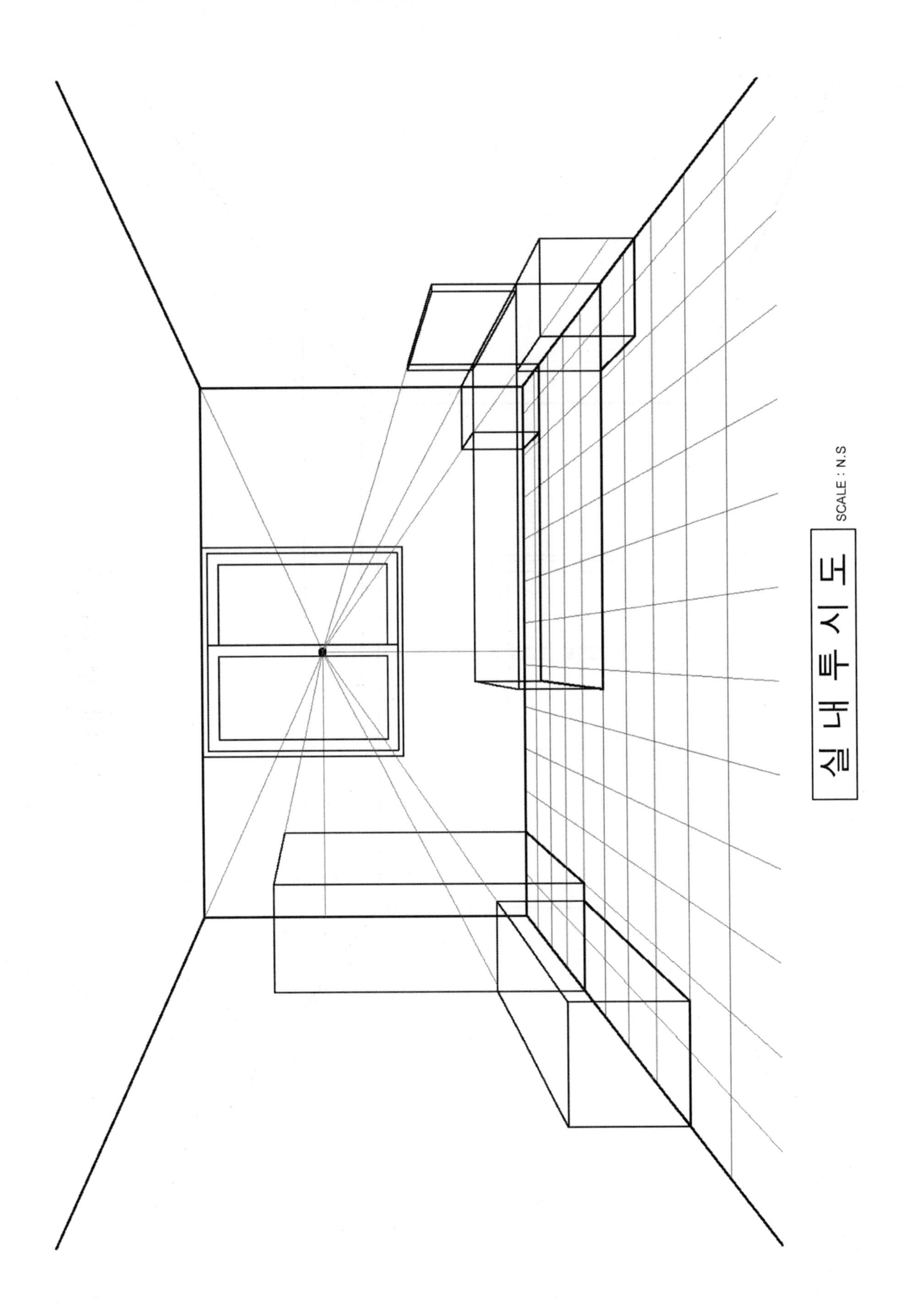

⑧ 실내투시도 – 검정펜 작업

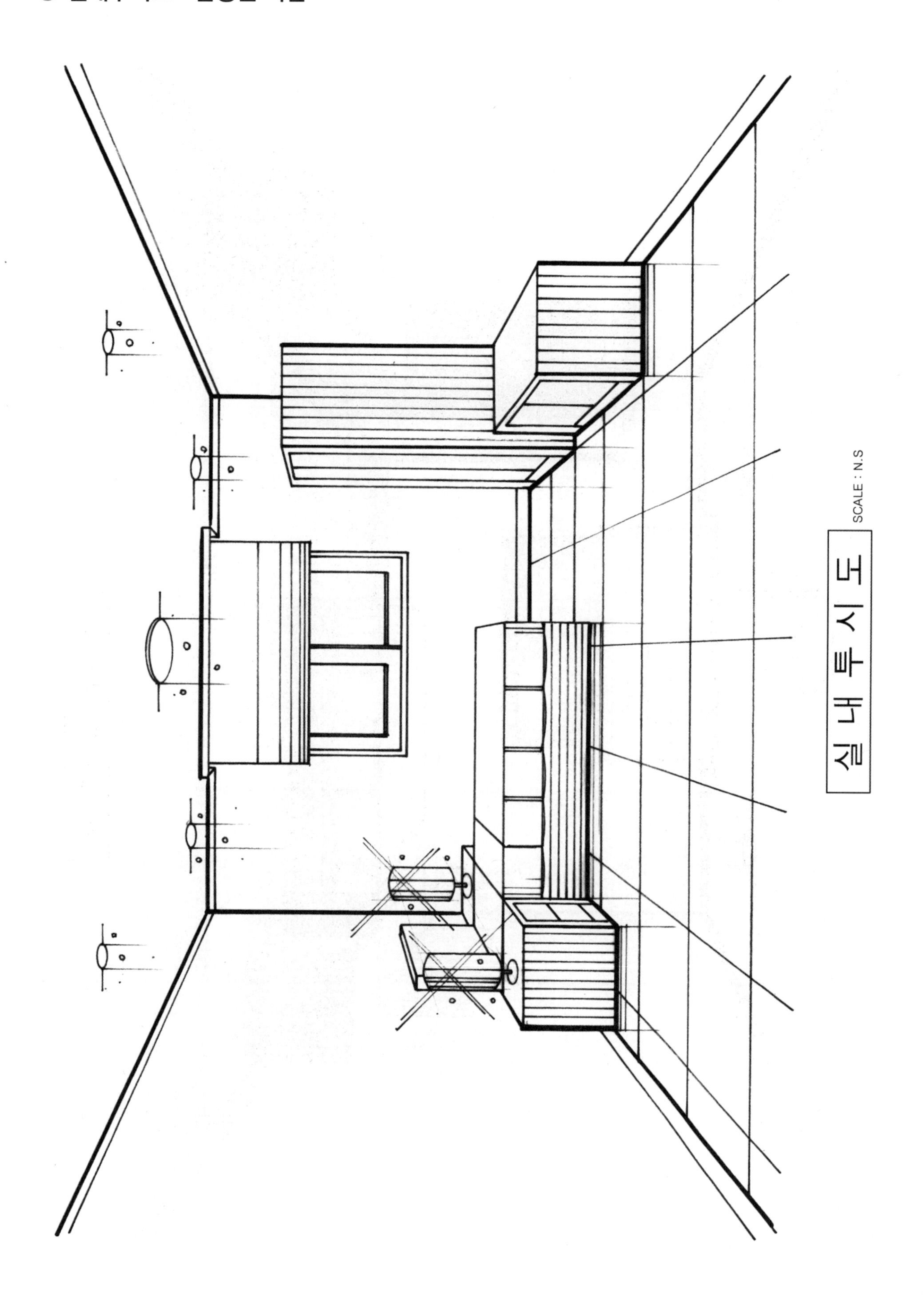

⑨ 실내투시도 – 마카 채색

PART 3

과년도 기출문제

Engineer Interior Architecture

기출문제 콘셉트

❶ 귀금속 전문점

대도시 상업 중심에 위치한 중저가 귀금속 전문점이다. 전면의 넓은 유리창에는 신제품 및 대표적인 제품을 전시하여 고객을 매장 안으로 유도하며 내부공간은 고객동선과 직원동선을 구분하여 설계함으로써 동선의 혼잡을 방지하였다. 특히, 공간이 협소하기 때문에 개방적인 공간이 되도록 색감과 소재구성 등을 밝은 컬러를 사용하여 깨끗함과 아름다움을 표현하였다. 주 고객층인 20~30대 고객의 니즈와 스타일에 부합하도록 매장 이미지를 연출하였으며 다양한 쇼핑을 즐길 수 있도록 디자인하였다.

❷ COFFEE & CAKE 전문점

도심 내 주거, 상업 연결지역의 상가에 위치한 Take-out(테이크 아웃)이 가능한 커피 및 케이크 전문점으로 자연친화적인 매장의 이미지가 전달될 수 있도록 조경공간을 두어 도심 속 휴식공간을 제공한다.
커피를 주문하기 위해 계산대를 향하는 동안 케이크 진열대를 지나가도록 동선을 계획하여 동시구매를 유도할 수 있도록 계획하였고, 화장실, 비품실 및 재료창고실, 설비실을 집중 배치하여 매장 전체의 쾌적함을 해치지 않도록 하였다. 또한 파티션으로 좌석공간과 판매공간을 구분하여 안락함을 느끼도록 계획하였다.

❸ 커피 전문점

상업중심지역에 위치한 커피 전문점으로 주 출입구 부분에 디스플레이와 Take-out(테이크아웃)을 위한 공간을 두었고 카운터 및 주방과 인접하게 창고를 배치하여 직원동선이 원활하도록 계획하였다.
또한 전면 유리창 부분에 테이블 세트를 배치하여 고객들이 개방된 시야를 확보할 수 있도록 하였고, 1인용 테이블 세트를 설치하여 개별적인 작업을 할 수 있는 공간을 따로 구성하여 고객의 편의를 고려한 디자인을 하였다.

❹ 제과제빵 전문점

상업지역 내에 위치한 제과제빵 전문점으로 고객동선과 직원동선을 고려하여 공간을 따로 구획하여 매장 안쪽에 주문공간과 주방을 배치하고 접객과 상품공급이 원활하게 이뤄지도록 하였다. 또한 중앙에 진열공간을 배치하여 주 출입구에서 자연스럽게 유입되도록 공간을 계획하였다. 소재가 따뜻한 마감재를 사용하여 아늑한 느낌을 주도록 디자인하였다.

❺ 동물병원

근린상업지역 내 위치한 동물병원으로 병원인 동시에 사료, 간식, 옷, 액세서리 등 다양한 제품을 판매하는 잡화점이자 털을 깎는 미용실이며 분양소이기도 하다. 결국 동물병원 디자인은 긴장감을 풀어줄 수 있는 소재와 컬러를 매칭하고 숨은 공간을 찾아 효율적인 공간 기능을 부여하고자 하였다.
따뜻함이 느껴지는 우드소재를 사용하여 집의 아늑함을 느끼도록 디자인하였고, 이동이 쉽도록 바퀴를 달아 수레형태의 아일랜드 수납장을 만들었다. 또한 벽과 기둥을 활용하여 작은 집기를 정돈해 넣을 수 있는 공간도 마련하였다. 이 공간은 몸집이 작고 활동반경이 넓은 동물들에게 충분히 유용한 공간이 될 것이다.

❻ 한의원

근린상업지역 내 위치한 한의원으로 예부터 이어진 전통적인 치료방식과 현대의 치료방식을 도입하였다.
옛것의 모티브를 통해 형태를 모던하게 재해석하며 옛것에 대한 감성을 느낄 수 있도록 디자인하고자 한다.
대기공간은 외부와 소통하고 내부가 막힘없는 공간으로 치료실과 자연스럽게 유도하여 환자들이 안정된 상태에서 치료를 받도록 공간을 구성하였다. 병원은 무서운 곳이라는 틀에서 벗어나 도심 속에 건강한 기운이 감도는 공간이 되길 바라며 디자인하였다.

❼ 아웃도어 매장

상가들이 밀집해 있는 근린상업지역 내에 위치한 아웃도어 매장이다. 라이프 스타일의 변화에 따라 운동과 동시에 패션에 대한 관심이 증가하고 있으며 이를 반영하여 의류부터 신발, 모자 가방 등 다양한 아이템이 전시될 수 있도록 전체적으로 개방형 공간 구성을 하였고 온라인과 차별화될 수 있도록 개별 피팅룸을 만들어 소비자들이 제품을 체험할 수 있도록 하였다. 마감재 또한 친환경제품을 사용하여 지속 가능한 공간과 패션을 함께 제공하여 소비자들이 도심 속 일상에서 잠시 벗어나 여행을 온 듯한 설렘과 편안함을 느낄 수 있도록 디자인하였다.

❽ 정형외과

대도심지 중심상업지역에 위치한 정형외과로 치료뿐만 아니라 재활에 필요한 물리치료실 등 모든 서비스를 한번에 받을 수 있도록 공간을 구성하려고 하였다. 특히, 내원하였을 때 먼저 머물게 하는 장소는 대기공간으로 치료시간이 길기 때문에 대기공간에서 불편함을 느끼지 않도록 개방형으로 계획하였다.
또한 시각적으로 편안하고 안락하면서 세련된 분위기 연출을 위해 회색과 보라색을 사용함으로써 모던한 디자인으로 연출하여 쾌적한 환경에서 진료를 받을 수 있도록 디자인하였다.

❾ 휴대폰 판매점

도심업무지역 1층 상가에 위치한 휴대폰 판매점으로 오피스 등이 몰려 있는 지역인 만큼 원스톱 서비스형 매장으로 디자인하였다. 30~50대 바쁜 직장인들이 점심시간에 혼자 방문하는 경우가 많은 점에 착안해 개방적이면서 도시적이고 깔끔한 분위기 연출을 위해 매장 내부의 전체적인 색감톤을 밝은 컬러로 사용하였다. 또한 전시판매대를 통해 직접 체험함으로써 체험존과 각종 악세사리 판매는 벽면에 배치하여 공간의 효율성을 극대화하였고 고객 대기공간은 고객의 동선을 고려해 안쪽에 배치함으로써 다양한 구매가 이루어지도록 계획하였다.

❿ 북카페

상업중심지역에 있는 상가 내에 위치한 북카페로 커피와 독서를 함께 할 수 있으며 다양한 고객층이 찾는 복합 문화공간이다. 특히, 직원동선과 고객동선을 분리하여 공간을 계획하였고 효율적으로 동선이 이루어지도록 설계하였다. 또한 벽면 서고에 다양한 신간을 전시함으로써 많은 고객이 손쉽게 책을 읽을 수 있으며 커튼월 쪽의 밝은 채광과 조망권을 확보하여 개방적인 공간으로 디자인을 함으로써 규격화된 인테리어에서 벗어나 모던함과 트렌디함을 살린 것이 특징이다. 이 공간은 도심 속 힐링공간으로 일상 속에서 지친 도시인들에게 편안하면서 효율적인 쉼터를 제공하고자 한다.

⑪ 광고기획 디자인 사무실

도심지 내 주거, 상업중심지역에 위치한 광고기획 디자인 사무실이다. 창의적인 영감을 얻을 수 있도록 '자연 친화적' 그린 오피스라는 콘셉트로 투명 유리를 이용하여 개방적이면서 효율적인 업무공간으로 구성하여 직원들 간에 자유로운 소통과 협업이 가능하도록 배치하였다. 또한 자연 친화적인 마감재를 사용하여 직원들이 쾌적한 공간에서 즐겁게 업무를 할 수 있도록 계획하였다.

⑫ 웨딩숍

일반상업지역 1층에 위치한 웨딩숍이다. 고객들의 니즈와 수준이 높아지면서 웨딩플래너 및 스타일리스트들을 통해 맞춤형 개인 상담을 프라이빗하게 실시할 수 있도록 상담실을 설치하였다.
또한 다양한 브랜드의 신상 드레스를 보관할 수 있도록 피팅룸과 드레스 창고를 함께 설치하여 공간의 효율성을 극대화하였고, 매장이 전체적으로 고급스러우면서 화사한 인테리어 콘셉트로 세상 누구보다 예뻐 보이고 싶을 예비신부들의 마음을 담아 고객들이 편안함을 만끽할 수 있도록 디자인하였다.

⑬ 최저가 화장품 판매점

유동인구가 많은 일반상업지역 1층에 위치한 최저가 화장품 판매점이다. 공간이 협소하므로 전체 색채배색을 단순화하여 공간을 넓어 보이도록 하였으며, 전체적으로 화이트 컬러와 우드 컬러를 사용하고 자연적인 소재로 포인트를 주었다. 자연 친화적인 공간 설계를 위해 플라스틱 공병으로 재활용한 인테리어 벽돌 및 가구를 제작하여 자연을 보호하고 지역사회에 기여할 수 있도록 디자인하였으며 고객들이 편안함을 만끽할 수 있도록 자연광과 천연 잔디, 원예 조경으로 자연에 있는 듯한 느낌을 주어 방문하는 고객에게 특별한 만족을 선사할 예정이다.

⑭ 어린이 도서관

주고객인 아동 및 청소년이 거주하는 도심의 아파트 단지 인근에 위치한 어린이 도서관으로 어린이들이 마음껏 꿈과 희망을 펼칠 수 있는 공간이다. 가구를 단순하게 배치하는 것이 아닌 아이들의 꿈을 키우는 공간을 콘셉트로 디자인하였다. 안전과 감성을 고려한 직선형 서가를 출시해 교육내용에 따라 다양한 레이아웃으로 공간을 효율적으로 활용할 수 있도록 하였으며, 특히 아이들이 사용하는 가구인 만큼 보다 안전하고 건강한 공간이 될 수 있도록 친환경적인 높은 집성목, 자작나무 합판 등의 자재를 사용하고, 모서리 라운드 처리 등 디자인적으로도 안전을 고려하며 계획하였다.

⑮ 스터디 카페

20대 대학생이 주 고객인 대학교 근처에 위치한 세미나 형태의 스터디 카페로 편안히 공부할 수 있도록 자연 속에서 공부하는 콘셉트의 학습공간이다. 전체적으로 깔끔하고 세련된 분위기를 연출하기 위해 다양한 내추럴 소재, 따뜻한 조명을 활용했으며 자연 친화적인 플랜테리어를 접목하였다. 또한 차분한 브라운 컬러와 우드 소재를 포인트로 주어 전체적으로 중후하지만 편안함을 느낄 수 있도록 연출하였고 자체 제작한 책상과 의자를 전체 좌석에 배치하여 더욱 편안한 학습공간을 제공하도록 계획하였다.

⑯ 치과의원

8차선 대로변의 중심상업지역 내 병원특화상가에 위치한 치과의원이다. 고객의 니즈와 디자인 트렌드, 마감재, 건물형태, 면적, 진료과목, 진료동선 등을 다각도로 분석하여, 심미성과 실용성, 최적의 진료환경을 두루 갖춘 고품질 디자인을 제공하고자 공간을 설계할 때 진료 효율을 높이기 위해 간결한 동선으로 구성하였으며 불필요한 공간이 남거나 서로 동선이 겹치지 않도록 계획하였다. 다양하고 화려한 디자인보다는 원목소재를 사용하여 따뜻하고 안락한 분위기를 제공하며 청결함과 시각적인 쾌적함을 보이기 위해 주로 화이트 마감재를 많이 활용하여 디자인하였다.

⑰ 헤어숍

20~30대 젊은 층을 대상으로 하는 1층에 위치한 헤어숍으로 내부에 들어서면, 고객들이 먼저 마주하는 카운터는 첫인상을 결정짓는 공간이기에 고급스러움과 기능적 요소를 주었으며 키오스크 결제 및 편리한 예약 서비스 등을 제공하며 보조 인력이 필요 없는 스마트 시스템을 도입하였다.
공간의 효율성을 극대화하기 위해 최대한 고객과 직원동선을 구분하여 공간계획을 하였으며 전면에 개방감이 있는 전체 창문을 두어 따스한 햇빛이 들어오도록 유도하였다. 특히, 색상 또한 감성적인 분위기로 고객들에게 젊고 감각적인 분위기로 다가갈 수 있도록 디자인하였다.

⑱ 참치전문점

신도시 중심상업지역에 위치한 일식전문점으로 도심 속 일본이라는 디자인 콘셉트로 나홀로 문화가 확산되면서 이들의 니즈를 충족시키기 위해 오픈주방의 앞에 바테이블을 배치하여 단지 식사만이 아닌 음식의 제작과정을 고객이 직접 보면서 즐거움과 흥미를 동시에 줄 수 있도록 계획하였다. 그뿐만 아니라 다양한 인원을 고려하여 적절히 테이블을 배치하였으며 테이블 사이에는 파티션을 통해 고객들만의 전용 식사자리가 될 수 있도록 하였다.
전체적으로 따뜻한 느낌의 우드소재를 이용하여 고객들이 편안하고 고급스러운 분위기를 느낄 수 있도록 디자인하였다.

⑲ 자동차 판매대리점

상업중심지역에 위치한 자동차 판매대리점으로 메인 출입구에 들어서자마자 커다란 디스플레이 미디어월을 설치하여 최상이 라인업 모델들이 소개된다. 외벽의 전면과 우측면은 넓은 유리창으로 구성되어 있고 실내천장은 자연광의 느낌을 살린 화이트 색상의 바리솔 조명을 설치하여 내외부 개방감을 조성하였다. 영업사원의 사무실과 상담실을 함께 배치하여 프라이빗한 전담 응대로 스트레스 없는 상담 및 체험 경험을 통해 방문고객들의 만족도를 높일 것이며, 공간의 전체적인 분위기는 겉으로 드러나는 화려함이 아닌 내면의 품격과 만족감을 추구하는 마감재와 본연의 재질을 사용함으로써 다른 고급차 전시장과는 차별화된 디자인을 적용하였다.

⑳ 아파트 단지 내 북카페

독서인구가 급격히 줄고 있는 현실 속에서 동네 서점이 자취를 감춘 듯 하지만 이곳은 대단지 아파트 단지 내 3층 건물 중 2층에 위치한 북카페로 아파트 단지 주민들이 모여 커피와 독서를 함께하며 소통하는 커뮤니티 시설이다. 좁아 보일지 모르는 사각형 구조에서 최대한의 공간 활용을 위해 벽면을 이용하여 책장을 최대한 배치함으로써 사용자의 접근성을 높였고, 다양한 좌석배치로 독서 모임 및 작가와의 만남 같은 프로그램도 주도적으로 진행할 수 있도록 가구배치를 하였으며, 책을 보다가 고개를 들고 창밖 풍경을 보면 그 순간 힐링이 되는 공간이 되도록 계획하였다. 무엇보다 이곳에서는 시간이 천천히 흘러 안락하고 향기로운 커피향기와 어린아이 할 것 없이 모두가 볼 수 있는 책으로 구비되어 있으며 어린 시절의 순수함과 따뜻함을 느낄 수 있도록 디자인하였다.

㉑ 프랜차이즈 제과점

중심상업지구 근린생활시설 1층에 위치한 프랜차이즈 제과점으로 효율적인 매장 운영시스템을 위해 빵 만드는 제작과정인 반죽의 발효, 숙성, 열처리과정에 이르기까지 모든 제작공정을 효율적으로 하기 위해 주방시설에서는 작업동선을 고려하여 주방 및 창고배치를 하였고, 요즘 특히 배달 주문이 늘어나 디저트를 간편하게 포장해 판매할 수 있도록 카운터 뒤에 오픈형 주방을 배치하여 상품공급이 편리하도록 계획하였다. 그뿐만 아니라 탁 트인 매장에서 여유로운 브런치를 즐길 수 있도록 테이블석은 고객들의 동선이 편리하도록 테이블 세트를 통유리창 쪽에 배치하였다.

전반적인 매장의 마감재는 자연적인 소재를 활용하여 따뜻하고 친근한 이미지를 살렸고 다양한 가구배치로 공간감도 극대하였으며 주조색인 베이지와 붉은 체리톤이 망고, 카카오 등 천연과일과 곡물 등에서 추출된 자연스러운 색감과 어우러져 부드러운 색조를 연출하였다.

㉒ 인테리어 설계 사무소

이 도면은 인테리어 설계 사무실의 평면도로 직장인들이 하루의 3분의 1 이상의 시간을 보내는 오피스공간이다. 장시간 업무에 시달리는 직장인들에게 가장 필요한 것은 바로 편안한 업무 공간으로 외부에서 들어올 때 개별공간과 업무공간으로 분리하였다. 사무실 내에 불필요한 공간을 없애고 자연 채광이 잘 들어오는 창문 쪽에 사무공간을 개방형으로 배치하여 직원들 간의 소통을 높일 수 있도록 효율적인 근무환경을 조성하였다. 또한 바로 옆 회의실을 유리벽으로 설치함으로써 좁은 공간을 넓게 보이도록 공간감을 극대화하였다. 이와 같이 사무가구는 물론이고 직원 동선까지 고려하여 생산성 향상이 이루어지도록 디자인하였다.

㉓ 프랜차이즈 커피숍

근린상업지역 1층에 위치한 프랜차이즈 커피숍으로 빠른 시장 변화에 맞추어 다양한 디저트 및 음료 등을 함께 즐길 수 있는 프리미엄 프랜차이즈 커피숍이다. 통창유리와 높은 층고로 구성되어 있어 입구에 들어서자마자 실내가 시원하게 펼쳐진다. 벽면에는 사무실 및 직원휴게실 등 업무공간을 배치하여 직원 동선을 편리하도록 구성하였으며 모든 좌석이 창문 방향으로 배치되어 있어 어느 자리에서든 아름다운 경치를 볼 수 있도록 하였다. 또한 혼자 오는 분들도 각각 시간을 보낼 수 있도록 긴 테이블을 설치하여 여유를 즐길 수 있는 공간이 되도록 계획하였다.

도면 배치

■ 시험장 종이 배포 : 트레싱지 3장, 켄트지 1장, 그 외 모든 준비물을 직접 들고 가야 한다. 도면배치는 3장 안에 자유롭게 배치하여도 상관없다.

트레싱지 테두리

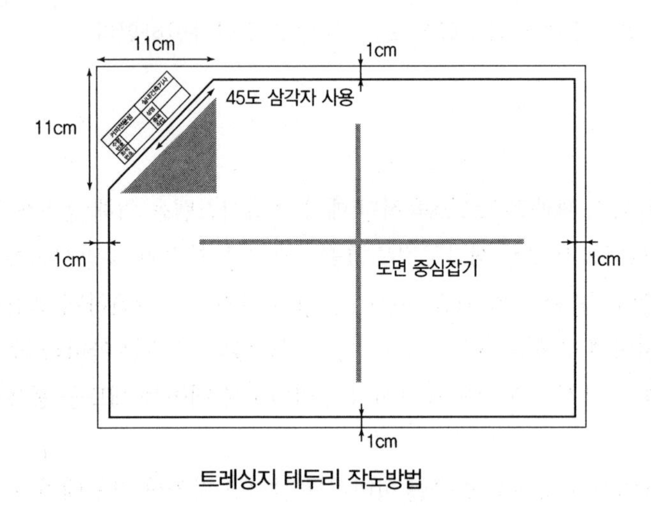

트레싱지 테두리 작도방법

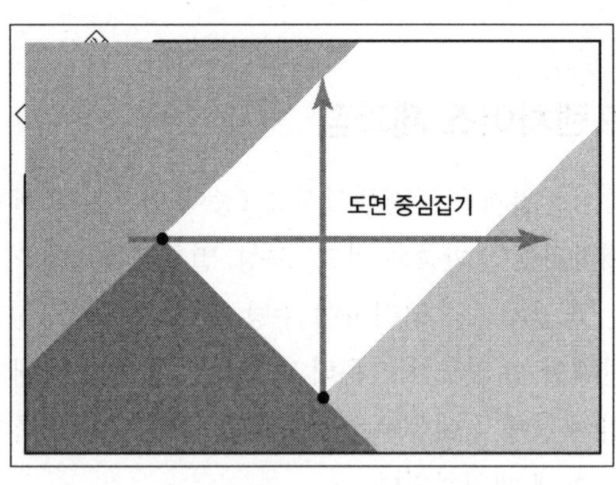

도면 중심 잡는 방법(p. 21~22 참고)

본교재 기출문제 배치방법

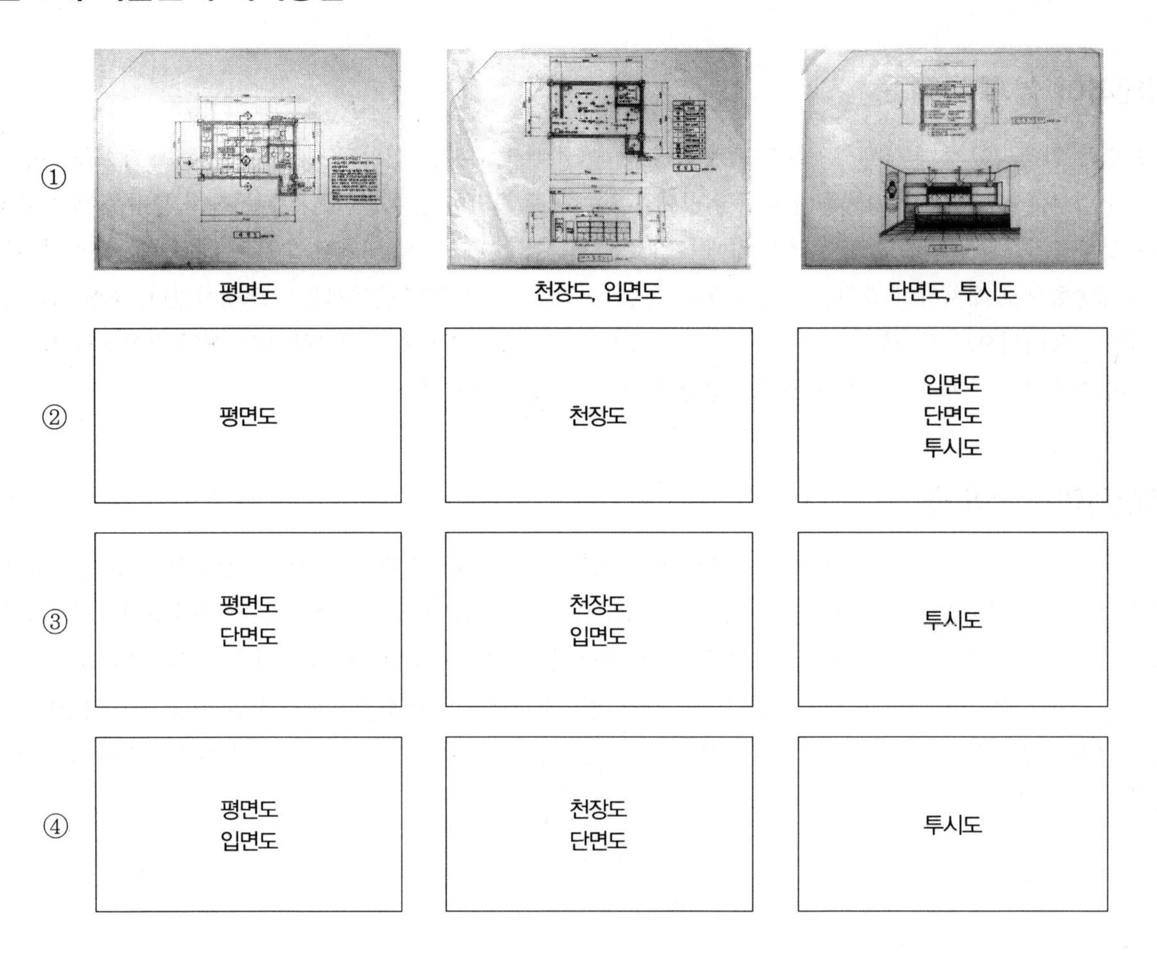

과년도 기출문제 – 1

자격종목	실내건축기사	작업명	귀금속 전문점

※ 시험시간 : 6시간 30분

1. 요구사항

주어진 도면은 대도시 상업중심에 위치한 중저가 귀금속 전문점이다. 다음의 요구조건에 따라 요구도면을 작성하시오.

2. 요구조건

1) 설계면적 : 9,000mm × 6,600mm × 2,700mm(H)

2) 인적구성 : 판매원 2명

3) 필요공간 및 가구 : 판매공간, 서비스실(보석수리 및 감정), 금고실, 쇼케이스, 귀금속 진열장, 상담좌석
(그 외 가구는 수험자 임의로 작도한다)
※ 이상 제시된 가구는 필수적이며, 이 외에 필요한 가구와 실내장식이 있다면 수험자가 임의로 추가할 수 있음

3. 요구도면

1) 평면도(가구 배치 및 바닥마감재 표기) : S=1/50
평면도 우측 하단에 설계자가 의도한 DESIGN CONCEPT를 200자 내외로 적으시오.

2) 천장도(조명기구 및 마감재료 표기) : S=1/50

3) 내부입면도 C방향(벽면재료 표기) : S=1/50

4) 단면상세도 A–A′ : S=1/50

5) 실내투시도(채색작업 필수) : S=N.S
계획의 포인트가 좋은 지점에서 1소점 투시도법으로 작성하되, 작성과정의 투시보조선을 남길 것

자격종목	실내건축기사	과제명	귀금속 전문점	척 도	N.S

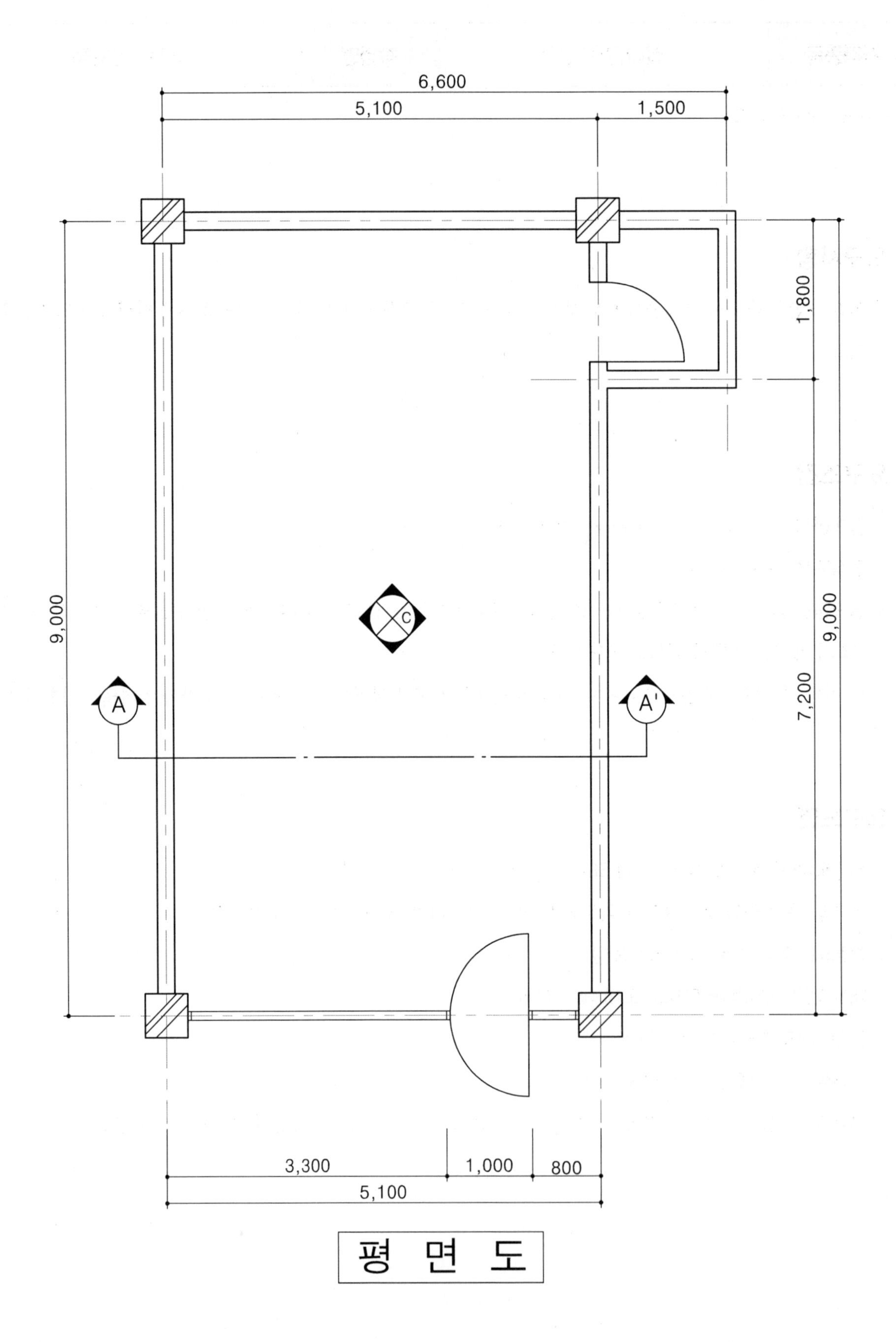

❶ 평면도

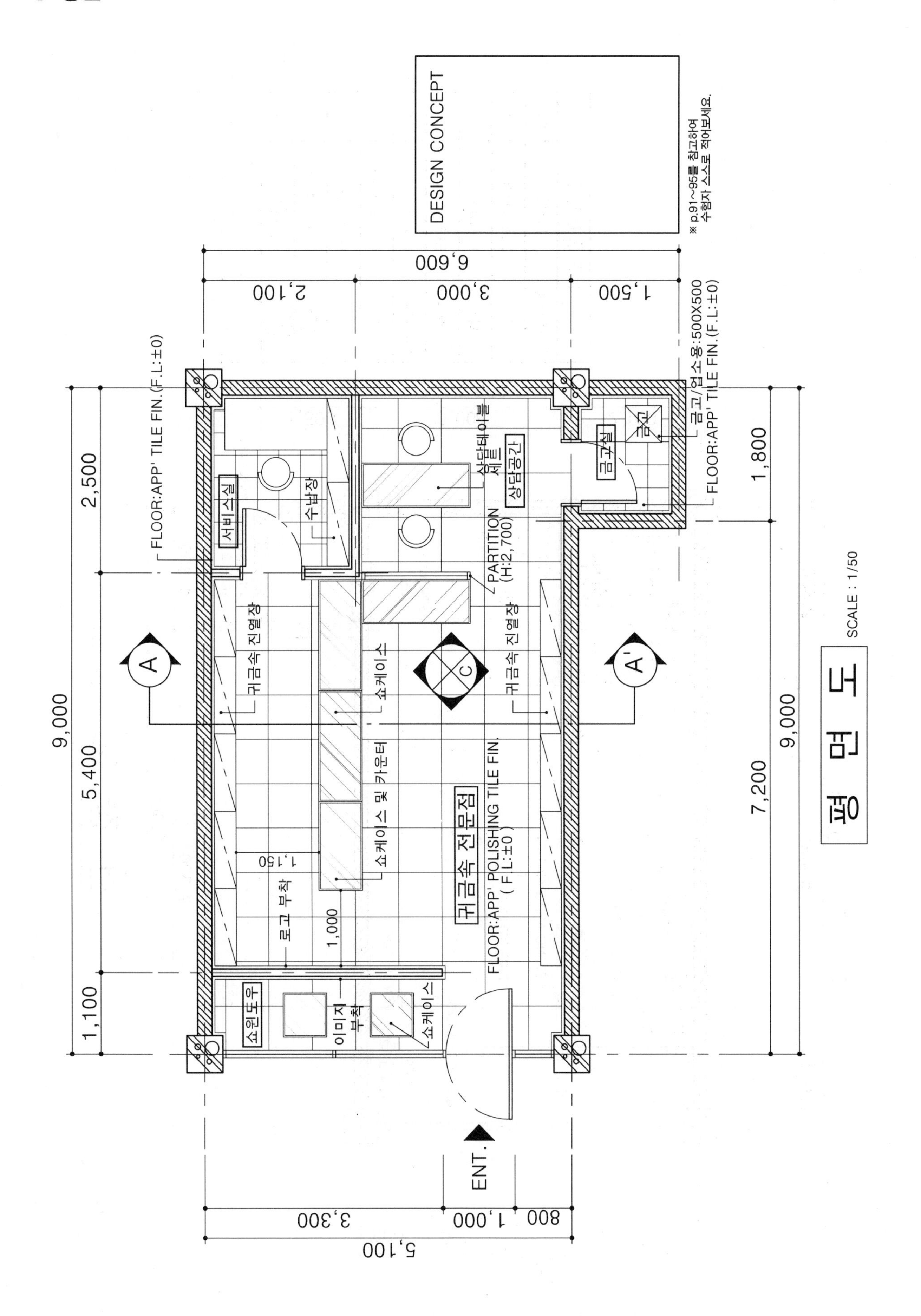

DESIGN CONCEPT
※ p.91~95를 참고하여 수험자 스스로 적어보세요.
평면도
SCALE : 1/50
귀금속 전문점
서비스실
수납장
상담테이블 세트
상담공간
금고실
금고
금고/업소용:500X500
FLOOR:APP' TILE FIN.(F.L:±0)
PARTITION (H:2,700)
귀금속 진열장
쇼케이스
쇼케이스 및 카운터
FLOOR:APP' POLISHING TILE FIN. (F.L:±0)
로고 부착
쇼윈도우
이미지 부착
ENT.
6,600
2,100
3,000
1,500
9,000
2,500
5,400
1,100
1,800
7,200
1,150
1,000
5,100
3,300
800

❷ 천장도

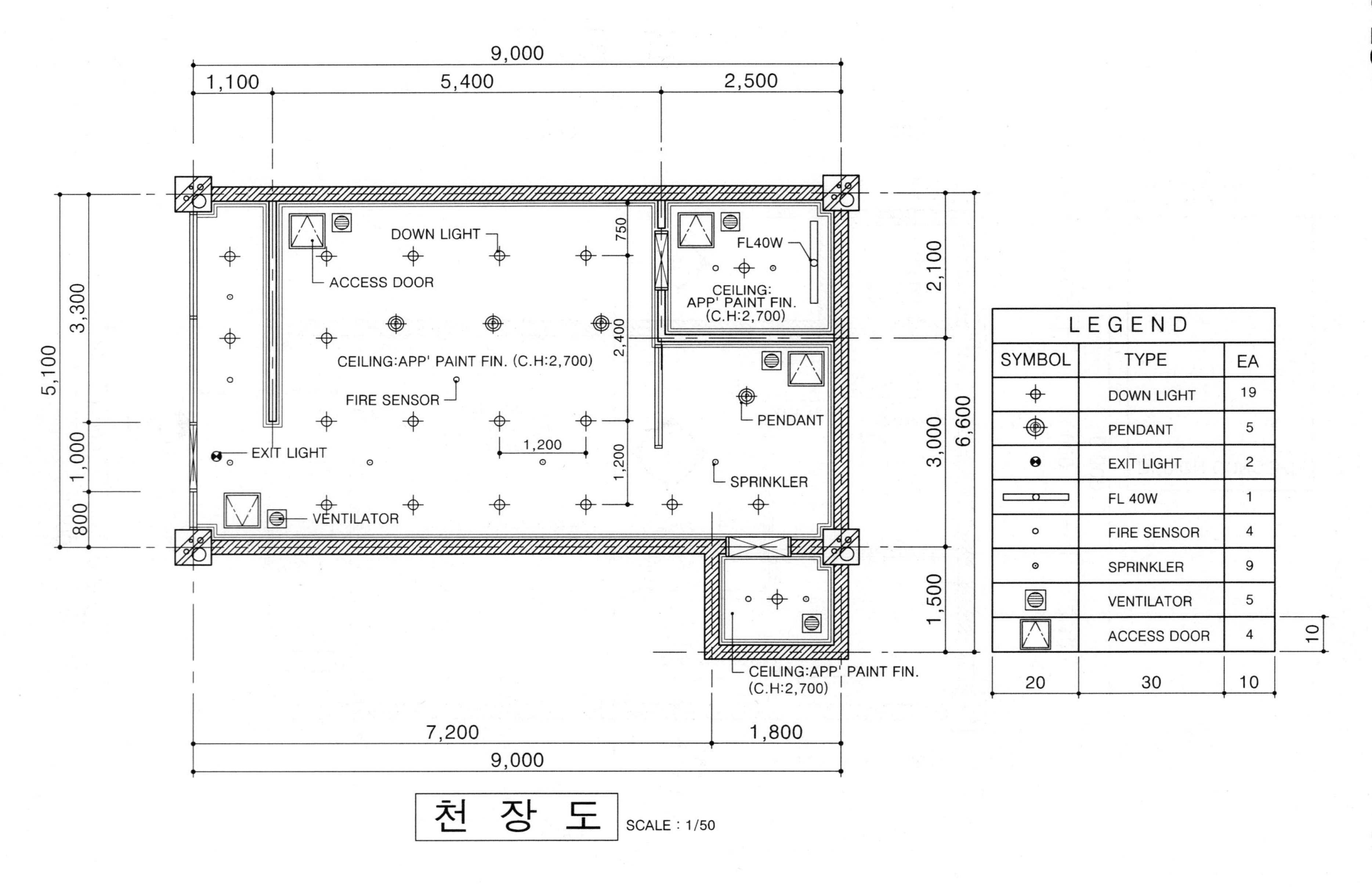

SYMBOL	TYPE	EA
	DOWN LIGHT	19
	PENDANT	5
	EXIT LIGHT	2
	FL 40W	1
	FIRE SENSOR	4
	SPRINKLER	9
	VENTILATOR	5
	ACCESS DOOR	4

❸ 내부입면도

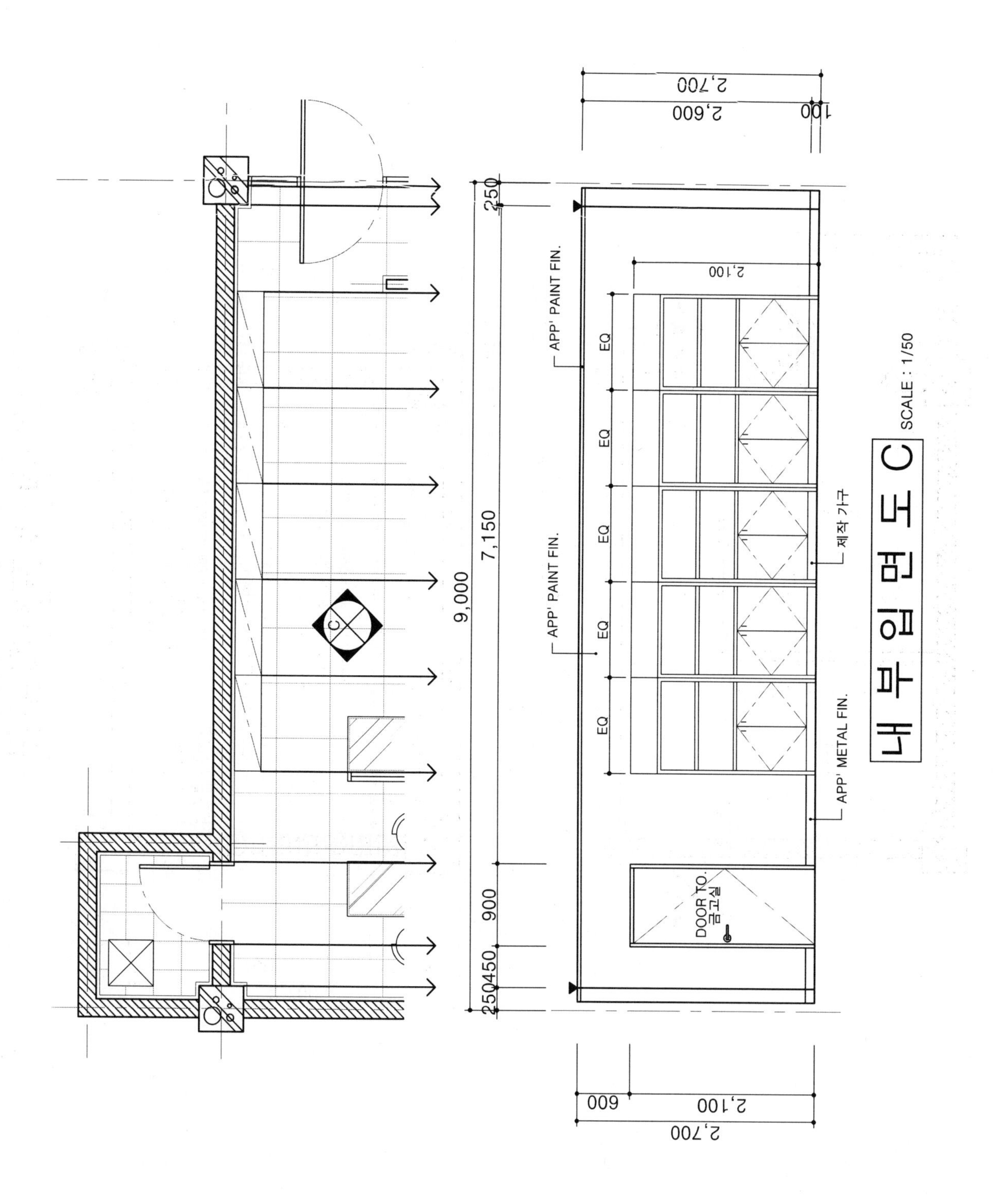
내부입면도 C
SCALE : 1/50
APP' PAINT FIN.
APP' PAINT FIN.
APP' METAL FIN.
제작 가구
DOOR TO. 금고실
EQ
EQ
EQ
EQ
EQ
9,000
7,150
250
900
450
250
2,700
2,600
100
2,100
2,100
600
2,700
C

❹ 단면상세도

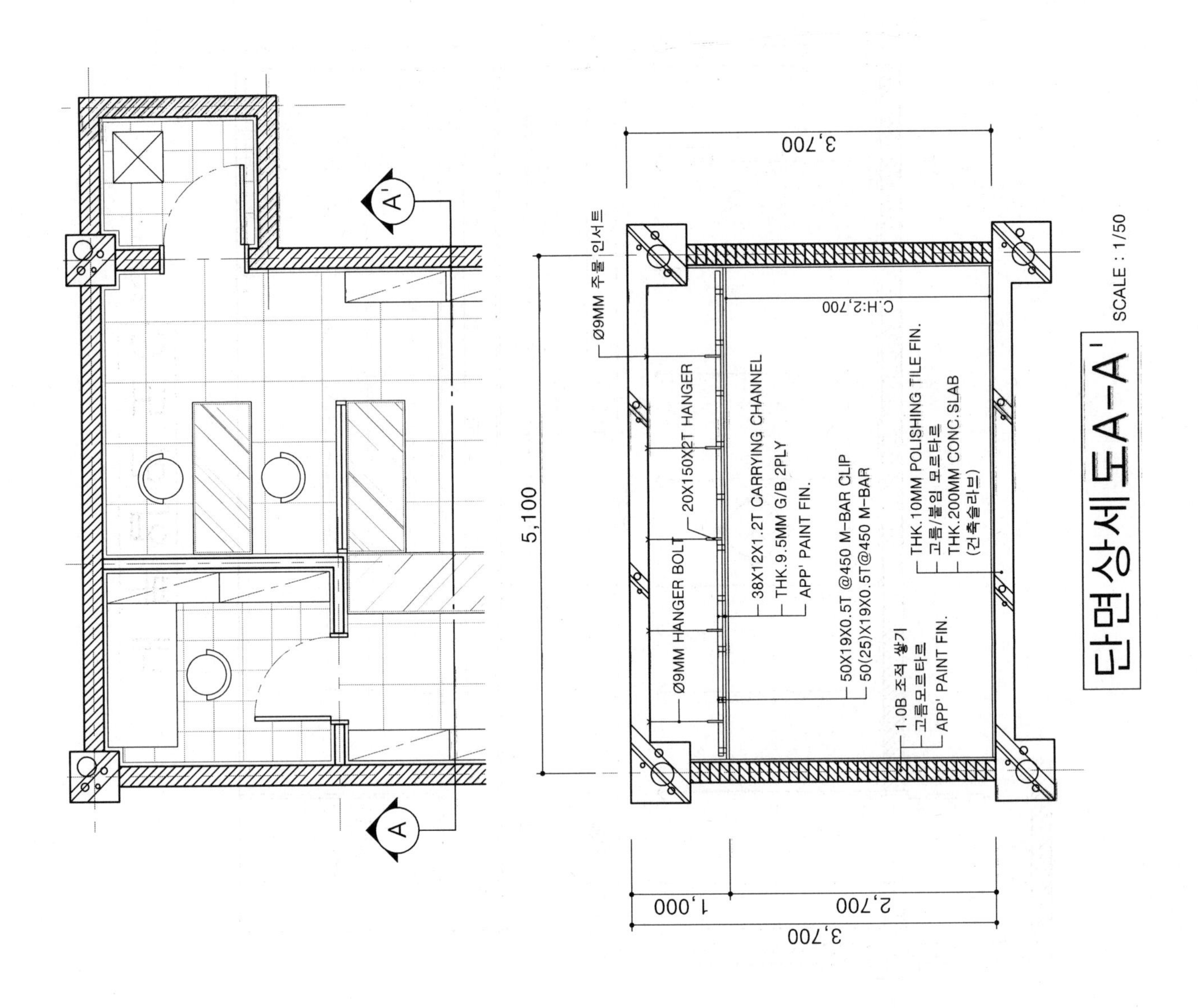
A'
A
5,100
3,700
Ø9MM 주물 인서트
Ø9MM HANGER BOLT
20X150X2T HANGER
38X12X1.2T CARRYING CHANNEL
THK.9.5MM G/B 2PLY
APP' PAINT FIN.
50X19X0.5T @450 M-BAR CLIP
50(25)X19X0.5T@450 M-BAR
1.0B 조적 쌓기
고름모르타르
APP' PAINT FIN.
THK.10MM POLISHING TILE FIN.
고름/붙임 모르타르
THK.200MM CONC.SLAB
(건축슬라브)
C.H:2,700
1,000
2,700
3,700
단면상세도A-A'
SCALE : 1/50

❺ 실내투시도 – 샤프 작업/ 기본 그리드 작도

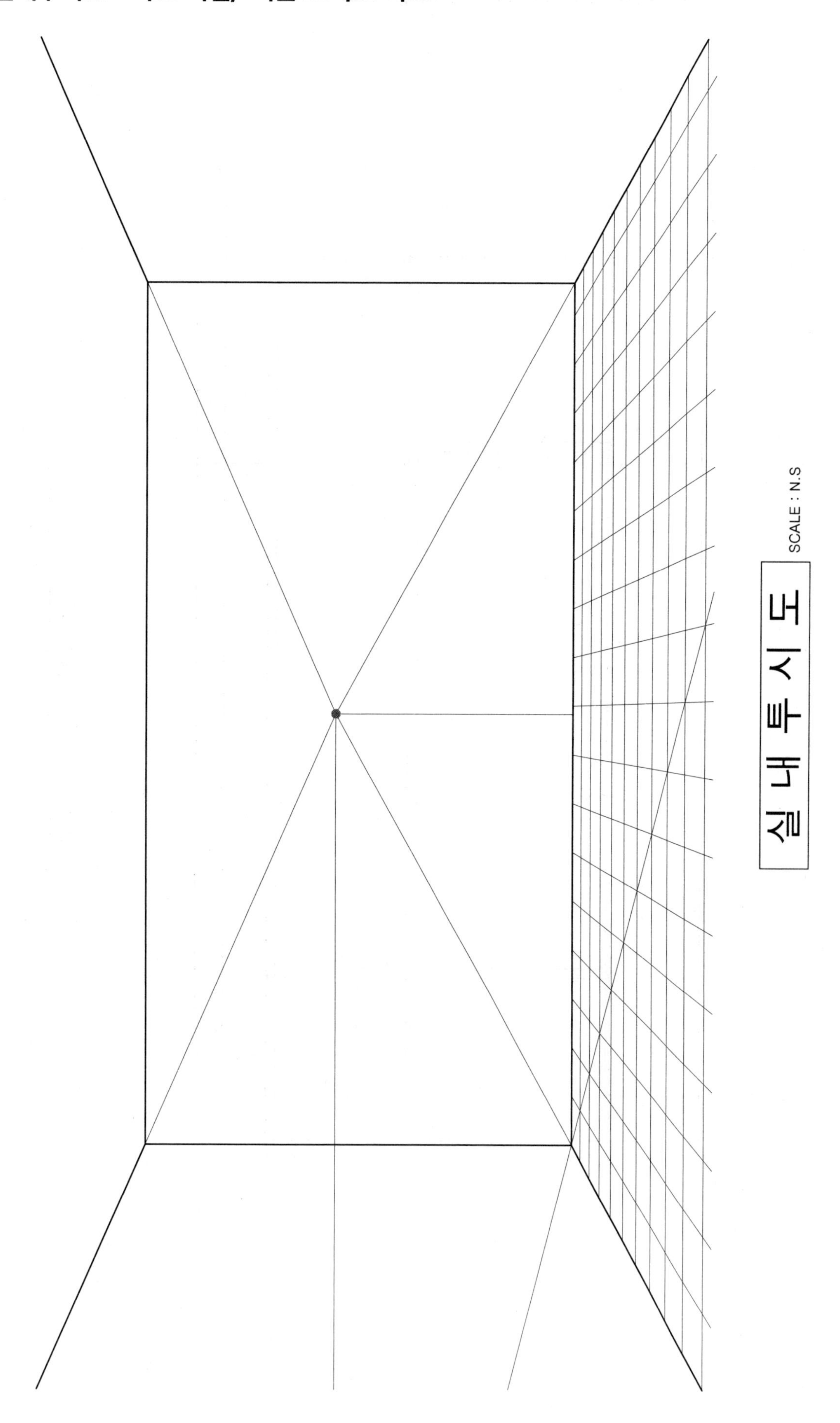

❻ 실내투시도 – 샤프 작업/ 공간 볼륨감 및 가구 작도

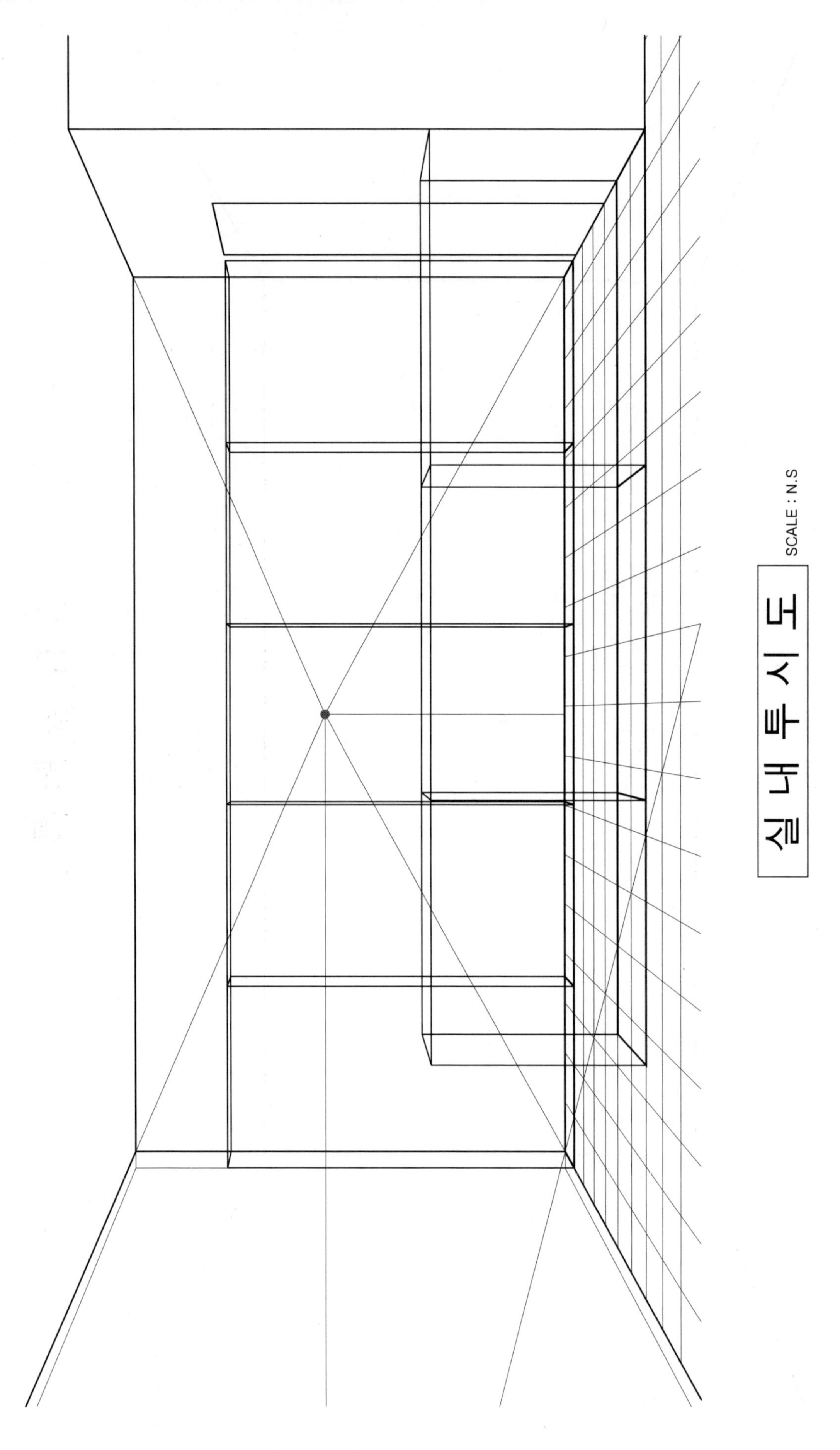

❼ 실내투시도 – 검정펜 작업

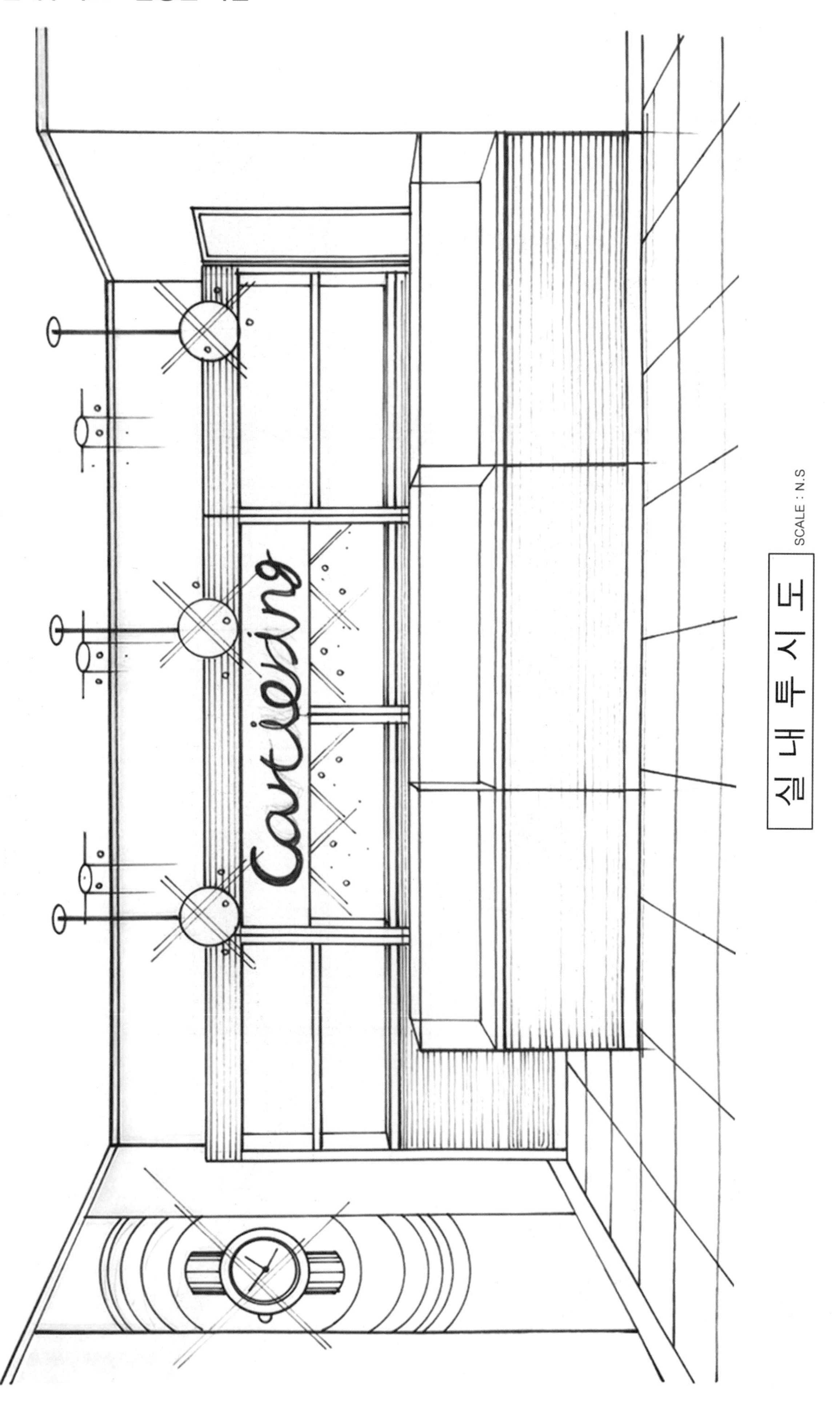

⑧ 실내투시도 – 마카 채색

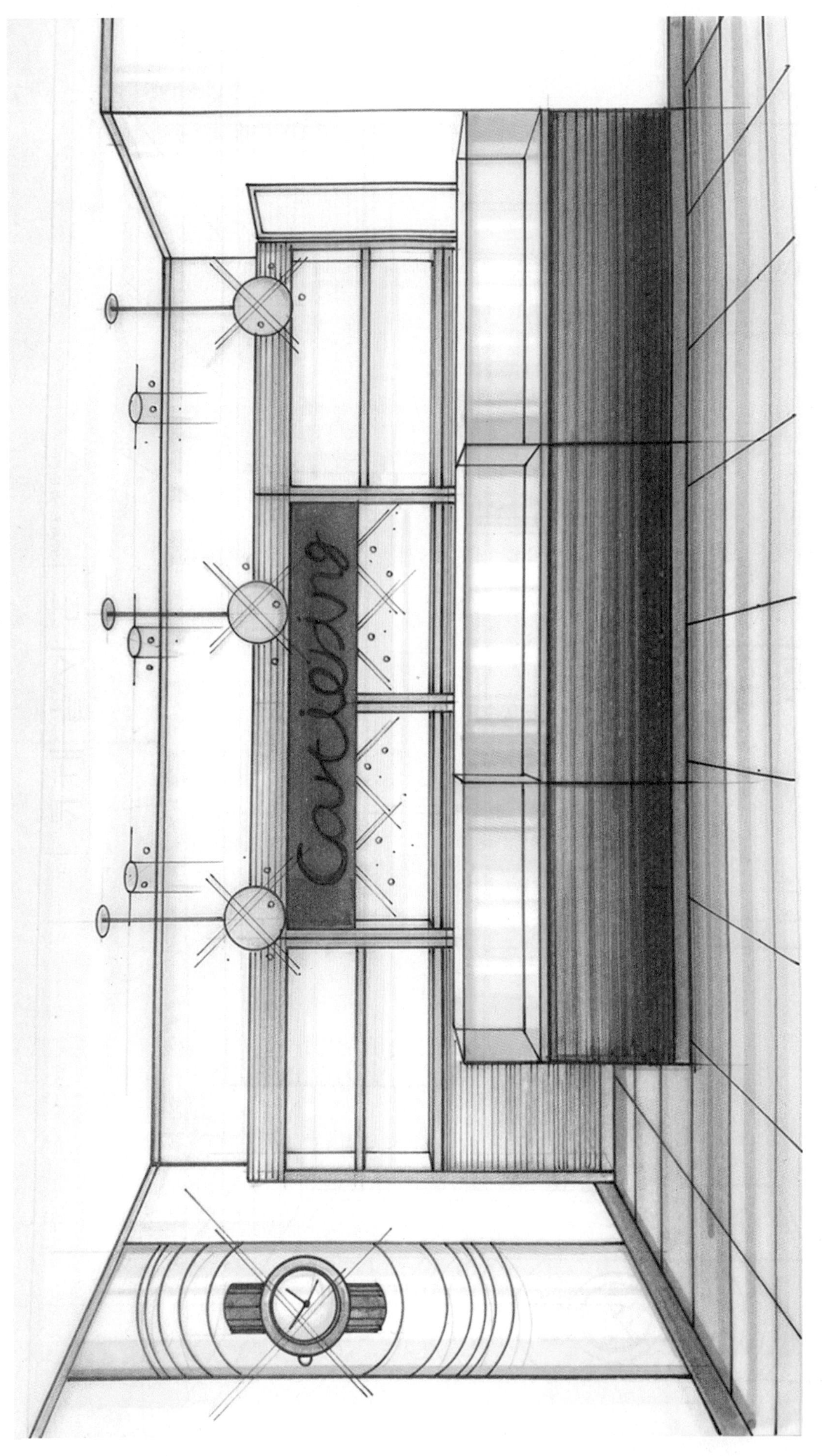

실내투시도 SCALE : N.S

과년도 기출문제-2

자격종목	실내건축기사	작업명	COFFEE & CAKE 전문점

※ 시험시간 : 6시간 30분

1. 요구사항

주어진 도면은 도심 내 주거, 상업 연결지역의 상가에 위치한 TAKE-OUT이 가능한 COFFEE & CAKE 전문점 평면도이다. 다음의 요구조건에 따라 요구도면을 작성하시오.

2. 요구조건

1) 설계면적 : 10,500mm × 6,600mm × 3,000mm(H)

2) 필요공간 및 가구

- SHOW WINDOW TAKE OUT COUNTER(SIZE 임의)
- CASHIER COUNTER : 1,300 × 500 × 1,000
- COFFEE 제조대 : 1,200 × 600 × 1,000
- CAKE 진열대 : 1,200 × 600 × 1,000
- 손님좌석, 화장실(남녀 공용), 비품 및 재료창고, 실내조경공간, 설비실 : 1,200 × 800
  (그 외 가구는 수험자 임의로 작도한다.)

※ 이상 제시된 가구는 필수적이며, 이 외에 필요한 가구와 실내장식이 있다면 수험자가 임의로 추가할 수 있음

3. 요구도면

1) 평면도(가구 배치 및 바닥마감재 표기) : S=1/50
   평면도 우측 하단에 설계자가 의도한 DESIGN CONCEPT를 200자 내외로 적으시오.

2) 천장도(조명기구 및 마감재료 표기) : S=1/50

3) 내부입면도 C방향(벽면재료 표기) : S=1/50

4) 단면상세도 A-A′ : S=1/50

5) 실내투시도(채색작업 필수) : S=N.S
   좋은 지점으로 지정하여 1소점 투시도 또는 2소점 투시도로 작성하되, 작성과정의 투시보조선을 남길 것

자격종목	실내건축기사	과제명	COFFEE & CAKE 전문점	척 도	N.S

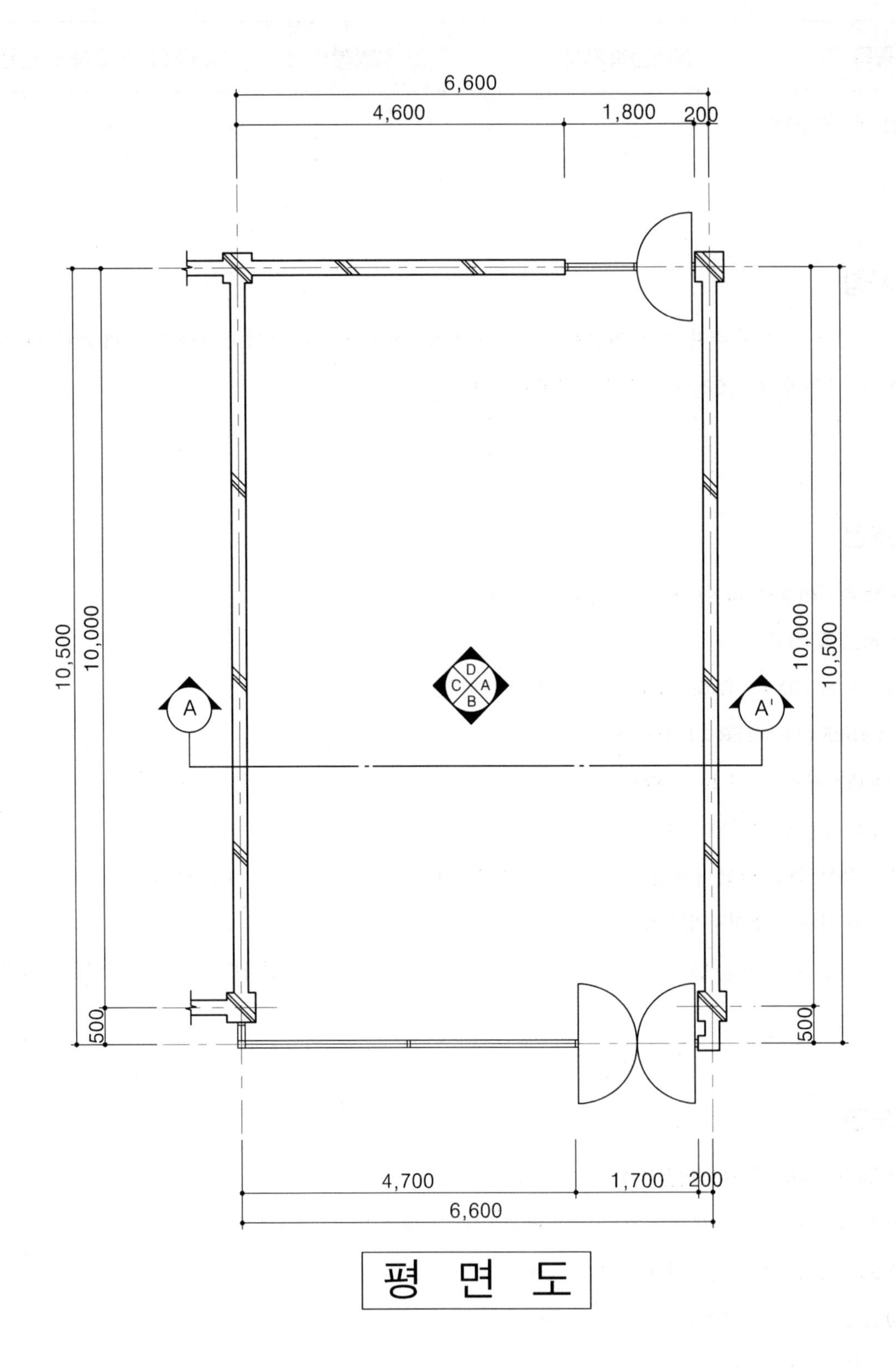

❶ 평면도

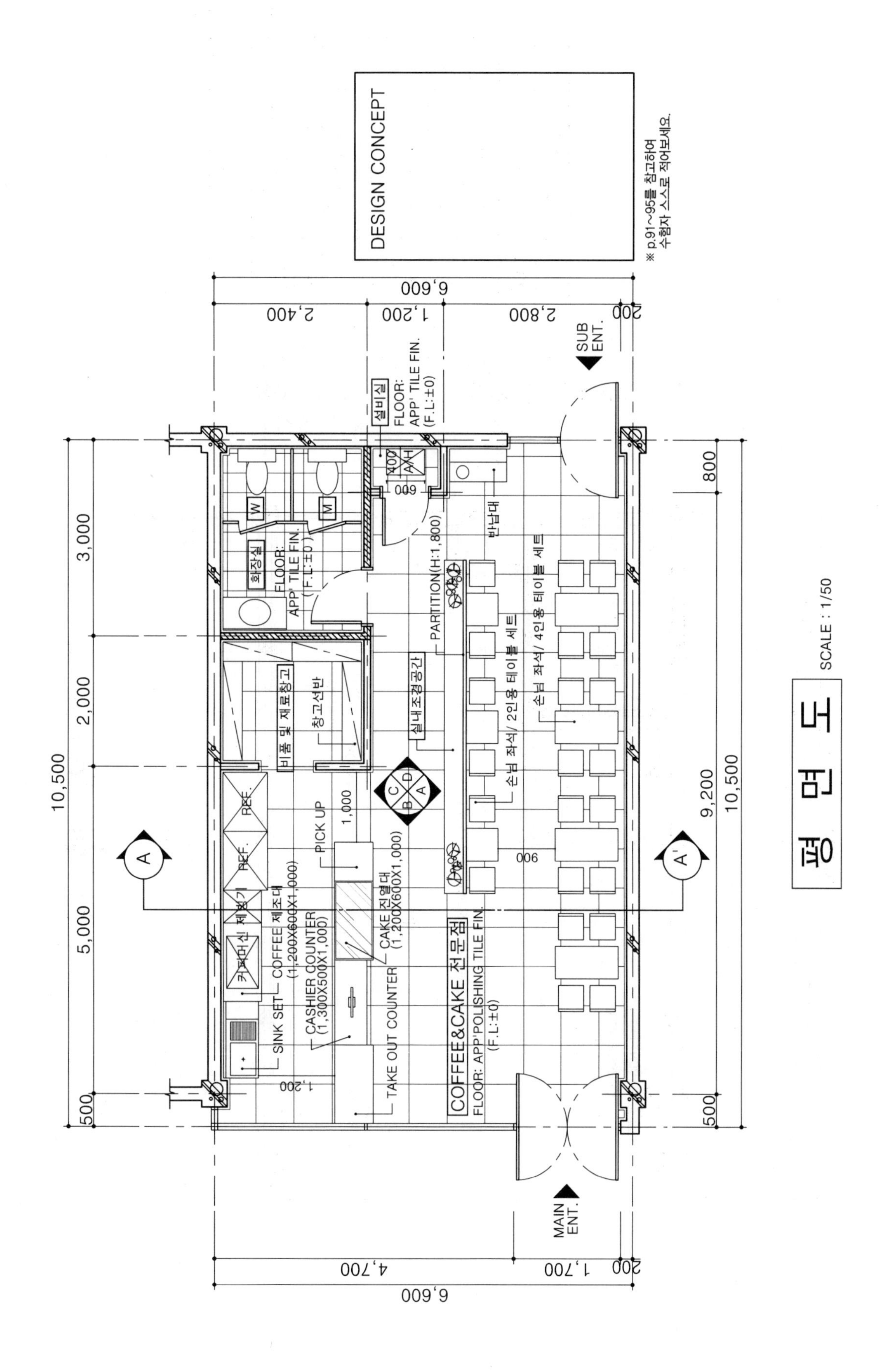

DESIGN CONCEPT
※ p.91~95를 참고하여 수험자 스스로 적어보세요.
평 면 도
SCALE : 1/50
COFFEE&CAKE 전문점
FLOOR: APP'POLISHING TILE FIN.
(F.L:±0)
MAIN ENT.
SUB ENT.
설비실
화장실
비품 및 재료창고
창고선반
실내조경공간
반납대
PARTITION(H:1,800)
손님 좌석/ 2인용 테이블 세트
손님 좌석/ 4인용 테이블 세트
SINK SET
COFFEE 제조대
CASHIER COUNTER
CAKE 진열대
TAKE OUT COUNTER
PICK UP
REF.

❷ 천장도

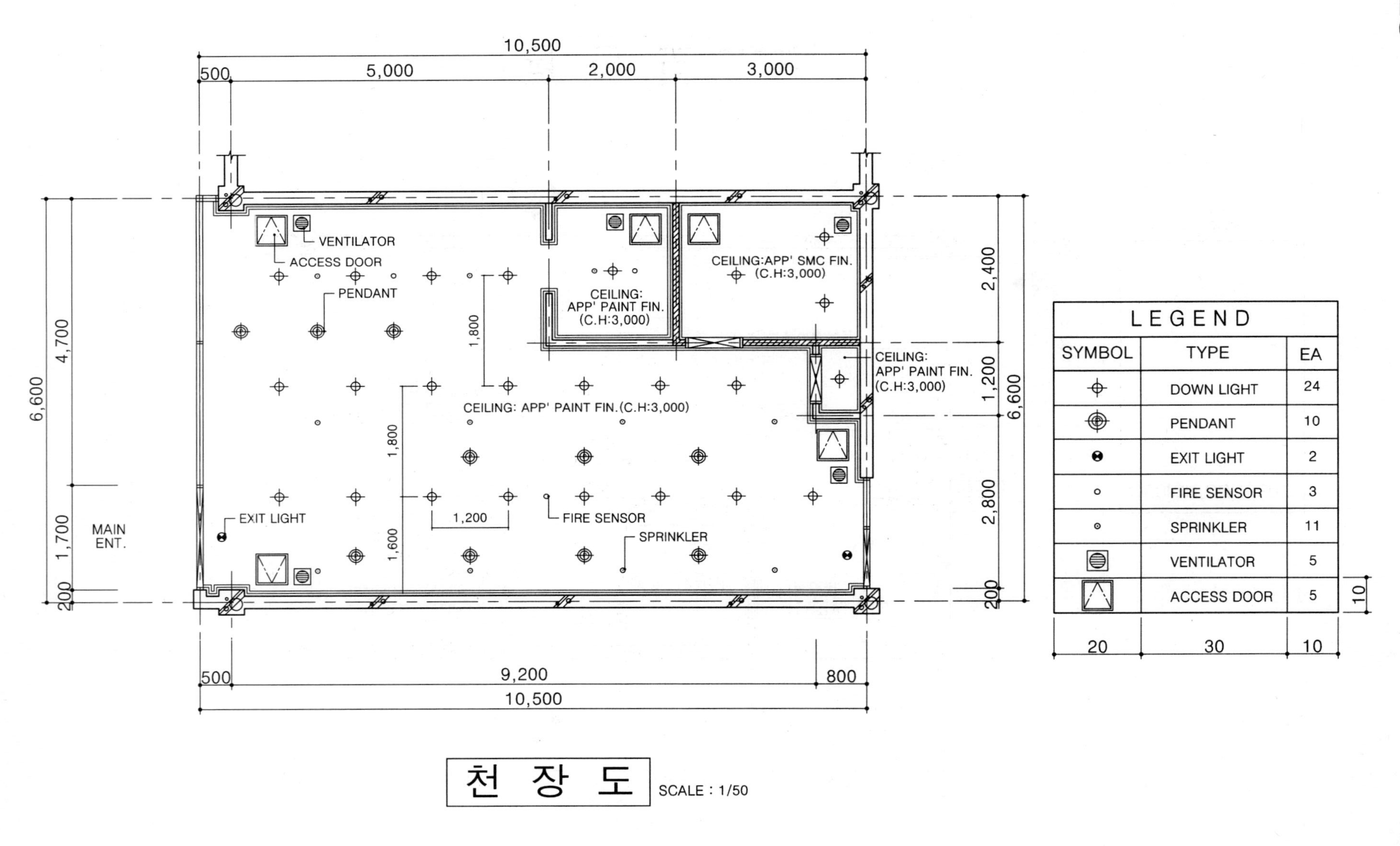

SYMBOL	TYPE	EA
⊕	DOWN LIGHT	24
◎	PENDANT	10
●	EXIT LIGHT	2
○	FIRE SENSOR	3
○	SPRINKLER	11
▣	VENTILATOR	5
⊠	ACCESS DOOR	5

❸ 내부입면도

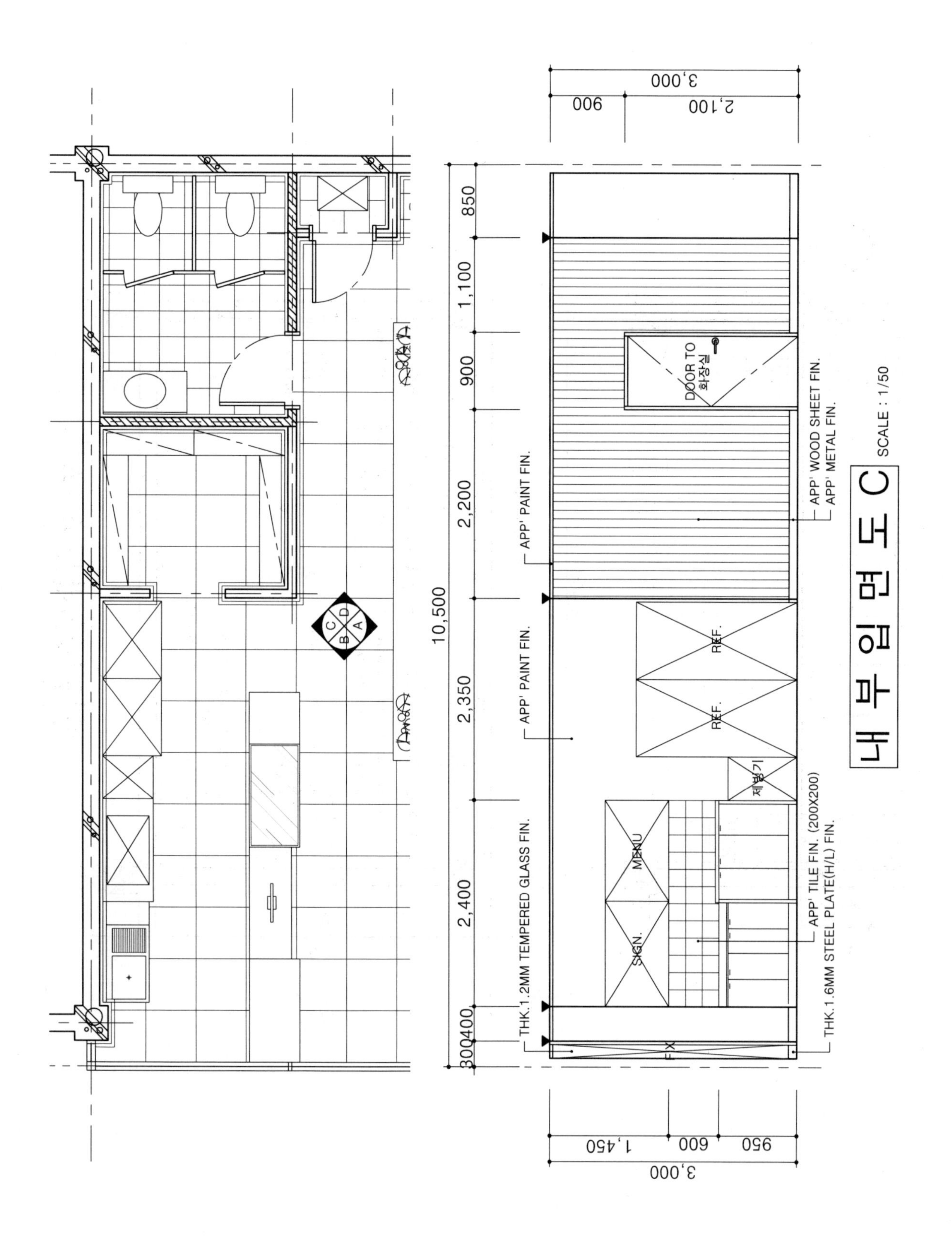

3,000
900
2,100
850
1,100
900
2,200
2,350
2,400
400
300
10,500
APP' PAINT FIN.
APP' PAINT FIN.
THK.1.2MM TEMPERED GLASS FIN.
DOOR TO
화장실
REF.
REF.
제빙기
MENU
SIGN.
FIX
APP' WOOD SHEET FIN.
APP' METAL FIN.
APP' TILE FIN. (200X200)
THK.1.6MM STEEL PLATE(H/L) FIN.
1,450
600
950
3,000
내부입면도 C
SCALE : 1/50

❹ 단면상세도

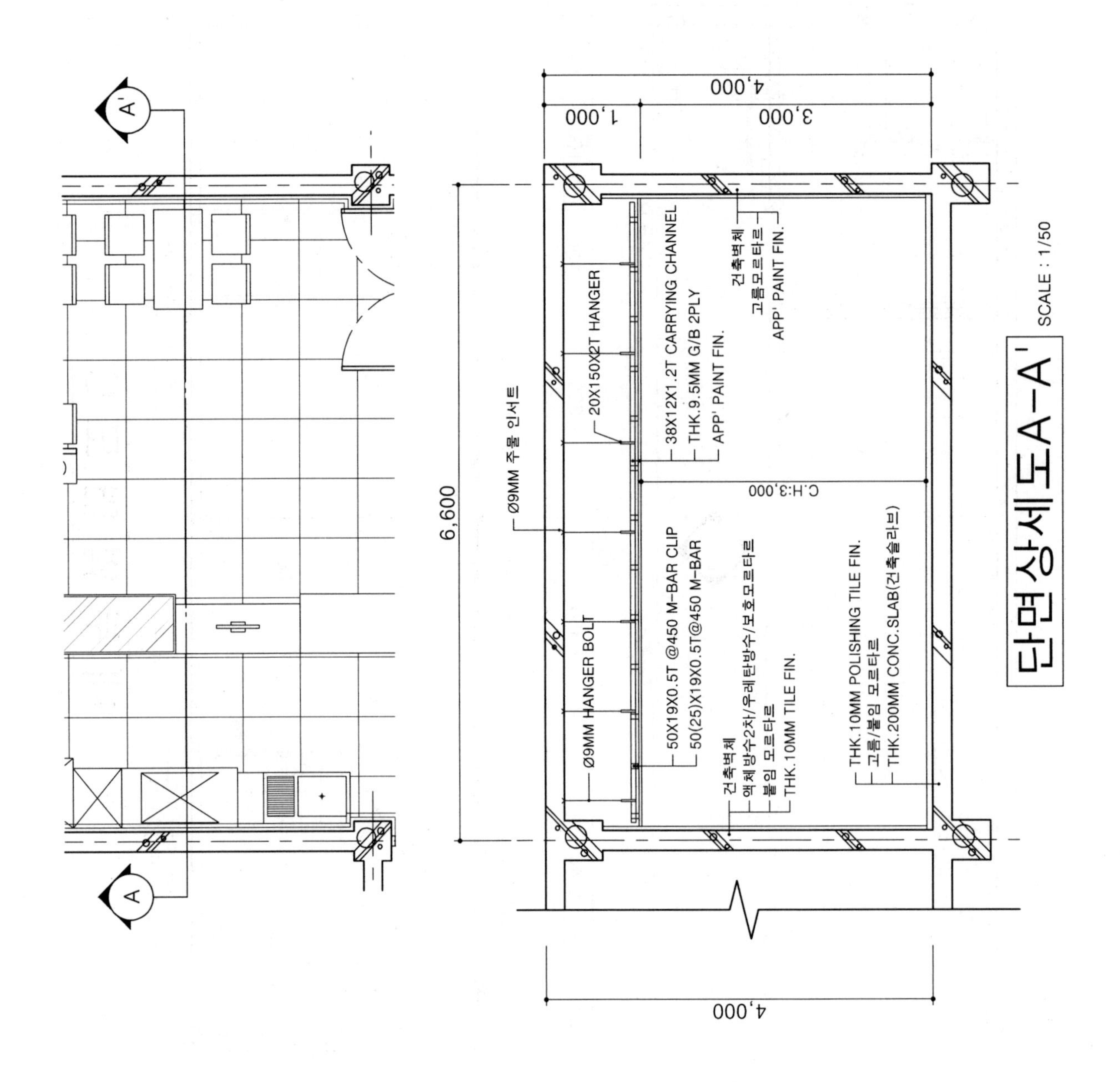

단면상세도A-A'
SCALE : 1/50
4,000
1,000
3,000
6,600
4,000
C.H:3,000
Ø9MM 주물 인서트
20X150X2T HANGER
Ø9MM HANGER BOLT
38X12X1.2T CARRYING CHANNEL
THK.9.5MM G/B 2PLY
APP' PAINT FIN.
건축벽체
고름모르타르
APP' PAINT FIN.
50X19X0.5T @450 M-BAR CLIP
50(25)X19X0.5T@450 M-BAR
건축벽체
액체방수2차/우레탄방수/보호모르타르
붙임 모르타르
THK.10MM TILE FIN.
THK.10MM POLISHING TILE FIN.
고름/붙임 모르타르
THK.200MM CONC.SLAB(건축슬라브)
A
A'

❺ 실내투시도 – 샤프 작업/ 기본 그리드 작도

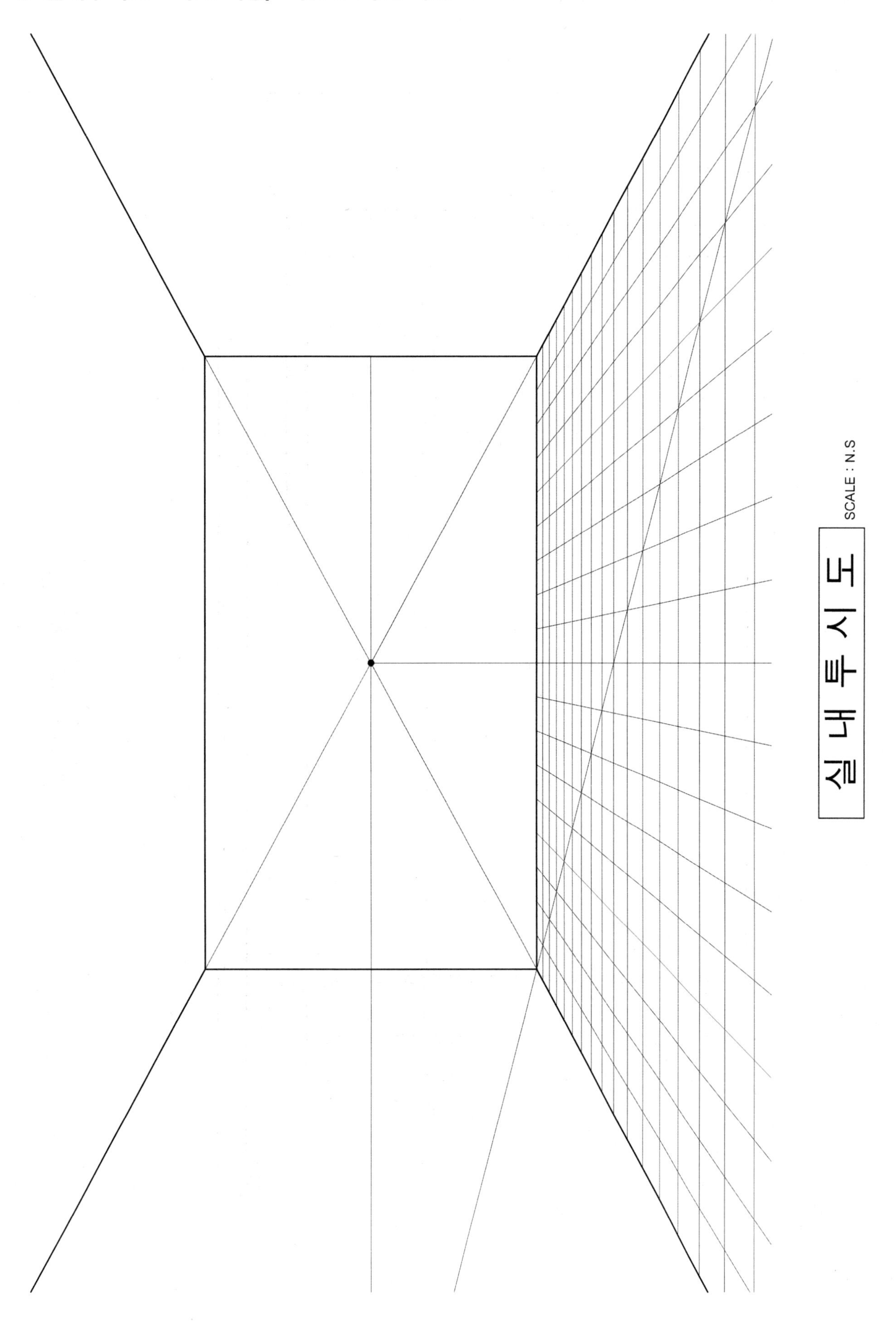

❻ 실내투시도 – 샤프 작업/ 공간 볼륨감 및 가구 작도

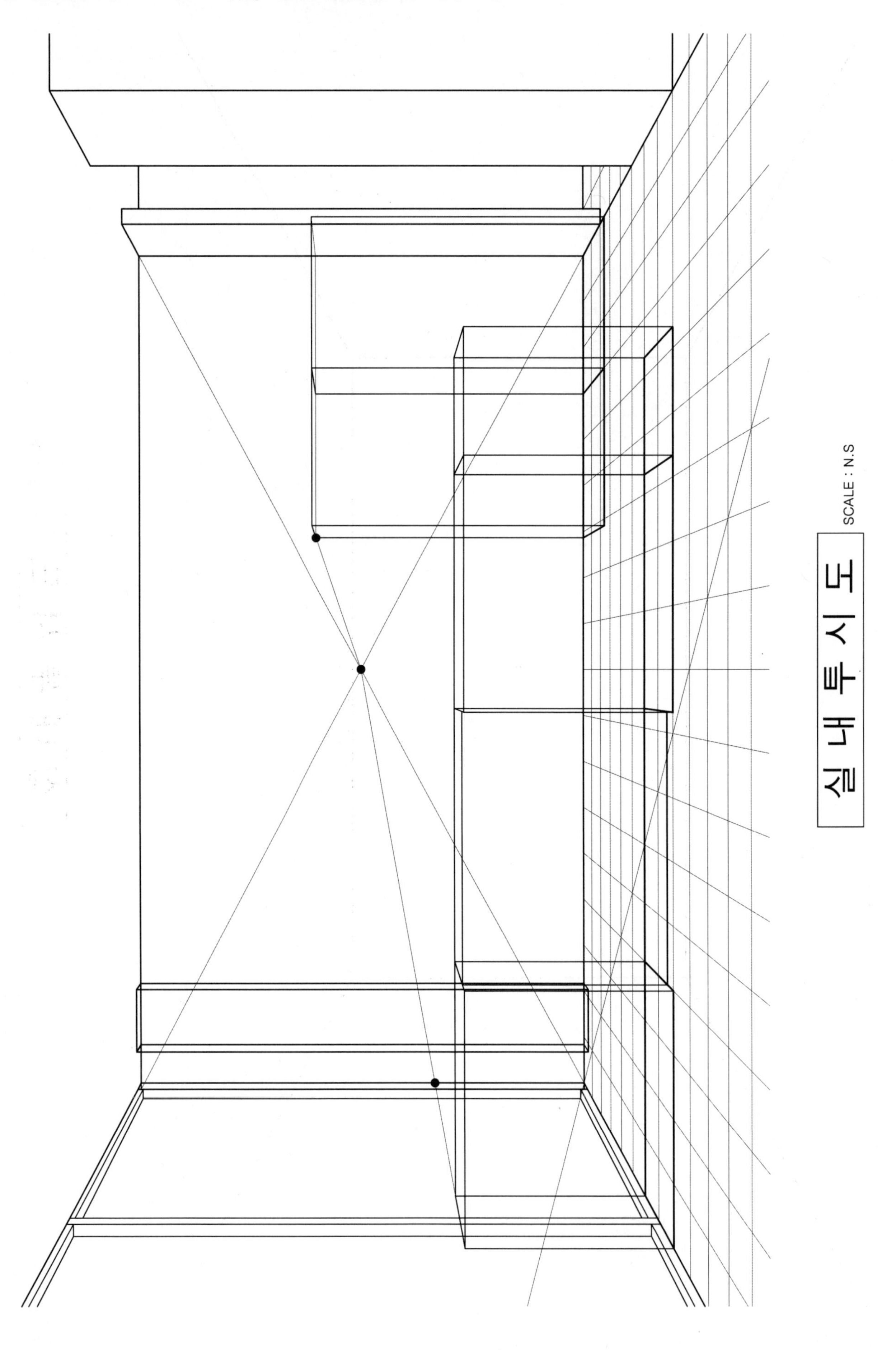

❼ 실내투시도 – 검정펜 작업

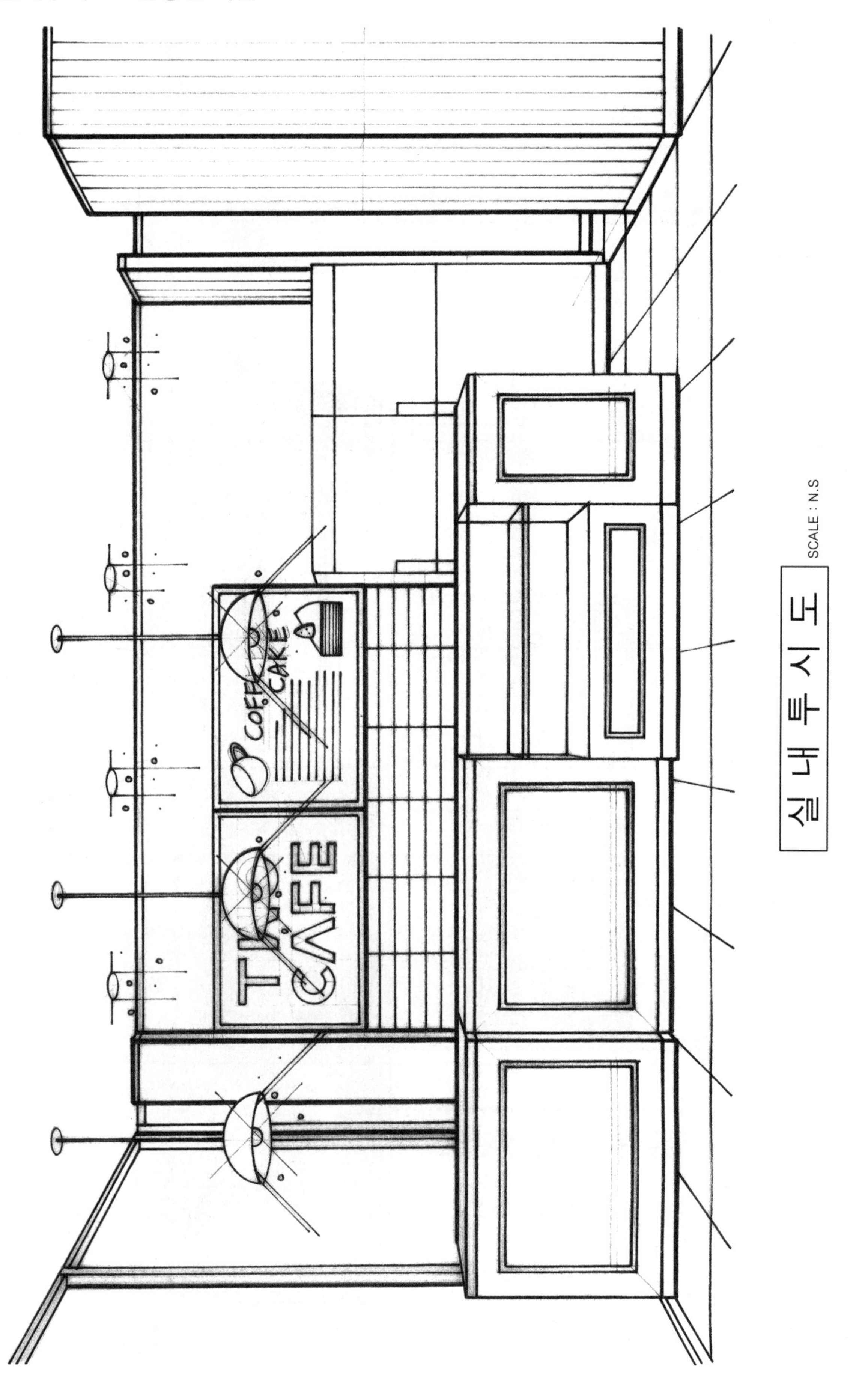

❽ 실내투시도 – 마카 채색

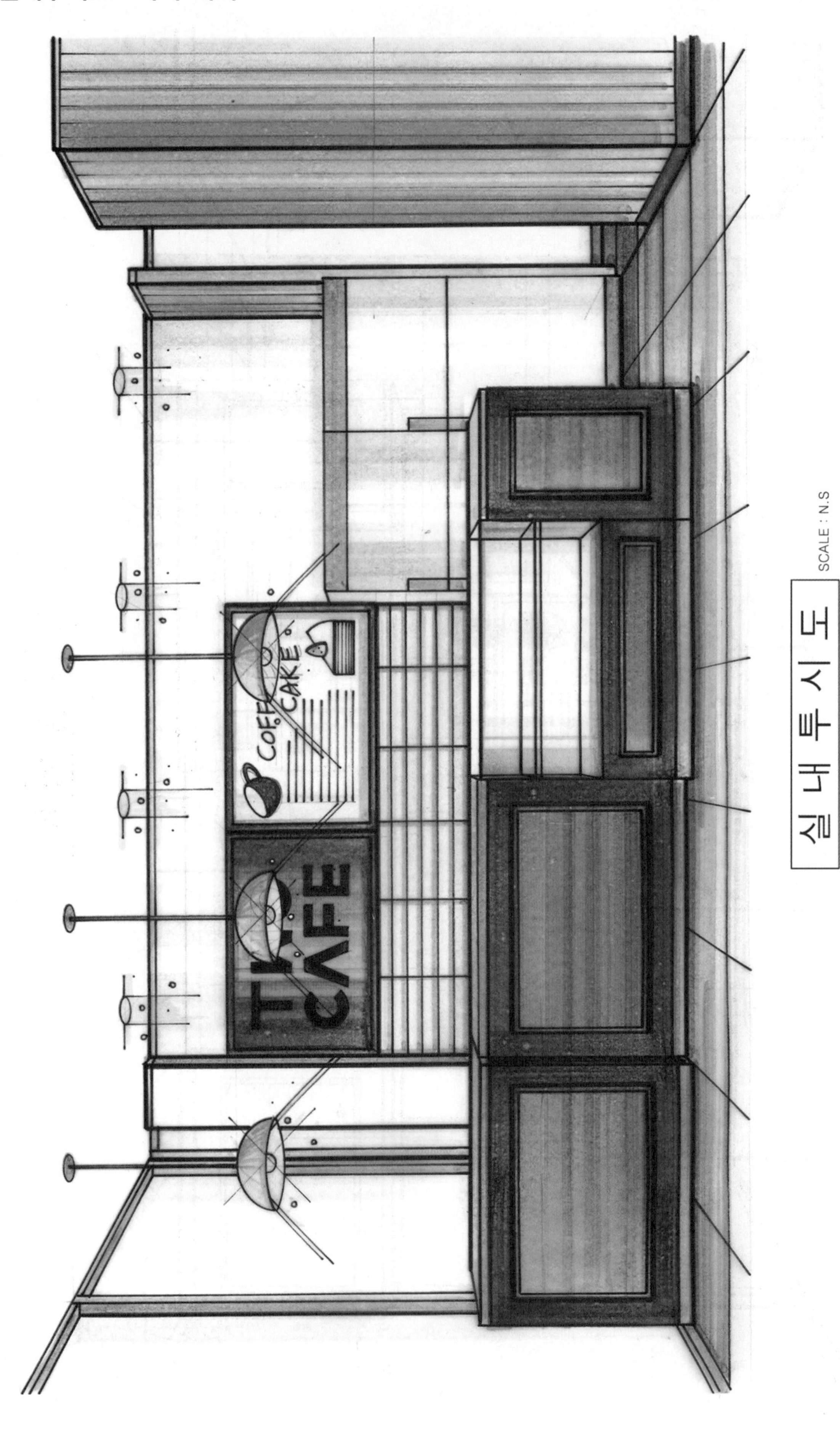

과년도 기출문제 – 3

자격종목	실내건축기사	작업명	커피 전문점

※ 시험시간 : 6시간 30분

1. 요구사항

주어진 도면은 주차 및 승하차가 편리한 근린상업지역에 위치한 커피 전문점이다. 다음의 요구조건에 따라 요구도면을 작성하시오.

2. 요구조건

1) 설계면적 : 11,700mm × 9,000mm × 3,000mm(H)

2) 필요공간 및 가구

- 창고, 화장실(남녀 공용), CASHER COUNTER(카운터 뒤 주방공간)
- 6인용 테이블 세트(1EA), 4인용 테이블 세트(4EA), 2인용 테이블 세트(2EA), 1인용 테이블 세트(6EA)
  (그 외 가구는 수험자 임의로 작도한다)

※ 이상 제시된 가구는 필수적이며, 이 외에 필요한 가구와 실내장식이 있다면 수험자가 임의로 추가할 수 있음

3. 요구도면

1) 평면도(가구 배치 및 바닥마감재 표기) : S=1/50
   평면도 우측 하단에 설계자가 의도한 DESIGN CONCEPT를 200자 내외로 적으시오.

2) 천장도(조명기구 및 마감재료 표기) : S=1/50

3) 내부입면도 C방향(벽면재료 표기) : S=1/50

4) 단면상세도 A–A′ : S=1/50

5) 실내투시도(채색작업 필수) : S=N.S
   좋은 지점으로 지정하여 1소점 투시도 또는 2소점 투시도로 작성하되, 작성과정의 투시보조선을 남길 것

자격종목	실내건축기사	과제명	커피 전문점	척 도	N.S

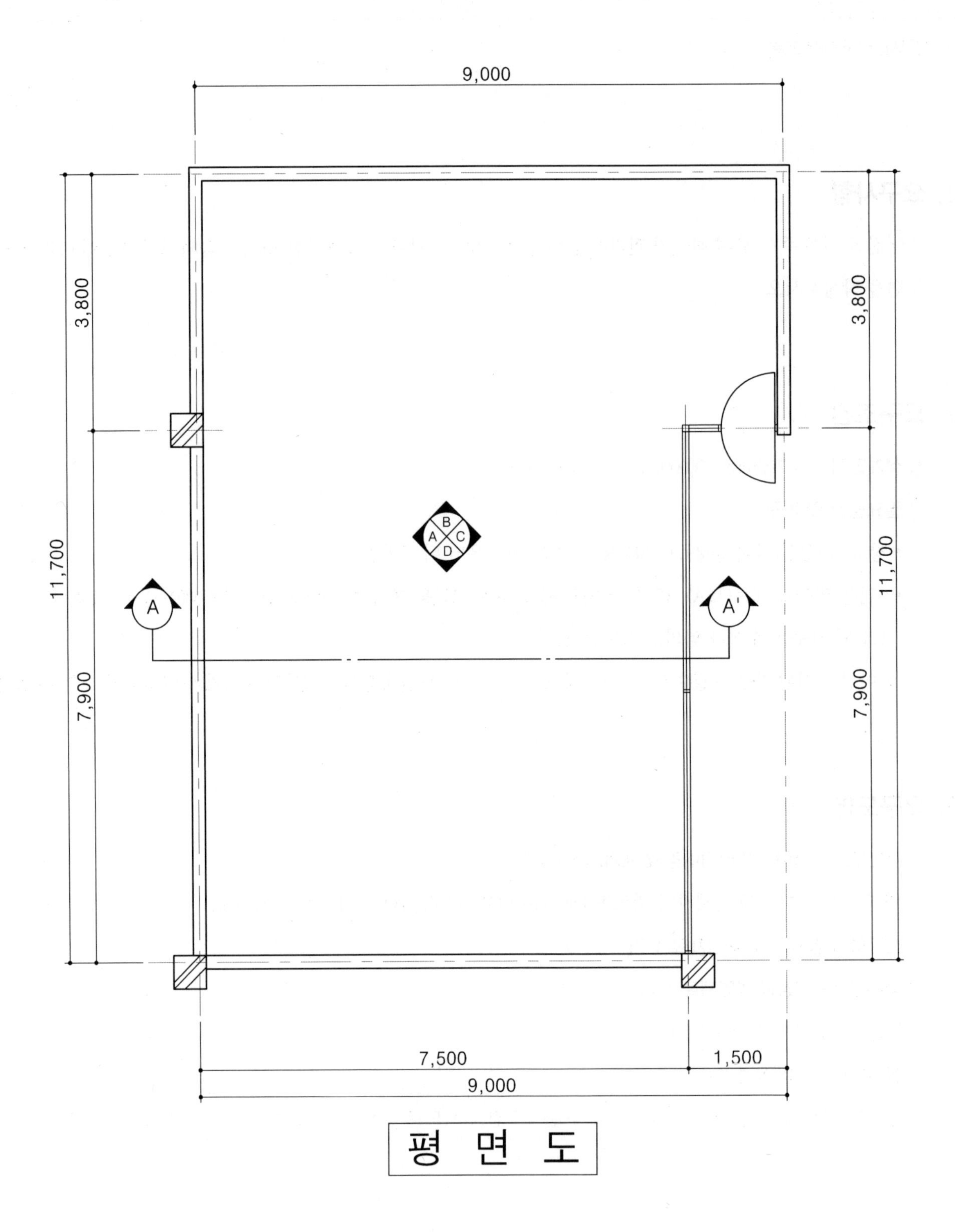

평 면 도

❶ 평면도

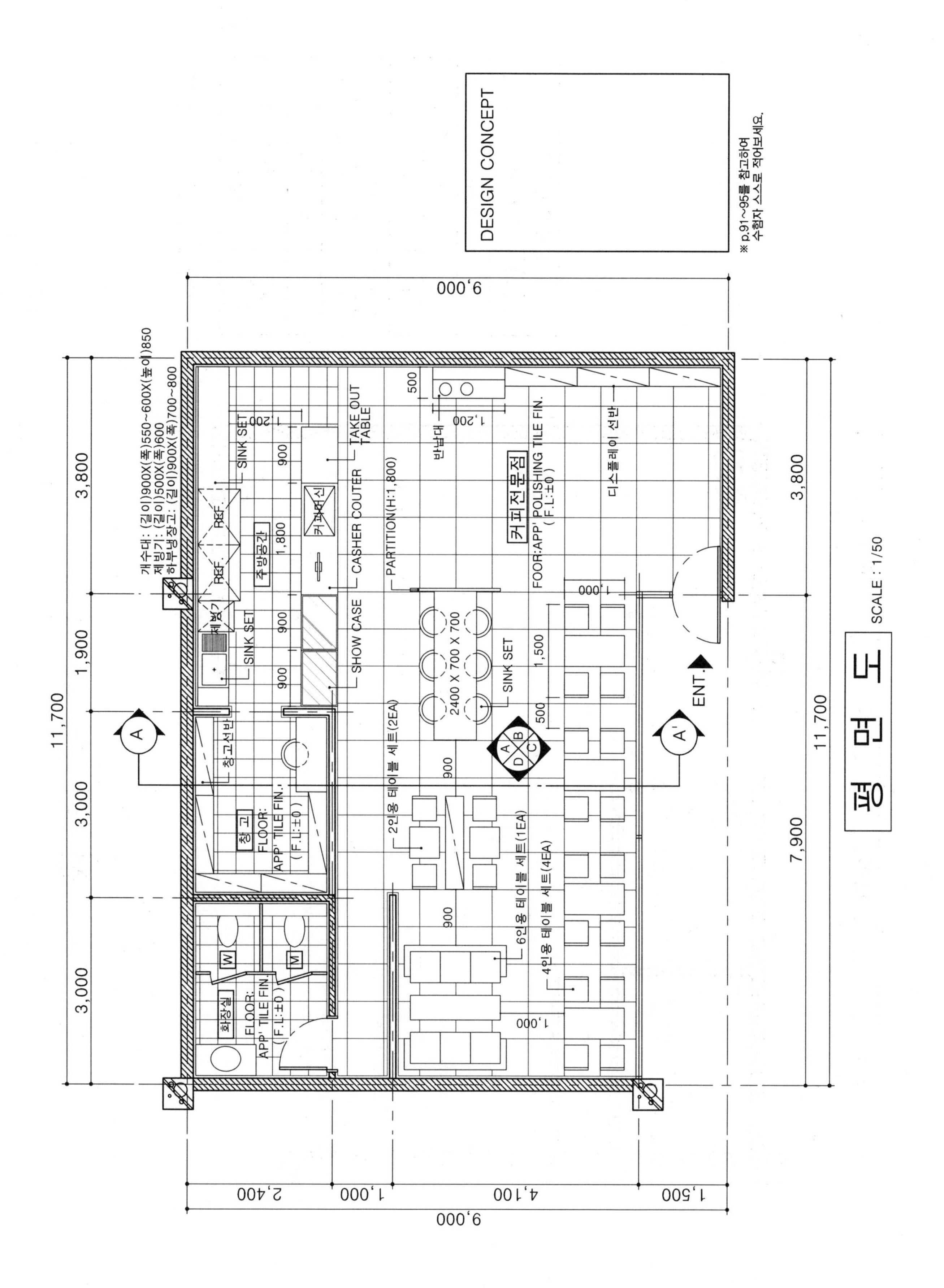
DESIGN CONCEPT
※ p.91~95를 참고하여
수험자 스스로 적어보세요.
9,000
11,700
3,800
1,900
3,000
3,000
7,900
2,400
1,000
4,100
1,500
개수대 : (길이)900X(폭)550~600X(높이)850
제빙기 : (길이)500X(폭)600
하부냉장고 : (길이)900X(폭)700~800
SINK SET
REF.
주방공간
커피머신
CASHER COUTER
TAKE OUT TABLE
SHOW CASE
PARTITION(H:1,800)
반납대
커피전문점
FOOR:APP' POLISHING TILE FIN.
(F.L:±0)
디스플레이 선반
2400 X 700 X 700
창고선반
창 고
FLOOR:
APP' TILE FIN.
(F.L:±0)
2인용 테이블 세트(2EA)
6인용 테이블 세트(1EA)
4인용 테이블 세트(4EA)
화장실
W
M
ENT.
A
A'
평 면 도
SCALE : 1/50

❷ 천장도

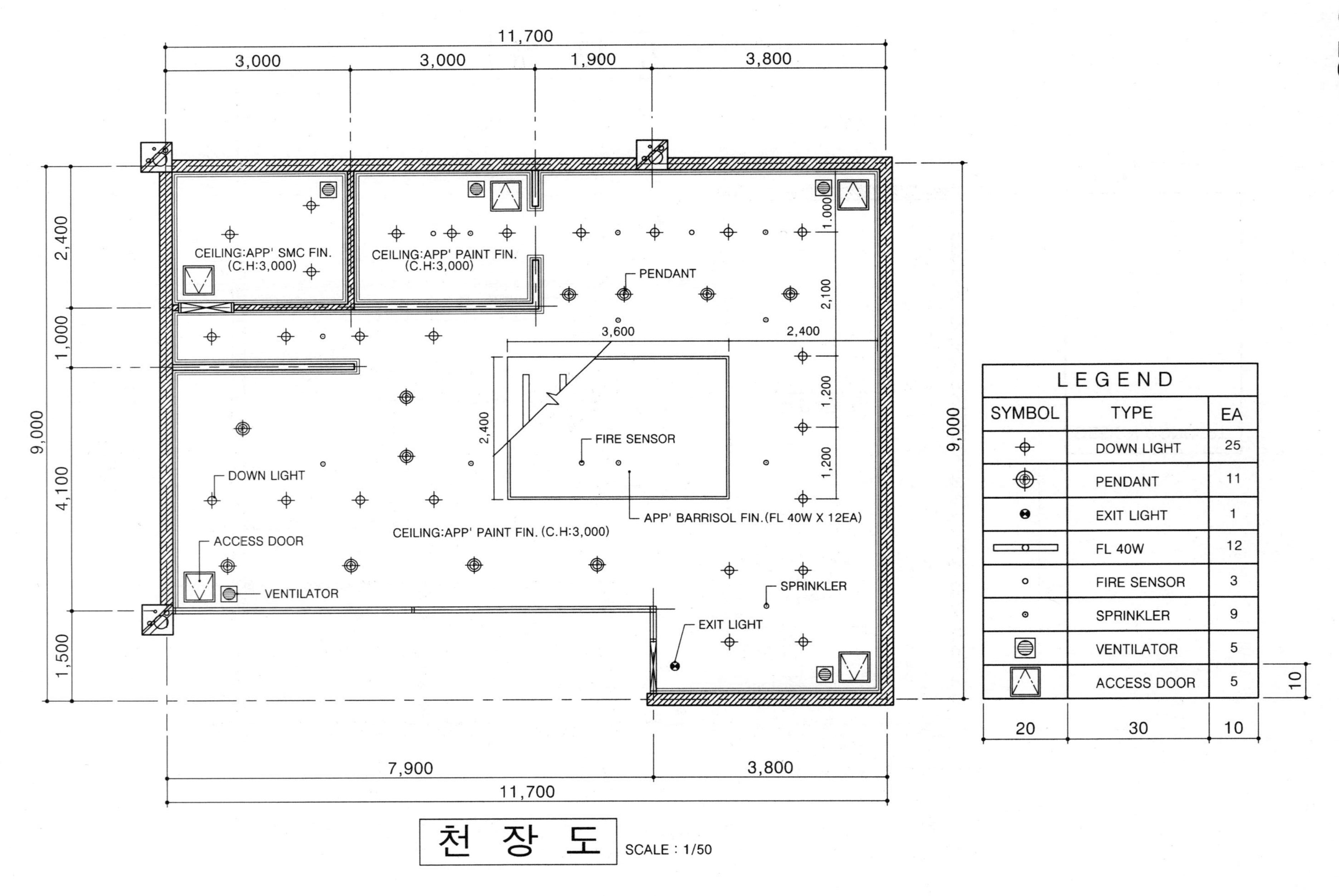

LEGEND		
SYMBOL	TYPE	EA
	DOWN LIGHT	25
	PENDANT	11
	EXIT LIGHT	1
	FL 40W	12
	FIRE SENSOR	3
	SPRINKLER	9
	VENTILATOR	5
	ACCESS DOOR	5
20	30	10

❸ 내부입면도

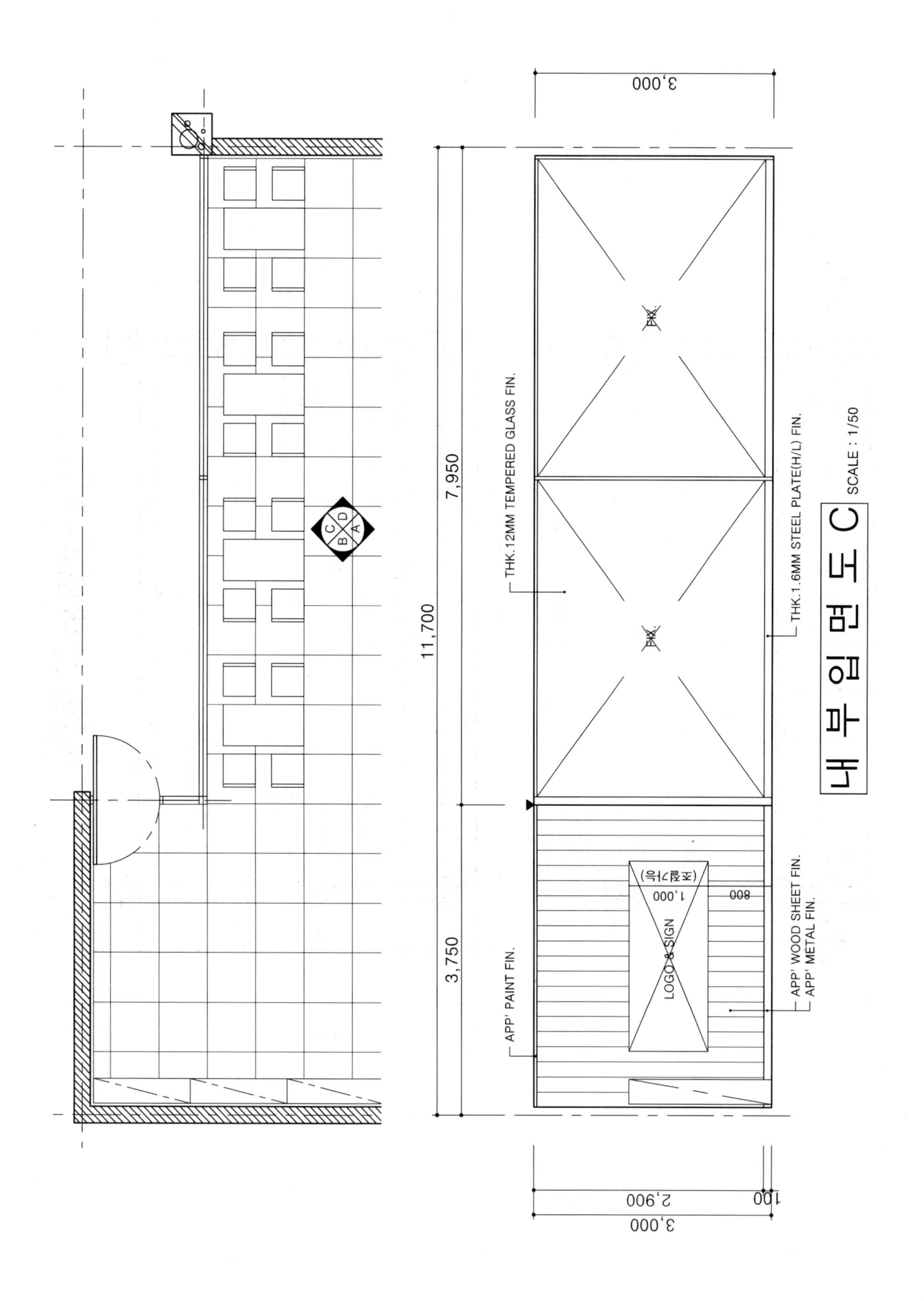

3,000
11,700
7,950
3,750
THK.12MM TEMPERED GLASS FIN.
THK.1.6MM STEEL PLATE(H/L) FIN.
APP' PAINT FIN.
APP' WOOD SHEET FIN.
APP' METAL FIN.
LOGO & SIGN
1,000
800
(조절가능)
FIX.
C
B
D
A
2,900
100
내부입면도 C
SCALE : 1/50

❹ 단면상세도

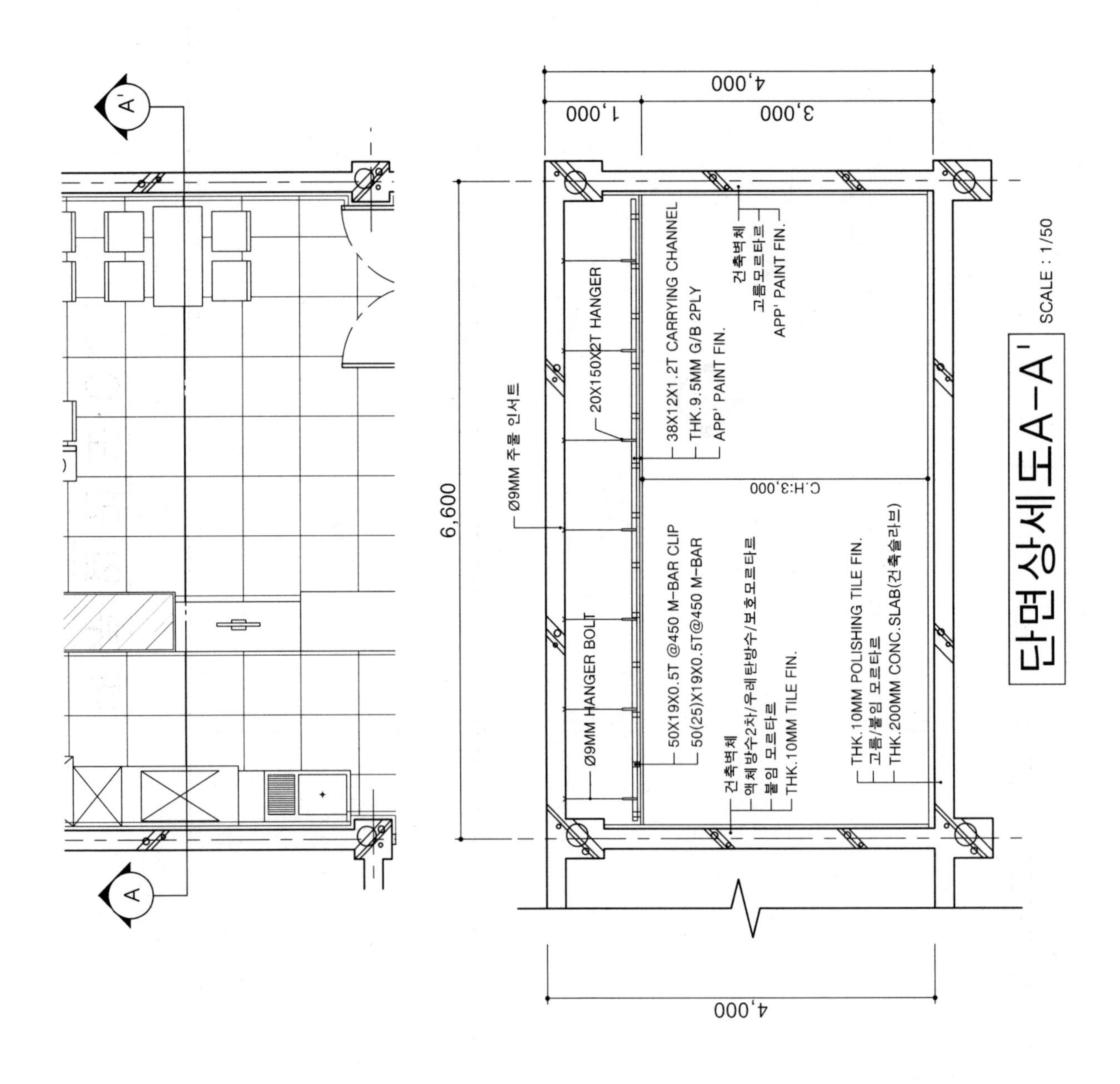

A'
A
4,000
1,000
3,000
6,600
Ø9MM 주물 인서트
20X150X2T HANGER
Ø9MM HANGER BOLT
38X12X1.2T CARRYING CHANNEL
THK.9.5MM G/B 2PLY
APP' PAINT FIN.
건축벽체
고름모르타르
APP' PAINT FIN.
50X19X0.5T @450 M-BAR CLIP
50(25)X19X0.5T@450 M-BAR
건축벽체
액체 방수2차/우레탄방수/보호모르타르
붙임 모르타르
THK.10MM TILE FIN.
C.H:3,000
THK.10MM POLISHING TILE FIN.
고름/붙임 모르타르
THK.200MM CONC.SLAB(건축슬라브)
4,000
단면상세도A-A'
SCALE : 1/50

❺ 실내투시도 – 샤프 작업/ 기본 그리드 작도

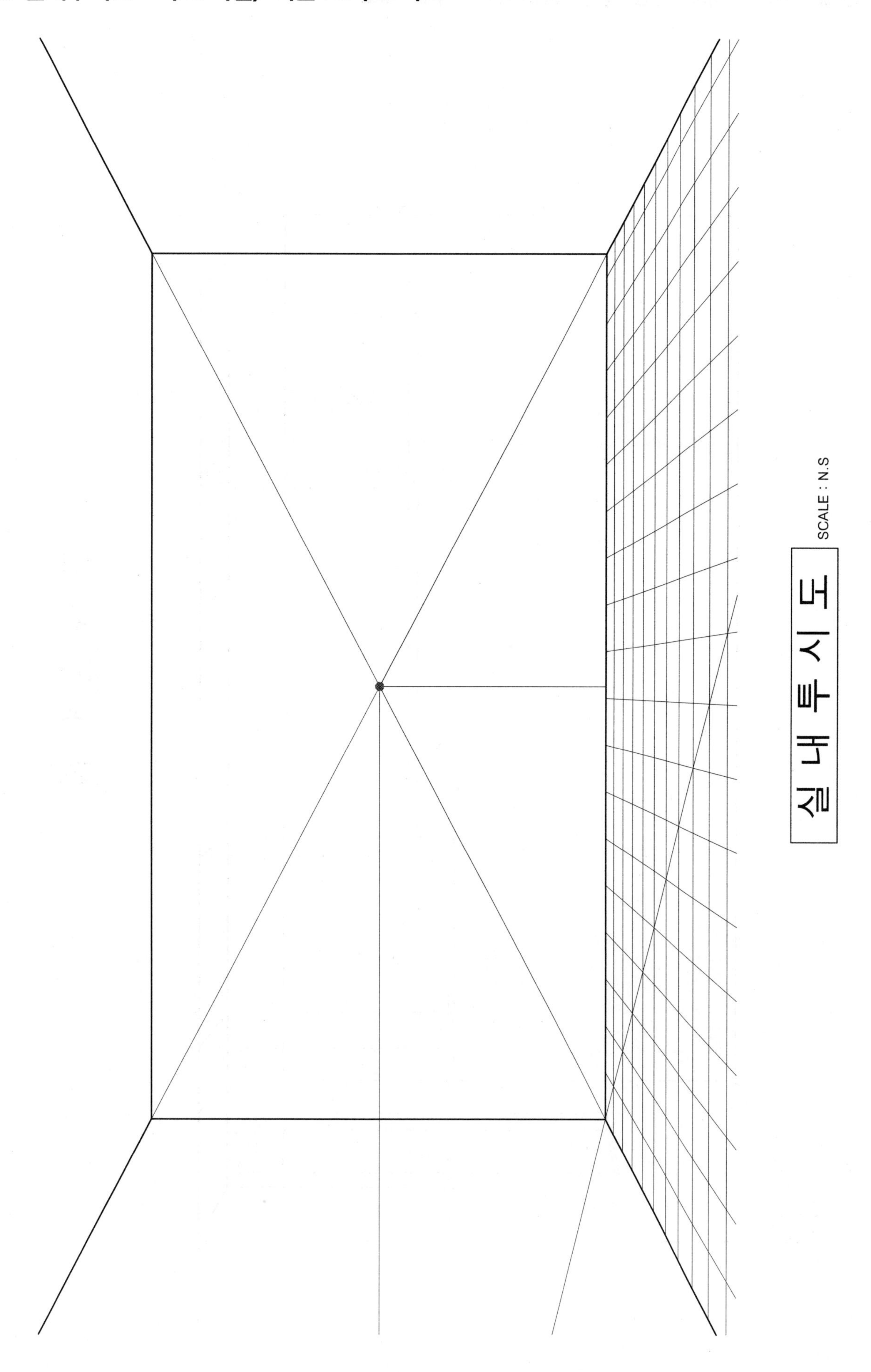

❻ 실내투시도 – 샤프 작업/ 공간 볼륨감 및 가구 작도

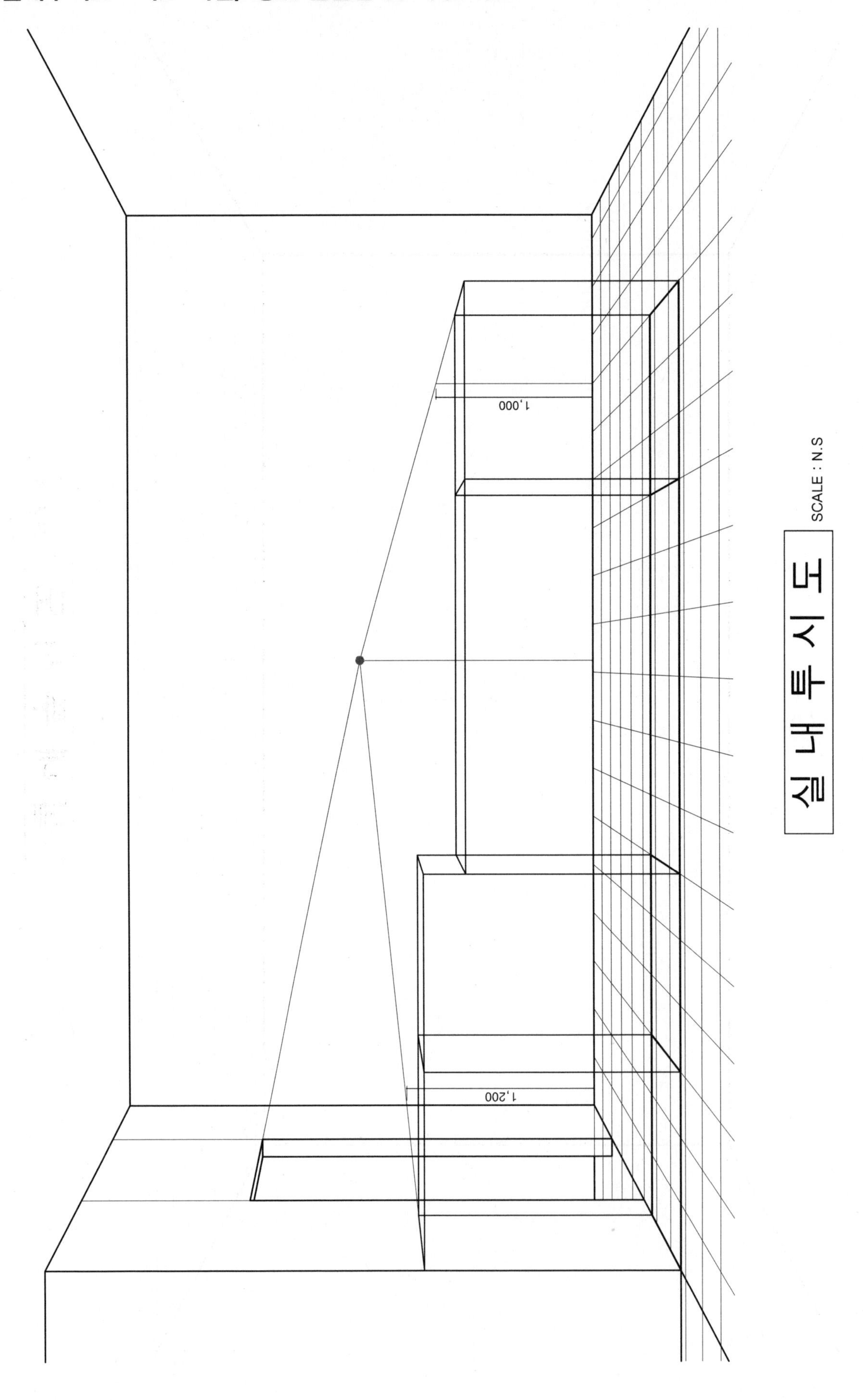

❼ 실내투시도 – 검정펜 작업

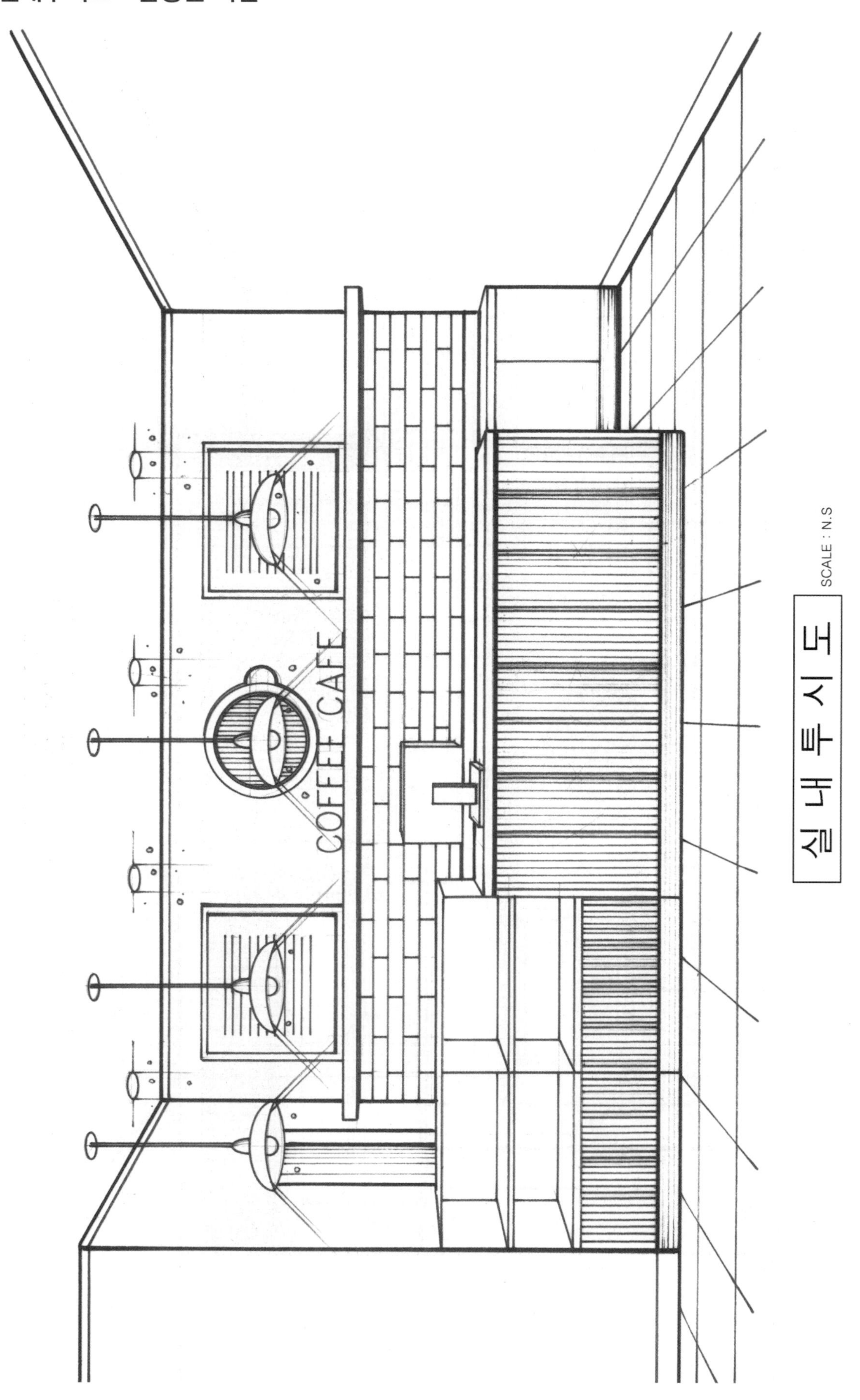

⑧ 실내투시도 – 마카 채색

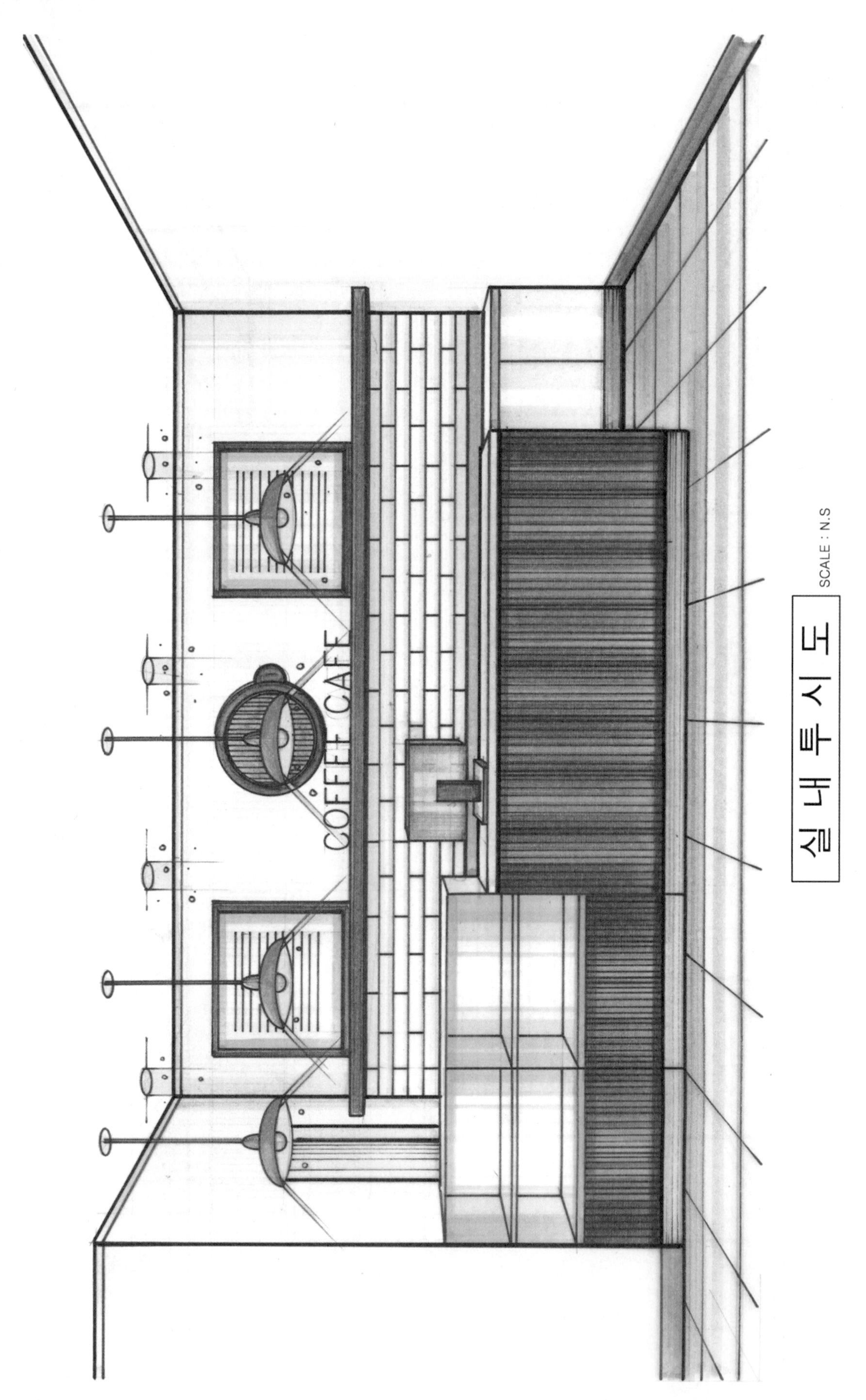
COFFEE CAFE
실 내 투 시 도
SCALE : N.S

과년도 기출문제-4

자격종목	실내건축기사	작업명	제과제빵 전문점

※ 시험시간 : 6시간 30분

1. 요구사항

주어진 도면은 근린상업지역 내에 위치한 제과제빵 전문점이다. 다음의 요구조건에 따라 요구도면을 작성하시오.

2. 요구조건

1) 설계면적 : 13,500mm × 10,200mm × 2,700mm(H)

2) 인적구성 : 종업원 2인, 제빵 제조종업원 1인

3) 필요공간 및 가구

- 판매 전시공간 : 쇼케이스, 카운터, 진열장, 진열대
- 주방 및 제과제조실 : 필수가구, 화장실(남녀 각각 분리)
- 홀 : 2인용 TABLE SET(2EA), 4인용 TABLE SET(4EA), 6인용 TABLE SET(1EA)
  (그 외 가구는 수험자 임의로 작도한다)

※ 이상 제시된 가구는 필수적이며, 이 외에 필요한 가구와 실내장식이 있다면 수험자가 임의로 추가할 수 있음

3. 요구도면

1) 평면도(가구 배치 및 바닥마감재 표기) : S=1/50

평면도 우측 하단에 설계자가 의도한 DESIGN CONCEPT를 200자 내외로 적으시오.

2) 천장도(조명기구 및 마감재료 표기) : S=1/50

3) 내부입면도 B방향(벽면재료 표기) : S=1/50

4) 단면상세도 A-A′ : S=1/50

5) 실내투시도(채색작업 필수) : S=N.S

좋은 지점으로 지정하여 1소점 투시도 또는 2소점 투시도로 작성하되, 작성과정의 투시보조선을 남길 것

자격종목	실내건축기사	과제명	제과제빵 전문점	척 도	N.S

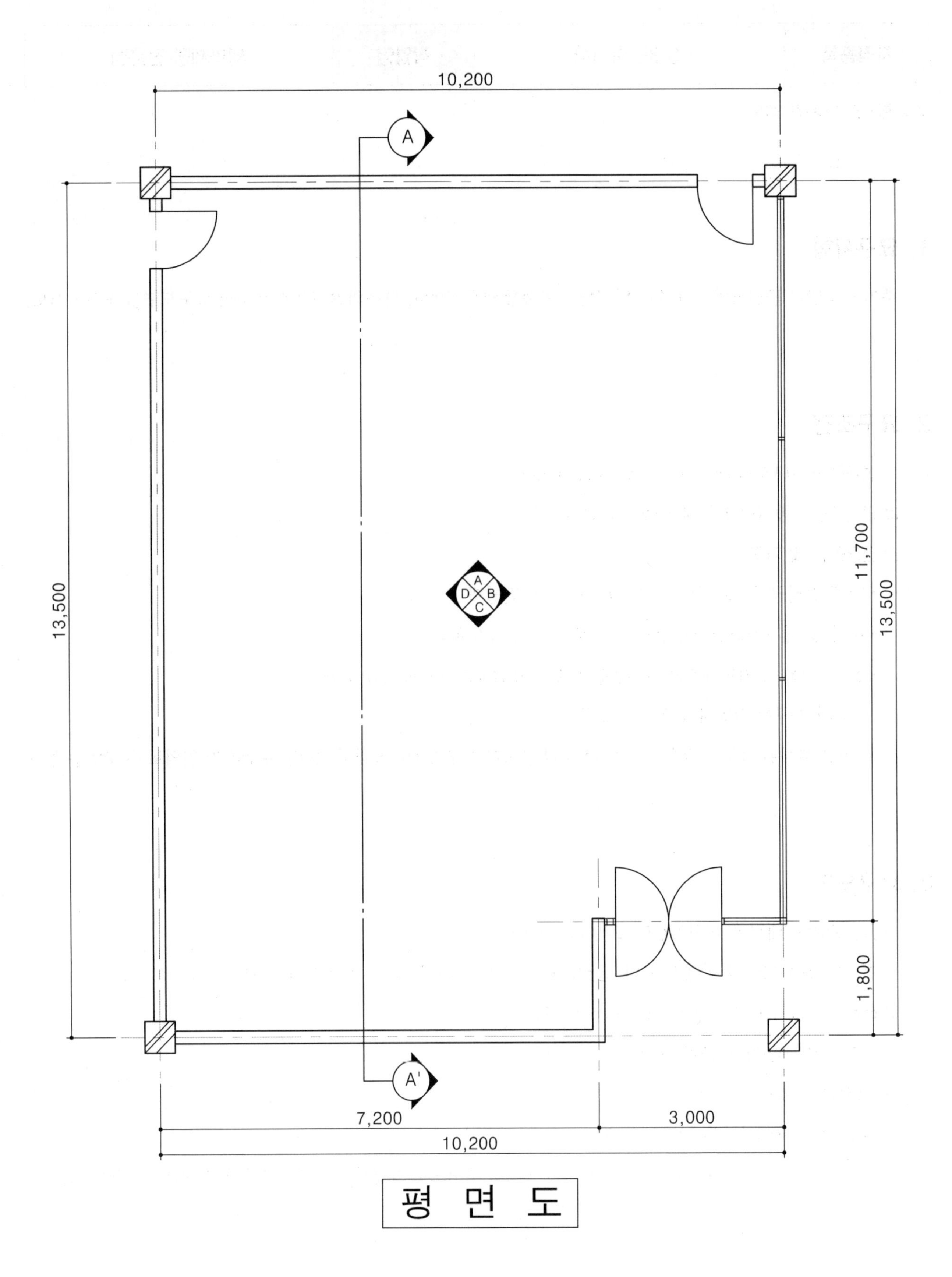

평 면 도

❶ 평면도

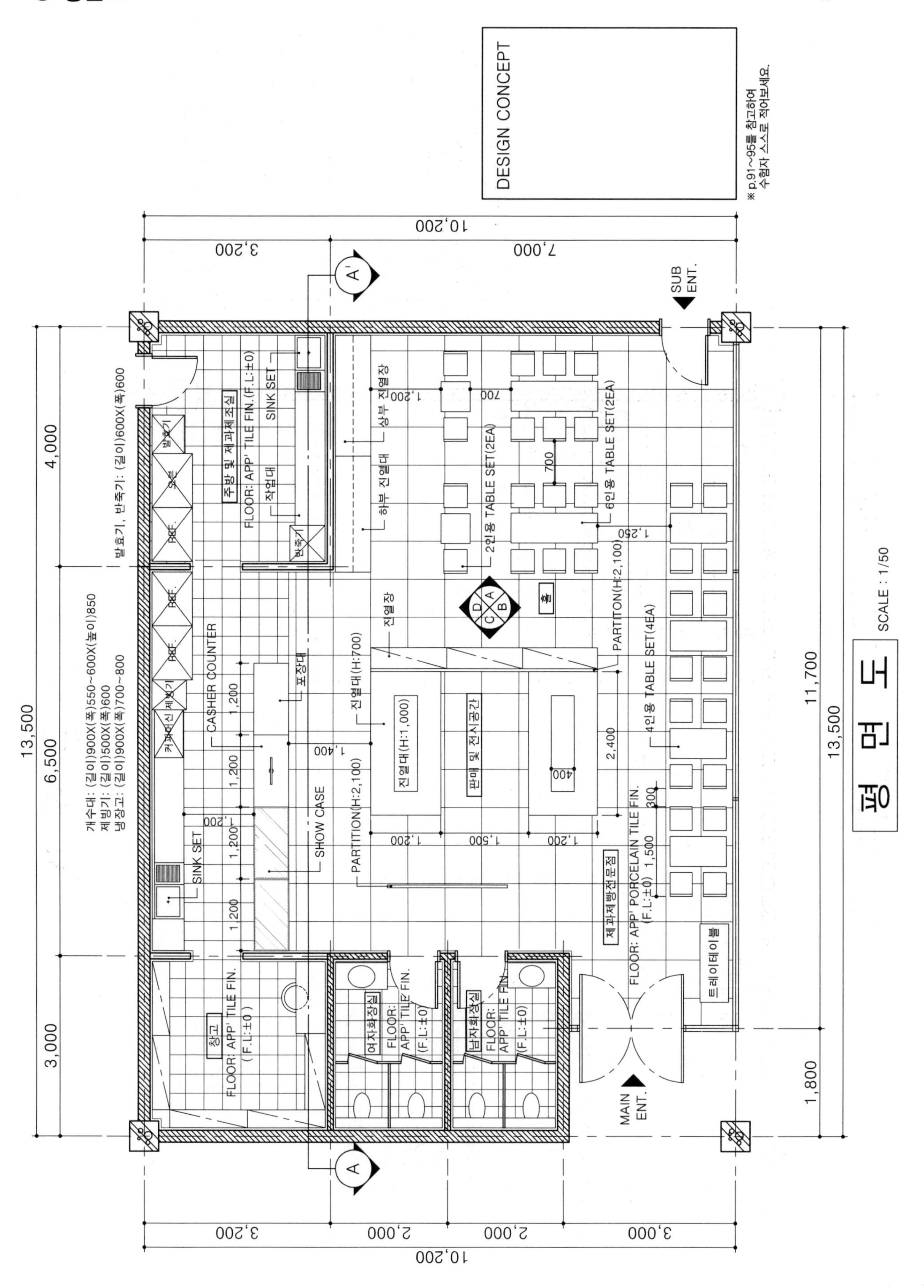

DESIGN CONCEPT
※ p.91~95를 참고하여 수험자 스스로 적어보세요.
10,200
3,200
7,000
SUB ENT.
MAIN ENT.
13,500
6,500
4,000
3,000
11,700
1,800
주방 및 제과제조실
FLOOR: APP' TILE FIN.(F.L:±0)
SINK SET
작업대
하부 진열대
상부 진열장
발효기
오븐
REF.
발효기, 반죽기 : (길이)600X(폭)600
개수대 : (길이)900X(폭)550~600X(높이)850
제빙기 : (길이)500X(폭)600
냉장고 : (길이)900X(폭)700~800
커피머신
제빙기
CASHER COUNTER
포장대
SHOW CASE
PARTITON(H:2,100)
진열장
진열대(H:700)
진열대(H:1,000)
판매 및 전시공간
2인용 TABLE SET(2EA)
6인용 TABLE SET(2EA)
4인용 TABLE SET(4EA)
PARTITON(H:2,100)
홀
제과제빵전문점
FLOOR: APP' PORCELAIN TILE FIN. (F.L:±0)
트레이테이블
창고
FLOOR: APP' TILE FIN. (F.L:±0)
여자화장실
남자화장실
FLOOR: APP' TILE FIN. (F.L:±0)
2,000
3,000
1,200
1,500
1,400
2,400
1,250
700
400
300
평 면 도
SCALE : 1/50

❷ 천장도

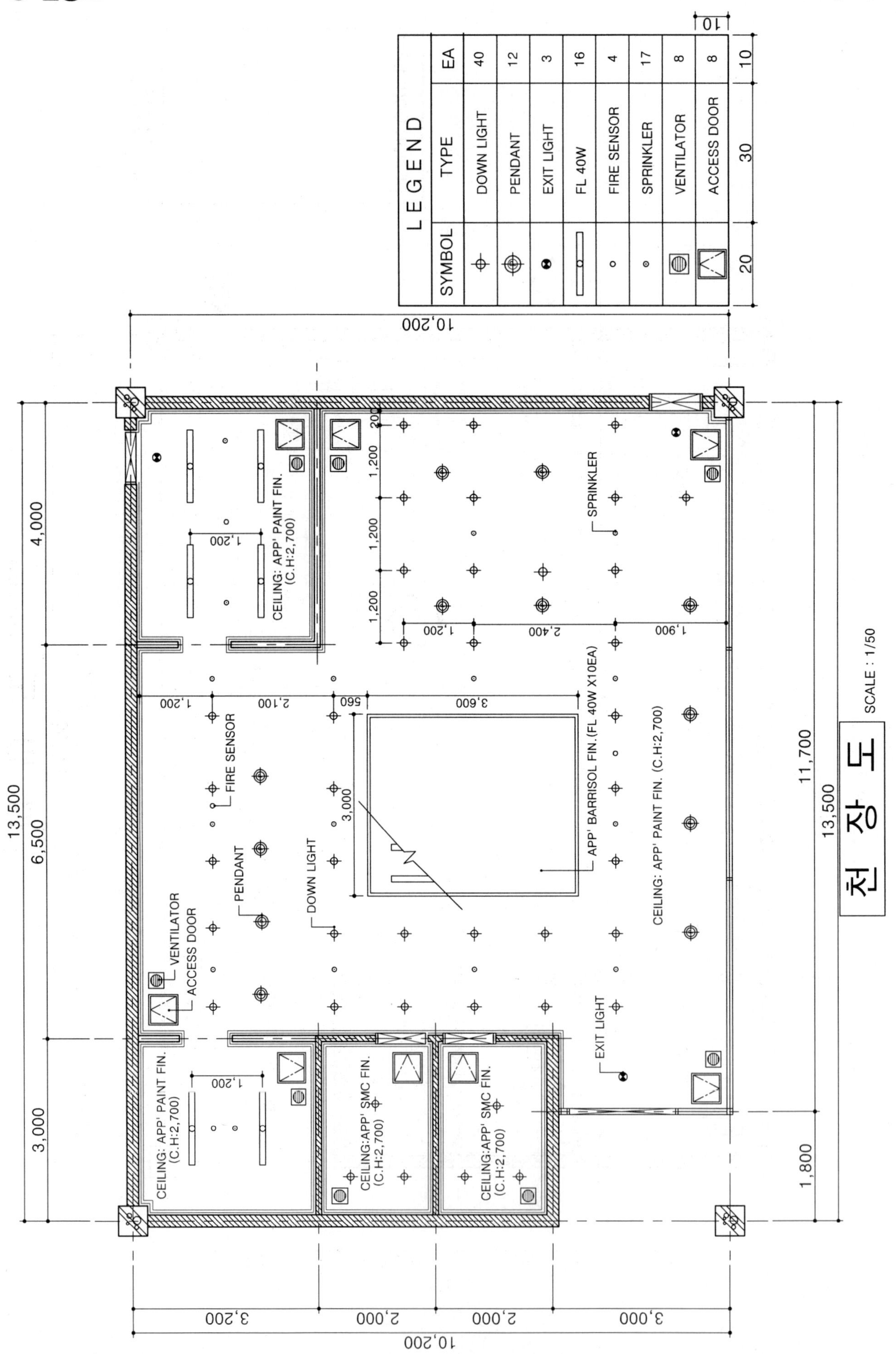
LEGEND
SYMBOL
TYPE
EA
DOWN LIGHT
40
PENDANT
12
EXIT LIGHT
3
FL 40W
16
FIRE SENSOR
4
SPRINKLER
17
VENTILATOR
8
ACCESS DOOR
8
20
30
10
10
10,200
13,500
4,000
6,500
3,000
11,700
1,800
3,200
2,000
2,000
3,000
1,200
2,100
560
3,600
2,400
1,900
200
CEILING: APP' PAINT FIN. (C.H:2,700)
CEILING: APP' SMC FIN. (C.H:2,700)
APP' BARRISOL FIN.(FL 40W X10EA)
CEILING: APP' PAINT FIN. (C.H:2,700)
SPRINKLER
FIRE SENSOR
PENDANT
DOWN LIGHT
VENTILATOR
ACCESS DOOR
EXIT LIGHT
천 장 도
SCALE : 1/50

❸ 내부입면도

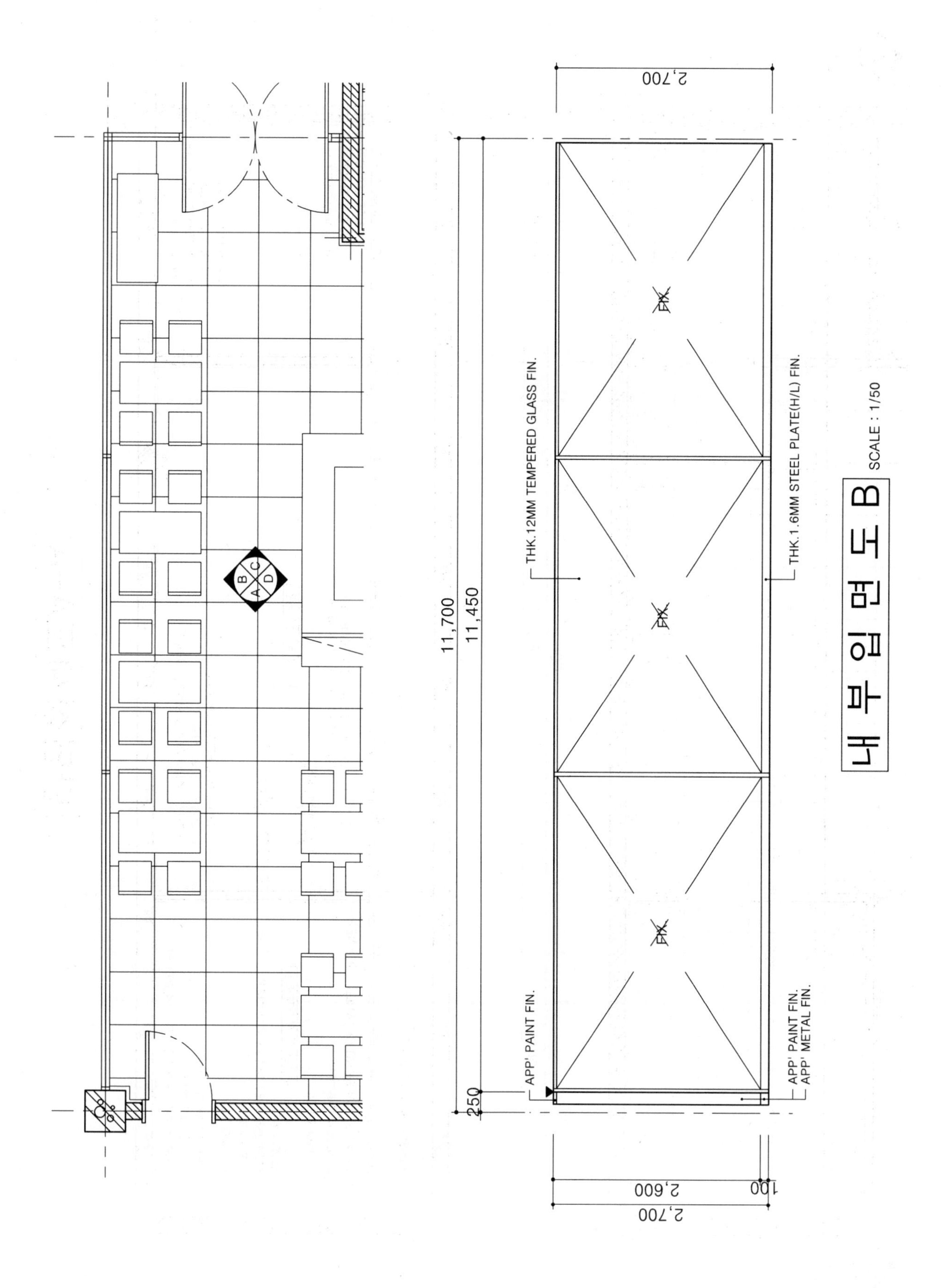

2,700
11,700
11,450
250
THK.12MM TEMPERED GLASS FIN.
THK.1.6MM STEEL PLATE(H/L) FIN.
APP' PAINT FIN.
APP' PAINT FIN.
APP' METAL FIN.
FIX
2,600
100
2,700
내부입면도 B
SCALE : 1/50

❹ 단면상세도

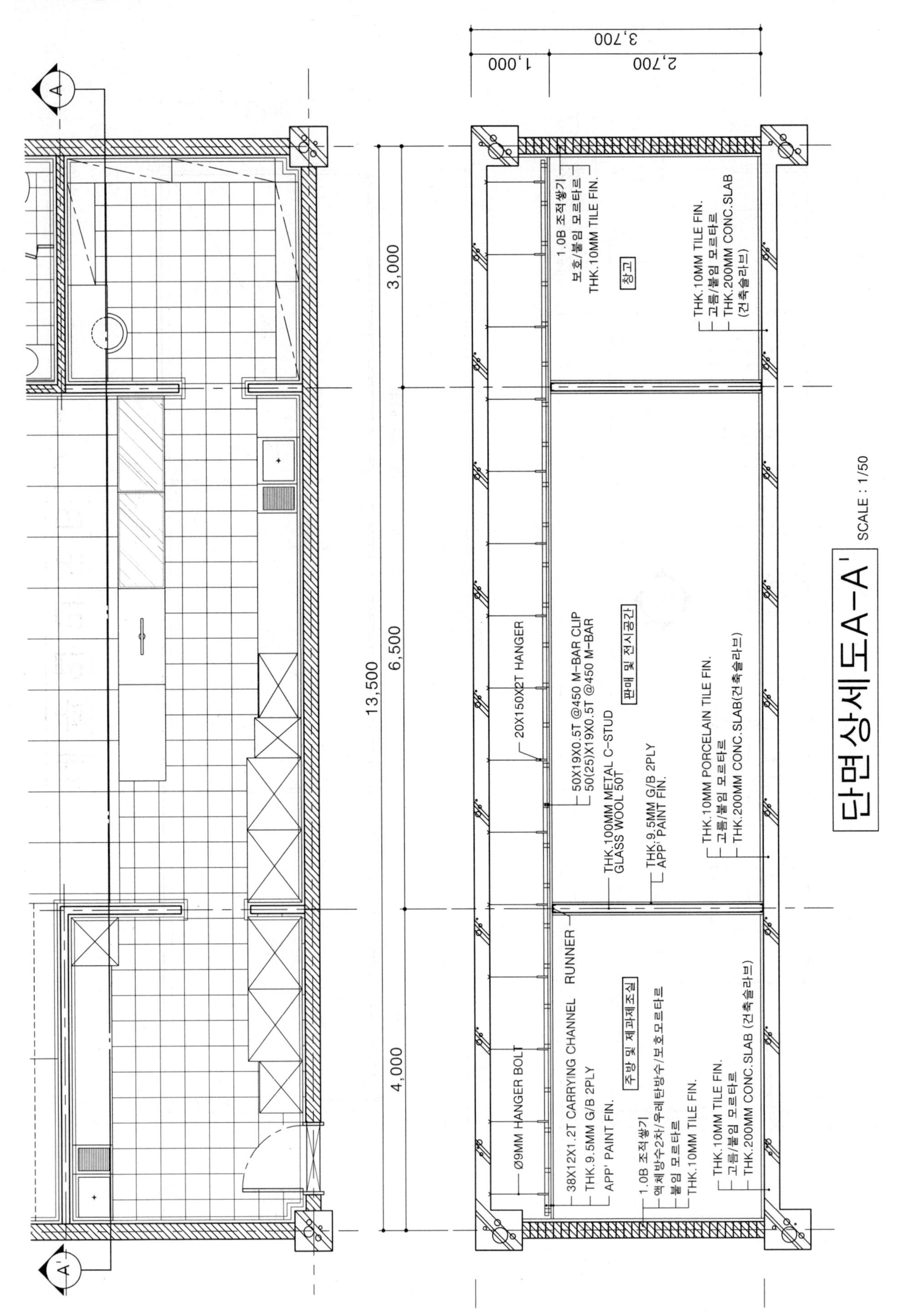

A
A'
3,700
1,000
2,700
13,500
3,000
6,500
4,000
1.0B 조적쌓기
보호/붙임 모르타르
THK.10MM TILE FIN.
창고
THK.10MM TILE FIN.
고름/붙임 모르타르
THK.200MM CONC.SLAB
(건축슬라브)
20X150X2T HANGER
50X19X0.5T @450 M-BAR CLIP
50(25)X19X0.5T @450 M-BAR
THK.100MM METAL C-STUD
GLASS WOOL 50T
판매 및 전시공간
THK.9.5MM G/B 2PLY
APP' PAINT FIN.
THK.10MM PORCELAIN TILE FIN.
고름/붙임 모르타르
THK.200MM CONC.SLAB(건축슬라브)
RUNNER
Ø9MM HANGER BOLT
38X12X1.2T CARRYING CHANNEL
THK.9.5MM G/B 2PLY
APP' PAINT FIN.
주방 및 제과제조실
1.0B 조적쌓기
액체방수2차/우레탄방수/보호모르타르
붙임 모르타르
THK.10MM TILE FIN.
THK.10MM TILE FIN.
고름/붙임 모르타르
THK.200MM CONC.SLAB (건축슬라브)
단면상세도A-A'
SCALE : 1/50

❺ 실내투시도 – 샤프 작업/ 기본 그리드 작도

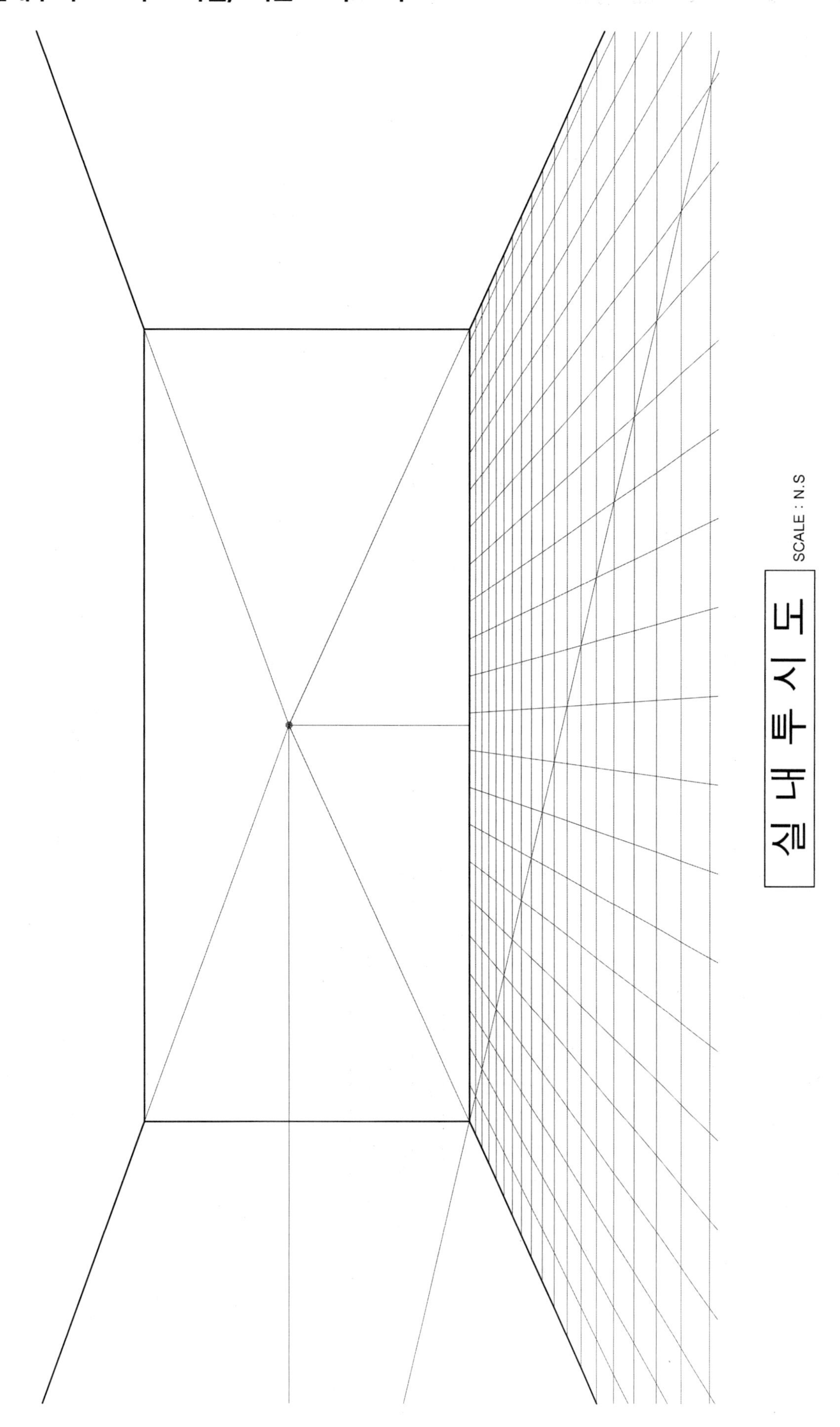

⑥ 실내투시도 – 샤프 작업/ 공간 볼륨감 및 가구 작도

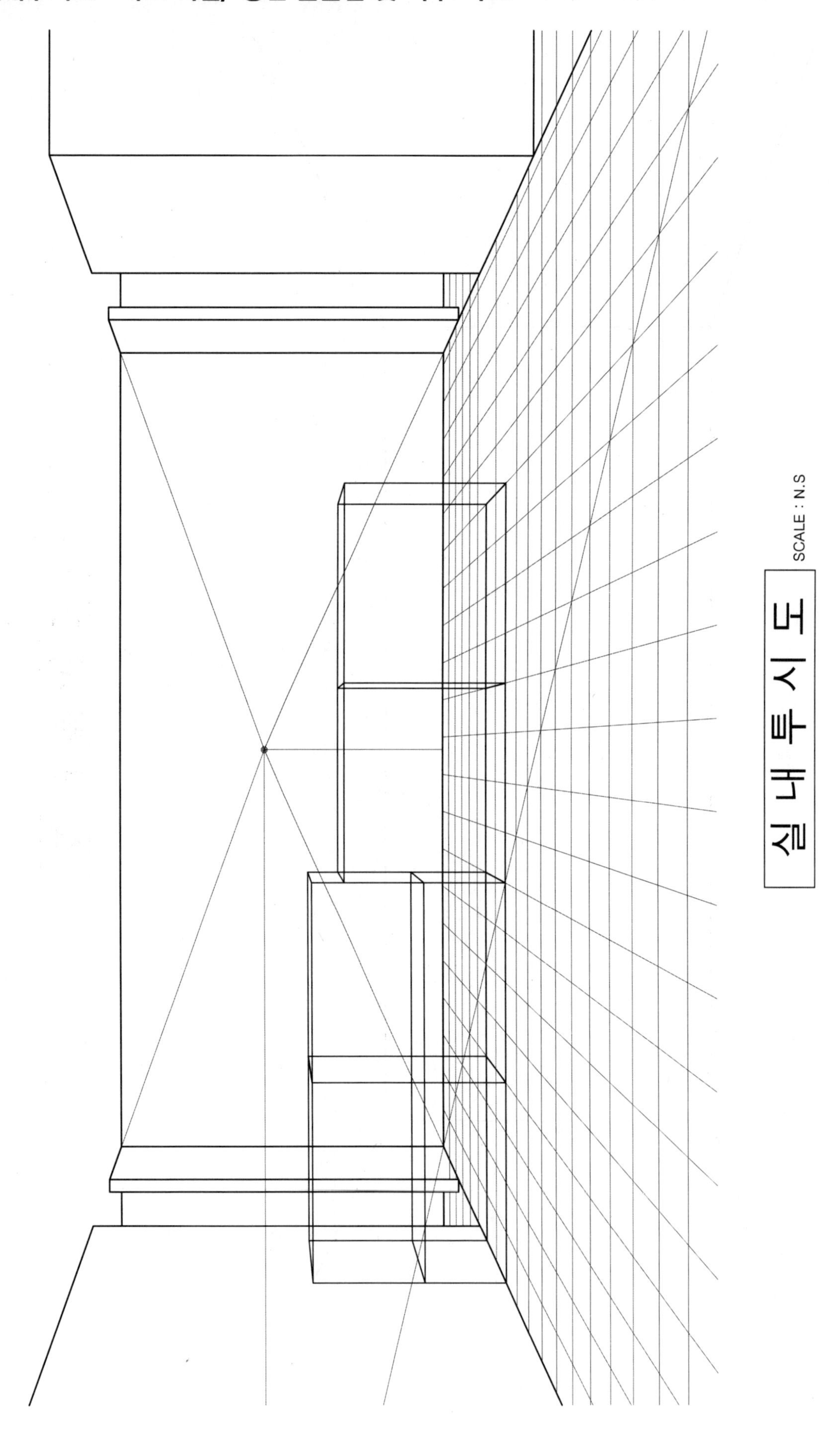

❼ 실내투시도 – 검정펜 작업

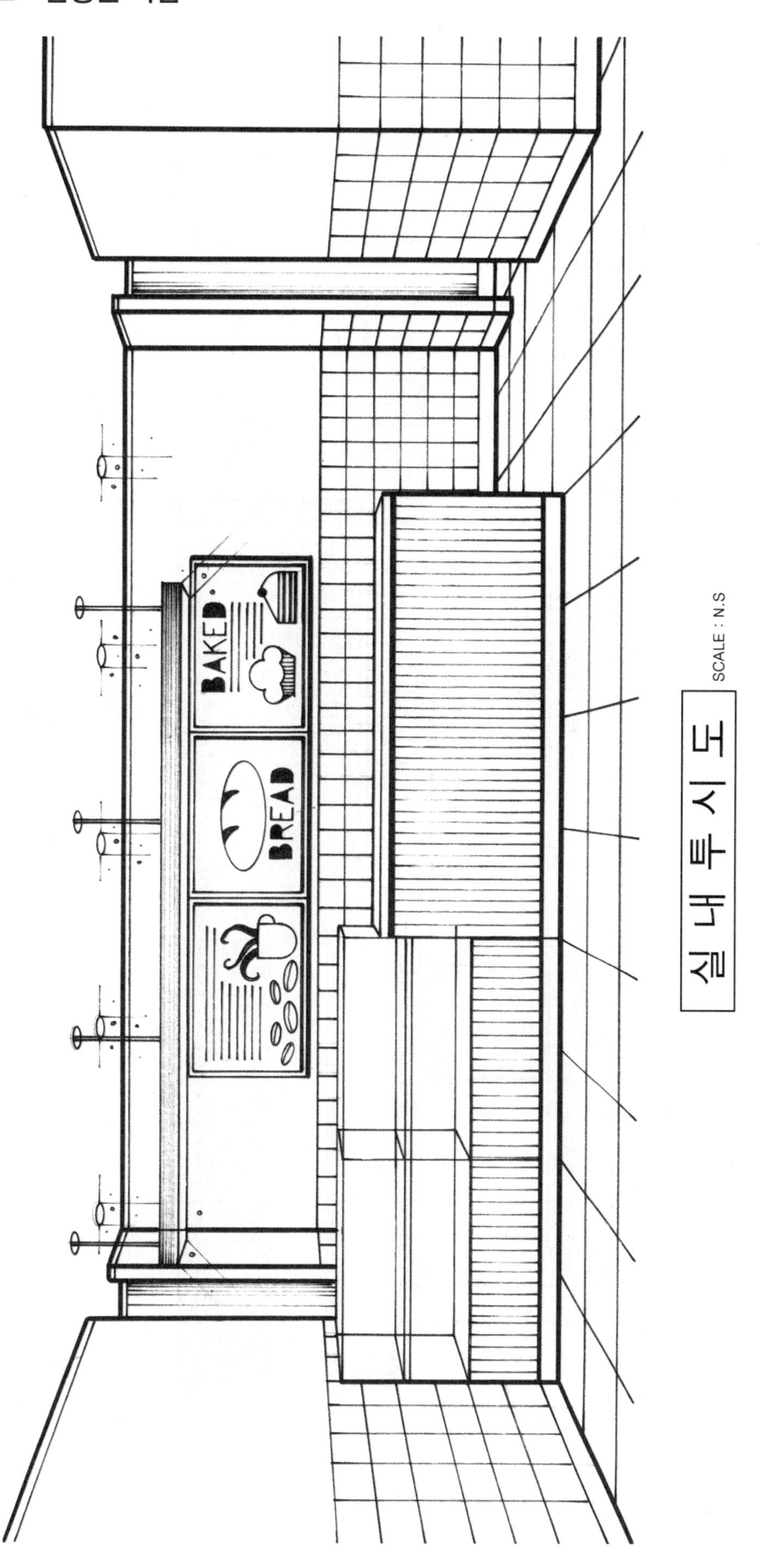

⑧ 실내투시도 – 마카 채색

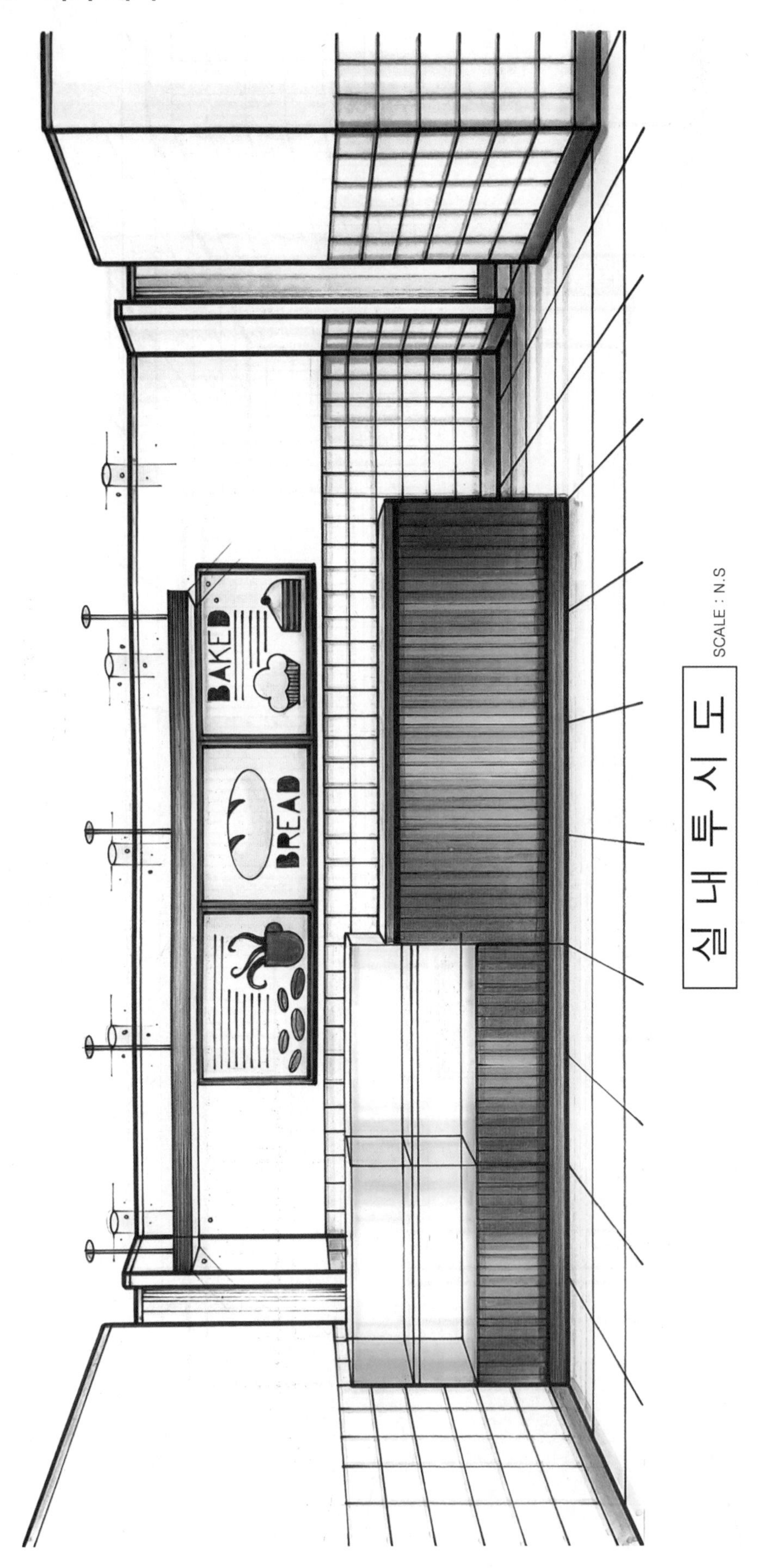

과년도 기출문제-5

자격종목	실내건축기사	작업명	동물병원

※ 시험시간 : 6시간 30분

1. 요구사항

주어진 도면은 근린상업지역 내에 위치한 동물병원이다. 다음의 요구조건에 따라 요구도면을 작성하시오.

2. 요구조건

1) 설계면적 : 12,000mm × 9,600mm × 2,700mm(H)

2) 인적구성 : 수의사 1명, 간호사 2명, 애견미용사 1명

3) 필요공간 및 가구

- 진료실, 수술실 및 조제실, 동물미용실, 전시 및 판매공간, 대기공간, 애견호텔
- 서비스 카운터, 동물용품 진열장, 소파, 미용대, 수술대, 애견호텔 박스

  (그 외 가구는 수험자 임의로 작도한다)

※ 이상 제시된 가구는 필수적이며, 이 외에 필요한 가구와 실내장식이 있다면 수험자가 임의로 추가할 수 있음

3. 요구도면

1) 평면도(가구 배치 및 바닥마감재 표기) : S=1/50

평면도 우측 하단에 설계자가 의도한 DESIGN CONCEPT를 200자 내외로 적으시오.

2) 천장도(조명기구 및 마감재료 표기) : S=1/50

3) 내부입면도 D방향 : S=1/50

4) 단면상세도 A-A′ : S=1/50

5) 실내투시도(채색작업 필수) : S=N.S

좋은 지점으로 지정하여 1소점 투시도 또는 2소점 투시도로 작성하되, 작성과정의 투시보조선을 남길 것

자격종목	실내건축기사	과제명	동물병원	척 도	N.S

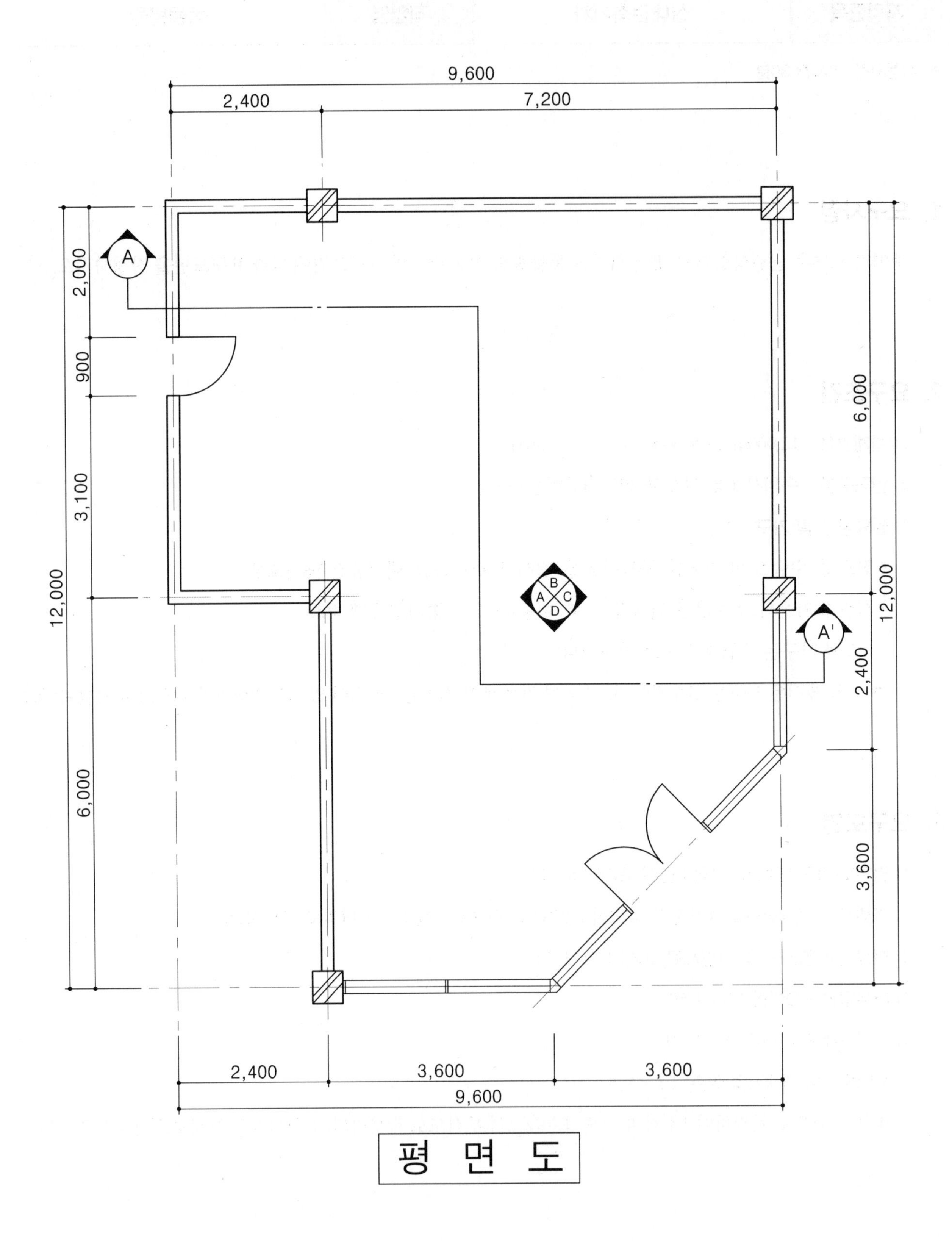

평 면 도

❶ 평면도

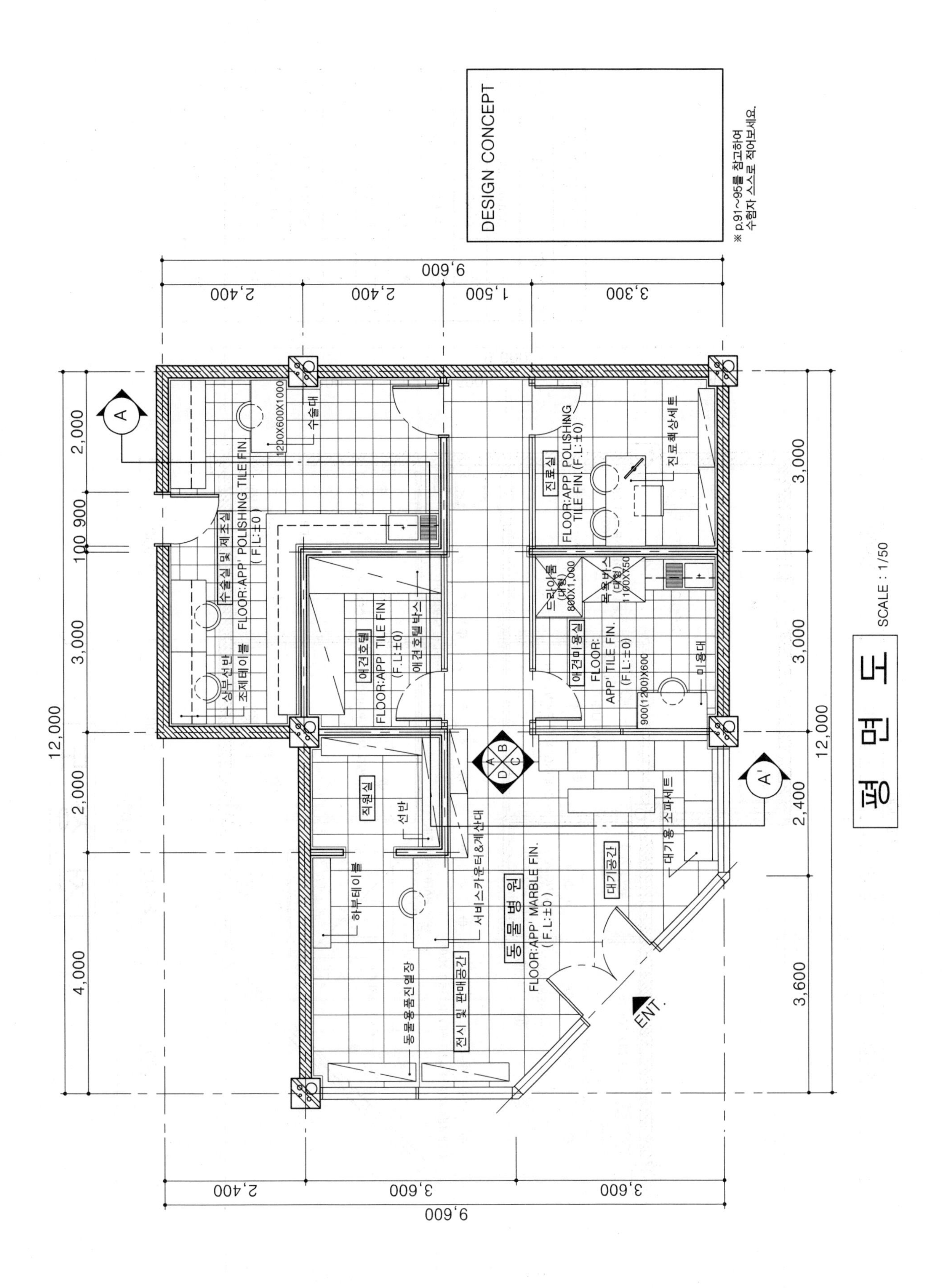

DESIGN CONCEPT
※ p.91~95를 참고하여
수험자 스스로 적어보세요.
평 면 도
SCALE : 1/50
수술실 및 제조실
FLOOR:APP' POLISHING TILE FIN.
(F.L:±0)
수술대
1200X600X1000
상부선반
조제테이블
애견호텔
FLOOR:APP' TILE FIN.
(F.L:±0)
애견호텔박스
진료실
FLOOR:APP' POLISHING TILE FIN. (F.L:±0)
진료책상세트
드라이룸
800X1,000
목욕박스
애견미용실
FLOOR:
APP' TILE FIN.
(F.L:±0)
900(1200)X600
미용대
직원실
선반
하부테이블
서비스카운터&계산대
동물병원
FLOOR:APP' MARBLE FIN.
(F.L:±0)
대기공간
대기용 소파세트
동물용품진열장
전시 및 판매공간
ENT.
9,600
2,400
1,500
3,300
3,600
12,000
2,000
900
100
3,000
4,000
2,400

❷ 천장도

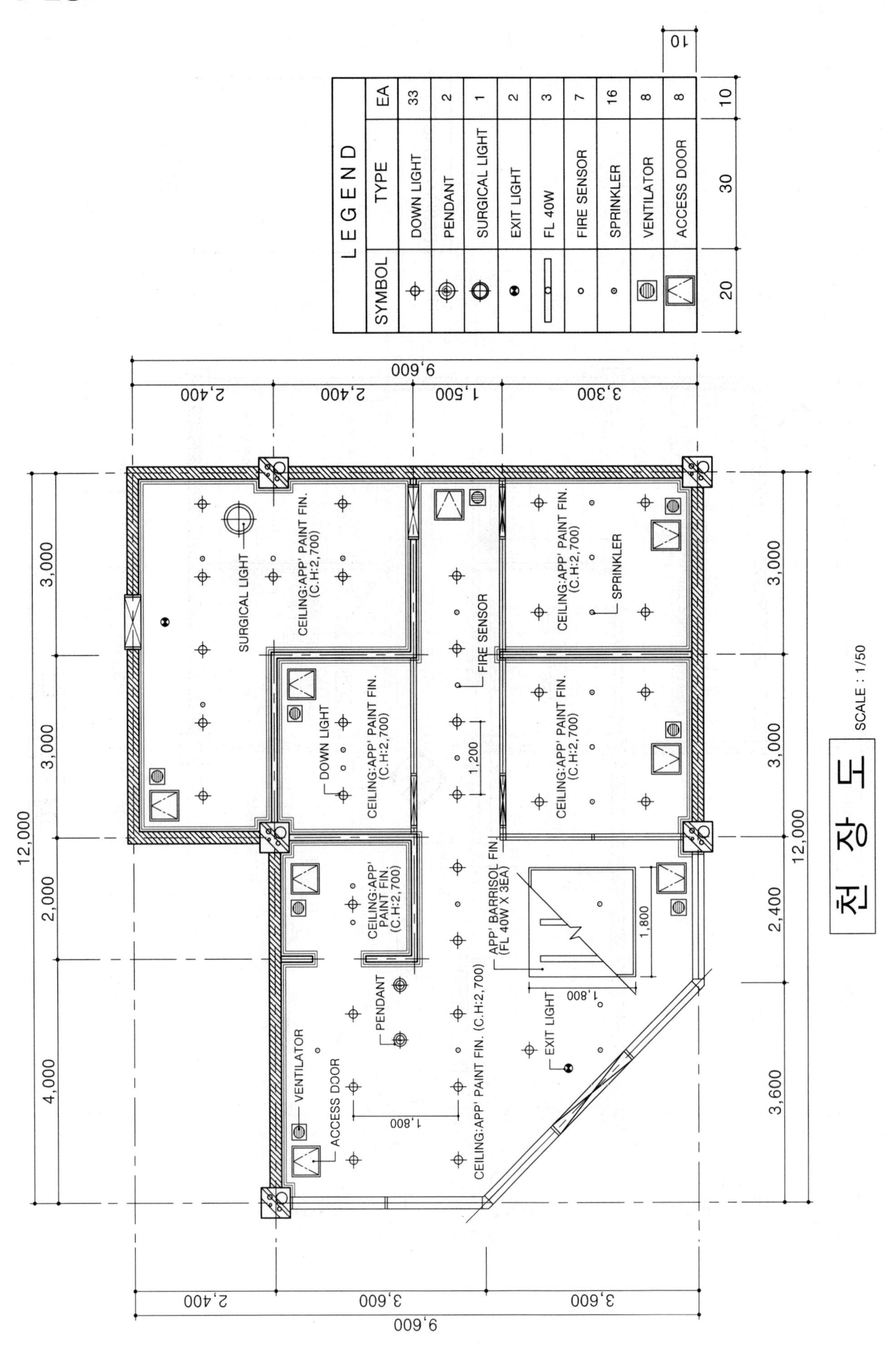
LEGEND
SYMBOL
TYPE
EA
DOWN LIGHT 33
PENDANT 2
SURGICAL LIGHT 1
EXIT LIGHT 2
FL 40W 3
FIRE SENSOR 7
SPRINKLER 16
VENTILATOR 8
ACCESS DOOR 8
20
30
10
10
9,600
2,400
2,400
1,500
3,300
3,600
3,600
12,000
3,000
3,000
2,000
4,000
2,400
SURGICAL LIGHT
CEILING:APP' PAINT FIN. (C.H:2,700)
DOWN LIGHT
FIRE SENSOR
SPRINKLER
1,200
1,800
APP' BARRISOL FIN. (FL 40W X 3EA)
CEILING:APP' PAINT FIN. (C.H:2,700)
PENDANT
EXIT LIGHT
VENTILATOR
ACCESS DOOR
천 장 도
SCALE : 1/50

❸ 내부입면도

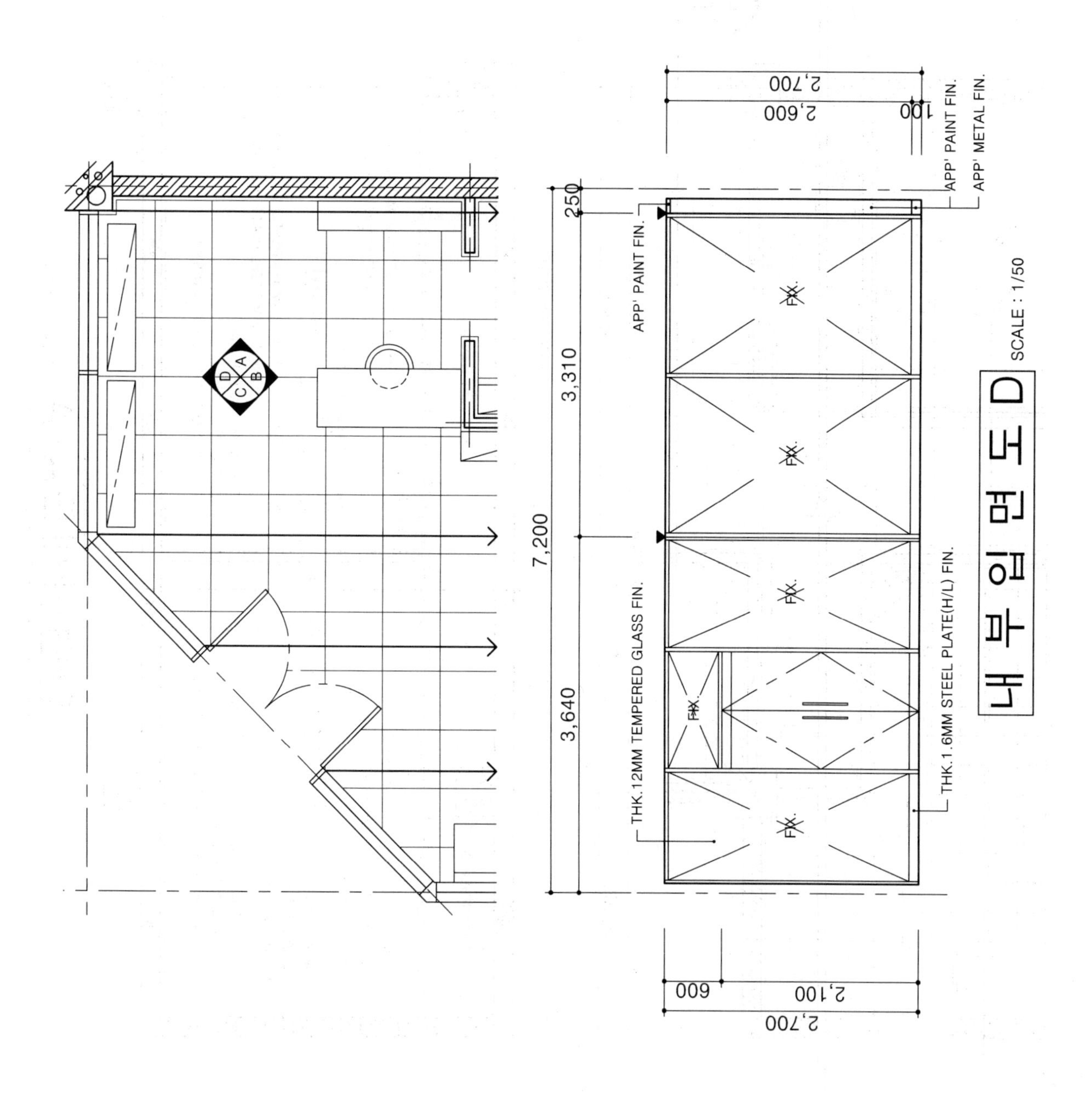

내부입면도 D
SCALE : 1/50
APP' PAINT FIN.
APP' METAL FIN.
THK.12MM TEMPERED GLASS FIN.
THK.1.6MM STEEL PLATE(H/L) FIN.
FIX.
2,700
2,600
100
250
3,310
7,200
3,640
600
2,100
A
B
C
D

❹ 단면상세도

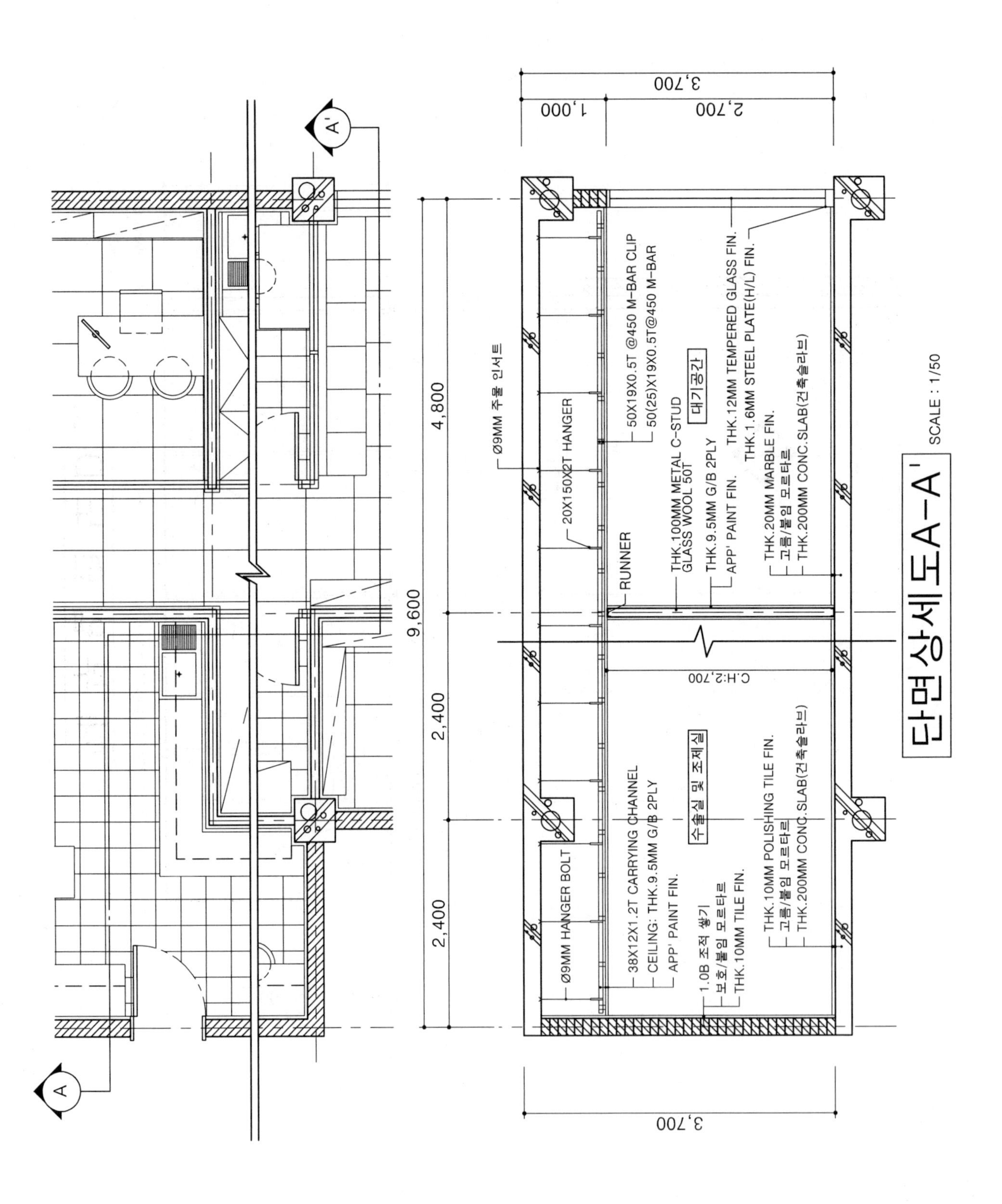

A
A'
3,700
1,000
2,700
4,800
9,600
2,400
2,400
Ø9MM 주물 인서트
20X150X2T HANGER
50X19X0.5T @450 M-BAR CLIP
50(25)X19X0.5T@450 M-BAR
RUNNER
THK.100MM METAL C-STUD
GLASS WOOL 50T
대기공간
THK.9.5MM G/B 2PLY
APP' PAINT FIN.
THK.12MM TEMPERED GLASS FIN.
THK.1.6MM STEEL PLATE(H/L) FIN.
THK.20MM MARBLE FIN.
고름/붙임 모르타르
THK.200MM CONC.SLAB(건축슬라브)
C.H:2,700
Ø9MM HANGER BOLT
38X12X1.2T CARRYING CHANNEL
CEILING: THK.9.5MM G/B 2PLY
APP' PAINT FIN.
수술실 및 조제실
1.0B 조적 쌓기
보호/붙임 모르타르
THK.10MM TILE FIN.
THK.10MM POLISHING TILE FIN.
고름/붙임 모르타르
THK.200MM CONC.SLAB(건축슬라브)
3,700
단면상세도A-A'
SCALE : 1/50

❺ 실내투시도 – 샤프 작업/ 기본 그리드 작도

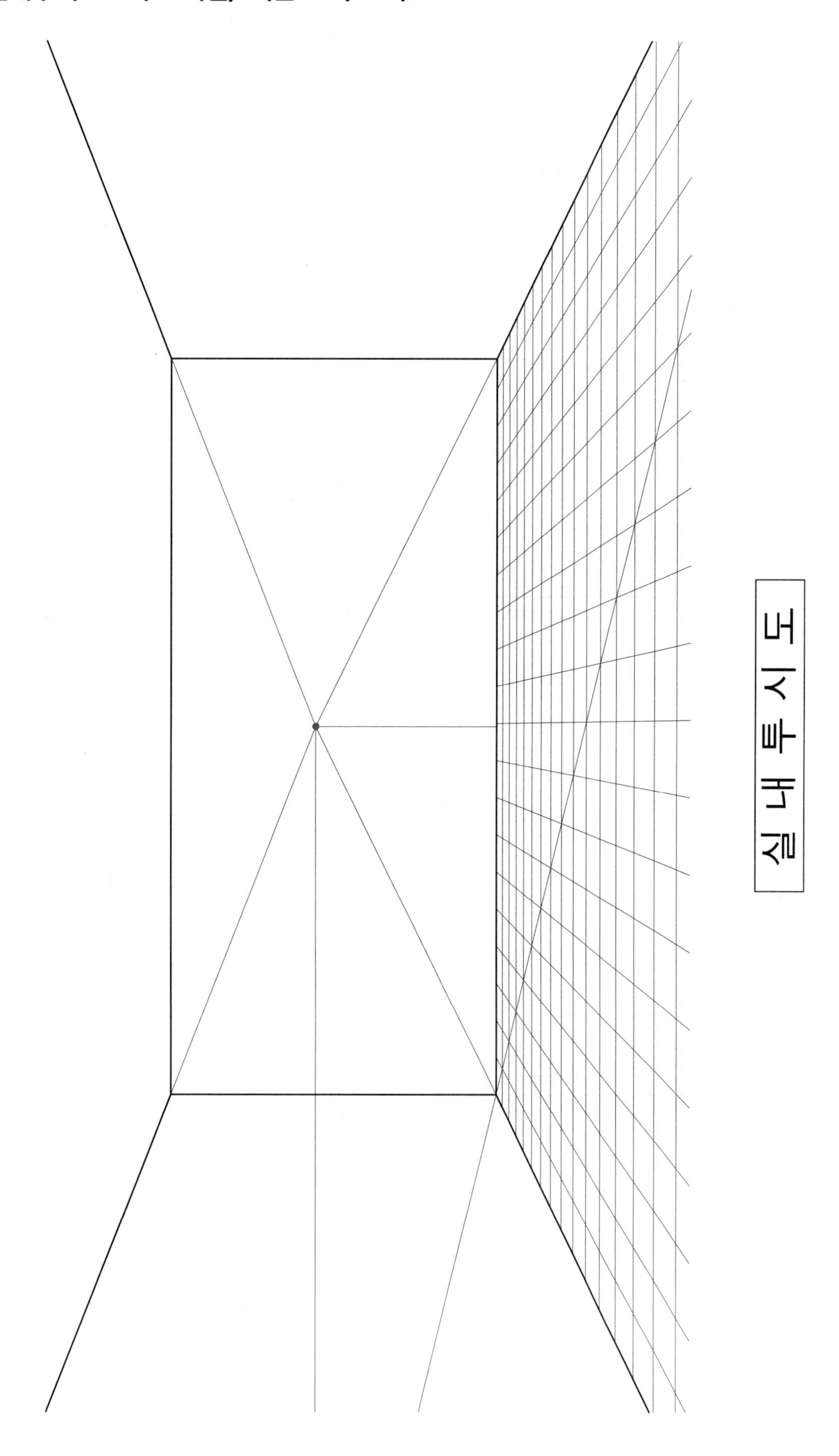

❻ 실내투시도 – 샤프 작업/ 공간 볼륨감 및 가구 작도

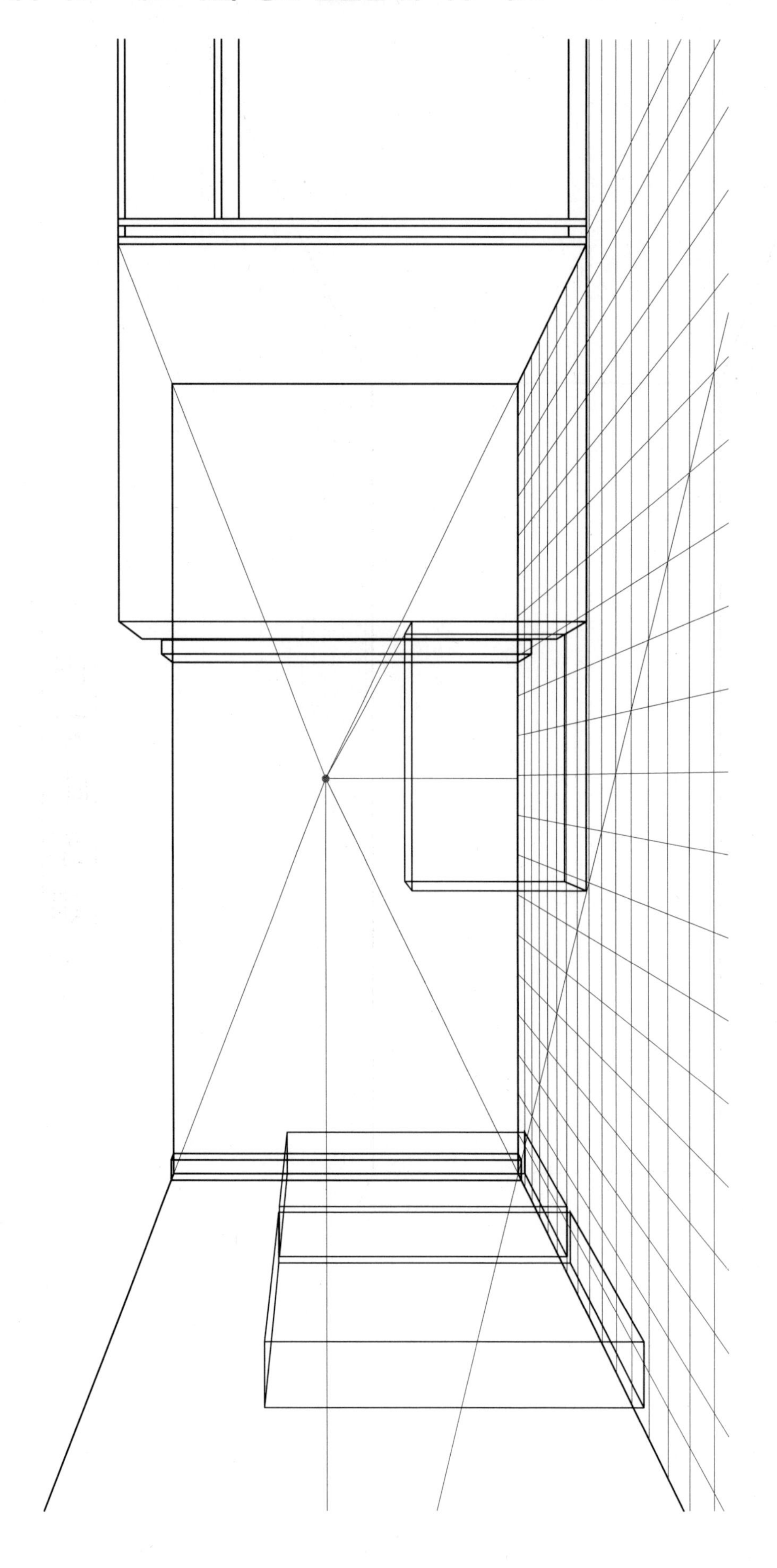

실 내 투 시 도

SCALE : N.S

❼ 실내투시도 – 검정펜 작업

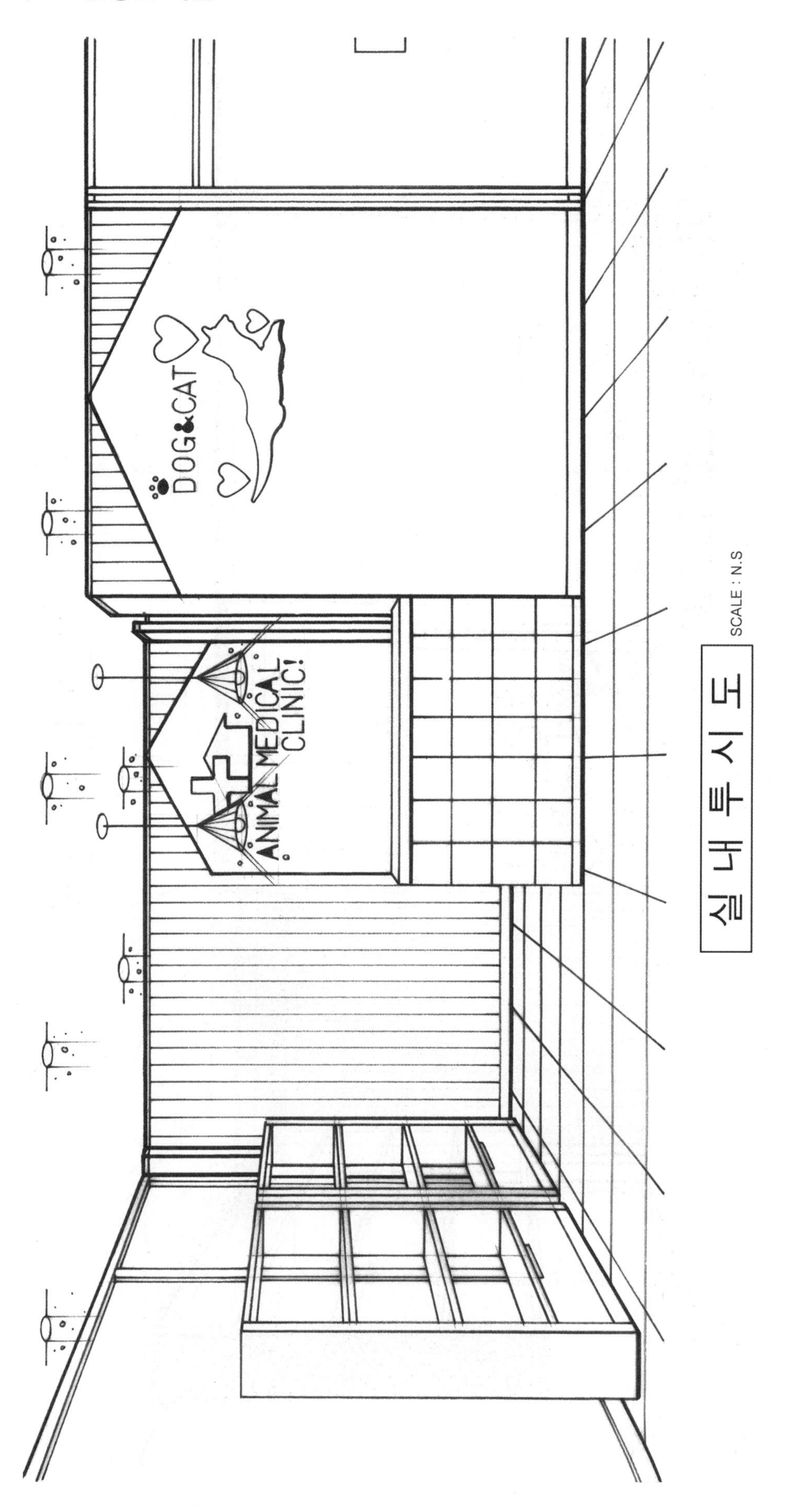

⑧ 실내투시도－마카 채색

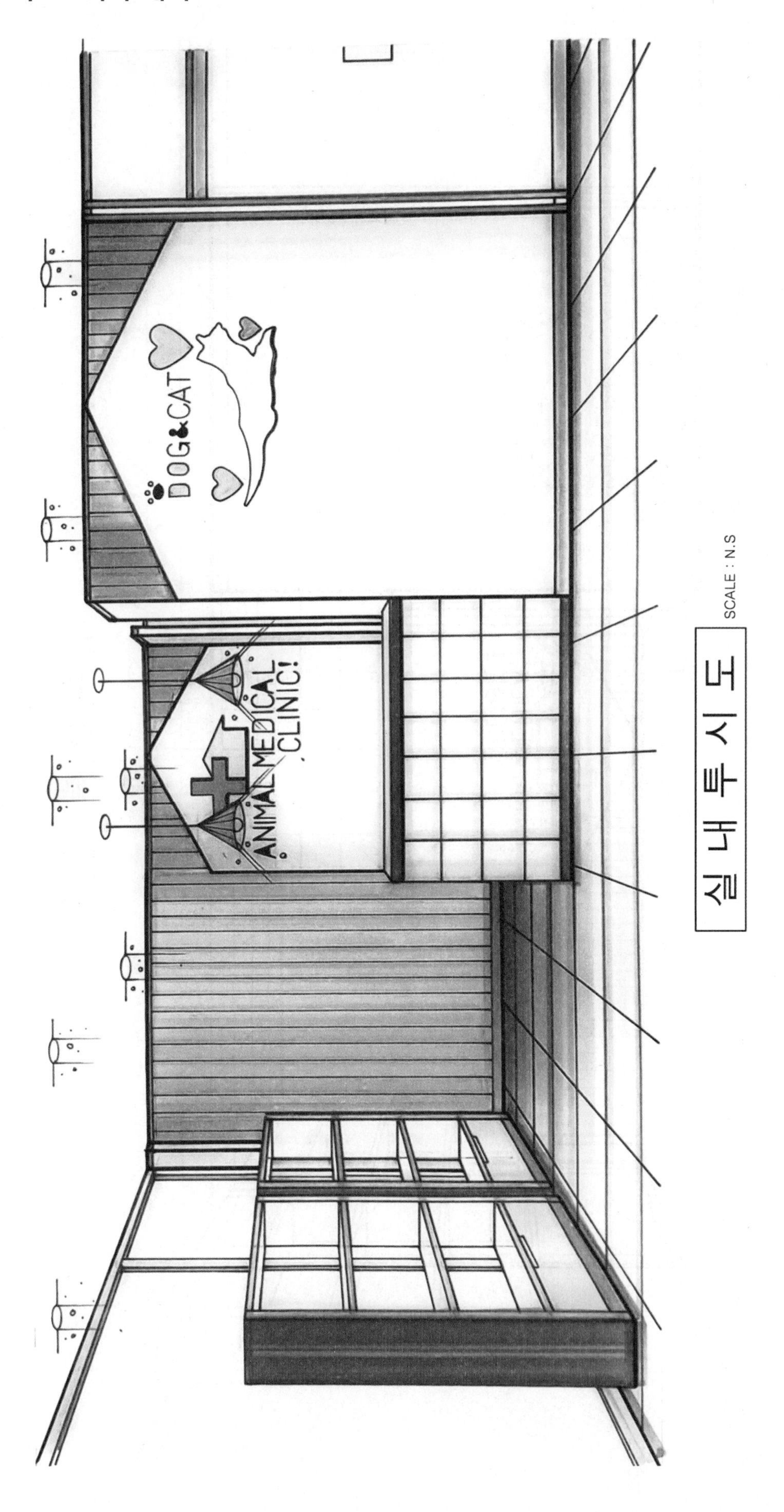

과년도 기출문제 – 6

자격종목	실내건축기사	작업명	한의원

※ 시험시간 : 6시간 30분

1. 요구사항

주어진 도면은 대도시 아파트 단지 인근에 위치한 한의원이다. 다음의 요구조건에 따라 요구도면을 작성하시오.

2. 요구조건

1) 설계면적 : 12,900mm × 10,600mm × 2,700mm(H)

2) 필요공간 및 가구

- 치료실 : 침대 6EA, 원장실, 비품실, 탕전실, 약재실 및 창고, 첨단의료장비 보관공간 확보
- 안내 및 캐시카운터, 고객대기공간(소파 및 테이블 세트, 음료대, TV)
  (그 외 가구는 수험자 임의로 작도한다)

※ 이상 제시된 가구는 필수적이며, 이 외에 필요한 가구와 실내장식이 있다면 수험자가 임의로 추가할 수 있음

3. 요구도면

1) 평면도(가구 배치 및 바닥마감재 표기) : S=1/50
   평면도 우측 하단에 설계자가 의도한 DESIGN CONCEPT를 200자 내외로 적으시오.

2) 천장도(조명기구 및 마감재료 표기) : S=1/50

3) 내부입면도 A방향(벽면재료 표기) : S=1/50

4) 단면상세도 A–A′ : S=1/50

5) 실내투시도(채색작업 필수) : S=N.S
   좋은 지점으로 지정하여 1소점 투시도 또는 2소점 투시도로 작성하되, 작성과정의 투시보조선을 남길 것

자격종목	실내건축기사	과제명	한의원	척 도	N.S

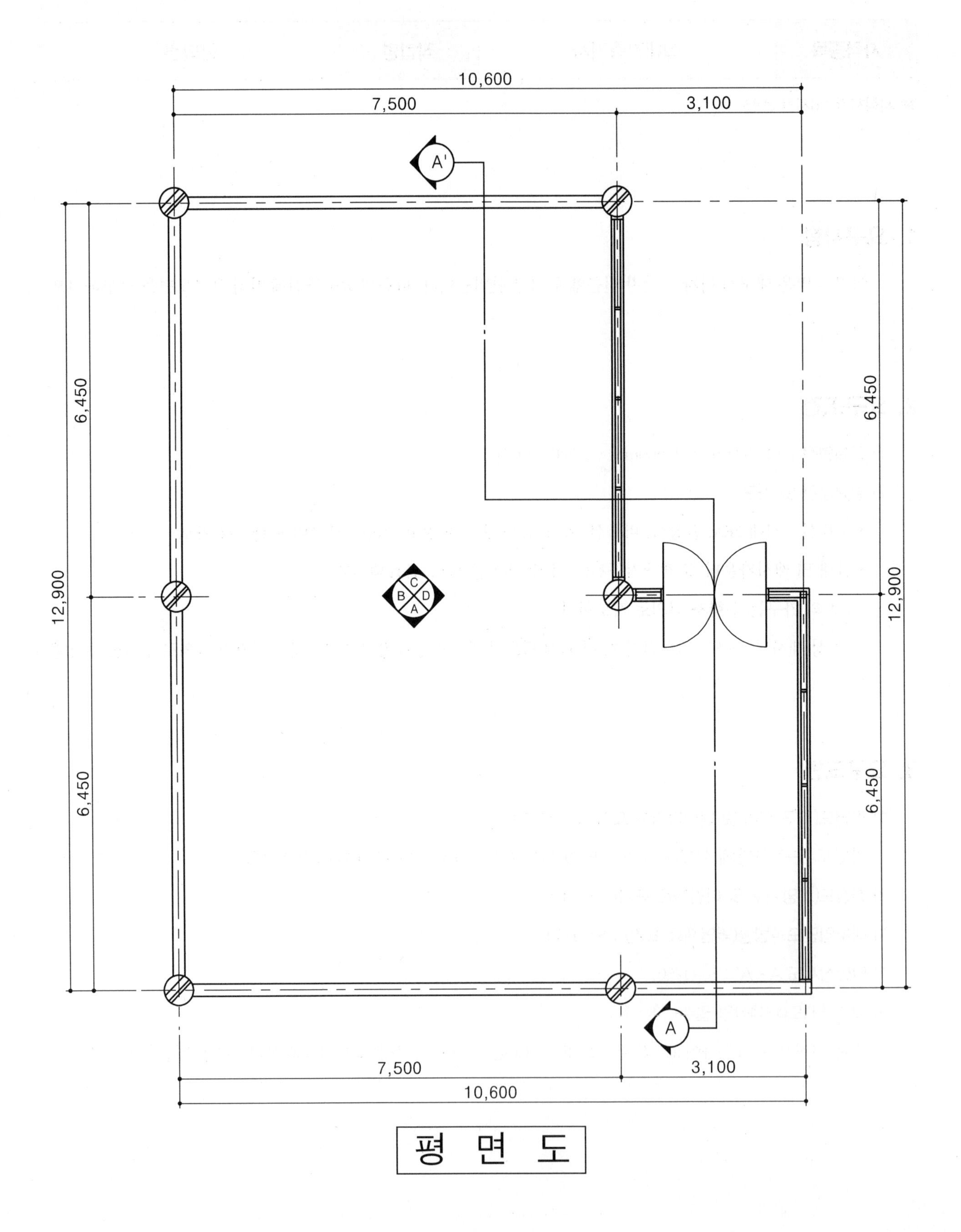

평 면 도

❶ 평면도

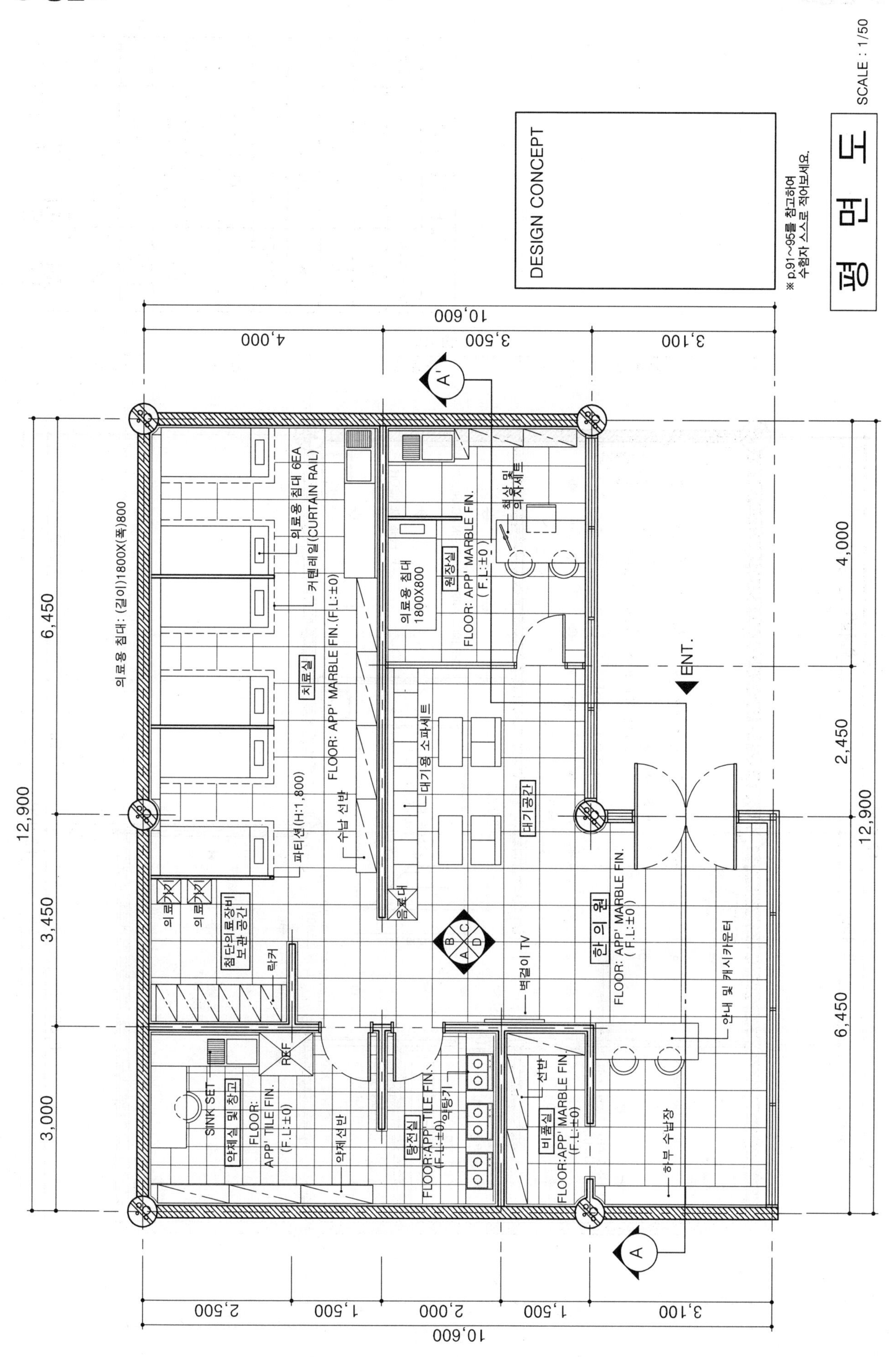
DESIGN CONCEPT
※ p.91~95를 참고하여 수험자 스스로 적어보세요.
평 면 도
SCALE : 1/50
10,600
4,000
3,500
3,100
12,900
6,450
3,450
3,000
4,000
2,450
2,500
1,500
2,000
의료용 침대: (길이)1800X(폭)800
의료용 침대 6EA
커텐레일(CURTAIN RAIL)
치료실
FLOOR: APP' MARBLE FIN.(F.L:±0)
파티션(H:1,800)
수납 선반
의료기기
첨단의료장비 보관공간
락커
REF
SINK SET
약제실 및 창고
FLOOR: APP' TILE FIN. (F.L:±0)
약제 선반
탕전실
FLOOR:APP' TILE FIN. (F.L:±0)
약탕기
비품실
FLOOR:APP' MARBLE FIN. (F.L:±0)
선반
원장실
의료용 침대 1800X800
FLOOR: APP' MARBLE FIN. (F.L:±0)
책상 및 의자세트
대기용 소파세트
대기공간
음료대
벽걸이 TV
한 의 원
FLOOR: APP' MARBLE FIN. (F.L:±0)
안내 및 캐시카운터
하부 수납장
ENT.
A
A'

❷ 천장도

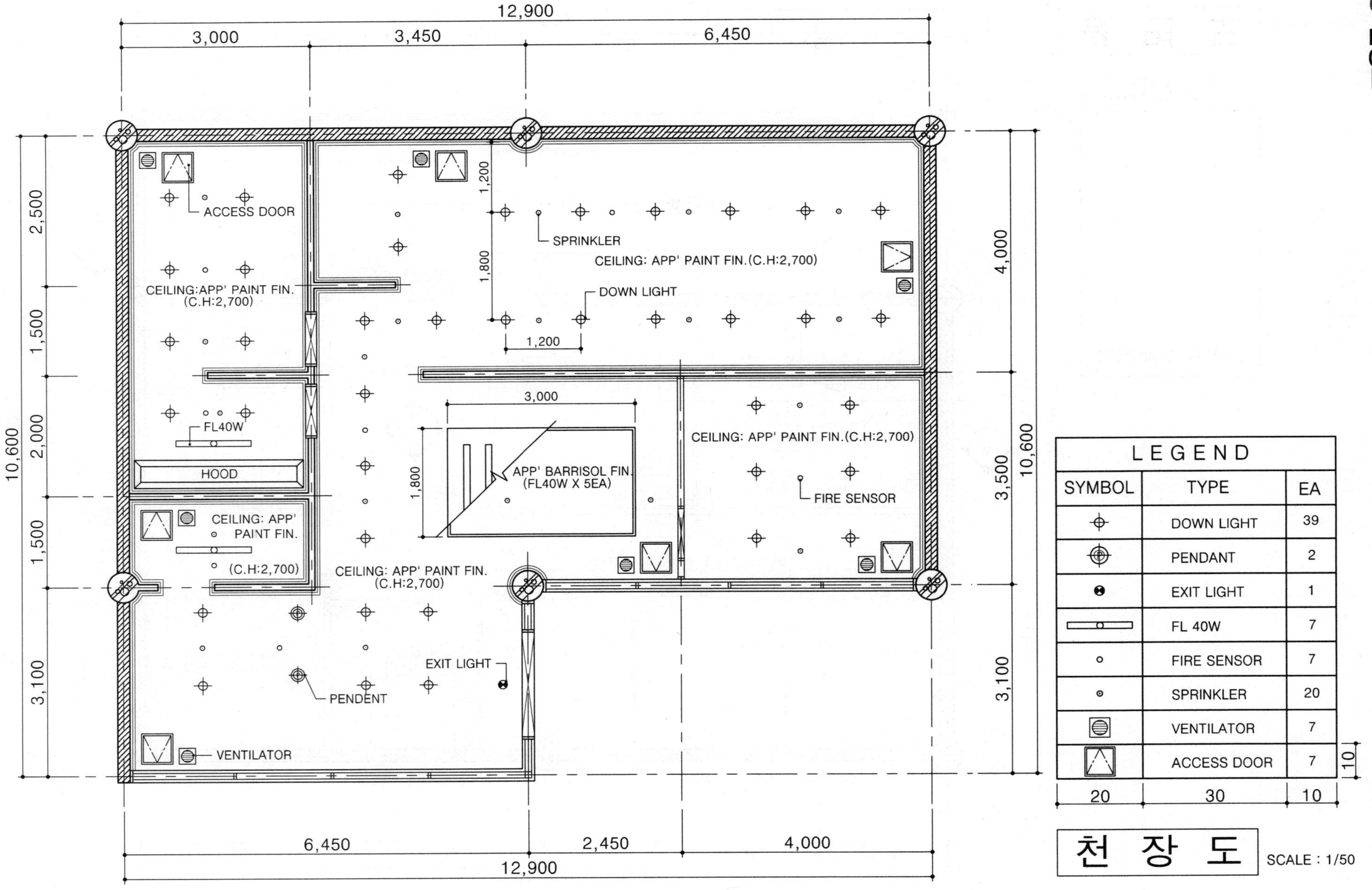

12,900
3,000
3,450
6,450
2,500
1,500
2,000
1,500
3,100
10,600
4,000
3,500
3,100
ACCESS DOOR
CEILING:APP' PAINT FIN.
(C.H:2,700)
FL40W
HOOD
CEILING: APP'
PAINT FIN.
(C.H:2,700)
1,200
1,800
SPRINKLER
CEILING: APP' PAINT FIN.(C.H:2,700)
DOWN LIGHT
3,000
APP' BARRISOL FIN.
(FL40W X 5EA)
CEILING: APP' PAINT FIN.(C.H:2,700)
FIRE SENSOR
CEILING: APP' PAINT FIN.
(C.H:2,700)
EXIT LIGHT
PENDENT
VENTILATOR
6,450
2,450
4,000
LEGEND
SYMBOL
TYPE
EA
DOWN LIGHT
39
PENDANT
2
EXIT LIGHT
1
FL 40W
7
FIRE SENSOR
7
SPRINKLER
20
VENTILATOR
7
ACCESS DOOR
7
10
20
30
10
천 장 도
SCALE : 1/50

❸ 내부입면도

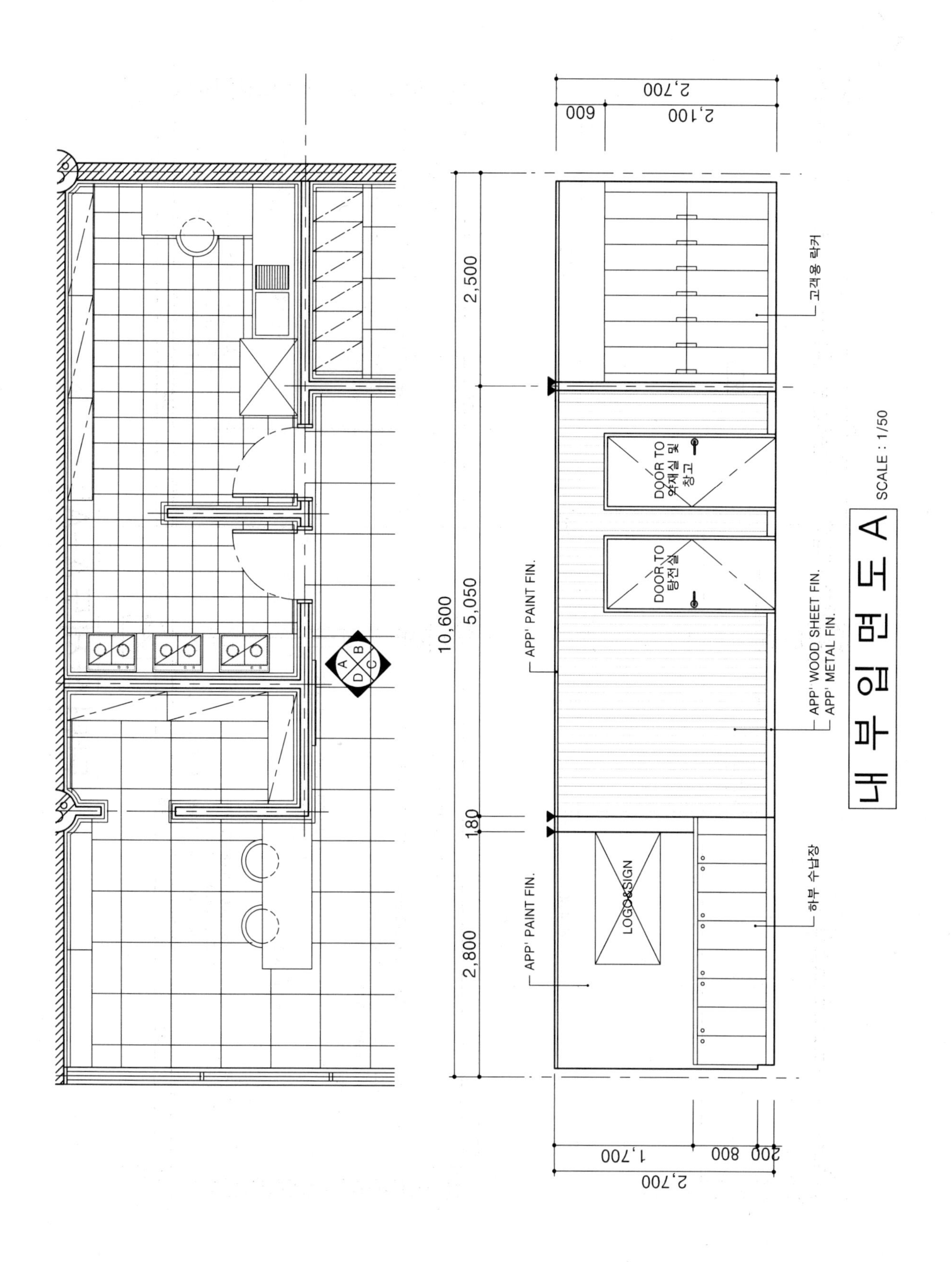

2,700
600
2,100
10,600
2,500
5,050
180
2,800
고객용 락커
DOOR TO 약재실 및 창고
DOOR TO 탕전실
APP' PAINT FIN.
APP' WOOD SHEET FIN.
APP' METAL FIN.
LOGO&SIGN
하부 수납장
1,700
800
200
내부입면도 A
SCALE : 1/50

❹ 단면상세도

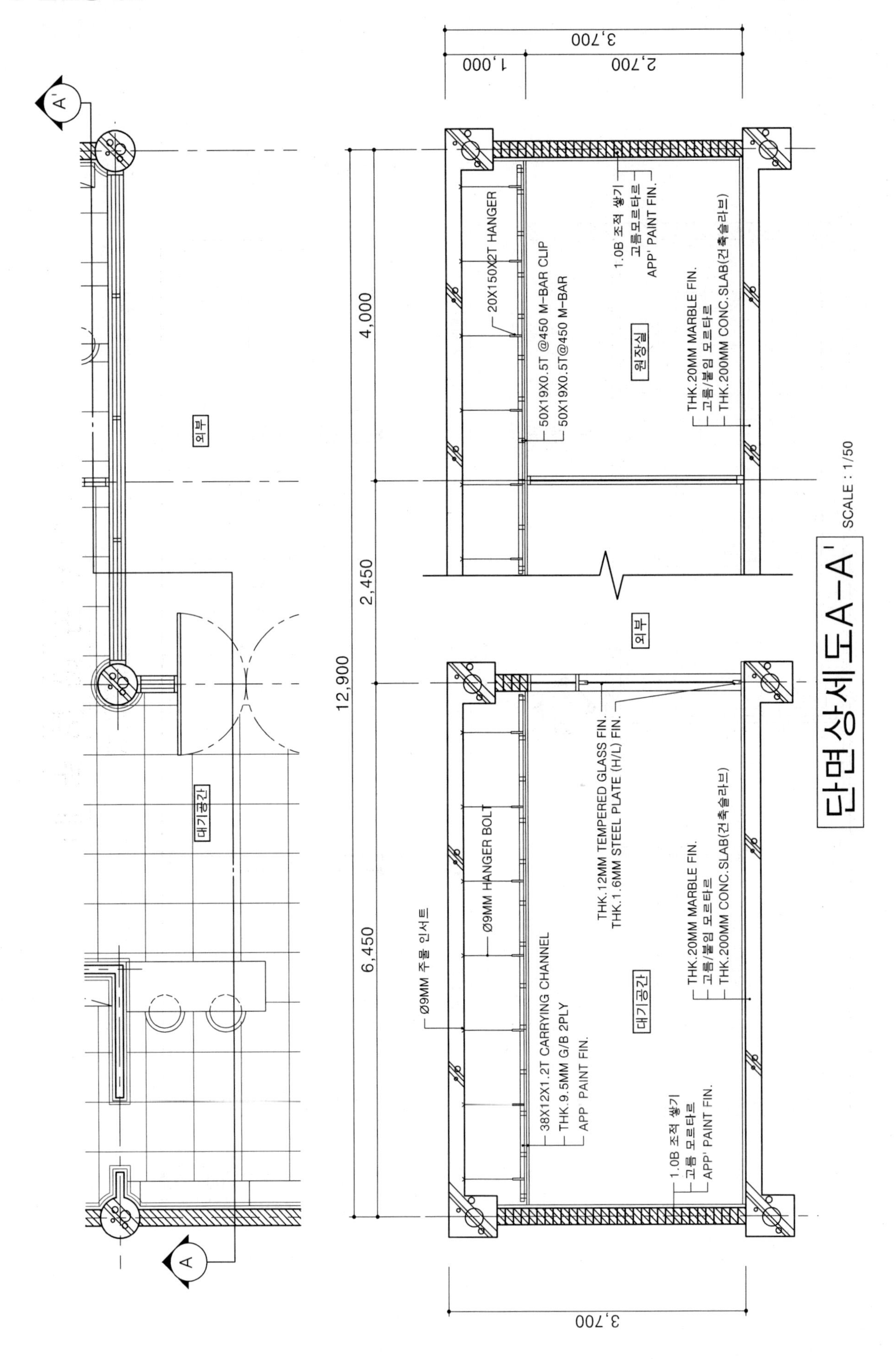

A'
A
외부
대기공간
3,700
1,000
2,700
4,000
2,450
6,450
12,900
20X150X2T HANGER
50X19X0.5T @450 M-BAR CLIP
50X19X0.5T@450 M-BAR
1.0B 조적 쌓기
고름모르타르
APP' PAINT FIN.
원장실
THK.20MM MARBLE FIN.
고름/붙임 모르타르
THK.200MM CONC.SLAB(건축슬라브)
외부
Ø9MM 주물 인서트
Ø9MM HANGER BOLT
38X12X1.2T CARRYING CHANNEL
THK.9.5MM G/B 2PLY
APP' PAINT FIN.
THK.12MM TEMPERED GLASS FIN.
THK.1.6MM STEEL PLATE (H/L) FIN.
대기공간
THK.20MM MARBLE FIN.
고름/붙임 모르타르
THK.200MM CONC.SLAB(건축슬라브)
1.0B 조적 쌓기
고름 모르타르
APP' PAINT FIN.
단면상세도 A-A'
SCALE : 1/50

❺ 실내투시도 – 샤프 작업/ 기본 그리드 작도

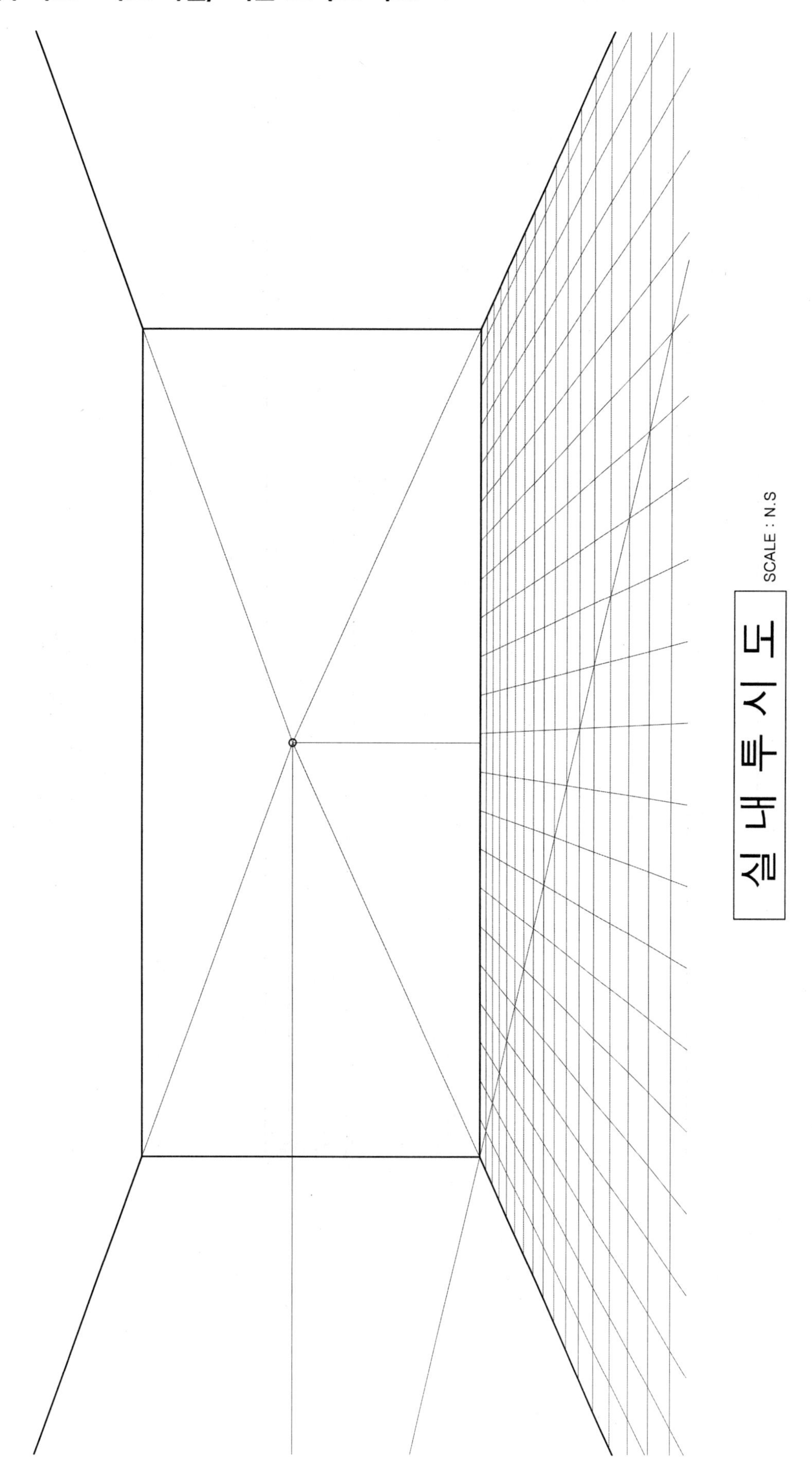

⑥ 실내투시도－샤프 작업/ 공간 볼륨감 및 가구 작도

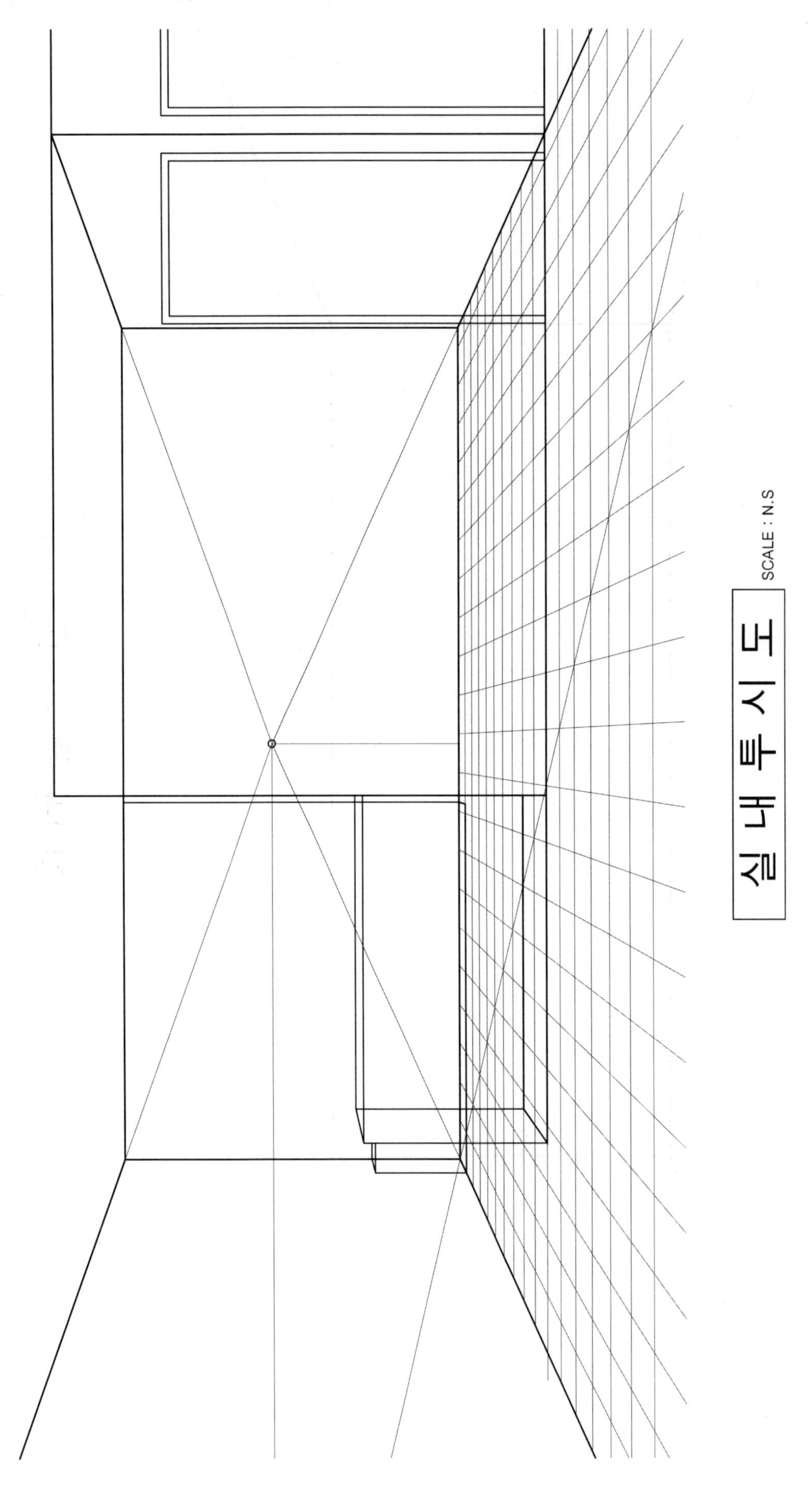

❼ 실내투시도 – 검정펜 작업

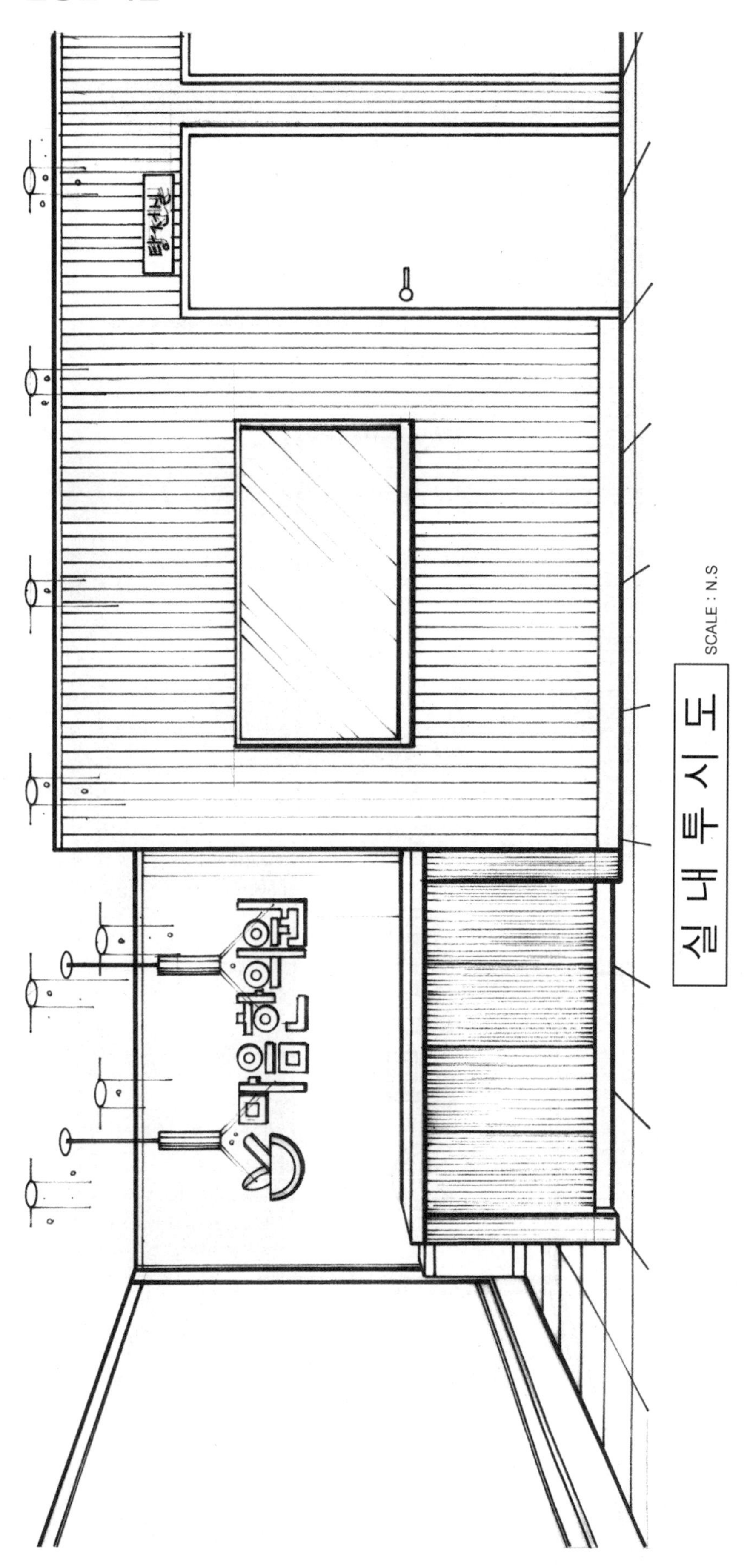

⑧ 실내투시도 – 마카 채색

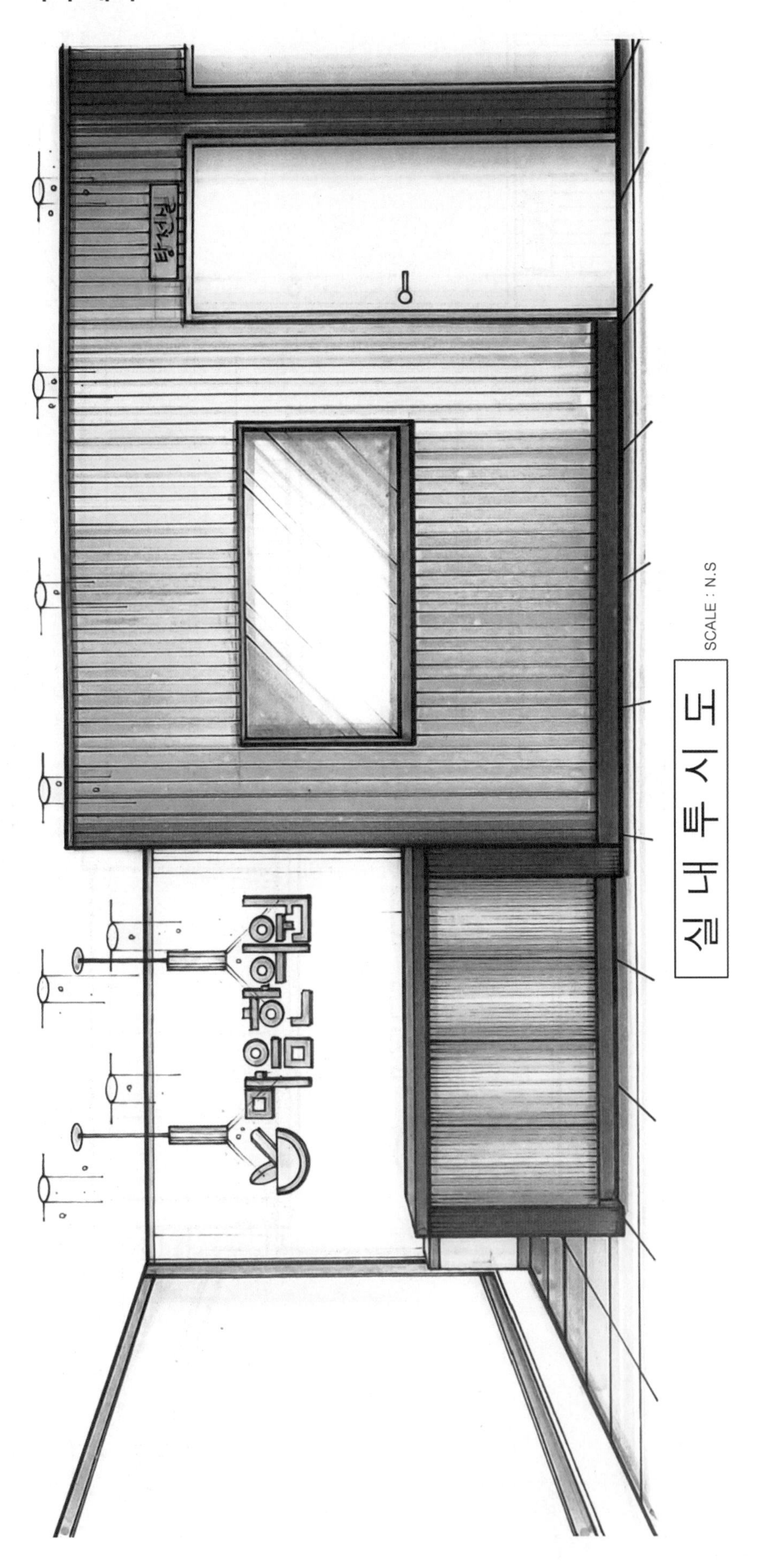

과년도 기출문제－7

자격종목	실내건축기사	작업명	아웃도어 매장

※ 시험시간 : 6시간 30분

1. 요구사항

주어진 도면은 상가들이 밀집해 있는 근린상업지역 내에 위치한 아웃도어 매장이다. 다음의 요구조건에 따라 요구도면을 작성하시오.

2. 요구조건

1) 설계면적 : 13,200mm × 9,000mm × 2,700～3,300mm(H)

2) 필요공간 및 가구

- HANGER, SHELF, DISPLAY TABLE, COUNTER, SHOW CASE
- SHOW WINDOW, STORAGE, FITTING ROOM
  (그 외 가구는 수험자 임의로 작도한다)

※ 이상 제시된 가구는 필수적이며, 이 외에 필요한 가구와 실내장식이 있다면 수험자가 임의로 추가할 수 있음

3. 요구도면

1) 평면도(가구 배치 및 바닥마감재 표기) : S＝1/50
   평면도 우측 하단에 설계자가 의도한 DESIGN CONCEPT를 200자 내외로 적으시오.

2) 천장도(조명기구 및 마감재료 표기) : S＝1/50

3) 내부입면도 A방향(벽면재료 표기) : S＝1/50

4) 단면상세도 A－A′ : S＝1/50

5) 실내투시도(채색작업 필수) : S＝N.S
   좋은 지점으로 지정하여 1소점 투시도 또는 2소점 투시도로 작성하되, 작성과정의 투시보조선을 남길 것

자격종목	실내건축기사	과제명	아웃도어 매장	척 도	N.S

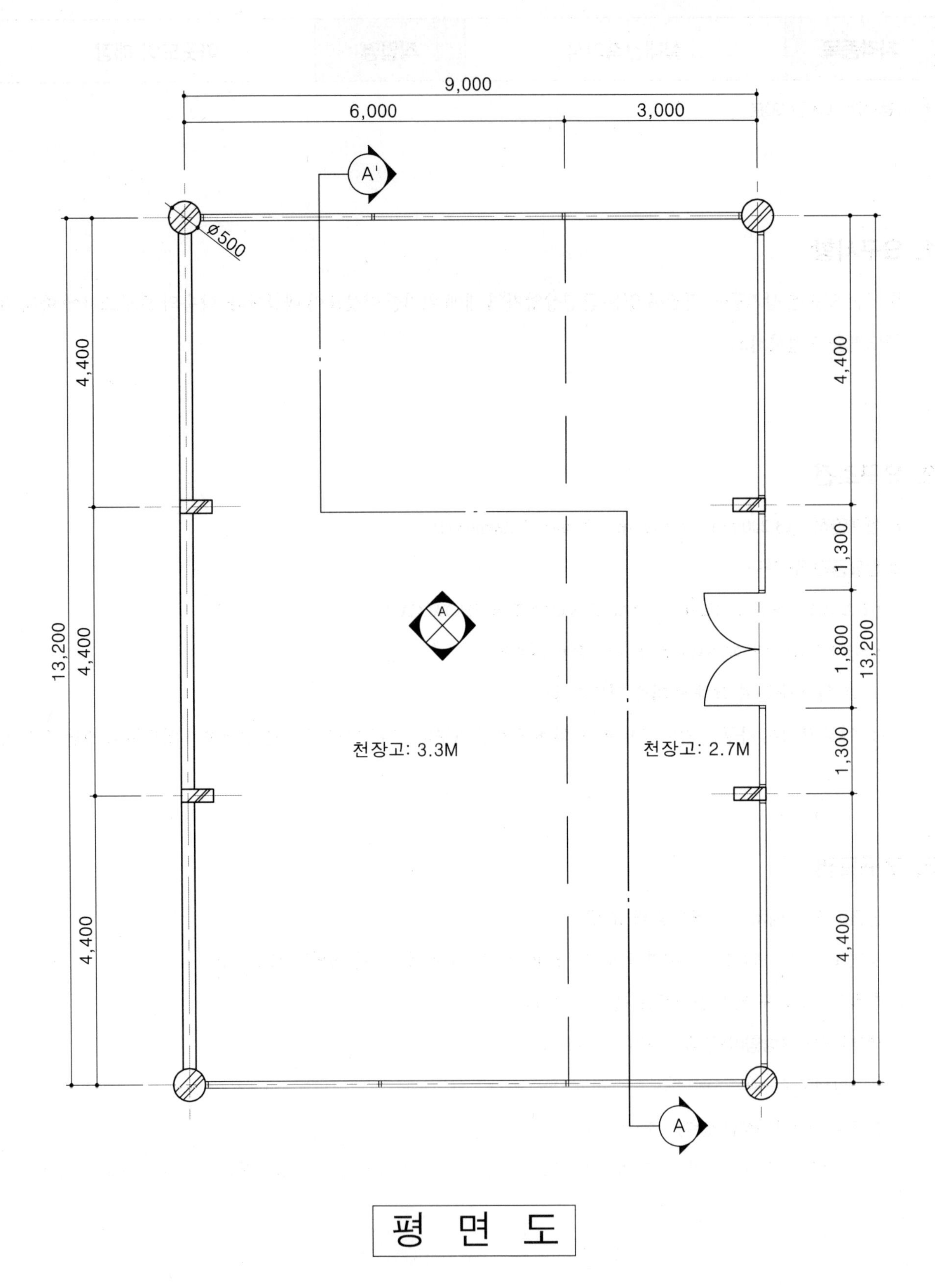

평 면 도

❶ 평면도

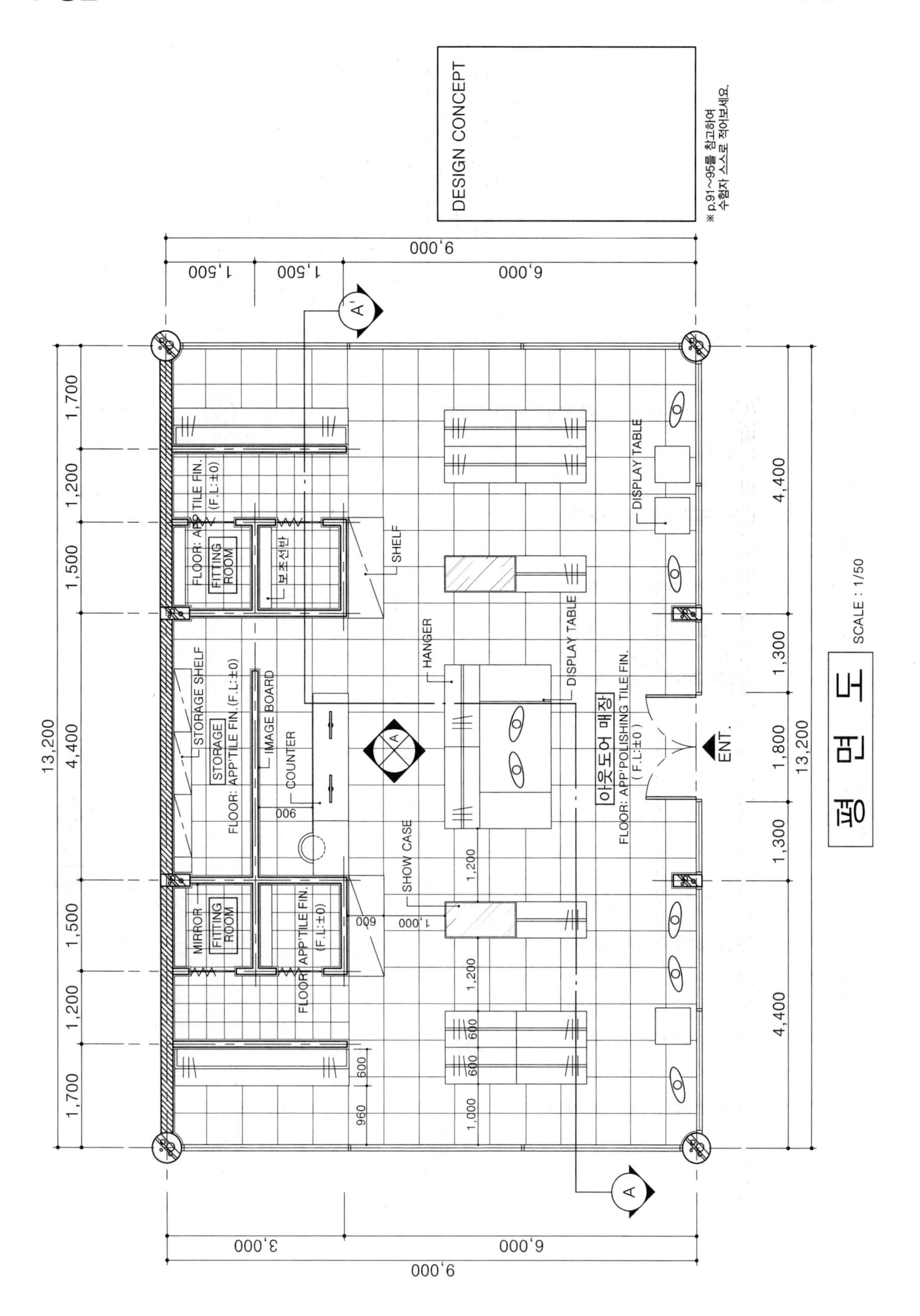

DESIGN CONCEPT
※ p.91~95를 참고하여
수험자 스스로 적어보세요.
9,000
1,500
1,500
6,000
A'
1,700
1,200
1,500
4,400
1,500
1,200
1,700
13,200
FLOOR: APP'TILE FIN.
(F.L:±0)
FITTING ROOM
보조선반
SHELF
DISPLAY TABLE
STORAGE SHELF
STORAGE
FLOOR: APP'TILE FIN.(F.L:±0)
IMAGE BOARD
COUNTER
900
HANGER
DISPLAY TABLE
아웃도어 매장
FLOOR: APP'POLISHING TILE FIN.
(F.L:±0)
ENT.
SHOW CASE
MIRROR
FITTING ROOM
FLOOR: APP'TILE FIN.
(F.L:±0)
600
1,000
1,200
600
960
4,400
1,300
1,800
1,300
4,400
A
3,000
6,000
9,000
평면도
SCALE : 1/50

❷ 천장도

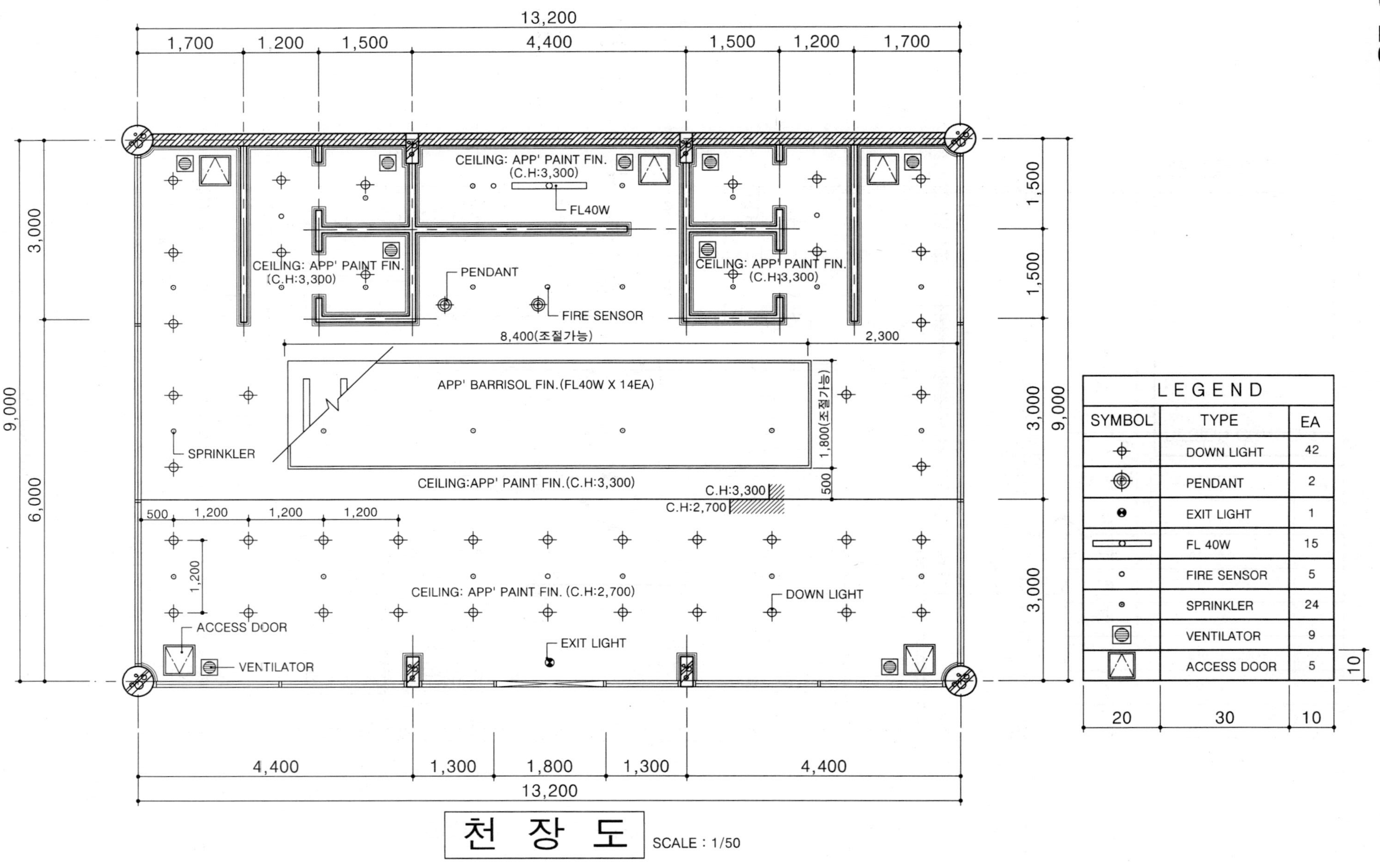

LEGEND

SYMBOL	TYPE	EA
	DOWN LIGHT	42
	PENDANT	2
	EXIT LIGHT	1
	FL 40W	15
	FIRE SENSOR	5
	SPRINKLER	24
	VENTILATOR	9
	ACCESS DOOR	5

❸ 내부입면도

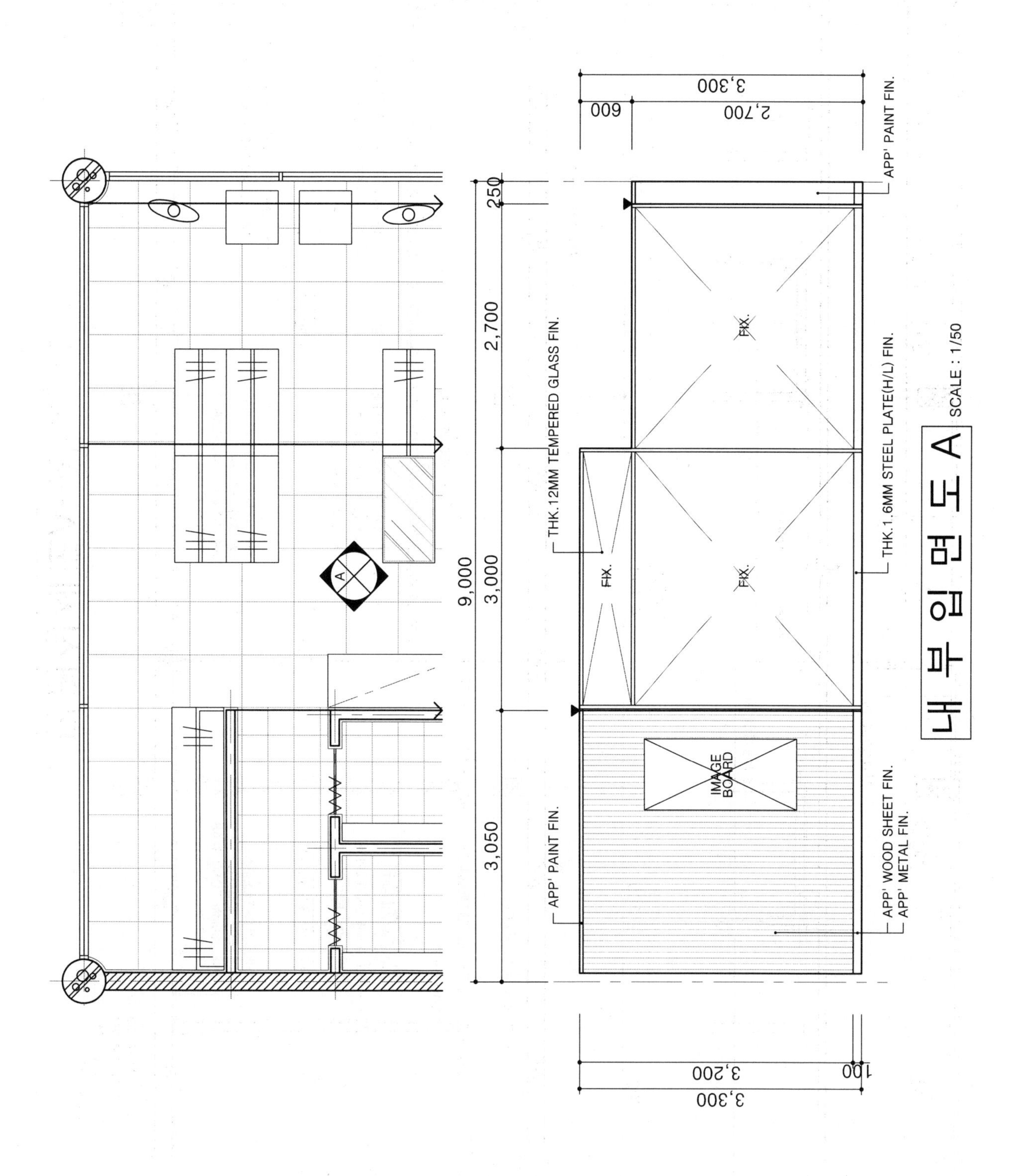

내부입면도 A
SCALE : 1/50
THK.12MM TEMPERED GLASS FIN.
THK.1.6MM STEEL PLATE(H/L) FIN.
APP' PAINT FIN.
APP' PAINT FIN.
APP' WOOD SHEET FIN.
APP' METAL FIN.
FIX.
FIX.
FIX.
IMAGE BOARD
A
9,000
250
2,700
3,000
3,050
3,300
2,700
600
3,200
100
3,300

❹ 단면상세도

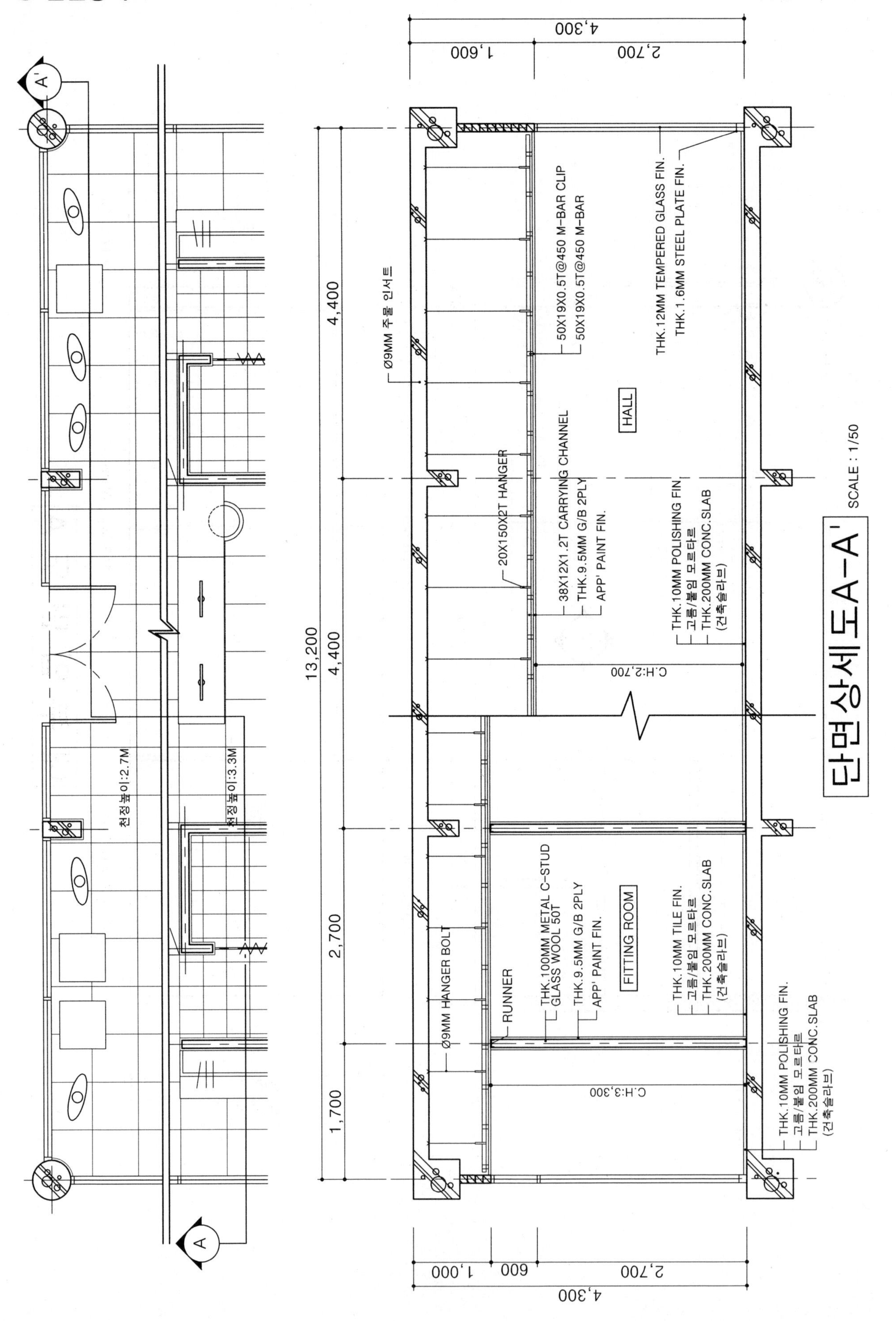

단면상세도A-A'
SCALE : 1/50
A
A'
4,300
1,600
2,700
13,200
4,400
4,400
2,700
1,700
1,000
600
HALL
FITTING ROOM
Ø9MM 주물 인서트
50X19X0.5T@450 M-BAR CLIP
50X19X0.5T@450 M-BAR
THK.12MM TEMPERED GLASS FIN.
THK.1.6MM STEEL PLATE FIN.
20X150X2T HANGER
38X12X1.2T CARRYING CHANNEL
THK.9.5MM G/B 2PLY
APP' PAINT FIN.
THK.10MM POLISHING FIN.
고름/붙임 모르타르
THK.200MM CONC.SLAB
(건축슬라브)
C.H:2,700
Ø9MM HANGER BOLT
RUNNER
THK.100MM METAL C-STUD
GLASS WOOL 50T
THK.9.5MM G/B 2PLY
APP' PAINT FIN.
THK.10MM TILE FIN.
고름/붙임 모르타르
THK.200MM CONC.SLAB
(건축슬라브)
C.H:3,300
THK.10MM POLISHING FIN.
고름/붙임 모르타르
THK.200MM CONC.SLAB
(건축슬라브)
천정높이:2.7M
천정높이:3.3M

❺ 실내투시도 – 샤프 작업/ 기본 그리드 작도

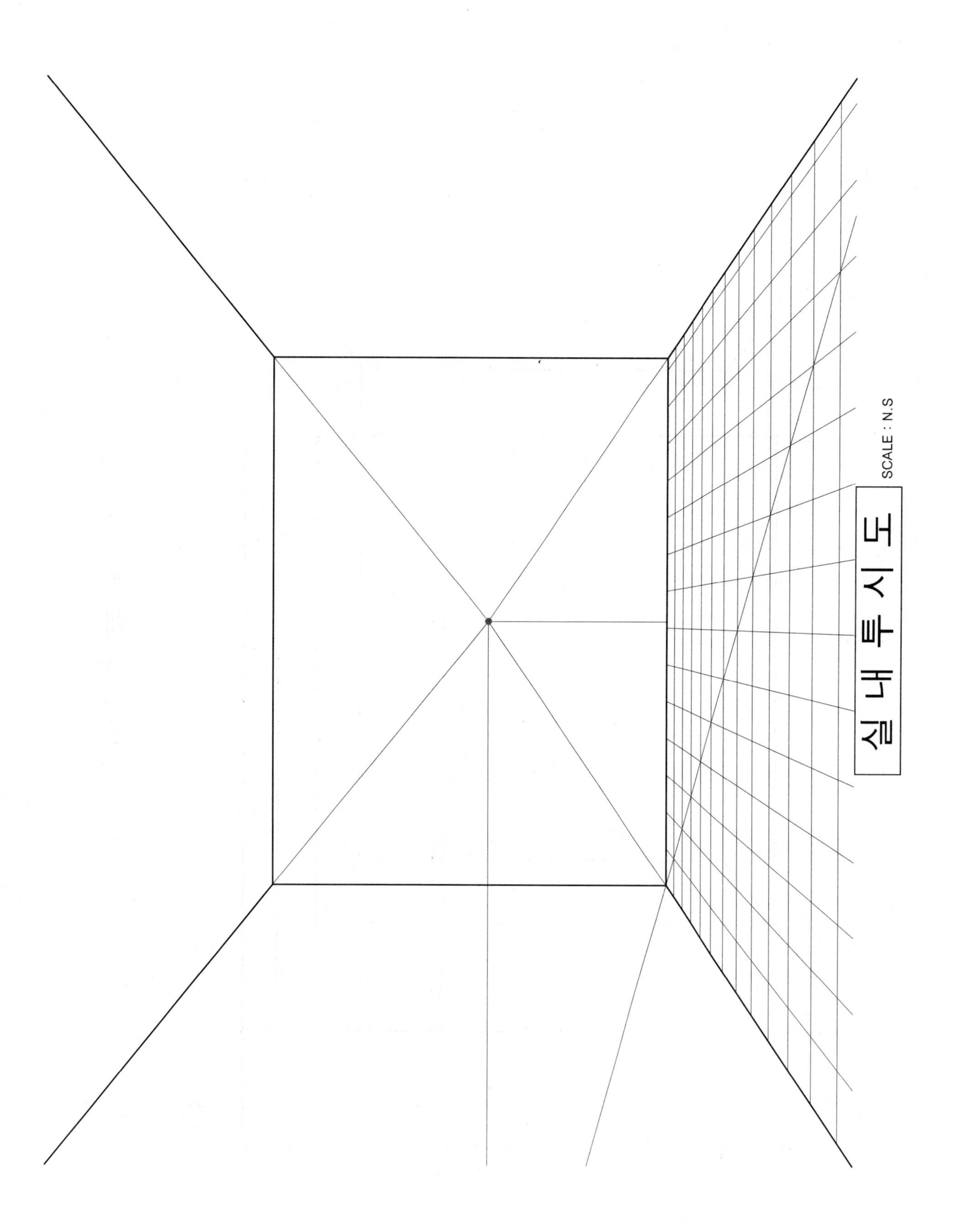

⑥ 실내투시도 – 샤프 작업/ 공간 볼륨감 및 가구 작도

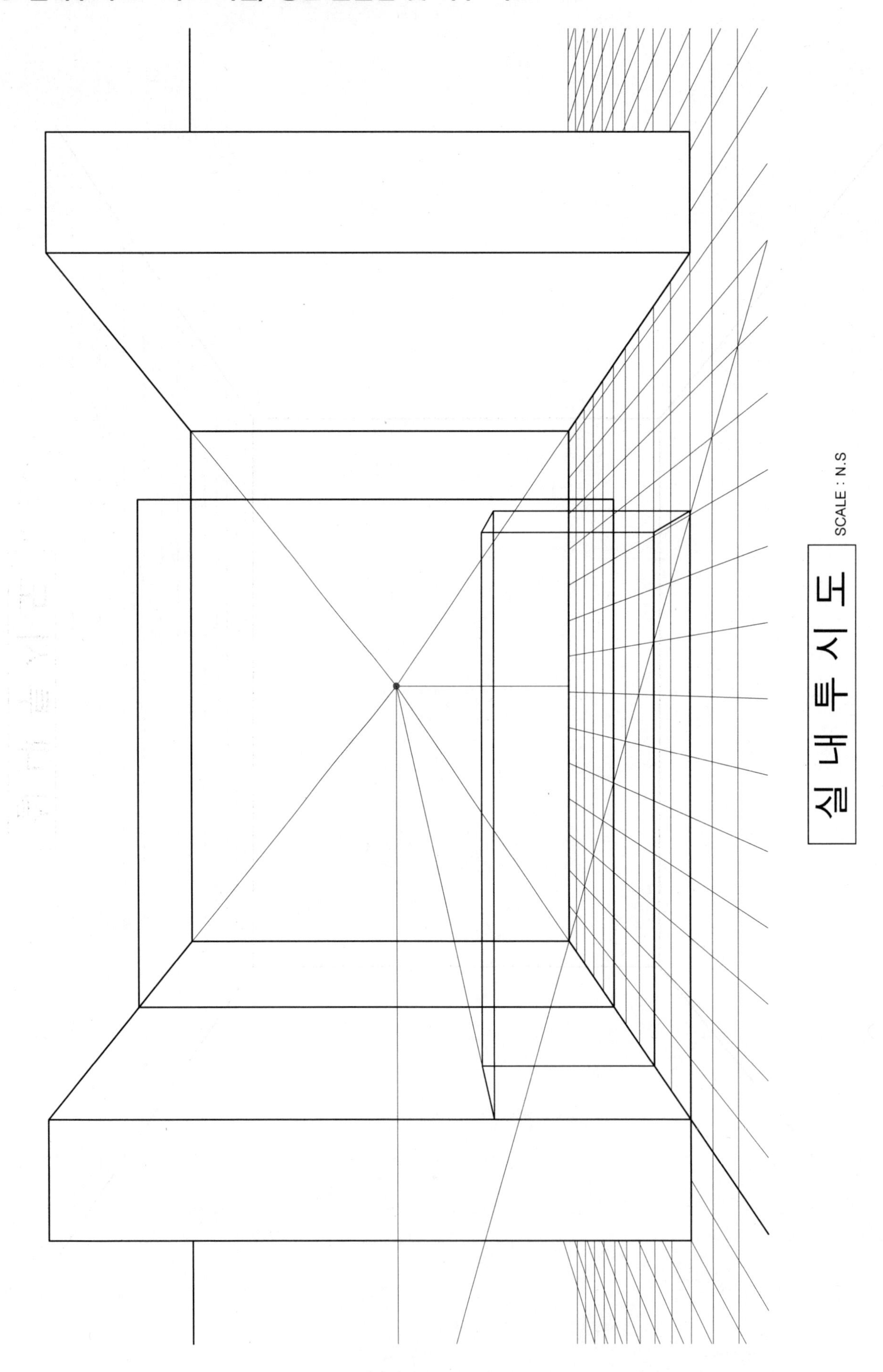

❼ 실내투시도 – 검정펜 작업

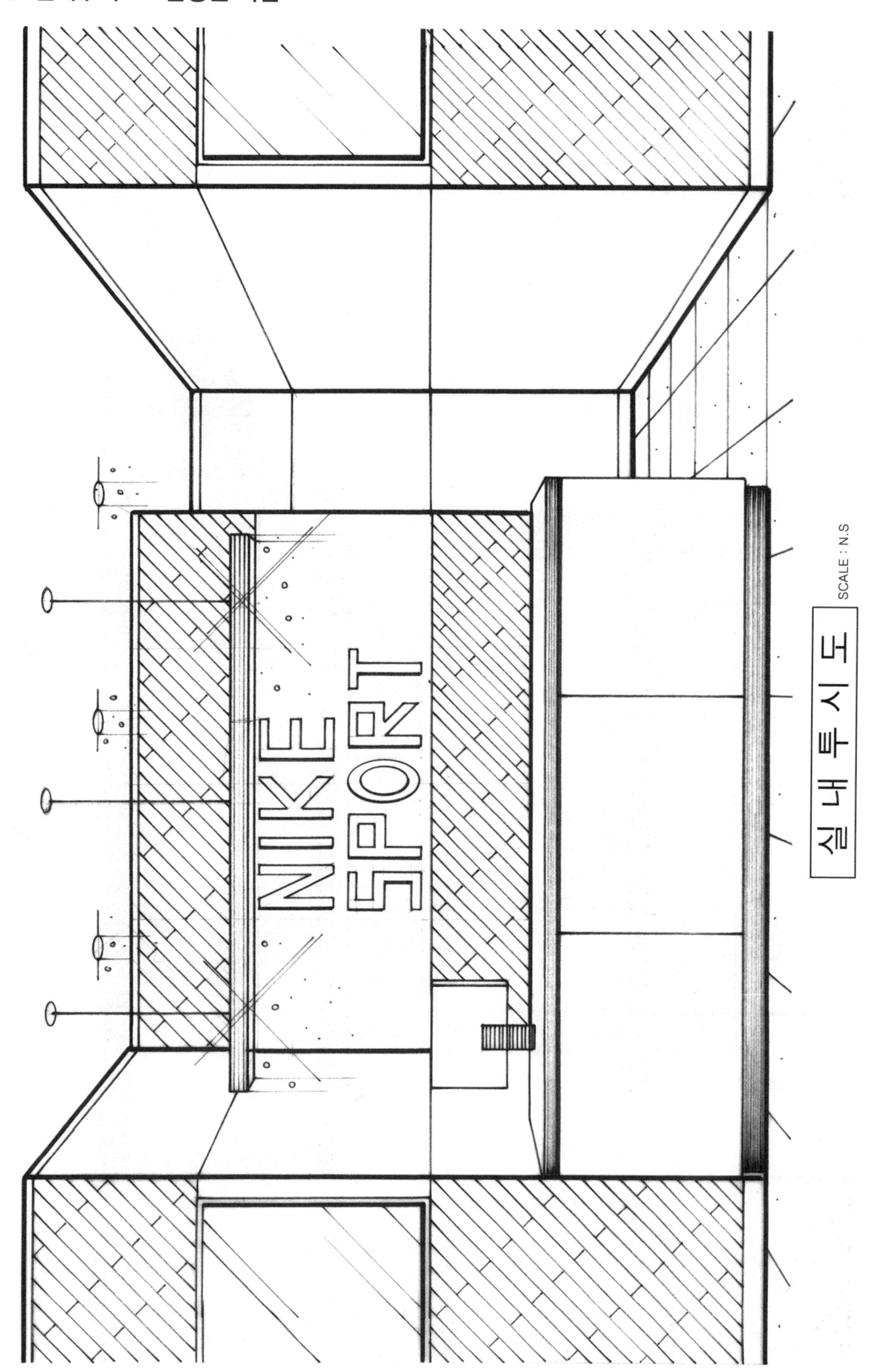

❽ 실내투시도 – 마카 채색

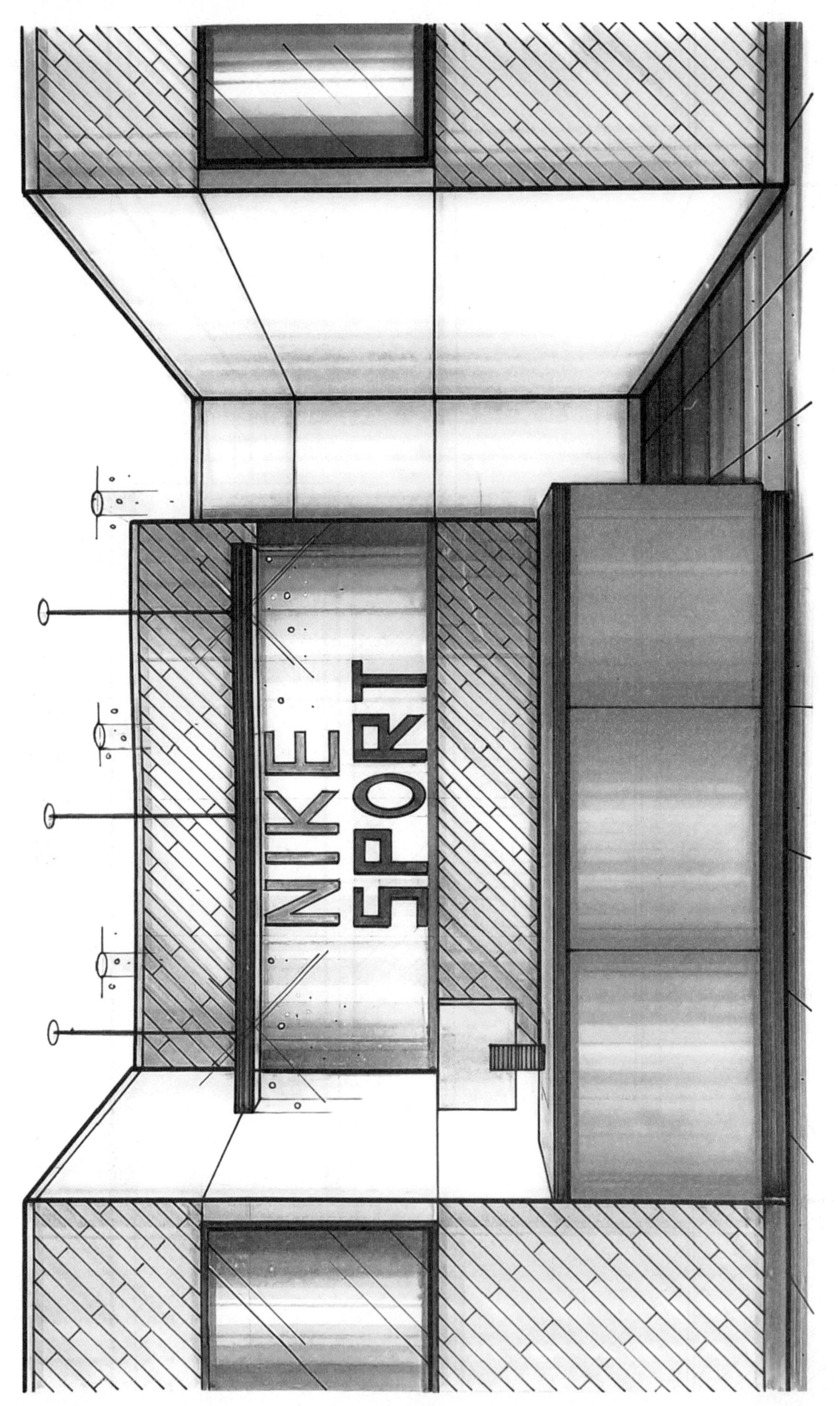

과년도 기출문제-8

자격종목	실내건축기사	작업명	정형외과

※ 시험시간 : 6시간 30분

1. 요구사항

주어진 도면은 대도심지 중심상업지역에 위치한 정형외과이다. 다음의 요구조건에 따라 요구도면을 작성하시오.

2. 요구조건

1) 설계면적 : 13,200mm × 9,000mm × 2,700mm(H)

2) 필요공간 및 가구

- 물리치료실 : 침대 6EA, 원장실, 조제실 및 비품실, 주사실, X-RAY실, 여자탈의실, 남자탈의실
- 안내 및 접수대, 고객대기공간 : 소파 및 테이블 세트, 음료대

  (그 외 가구는 수험자 임의로 작도한다)

※ 이상 제시된 가구는 필수적이며, 이 외에 필요한 가구와 실내장식이 있다면 수험자가 임의로 추가할 수 있음

3. 요구도면

1) 평면도(가구 배치 및 바닥마감재 표기) : S=1/50

   평면도 우측 하단에 설계자가 의도한 DESIGN CONCEPT를 200자 내외로 적으시오.

2) 천장도(조명기구 및 마감재료 표기) : S=1/50

3) 내부입면도 B방향(벽면재료 표기) : S=1/50

4) 단면상세도 A-A' : S=1/50

5) 실내투시도(채색작업 필수) : S=N.S

   좋은 지점으로 지정하여 1소점 투시도 또는 2소점 투시도로 작성하되, 작성과정의 투시보조선을 남길 것

자격종목	실내건축기사	과제명	정형외과	척 도	N.S

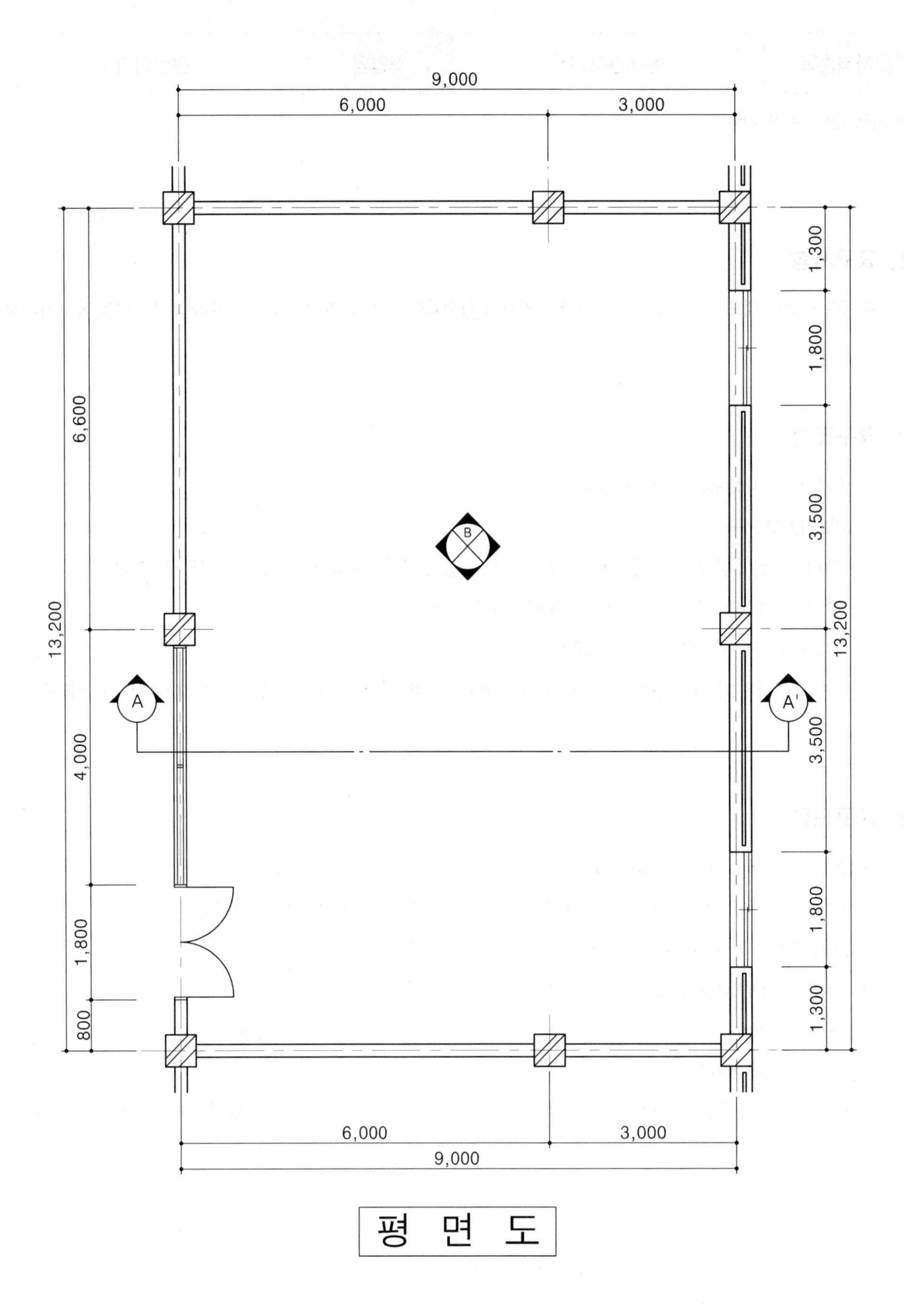

평 면 도

❶ 평면도

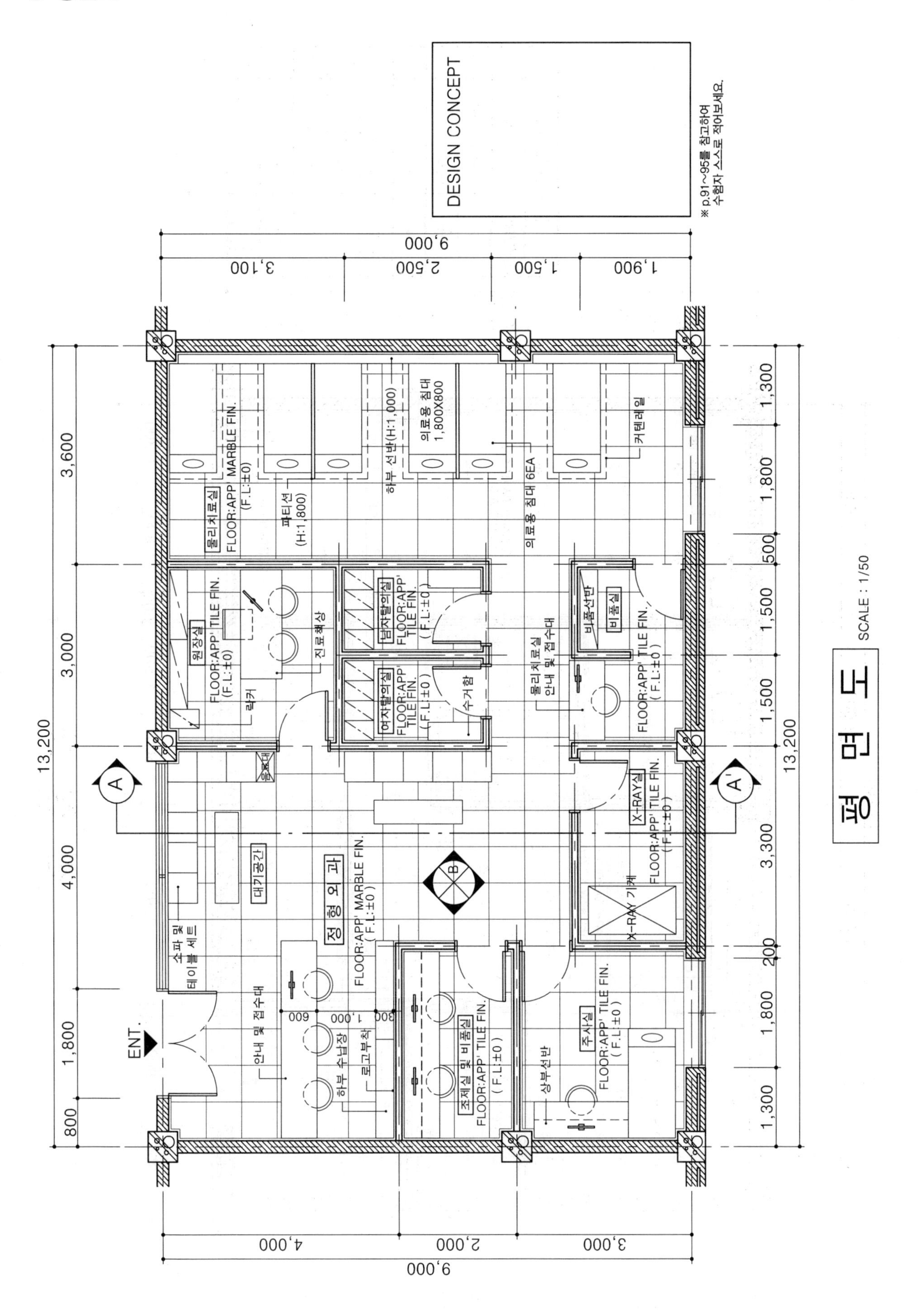

DESIGN CONCEPT
※ p.91~95를 참고하여 수험자 스스로 적어보세요.
9,000
3,100
2,500
1,500
1,900
4,000
2,000
3,000
13,200
3,600
1,800
800
1,300
500
3,300
200
물리치료실
FLOOR:APP' MARBLE FIN.
(F.L:±0)
파티션 (H:1,800)
하부 선반(H:1,000)
의료용 침대 1,800X800
의료용 침대 6EA
커텐레일
원장실
FLOOR:APP' TILE FIN.
(F.L:±0)
진료책상
락커
남자탈의실
여자탈의실
수거함
물리치료실 안내 및 접수대
비품선반
비품실
X-RAY실
X-RAY 기계
대기공간
정형외과
소파 및 테이블 세트
안내 및 접수대
하부 수납장
로고부착
조제실 및 비품실
주사실
상부선반
ENT.
평면도
SCALE : 1/50

❷ 천장도

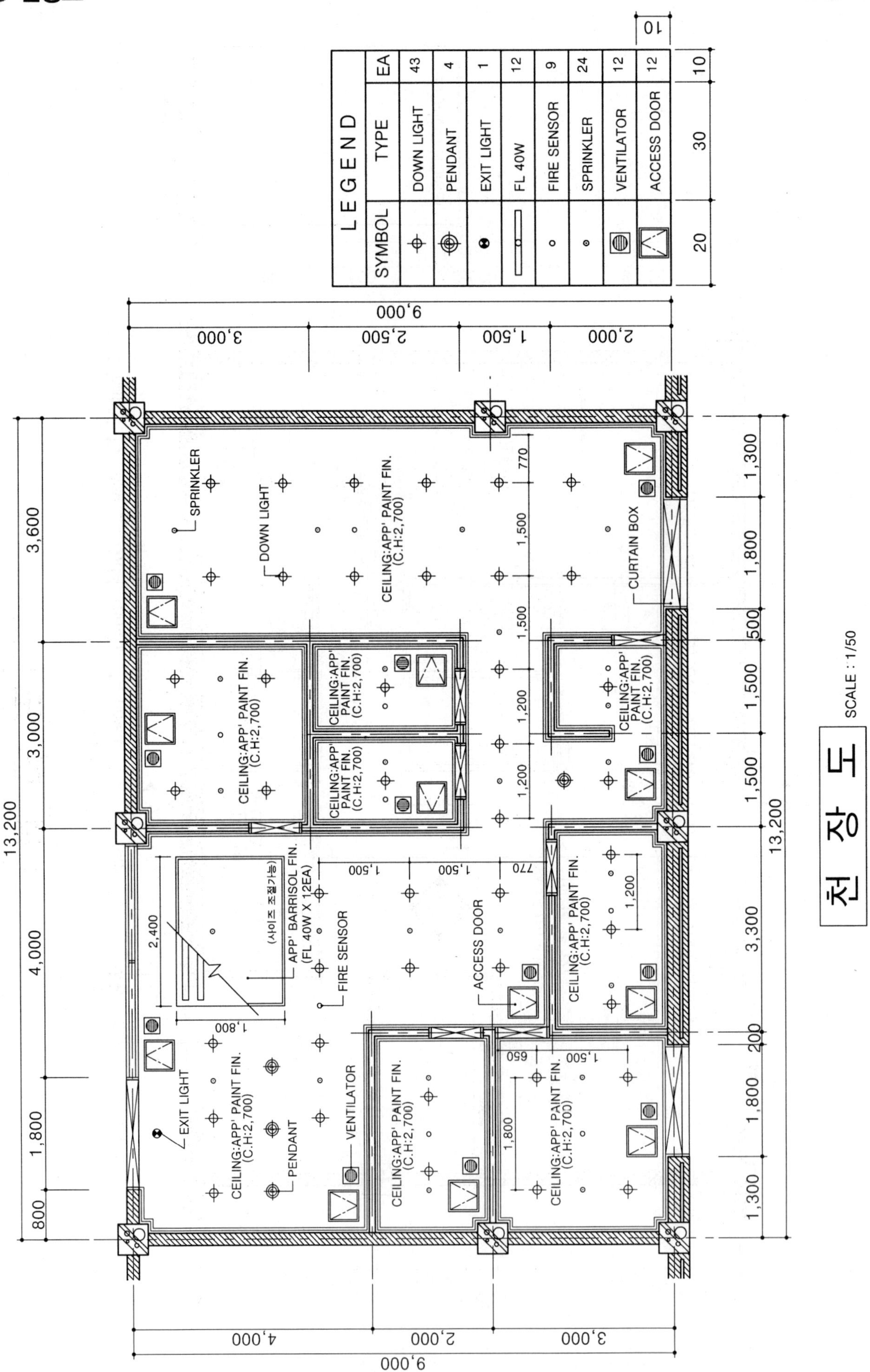

SYMBOL	TYPE	EA
	DOWN LIGHT	43
	PENDANT	4
	EXIT LIGHT	1
	FL 40W	12
	FIRE SENSOR	9
	SPRINKLER	24
	VENTILATOR	12
	ACCESS DOOR	12

❸ 내부입면도

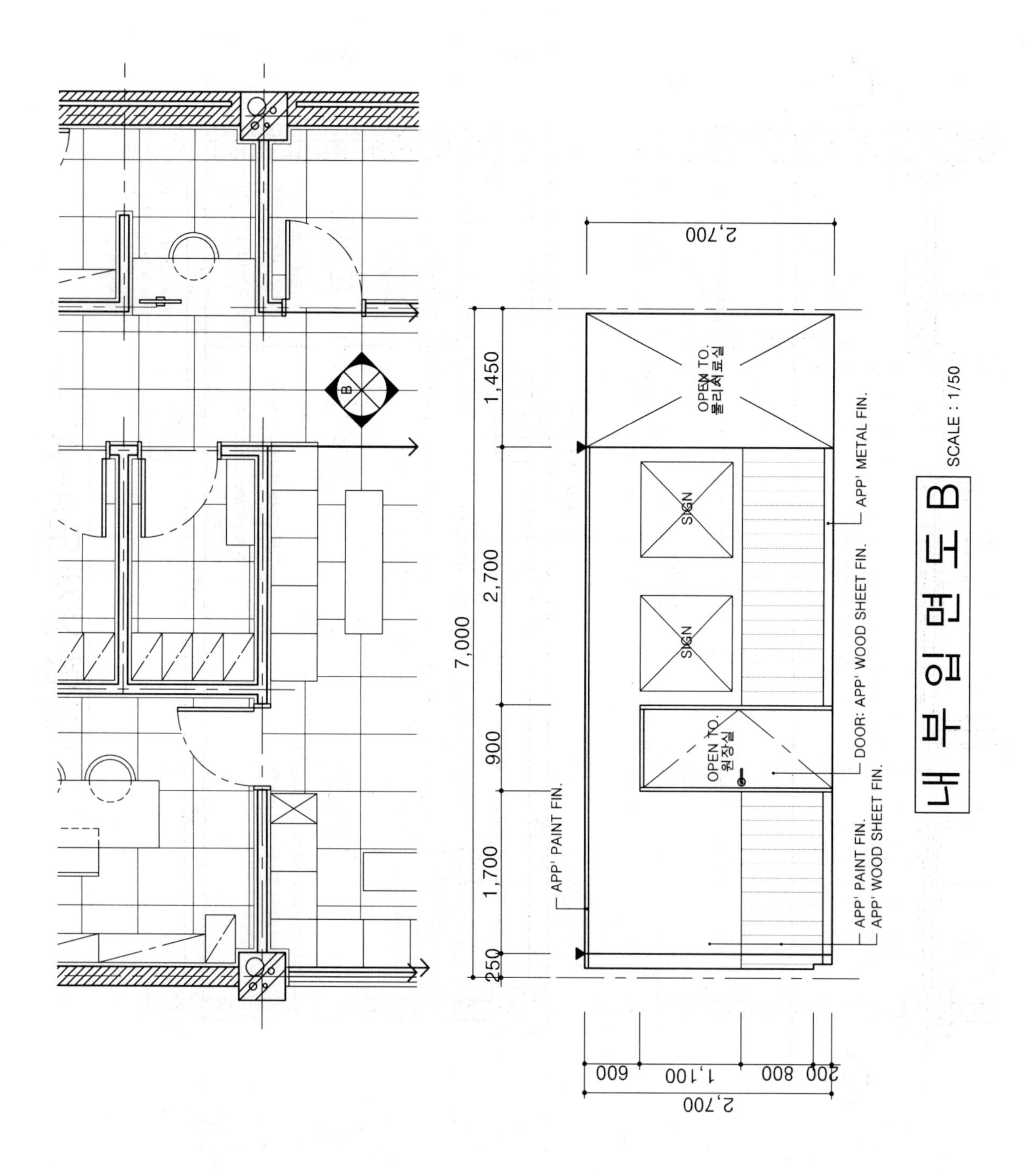

내부입면도 B
SCALE : 1/50
OPEN TO. 물리치료실
SIGN
SIGN
OPEN TO. 원장실
APP' METAL FIN.
DOOR: APP' WOOD SHEET FIN.
APP' PAINT FIN.
APP' PAINT FIN.
APP' WOOD SHEET FIN.
7,000
1,450
2,700
900
1,700
250
2,700
600
1,100
800
200
2,700

❹ 단면상세도

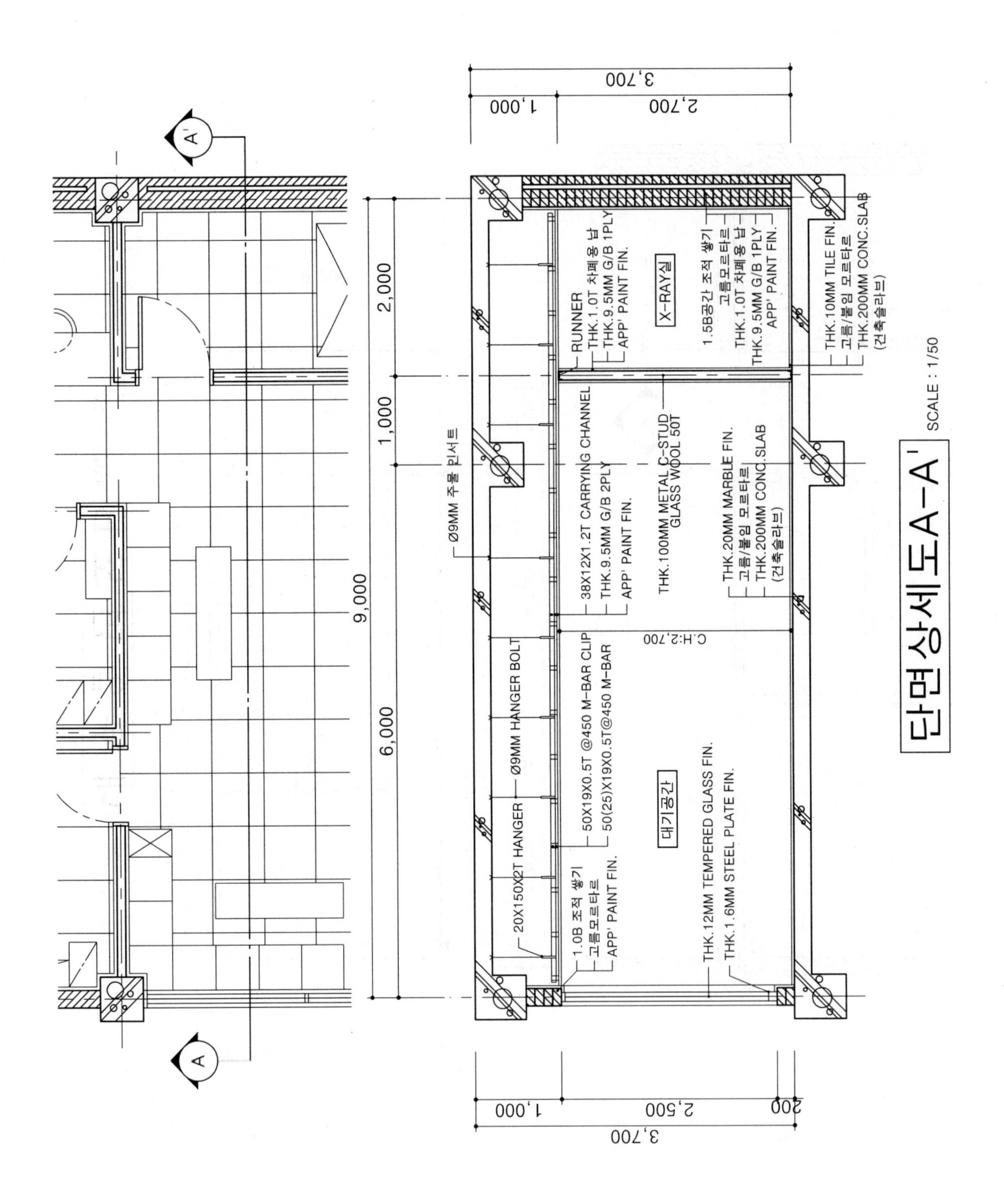

단면상세도A-A'
SCALE : 1/50
A
A'
9,000
6,000
1,000
2,000
3,700
1,000
2,700
2,500
200
Ø9MM 주물 인서트
20X150X2T HANGER
Ø9MM HANGER BOLT
50X19X0.5T @450 M-BAR CLIP
50(25)X19X0.5T@450 M-BAR
38X12X1.2T CARRYING CHANNEL
THK.9.5MM G/B 2PLY
APP' PAINT FIN.
RUNNER
THK.1.0T 차폐용 납
THK.9.5MM G/B 1PLY
APP' PAINT FIN.
X-RAY실
대기공간
C.H:2,700
THK.100MM METAL C-STUD
GLASS WOOL 50T
1.0B 조적 쌓기
고름모르타르
APP' PAINT FIN.
1.5B공간 조적 쌓기
고름모르타르
THK.1.0T 차폐용 납
THK.9.5MM G/B 1PLY
APP' PAINT FIN.
THK.12MM TEMPERED GLASS FIN.
THK.1.6MM STEEL PLATE FIN.
THK.20MM MARBLE FIN.
고름/붙임 모르타르
THK.200MM CONC.SLAB
(건축슬라브)
THK.10MM TILE FIN.
고름/붙임 모르타르
THK.200MM CONC.SLAB
(건축슬라브)

❺ 실내투시도 – 샤프 작업/ 기본 그리드 작도

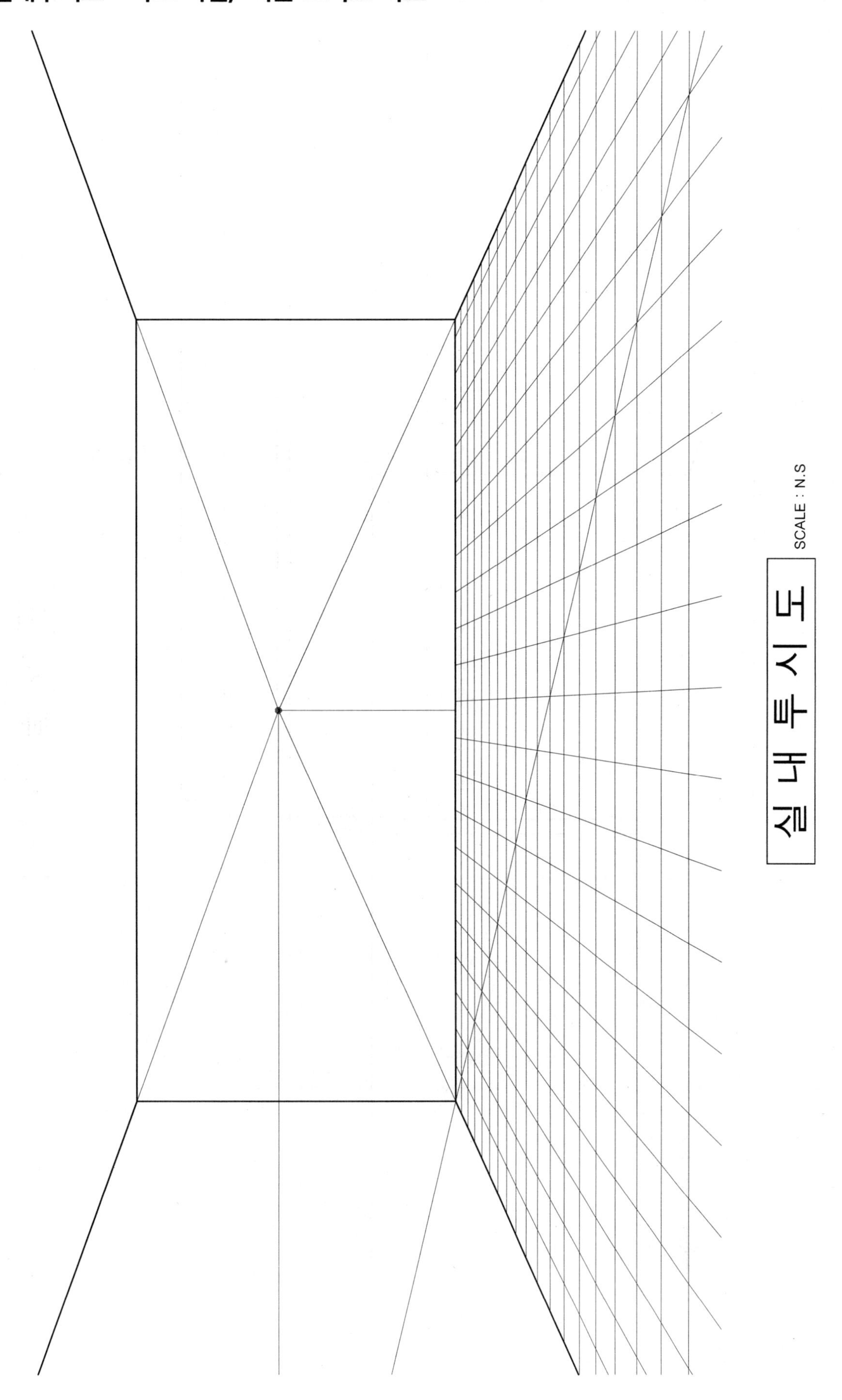

⑥ 실내투시도 – 샤프 작업/ 공간 볼륨감 및 가구 작도

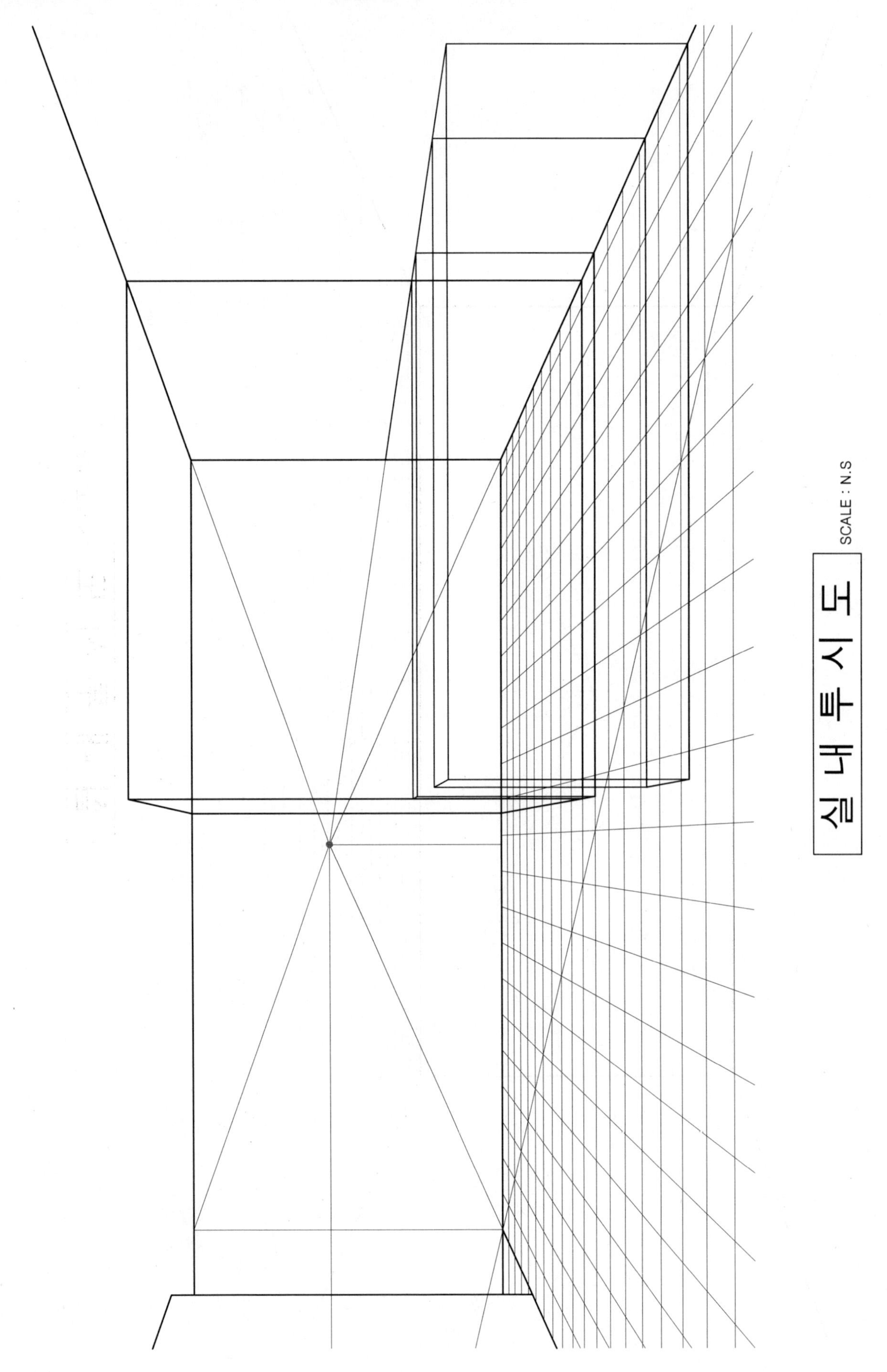

❼ 실내투시도 – 검정펜 작업

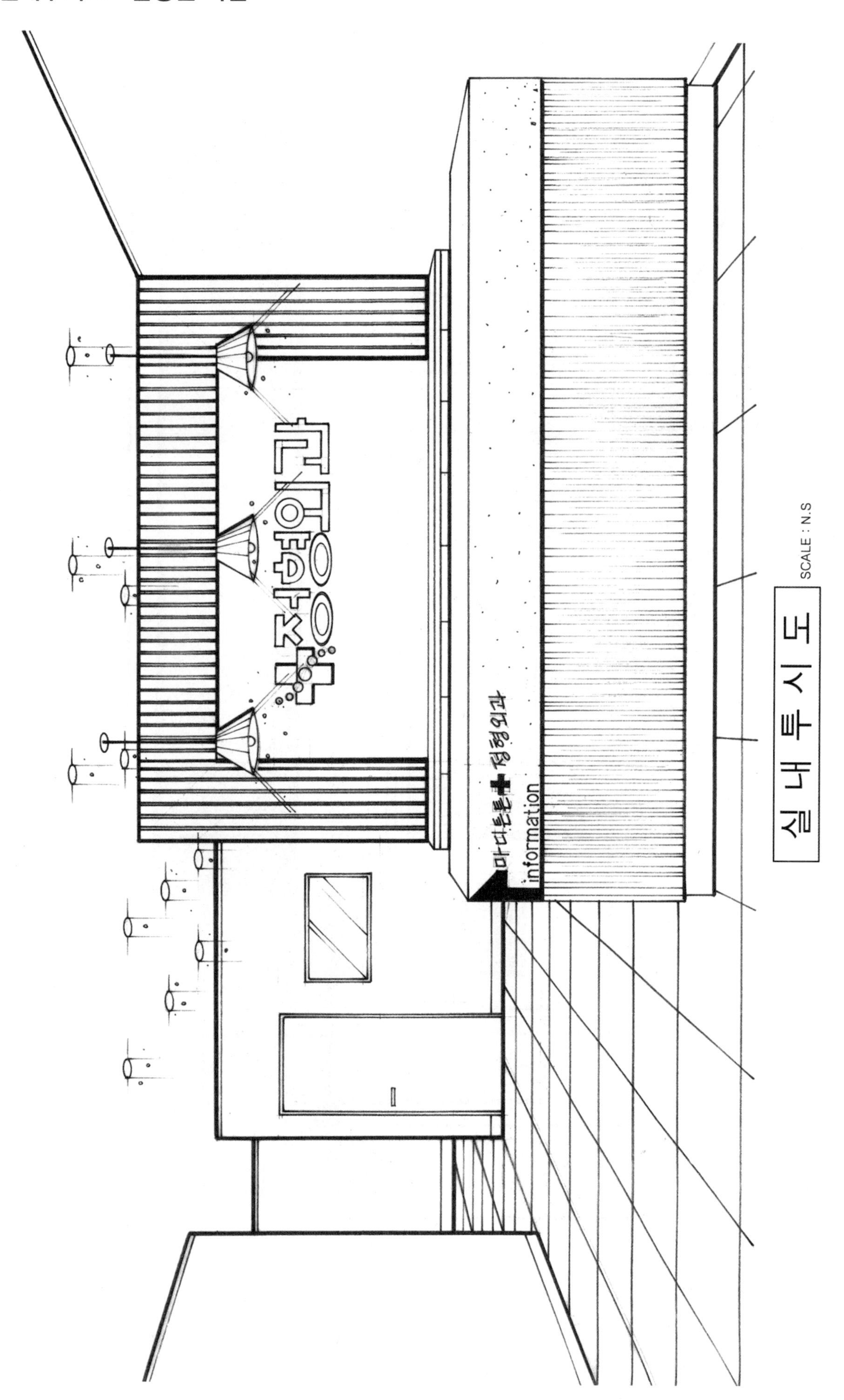

⑧ 실내투시도 – 마카 채색

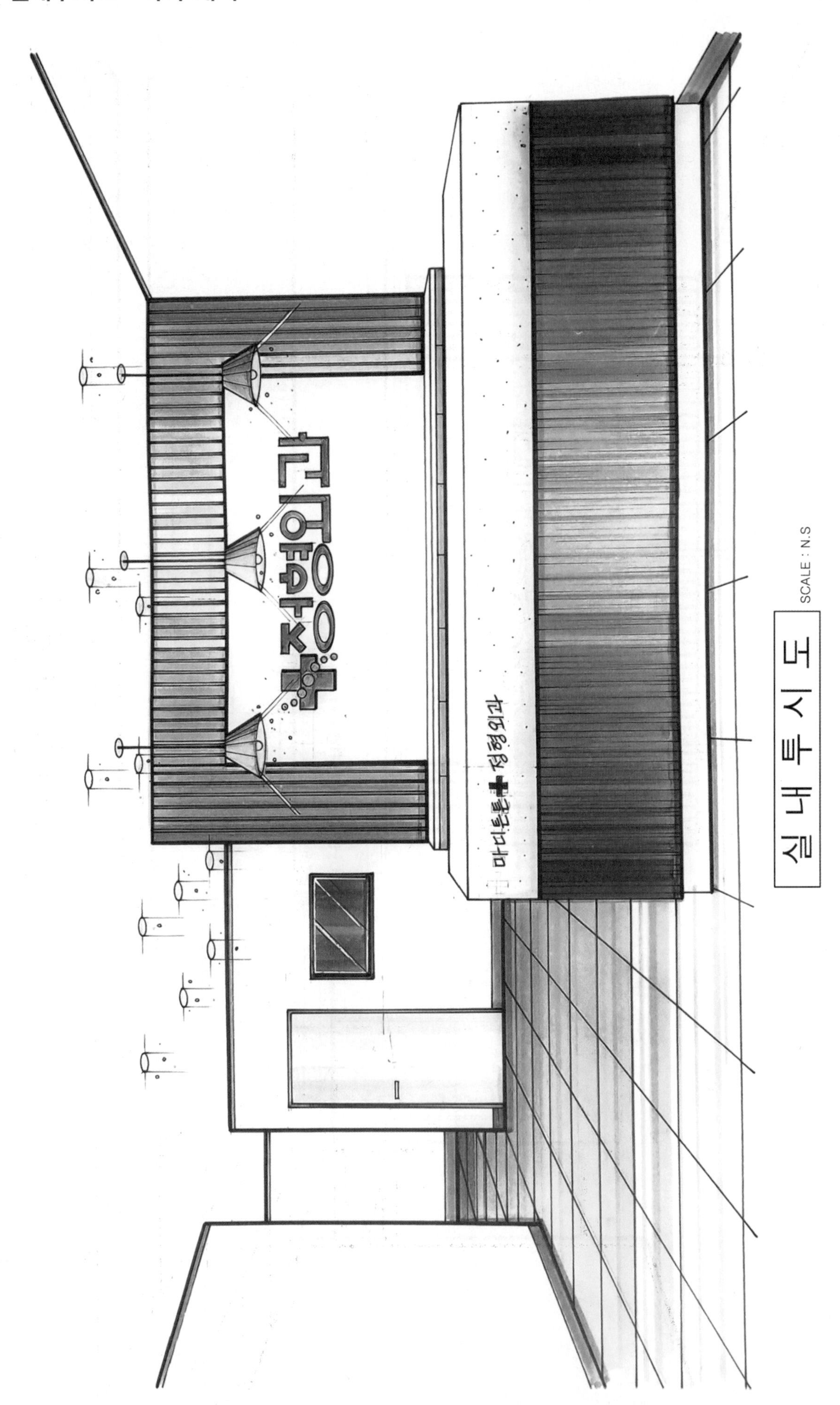

과년도 기출문제-9

자격종목	실내건축기사	작업명	휴대폰 판매점

※ 시험시간 : 6시간 30분

1. 요구사항

주어진 도면은 도심업무지역 1층 상가에 위치한 휴대폰 판매점이다. 다음의 요구조건에 따라 요구도면을 작성하시오.

2. 요구조건

1) 설계면적 : 12,000mm × 9,000mm × 3,000mm(H), 천장의 층고변화는 없음

2) 인적구성 : 직원 3명

3) 필요공간 및 가구

- 직원휴게공간 : 소파, 락커 등, 창고
- 고객휴게공간 : 커피머신, REF, 홍보용 TV
- 판매시설 : 휴대폰 홍보구조물(제작 가능), 카운터, 아일랜드 쇼케이스, 전시 판매대, 진열장
  (그 외 가구는 수험자 임의로 작도한다)

※ 이상 제시된 가구는 필수적이며, 이 외에 필요한 가구와 실내장식이 있다면 수험자가 임의로 추가할 수 있음

3. 요구도면

1) 평면도(가구 배치 및 바닥마감재 표기) : S=1/50
   평면도 우측 하단에 설계자가 의도한 DESIGN CONCEPT를 200자 내외로 적으시오.

2) 천장도(조명기구 및 마감재료 표기) : S=1/50

3) 내부입면도 C방향(벽면재료 표기) : S=1/50

4) 단면상세도 A−A′ : S=1/50

5) 실내투시도(채색작업 필수) : S=N.S
   좋은 지점으로 지정하여 1소점 투시도 또는 2소점 투시도로 작성하되, 작성과정의 투시보조선을 남길 것

자격종목	실내건축기사	과제명	휴대폰 판매점	척 도	N.S

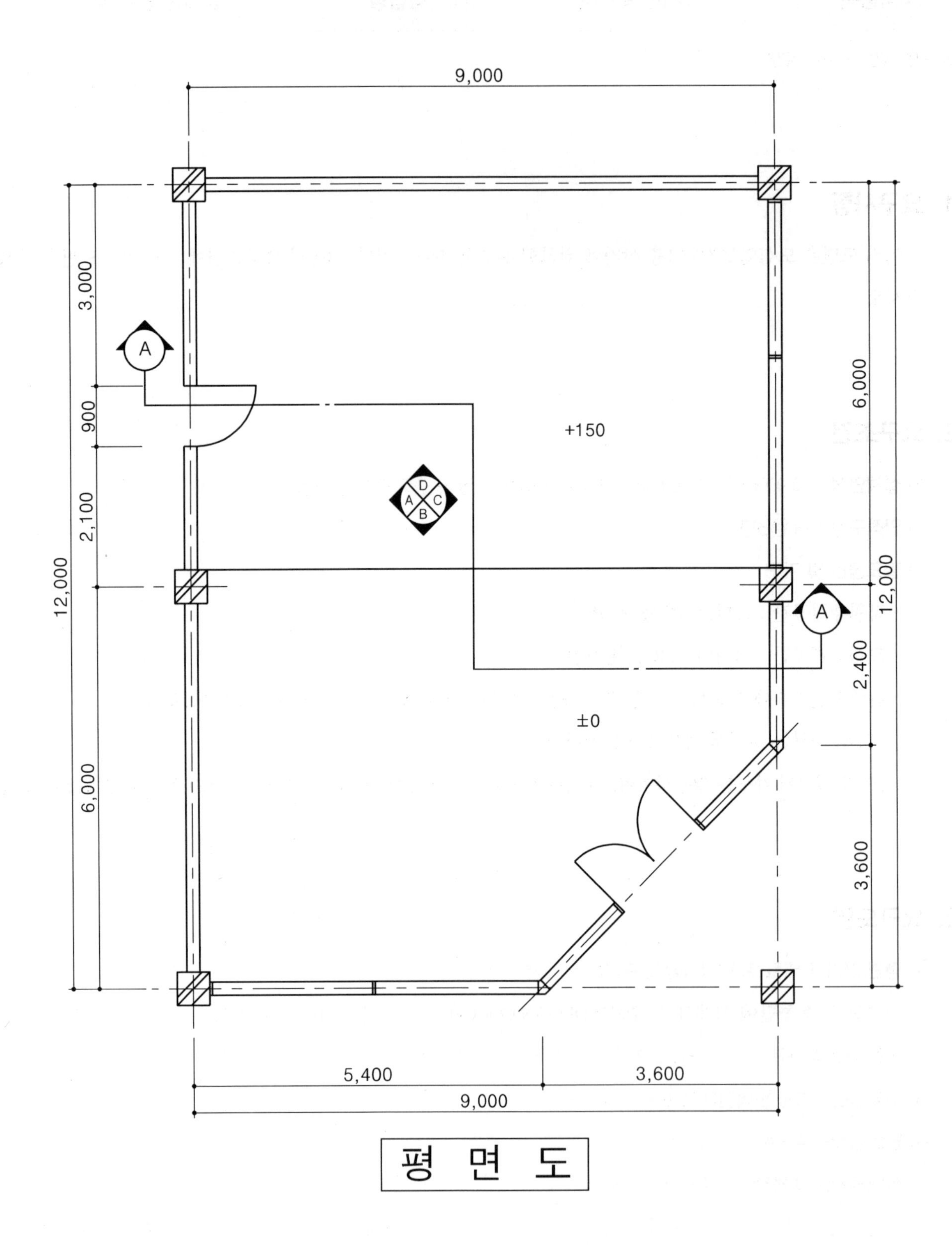

평 면 도

❶ 평면도

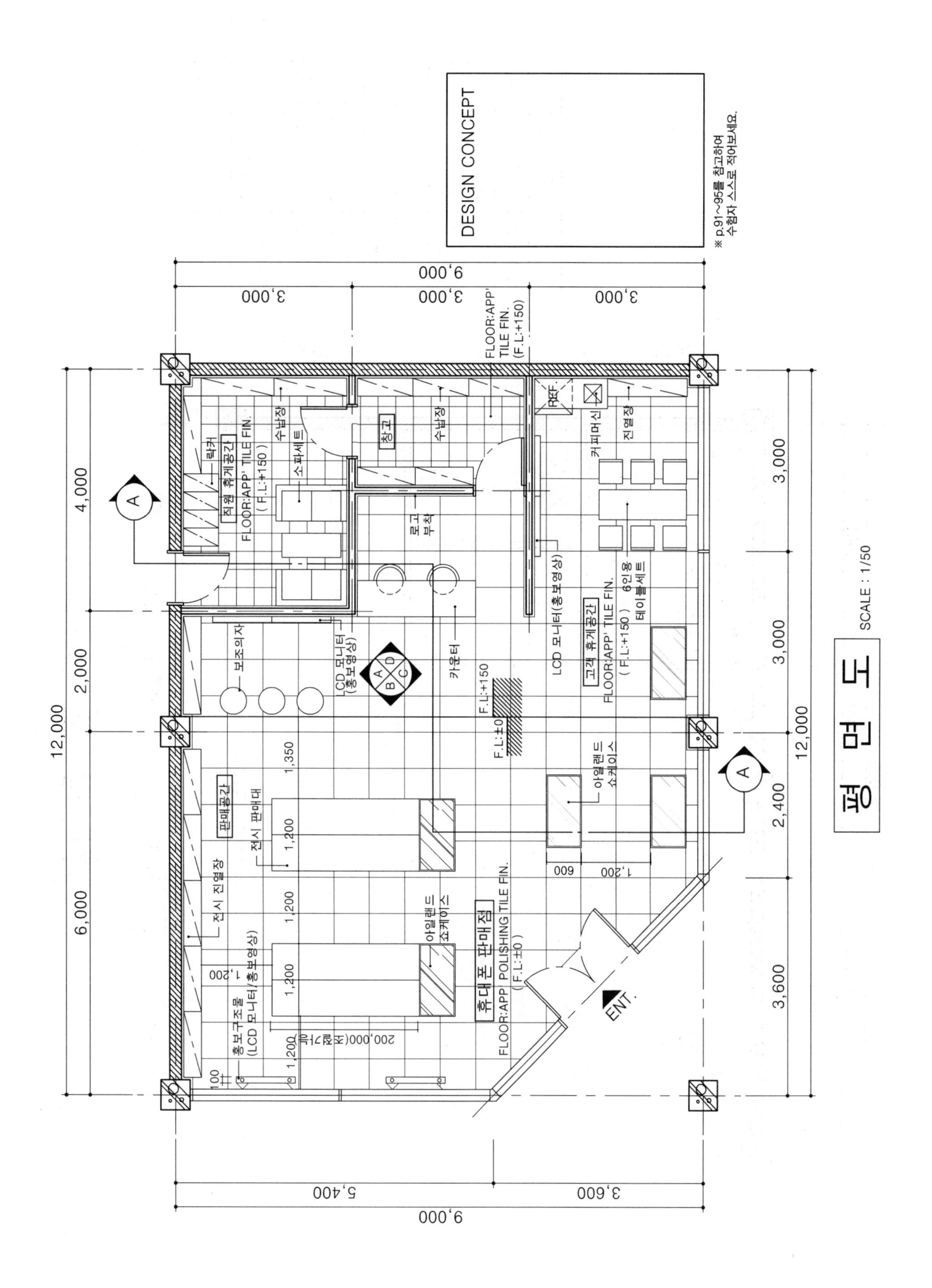

DESIGN CONCEPT
※ p.91~95를 참고하여 수험자 스스로 적어보세요.
평 면 도
SCALE : 1/50
9,000
3,000
3,000
3,000
12,000
4,000
2,000
6,000
3,000
3,000
2,400
3,600
5,400
3,600
직원 휴게공간
FLOOR:APP' TILE FIN.
(F.L:+150)
락커
소파세트
수납장
창고
로고 부착
카운터
CD 모니터 (홍보영상)
보조의자
LCD 모니터(홍보영상)
고객 휴게공간
FLOOR:APP' TILE FIN.
(F.L:+150)
6인용 테이블세트
커피머신
진열장
REF.
F.L:+150
F.L:±0
아일랜드 쇼케이스
판매공간
전시 판매대
전시 진열장
홍보구조물 (LCD 모니터/홍보영상)
휴대폰 판매점
FLOOR:APP' POLISHING TILE FIN.
(F.L:±0)
ENT.

❷ 천장도

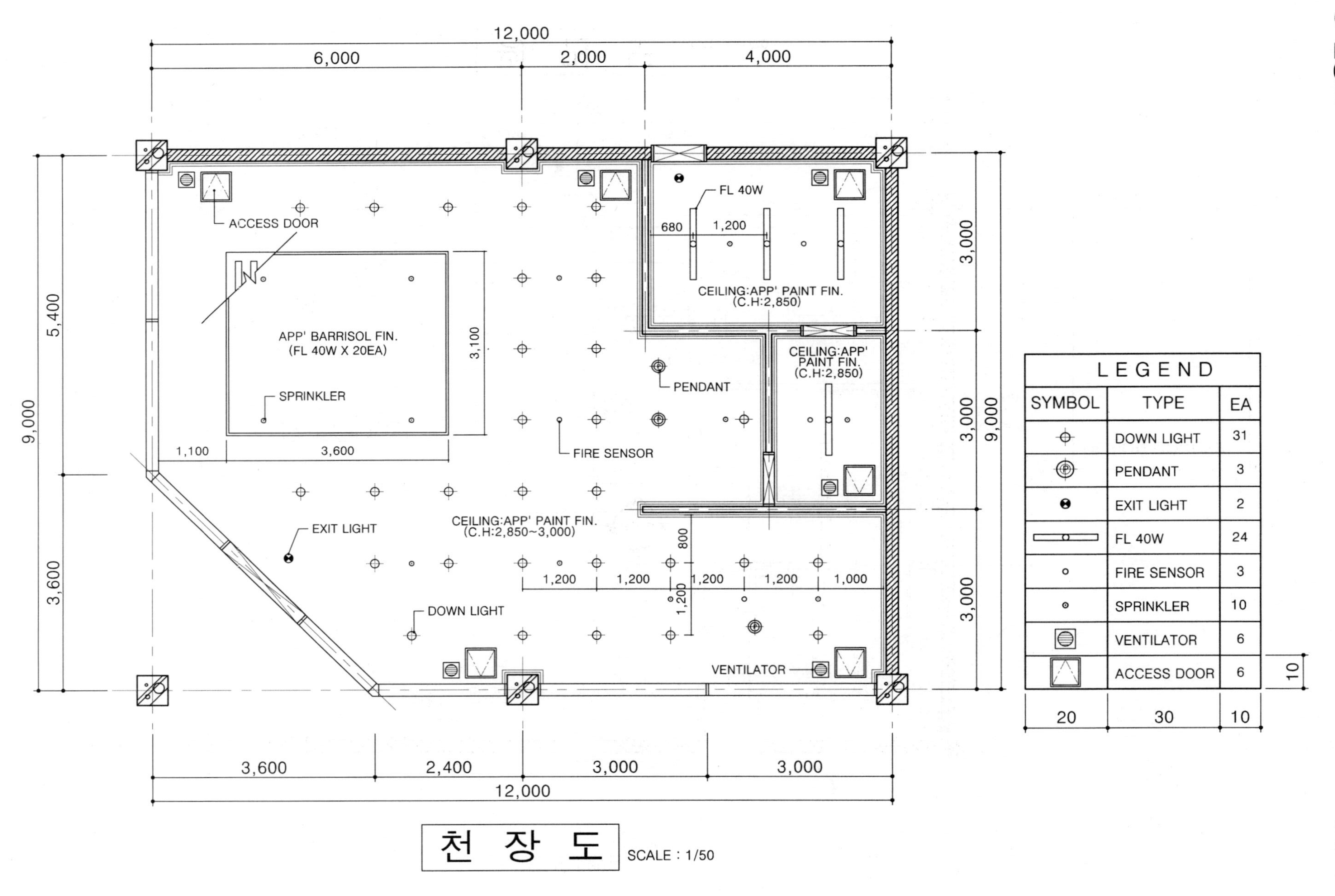

LEGEND		
SYMBOL	TYPE	EA
	DOWN LIGHT	31
	PENDANT	3
	EXIT LIGHT	2
	FL 40W	24
	FIRE SENSOR	3
	SPRINKLER	10
	VENTILATOR	6
	ACCESS DOOR	6
20	30	10

❸ 내부입면도

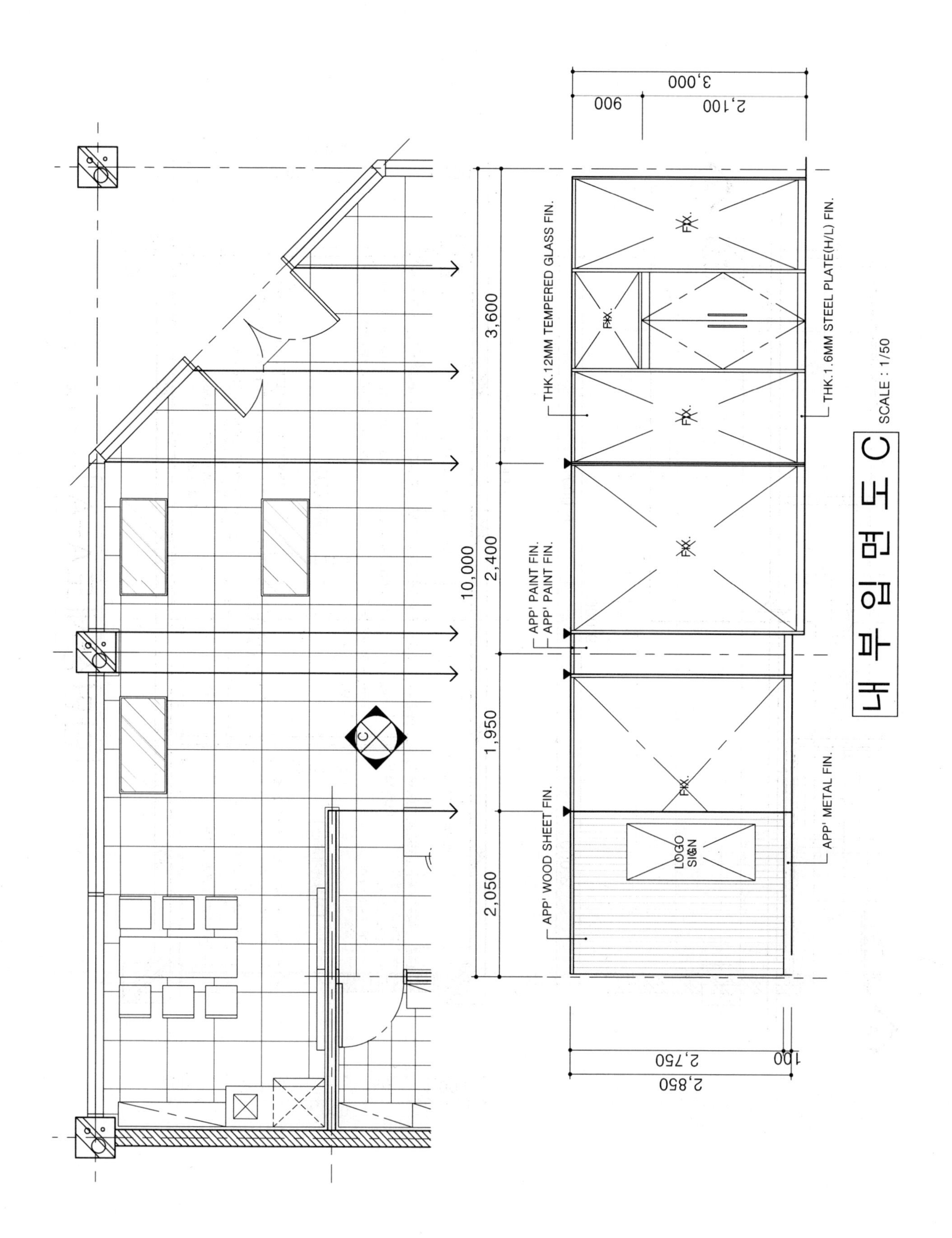
3,000
900
2,100
10,000
3,600
2,400
1,950
2,050
THK.12MM TEMPERED GLASS FIN.
THK.1.6MM STEEL PLATE(H/L) FIN.
APP' PAINT FIN.
APP' PAINT FIN.
APP' WOOD SHEET FIN.
APP' METAL FIN.
FIX.
FIX.
FIX.
FIX.
FIX.
LOGO SIGN
C
2,750
100
2,850
내부입면도 C
SCALE : 1/50

❹ 단면상세도

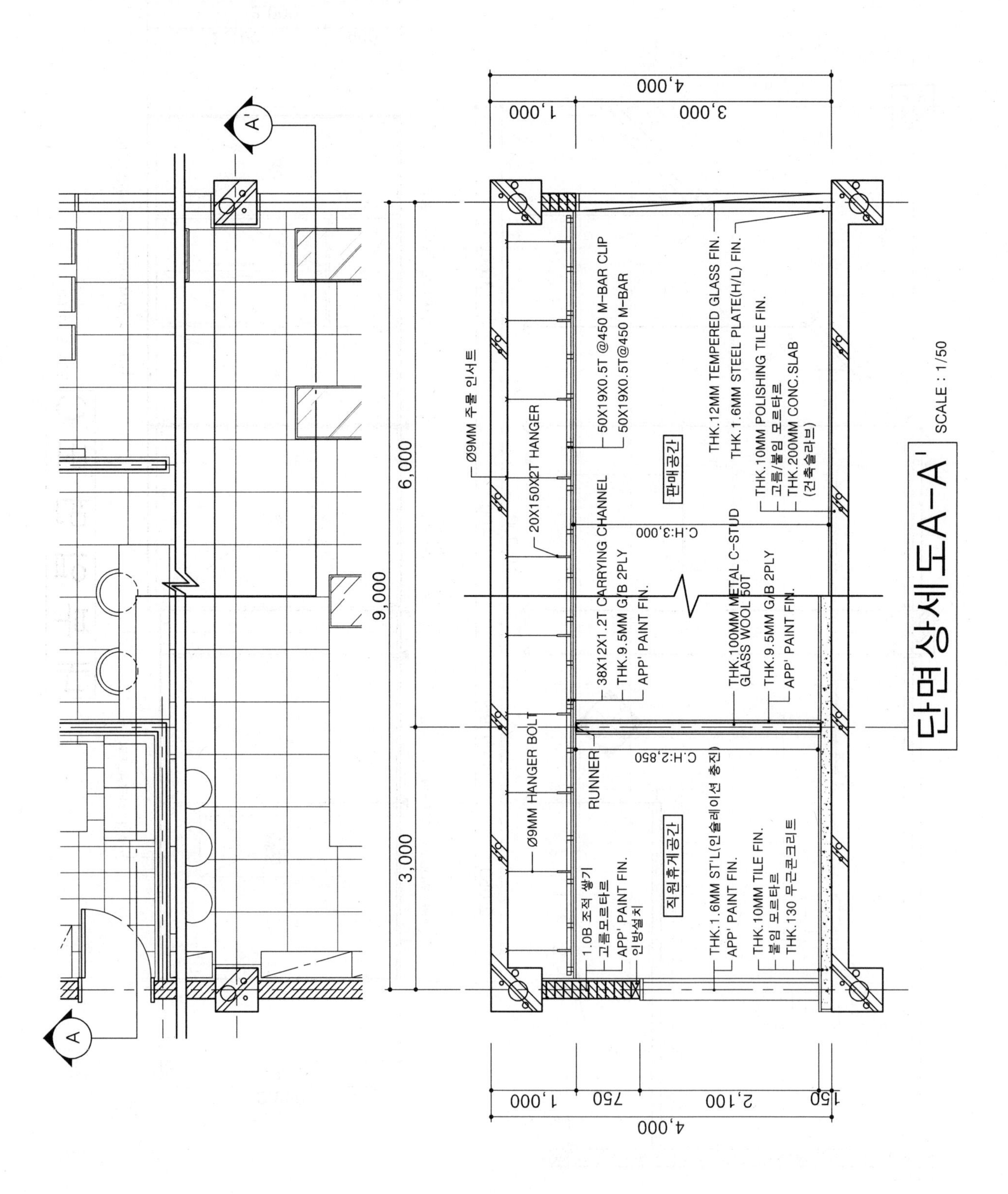

단면상세도 A-A'
SCALE : 1/50
4,000
1,000
3,000
9,000
6,000
3,000
750
2,100
150
판매공간
직원휴게공간
C.H:3,000
C.H:2,850
Ø9MM 주물 인서트
20X150X2T HANGER
Ø9MM HANGER BOLT
RUNNER
50X19X0.5T @450 M-BAR CLIP
50X19X0.5T@450 M-BAR
38X12X1.2T CARRYING CHANNEL
THK.9.5MM G/B 2PLY
APP' PAINT FIN.
THK.12MM TEMPERED GLASS FIN.
THK.1.6MM STEEL PLATE(H/L) FIN.
THK.10MM POLISHING TILE FIN.
고름/붙임 모르타르
THK.200MM CONC.SLAB
(건축슬라브)
THK.100MM METAL C-STUD
GLASS WOOL 50T
1.0B 조적 쌓기
고름모르타르
인방설치
THK.1.6MM ST'L(인슐레이션 충진)
THK.10MM TILE FIN.
붙임 모르타르
THK.130 무근콘크리트
A
A'

❺ 실내투시도 – 샤프 작업/ 기본 그리드 작도

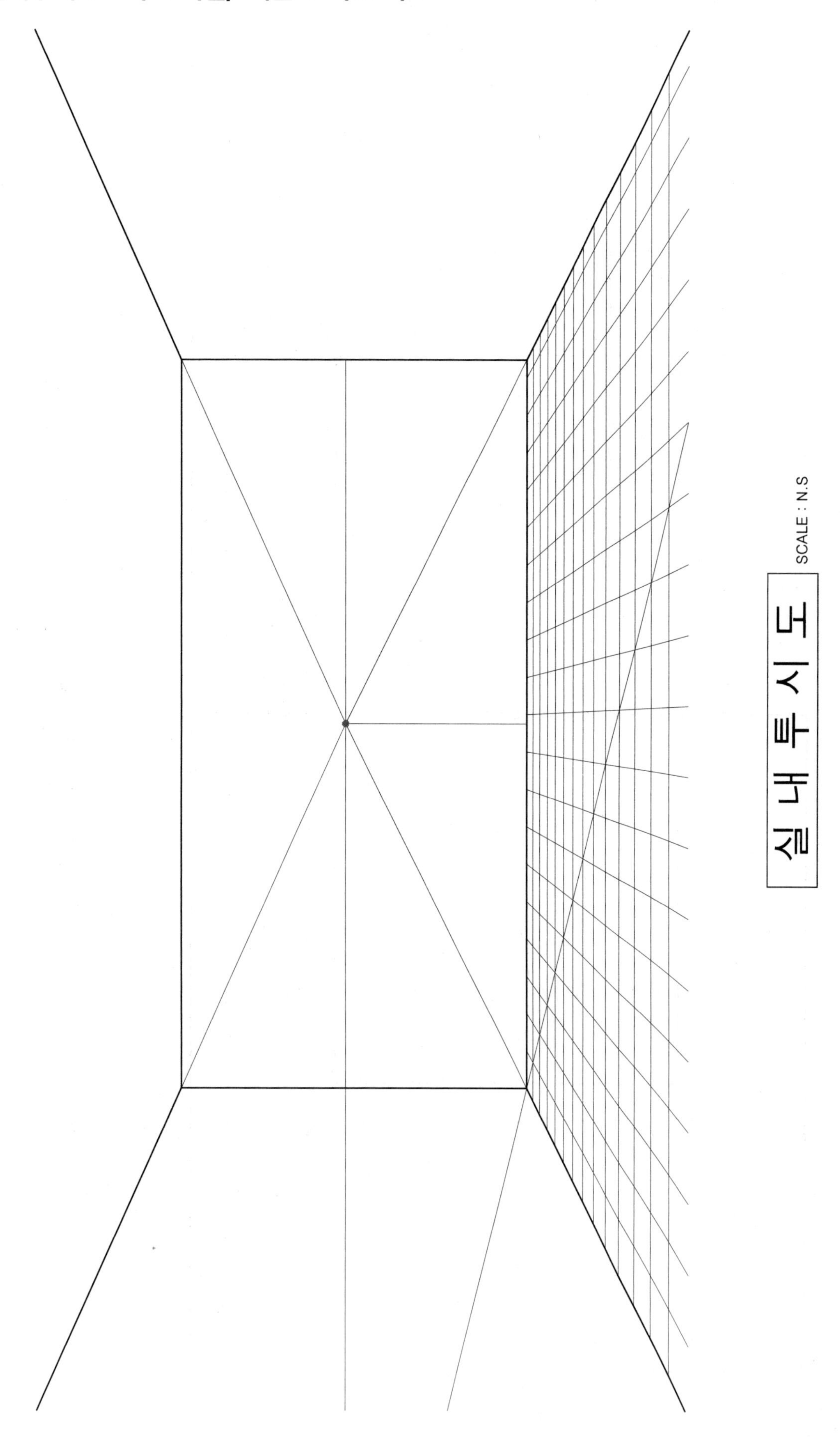

❻ 실내투시도 – 샤프 작업/ 공간 볼륨감 및 가구 작도

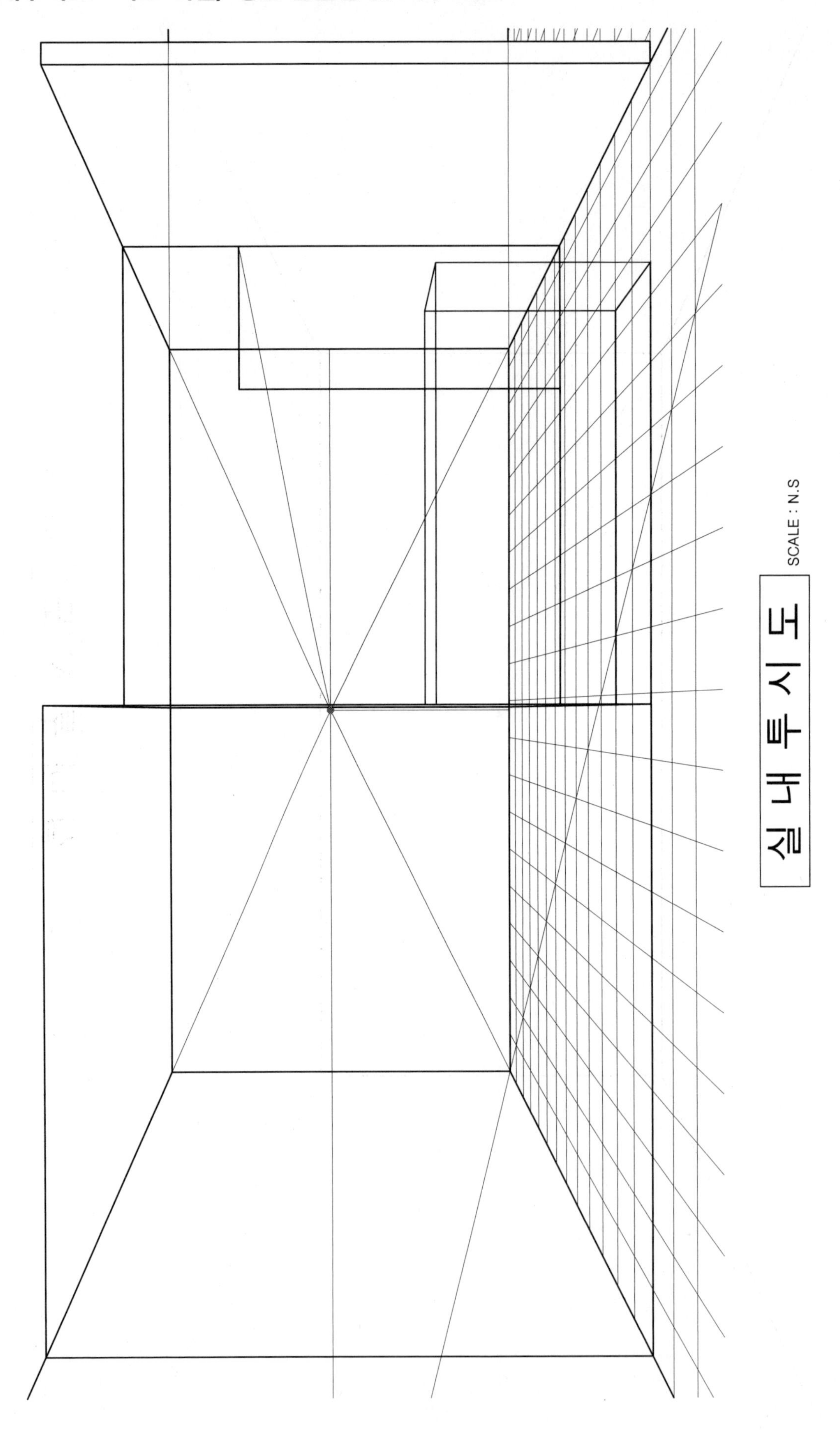

❼ 실내투시도 – 검정펜 작업

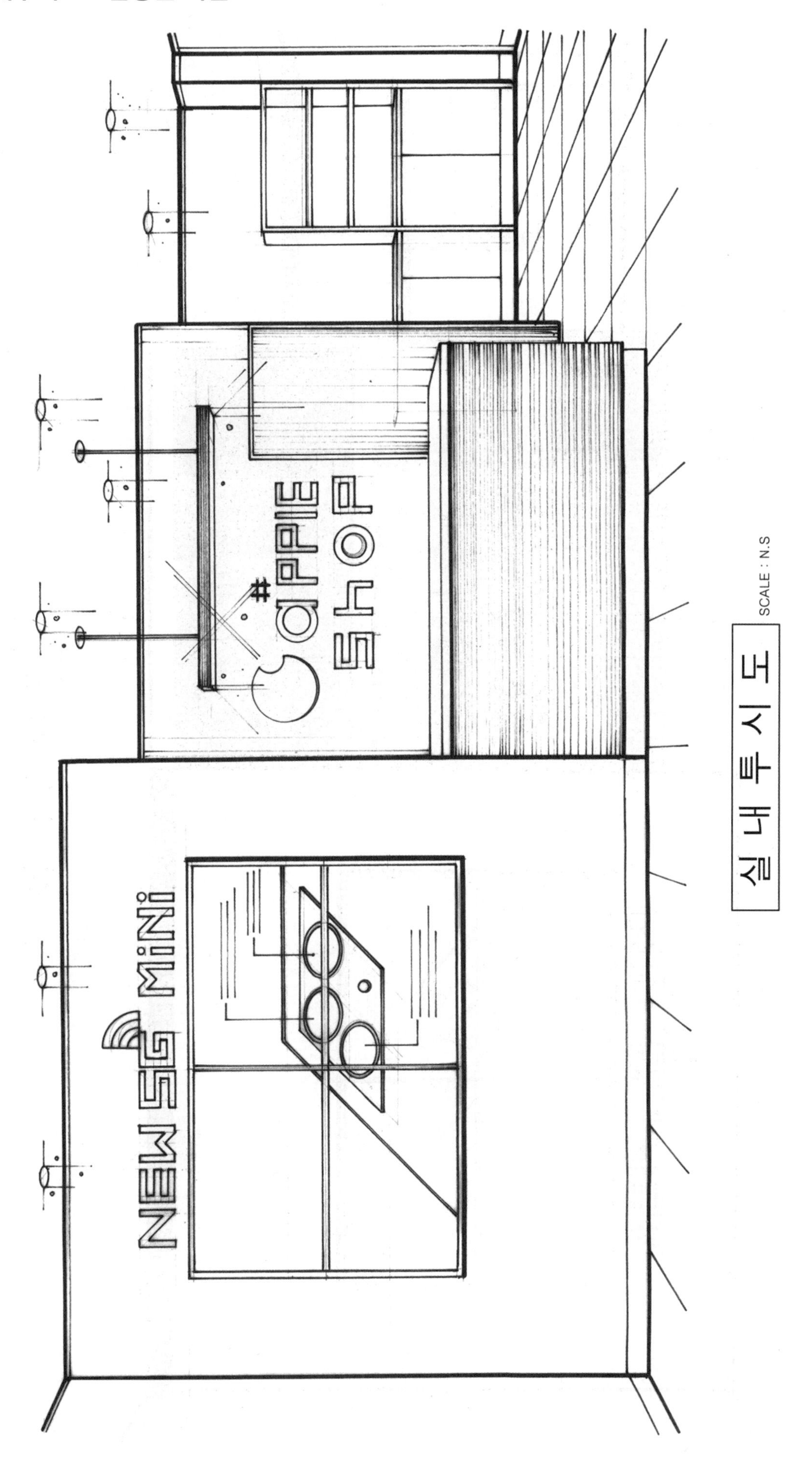

⑧ 실내투시도 – 마카 채색

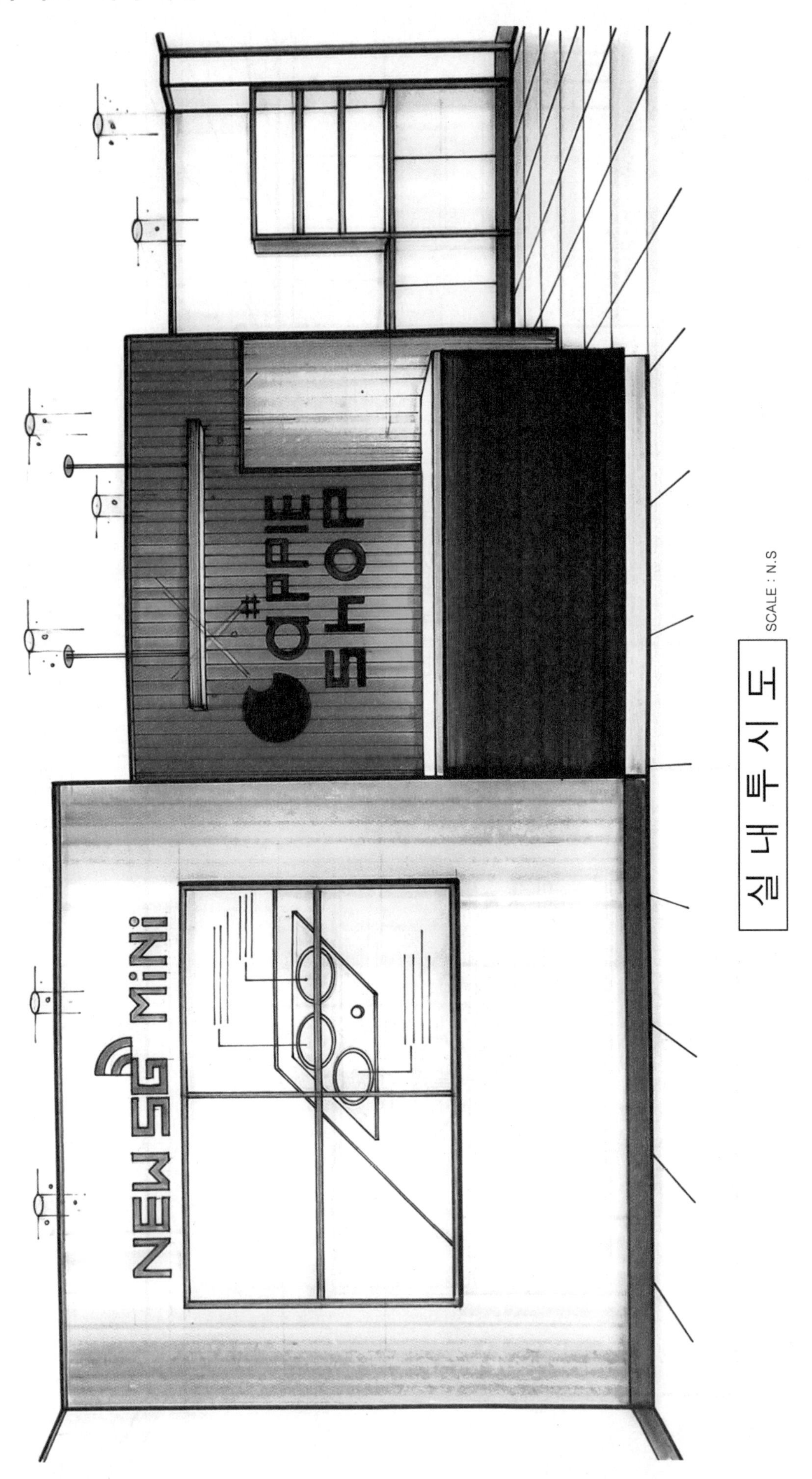

과년도 기출문제 – 10

자격종목	실내건축기사	작업명	북카페

※ 시험시간 : 6시간 30분

1. 요구사항

주어진 도면은 상업중심지역에 있는 상가 내에 위치한 BOOK CAFE(북카페)이다. 다음의 요구조건에 따라 요구 도면을 작성하시오.

2. 요구조건

1) 설계면적 : 11,400mm × 10,500mm × 3,300mm(H)

2) 인적구성 : 직원 2명

3) 필요공간 및 가구

- 서고(오픈형), 오픈주방, 직원휴게실, 창고 등
- 주방집기, 카운터, 쇼케이스, 책장, 진열대, 검색대 2EA, 4인용 TABLE SET(4EA), 2인용 TABLE SET(4EA), 1인용 TABLE SET(8EA)

  (그 외 가구는 수험자 임의로 작도한다)

※ 이상 제시된 가구는 필수적이며, 이 외에 필요한 가구와 실내장식이 있다면 수험자가 임의로 추가할 수 있음

3. 요구도면

1) 평면도(가구 배치 및 바닥마감재 표기) : S=1/50

   평면도 우측 하단에 설계자가 의도한 DESIGN CONCEPT를 200자 내외로 적으시오.

2) 천장도(조명기구 및 마감재료 표기) : S=1/50

3) 내부입면도 C방향(벽면재료 표기) : S=1/50

4) 단면상세도 A–A′ : S=1/50

5) 실내투시도(채색작업 필수) : S=N.S

   좋은 지점으로 지정하여 1소점 투시도 또는 2소점 투시도로 작성하되, 작성과정의 투시보조선을 남길 것

자격종목	실내건축기사	과제명	북카페	척 도	N.S

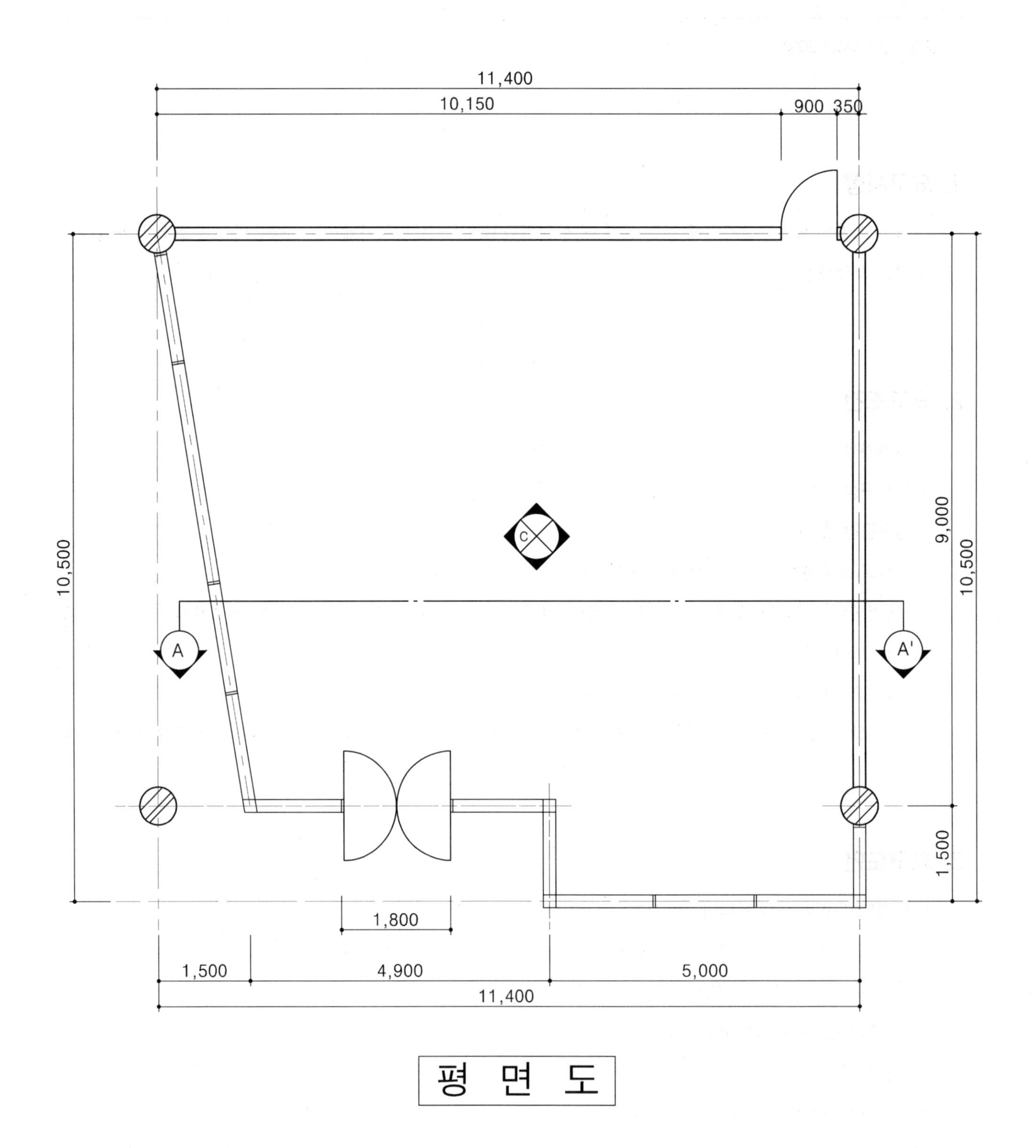

평 면 도

❶ 평면도

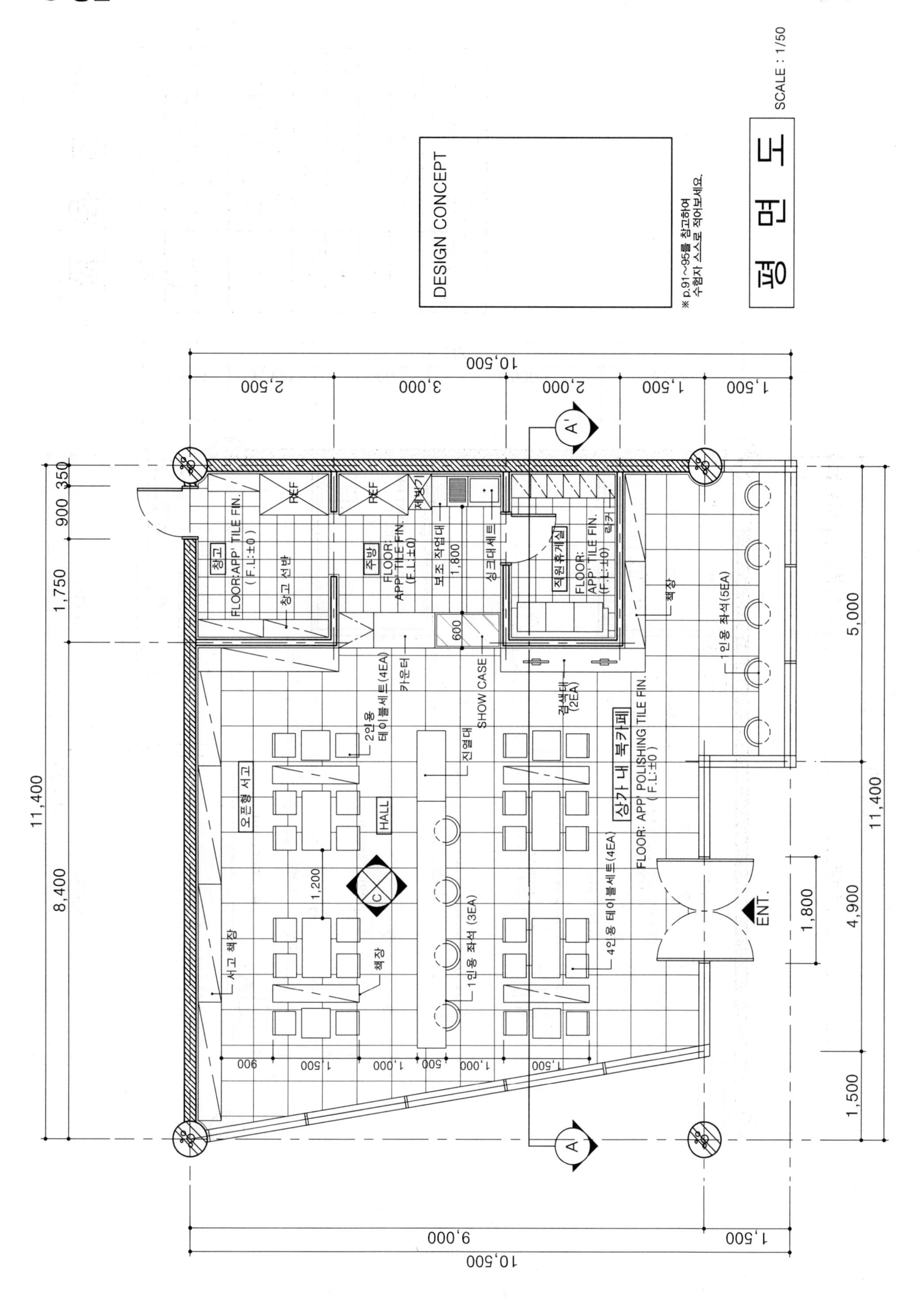

DESIGN CONCEPT
※ p.91~95를 참고하여 수험자 스스로 적어보세요.
평 면 도
SCALE : 1/50
10,500
2,500
3,000
2,000
1,500
1,500
11,400
8,400
1,750
900
350
창고
FLOOR:APP' TILE FIN.
(F.L:±0)
창고 선반
REF
주방
FLOOR:
APP' TILE FIN.
(F.L:±0)
제빙기
보조 작업대
1,800
싱크대 세트
600
직원휴게실
FLOOR:
APP' TILE FIN.
(F.L:±0)
락커
책장
1인용 좌석(5EA)
5,000
11,400
카운터
SHOW CASE
검색대
(2EA)
2인용
테이블세트(4EA)
진열대
오픈형 서고
HALL
상가 내 북카페
FLOOR: APP' POLISHING TILE FIN.
(F.L:±0)
1,200
C
4인용 테이블세트(4EA)
1인용 좌석 (3EA)
책장
서고 책장
ENT.
1,800
4,900
1,500
900
1,500
1,000
500
1,000
1,500
A
A'
9,000
1,500
10,500

❷ 천장도

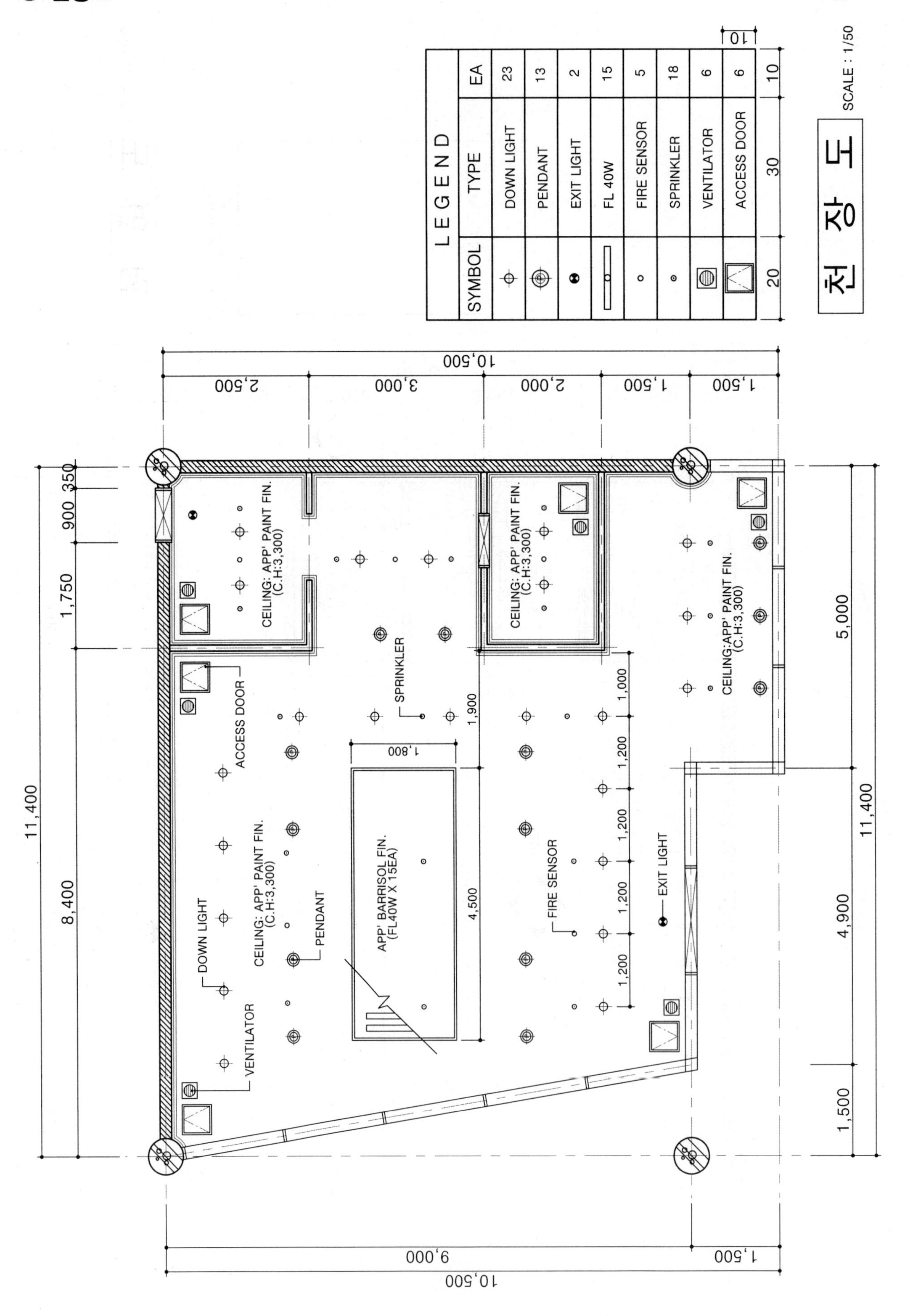

LEGEND
SYMBOL
TYPE
EA
DOWN LIGHT
23
PENDANT
13
EXIT LIGHT
2
FL 40W
15
FIRE SENSOR
5
SPRINKLER
18
VENTILATOR
6
ACCESS DOOR
6
20
30
10
10
천 장 도
SCALE : 1/50
10,500
2,500
3,000
2,000
1,500
1,500
11,400
8,400
1,750
900
350
5,000
4,900
1,500
9,000
CEILING: APP' PAINT FIN.
(C.H:3,300)
CEILING:APP' PAINT FIN.
SPRINKLER
ACCESS DOOR
DOWN LIGHT
PENDANT
VENTILATOR
APP' BARRISOL FIN.
(FL40W X 15EA)
1,800
1,900
4,500
FIRE SENSOR
EXIT LIGHT
1,000
1,200

❸ 내부입면도

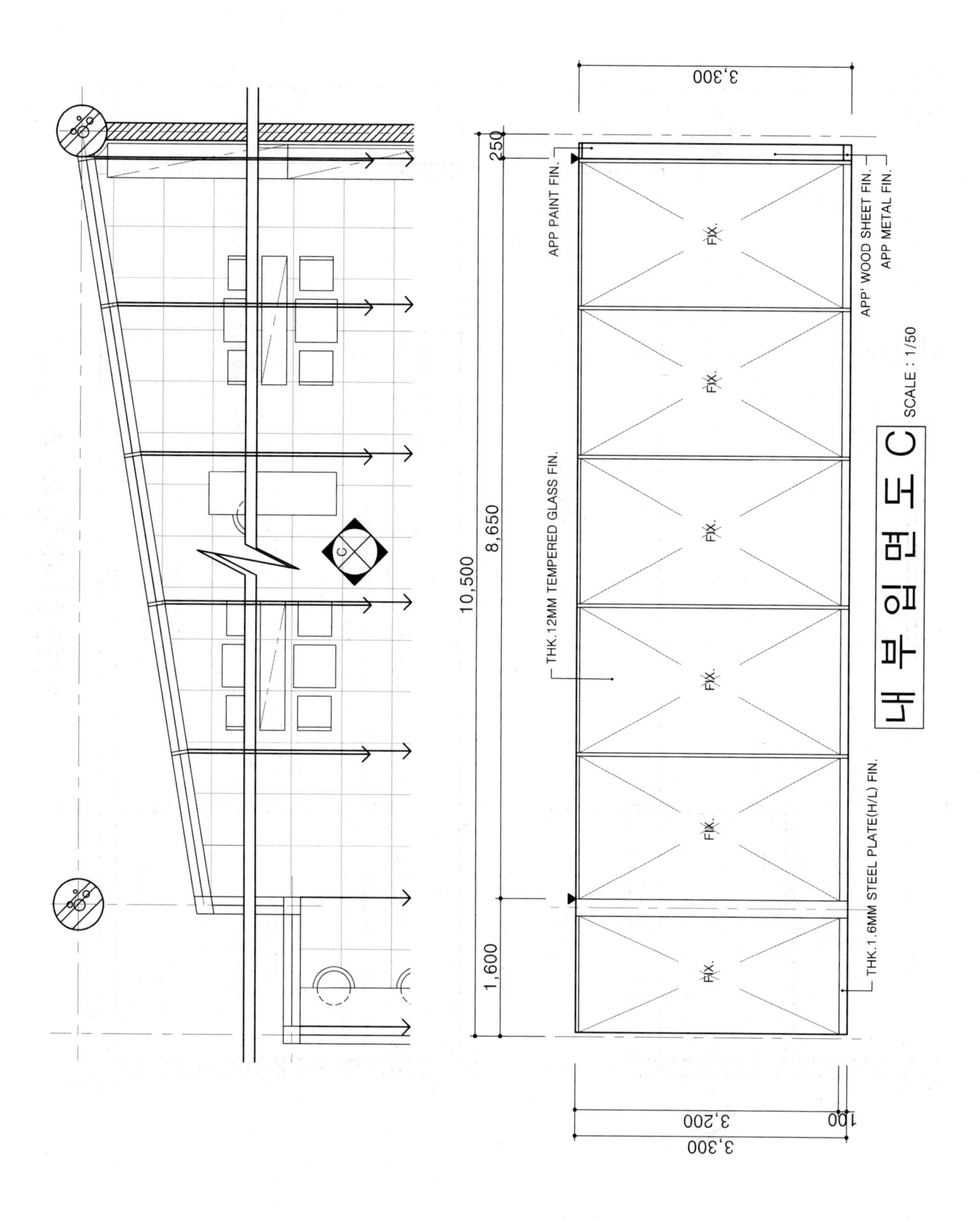

내부입면도 C
SCALE : 1/50
APP PAINT FIN.
APP' WOOD SHEET FIN.
APP METAL FIN.
THK.12MM TEMPERED GLASS FIN.
THK.1.6MM STEEL PLATE(H/L) FIN.
FIX.
FIX.
FIX.
FIX.
FIX.
FIX.
10,500
8,650
1,600
250
3,300
3,200
100
3,300
C

❹ 단면상세도

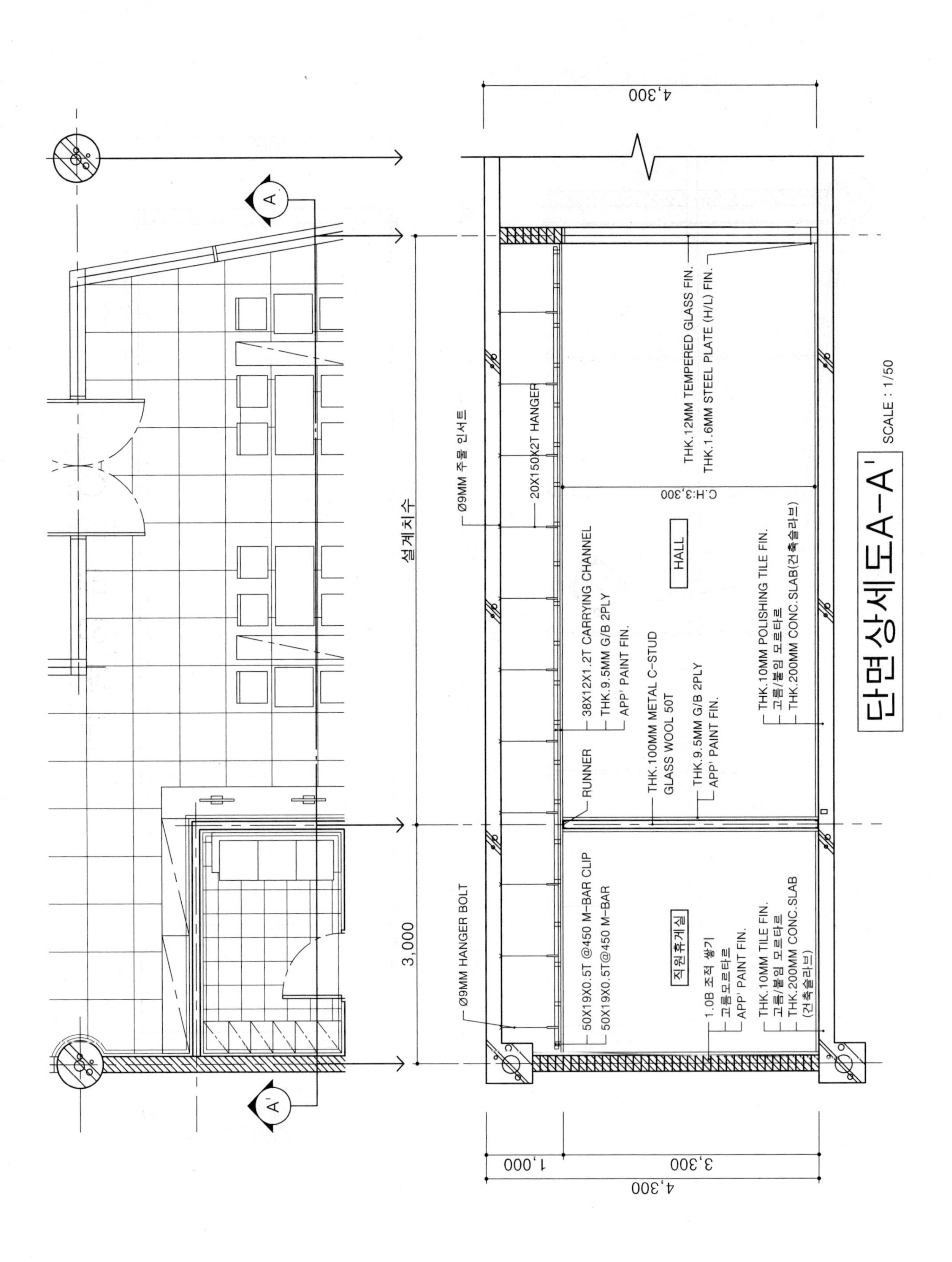

A
A'
4,300
설계치수
3,000
Ø9MM 주물 인서트
20X150X2T HANGER
38X12X1.2T CARRYING CHANNEL
THK.9.5MM G/B 2PLY
APP' PAINT FIN.
RUNNER
THK.100MM METAL C-STUD
GLASS WOOL 50T
THK.9.5MM G/B 2PLY
APP' PAINT FIN.
HALL
C.H:3,300
THK.12MM TEMPERED GLASS FIN.
THK.1.6MM STEEL PLATE (H/L) FIN.
THK.10MM POLISHING TILE FIN.
고름/붙임 모르타르
THK.200MM CONC.SLAB(건축슬라브)
Ø9MM HANGER BOLT
50X19X0.5T @450 M-BAR CLIP
50X19X0.5T@450 M-BAR
직원휴게실
1.0B 조적 쌓기
고름모르타르
APP' PAINT FIN.
THK.10MM TILE FIN.
고름/붙임 모르타르
THK.200MM CONC.SLAB
(건축슬라브)
1,000
3,300
4,300
단면상세도A-A'
SCALE : 1/50

❺ 실내투시도 – 샤프 작업/ 기본 그리드 작도

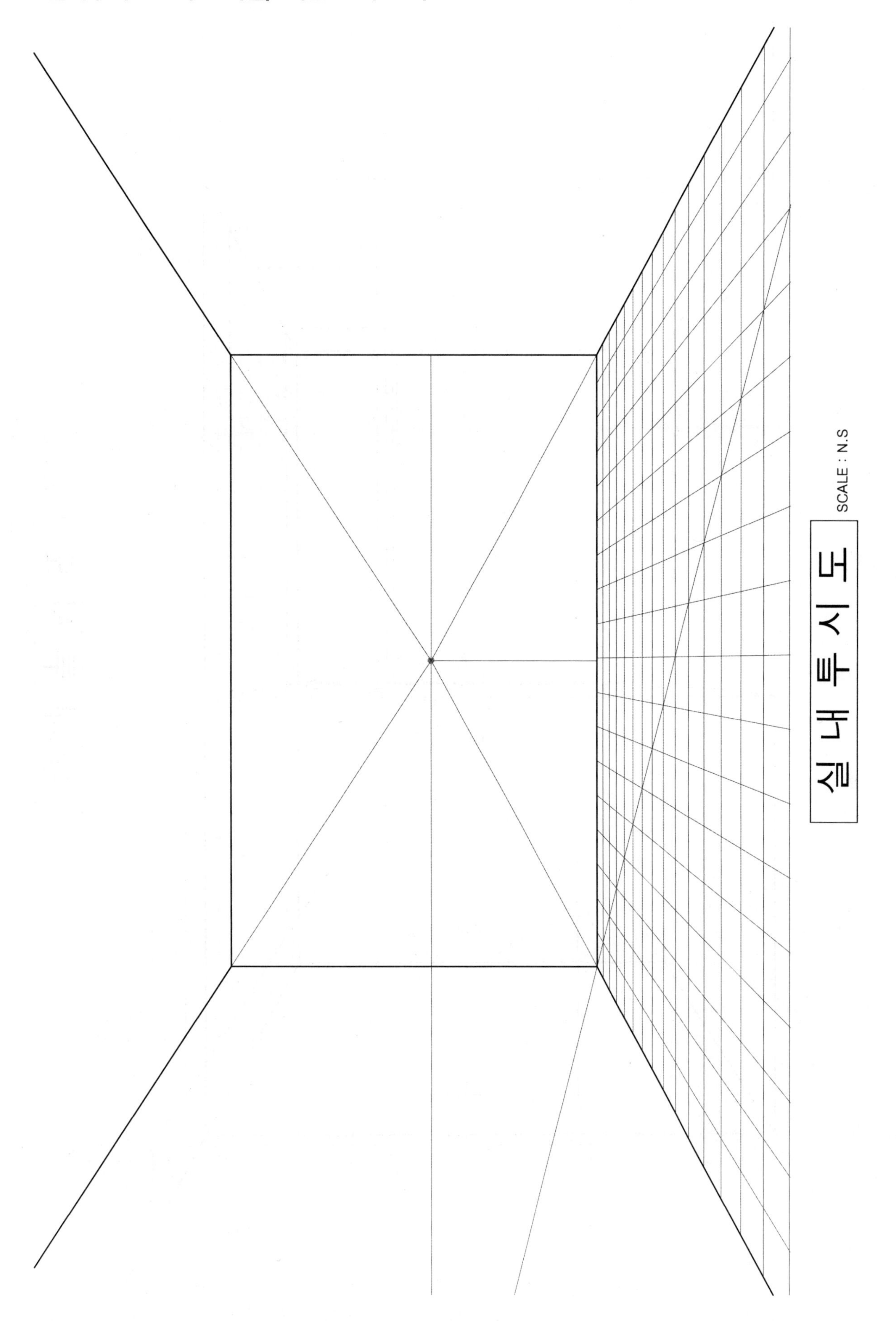

❻ 실내투시도 – 샤프 작업/ 공간 볼륨감 및 가구 작도

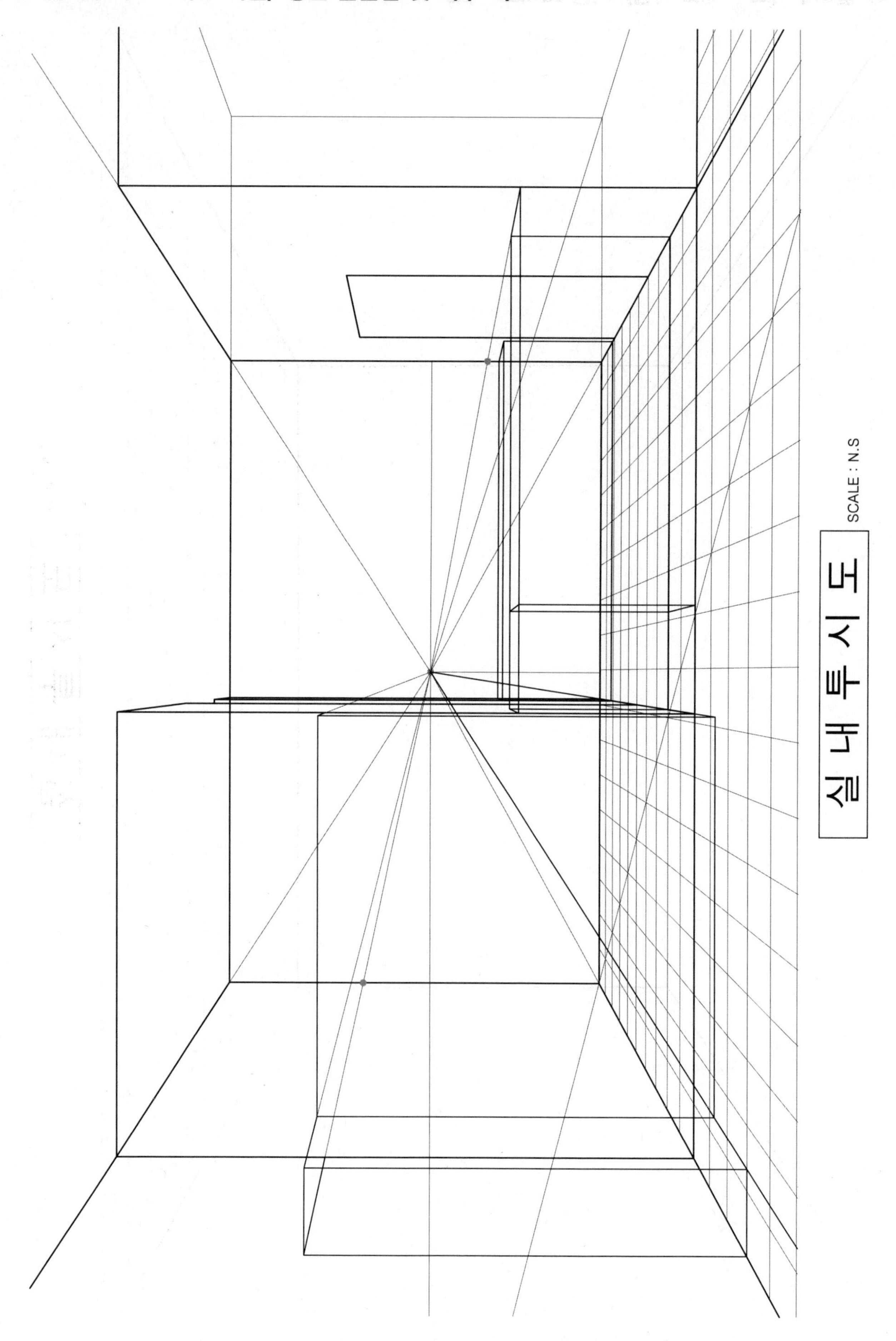

⑦ 실내투시도 – 검정펜 작업

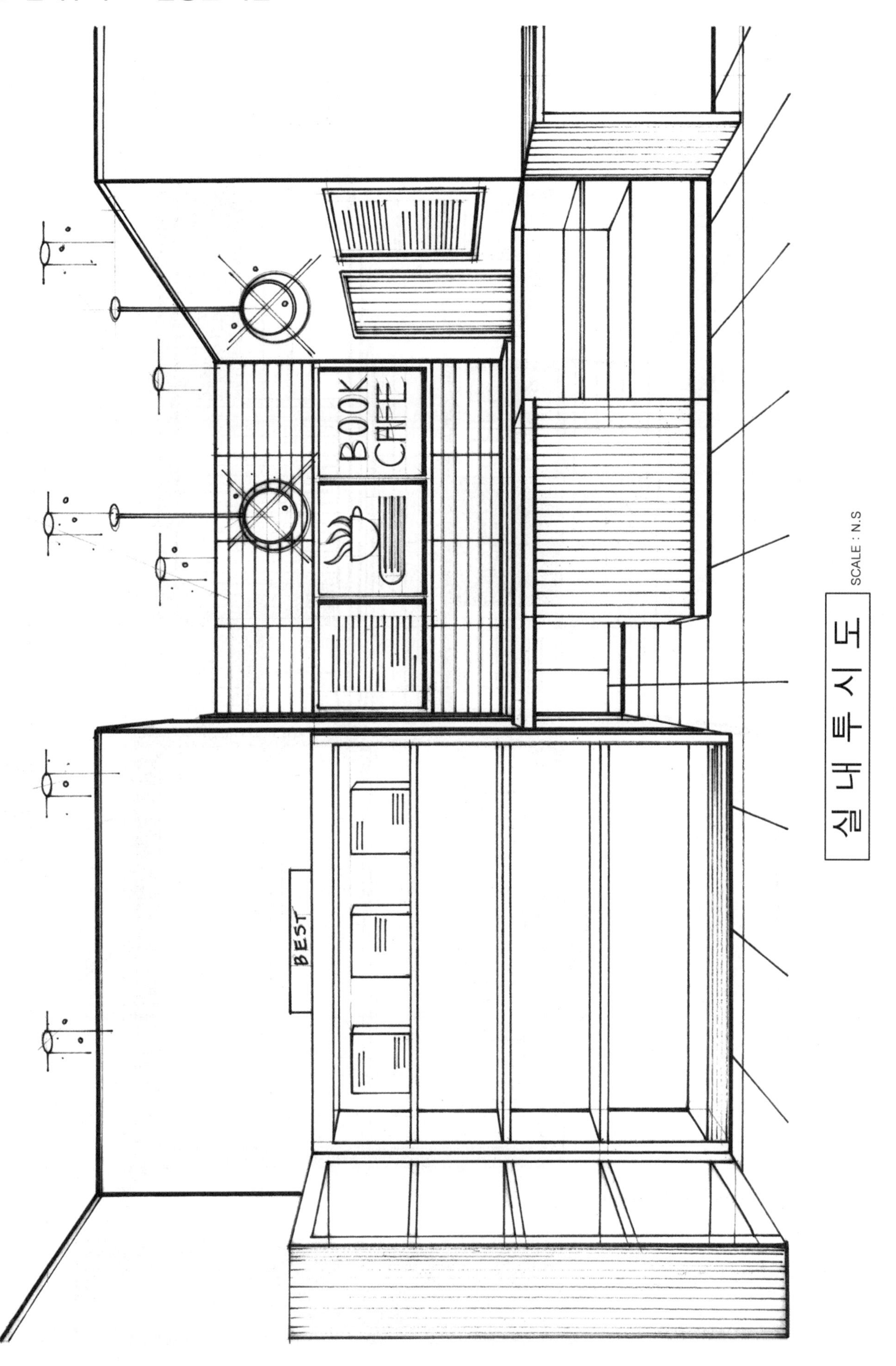

⑧ 실내투시도 – 마카 채색

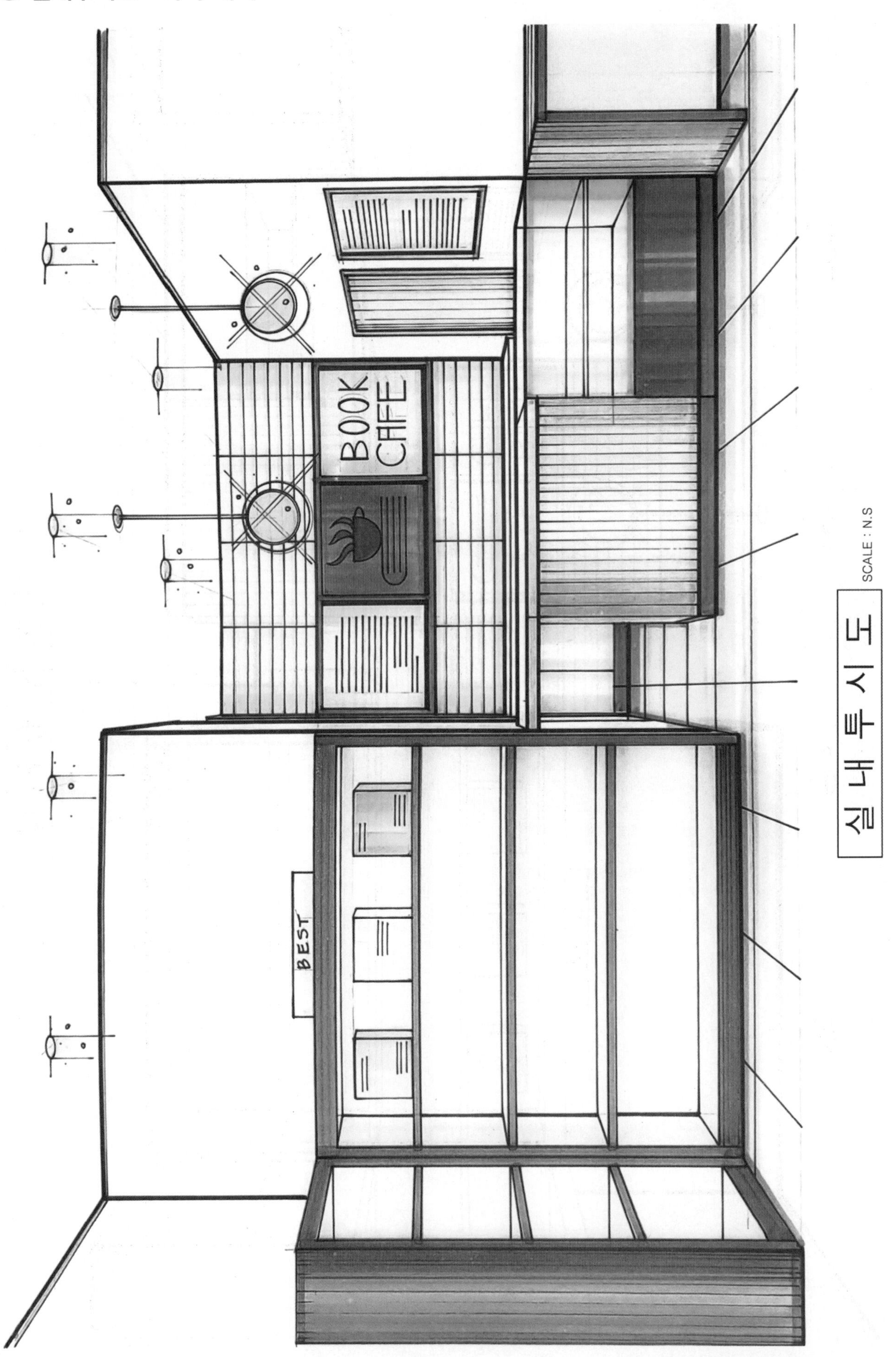
BOOK
CAFE
BEST
실내투시도
SCALE : N.S

과년도 기출문제 – 11

자격종목	실내건축기사	작업명	광고기획 디자인 사무실

※ 시험시간 : 6시간 30분

1. 요구사항

주어진 도면은 도심지 내 상업중심지역에 위치한 광고기획 디자인 사무실이다. 다음의 요구조건에 따라 요구도면을 작성하시오.

2. 요구조건

1) 설계면적 : 11,400mm × 9,000mm × 3,000mm(H)

2) 인적구성 : 대표 1명, 실장 1명, 직원 4명

3) 필요공간 및 가구

- 대표실 : 책상 및 의자, 4인용 회의 테이블 세트, 책장, 회의실 : 6인용 회의 테이블 및 의자 세트, 하부책장
- 업무공간 : 사무용 테이블 세트, 소형회의용 테이블 및 의자 세트, 책장
- 탕비실 및 휴게공간 : 4인용 테이블 세트, 주방시설
- 대기공간(의자 세트 및 간이의자)

  (그 외 가구는 수험자 임의로 작도한다)

※ 이상 제시된 가구는 필수적이며, 이 외에 필요한 가구와 실내장식이 있다면 수험자가 임의로 추가할 수 있음

3. 요구도면

1) 평면도(가구 배치 및 바닥마감재 표기) : S=1/50

평면도 우측 하단에 설계자가 의도한 DESIGN CONCEPT를 200자 내외로 적으시오.

2) 천장도(조명기구 및 마감재료 표기) : S=1/50

3) 내부입면도 A방향(벽면재료 표기) : S=1/50

4) 단면상세도 A–A′ : S=1/50

5) 실내투시도(채색작업 필수) : S=N.S

좋은 지점으로 지정하여 1소점 투시도 또는 2소점 투시도로 작성하되, 작성과정의 투시보조선을 남길 것

자격종목	실내건축기사	과제명	광고기획 디자인 사무실	척 도	N.S

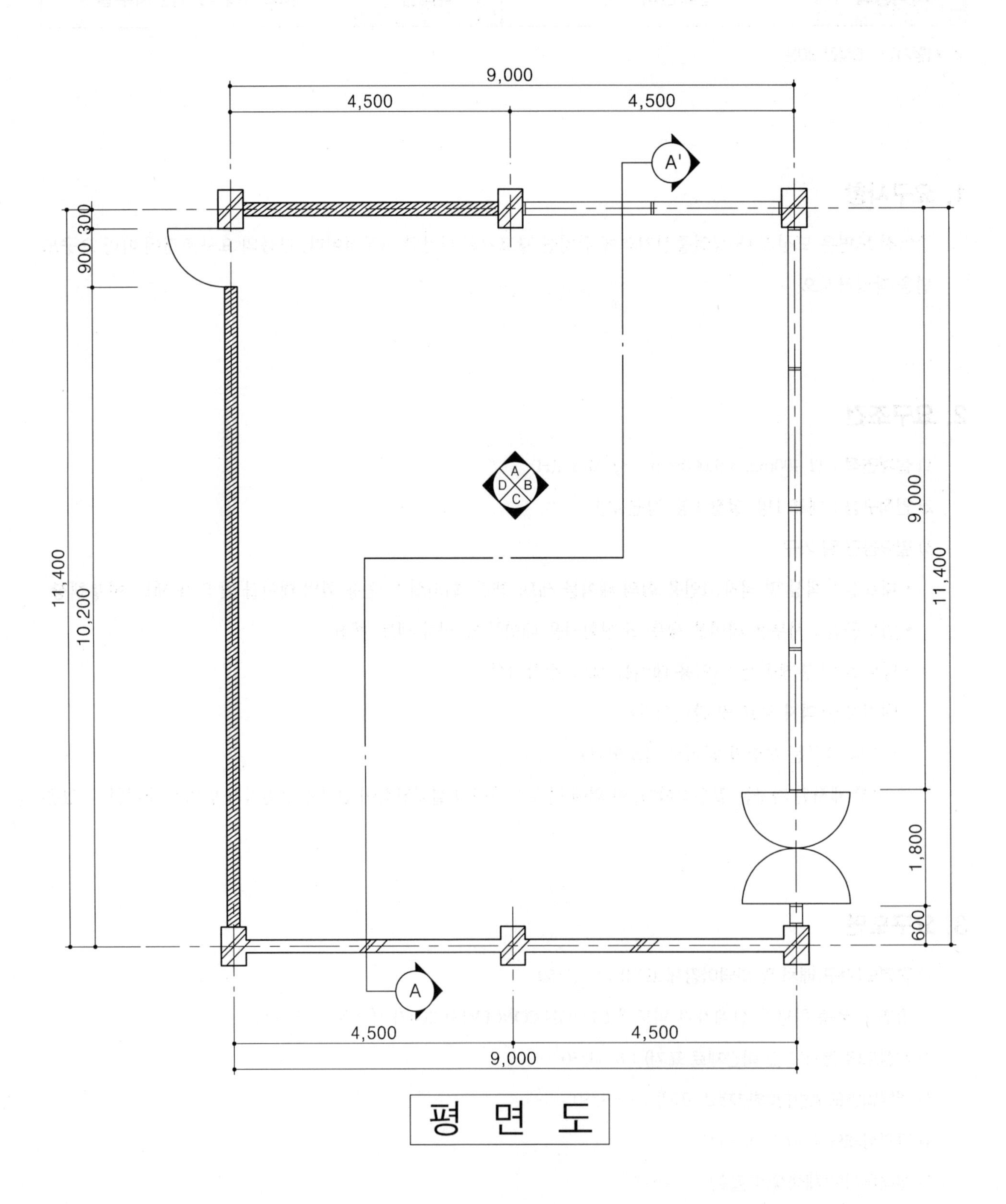

평 면 도

❶ 평면도

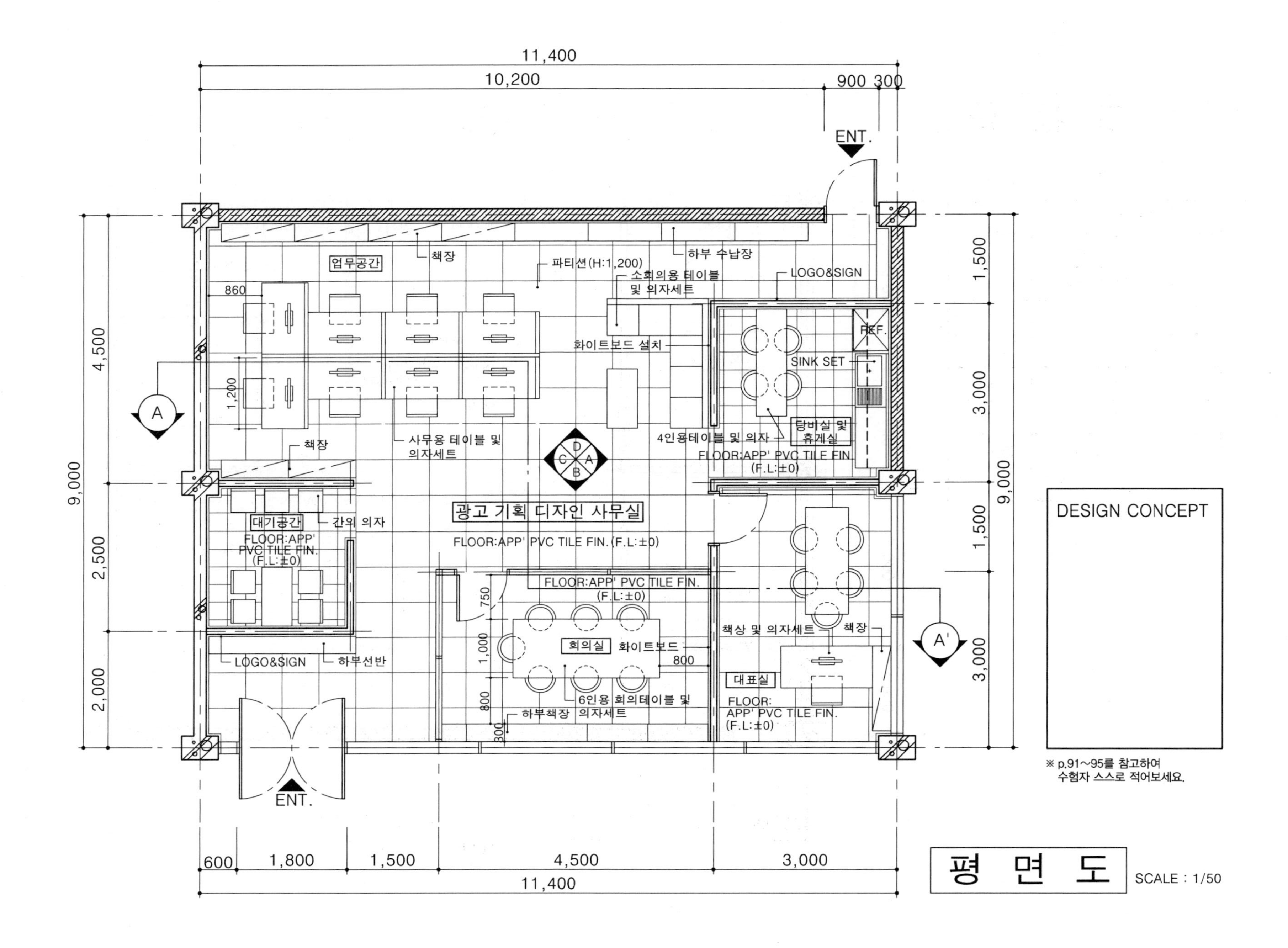
11,400
10,200
900 300
ENT.
업무공간
책장
파티션(H:1,200)
하부 수납장
소회의용 테이블 및 의자세트
LOGO&SIGN
860
1,200
화이트보드 설치
REF.
SINK SET
4인용테이블 및 의자
탕비실 및 휴게실
FLOOR:APP' PVC TILE FIN. (F.L:±0)
사무용 테이블 및 의자세트
광고 기획 디자인 사무실
대기공간
간이 의자
FLOOR:APP' PVC TILE FIN. (F.L:±0)
하부선반
회의실
화이트보드
6인용 회의테이블 및 의자세트
하부책장
책상 및 의자세트
대표실
FLOOR: APP' PVC TILE FIN. (F.L:±0)
750
1,000
800
300
4,500
2,500
2,000
9,000
1,500
3,000
600
1,800
DESIGN CONCEPT
※ p.91~95를 참고하여 수험자 스스로 적어보세요.
평 면 도
SCALE : 1/50

❷ 천장도

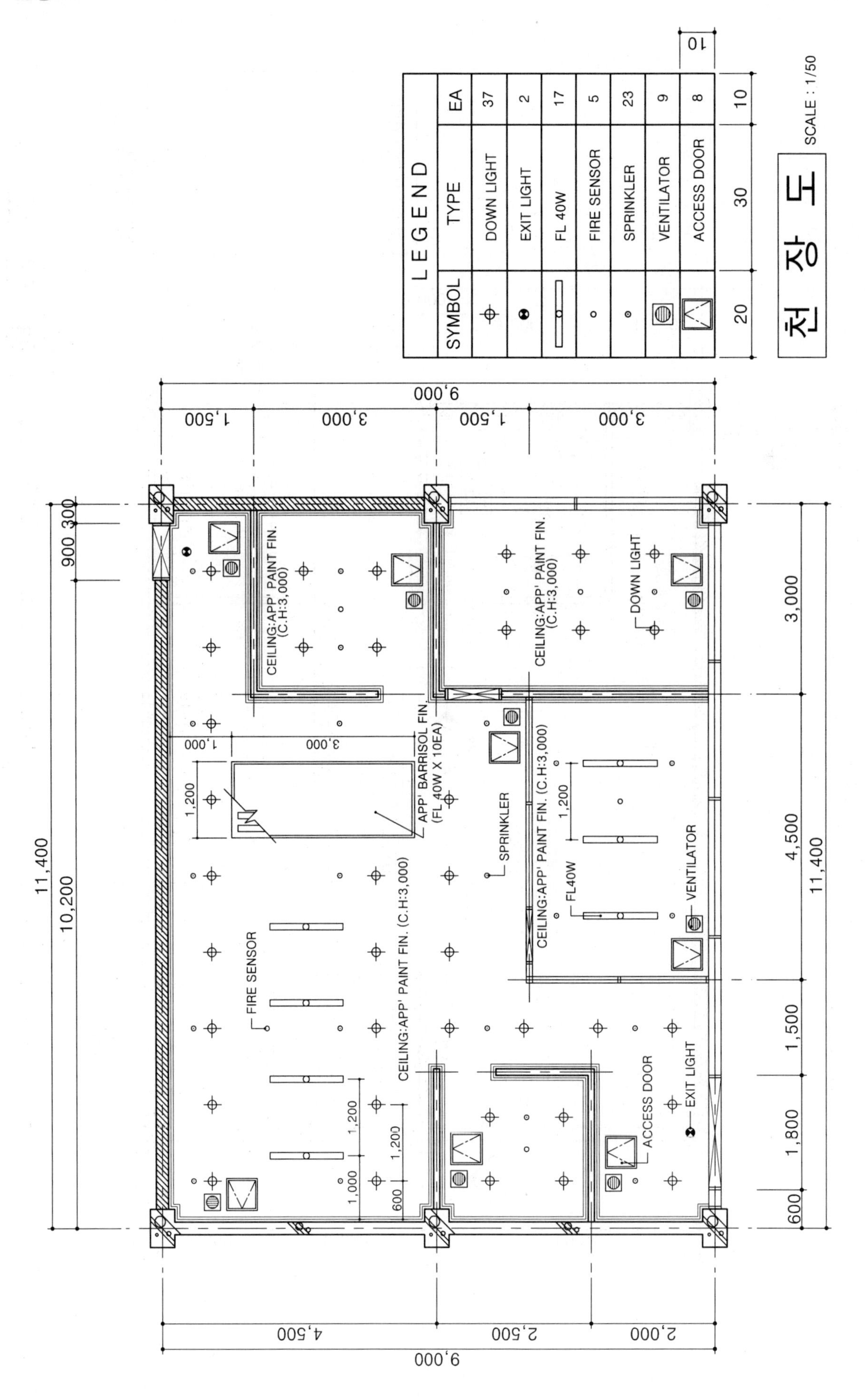
LEGEND
SYMBOL
TYPE
EA
DOWN LIGHT
37
EXIT LIGHT
2
FL 40W
17
FIRE SENSOR
5
SPRINKLER
23
VENTILATOR
9
ACCESS DOOR
8
20
30
10
10
천 장 도
SCALE : 1/50
9,000
1,500
3,000
1,500
3,000
CEILING:APP' PAINT FIN.
(C.H:3,000)
CEILING:APP' PAINT FIN.
(C.H:3,000)
DOWN LIGHT
APP' BARRISOL FIN.
(FL 40W X 10EA)
SPRINKLER
CEILING:APP' PAINT FIN. (C.H:3,000)
FL40W
VENTILATOR
FIRE SENSOR
CEILING:APP' PAINT FIN. (C.H:3,000)
ACCESS DOOR
EXIT LIGHT
1,000
3,000
1,200
1,200
1,200
1,000
600
11,400
10,200
900
300
3,000
4,500
11,400
1,500
1,800
600
4,500
2,500
2,000
9,000

❸ 내부입면도

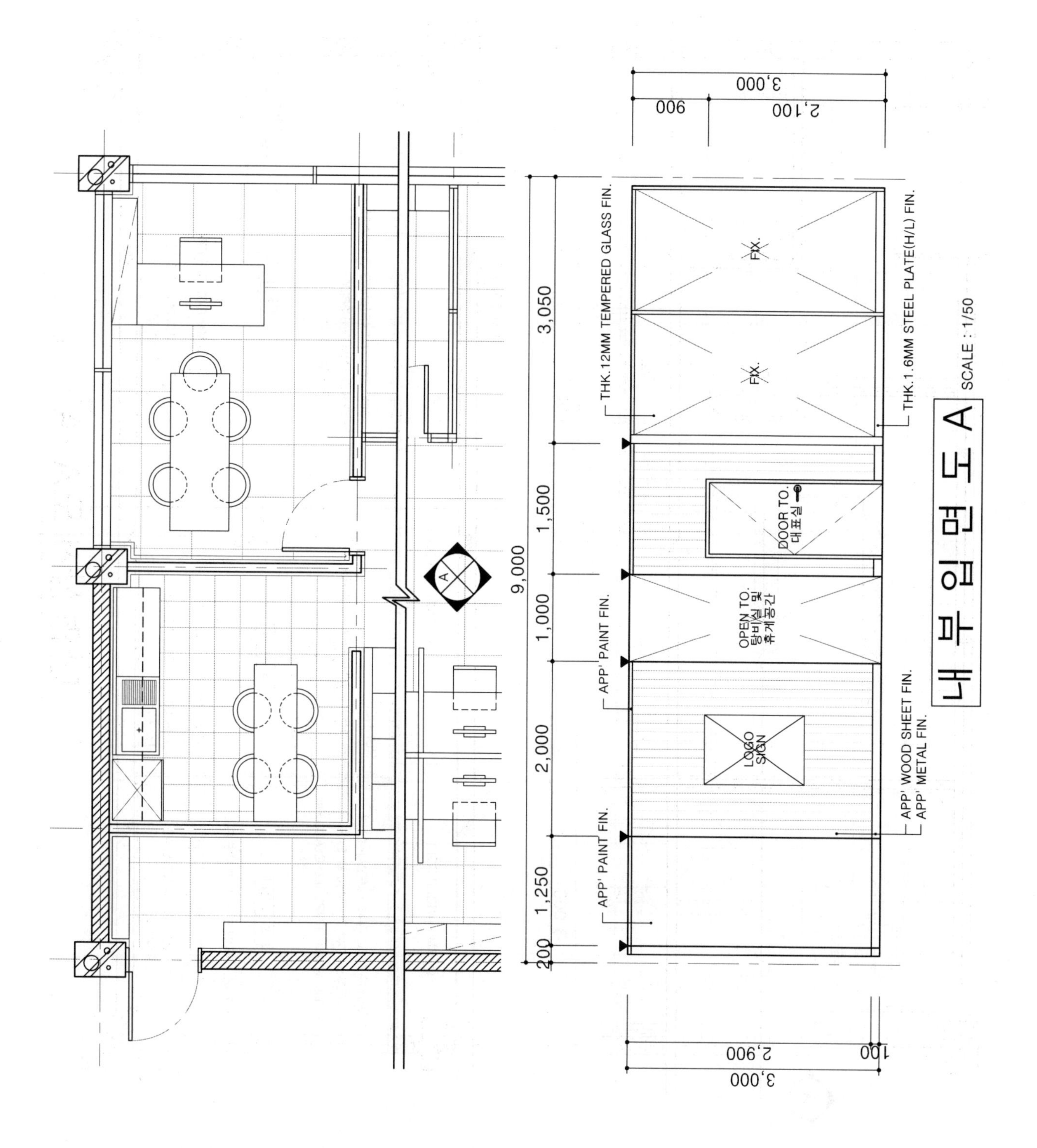

내부입면도 A
SCALE : 1/50
THK.12MM TEMPERED GLASS FIN.
THK.1.6MM STEEL PLATE(H/L) FIN.
APP' PAINT FIN.
APP' PAINT FIN.
APP' WOOD SHEET FIN.
APP' METAL FIN.
FIX.
FIX.
DOOR TO.
대표실
OPEN TO.
탕비실 및
휴게공간
LOGO
SIGN
A
9,000
3,050
1,500
1,000
2,000
1,250
200
3,000
2,100
900
2,900
100
3,000

❹ 단면상세도

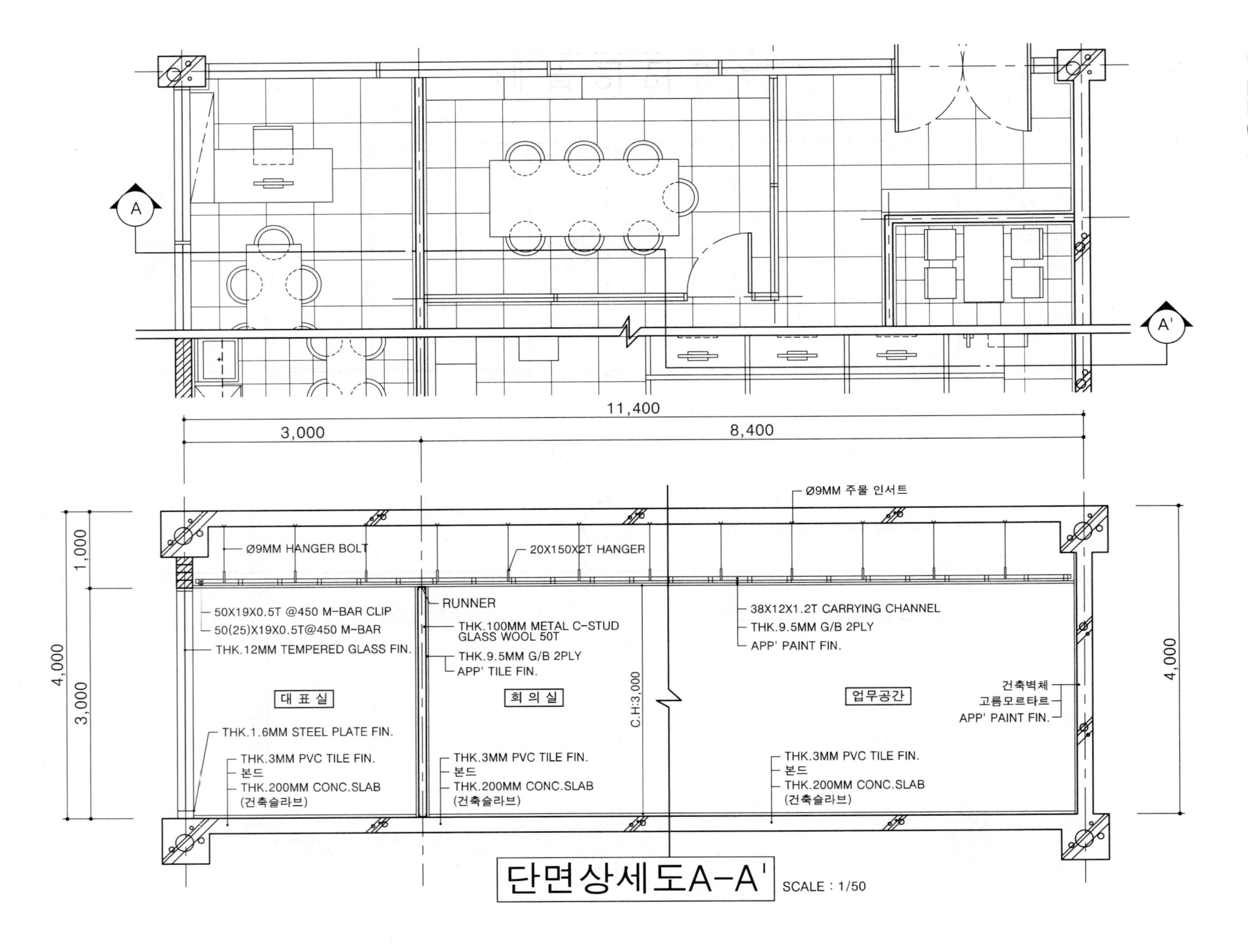

A
A'
11,400
3,000
8,400
Ø9MM 주물 인서트
Ø9MM HANGER BOLT
20X150X2T HANGER
50X19X0.5T @450 M-BAR CLIP
50(25)X19X0.5T@450 M-BAR
THK.12MM TEMPERED GLASS FIN.
RUNNER
THK.100MM METAL C-STUD
GLASS WOOL 50T
THK.9.5MM G/B 2PLY
APP' TILE FIN.
38X12X1.2T CARRYING CHANNEL
THK.9.5MM G/B 2PLY
APP' PAINT FIN.
대 표 실
회 의 실
업무공간
C.H:3,000
건축벽체
고름모르타르
APP' PAINT FIN.
THK.1.6MM STEEL PLATE FIN.
THK.3MM PVC TILE FIN.
본드
THK.200MM CONC.SLAB
(건축슬라브)
1,000
3,000
4,000
4,000
단면상세도A-A'
SCALE : 1/50

❺ 실내투시도 – 샤프 작업/ 기본 그리드 작도

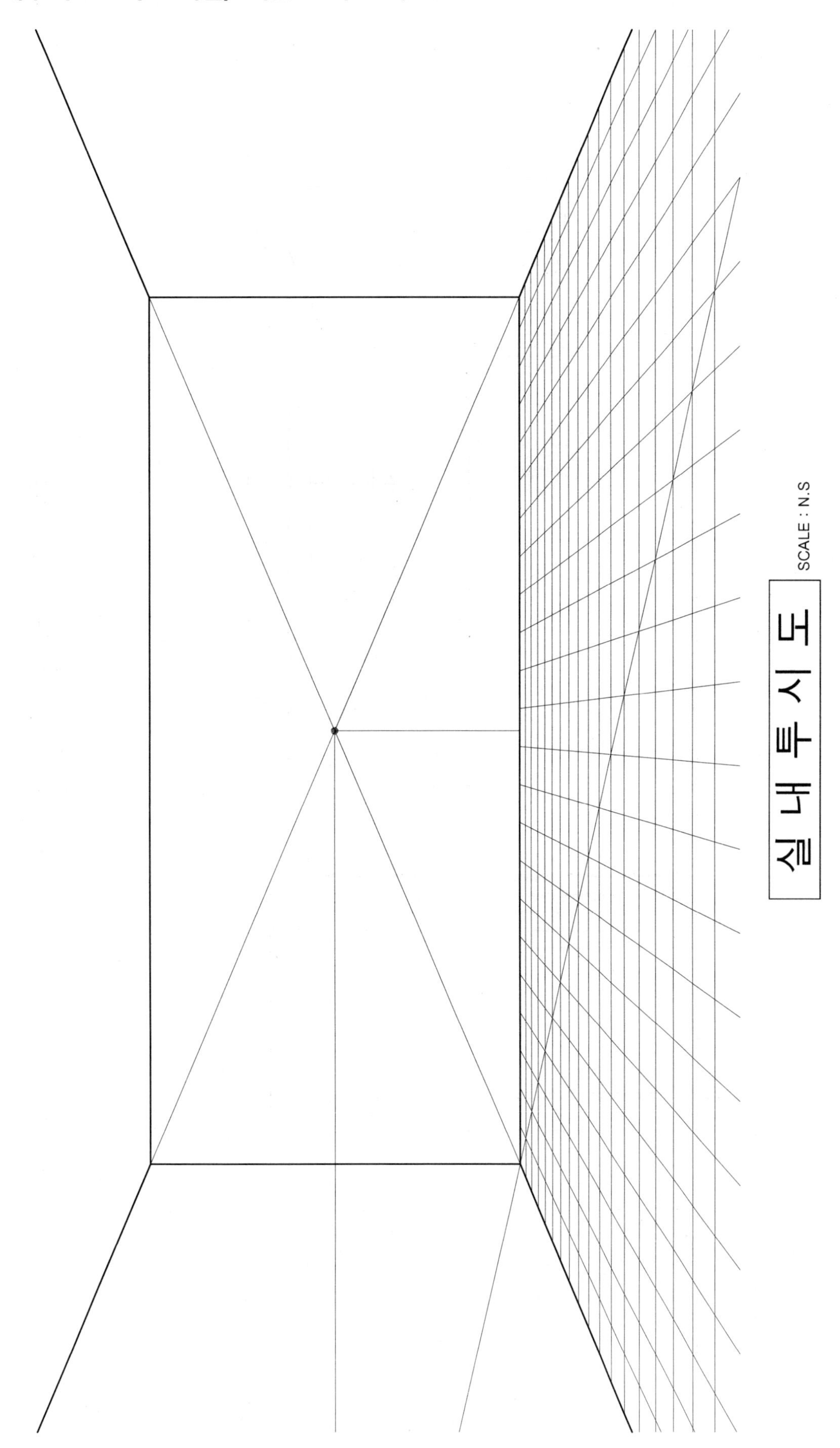

❻ 실내투시도 – 샤프 작업/ 공간 볼륨감 및 가구 작도

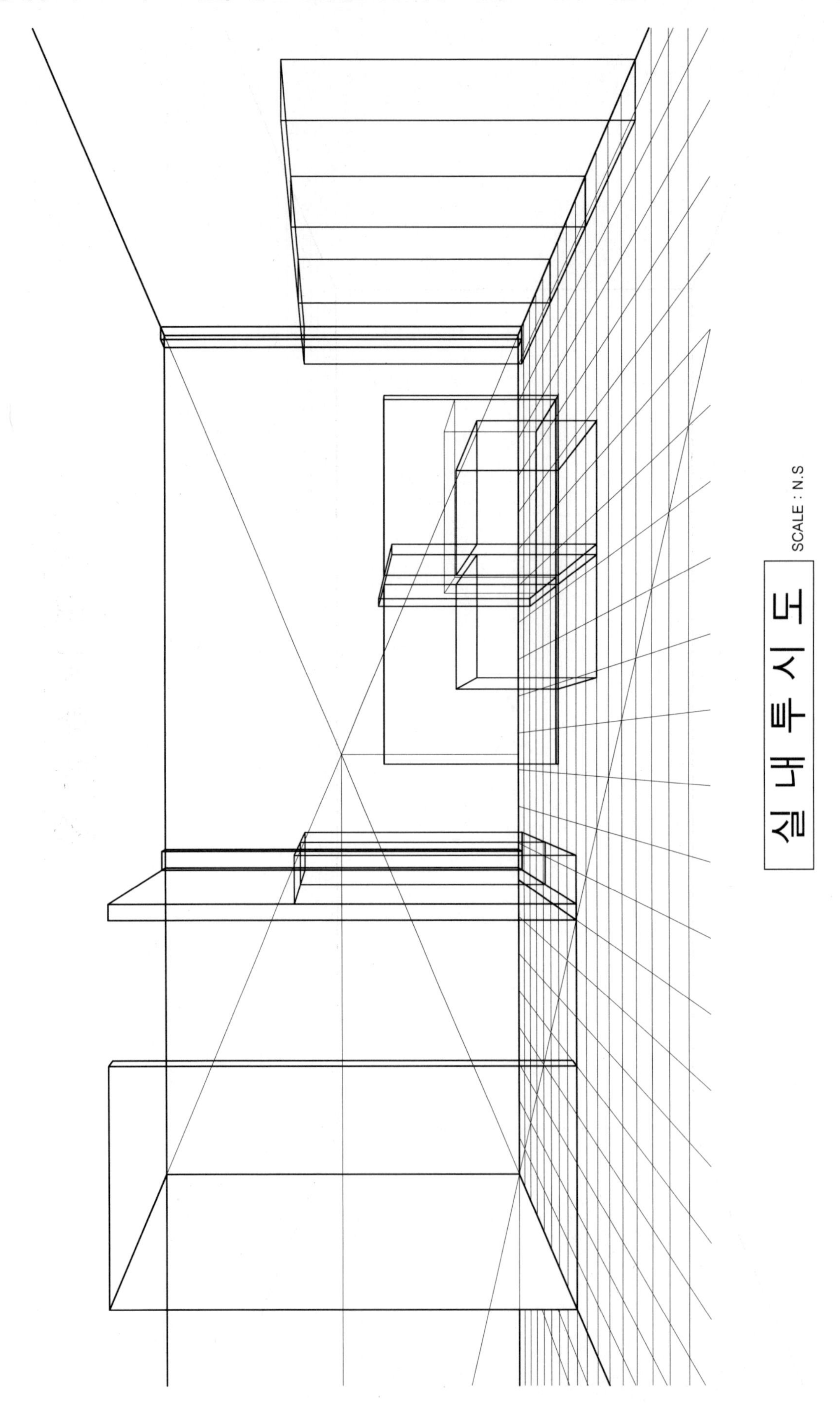

❼ 실내투시도 – 검정펜 작업

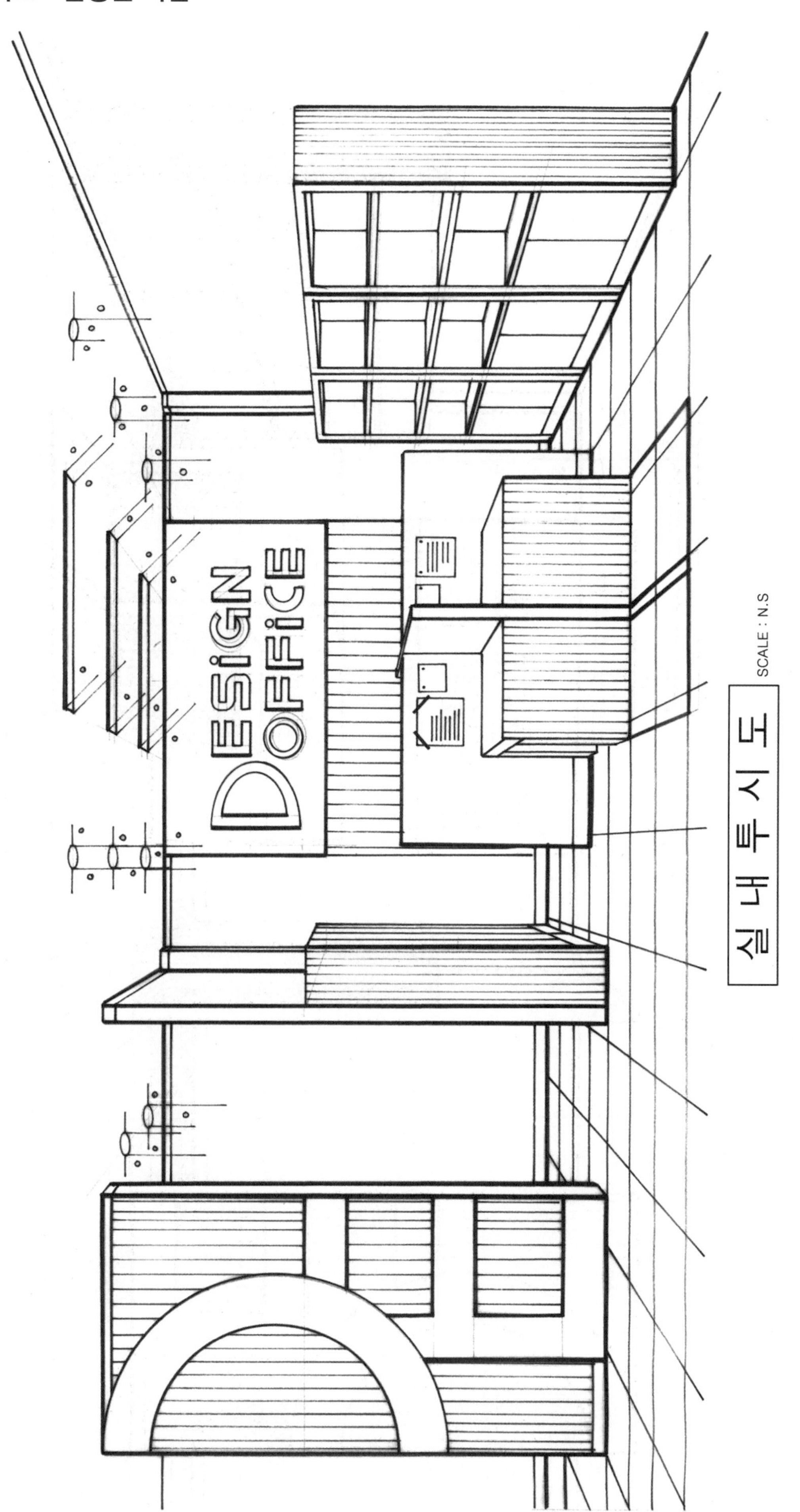

⑧ 실내투시도 – 마카 채색

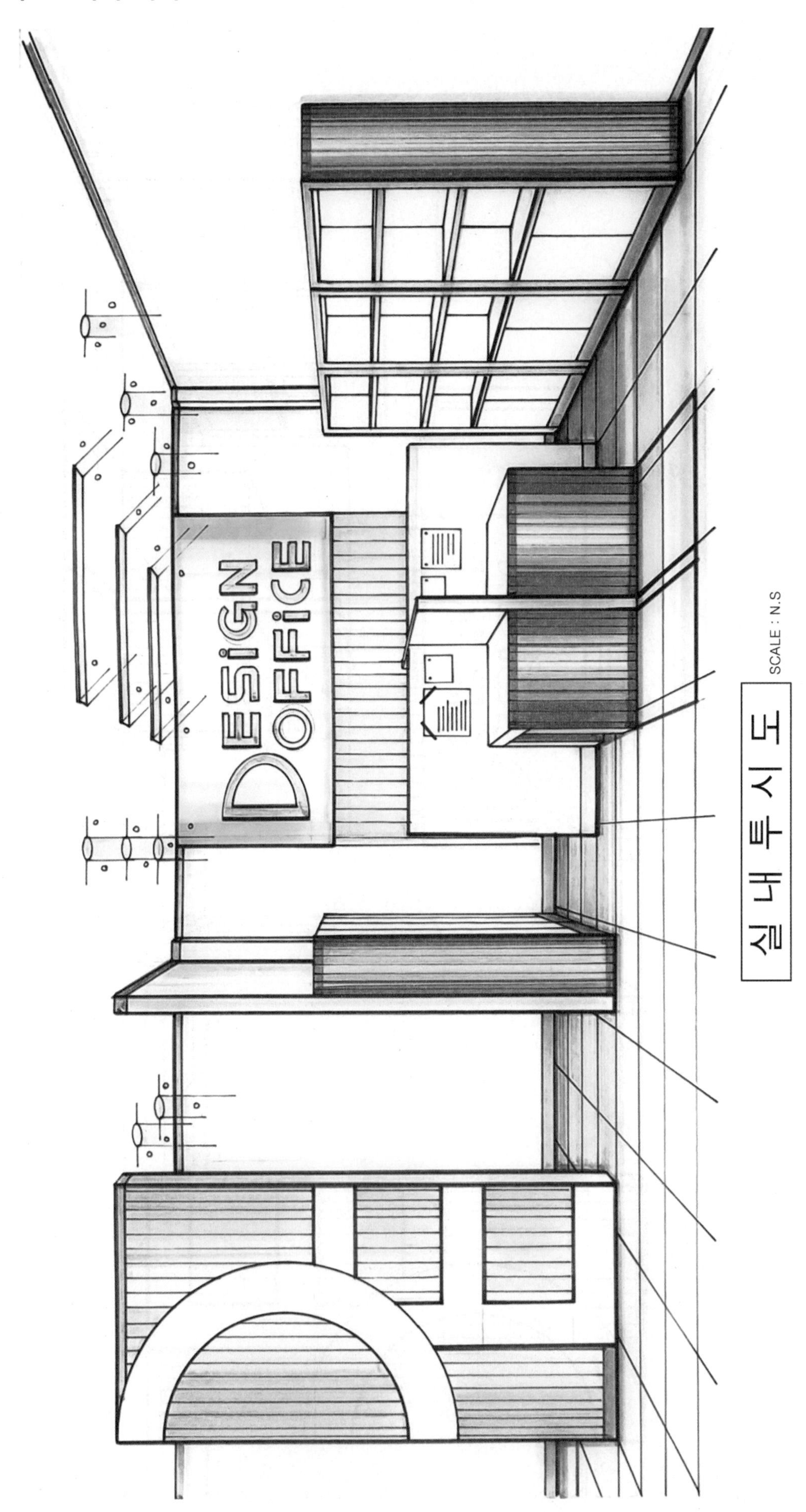

과년도 기출문제－12

자격종목	실내건축기사	작업명	웨딩숍

※ 시험시간 : 6시간 30분

1. 요구사항

주어진 도면은 일반상업지역에 위치한 1층에 위치한 웨딩숍이다. 다음의 요구조건에 따라 요구도면을 작성하시오.

2. 요구조건

1) 설계면적 : 12,600mm × 9,000mm × 2,900mm(H)

2) 인적구성 : 상담직원 2명, 보조직원 1명

3) 필요공간 및 가구

- STORAGE, TOILET, COUNCEL ROOM[상담실(개방형)], SHOW WINDOW, FITTING ROOM
- CASHIER COUNTER, ACCESSARY SHELF, SHELF, SHOW CASE, DISPLAY TABLE, HANGER
  (그 외 가구는 수험자 임의로 작도한다)

※ 이상 제시된 가구는 필수적이며, 이 외에 필요한 가구와 실내장식이 있다면 수험자가 임의로 추가할 수 있음

3. 요구도면

1) 평면도(가구 배치 및 바닥마감재 표기) : S=1/50
   평면도 우측 하단에 설계자가 의도한 DESIGN CONCEPT를 200자 내외로 적으시오.

2) 천장도(조명기구 및 마감재료 표기) : S=1/50

3) 내부입면도 A방향(벽면재료 표기) : S=1/50

4) 단면상세도 A－A′ : S=1/50

5) 실내투시도(채색작업 필수) : S=N.S
   좋은 지점으로 지정하여 1소점 투시도 또는 2소점 투시도로 작성하되, 작성과정의 투시보조선을 남길 것

자격종목	실내건축기사	과제명	웨딩숍	척 도	N.S

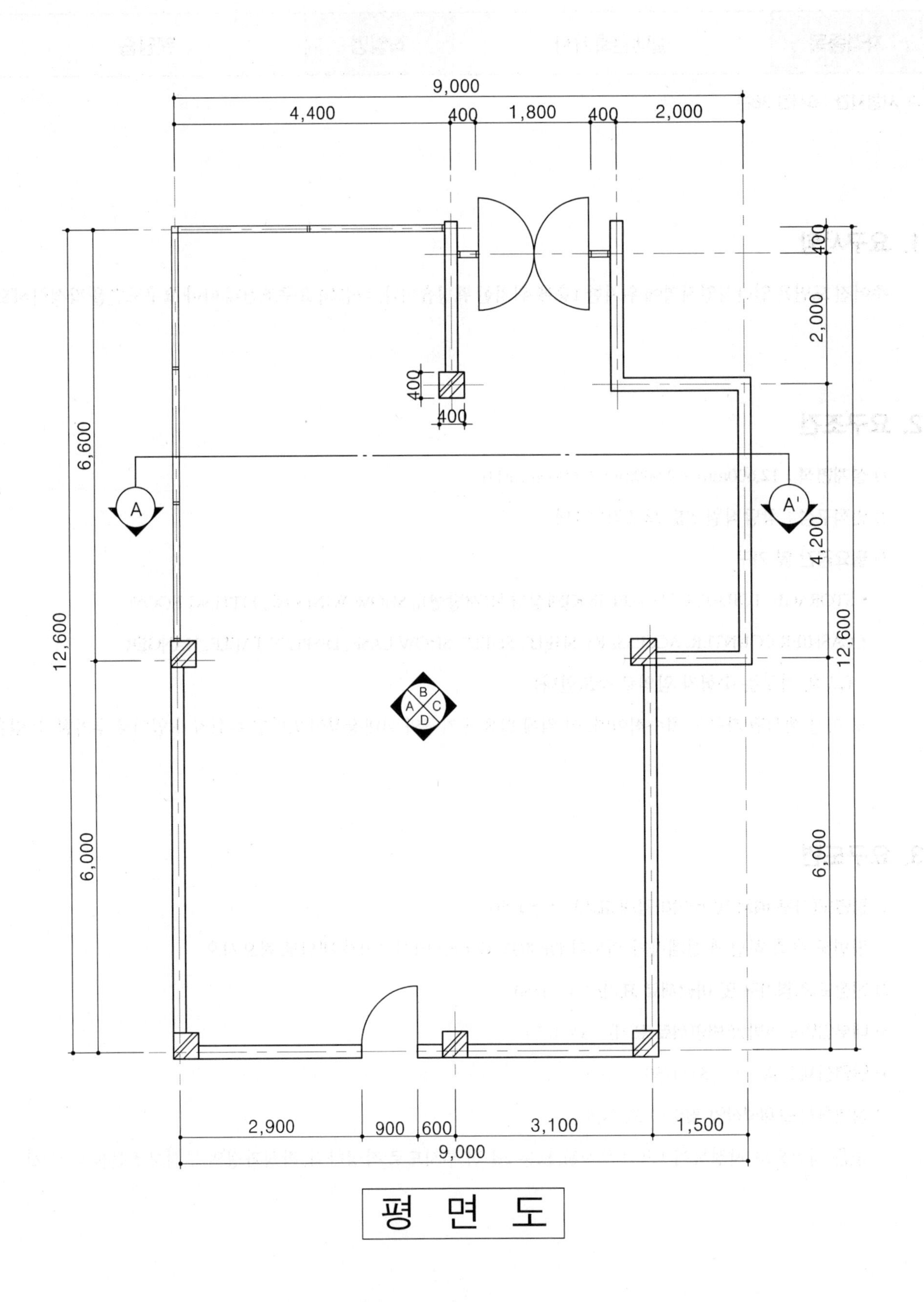

평 면 도

❶ 평면도

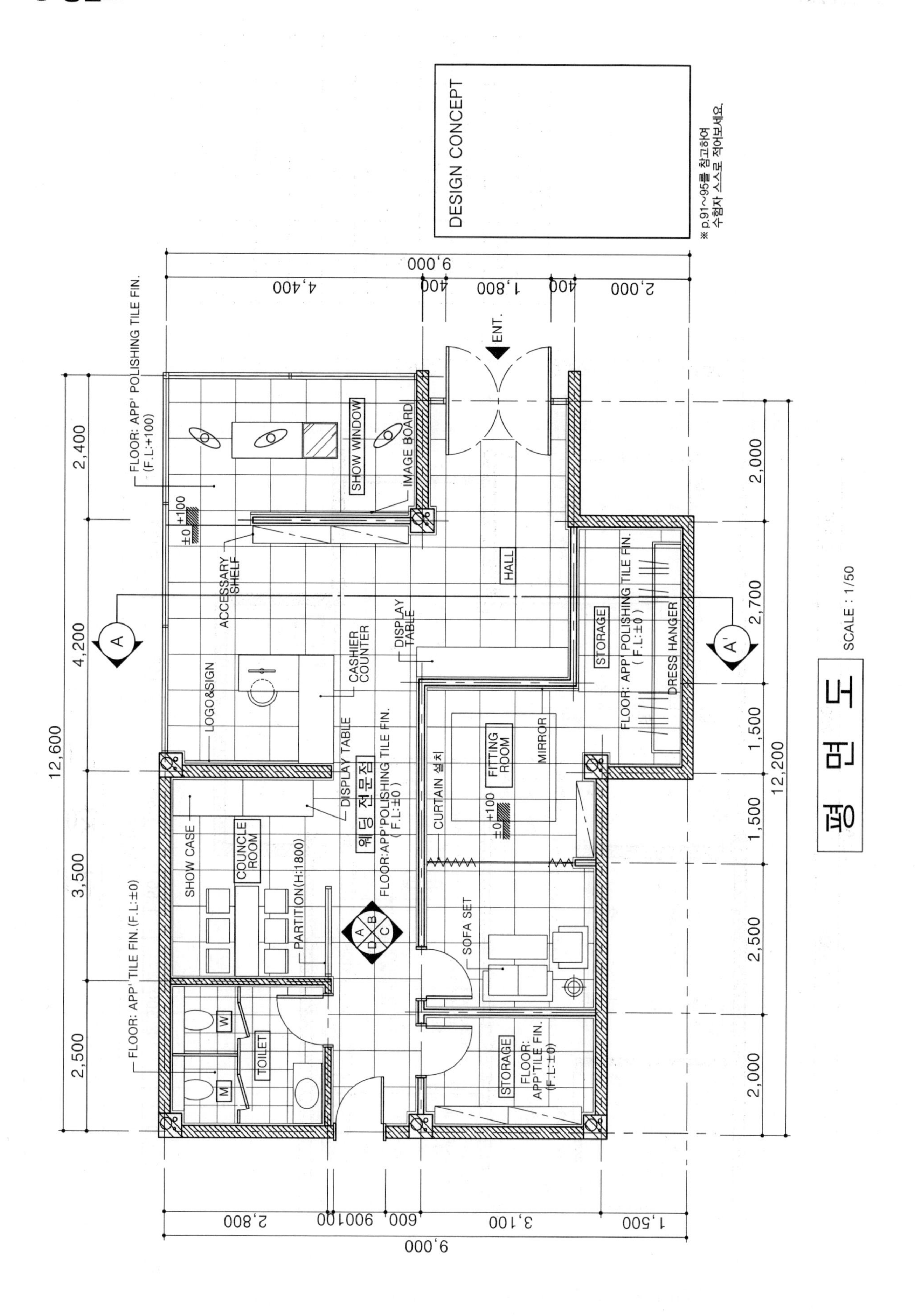
DESIGN CONCEPT
※ p.91~95를 참고하여 수험자 스스로 적어보세요.
9,000
4,400
400
1,800
400
2,000
ENT.
FLOOR: APP' POLISHING TILE FIN. (F.L:+100)
SHOW WINDOW
IMAGE BOARD
±0
+100
ACCESSARY SHELF
HALL
DISPLAY TABLE
CASHIER COUNTER
LOGO&SIGN
STORAGE
FLOOR: APP' POLISHING TILE FIN. (F.L:±0)
DRESS HANGER
DISPLAY TABLE
웨딩 전문점
FLOOR:APP'POLISHING TILE FIN. (F.L:±0)
CURTAIN 설치
FITTING ROOM
MIRROR
SHOW CASE
COUNCLE ROOM
PARTITION(H:1800)
SOFA SET
FLOOR: APP' TILE FIN.(F.L:±0)
W
M
TOILET
STORAGE
FLOOR: APP'TILE FIN. (F.L:±0)
A
A'
12,600
2,400
4,200
3,500
2,500
12,200
2,000
2,700
1,500
1,500
2,500
2,000
2,800
600
900
100
600
3,100
1,500
9,000
평 면 도
SCALE : 1/50

❷ 천장도

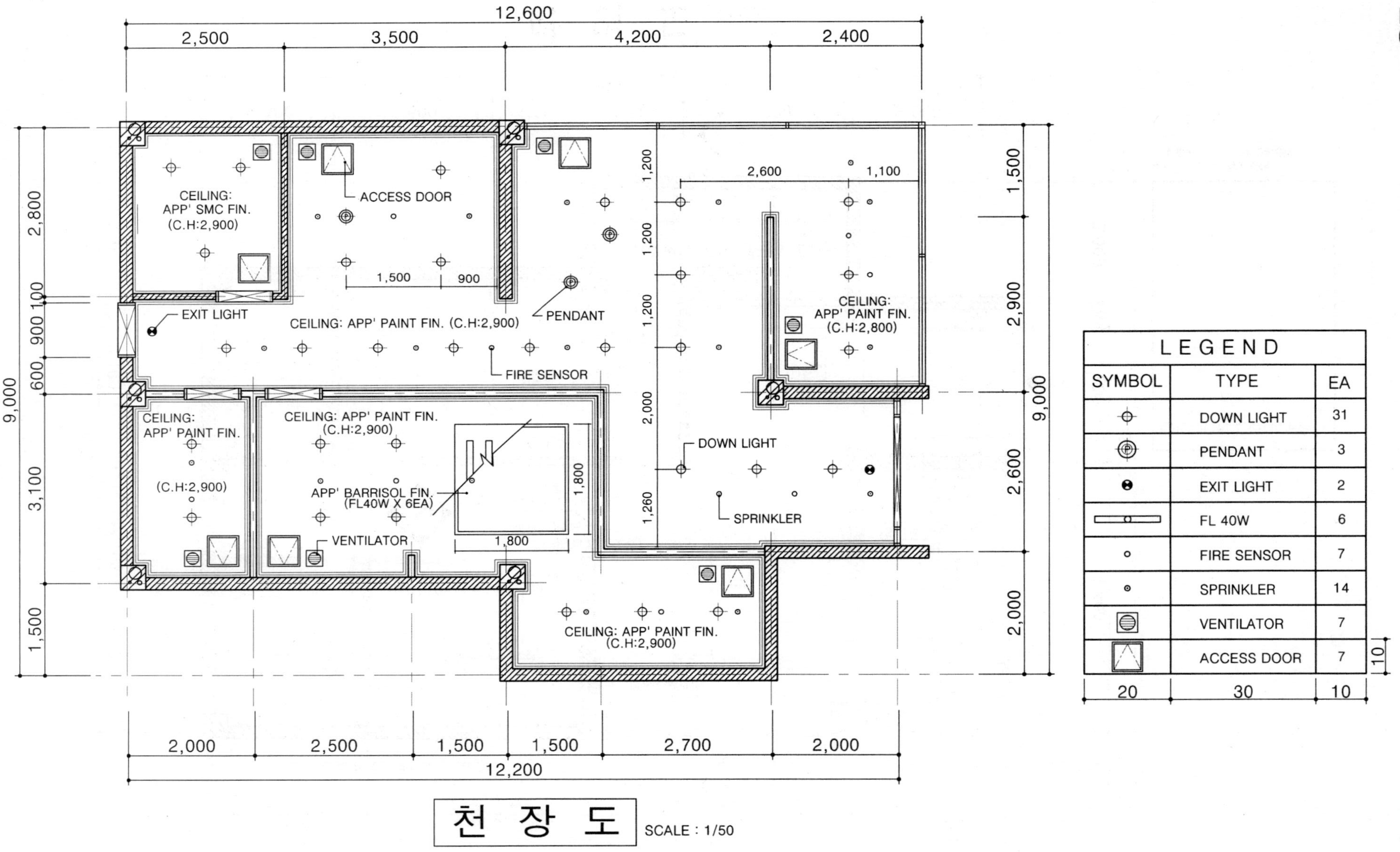

SYMBOL	TYPE	EA
	DOWN LIGHT	31
	PENDANT	3
	EXIT LIGHT	2
	FL 40W	6
	FIRE SENSOR	7
	SPRINKLER	14
	VENTILATOR	7
	ACCESS DOOR	7

❸ 내부입면도

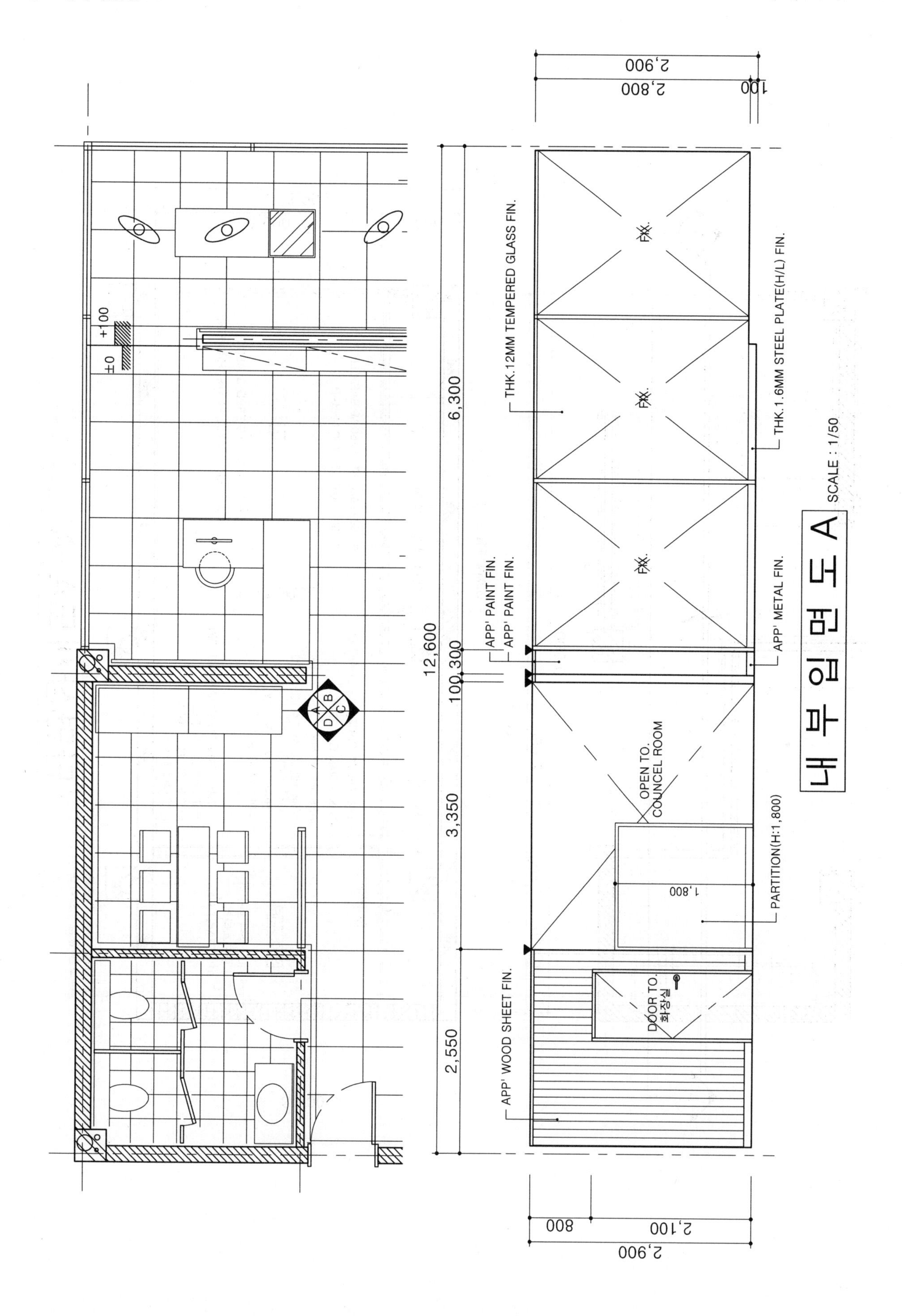

내부입면도 A
SCALE : 1/50
THK.12MM TEMPERED GLASS FIN.
THK.1.6MM STEEL PLATE(H/L) FIN.
APP' PAINT FIN.
APP' PAINT FIN.
APP' METAL FIN.
APP' WOOD SHEET FIN.
FIX.
FIX.
FIX.
OPEN TO.
COUNCEL ROOM
PARTITION(H:1,800)
DOOR TO.
화장실
12,600
6,300
100
300
3,350
2,550
2,900
2,800
100
800
2,100
2,900
1,800
+100
±0

❹ 단면상세도

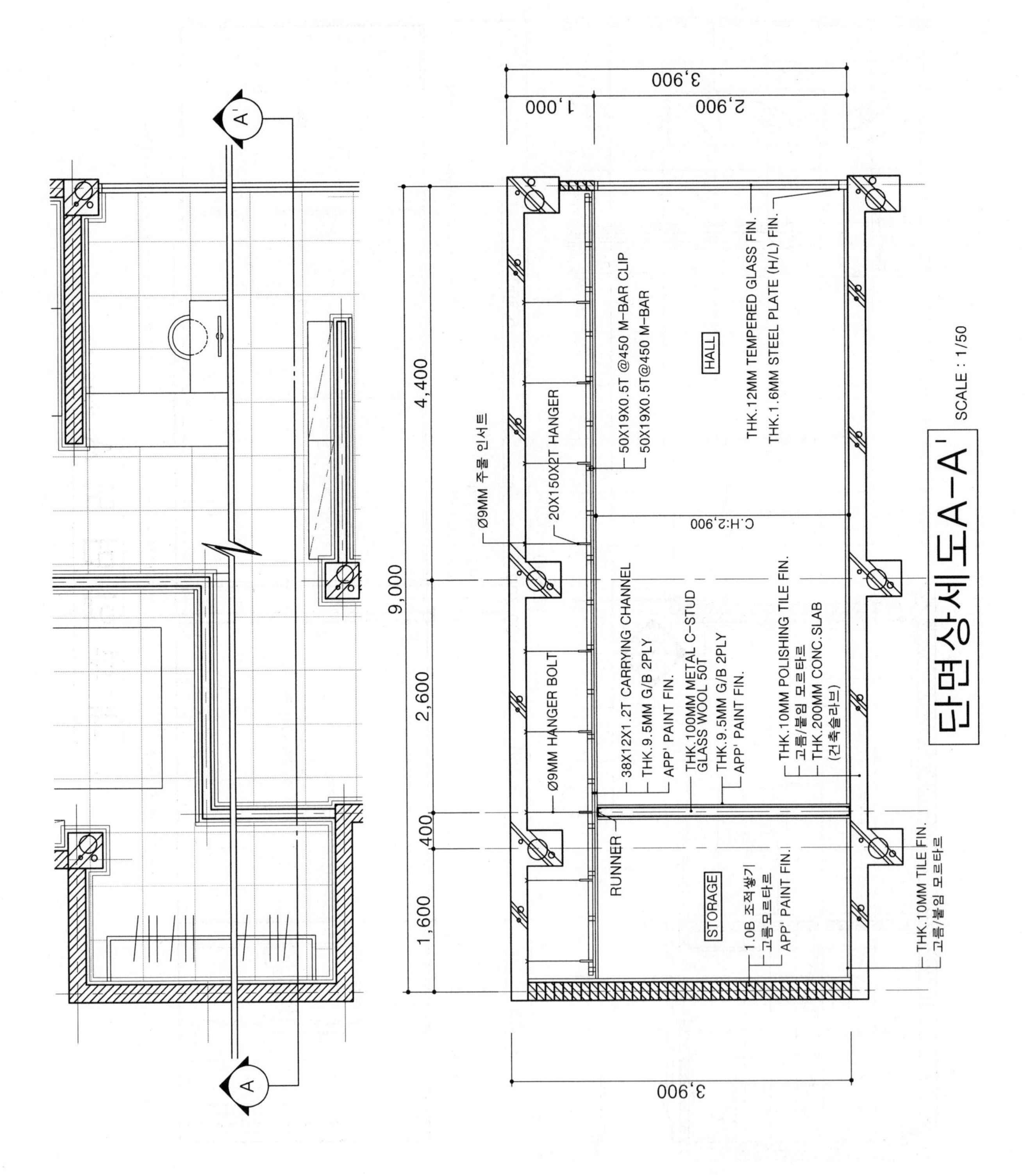

단면상세도 A-A'
SCALE : 1/50
3,900
1,000
2,900
9,000
4,400
2,600
400
1,600
Ø9MM 주물 인서트
20X150X2T HANGER
50X19X0.5T @450 M-BAR CLIP
50X19X0.5T@450 M-BAR
HALL
THK.12MM TEMPERED GLASS FIN.
THK.1.6MM STEEL PLATE (H/L) FIN.
C.H:2,900
Ø9MM HANGER BOLT
38X12X1.2T CARRYING CHANNEL
THK.9.5MM G/B 2PLY
APP' PAINT FIN.
THK.100MM METAL C-STUD
GLASS WOOL 50T
THK.9.5MM G/B 2PLY
APP' PAINT FIN.
THK.10MM POLISHING TILE FIN.
고름/붙임 모르타르
THK.200MM CONC.SLAB
(건축슬라브)
RUNNER
STORAGE
1.0B 조적쌓기
고름모르타르
APP' PAINT FIN.
THK.10MM TILE FIN.
고름/붙임 모르타르
A
A'

❺ 실내투시도 – 샤프 작업/ 기본 그리드 작도

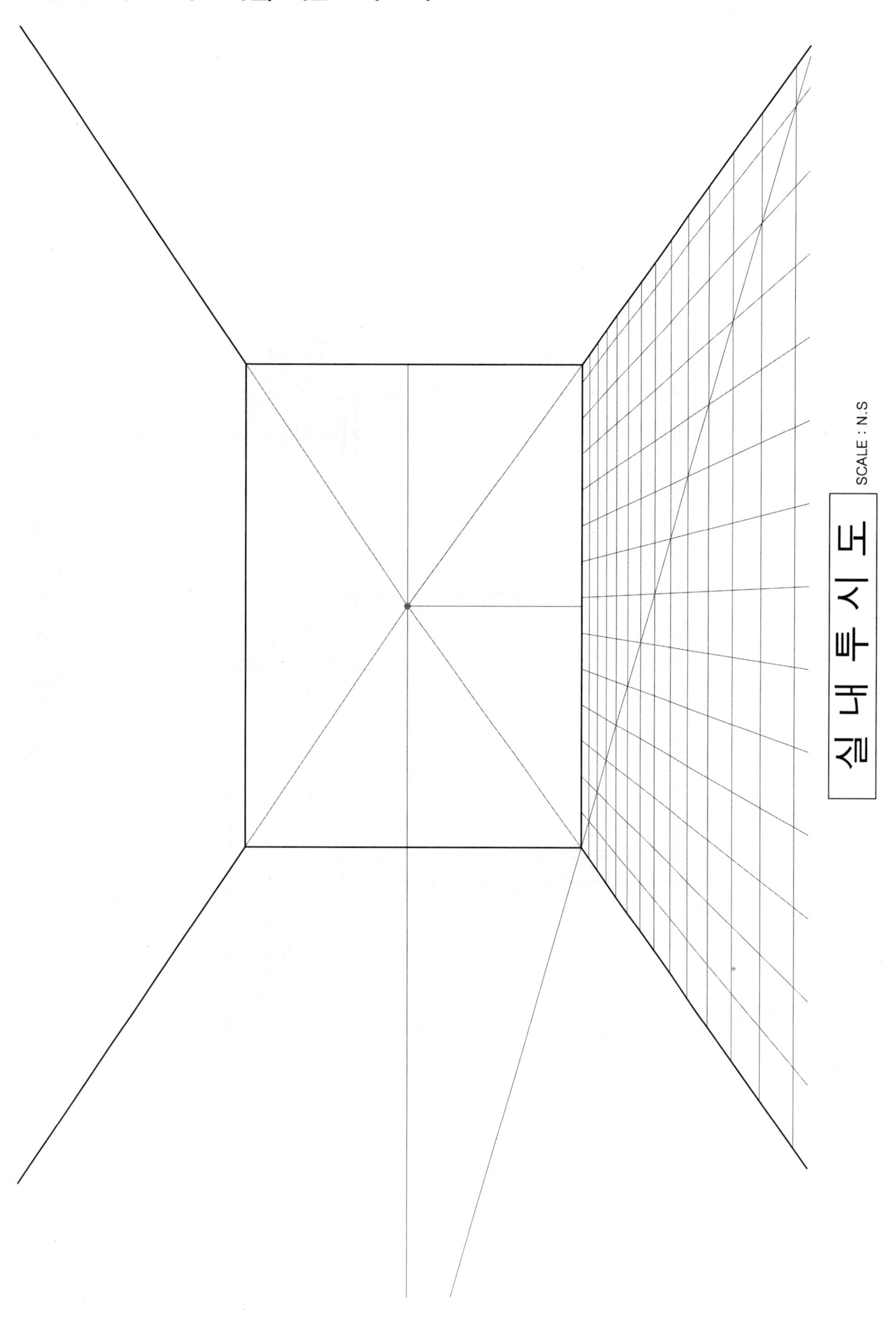

❻ 실내투시도 – 샤프 작업/ 공간 볼륨감 및 가구 작도

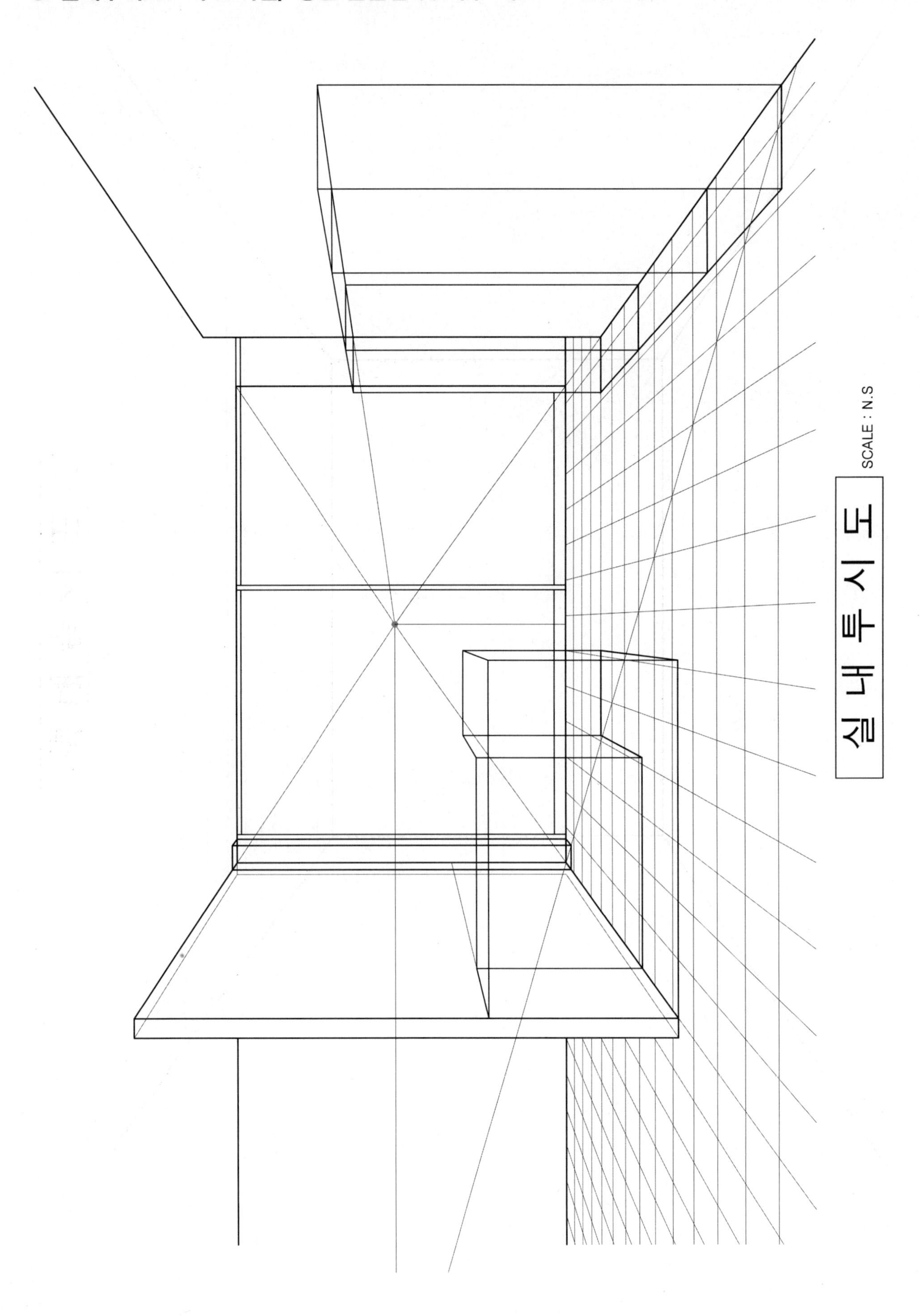

⑦ 실내투시도 – 검정펜 작업

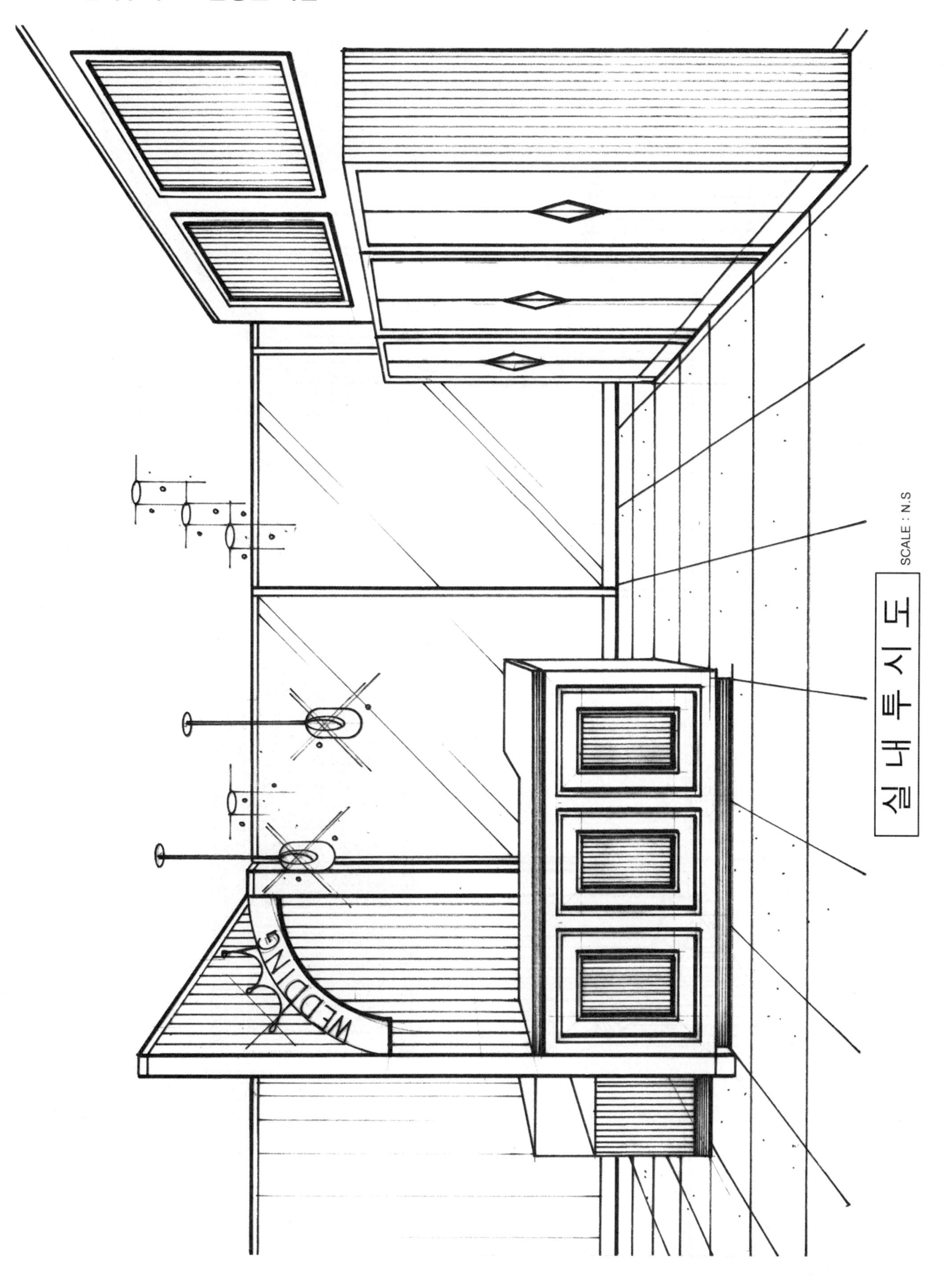

❽ 실내투시도 – 마카 채색

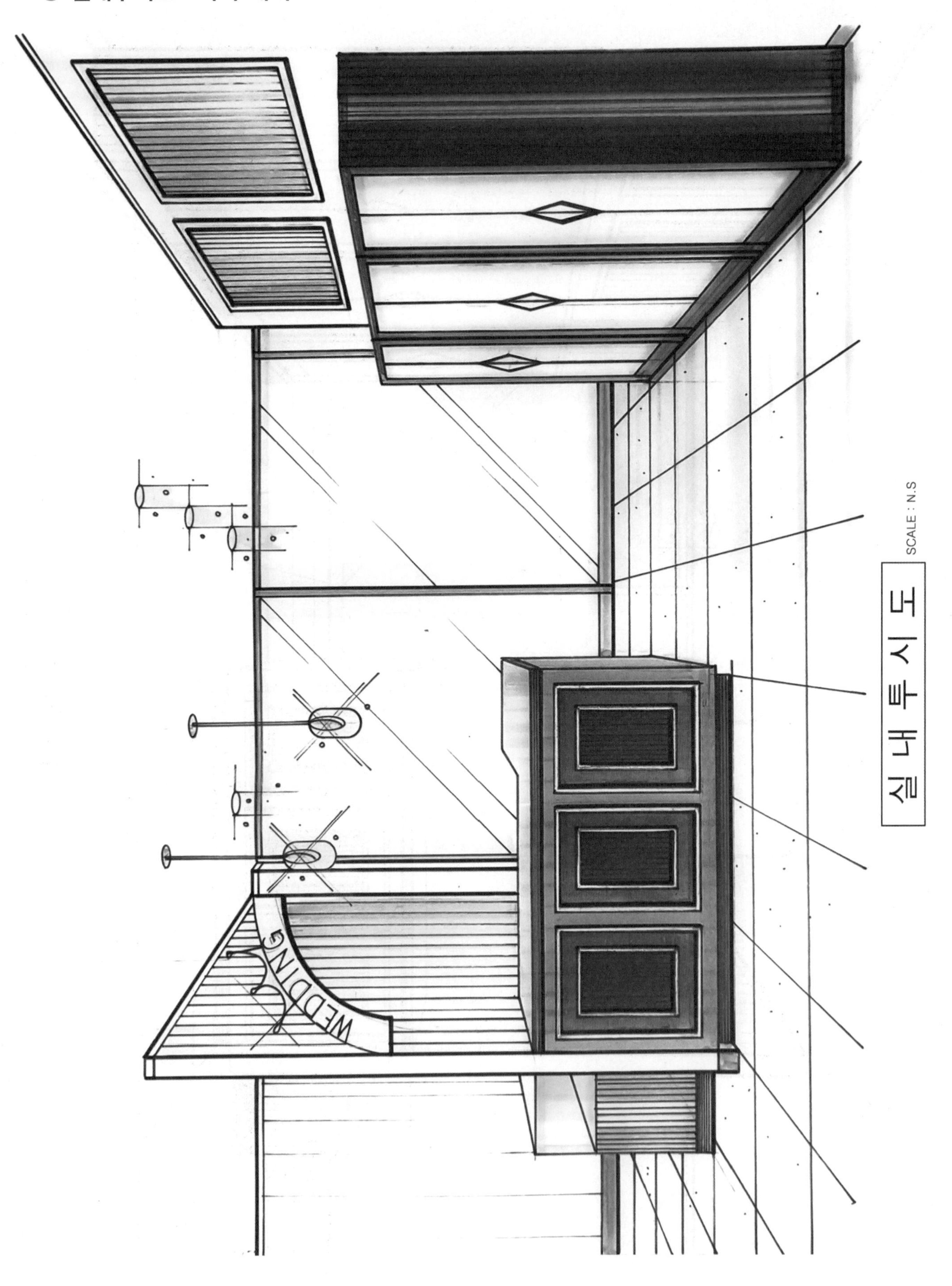

과년도 기출문제－13

자격종목	실내건축기사	작업명	최저가 화장품 판매점

※ 시험시간 : 6시간 30분

1. 요구사항

주어진 도면은 유동인구가 많은 일반상업지역 1층에 위치한 최저가 화장품 판매점이다. 다음의 요구조건에 따라 요구도면을 작성하시오.

2. 요구조건

1) 설계면적 : 10,100mm × 8,750mm × 2,600mm(H)

2) 인적구성 : 대표 1명, 실장 1명, 직원 4명

3) 필요공간 및 가구

- CASHIER COUNTER : 2,100mm × 600mm × 900mm(1EA)
- DISPLAY TABLE : 1500mm × 600mm × 1,200mm(8EA), WALL SHELF(선반) : 폭 300mm 높이 및 개수 자유
- STORAGE, STAFF ROOM

(그 외 가구는 수험자 임의로 작도한다)

※ 이상 제시된 가구는 필수적이며, 이 외에 필요한 가구와 실내장식이 있다면 수험자가 임의로 추가할 수 있음

3. 요구도면

1) 평면도(가구 배치 및 바닥마감재 표기) : S＝1/50

평면도 우측 하단에 설계자가 의도한 DESIGN CONCEPT를 200자 내외로 적으시오.

2) 천장도(조명기구 및 마감재료 표기) : S＝1/50

3) 내부입면도 A방향(벽면재료 표기) : S＝1/50

4) 단면상세도 A－A′ : S＝1/50

5) 실내투시도(채색작업 필수) : S＝N.S

좋은 지점으로 지정하여 1소점 투시도 또는 2소점 투시도로 작성하되, 작성과정의 투시보조선을 남길 것

자격종목	실내건축기사	과제명	최저가 화장품 판매점	척 도	N.S

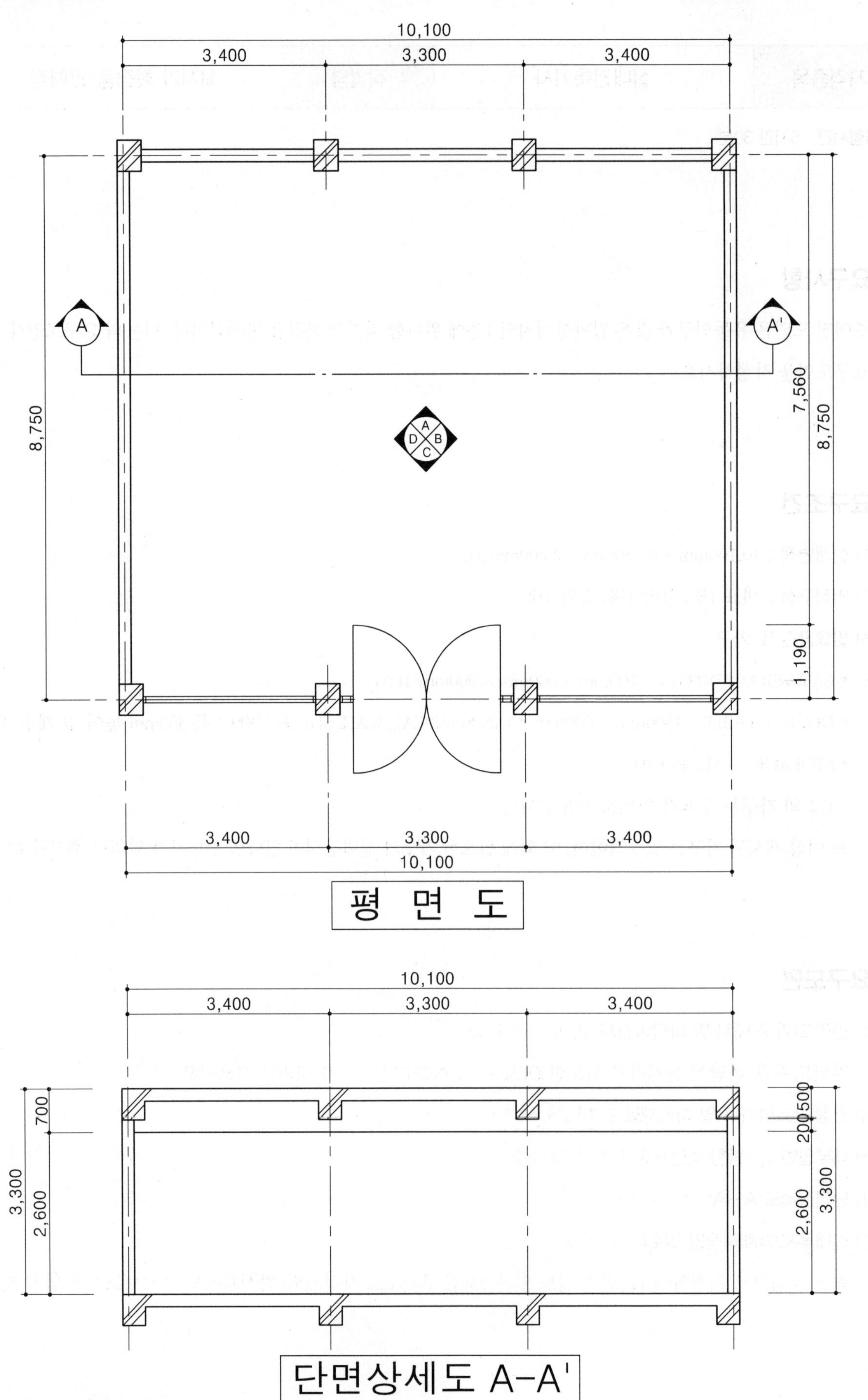

❶ 평면도

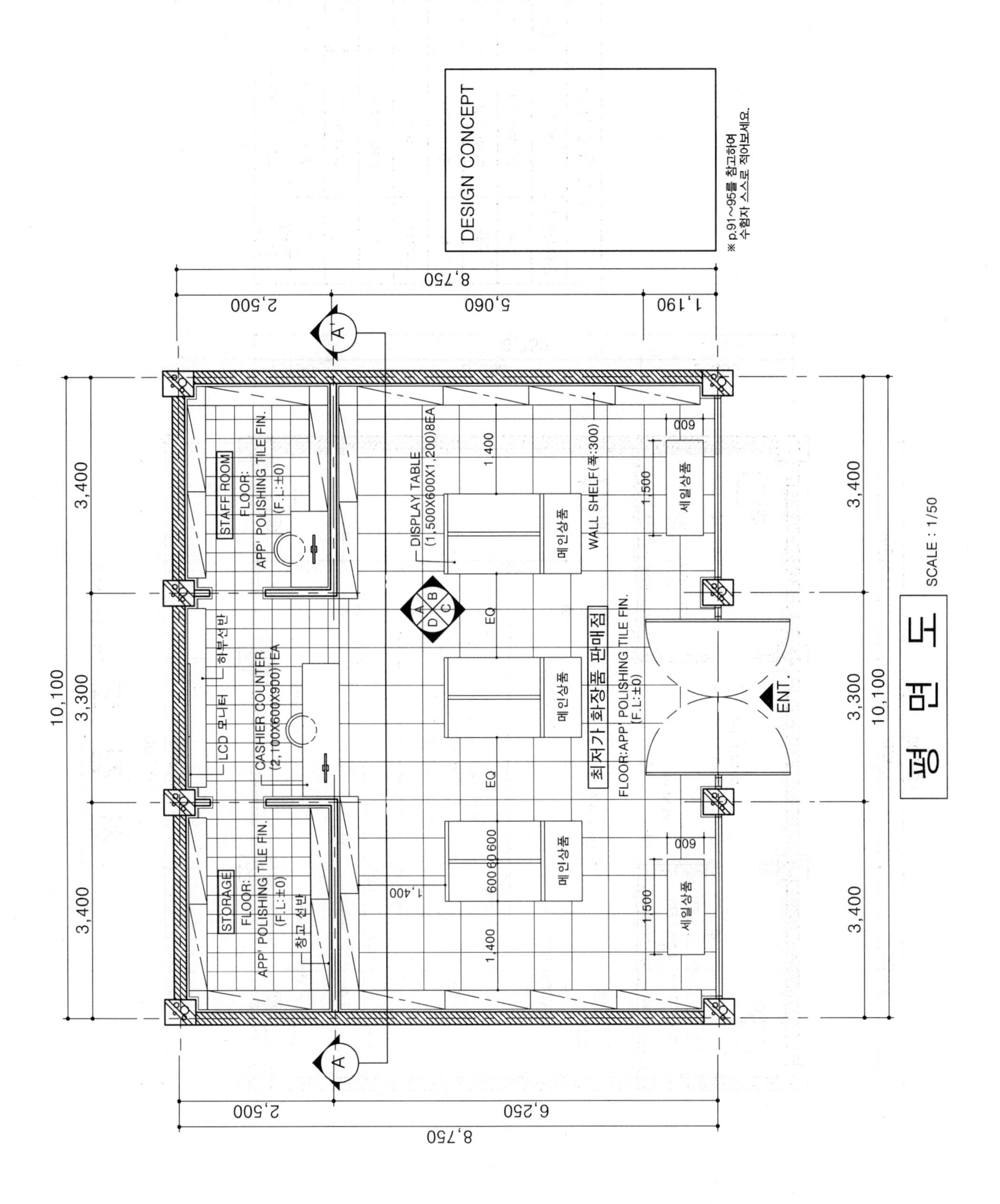
DESIGN CONCEPT
※ p.91~95를 참고하여 수험자 스스로 적어보세요.
STAFF ROOM
FLOOR: APP' POLISHING TILE FIN. (F.L:±0)
LCD 모니터
하부선반
CASHIER COUNTER (2,100X600X900)1EA
STORAGE
FLOOR: APP' POLISHING TILE FIN. (F.L:±0)
창고 선반
DISPLAY TABLE (1,500X600X1,200)8EA
WALL SHELF(폭:300)
최저가 화장품 판매점
FLOOR:APP' POLISHING TILE FIN. (F.L:±0)
메인상품
세일상품
ENT.
EQ
8,750
2,500
5,060
1,190
6,250
10,100
3,400
3,300
1,400
1,500
600
평 면 도
SCALE : 1/50

❷ 천장도

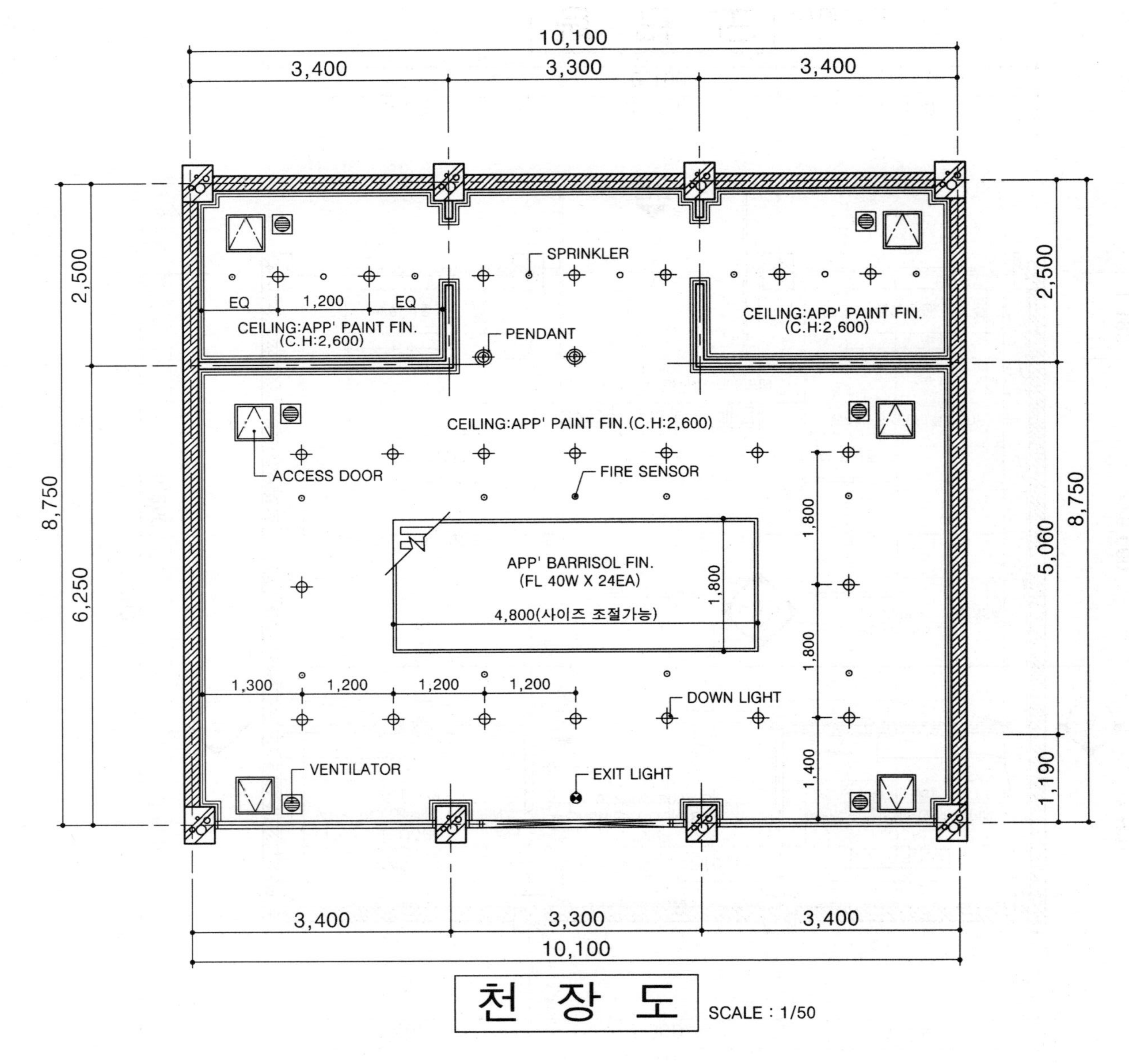

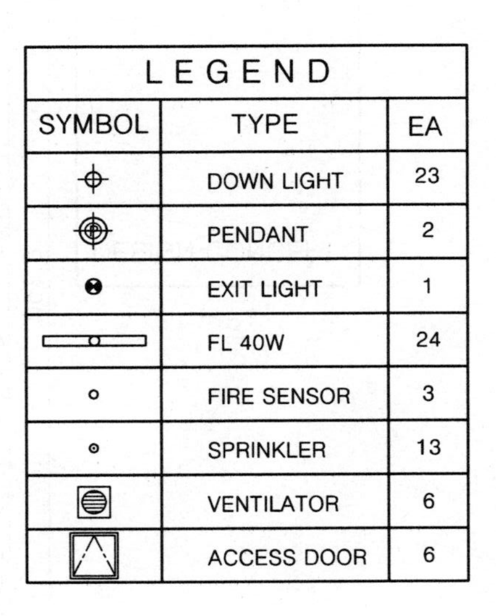

LEGEND		
SYMBOL	TYPE	EA
	DOWN LIGHT	23
	PENDANT	2
	EXIT LIGHT	1
	FL 40W	24
	FIRE SENSOR	3
	SPRINKLER	13
	VENTILATOR	6
	ACCESS DOOR	6

❸ 내부입면도

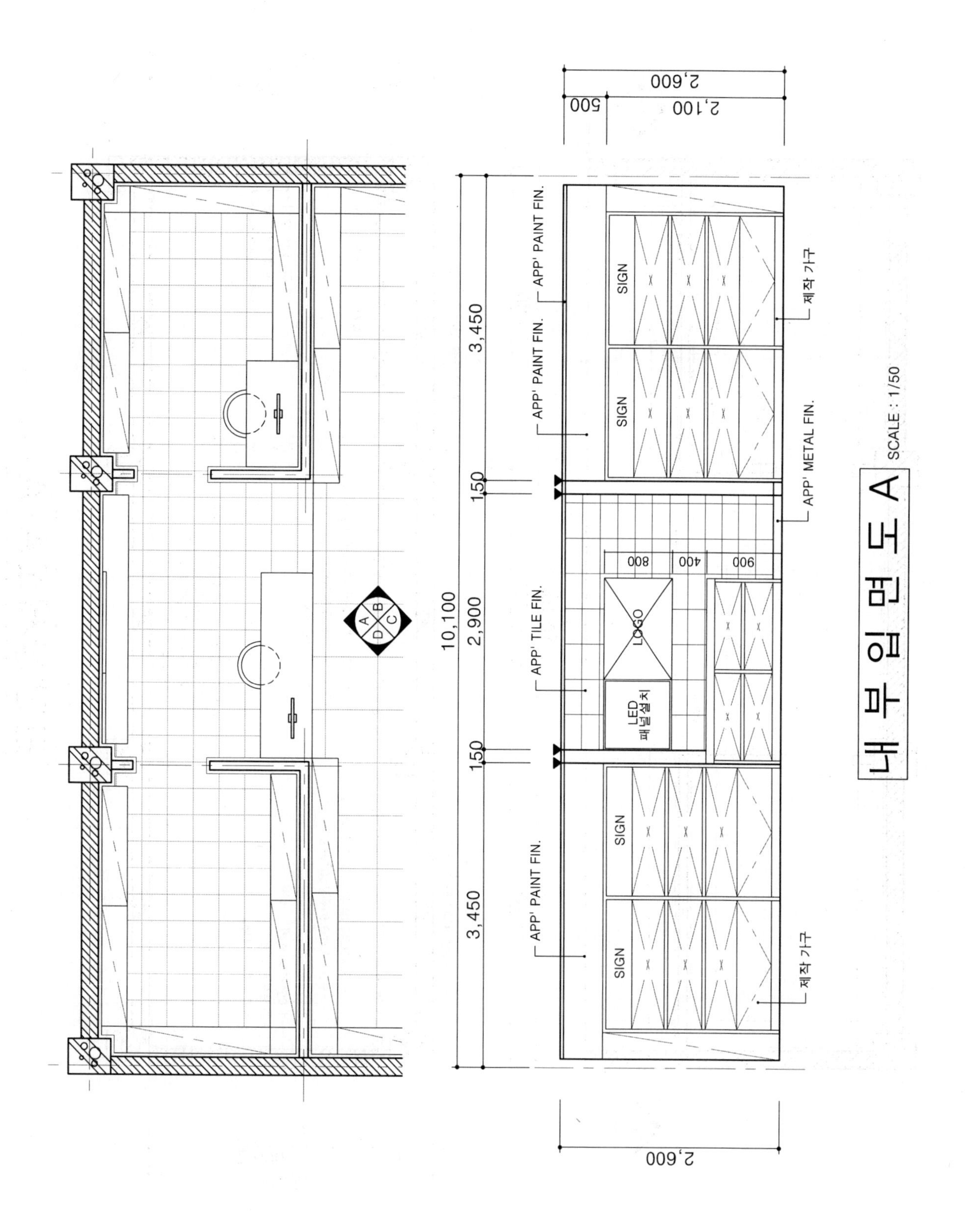

내부입면도 A
SCALE : 1/50
APP' PAINT FIN.
APP' PAINT FIN.
APP' PAINT FIN.
APP' TILE FIN.
APP' METAL FIN.
제작 가구
제작 가구
SIGN
SIGN
SIGN
SIGN
LOGO
LED 패널설치
10,100
3,450
150
2,900
150
3,450
2,600
2,100
500
2,600
800
400
900
A
B
C
D

❹ 단면상세도

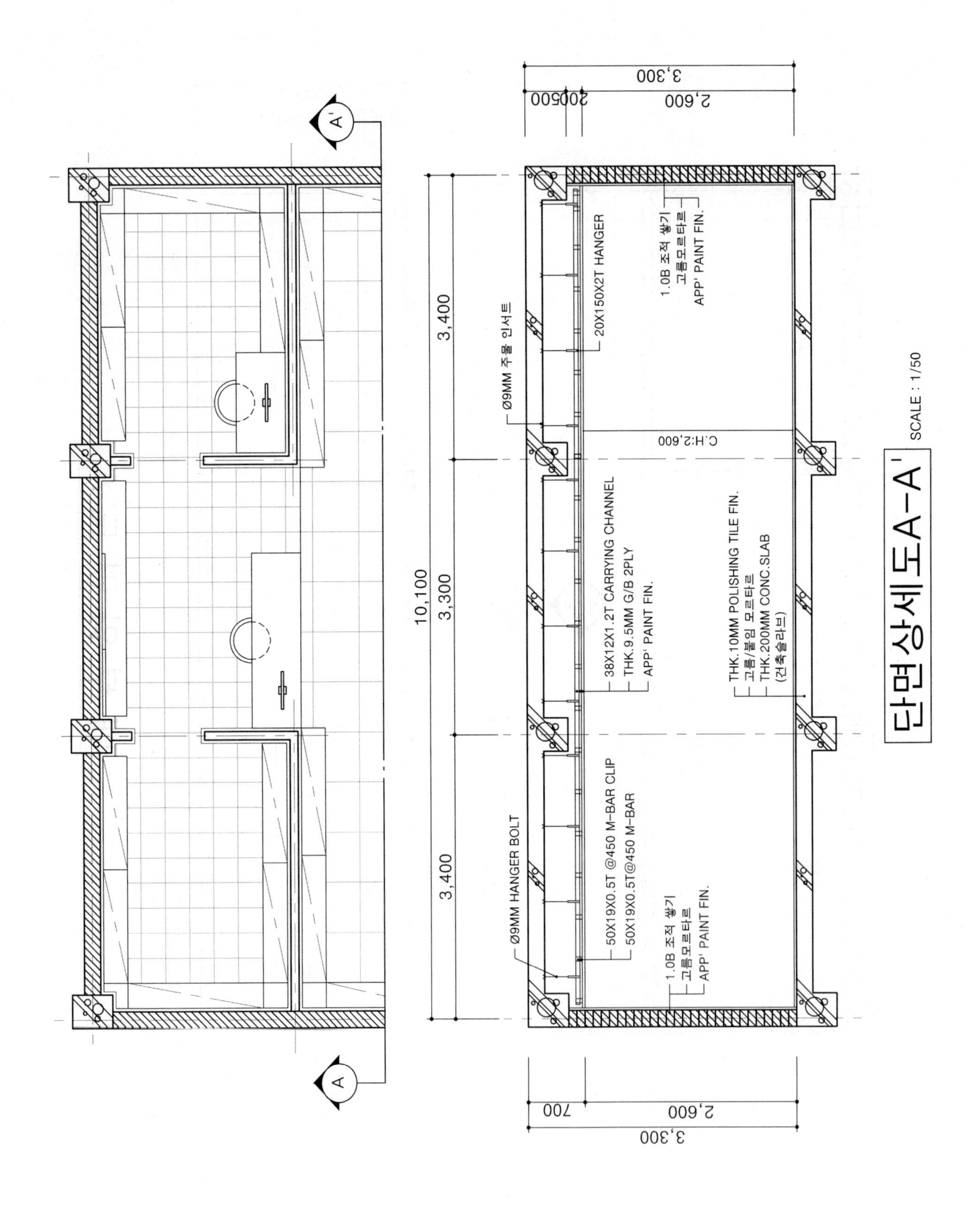

A
A'
10,100
3,400
3,300
3,400
3,300
2,600
200
500
700
Ø9MM HANGER BOLT
50X19X0.5T @450 M-BAR CLIP
50X19X0.5T@450 M-BAR
1.0B 조적 쌓기
고름모르타르
APP' PAINT FIN.
38X12X1.2T CARRYING CHANNEL
THK.9.5MM G/B 2PLY
APP' PAINT FIN.
THK.10MM POLISHING TILE FIN.
고름/붙임 모르타르
THK.200MM CONC.SLAB
(건축슬라브)
C.H:2,600
Ø9MM 주물 인서트
20X150X2T HANGER
1.0B 조적 쌓기
고름모르타르
APP' PAINT FIN.
단면상세도A-A'
SCALE : 1/50

❺ 실내투시도 – 샤프 작업/ 기본 그리드 작도

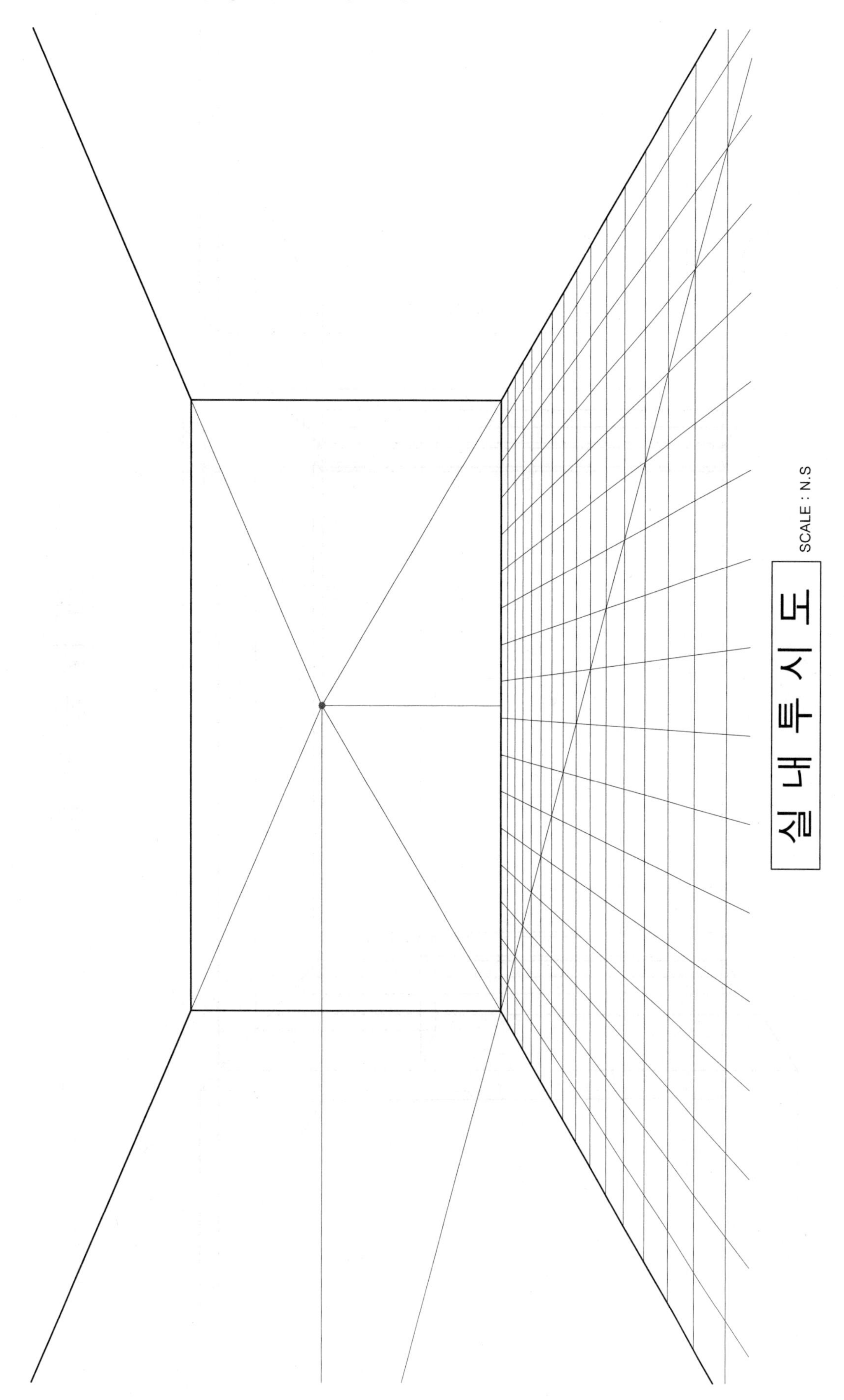

❻ 실내투시도－샤프 작업/ 공간 볼륨감 및 가구 작도

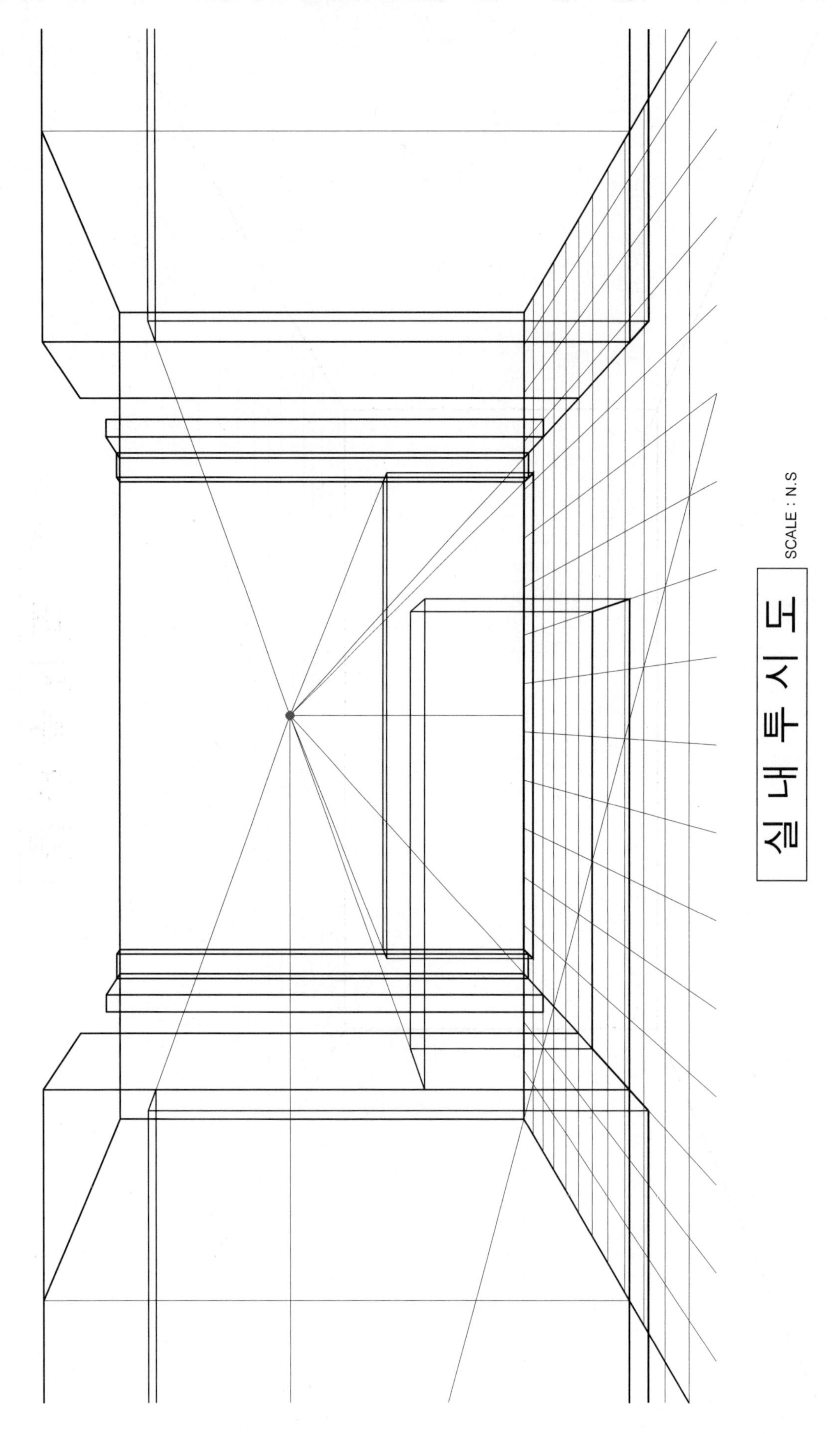

❼ 실내투시도 – 검정펜 작업

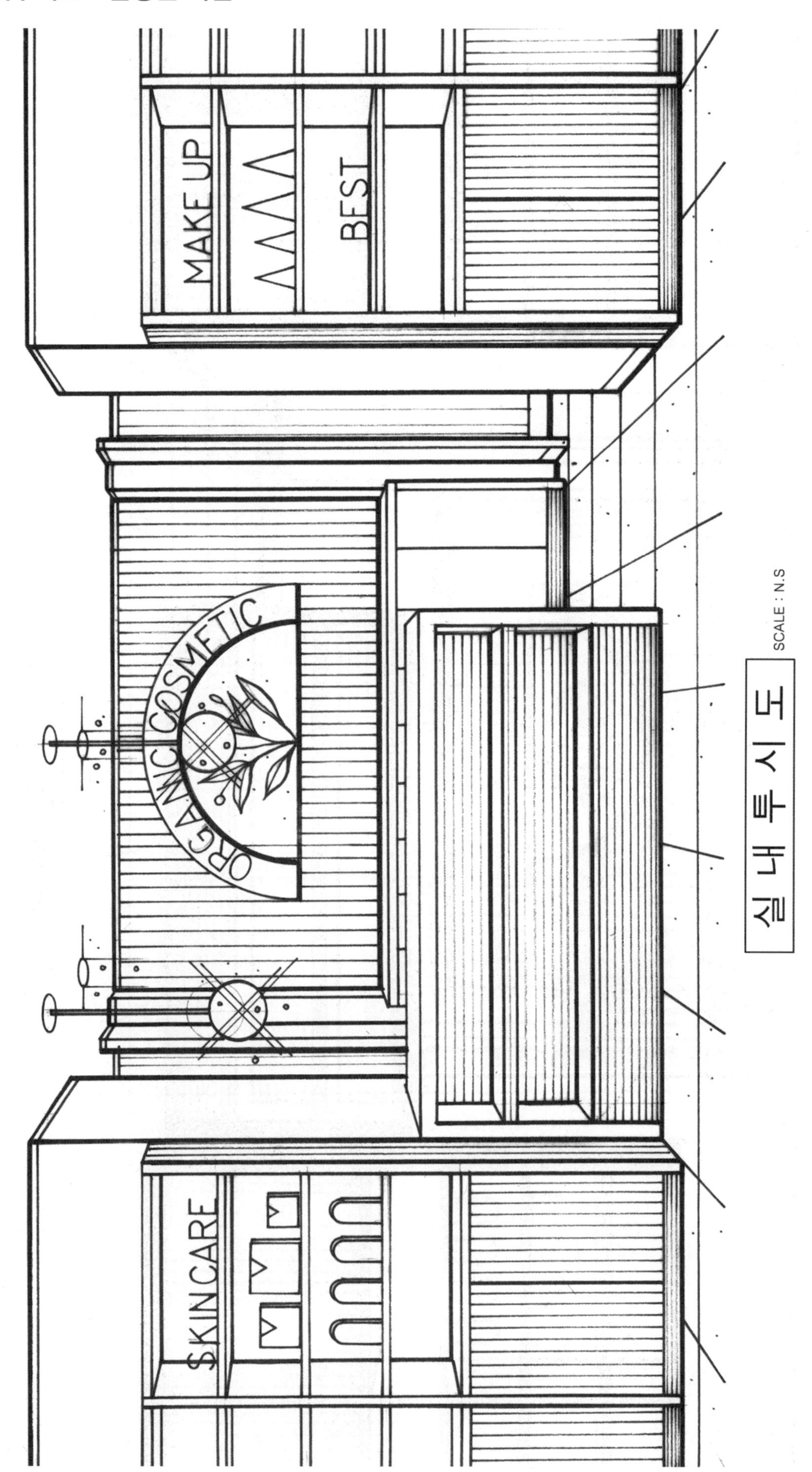

⑧ 실내투시도 – 마카 채색

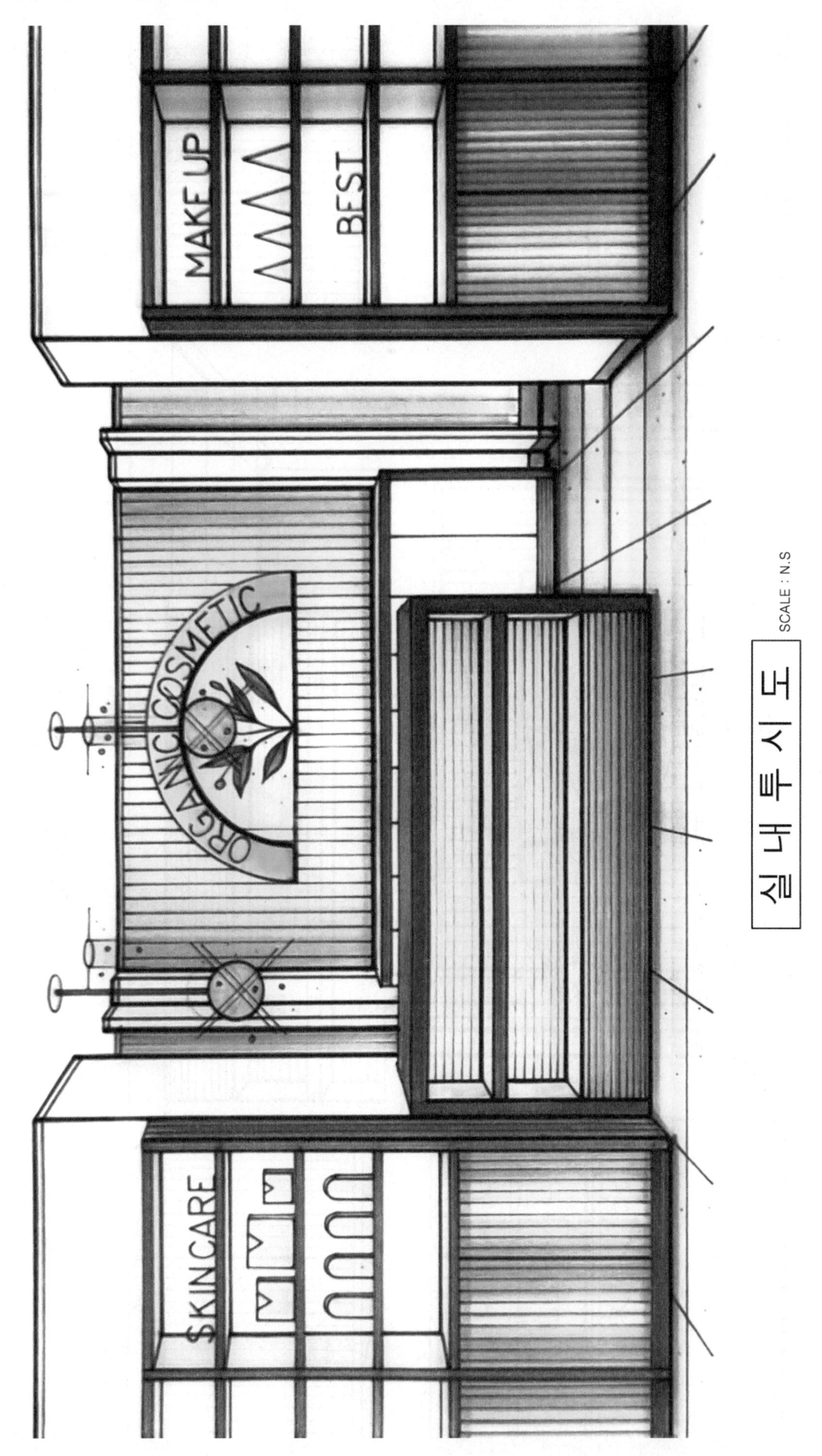

과년도 기출문제 – 14

자격종목	실내건축기사	작업명	어린이 도서관

※ 시험시간 : 6시간 30분

1. 요구사항

주어진 도면은 주 고객인 아동 및 청소년이 거주하는 도심의 아파트 단지 인근에 위치한 어린이 도서관으로 아동 및 청소년에게 많은 도서 서비스를 제공하기 위한 목적으로 설립되었다.
다음의 요구조건에 따라 요구도면을 작성하시오.

2. 요구조건

1) 설계면적 : 15,000mm × 9,000mm × 3,000mm(H)
2) 인적구성 : 자원봉사자 2명, 직원2명
3) 필요공간 및 가구
   - 놀이방, 만화방, 이야기방, 사무실 및 자원봉사자 휴게실, 화장실(남녀 양변기 각각, 세면대는 공용)
   - 도서 및 개방형 열람실, 도서반납대, 도서검색대
     (그 외 가구는 수험자 임의로 작도한다)

   ※ 이상 제시된 가구는 필수적이며, 이 외에 필요한 가구와 실내장식이 있다면 수험자가 임의로 추가할 수 있음

3. 요구도면

1) 평면도(가구 배치 및 바닥마감재 표기) : S=1/50
   평면도 우측 하단에 설계자가 의도한 DESIGN CONCEPT를 200자 내외로 적으시오.
2) 천장도(조명기구 및 마감재료 표기) : S=1/50
3) 내부입면도 A방향(벽면재료 표기) : S=1/50
4) 단면상세도 A–A′ : S=1/50
5) 실내투시도(채색작업 필수) : S=N.S
   좋은 지점으로 지정하여 1소점 투시도 또는 2소점 투시도로 작성하되, 작성과정의 투시보조선을 남길 것

자격종목	실내건축기사	과제명	어린이 도서관	척 도	N.S

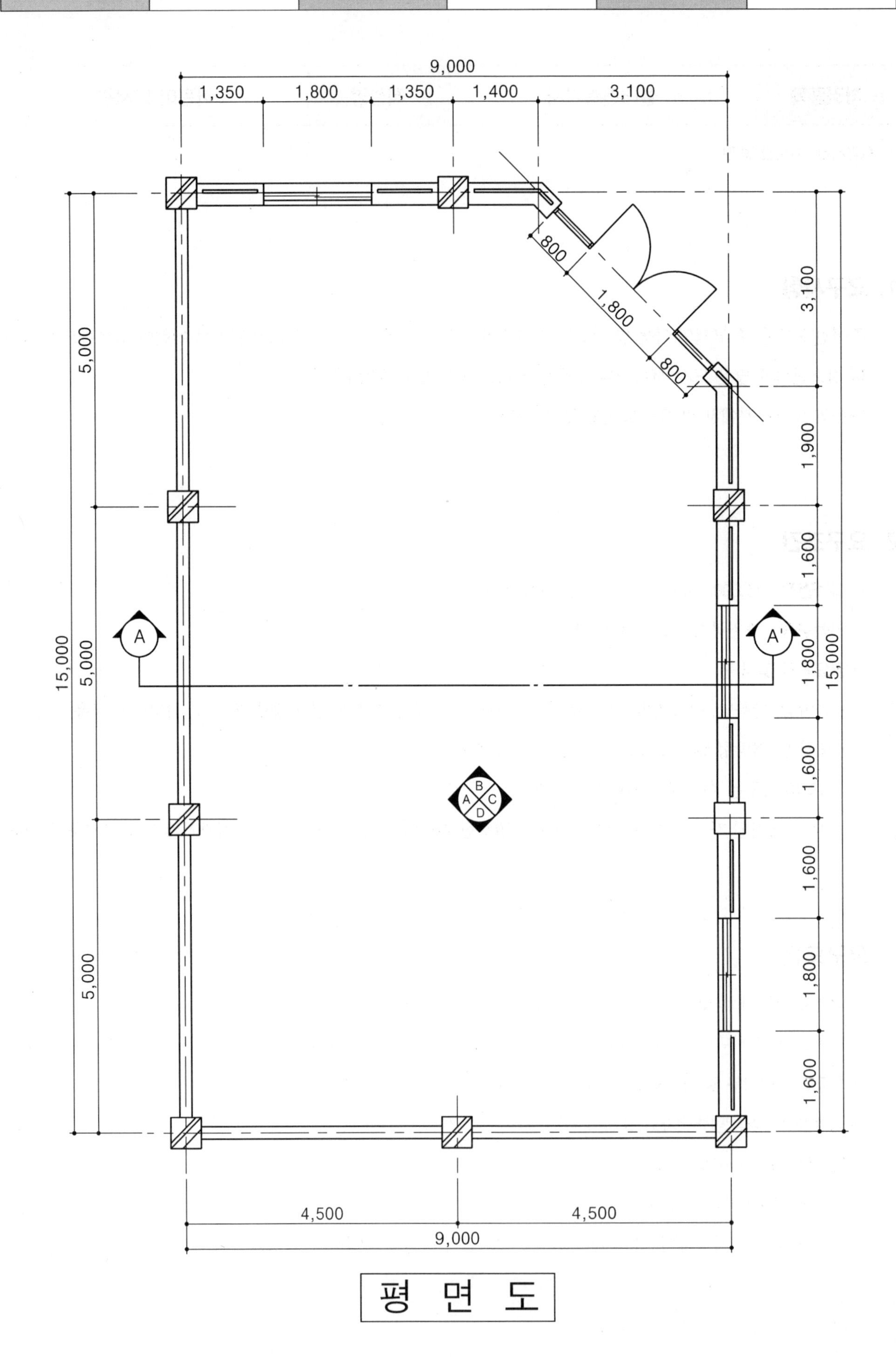

평 면 도

❶ 평면도

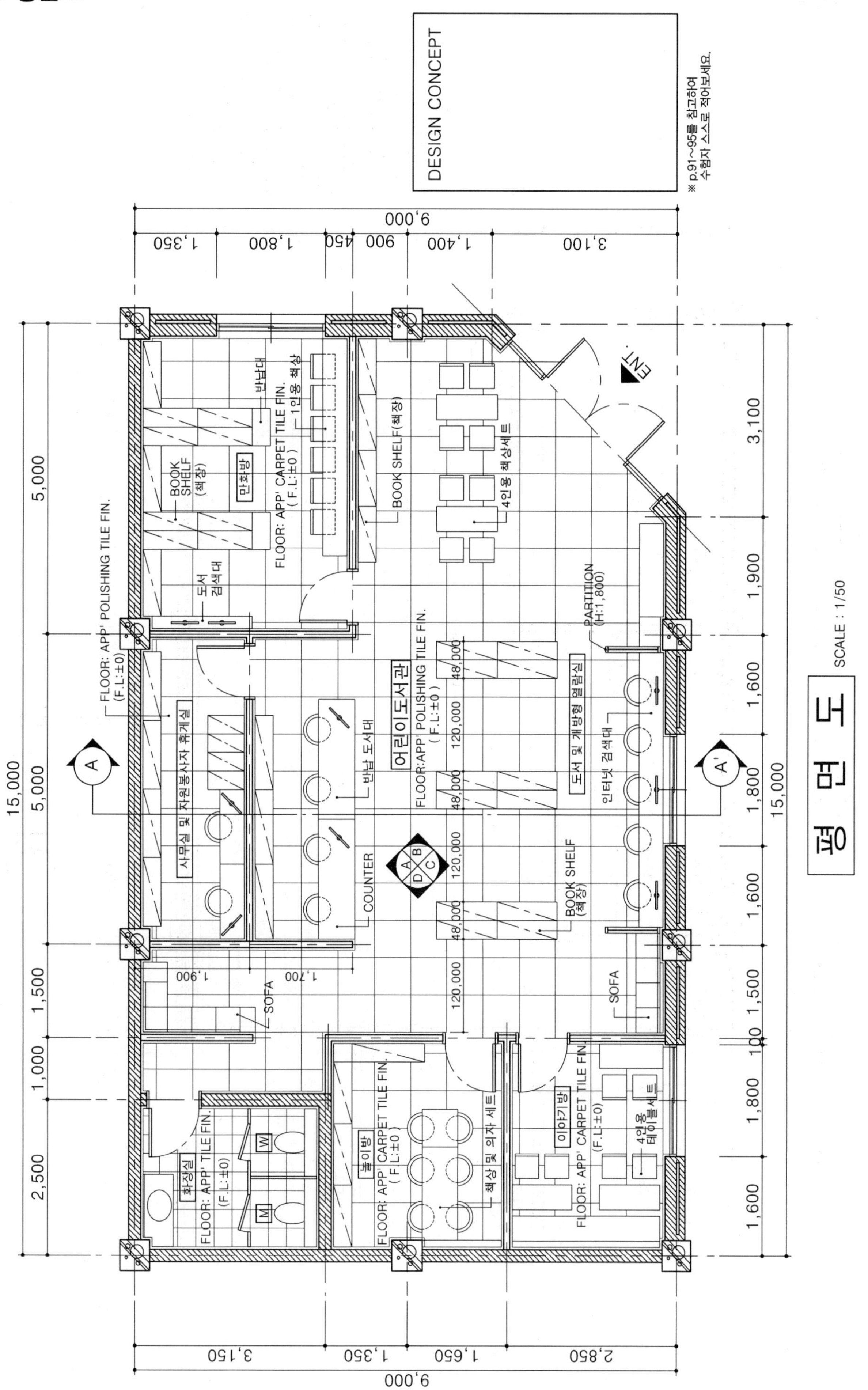

DESIGN CONCEPT
※ p.91~95를 참고하여 수험자 스스로 적어보세요.
9,000
1,350
1,800
450
900
1,400
3,100
15,000
5,000
5,000
1,500
1,000
2,500
3,100
1,900
1,600
1,800
1,600
1,500
100
1,800
1,600
3,150
1,350
1,650
2,850
ENT.
FLOOR: APP' POLISHING TILE FIN.
(F.L:±0)
BOOK SHELF (책장)
만화방
반납대
1인용 책상
FLOOR: APP' CARPET TILE FIN.
(F.L:±0)
BOOK SHELF(책장)
4인용 책상세트
도서 검색대
PARTITION
(H:1,800)
사무실 및 자원봉사자 휴게실
반납 도서대
어린이도서관
FLOOR:APP' POLISHING TILE FIN.
(F.L:±0)
도서 및 개방형 열람실
인터넷 검색대
COUNTER
BOOK SHELF
(책장)
SOFA
화장실
FLOOR: APP' TILE FIN.
(F.L:±0)
놀이방
FLOOR: APP' CARPET TILE FIN.
(F.L:±0)
책상 및 의자 세트
이야기방
FLOOR: APP' CARPET TILE FIN.
(F.L:±0)
4인용 테이블세트
평 면 도
SCALE : 1/50

❷ 천장도

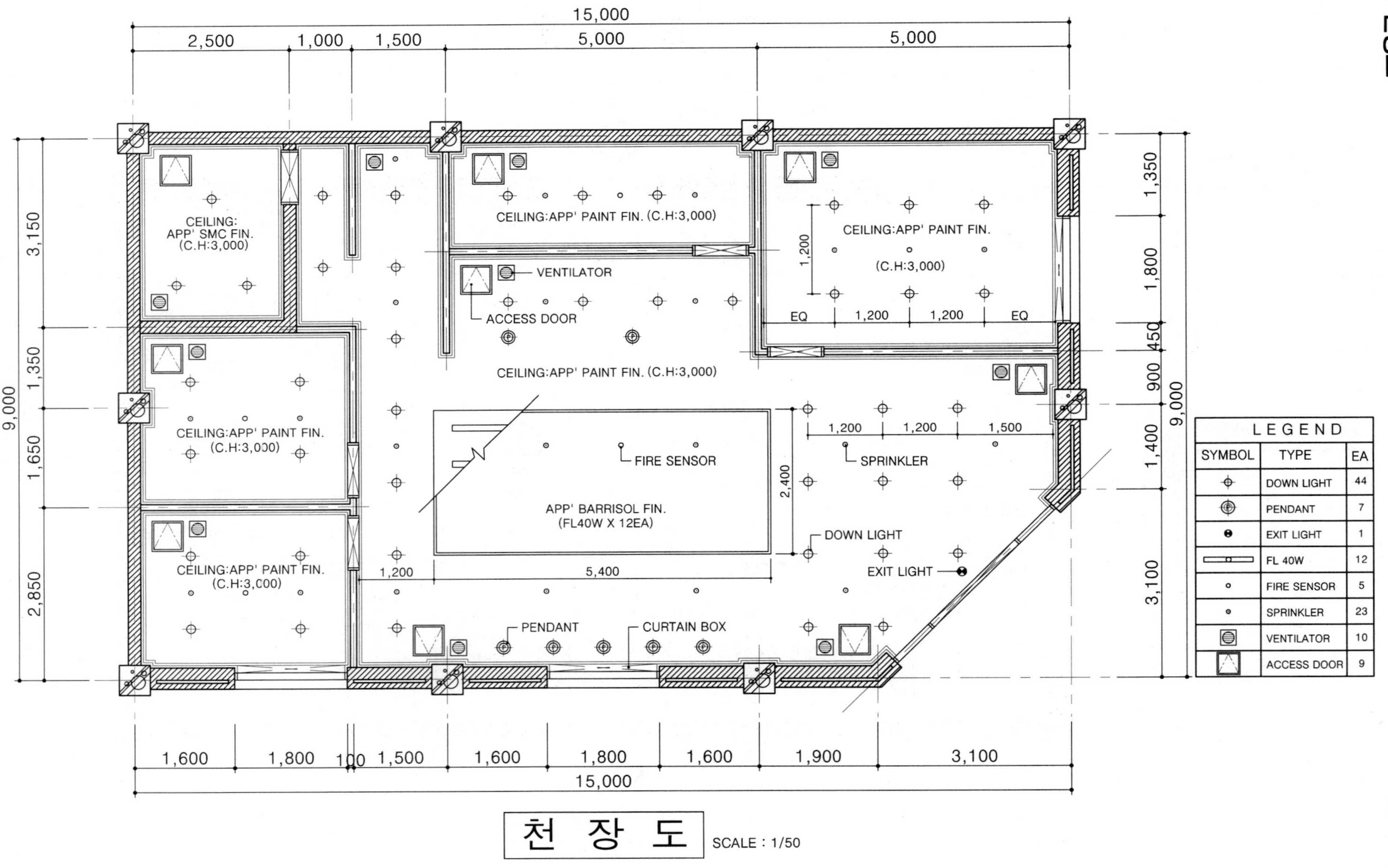

15,000
2,500 1,000 1,500 5,000 5,000
CEILING: APP' SMC FIN. (C.H:3,000)
CEILING:APP' PAINT FIN. (C.H:3,000)
CEILING:APP' PAINT FIN. (C.H:3,000)
VENTILATOR
ACCESS DOOR
CEILING:APP' PAINT FIN. (C.H:3,000)
CEILING:APP' PAINT FIN. (C.H:3,000)
CEILING:APP' PAINT FIN. (C.H:3,000)
EQ 1,200 1,200 EQ
1,200 1,200 1,500
FIRE SENSOR
SPRINKLER
APP' BARRISOL FIN. (FL40W X 12EA)
DOWN LIGHT
EXIT LIGHT
1,200 5,400
PENDANT
CURTAIN BOX
9,000
3,150 1,350 1,650 2,850
1,350 1,800 450 900 1,400 3,100
1,600 1,800 100 1,500 1,600 1,800 1,600 1,900 3,100
15,000
LEGEND
SYMBOL | TYPE | EA
DOWN LIGHT 44
PENDANT 7
EXIT LIGHT 1
FL 40W 12
FIRE SENSOR 5
SPRINKLER 23
VENTILATOR 10
ACCESS DOOR 9
천장도
SCALE : 1/50

❸ 내부입면도

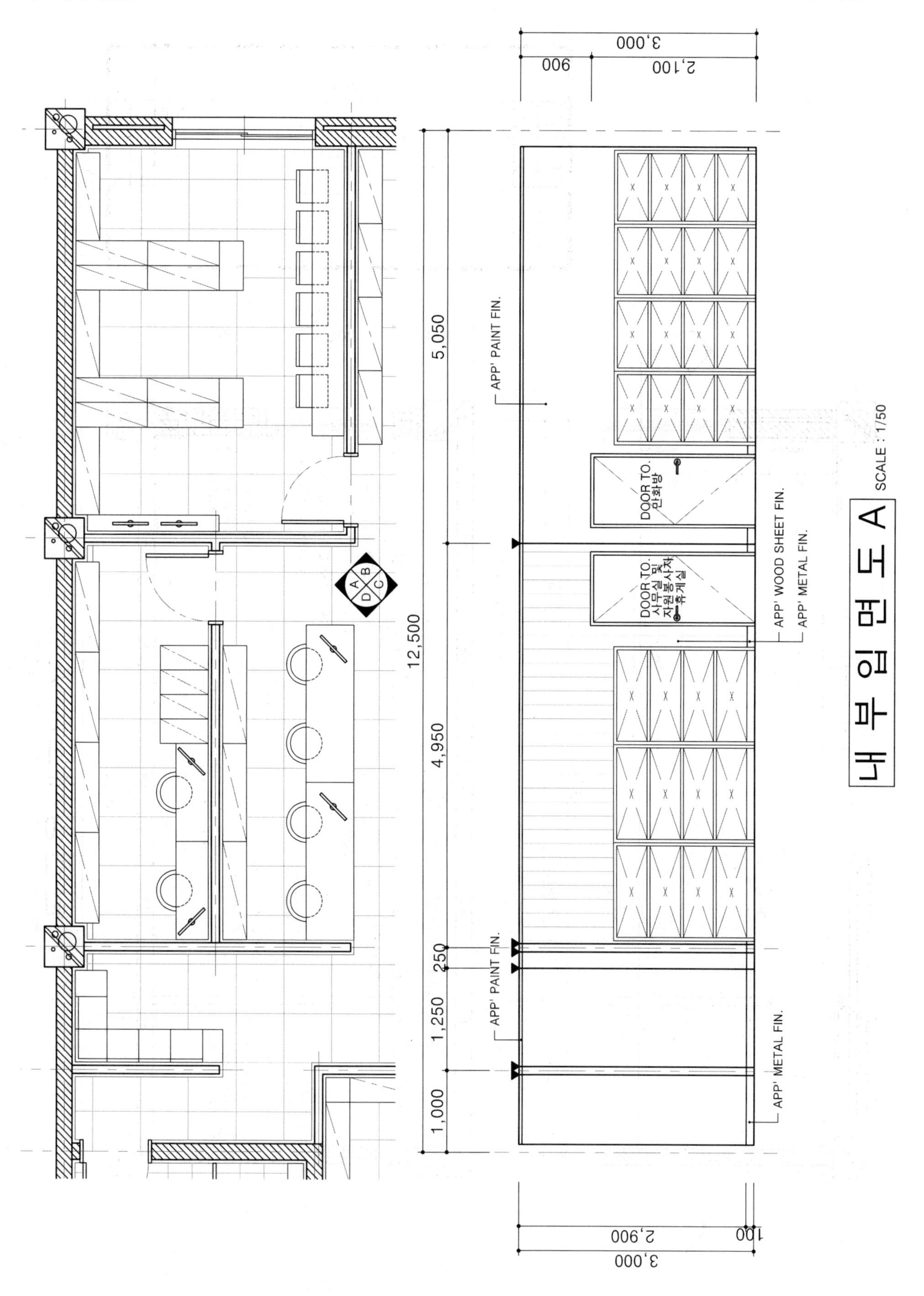

내부입면도 A
SCALE : 1/50
APP' PAINT FIN.
APP' WOOD SHEET FIN.
APP' METAL FIN.
DOOR TO. 만화방
DOOR TO. 사무실 및 자원봉사자 휴게실
12,500
5,050
4,950
250
1,250
1,000
3,000
2,100
900
2,900
100

❹ 단면상세도

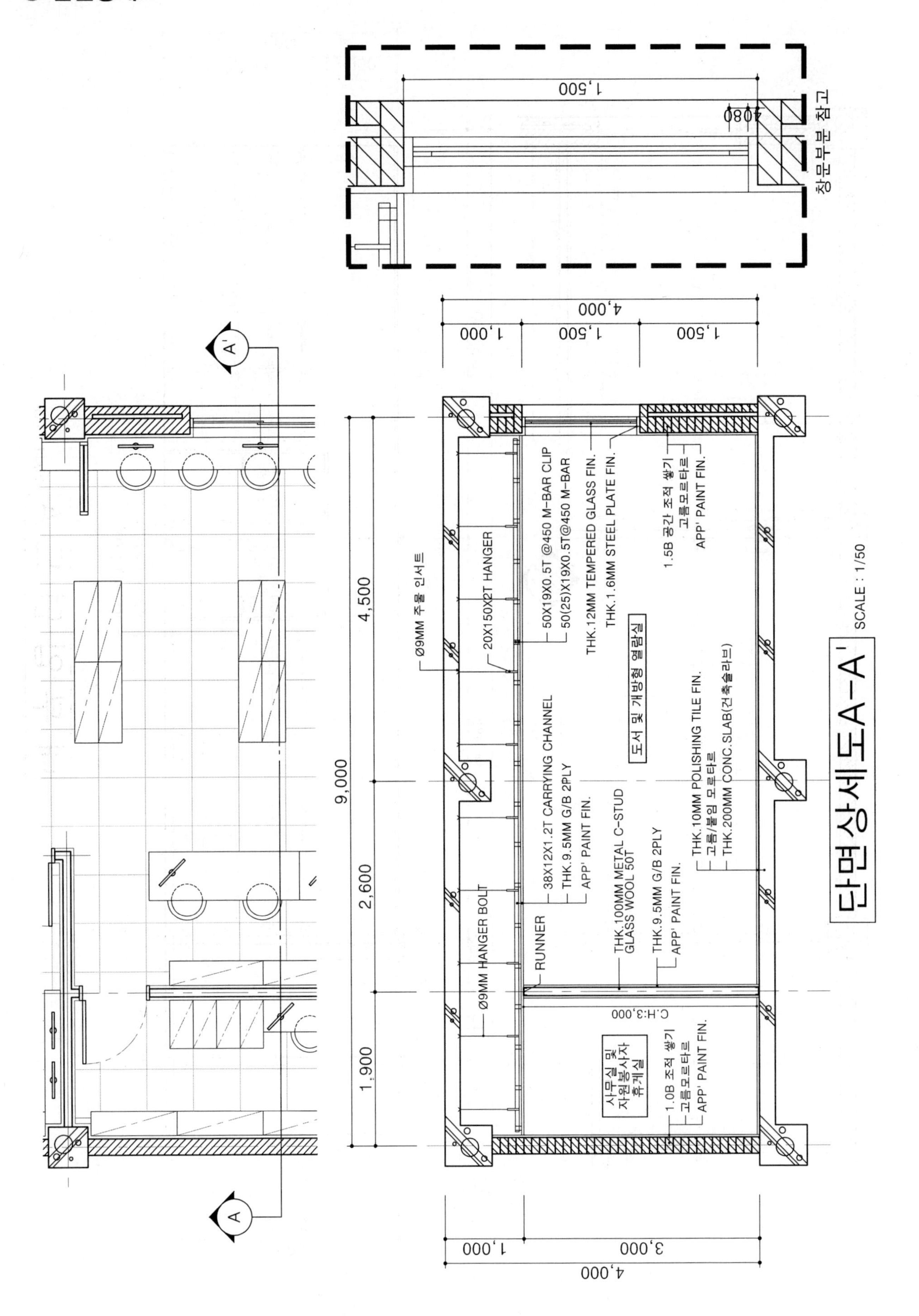

1,500
80
40
창문부분 참고
4,000
1,000
1,500
1,500
9,000
4,500
2,600
1,900
Ø9MM 주물 인서트
20X150X2T HANGER
50X19X0.5T @450 M-BAR CLIP
50(25)X19X0.5T@450 M-BAR
THK.12MM TEMPERED GLASS FIN.
THK.1.6MM STEEL PLATE FIN.
1.5B 공간 조적 쌓기
고름모르타르
APP' PAINT FIN.
도서 및 개방형 열람실
38X12X1.2T CARRYING CHANNEL
THK.9.5MM G/B 2PLY
APP' PAINT FIN.
THK.100MM METAL C-STUD
GLASS WOOL 50T
THK.9.5MM G/B 2PLY
APP' PAINT FIN.
THK.10MM POLISHING TILE FIN.
고름/붙임 모르타르
THK.200MM CONC.SLAB(건축슬라브)
Ø9MM HANGER BOLT
RUNNER
C.H:3,000
사무실 및
자원봉사자
휴게실
1.0B 조적 쌓기
고름모르타르
APP' PAINT FIN.
단면상세도 A-A'
SCALE : 1/50
A
A'
3,000
1,000
4,000

❺ 실내투시도 – 샤프 작업/ 기본 그리드 작도

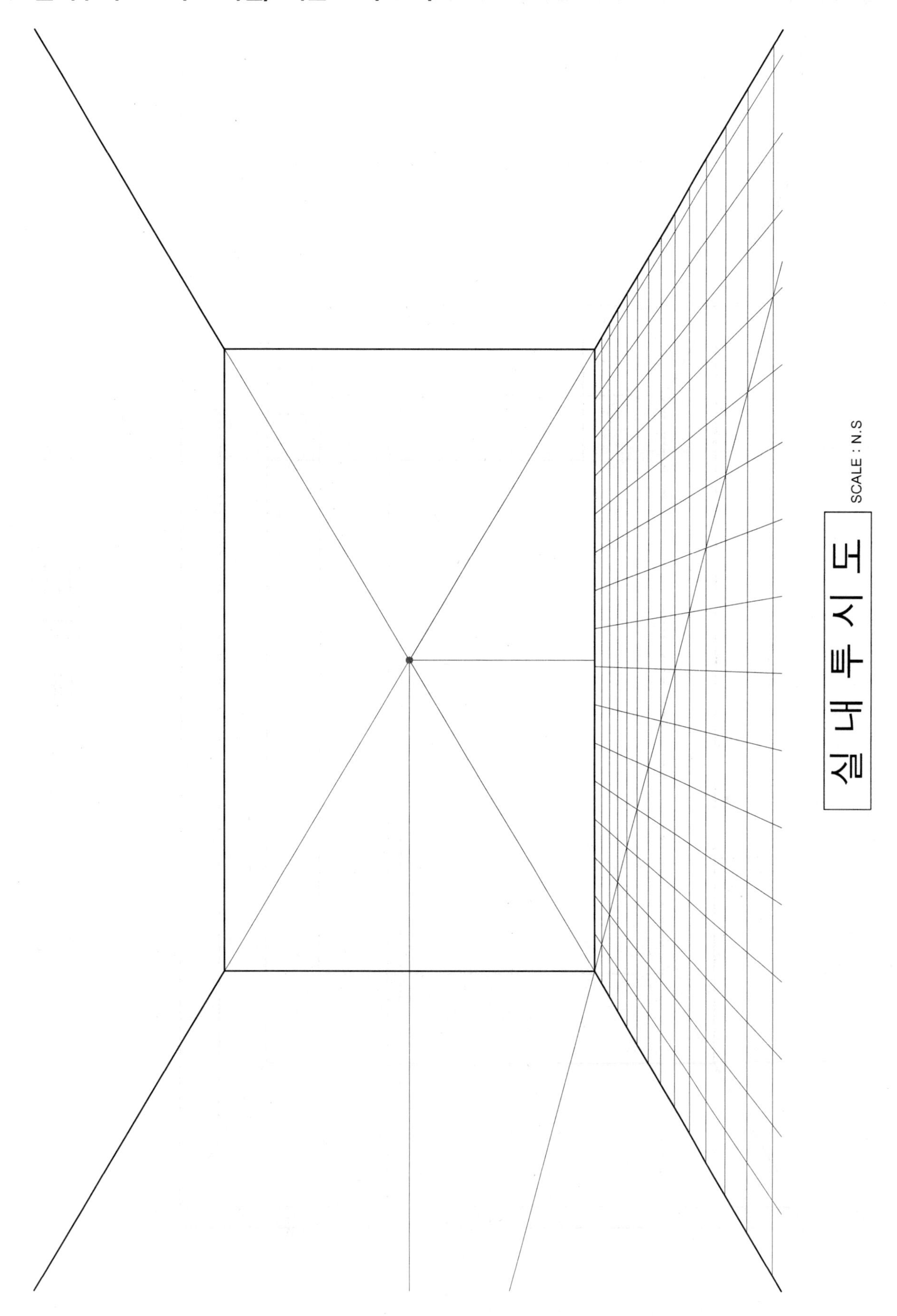

❻ 실내투시도 – 샤프 작업/ 공간 볼륨감 및 가구 작도

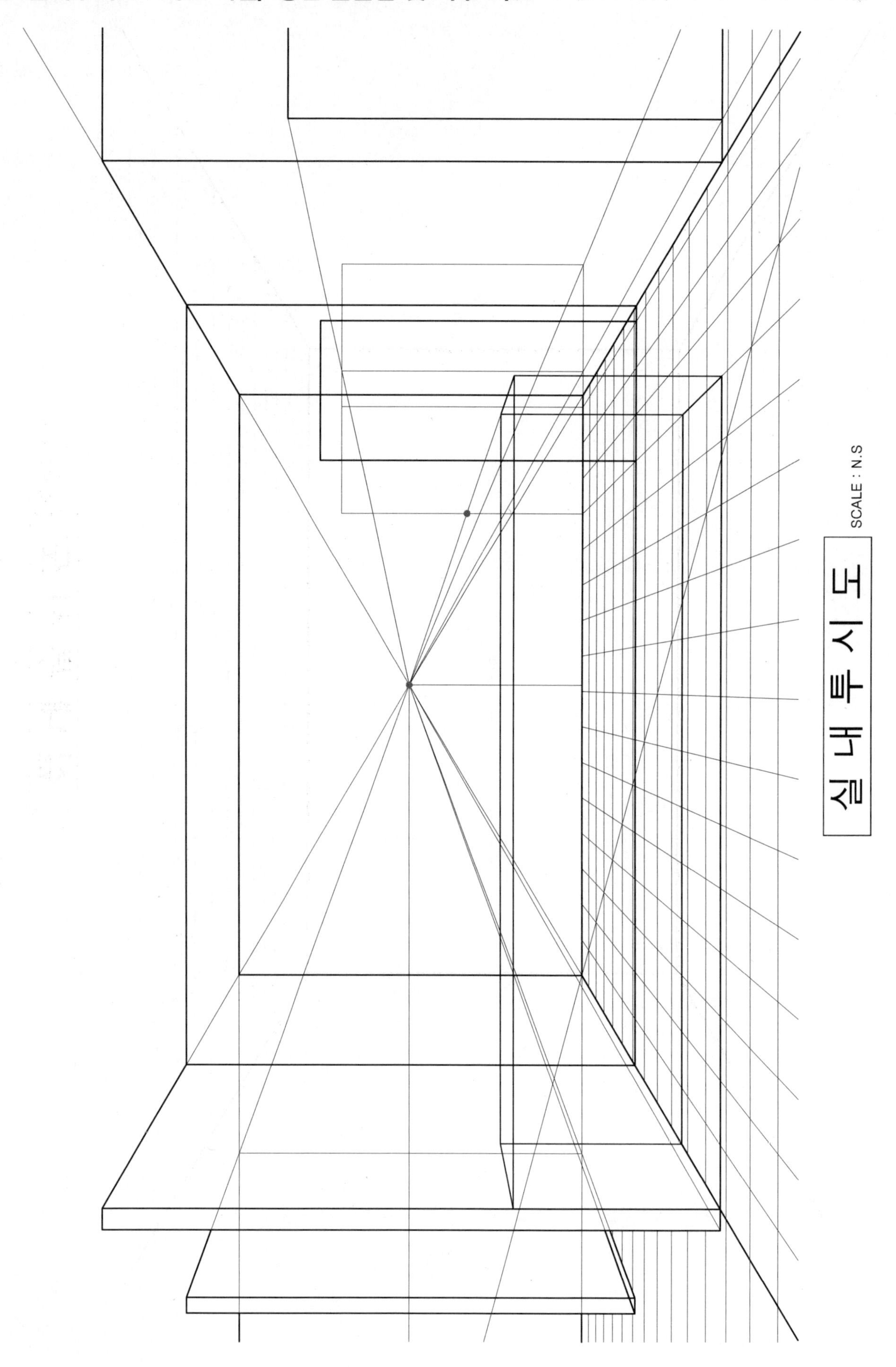

❼ 실내투시도 – 검정펜 작업

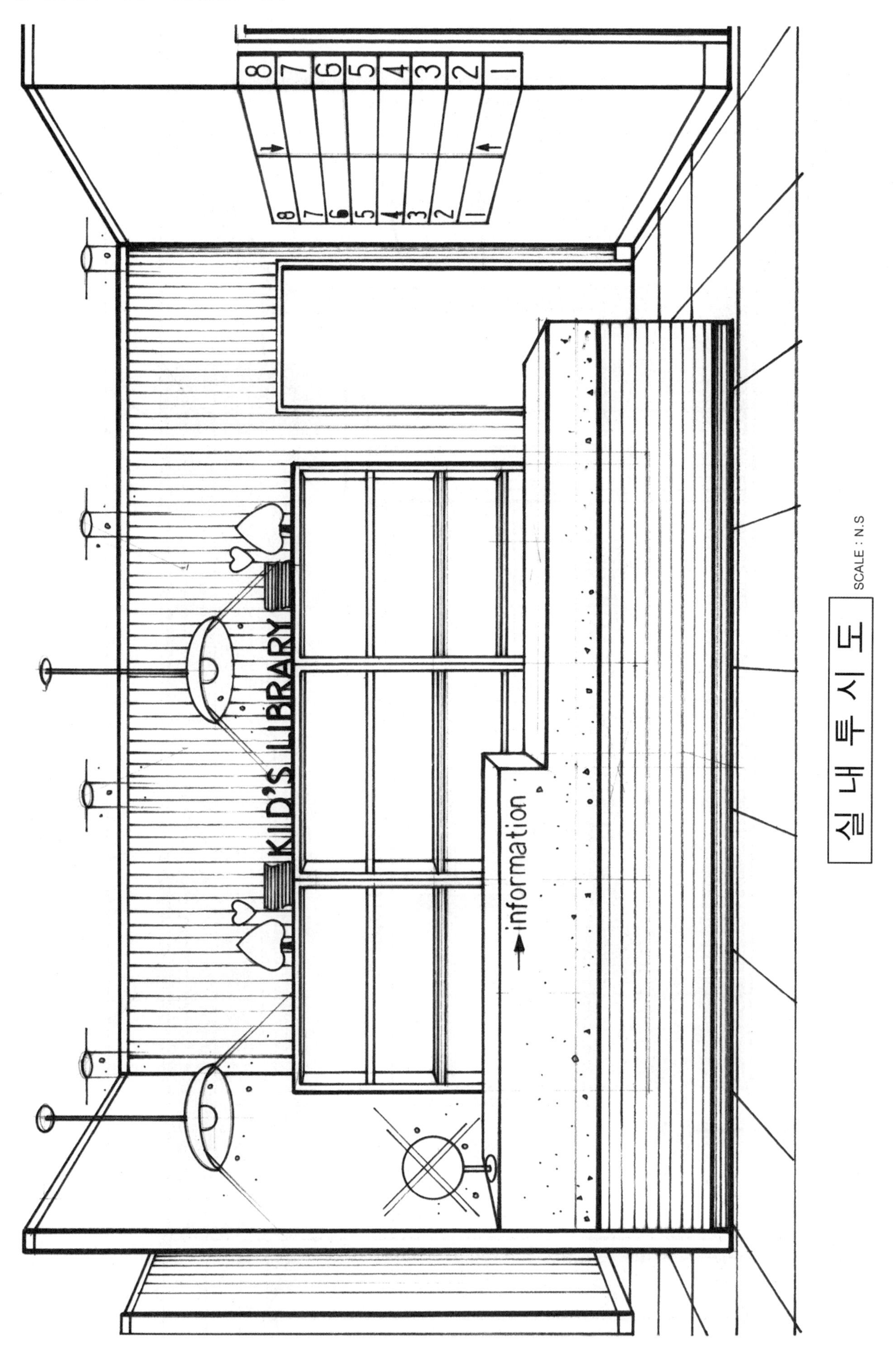

⑧ 실내투시도 – 마카 채색

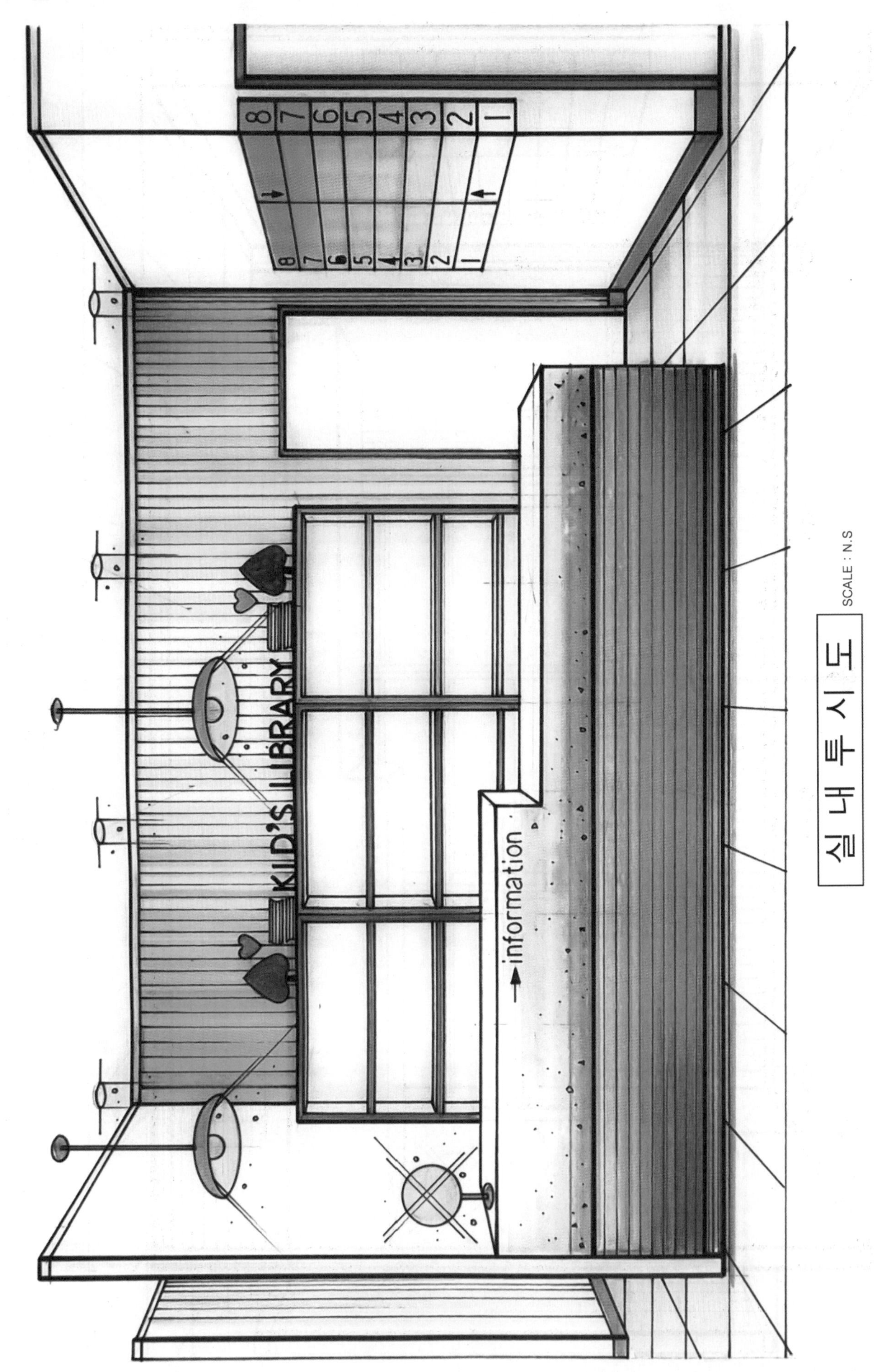

과년도 기출문제 - 15

자격종목	실내건축기사	작업명	스터디 카페

※ 시험시간 : 6시간 30분

1. 요구사항

주어진 도면은 20대 대학생이 주 고객인 대학교 근처에 위치한 세미나 형태의 스터디 카페이다. 다음의 요구조건에 따라 요구도면을 작성하시오.

2. 요구조건

1) 설계면적 : 13,000mm × 10,000mm × 3,000mm(H)

2) 인적구성 : 종업원 1명, 아르바이트 2명

3) 필요공간 및 가구

- 계산 및 서비스 카운터, 음료제조가 가능한 간이주방, 화장실(남녀 공용), 창고 및 비품실
- 12인실 ROOM(1EA), 8인실 ROOM(1EA), 6인실 ROOM(1EA), 4인실 ROOM(2EA)
- 1인 좌석 5EA, 열린 공간(개방형, 의자 6EA), 인터넷 검색대 2EA
  (그 외 가구는 수험자 임의로 작도한다)

※ 이상 제시된 가구는 필수적이며, 이 외에 필요한 가구와 실내장식이 있다면 수험자가 임의로 추가할 수 있음

3. 요구도면

1) 평면도(가구 배치 및 바닥마감재 표기) : S=1/50
   평면도 우측 하단에 설계자가 의도한 DESIGN CONCEPT를 200자 내외로 적으시오.

2) 천장도(조명기구 및 마감재료 표기) : S=1/50

3) 내부입면도 C방향(벽면재료 표기) : S=1/50

4) 단면상세도 A-A′ : S=1/50

5) 실내투시도(채색작업 필수) : S=N.S
   좋은 지점으로 지정하여 1소점 투시도 또는 2소점 투시도로 작성하되, 작성과정의 투시보조선을 남길 것

자격종목	실내건축기사	과제명	스터디 카페	척 도	N.S

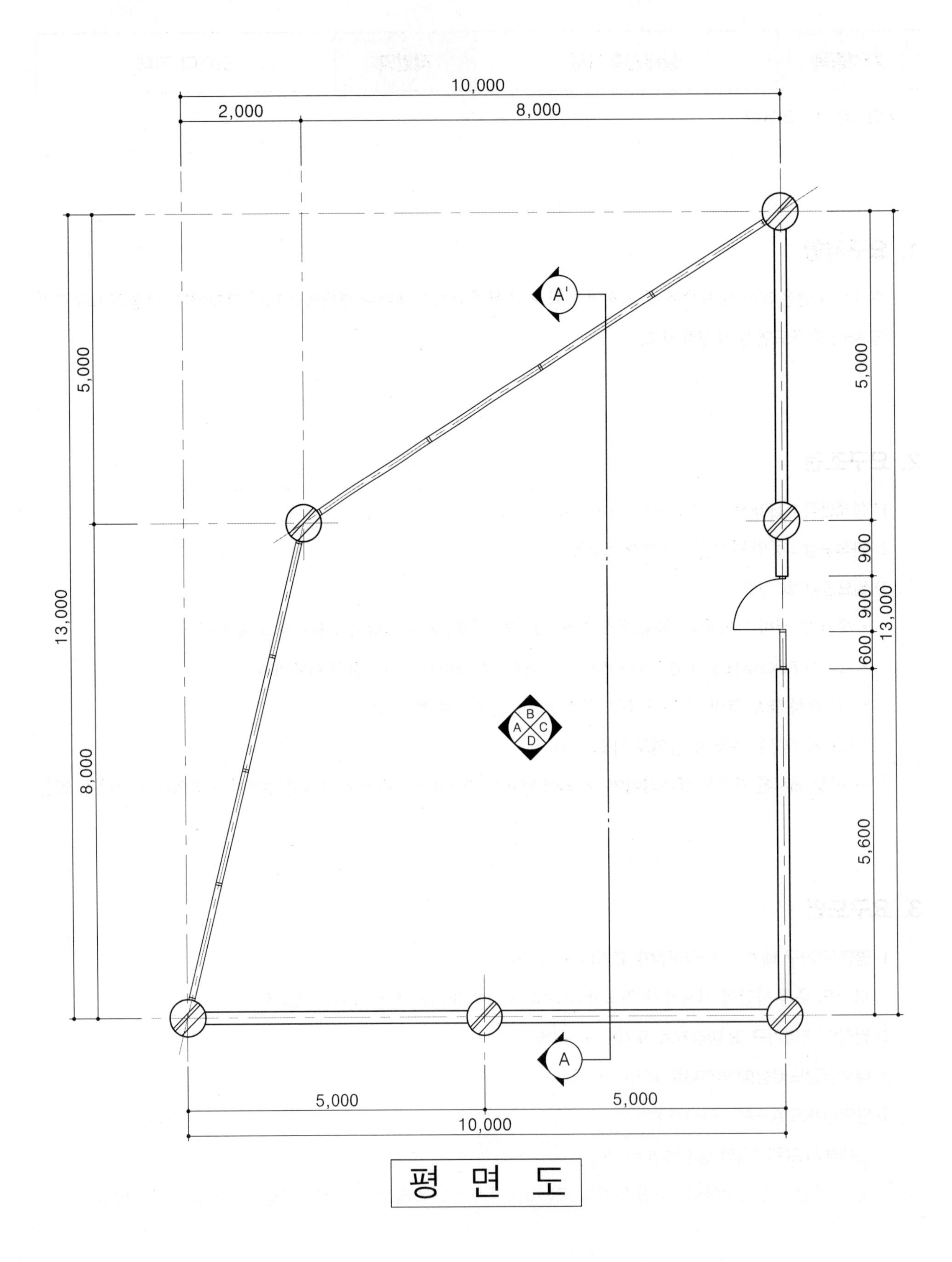

평 면 도

❶ 평면도

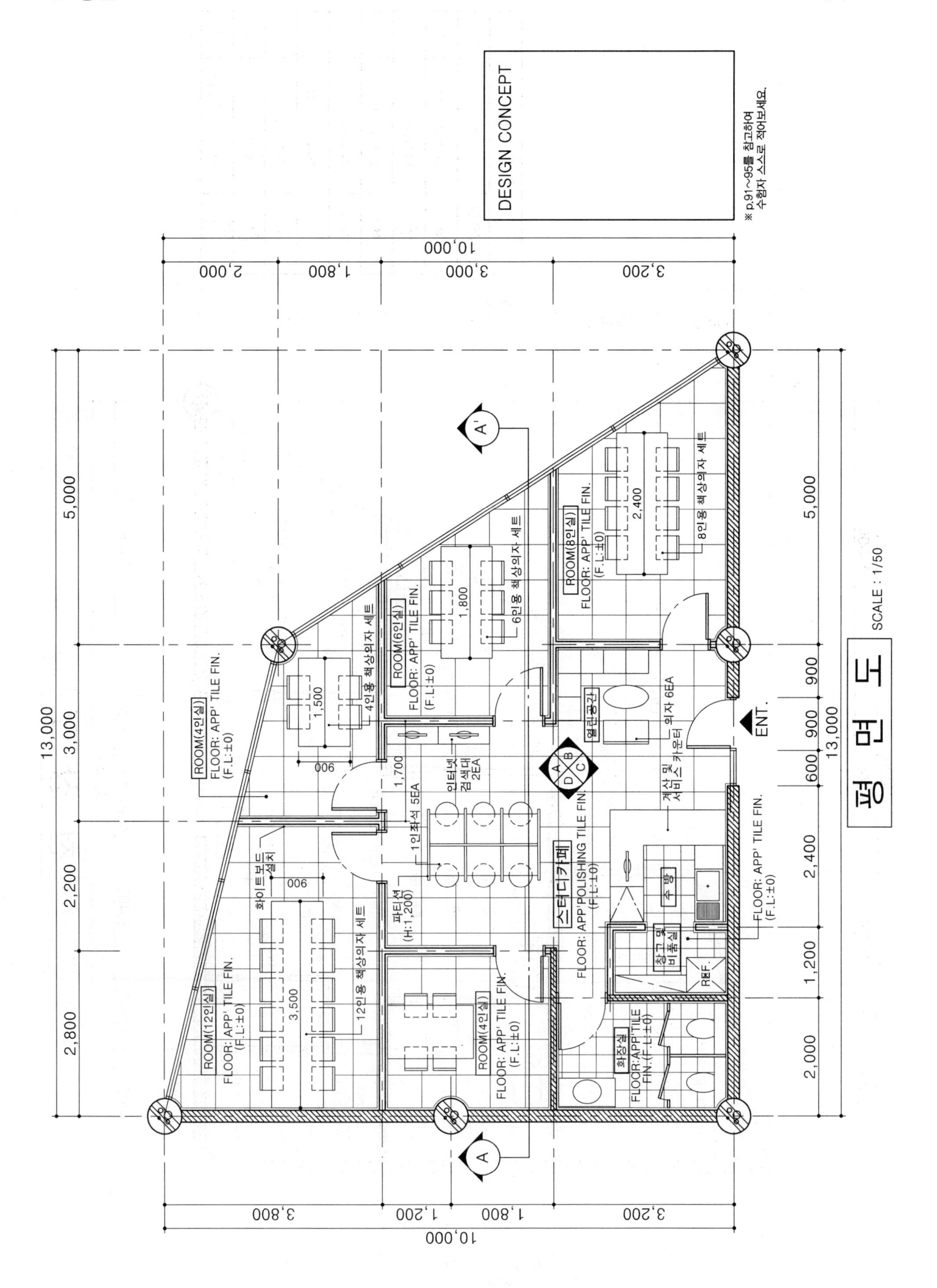

DESIGN CONCEPT
※ p.91~95를 참고하여 수험자 스스로 적어보세요.
10,000
2,000
1,800
3,000
3,200
13,000
5,000
3,000
2,200
2,800
900
600
2,400
1,200
2,000
3,800
ROOM(4인실)
FLOOR: APP' TILE FIN.
(F.L:±0)
4인용 책상의자 세트
1,500
900
ROOM(6인실)
FLOOR: APP' TILE FIN.
(F.L:±0)
1,800
6인용 책상의자 세트
ROOM(8인실)
FLOOR: APP' TILE FIN.
(F.L:±0)
2,400
8인용 책상의자 세트
ROOM(12인실)
FLOOR: APP' TILE FIN.
(F.L:±0)
3,500
12인용 책상의자 세트
화이트보드 설치
ROOM(4인실)
FLOOR: APP' TILE FIN.
(F.L:±0)
파티션
(H:1,200)
1인좌석 5EA
1,700
인터넷 검색대 2EA
스터디카페
FLOOR: APP' POLISHING TILE FIN.
(F.L:±0)
열린공간
의자 6EA
계산 및 서비스 카운터
주방
FLOOR: APP' TILE FIN.
(F.L:±0)
창고 및 비품실
REF.
화장실
FLOOR: APP' TILE FIN. (F.L:±0)
ENT.
A
A'
평면도
SCALE : 1/50

❷ 천장도

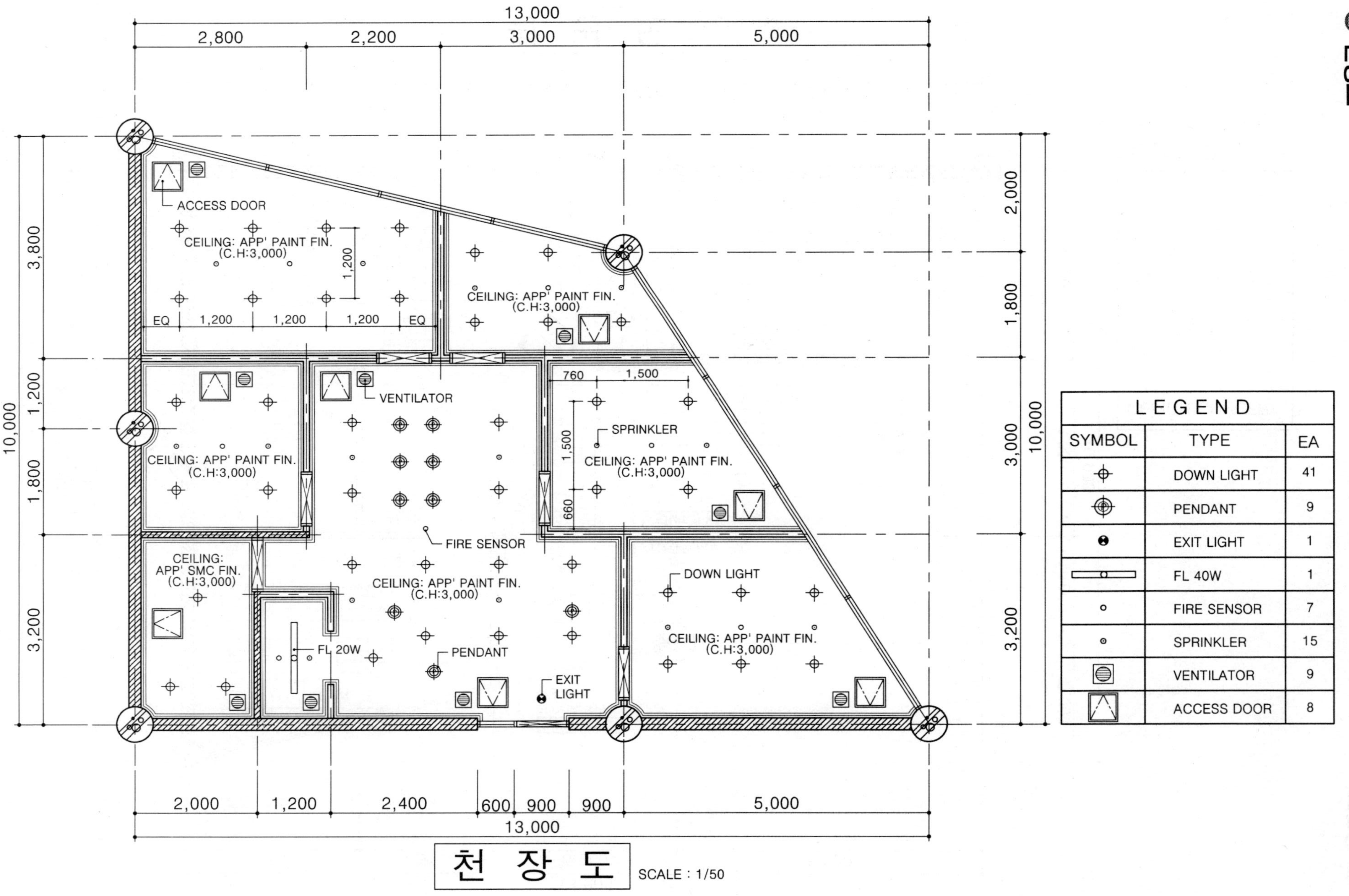

LEGEND		
SYMBOL	TYPE	EA
	DOWN LIGHT	41
	PENDANT	9
	EXIT LIGHT	1
	FL 40W	1
	FIRE SENSOR	7
	SPRINKLER	15
	VENTILATOR	9
	ACCESS DOOR	8

❸ 내부입면도

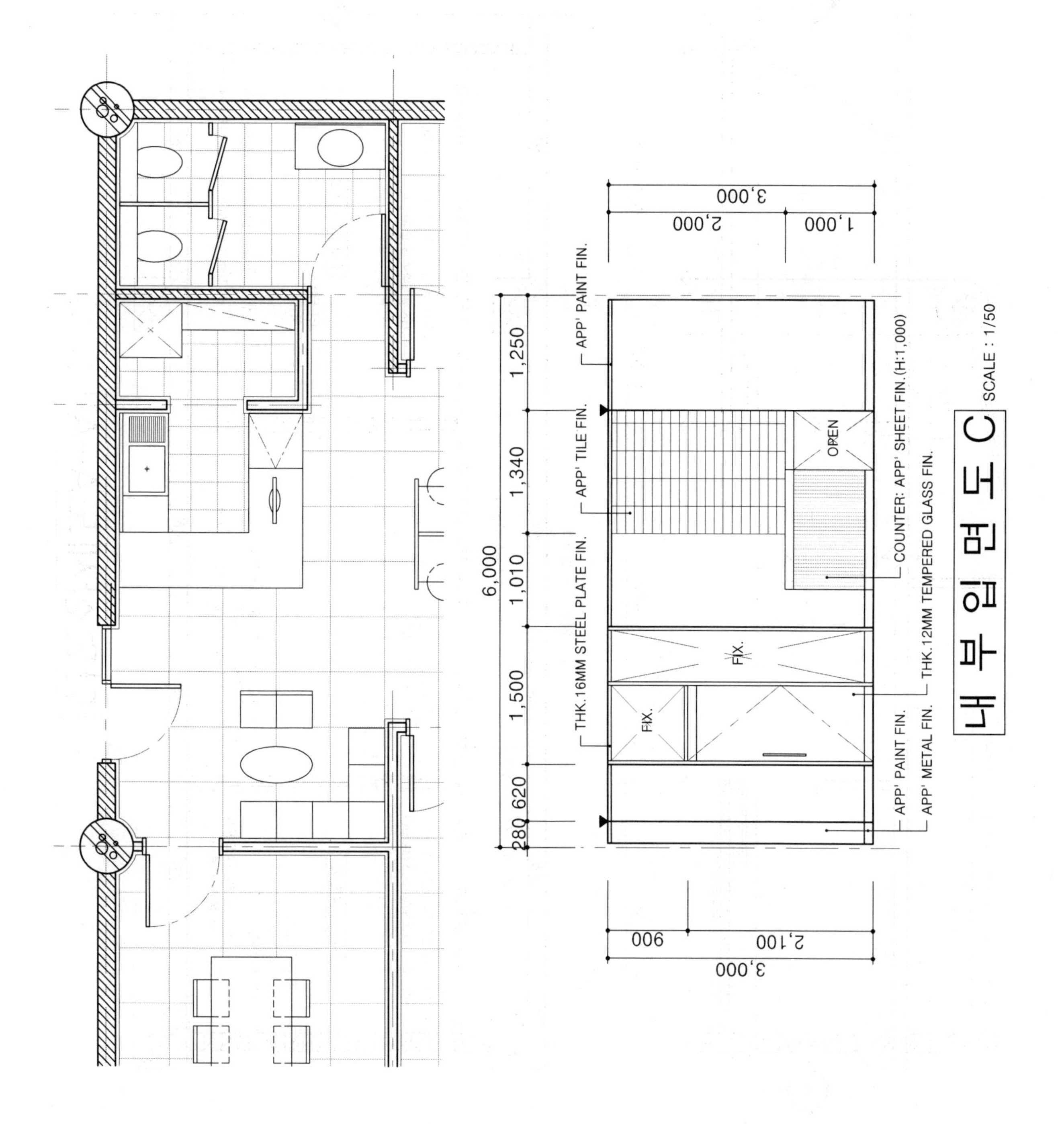

내부입면도 C
SCALE : 1/50
APP' PAINT FIN.
APP' TILE FIN.
THK.16MM STEEL PLATE FIN.
APP' PAINT FIN.
APP' METAL FIN.
THK.12MM TEMPERED GLASS FIN.
COUNTER: APP' SHEET FIN.(H:1,000)
OPEN
FIX.
FIX.
6,000
1,250
1,340
1,010
1,500
620
280
3,000
2,000
1,000
900
2,100
3,000

❹ 단면상세도

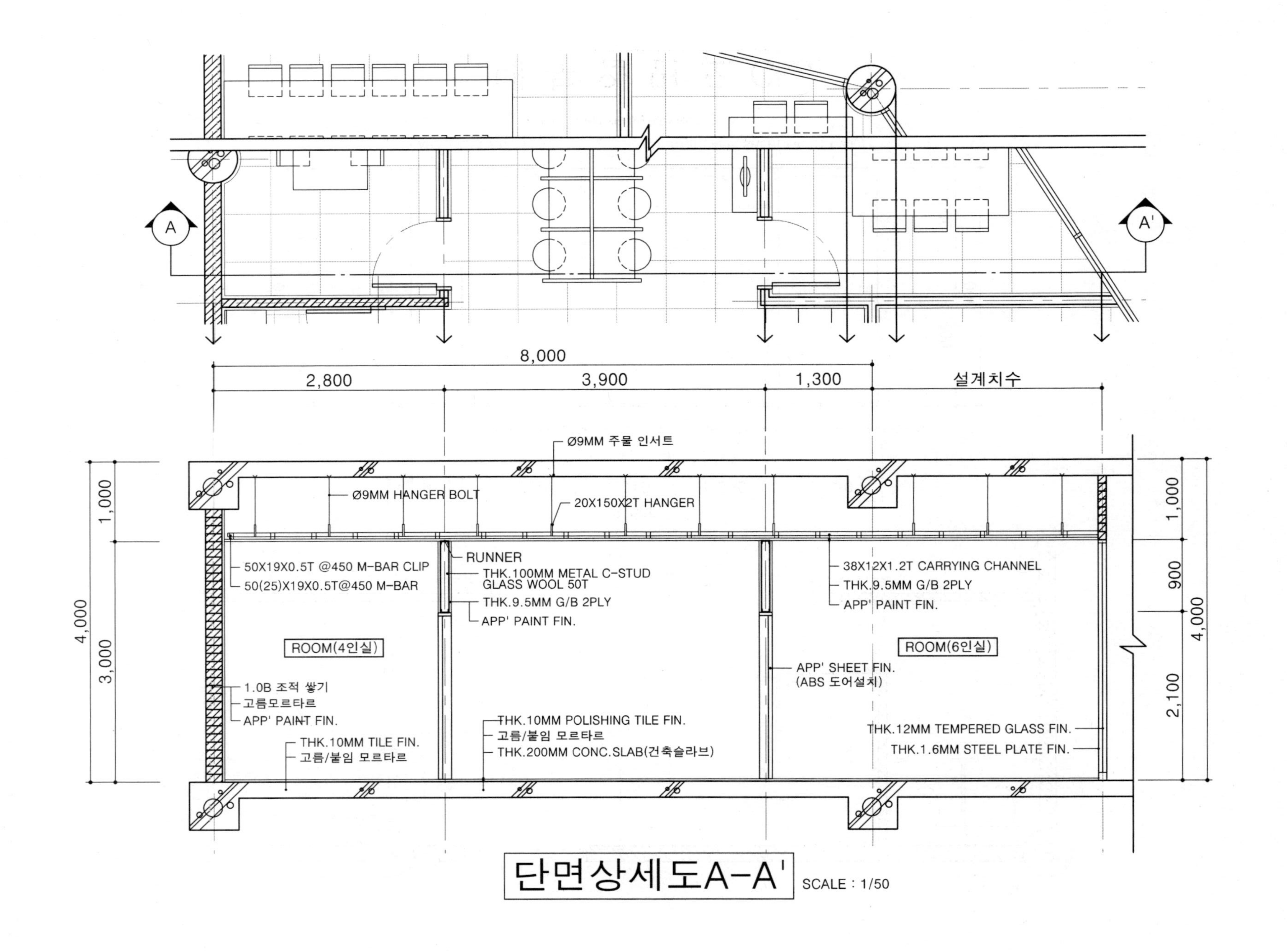

8,000
2,800
3,900
1,300
설계치수
Ø9MM 주물 인서트
Ø9MM HANGER BOLT
20X150X2T HANGER
50X19X0.5T @450 M-BAR CLIP
50(25)X19X0.5T@450 M-BAR
RUNNER
THK.100MM METAL C-STUD
GLASS WOOL 50T
THK.9.5MM G/B 2PLY
APP' PAINT FIN.
38X12X1.2T CARRYING CHANNEL
THK.9.5MM G/B 2PLY
APP' PAINT FIN.
ROOM(4인실)
ROOM(6인실)
APP' SHEET FIN.
(ABS 도어설치)
1.0B 조적 쌓기
고름모르타르
APP' PAINT FIN.
THK.10MM TILE FIN.
고름/붙임 모르타르
THK.10MM POLISHING TILE FIN.
고름/붙임 모르타르
THK.200MM CONC.SLAB(건축슬라브)
THK.12MM TEMPERED GLASS FIN.
THK.1.6MM STEEL PLATE FIN.
4,000
1,000
3,000
1,000
900
2,100
4,000
단면상세도A-A'
SCALE : 1/50

⑤ 실내투시도 – 샤프 작업/ 기본 그리드 작도

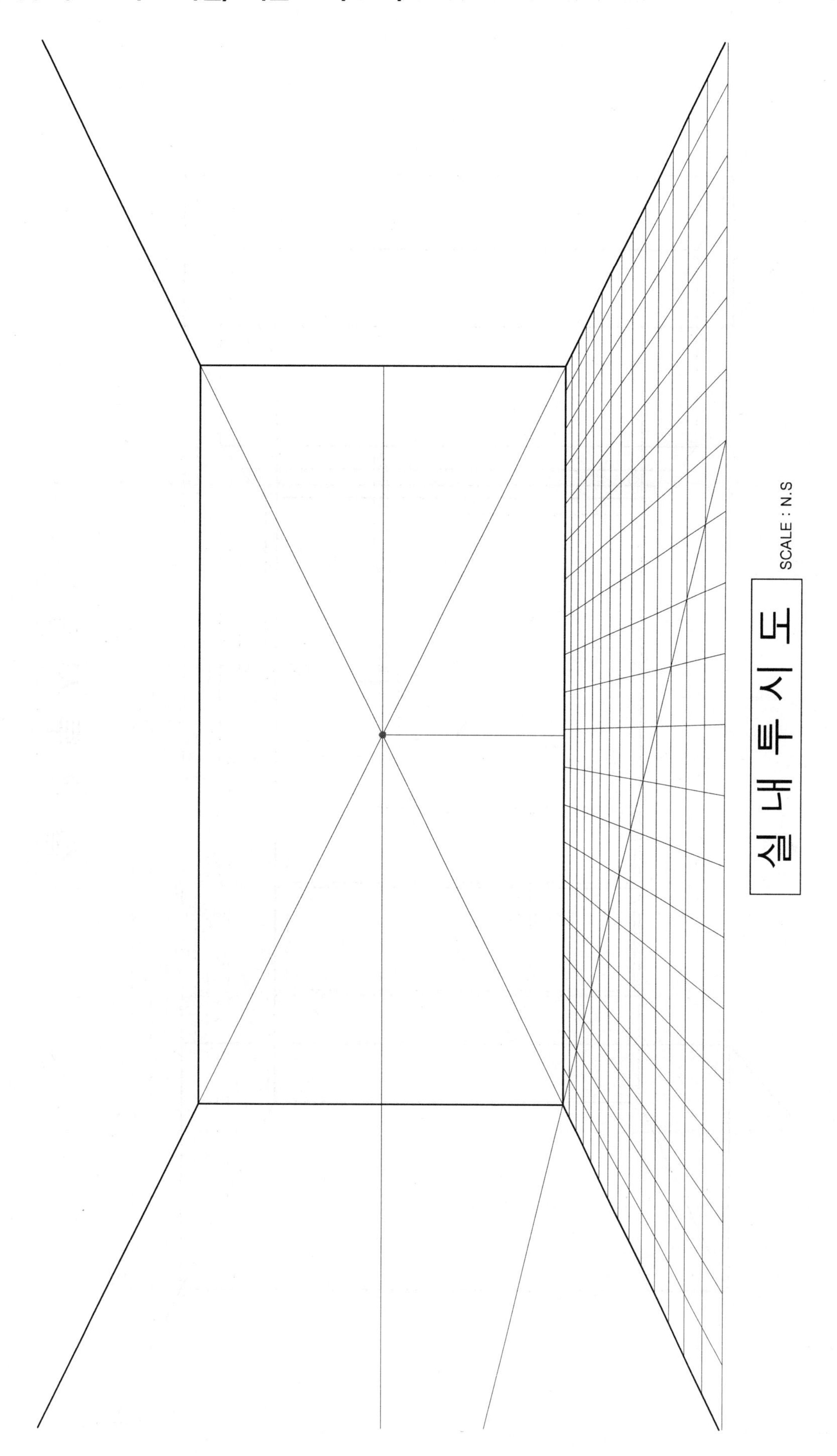

❻ 실내투시도 – 샤프 작업/ 공간 볼륨감 및 가구 작도

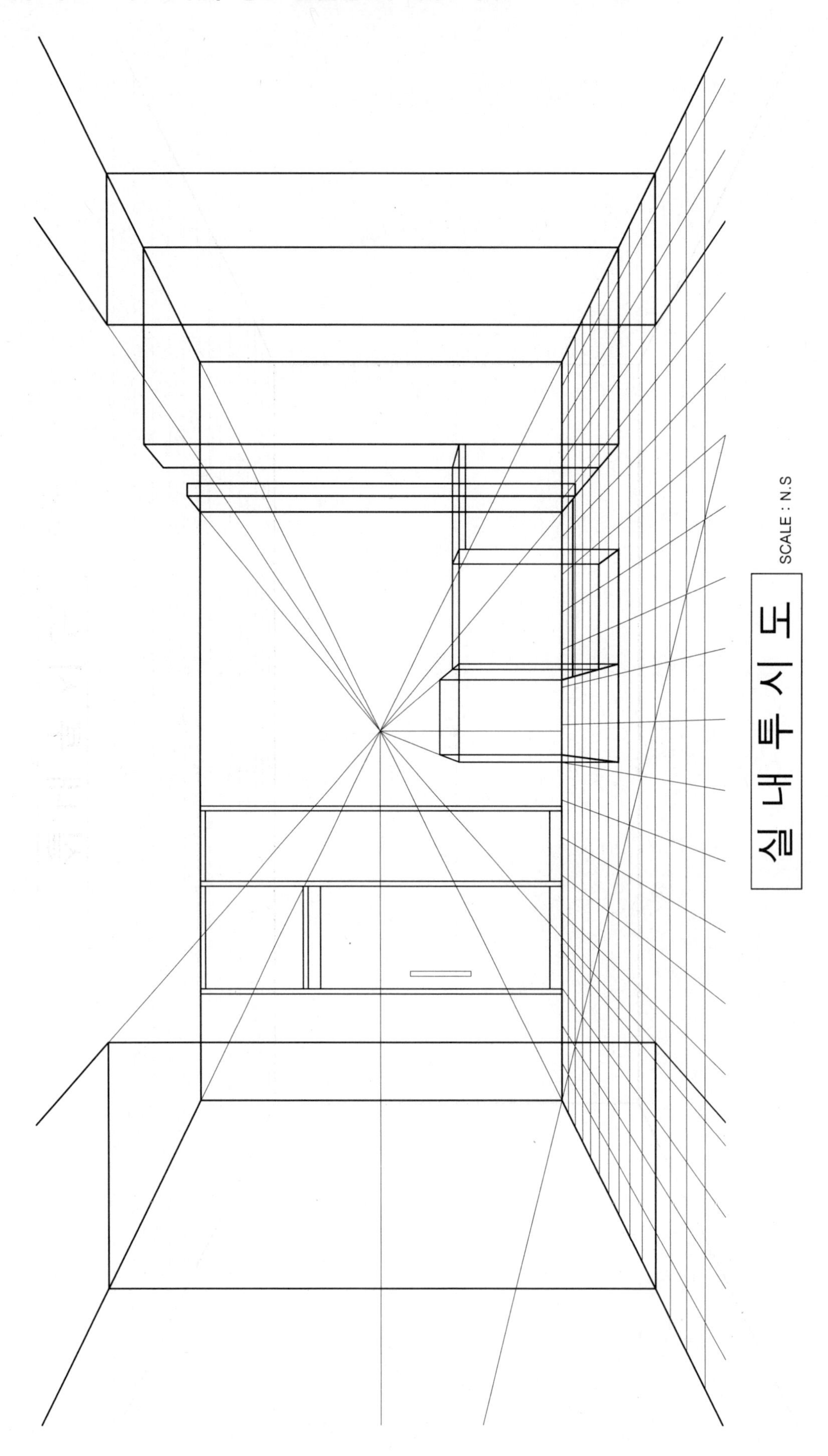

❼ 실내투시도 – 검정펜 작업

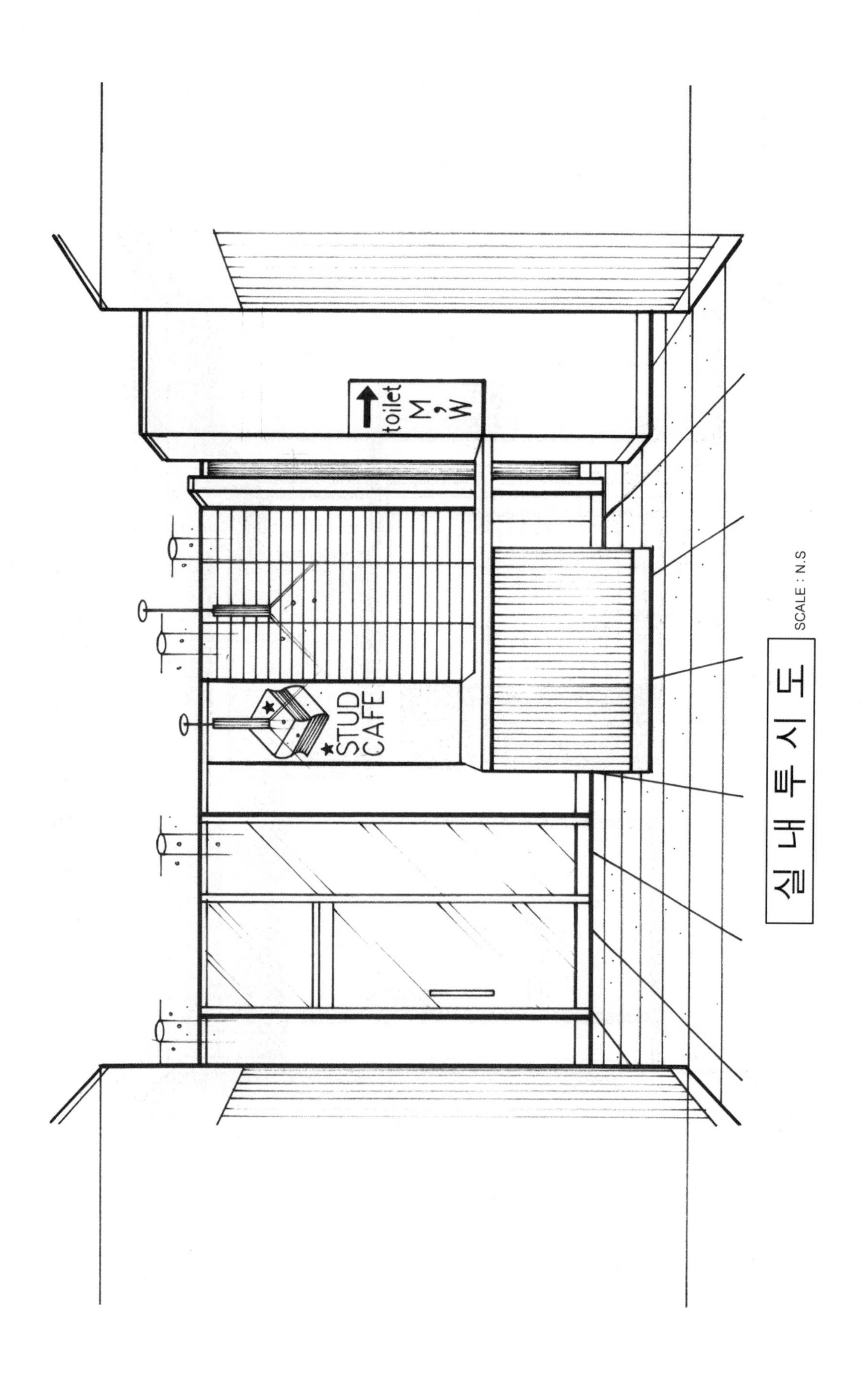

❽ 실내투시도 – 마카 채색

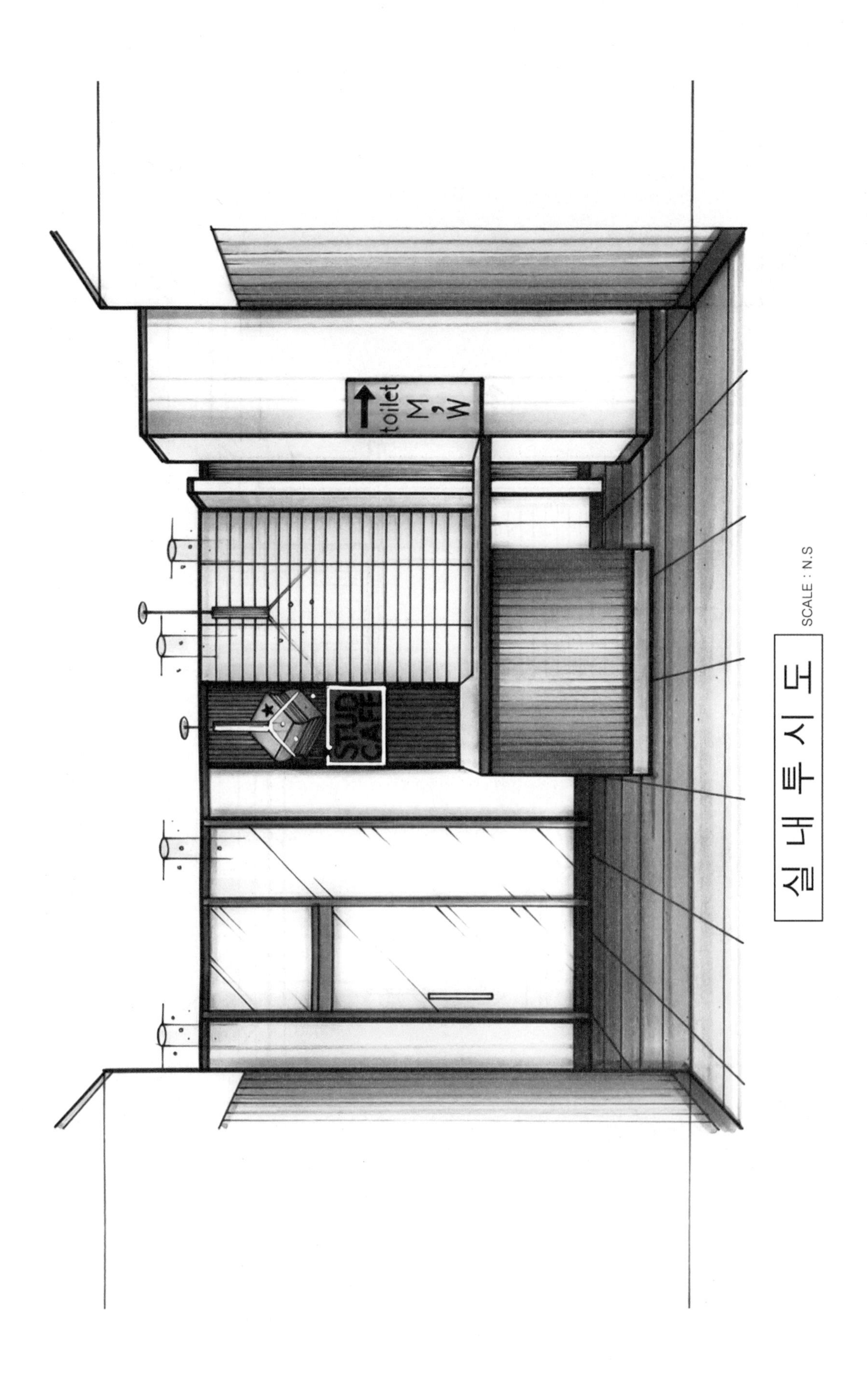

과년도 기출문제-16

자격종목	실내건축기사	작업명	치과의원

※ 시험시간 : 6시간 30분

1. 요구사항

주어진 도면은 병원특화 상가 안에 치과의원으로 8차선 대로변의 중심상업지역 내에 위치해 있다. 다음의 요구조건에 따라 요구도면을 작성하시오.

2. 요구조건

1) 설계면적 : 12,900mm × 10,600mm × 2,700mm(H)

2) 인적구성 : 원장 2명, 간호사 3명

3) 필요공간 및 가구

- 원장실 : 컴퓨터책상 및 책장, 치기공실, 차트실, X-Ray실, 화장실, 안내데스크 및 접수대
- 대기공간 : 손님대기용 의자 및 소파세트,
- 치료공간 : 치료대 4대, 벽걸이 TV 설치

(그 외 가구는 수험자 임의로 작도한다)

※ 이상 제시된 가구는 필수적이며, 이 외에 필요한 가구와 실내장식이 있다면 수험자가 임의로 추가할 수 있음

3. 요구도면

1) 평면도(가구 배치 및 바닥마감재 표기) : S=1/50

평면도 우측 하단에 설계자가 의도한 DESIGN CONCEPT를 200자 내외로 적으시오.

2) 천장도(조명기구 및 마감재료 표기) : S=1/50

3) 내부입면도 A방향(벽면재료 표기) : S=1/50

4) 단면상세도 A-A′ : S=1/50

5) 실내투시도(채색작업 필수) : S=N.S

좋은 지점으로 지정하여 1소점 투시도 또는 2소점 투시도로 작성하되, 작성과정의 투시보조선을 남길 것

자격종목	실내건축기사	과제명	치과의원	척 도	N.S

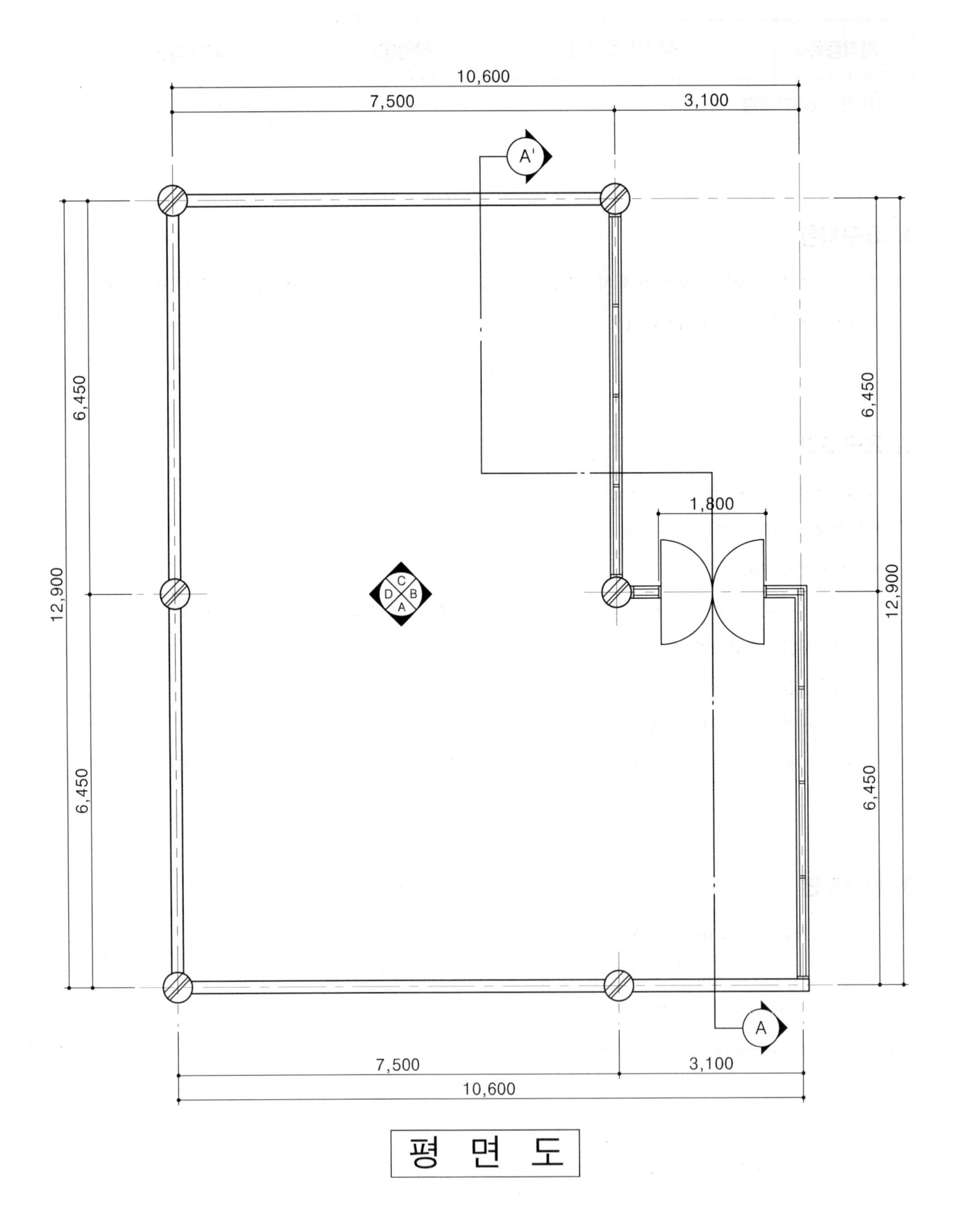

평 면 도

❶ 평면도

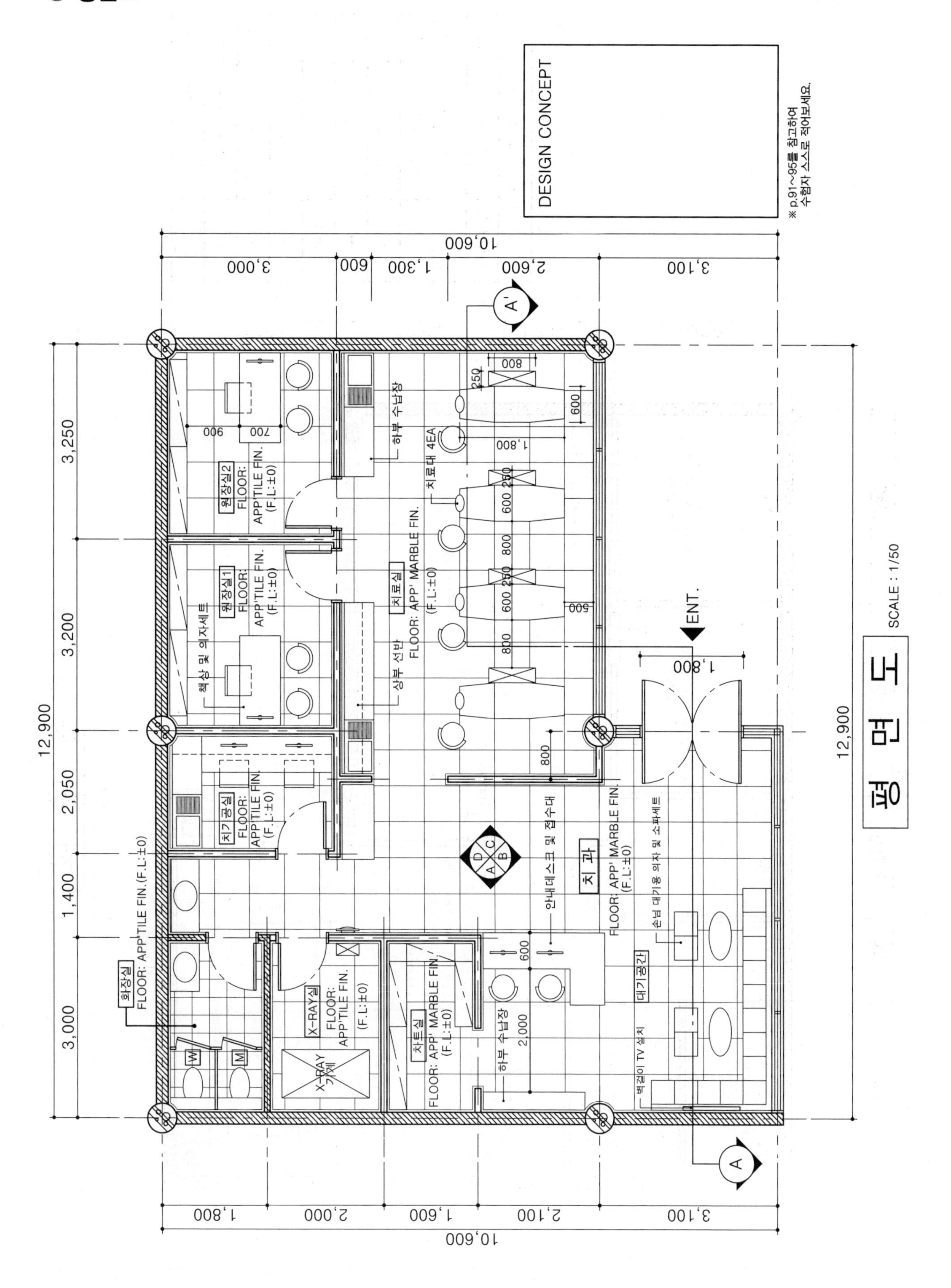

DESIGN CONCEPT
※ p.91~95를 참고하여 수험자 스스로 적어보세요.
원장실2 FLOOR: APP'TILE FIN. (F.L:±0)
원장실1 FLOOR: APP'TILE FIN. (F.L:±0)
책상 및 의자세트
하부 수납장
상부 선반
치료실 FLOOR: APP' MARBLE FIN. (F.L:±0)
치료대 4EA
치기공실 FLOOR: APP'TILE FIN. (F.L:±0)
화장실 FLOOR: APP'TILE FIN.(F.L:±0)
X-RAY실 FLOOR: APP'TILE FIN. (F.L:±0)
X-RAY 기계
차트실 FLOOR: APP' MARBLE FIN. (F.L:±0)
하부 수납장
안내데스크 및 접수대
치과 FLOOR: APP' MARBLE FIN. (F.L:±0)
대기공간
손님 대기용 의자 및 소파세트
벽걸이 TV 설치
ENT.
평면도
SCALE : 1/50

❷ 천장도

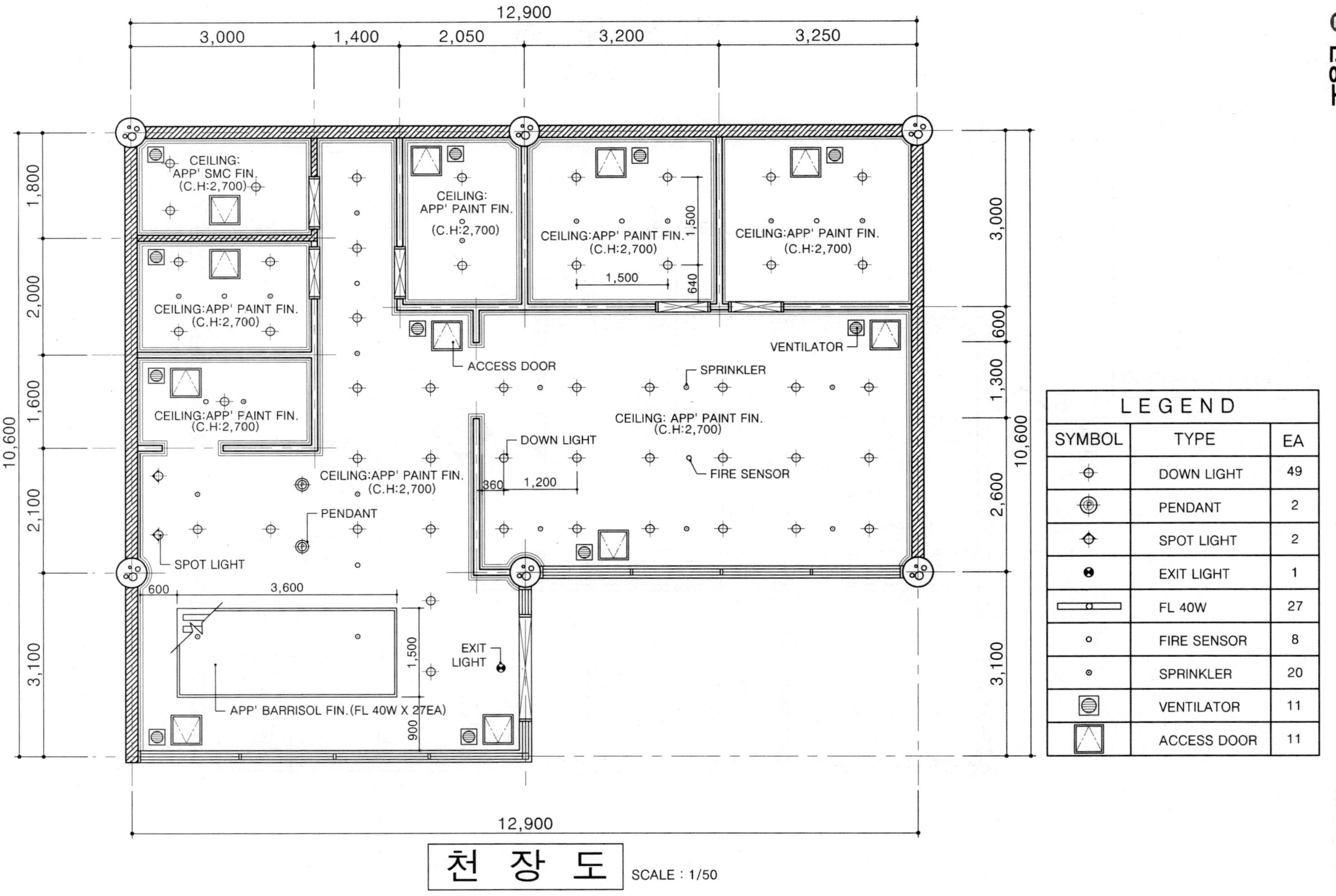

12,900
3,000
1,400
2,050
3,200
3,250
CEILING: APP' SMC FIN. (C.H:2,700)
CEILING: APP' PAINT FIN. (C.H:2,700)
CEILING:APP' PAINT FIN. (C.H:2,700)
CEILING: APP' PAINT FIN. (C.H:2,700)
1,500
640
ACCESS DOOR
VENTILATOR
SPRINKLER
DOWN LIGHT
FIRE SENSOR
PENDANT
SPOT LIGHT
360
1,200
600
3,600
900
EXIT LIGHT
APP' BARRISOL FIN.(FL 40W X 27EA)
10,600
1,800
2,000
1,600
2,100
3,100
1,300
2,600
LEGEND
SYMBOL
TYPE
EA
DOWN LIGHT 49
PENDANT 2
SPOT LIGHT 2
EXIT LIGHT 1
FL 40W 27
FIRE SENSOR 8
SPRINKLER 20
VENTILATOR 11
ACCESS DOOR 11
천 장 도
SCALE : 1/50

❸ 내부입면도

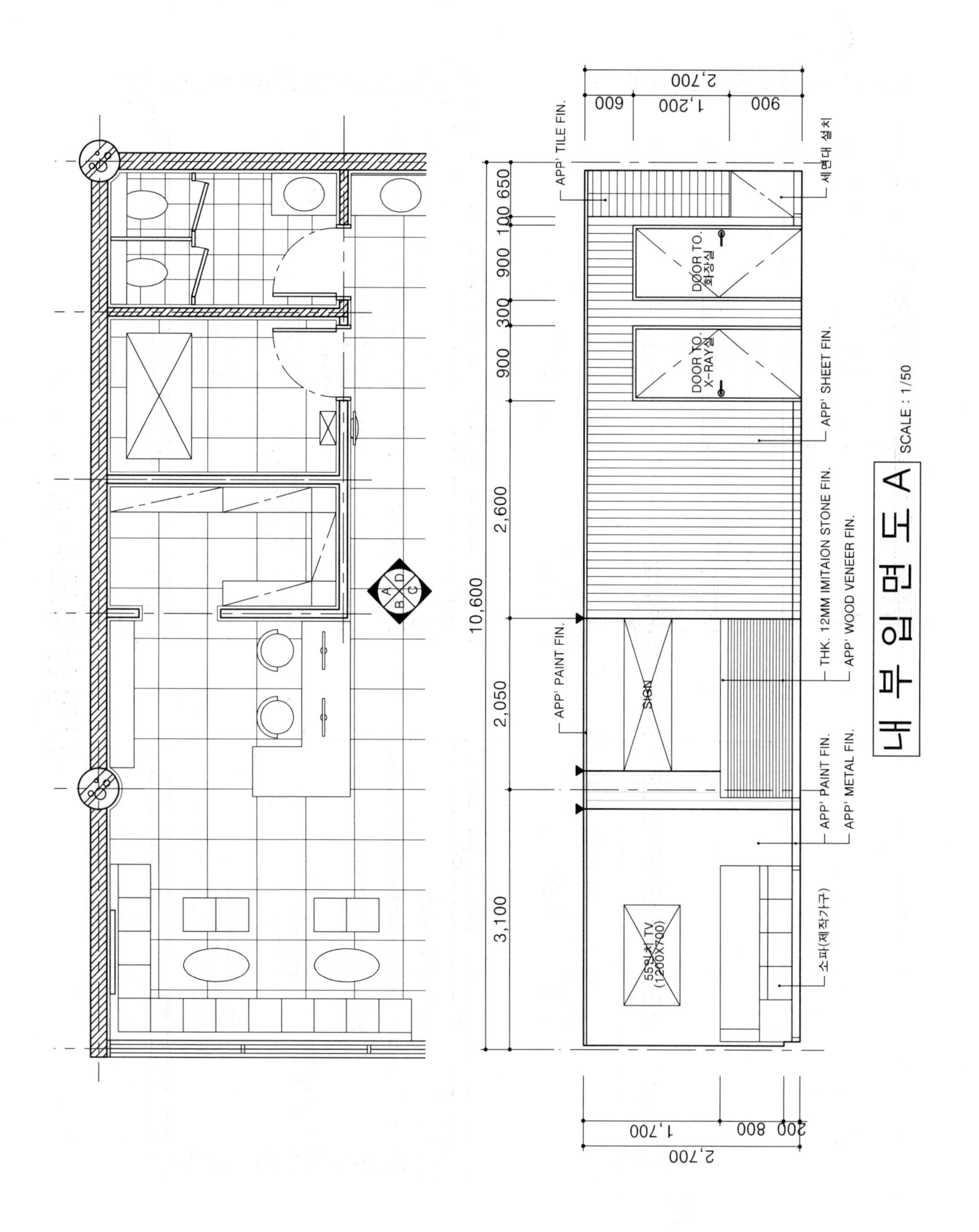

내부입면도 A
SCALE : 1/50
APP' TILE FIN.
세면대 설치
DOOR TO. 화장실
DOOR TO. X-RAY실
APP' SHEET FIN.
THK. 12MM IMITAION STONE FIN.
APP' WOOD VENEER FIN.
APP' PAINT FIN.
SIGN
APP' PAINT FIN.
APP' METAL FIN.
55인치 TV (1200X700)
소파(제작가구)
10,600
650
100
900
300
900
2,600
2,050
3,100
2,700
600
1,200
900
1,700
800
200
A
B
C
D

❹ 단면상세도

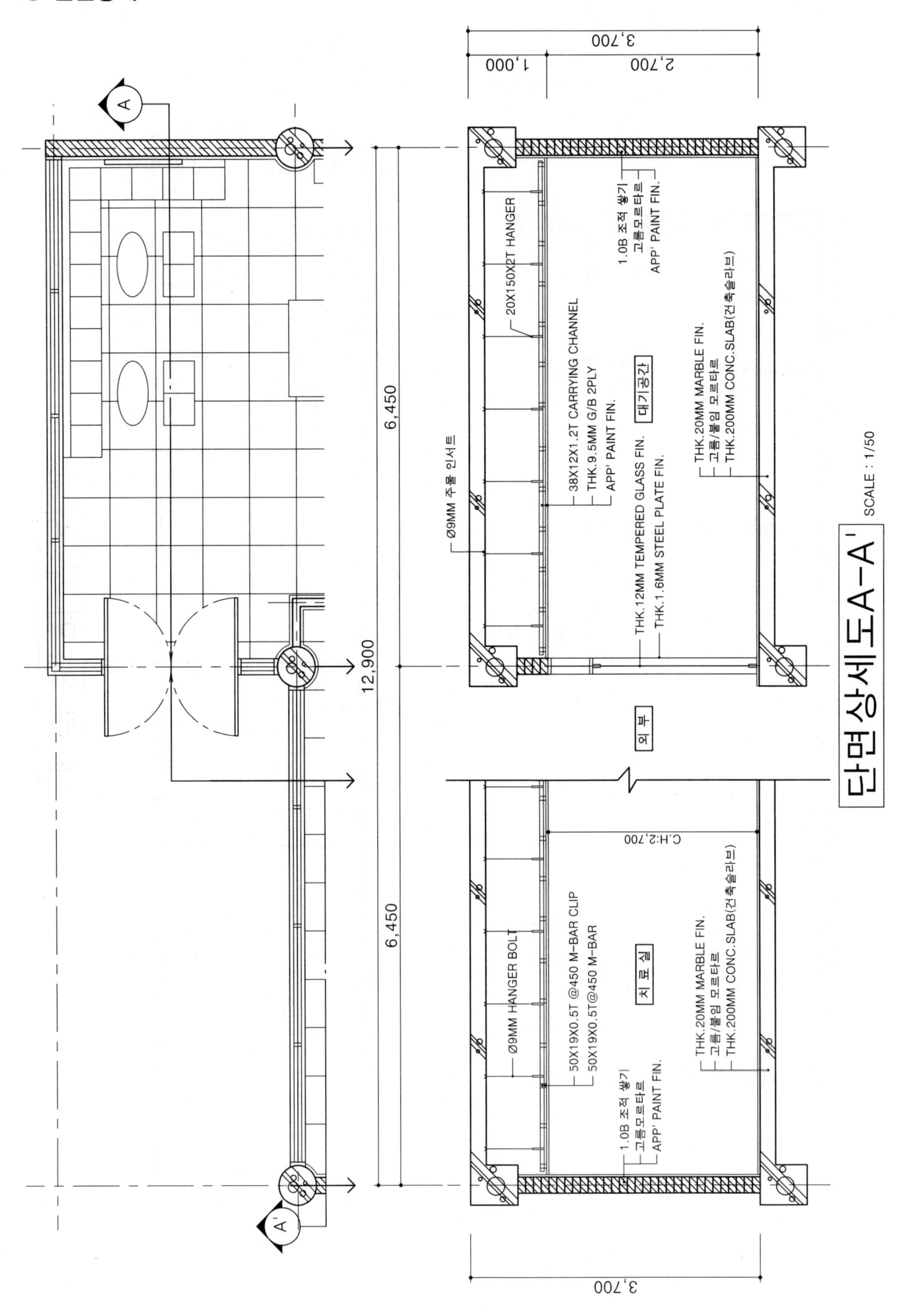

3,700
1,000
2,700
12,900
6,450
6,450
20X150X2T HANGER
1.0B 조적 쌓기
고름모르타르
APP' PAINT FIN.
Ø9MM 주물 인서트
38X12X1.2T CARRYING CHANNEL
THK.9.5MM G/B 2PLY
APP' PAINT FIN.
대기공간
THK.12MM TEMPERED GLASS FIN.
THK.1.6MM STEEL PLATE FIN.
THK.20MM MARBLE FIN.
고름/붙임 모르타르
THK.200MM CONC.SLAB(건축슬라브)
외부
C.H:2,700
Ø9MM HANGER BOLT
50X19X0.5T @450 M-BAR CLIP
50X19X0.5T@450 M-BAR
치료실
단면상세도A-A'
SCALE : 1/50

⑤ 실내투시도 – 샤프 작업/ 기본 그리드 작도

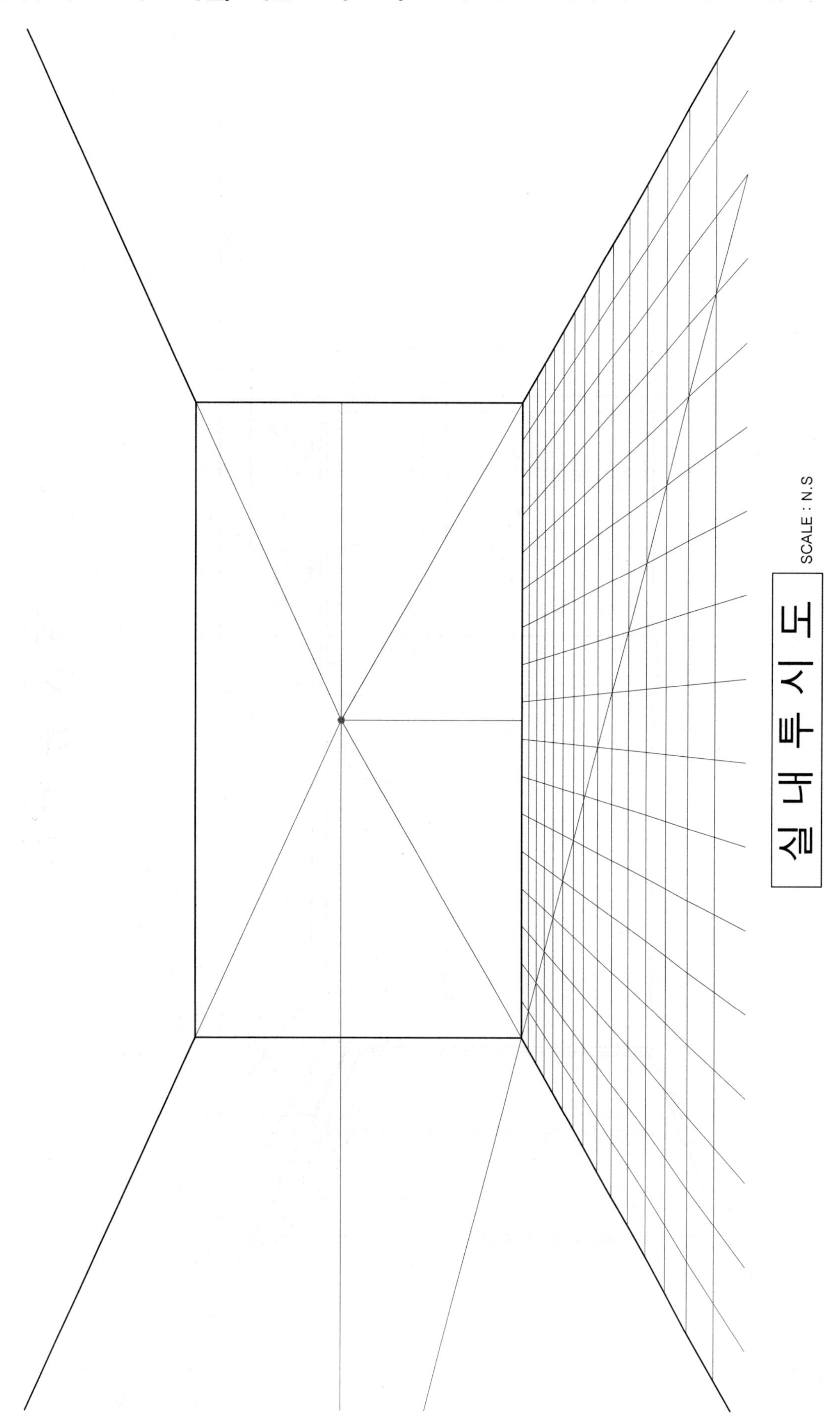

❻ 실내투시도 – 샤프 작업/ 공간 볼륨감 및 가구 작도

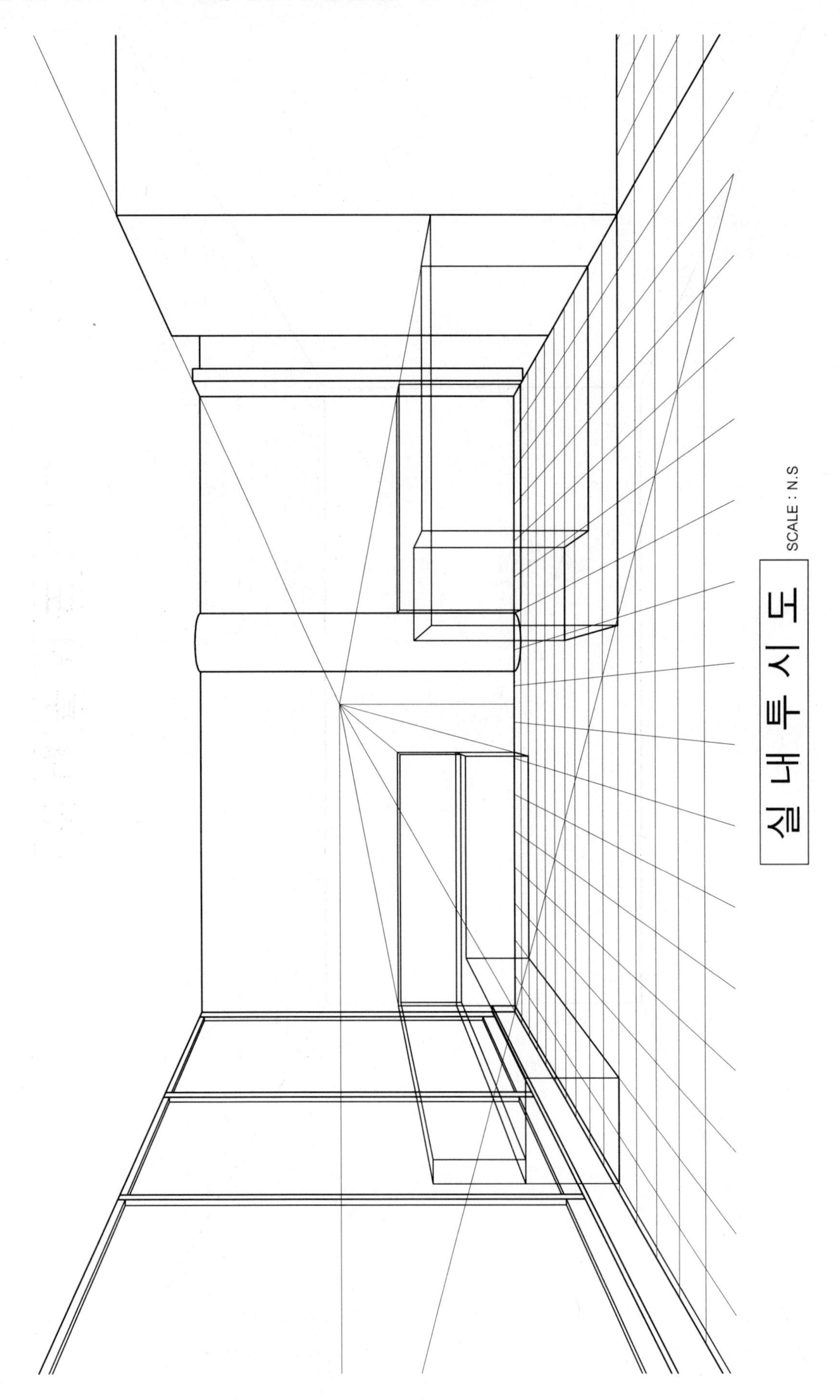

❼ 실내투시도 – 검정펜 작업

⑧ 실내투시도 – 마카 채색

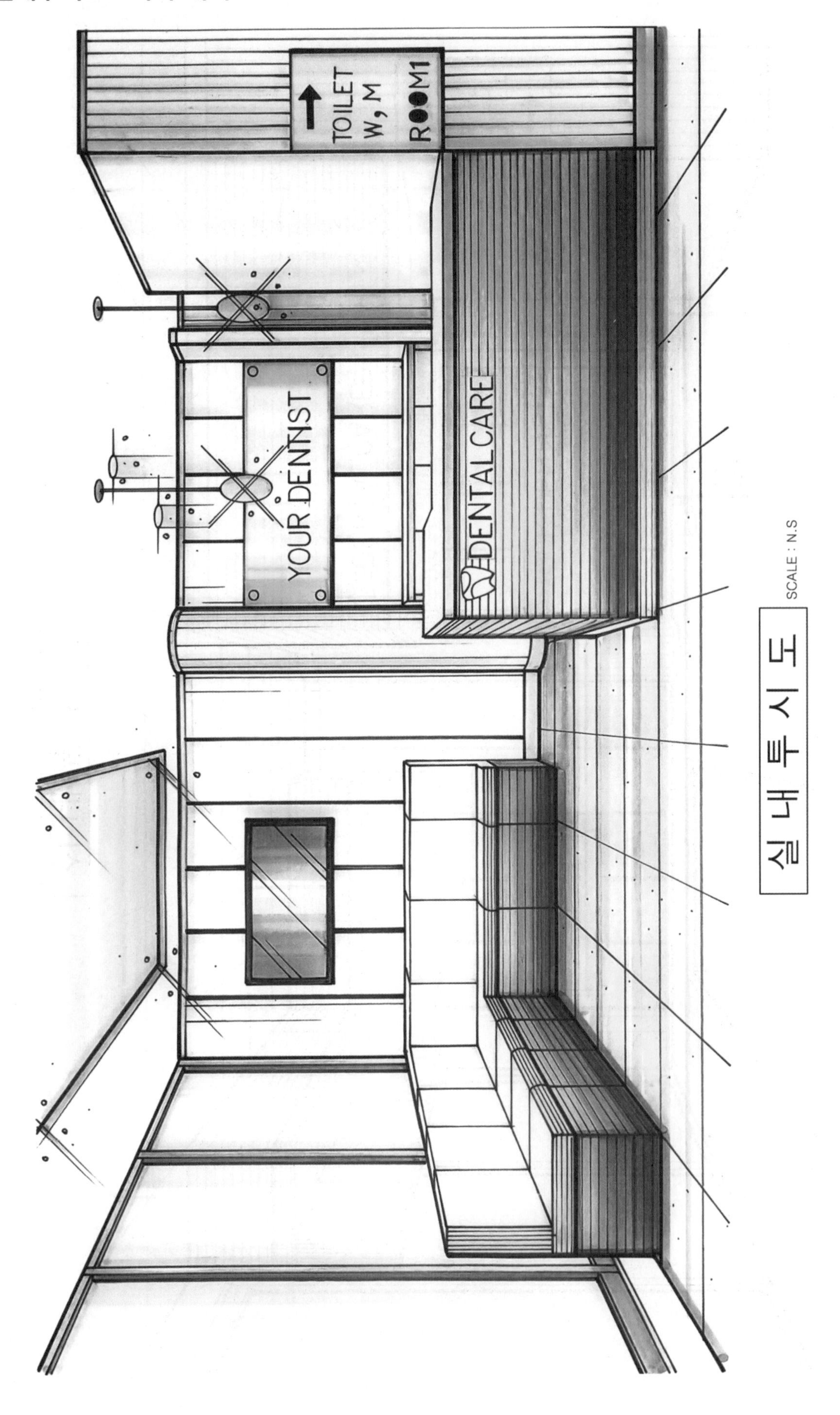

과년도 기출문제 – 17

자격종목	실내건축기사	작업명	헤어숍

※ 시험시간 : 6시간 30분

1. 요구사항

주어진 도면은 20~30대 젊은 층을 대상으로 하는 1층에 위치한 헤어숍이다. 다음의 요구조건에 따라 요구도면을 작성하시오.

2. 요구조건

1) 설계면적 : 12,000mm × 8,000mm × 3,000mm(H)

2) 인적구성 : 대표 1명, 실장 1명, 직원 4명

3) 필요공간 및 가구

- 카운터, 로커(짐 보관), 샴푸실, 샴푸대 2EA, 고객대기공간(SOFA SET), 창고, 직원휴게실
- 미용공간 : 미용의자 8EA, 경대 8EA, 수납장

(그 외 가구는 수험자 임의로 작도한다)

※ 이상 제시된 가구는 필수적이며, 이 외에 필요한 가구와 실내장식이 있다면 수험자가 임의로 추가할 수 있음

3. 요구도면

1) 평면도(가구 배치 및 바닥마감재 표기) : S=1/50

평면도 우측 하단에 설계자가 의도한 DESIGN CONCEPT를 200자 내외로 적으시오.

2) 천장도(조명기구 및 마감재료 표기) : S=1/50

3) 내부입면도 B방향(벽면재료 표기) : S=1/50

4) 단면상세도 A–A′ : S=1/50

5) 실내투시도(채색작업 필수) : S=N.S

좋은 지점으로 지정하여 1소점 투시도 또는 2소점 투시도로 작성하되, 작성과정의 투시보조선을 남길 것

자격종목	실내건축기사	과제명	헤어숍	척 도	N.S

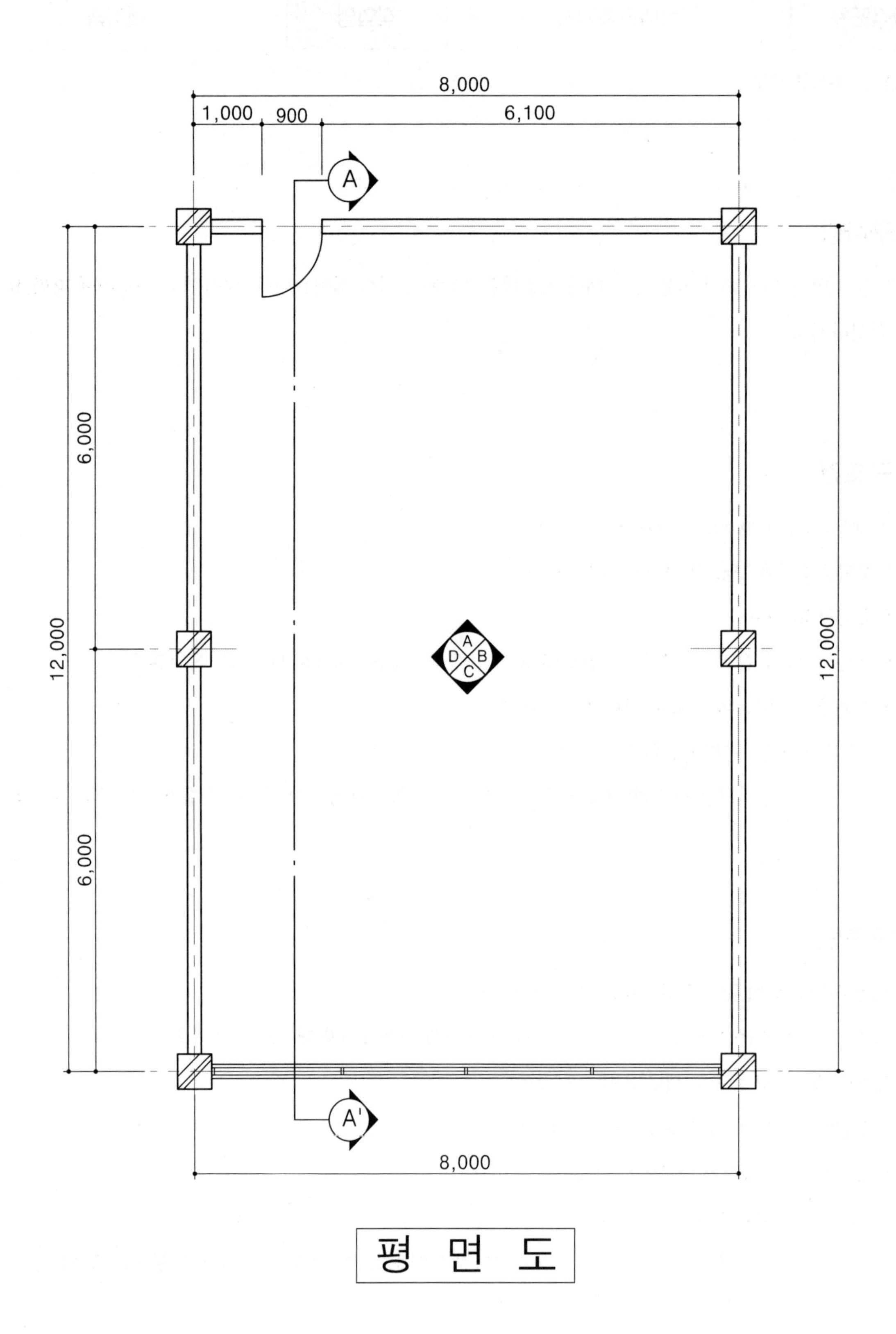

평 면 도

❶ 평면도

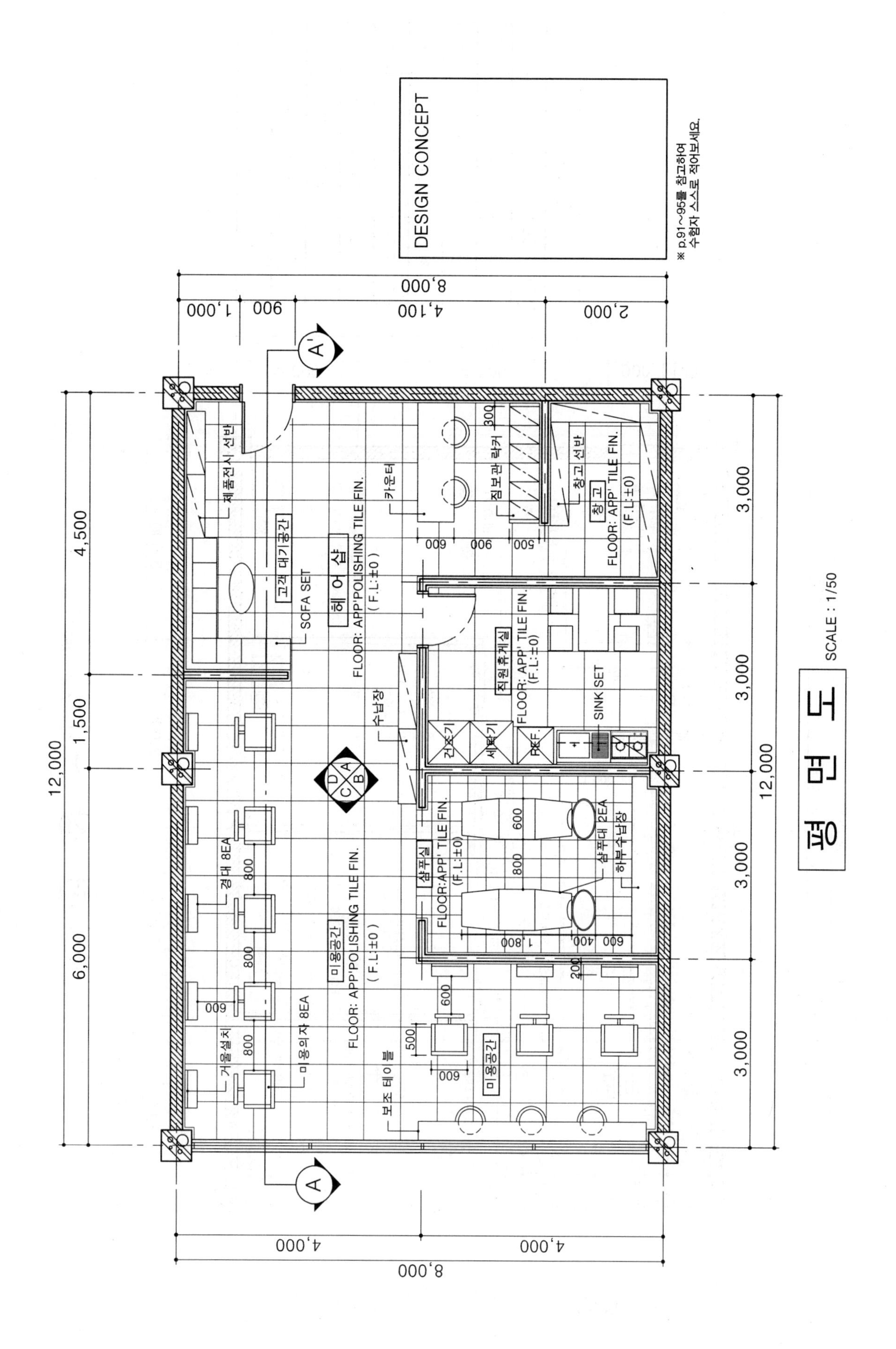

DESIGN CONCEPT
※ p.91~95를 참고하여 수험자 스스로 적어보세요.
평 면 도
SCALE : 1/50
헤어샵
FLOOR: APP'POLISHING TILE FIN.
(F.L:±0)
고객 대기공간
SOFA SET
제품전시 선반
카운터
정보관 락커
창고 선반
창고
FLOOR: APP' TILE FIN.
(F.L:±0)
직원휴게실
SINK SET
REF.
세탁기
건조기
수납장
샴푸실
샴푸대 2EA
하부수납장
미용공간
경대 8EA
거울설치
미용의자 8EA
보조 테이블
8,000
4,000
4,000
1,000
900
4,100
2,000
12,000
4,500
1,500
6,000
3,000
3,000
3,000
3,000

❷ 천장도

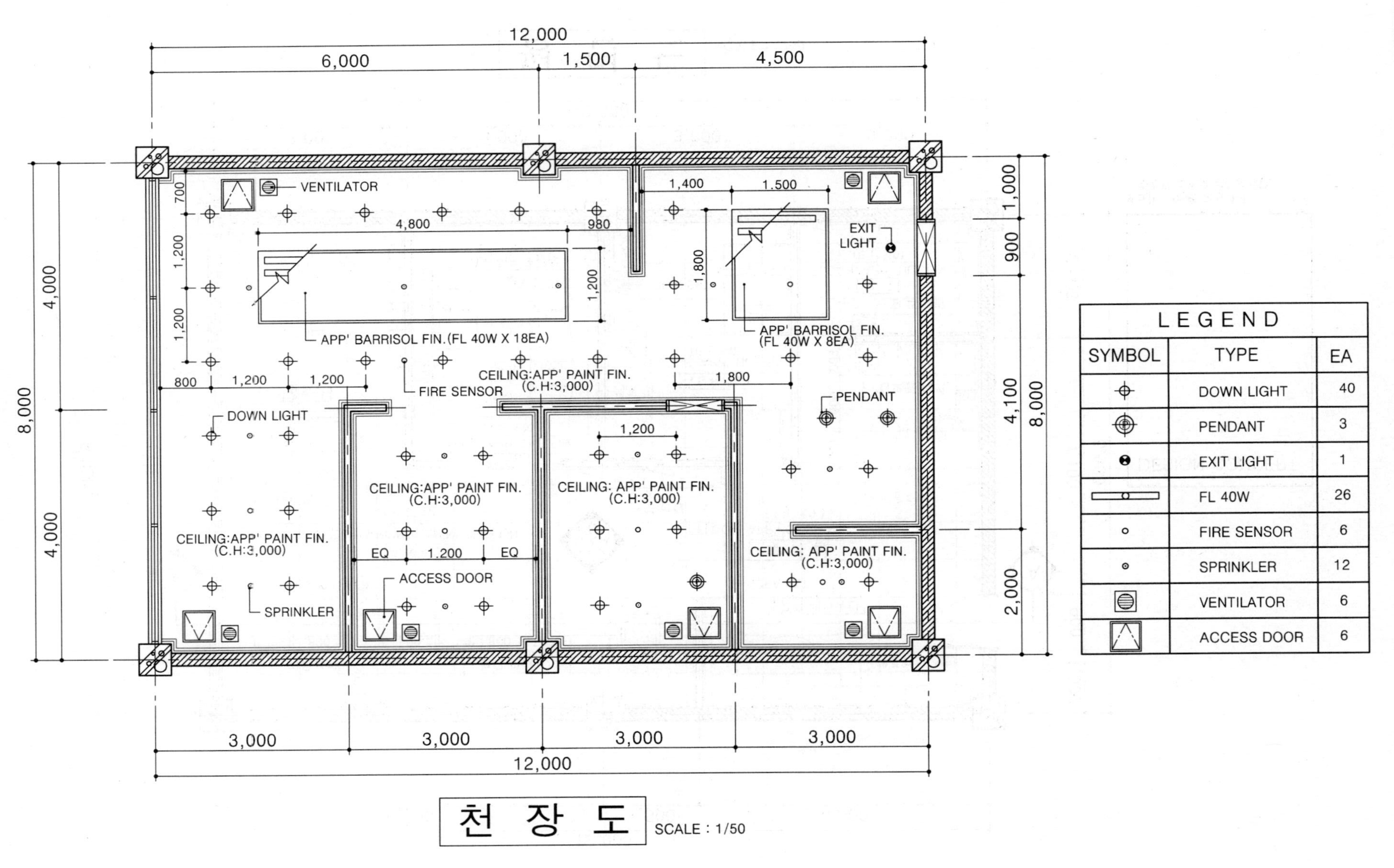

SYMBOL	TYPE	EA
⊕	DOWN LIGHT	40
◎	PENDANT	3
●	EXIT LIGHT	1
▭	FL 40W	26
○	FIRE SENSOR	6
○	SPRINKLER	12
▤	VENTILATOR	6
⊠	ACCESS DOOR	6

❸ 내부입면도

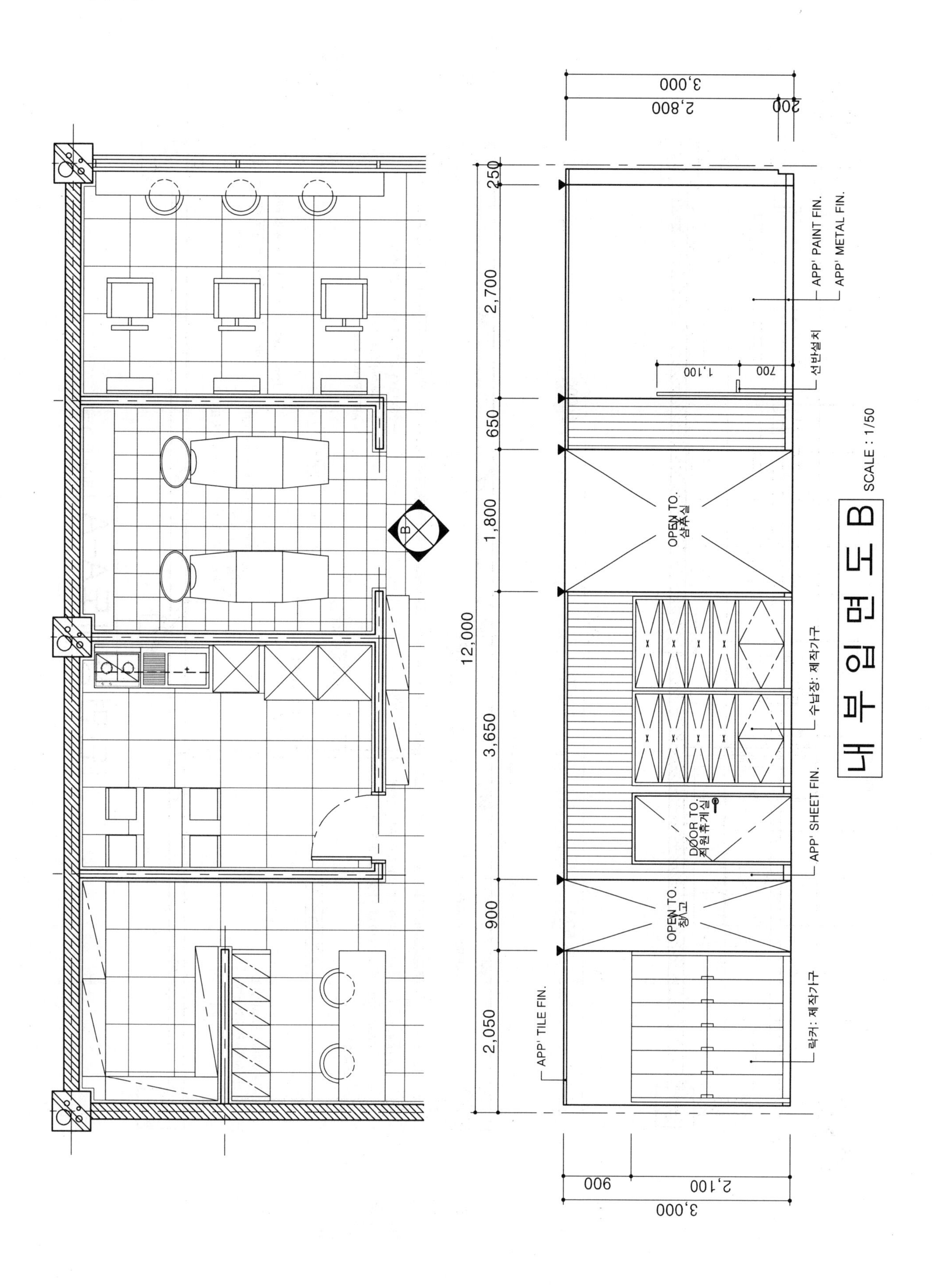

내부입면도 B
SCALE : 1/50
3,000
2,800
200
12,000
250
2,700
650
1,800
3,650
900
2,050
700
1,100
APP' PAINT FIN.
APP' METAL FIN.
선반설치
OPEN TO. 샴푸실
수납장: 제작가구
DOOR TO. 직원휴게실
APP' SHEET FIN.
OPEN TO. 창고
락커: 제작가구
APP' TILE FIN.
2,100
900
3,000

❹ 단면상세도

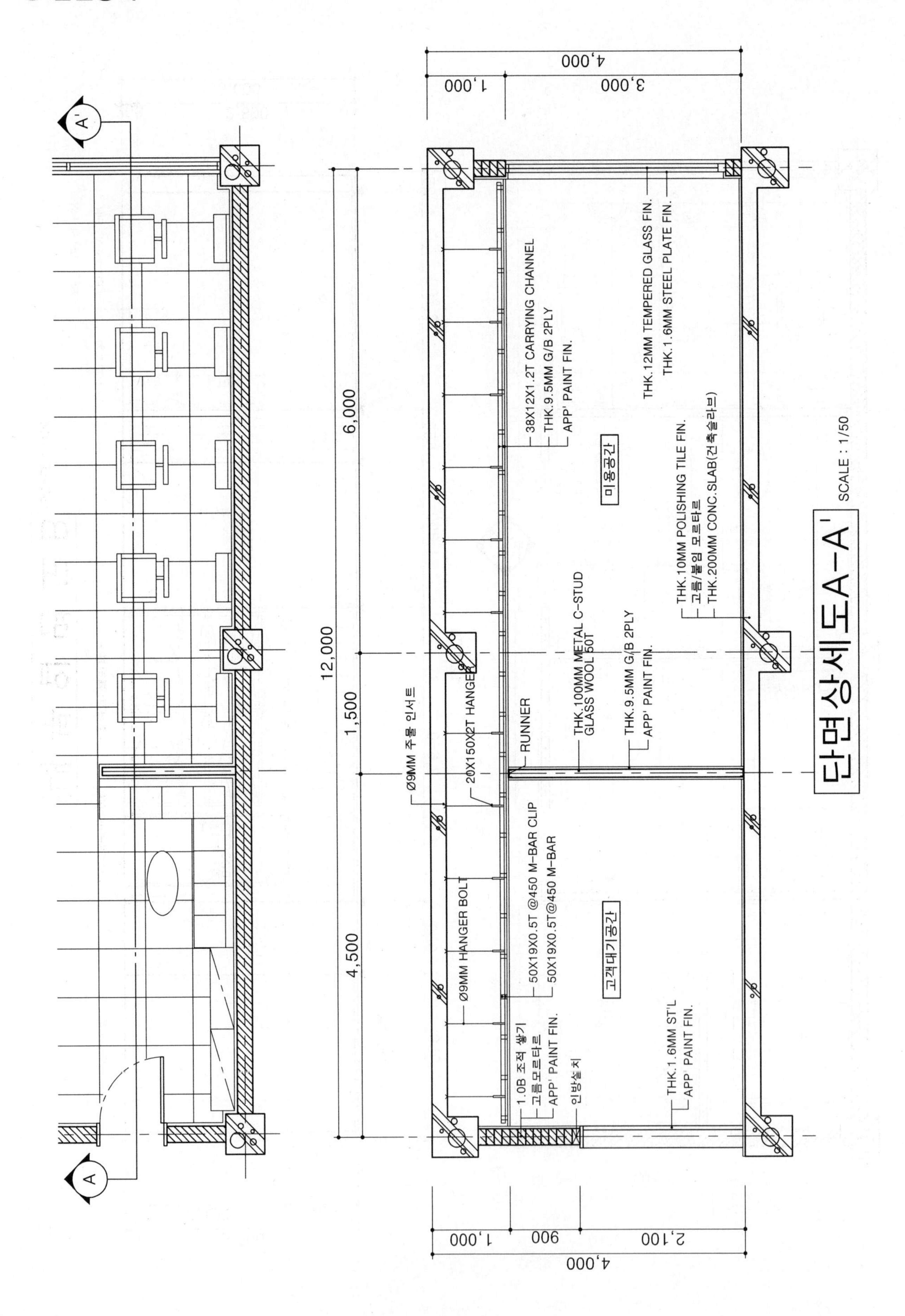

A
A'
4,000
1,000
3,000
12,000
6,000
1,500
4,500
900
2,100
38X12X1.2T CARRYING CHANNEL
THK.9.5MM G/B 2PLY
APP' PAINT FIN.
THK.12MM TEMPERED GLASS FIN.
THK.1.6MM STEEL PLATE FIN.
미용공간
THK.10MM POLISHING TILE FIN.
고름/붙임 모르타르
THK.200MM CONC.SLAB(건축슬라브)
THK.100MM METAL C-STUD
GLASS WOOL 50T
THK.9.5MM G/B 2PLY
APP' PAINT FIN.
Ø9MM 주물 인서트
20X150X2T HANGER
RUNNER
Ø9MM HANGER BOLT
50X19X0.5T @450 M-BAR CLIP
50X19X0.5T@450 M-BAR
고객대기공간
1.0B 조적 쌓기
고름모르타르
APP' PAINT FIN.
인방설치
THK.1.6MM ST'L
APP' PAINT FIN.
단면상세도 A-A'
SCALE : 1/50

❺ 실내투시도 – 샤프 작업/ 기본 그리드 작도

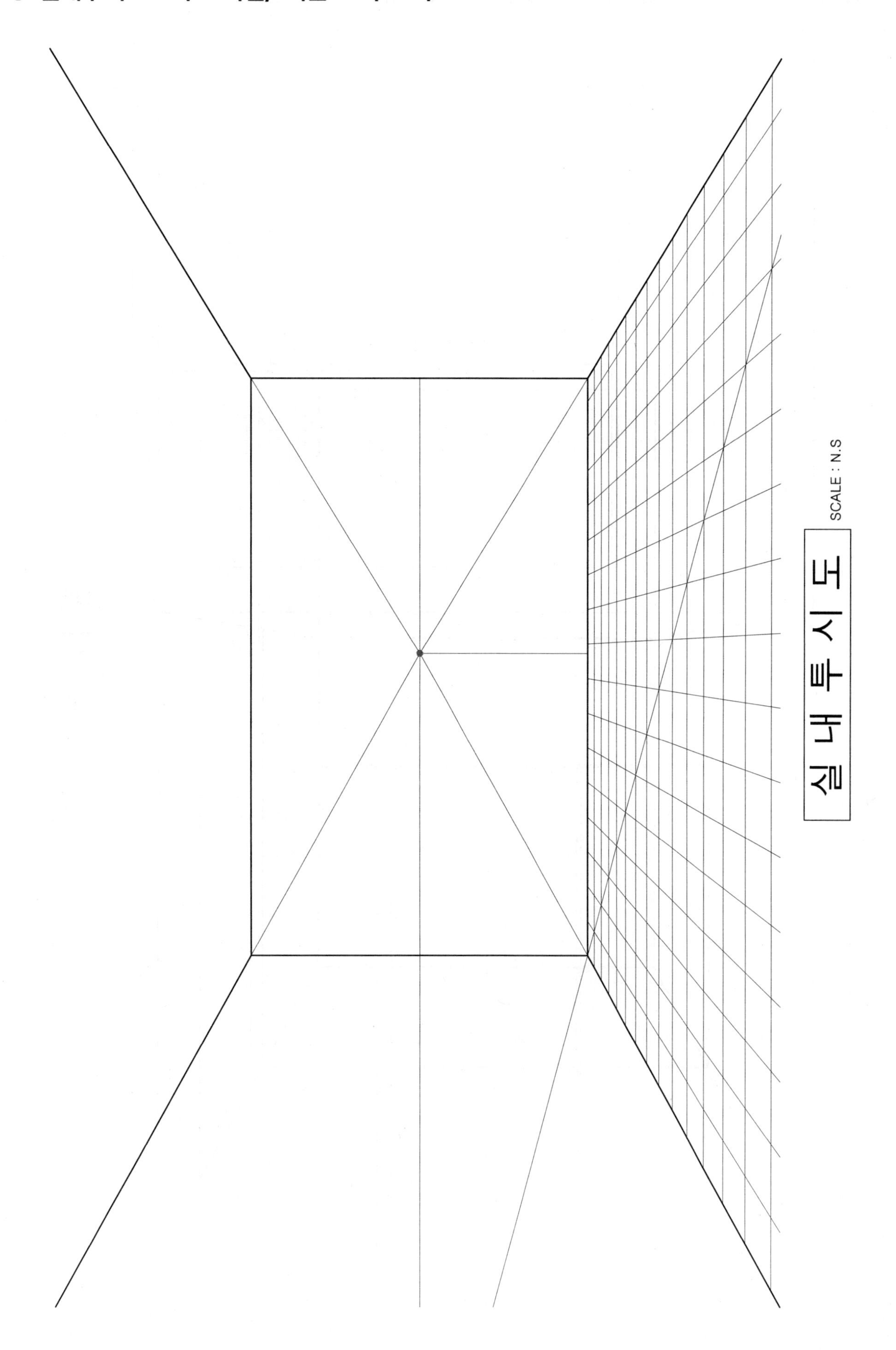

⑥ 실내투시도 – 샤프 작업/ 공간 볼륨감 및 가구 작도

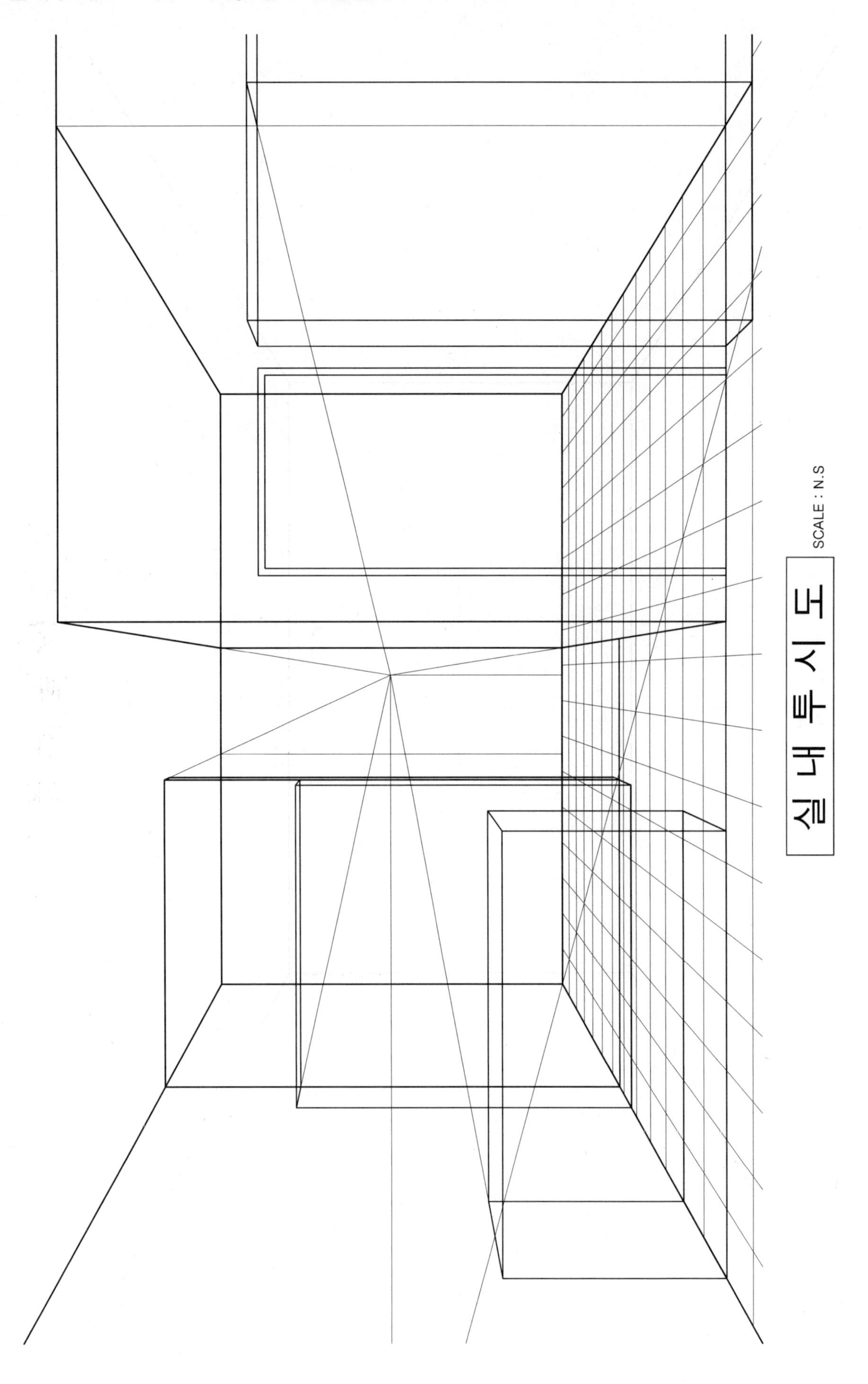

❼ 실내투시도 – 검정펜 작업

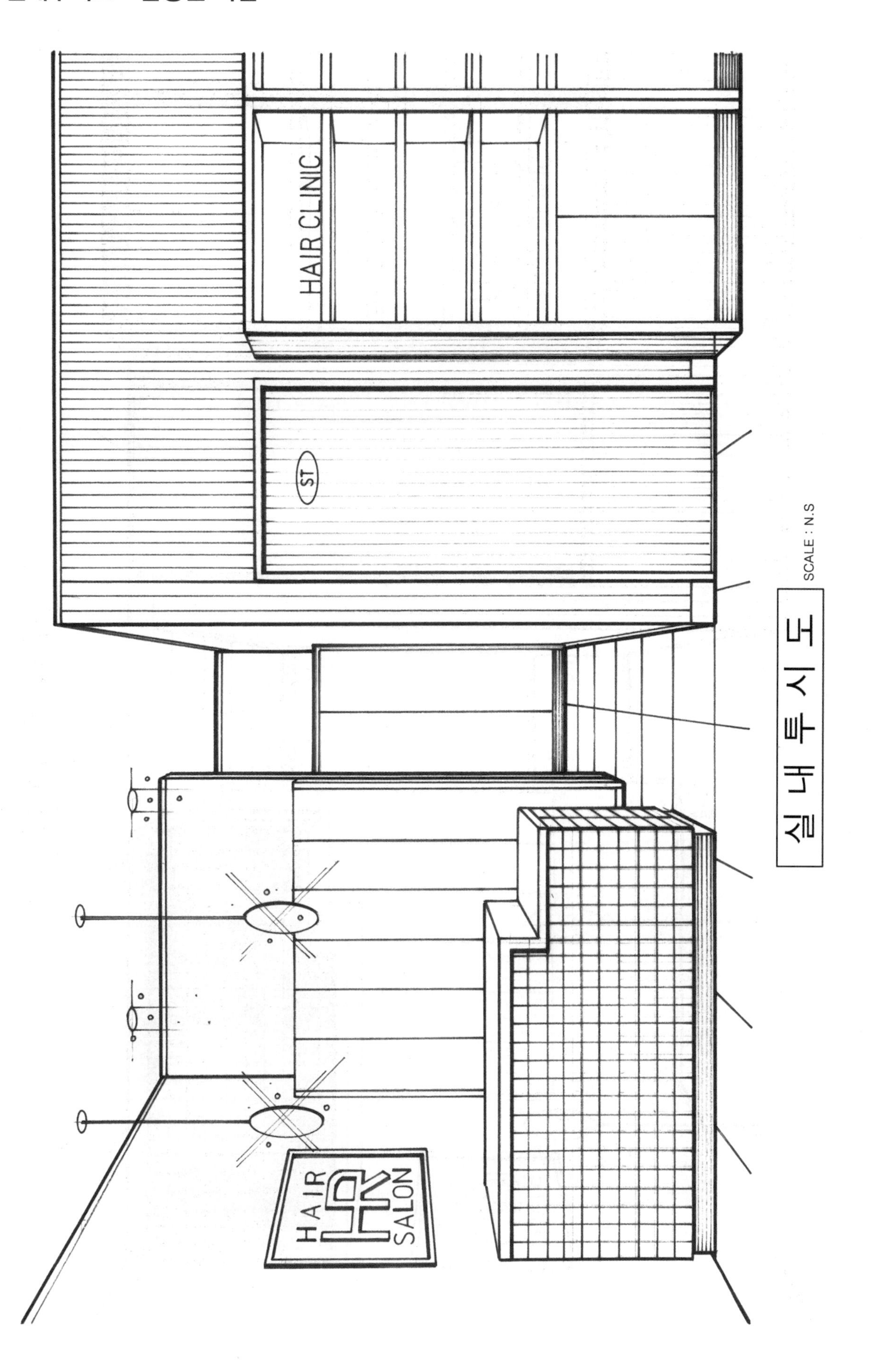

⑧ 실내투시도 – 마카 채색

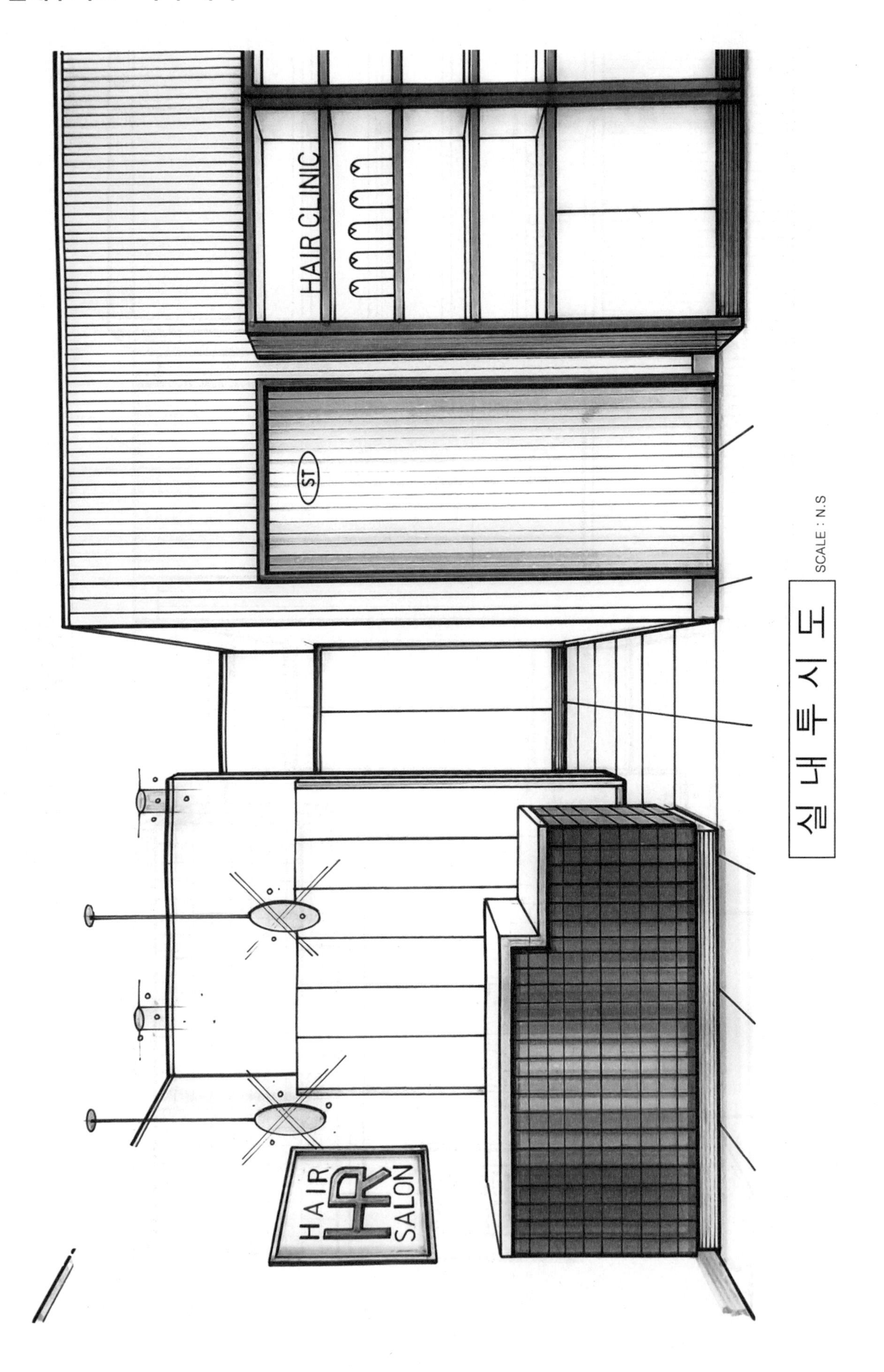
HAIR CLINIC
ST
HAIR
SALON
실 내 투 시 도
SCALE : N.S

과년도 기출문제 – 18

자격종목	실내건축기사	작업명	참치전문점

※ 시험시간 : 6시간 30분

1. 요구사항

주어진 도면은 신도시 중심상업지역에 위치한 참치전문점이다. 다음의 요구조건에 따라 요구도면을 작성하시오.

2. 요구조건

1) 설계면적 : 10,800mm × 9,000mm × 2,700mm(H)

2) 인적구성 : 요리사 2명, 서빙홀 2명

3) 필요공간 및 가구

- 주방공간(오픈형 주방) : 냉장고, 냉동고, 싱크대외 필요한 집기, Bar table 형식, 창고 및 비품실
- CASHIER COUNTER(1,500 × 600 × 1,000), 6인용 테이블세트(1조), 4인용 테이블세트(4조), 2인용 테이블세트(2조)
- 천장형 시스템 에어컨(900 × 900)
  (그 외 가구는 수검자 임의로 작도한다.)

※ 이상 제시된 가구는 필수적이며, 이 외에 필요한 가구와 실내장식이 있다면 수험자가 임의로 추가할 수 있음

3. 요구도면

1) 평면도(가구배치 및 바닥마감재 표기) : S=1/50
   평면도 우측 하단에 설계자의 의도한 DESIGN CONCEPT를 200자 내외로 적으시오.

2) 천장도(조명기구 및 마감재료 표기) : S=1/50

3) 내부입면도 D방향(벽면재료 표기) : S=1/50

4) 단면상세도 A–A′ : S=1/50

5) 실내투시도(채색작업 필수) : S=N.S
   좋은 지점으로 지정하여 1소점 투시도 또는 2소점 투시도로 작성하되, 작성과정의 투시보조선을 남길 것

자격종목	실내건축기사	과제명	참치전문점	척 도	N.S

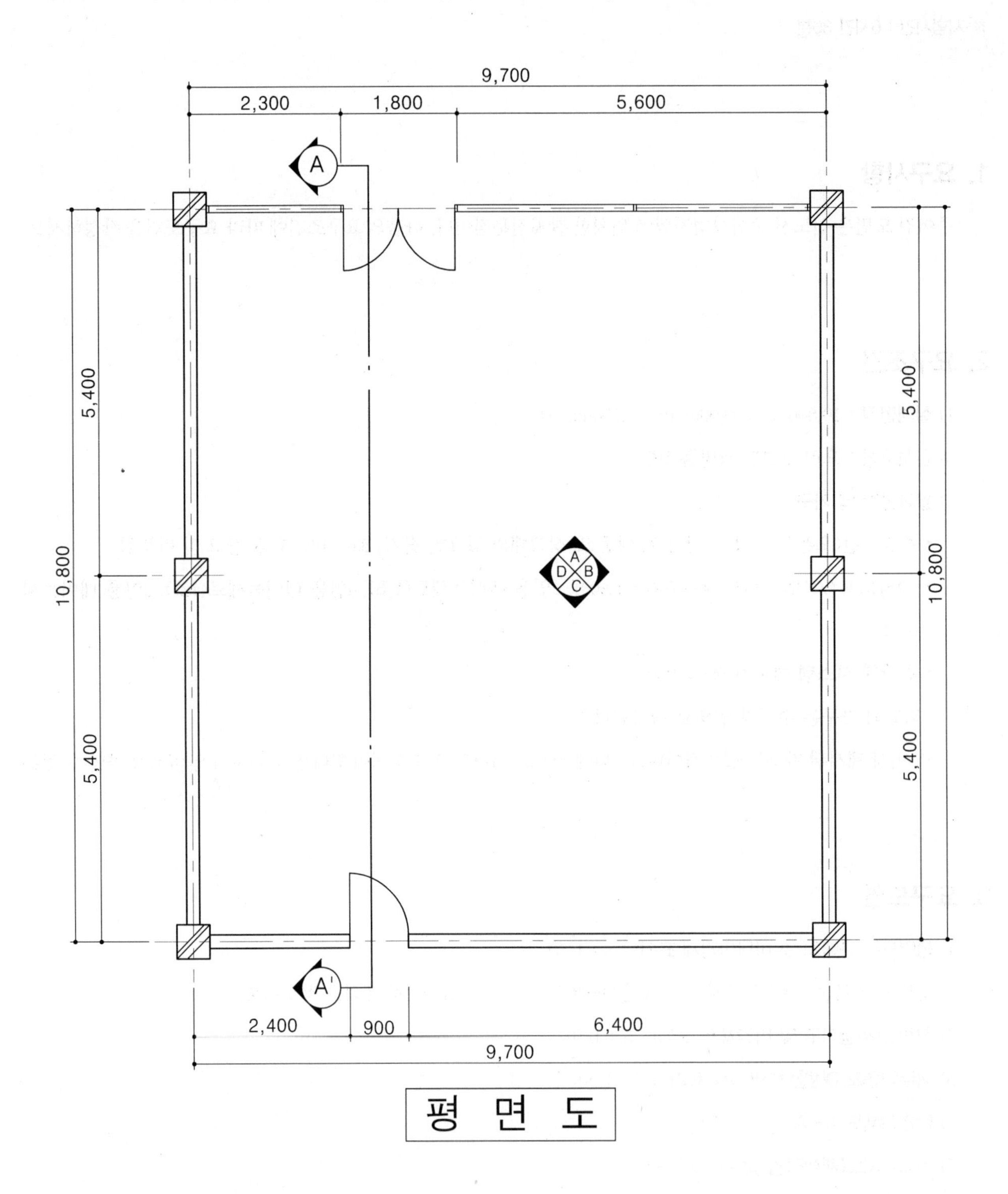

평 면 도

❶ 평면도

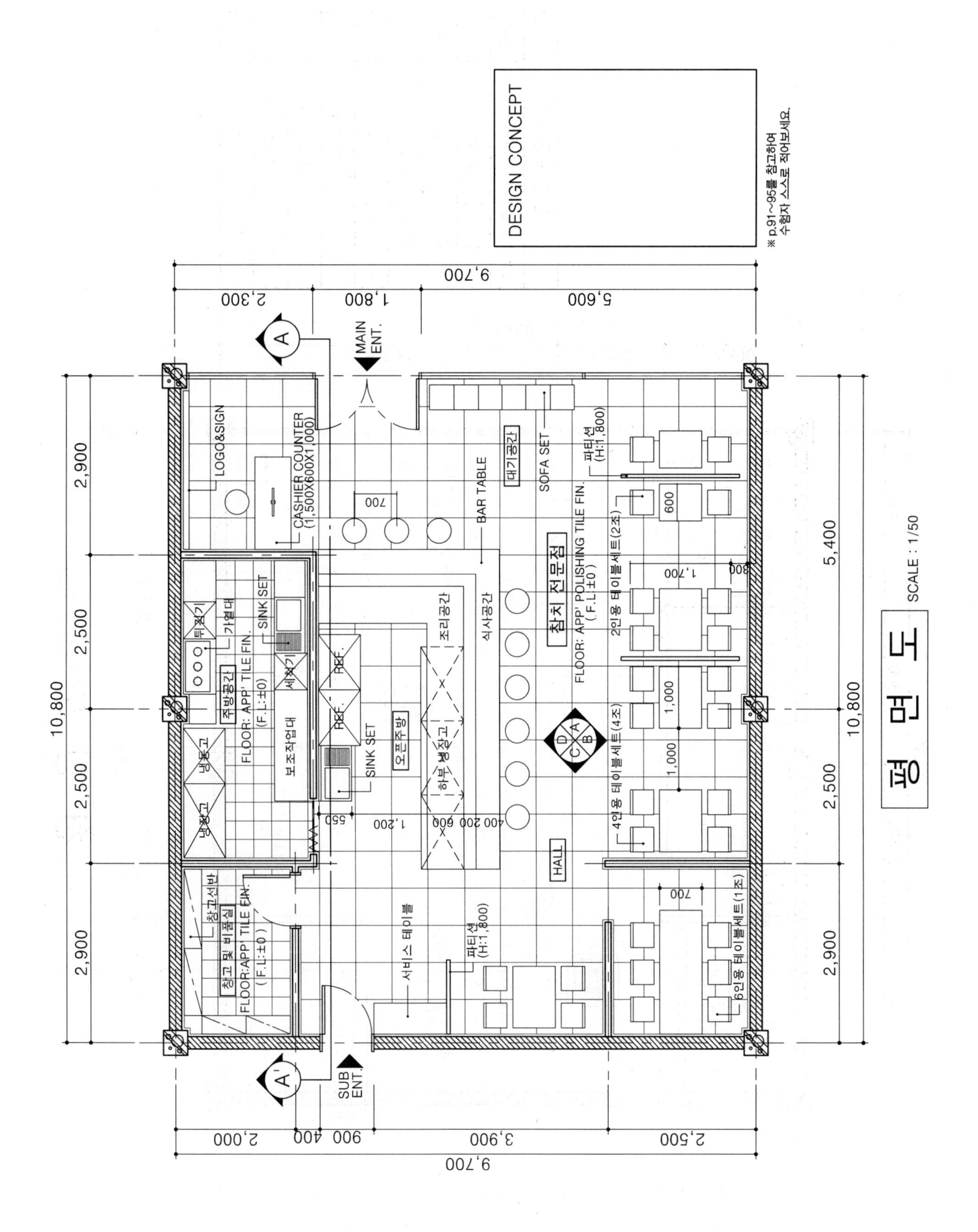

DESIGN CONCEPT
※ p.91~95를 참고하여
수험자 스스로 적어보세요.
9,700
2,300
1,800
5,600
MAIN ENT.
SUB ENT.
LOGO&SIGN
CASHIER COUNTER
(1,500X600X1,000)
BAR TABLE
대기공간
SOFA SET
파티션
(H:1,800)
참치 전문점
FLOOR: APP' POLISHING TILE FIN.
(F.L±0)
2인용 테이블세트(2조)
4인용 테이블세트(4조)
6인용 테이블세트(1조)
HALL
식사공간
조리공간
하부 냉장고
오픈주방
SINK SET
REF.
주방공간
튀김기
가열대
세척기
보조작업대
FLOOR: APP' TILE FIN.
(F.L:±0)
냉동고
냉장고
창고선반
창고 및 비품실
FLOOR:APP' TILE FIN.
(F.L:±0)
서비스 테이블
10,800
2,900
2,500
2,500
2,900
5,400
2,000
400
900
3,900
2,500
평 면 도
SCALE : 1/50

❷ 천장도

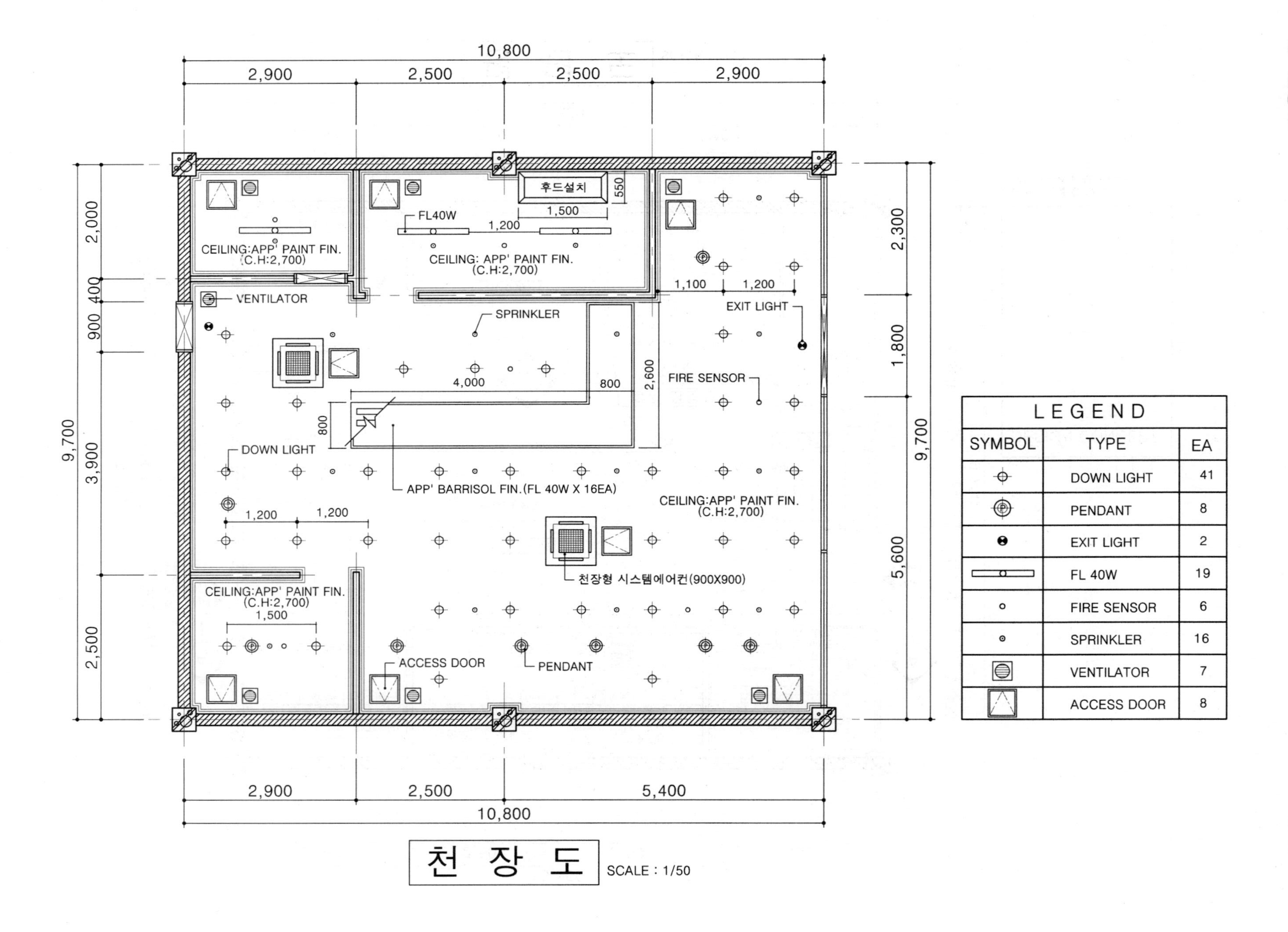

LEGEND		
SYMBOL	TYPE	EA
	DOWN LIGHT	41
	PENDANT	8
	EXIT LIGHT	2
	FL 40W	19
	FIRE SENSOR	6
	SPRINKLER	16
	VENTILATOR	7
	ACCESS DOOR	8

❸ 내부입면도

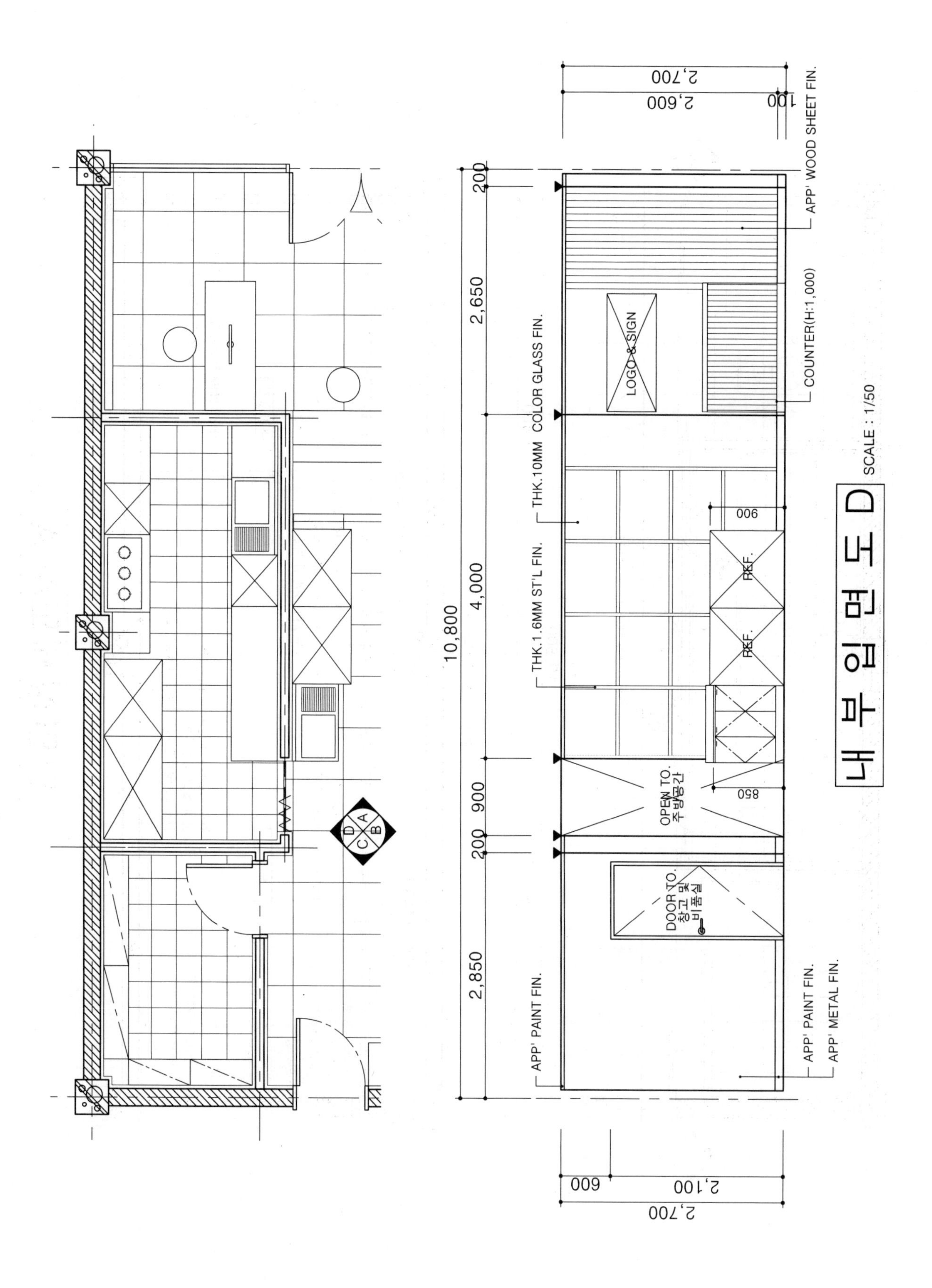

2,700
2,600
100
APP' WOOD SHEET FIN.
COUNTER(H:1,000)
LOGO & SIGN
THK.10MM COLOR GLASS FIN.
THK.1.6MM ST'L FIN.
900
REF.
REF.
OPEN TO. 주방공간
850
DOOR TO. 창고 및 비품실
APP' PAINT FIN.
APP' PAINT FIN.
APP' METAL FIN.
200
2,650
4,000
10,800
900
200
2,850
600
2,100
2,700
내부입면도 D
SCALE : 1/50
A
B
C
D

❹ 단면상세도

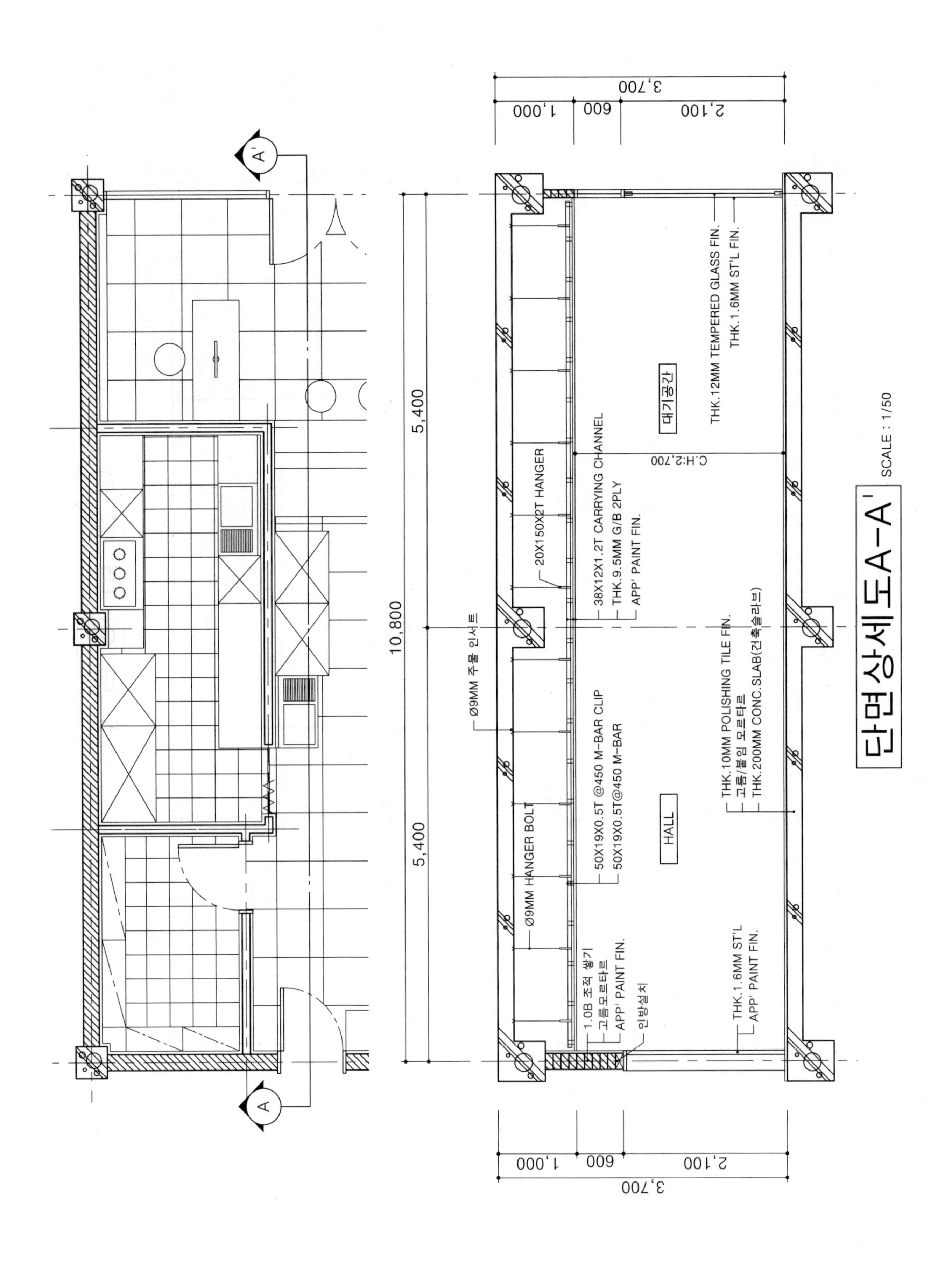

단면상세도A-A'
SCALE : 1/50
3,700
1,000
600
2,100
5,400
10,800
A
A'
대기공간
HALL
C.H:2,700
20X150X2T HANGER
Ø9MM 주물 인서트
Ø9MM HANGER BOLT
38X12X1.2T CARRYING CHANNEL
THK.9.5MM G/B 2PLY
APP' PAINT FIN.
50X19X0.5T @450 M-BAR CLIP
50X19X0.5T@450 M-BAR
1.0B 조적 쌓기
고름모르타르
APP' PAINT FIN.
인방설치
THK.12MM TEMPERED GLASS FIN.
THK.1.6MM ST'L FIN.
THK.10MM POLISHING TILE FIN.
고름/붙임 모르타르
THK.200MM CONC.SLAB(건축슬라브)
THK.1.6MM ST'L
APP' PAINT FIN.

❺ 실내투시도 – 샤프 작업/ 기본 그리드 작도

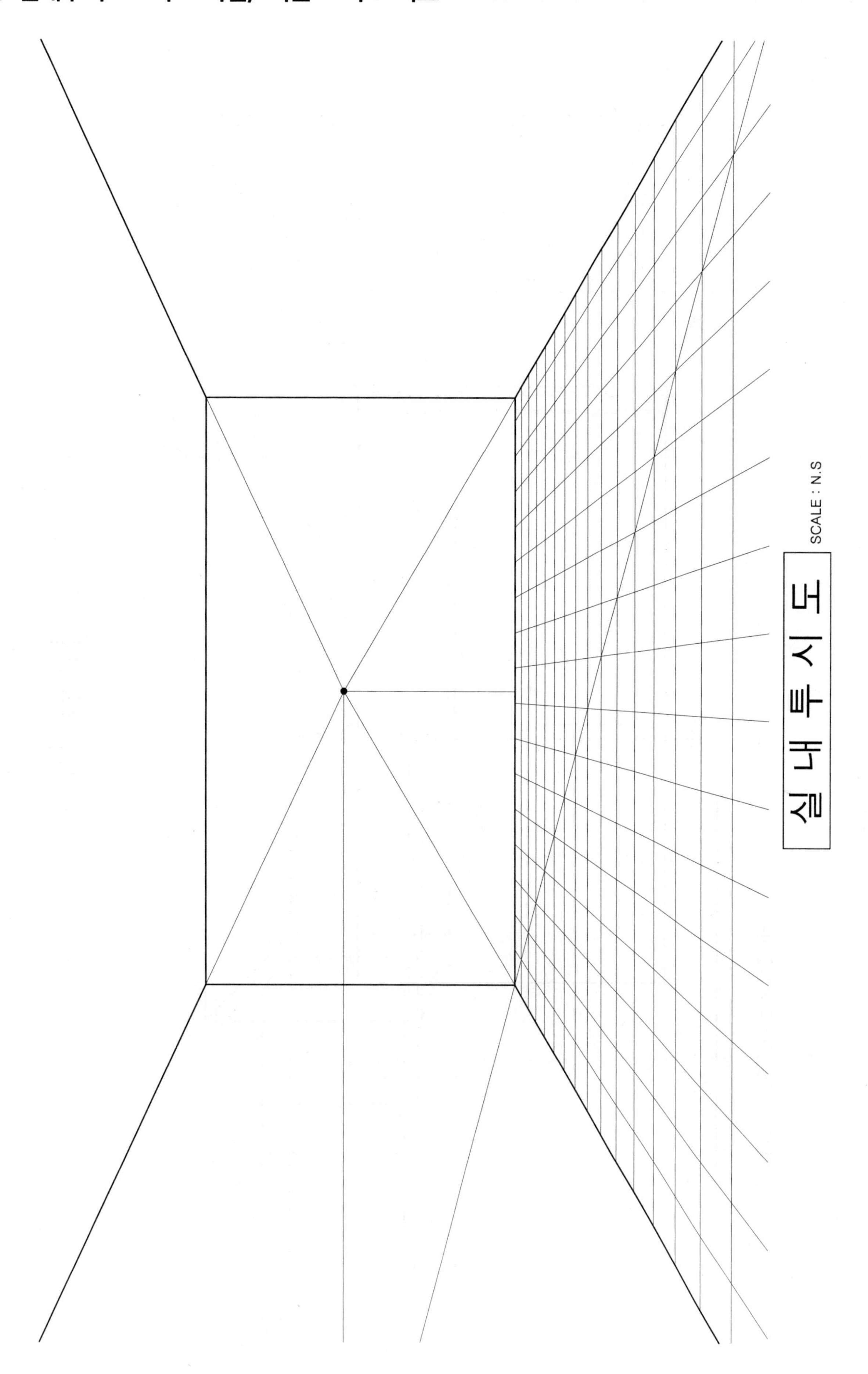

❻ 실내투시도 – 샤프 작업/ 공간 볼륨감 및 가구 작도

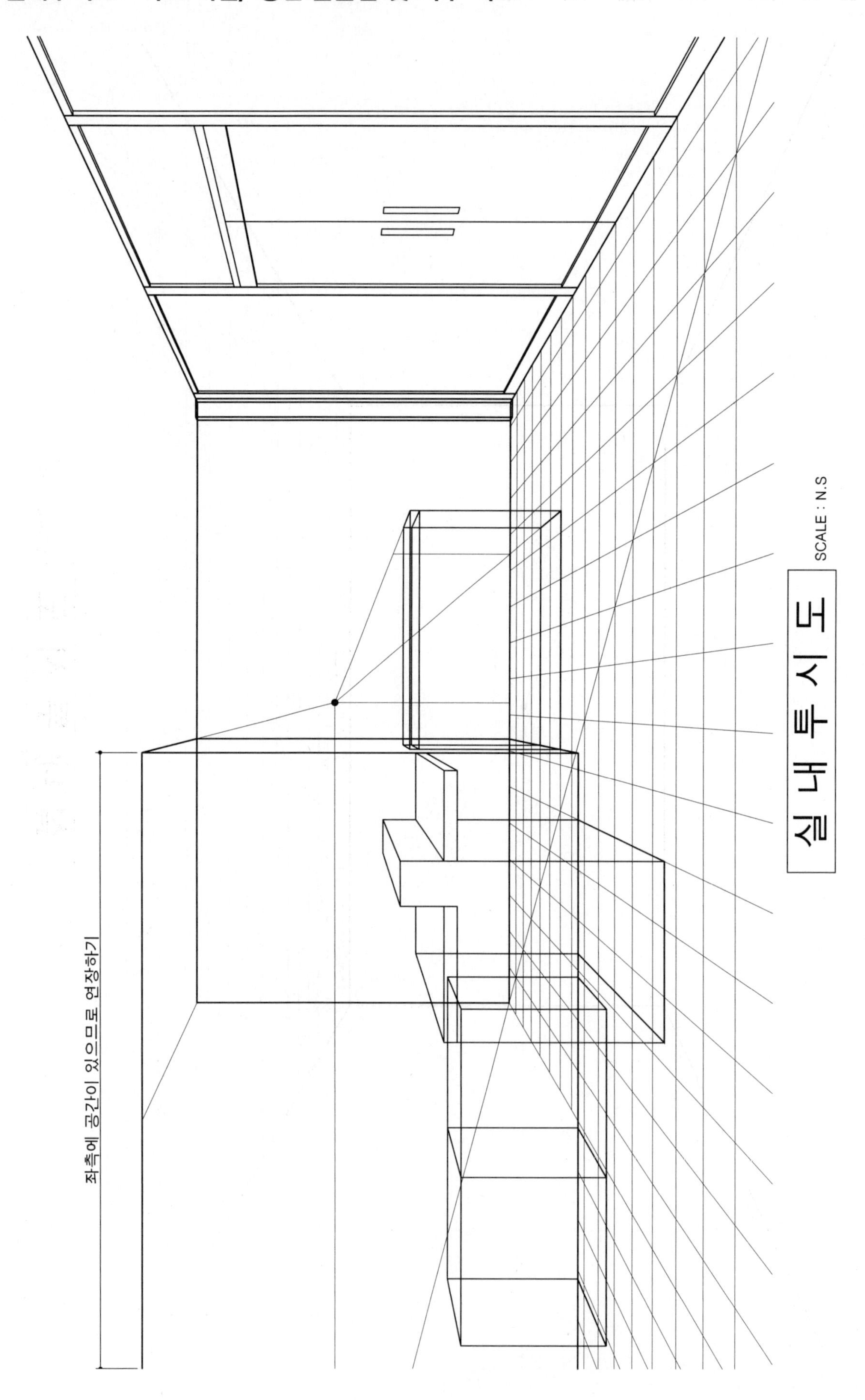

❼ 실내투시도 – 검정펜 작업

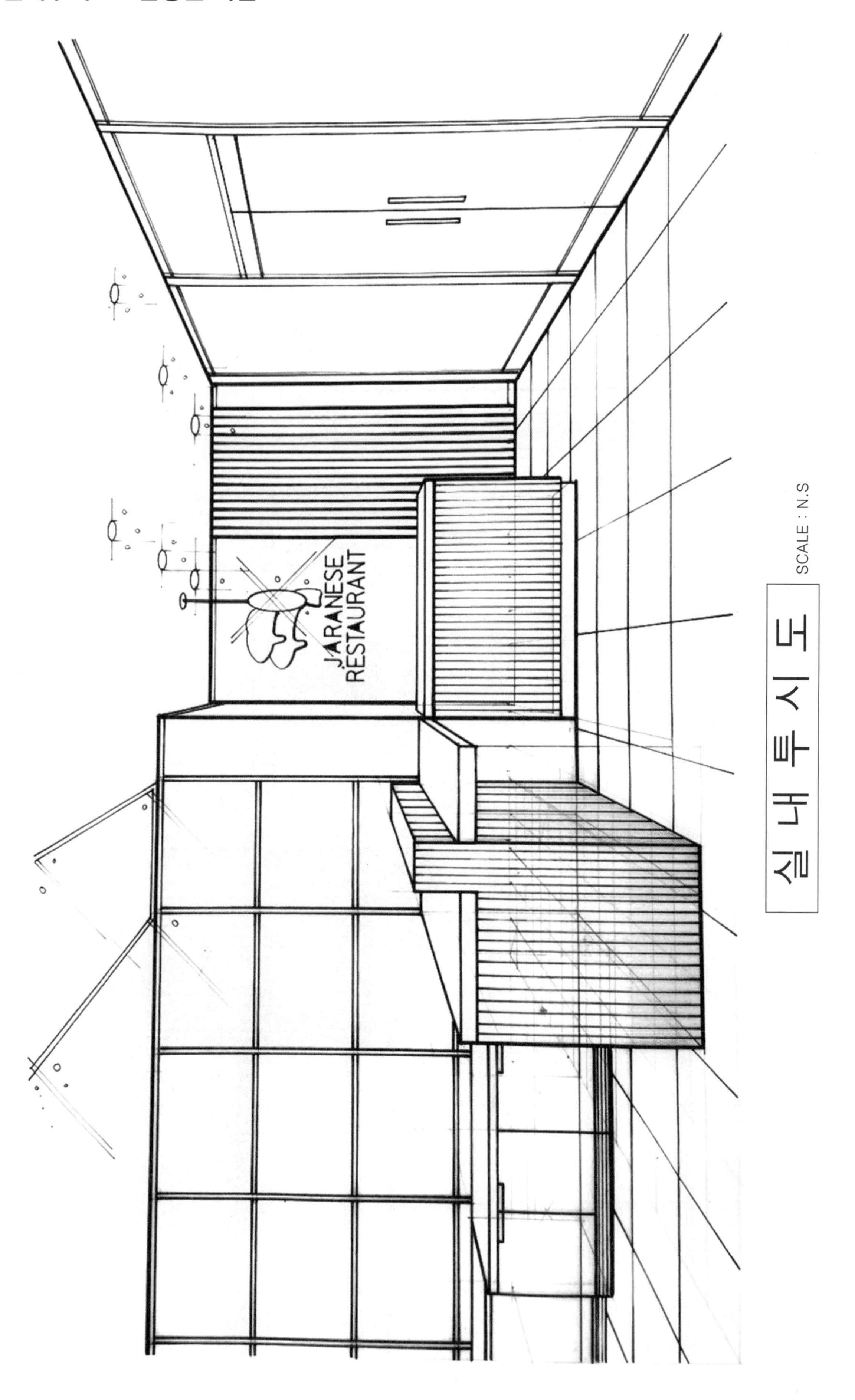

⑧ 실내투시도 – 마카 채색

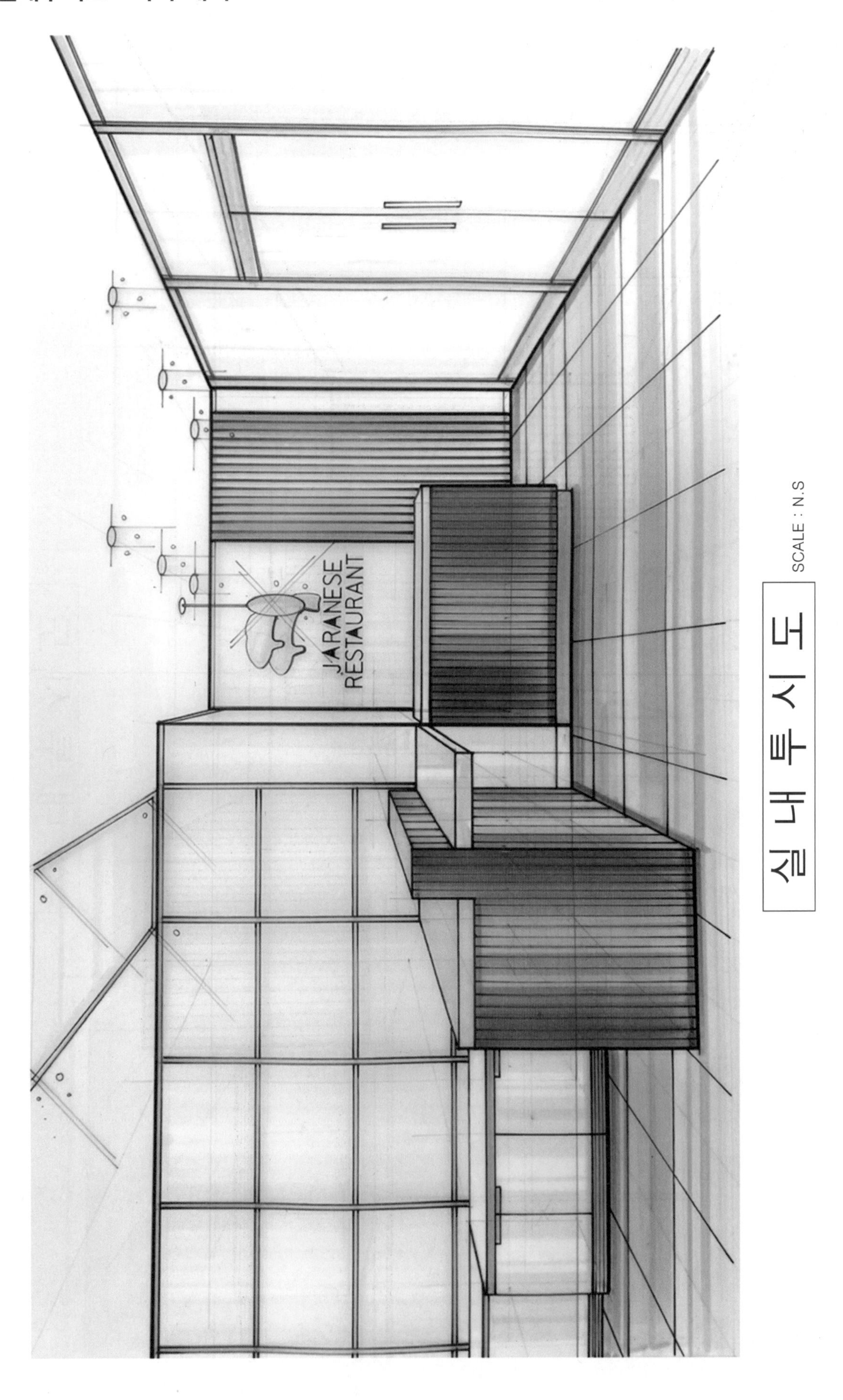

과년도 기출문제 – 19

자격종목	실내건축기사	작업명	자동차 판매대리점

※ 시험시간 : 6시간 30분

1. 요구사항

주어진 도면은 상업중심지역에 위치한 자동차 판매대리점이다. 다음의 요구조건에 따라 요구도면을 작성하시오.

2. 요구조건

1) 설계면적 : 14,000mm × 9,000mm × 3,000mm(H)

2) 인적구성 : 팀장 1명, 영업사원 4명 근무

3) 필요공간 및 가구

- 사무공간(오픈형으로 직원수 고려)
- 판매 및 전시공간(자동차 3대 이상 전시)
- 탕비실, 상담실

(그 외 가구는 수검자 임의로 작도한다.)

※ 이상 제시된 가구는 필수적이며, 이 외에 필요한 가구와 실내장식이 있다면 수험자가 임의로 추가할 수 있음

3. 요구도면

1) 평면도(가구배치 및 바닥마감재 표기) : S=1/50

평면도 우측 하단에 설계자의 의도한 DESIGN CONCEPT를 200자 내외로 적으시오.

2) 천장도(조명기구 및 마감재료 표기) : S=1/50

3) 내부입면도 A방향(벽면재료 표기) : S=1/50

4) 단면상세도 A–A′ : S=1/50

5) 실내투시도(채색작업 필수) : S=N.S

좋은 지점으로 지정하여 1소점 투시도 또는 2소점 투시도로 작성하되, 작성과정의 투시보조선을 남길 것

자격종목	실내건축기사	과제명	자동차 판매대리점	척 도	N.S

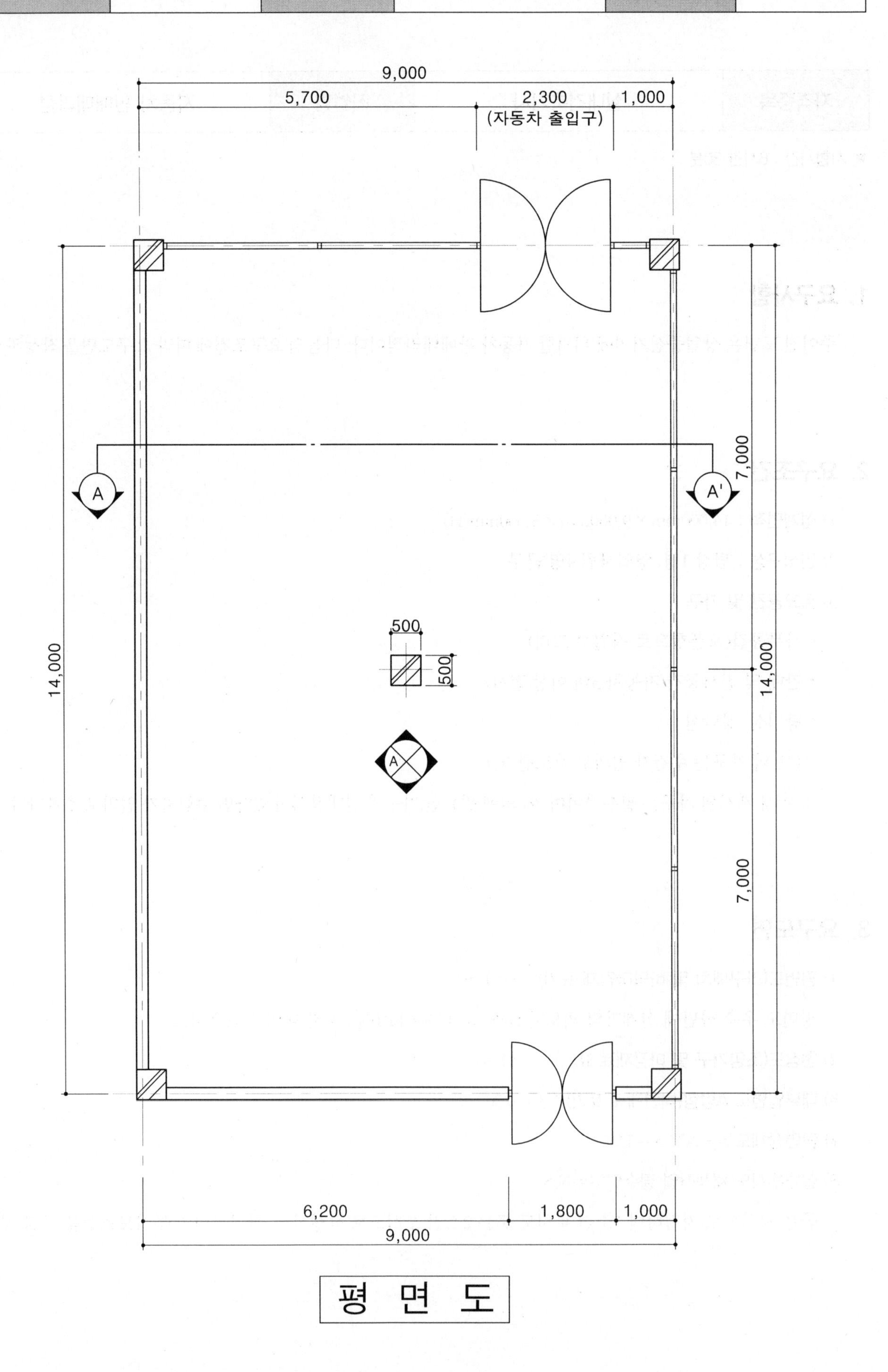

평 면 도

❶ 평면도

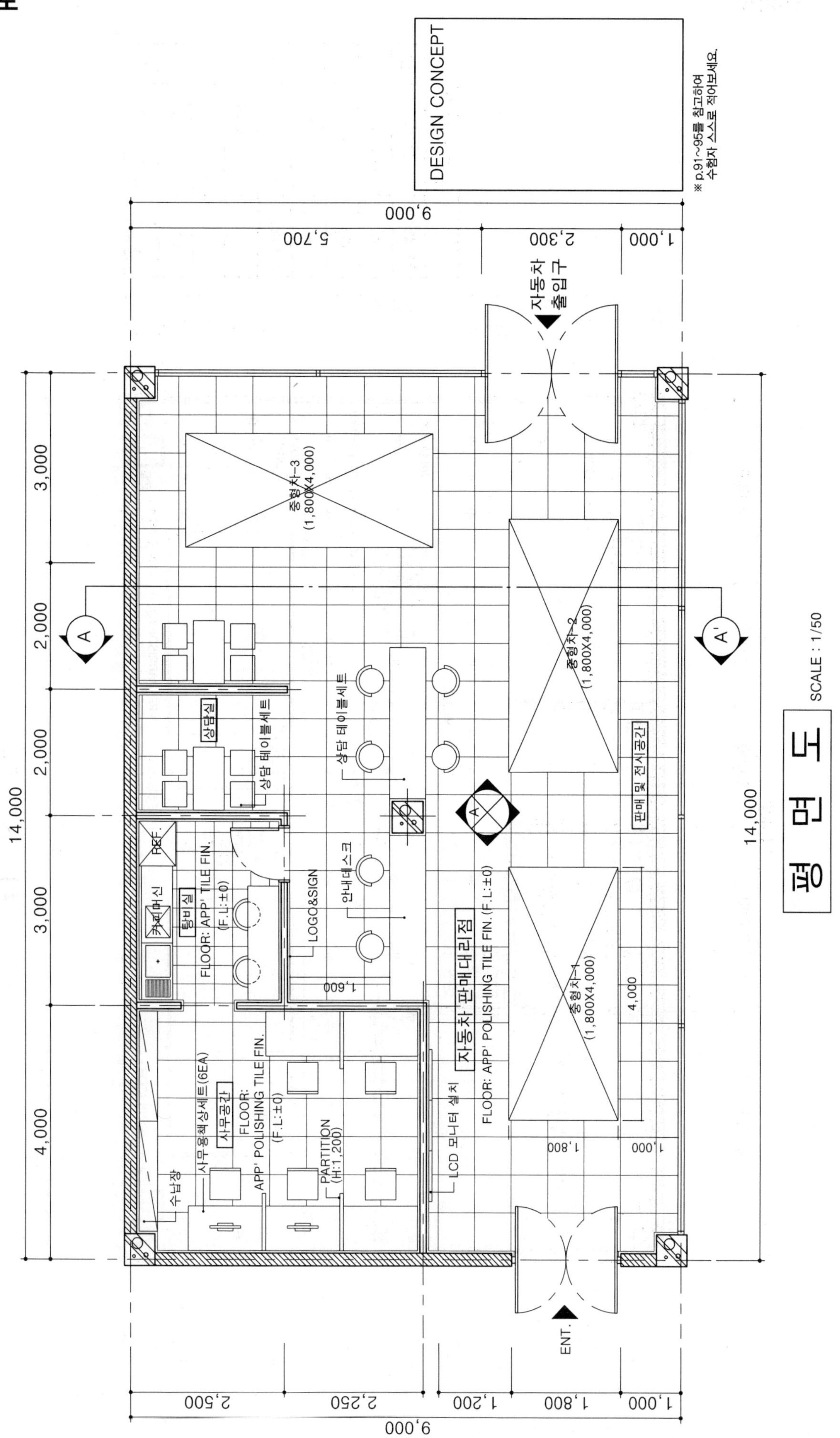
DESIGN CONCEPT
※ p.91~95를 참고하여 수험자 스스로 적어보세요.
9,000
5,700
2,300
1,000
자동차 출입구
14,000
3,000
2,000
2,000
3,000
4,000
중형차-3 (1,800X4,000)
중형차-2 (1,800X4,000)
중형차-1 (1,800X4,000)
상담실
상담 테이블세트
REF.
커피머신
탕비실
FLOOR: APP' TILE FIN. (F.L:±0)
LOGO&SIGN
안내데스크
1,600
자동차 판매대리점
FLOOR: APP' POLISHING TILE FIN. (F.L:±0)
판매 및 전시공간
4,000
사무용책상세트(6EA)
사무공간
FLOOR: APP' POLISHING TILE FIN. (F.L:±0)
PARTITION (H:1,200)
LCD 모니터 설치
수납장
1,800
1,000
ENT.
2,500
2,250
1,200
1,800
1,000
9,000
평 면 도
SCALE : 1/50

❷ 천장도

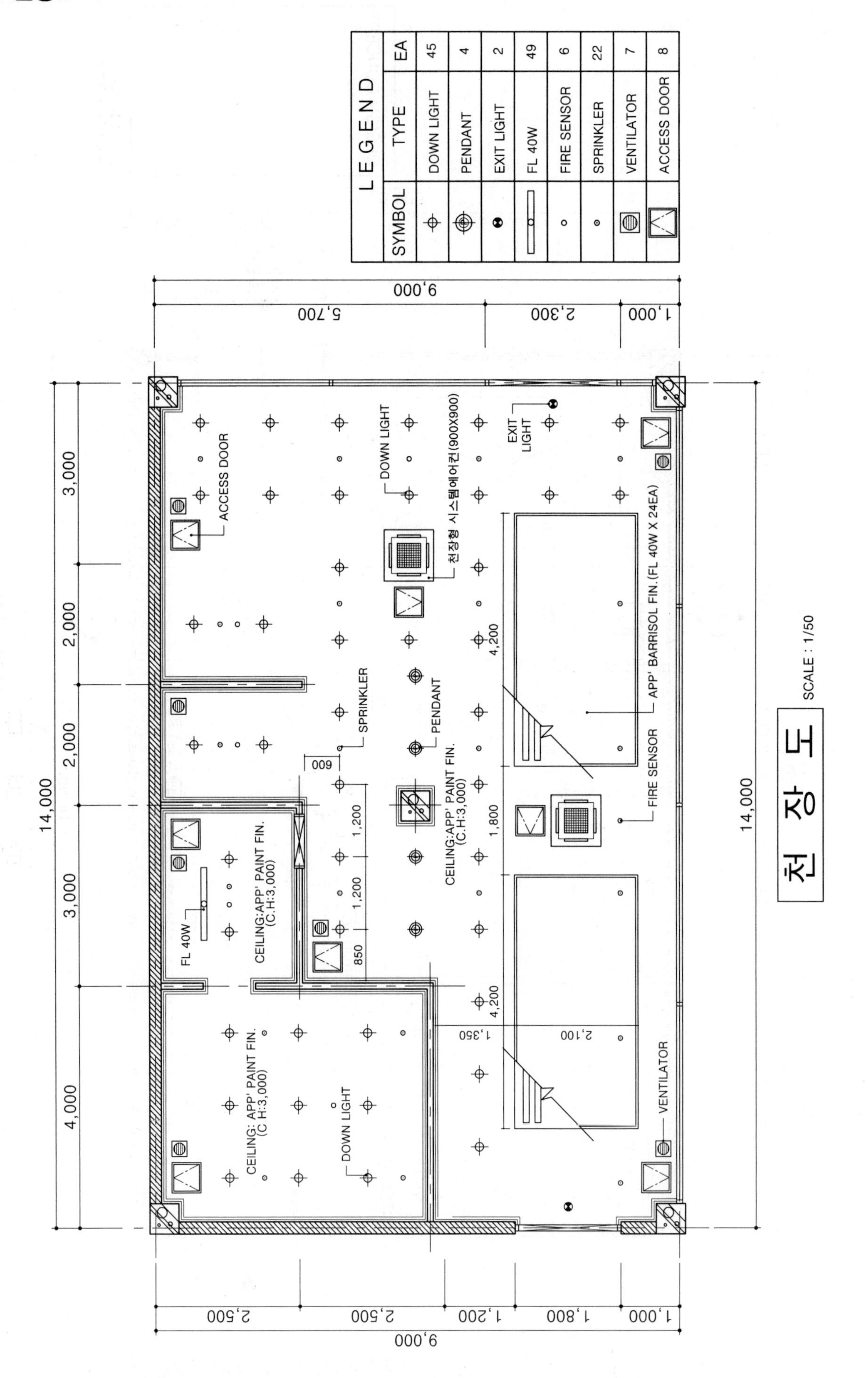

LEGEND
SYMBOL
TYPE
EA
DOWN LIGHT
45
PENDANT
4
EXIT LIGHT
2
FL 40W
49
FIRE SENSOR
6
SPRINKLER
22
VENTILATOR
7
ACCESS DOOR
8
9,000
5,700
2,300
1,000
2,500
2,500
1,200
1,800
1,000
14,000
3,000
2,000
2,000
3,000
4,000
ACCESS DOOR
DOWN LIGHT
천장형 시스템에어컨(900X900)
EXIT LIGHT
SPRINKLER
PENDANT
600
CEILING:APP' PAINT FIN. (C.H:3,000)
4,200
1,800
4,200
1,200
1,200
850
FL 40W
CEILING:APP' PAINT FIN. (C.H:3,000)
CEILING: APP' PAINT FIN. (C H:3,000)
DOWN LIGHT
1,350
2,100
APP' BARRISOL FIN.(FL 40W X 24EA)
FIRE SENSOR
VENTILATOR
천장도
SCALE : 1/50

❸ 내부입면도

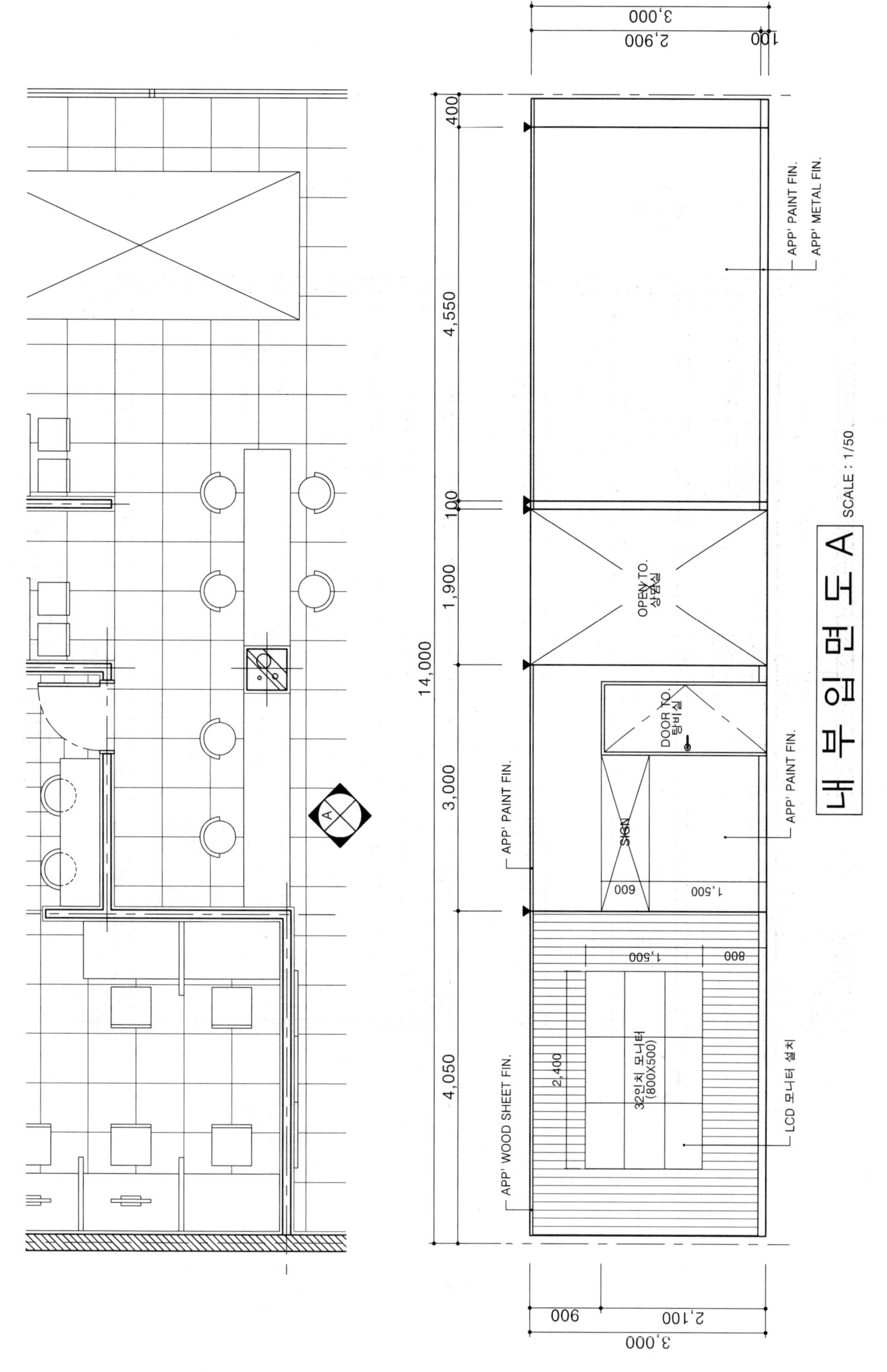

내부입면도 A
SCALE : 1/50
APP' PAINT FIN.
APP' METAL FIN.
OPEN TO. 상담실
DOOR TO. 탈의실
SIGN
APP' PAINT FIN.
APP' WOOD SHEET FIN.
32인치 모니터 (800X500)
LCD 모니터 설치
14,000
400
4,550
100
1,900
3,000
4,050
3,000
2,900
100
900
2,100
600
1,500
800
2,400

❹ 단면상세도

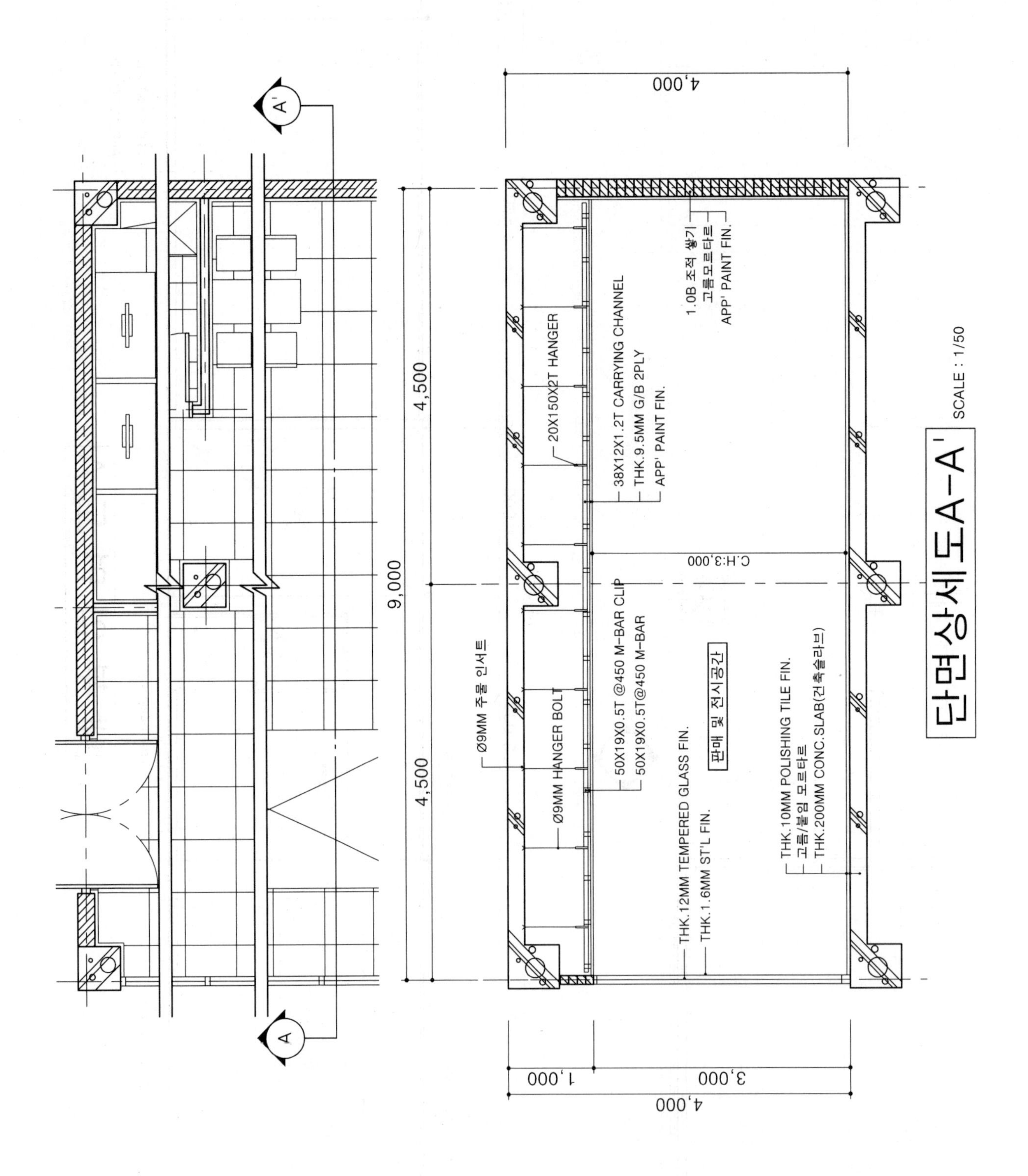
4,000
A'
A
4,500
9,000
4,500
20X150X2T HANGER
38X12X1.2T CARRYING CHANNEL
THK.9.5MM G/B 2PLY
APP' PAINT FIN.
1.0B 조적 쌓기
고름모르타르
APP' PAINT FIN.
C.H:3,000
Ø9MM 주물 인서트
Ø9MM HANGER BOLT
50X19X0.5T @450 M-BAR CLIP
50X19X0.5T@450 M-BAR
판매 및 전시공간
THK.12MM TEMPERED GLASS FIN.
THK.1.6MM ST'L FIN.
THK.10MM POLISHING TILE FIN.
고름/붙임 모르타르
THK.200MM CONC.SLAB(건축슬라브)
단면상세도A-A'
SCALE : 1/50
1,000
3,000
4,000

❺ 실내투시도 – 샤프 작업/ 기본 그리드 작도

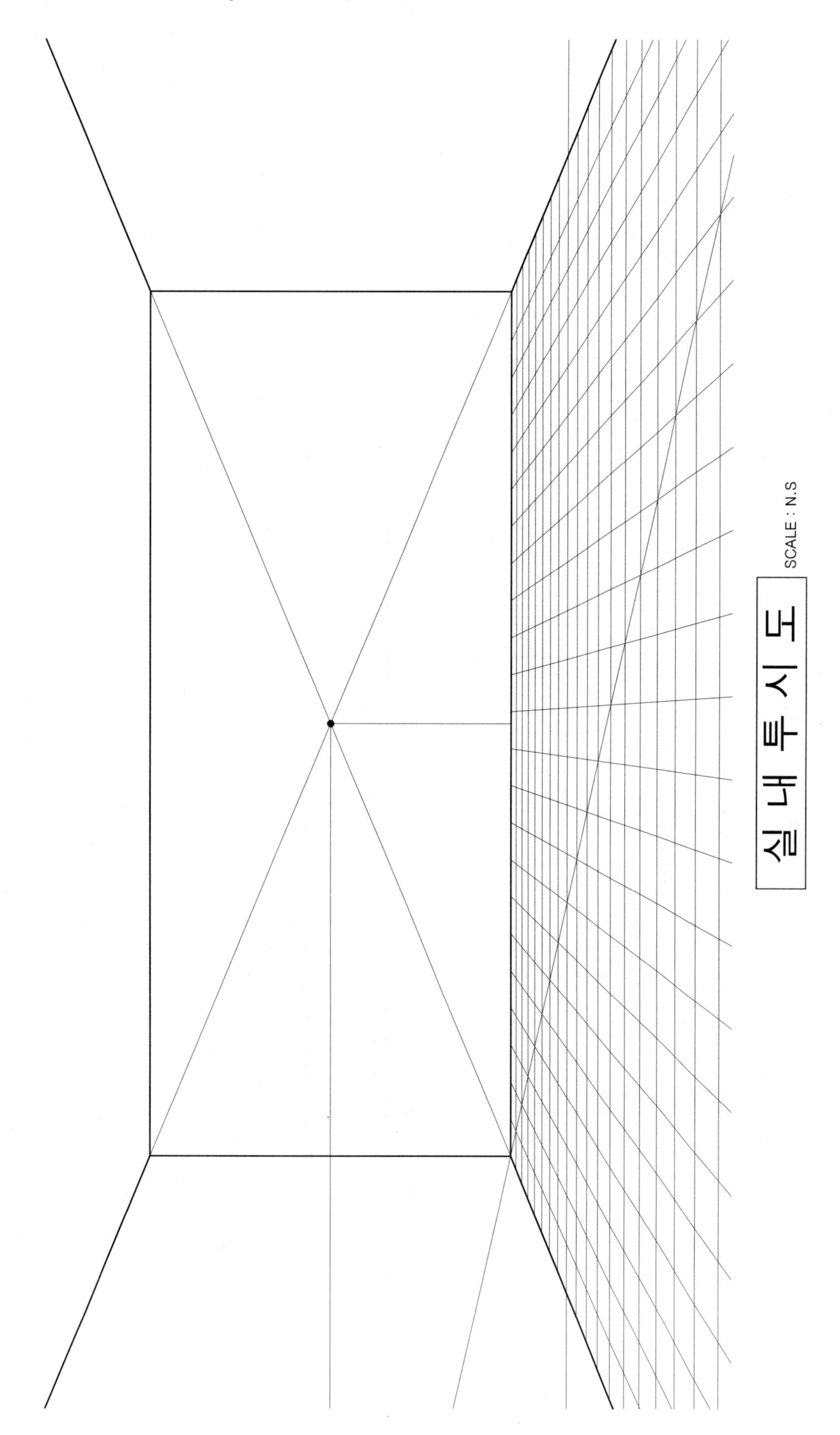

⑥ 실내투시도 – 샤프 작업/ 공간 볼륨감 및 가구 작도

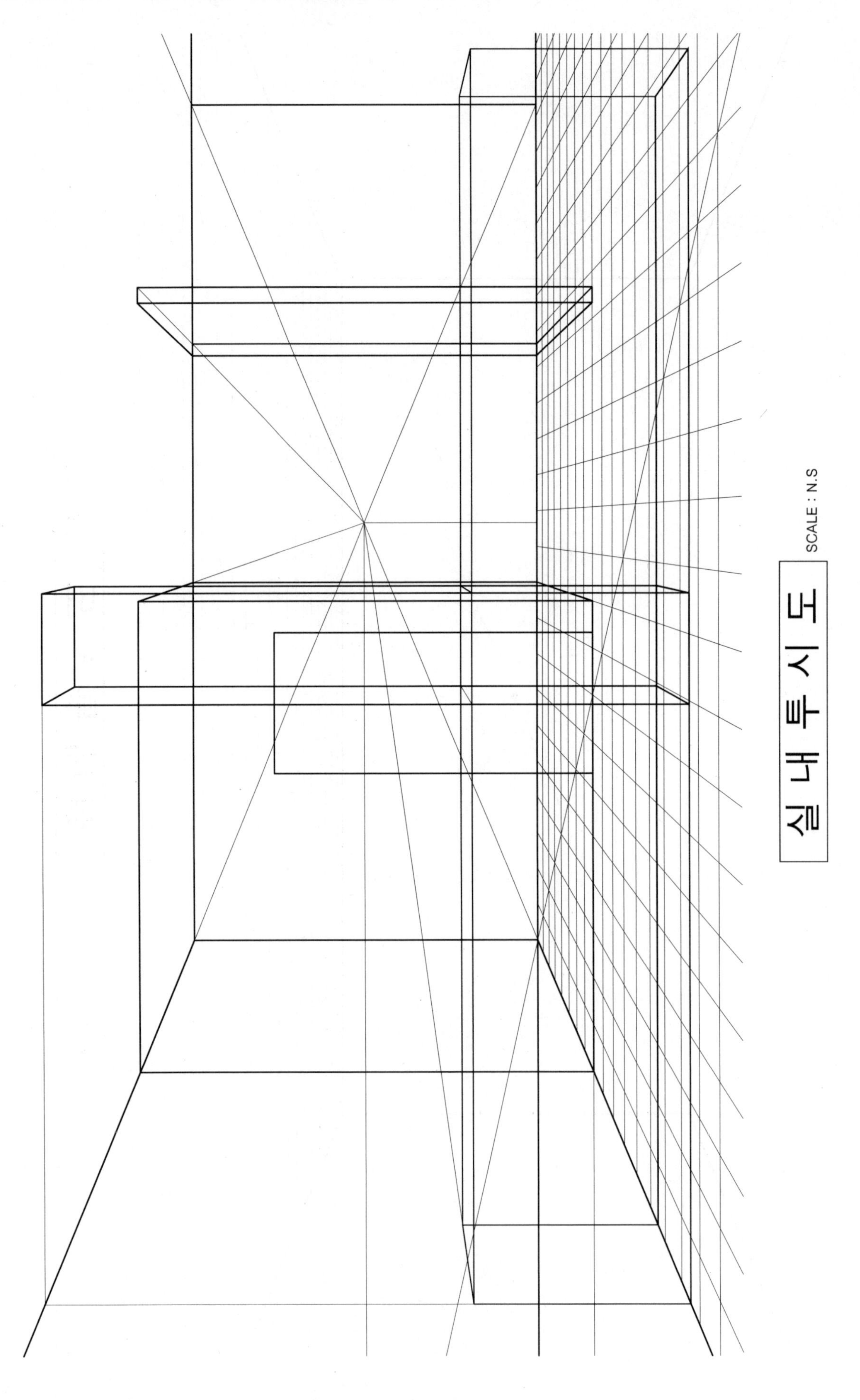

❼ 실내투시도 – 검정펜 작업

⑧ 실내투시도 – 마카 채색

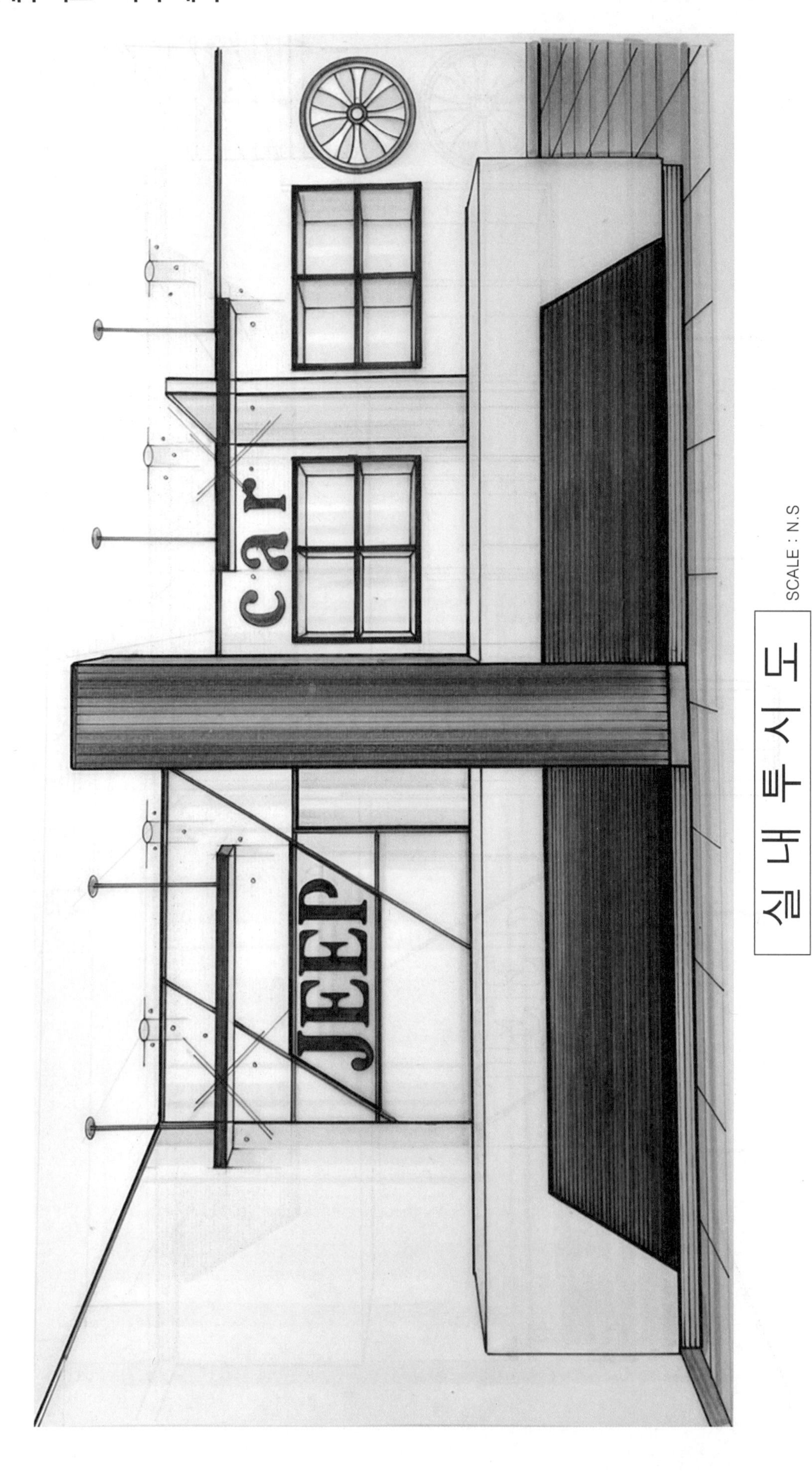

과년도 기출문제 – 20

자격종목	실내건축기사	작업명	아파트 단지 내 북카페

※ 시험시간 : 6시간 30분

1. 요구사항

주어진 도면은 대단지 아파트 단지 내 3층 건물 중 2층에 위치한 북카페이다. 다음의 요구조건에 따라 요구도면을 작성하시오.

2. 요구조건

1) 설계면적 : 13,000mm × 9,000mm × 4,200mm(H)

2) 인적구성 : 직원 3명 근무

3) 벽체 : 철근콘크리트구조, 내력벽 1.0B(계단은 작도하지 않음)

4) DOOR(출입문) : 1,800 × 2,100

5) 필요공간 및 가구

- 주방, 물품보관창고, 카운터, 쇼케이스
- 책장(길이 : 2,400 × 높이 : 3,000) 3개, 책장(길이 : 1,200 × 높이 : 1,500) 8개
- 4인용 테이블 10세트

  (그 외 가구는 수검자 임의로 작도한다.)

※ 이상 제시된 가구는 필수적이며, 이 외에 필요한 가구와 실내장식이 있다면 수험자가 임의로 추가할 수 있음

3. 요구도면

1) 평면도(가구배치 및 바닥마감재 표기) : S=1/50

평면도 우측 하단에 설계자의 의도한 DESIGN CONCEPT를 200자 내외로 적으시오.

2) 천장도(조명기구 및 마감재료 표기) : S=1/50

3) 내부입면도 C방향(벽면재료 표기) : S=1/50

4) 단면상세도 A–A′ : S=1/50

5) 실내투시도(채색작업 필수) : S=N.S

좋은 지점으로 지정하여 1소점 투시도 또는 2소점 투시도로 작성하되, 작성과정의 투시보조선을 남길 것

자격종목	실내건축기사	과제명	아파트 단지 내 북카페	척 도	N.S

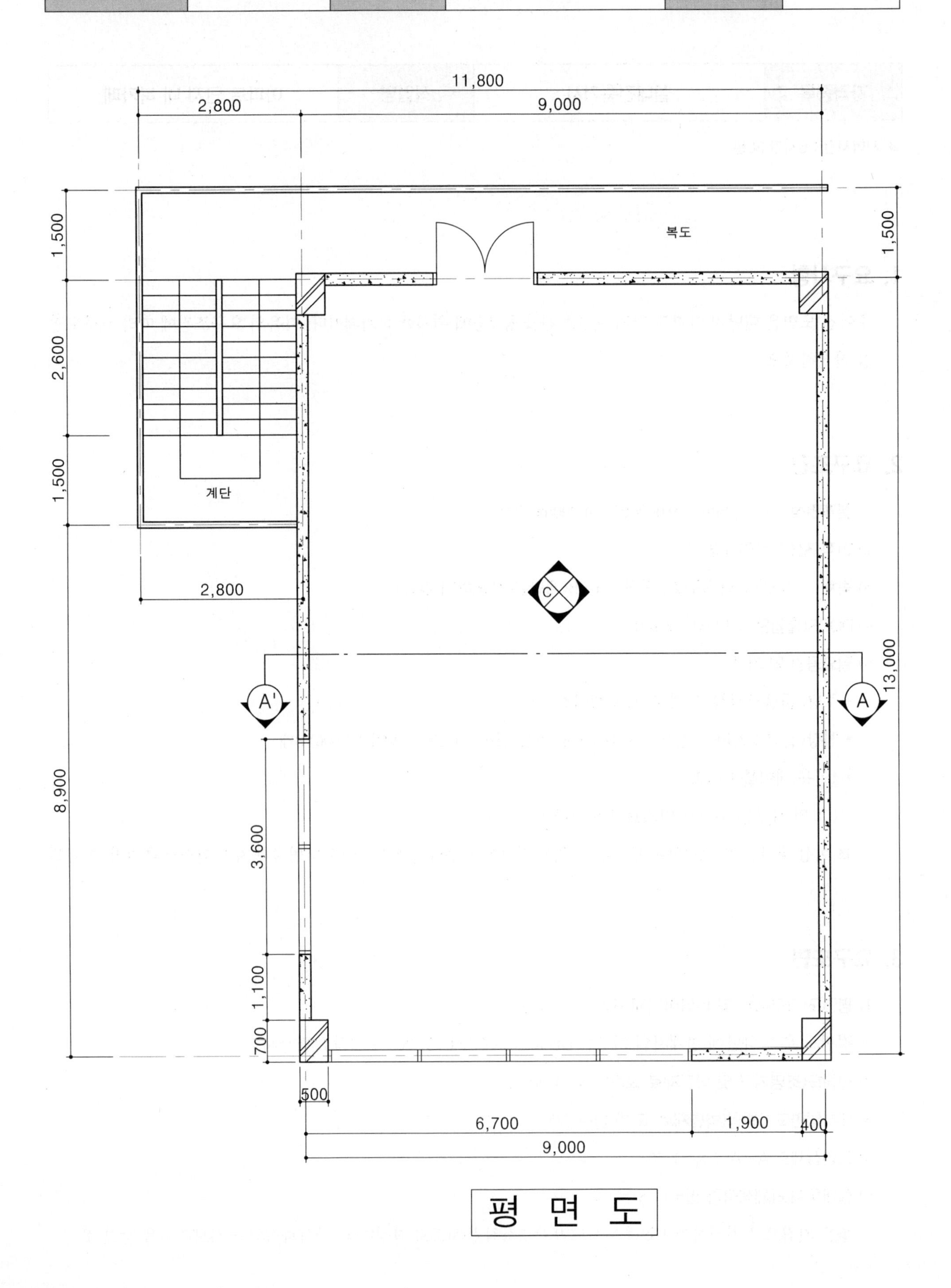

평 면 도

❶ 평면도

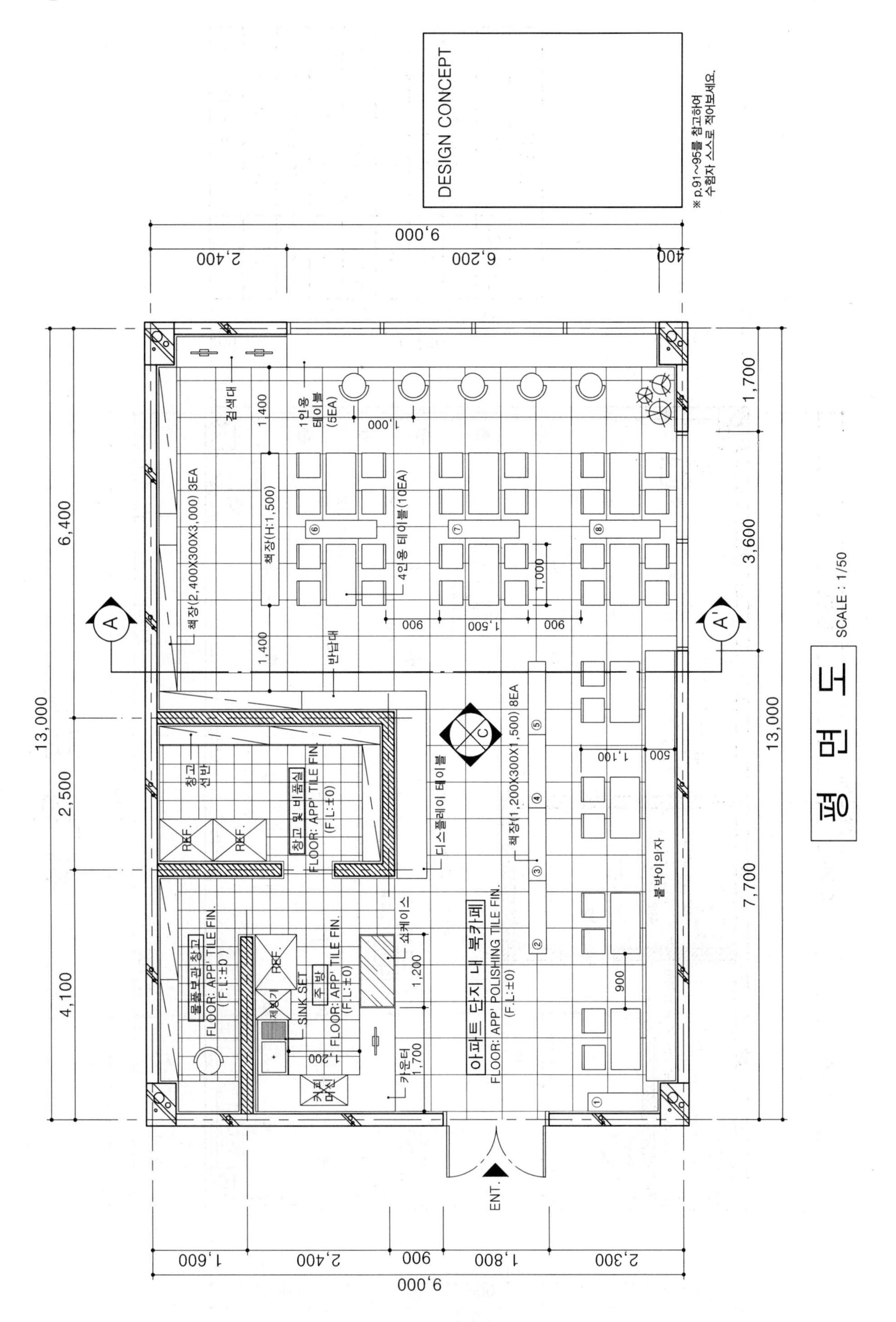
DESIGN CONCEPT
※ p.91~95를 참고하여 수험자 스스로 적어보세요.
평 면 도
SCALE : 1/50
아파트 단지 내 북카페
FLOOR: APP' POLISHING TILE FIN.
(F.L:±0)
책장(2,400X300X3,000) 3EA
책장(H:1,500)
4인용 테이블(10EA)
1인용 테이블 (5EA)
검색대
반납대
디스플레이 테이블
창고 및 비품실
FLOOR: APP' TILE FIN.
창고 선반
REF.
물품보관 창고
주 방
SINK SET
제빙기
커피머신
쇼케이스
카운터
책장(1,200X300X1,500) 8EA
붙박이의자
ENT.
9,000
2,400
6,200
400
13,000
6,400
2,500
4,100
1,700
3,600
7,700
1,600
900
1,800
2,300

❷ 천장도

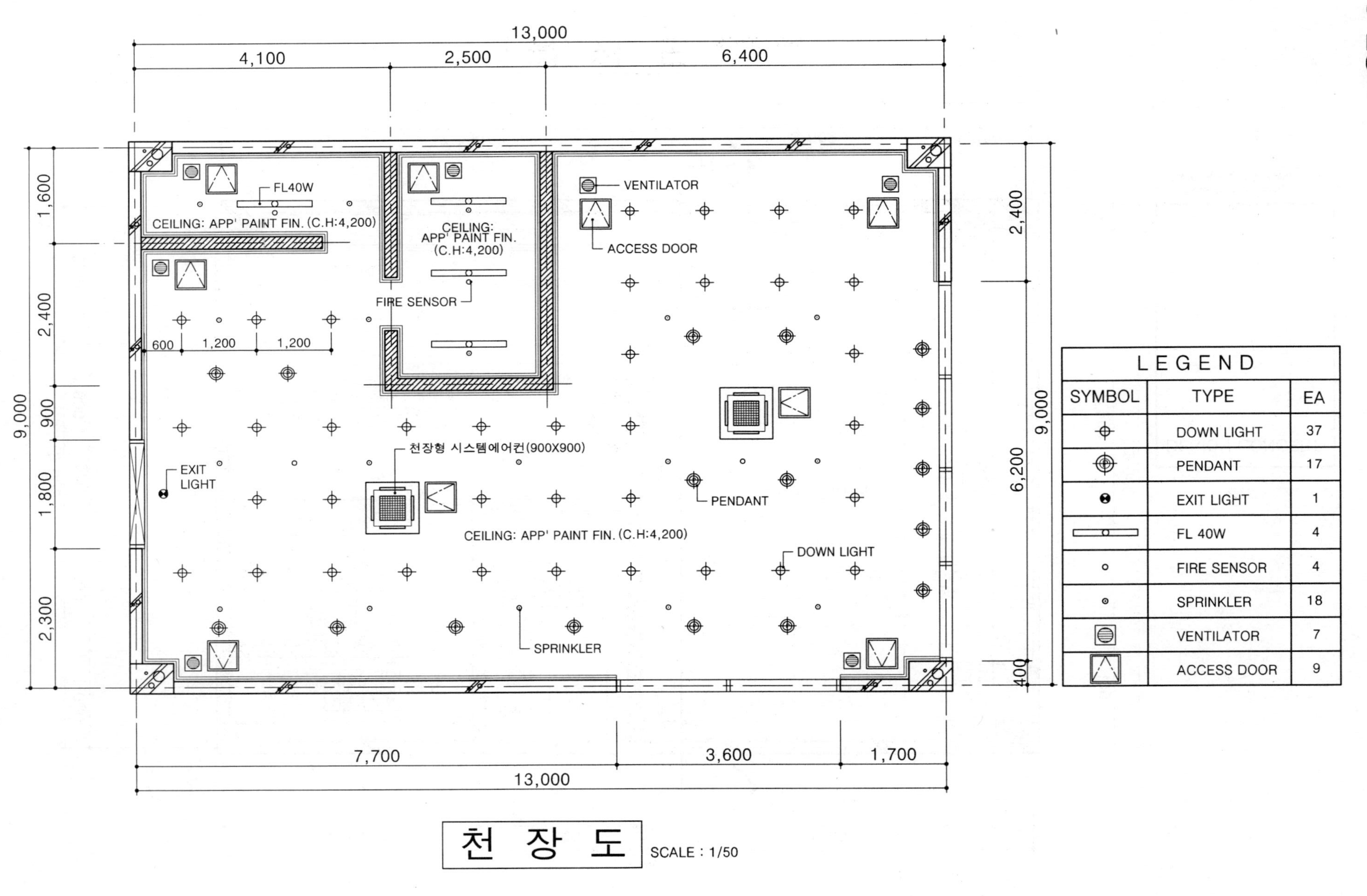

SYMBOL	TYPE	EA
	LEGEND	
⌖	DOWN LIGHT	37
◎	PENDANT	17
●	EXIT LIGHT	1
▭	FL 40W	4
○	FIRE SENSOR	4
○	SPRINKLER	18
▣	VENTILATOR	7
⊠	ACCESS DOOR	9

❸ 내부입면도

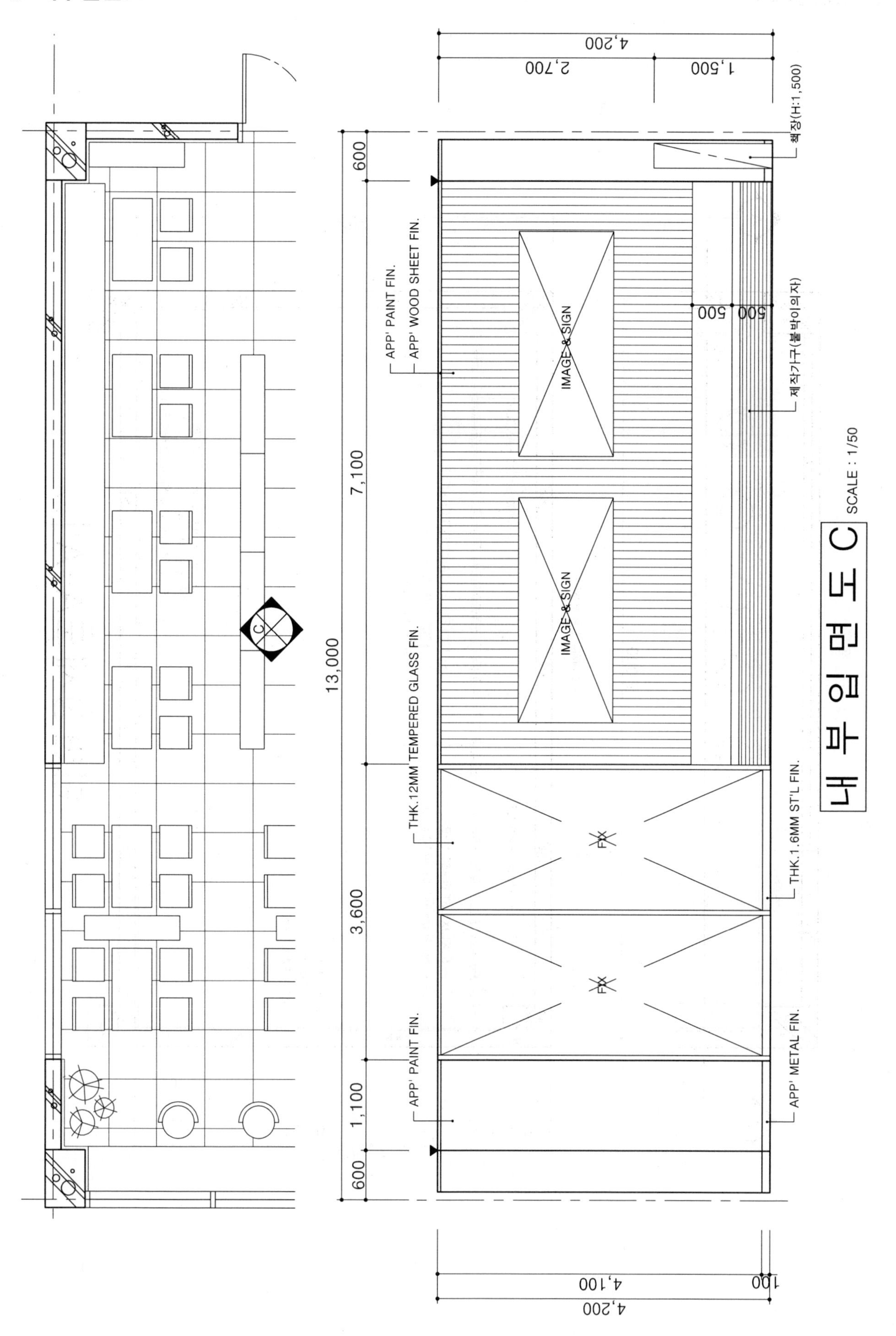

4,200
2,700
1,500
책장(H:1,500)
600
7,100
3,600
1,100
600
13,000
APP' PAINT FIN.
APP' WOOD SHEET FIN.
IMAGE & SIGN
IMAGE & SIGN
500
500
제작가구(붙박이의자)
THK.12MM TEMPERED GLASS FIN.
FIX
FIX
THK.1.6MM ST'L FIN.
APP' PAINT FIN.
APP' METAL FIN.
4,100
100
4,200
C
내부입면도 C
SCALE : 1/50

❹ 단면상세도

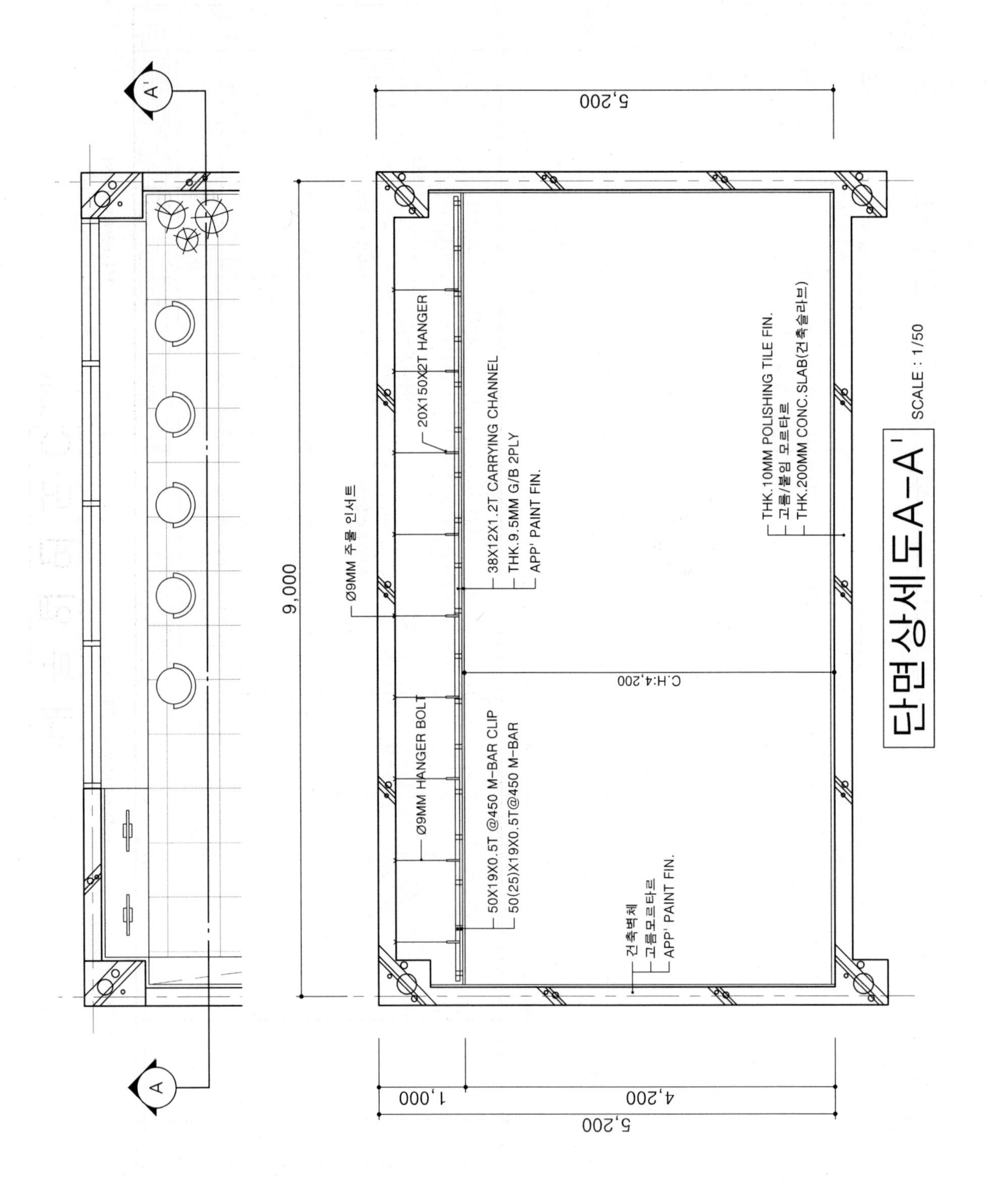

A'
A
5,200
9,000
Ø9MM 주물 인서트
20X150X2T HANGER
38X12X1.2T CARRYING CHANNEL
THK.9.5MM G/B 2PLY
APP' PAINT FIN.
Ø9MM HANGER BOLT
50X19X0.5T @450 M-BAR CLIP
50(25)X19X0.5T@450 M-BAR
건축벽체
고름모르타르
APP' PAINT FIN.
C.H:4,200
THK.10MM POLISHING TILE FIN.
고름/붙임 모르타르
THK.200MM CONC.SLAB(건축슬라브)
단면상세도A-A'
SCALE : 1/50
1,000
4,200
5,200

❺ 실내투시도 – 샤프 작업/ 기본 그리드 작도

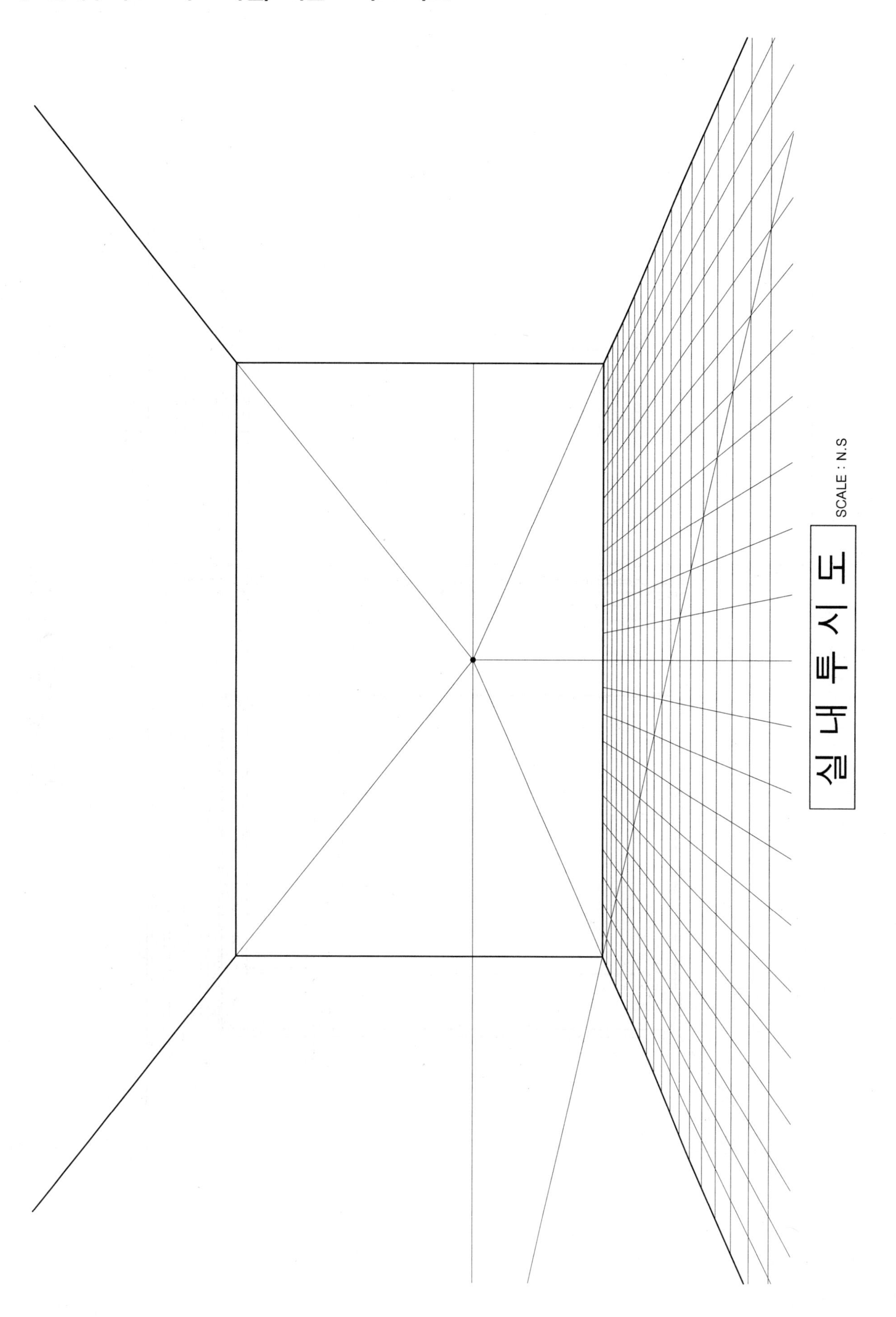

⑥ 실내투시도 – 샤프 작업/ 공간 볼륨감 및 가구 작도

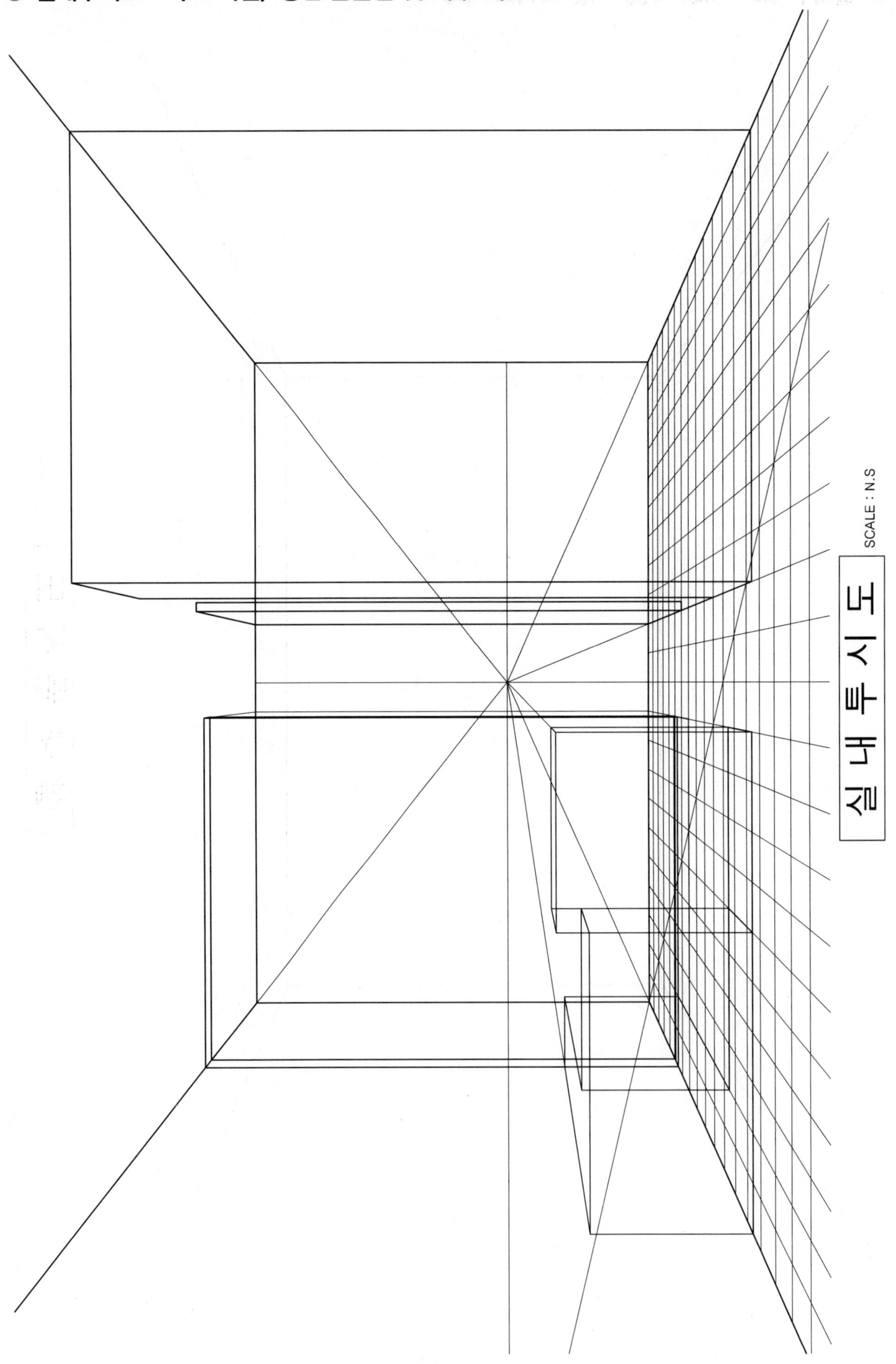

❼ 실내투시도 – 검정펜 작업

⑧ 실내투시도 – 마카 채색

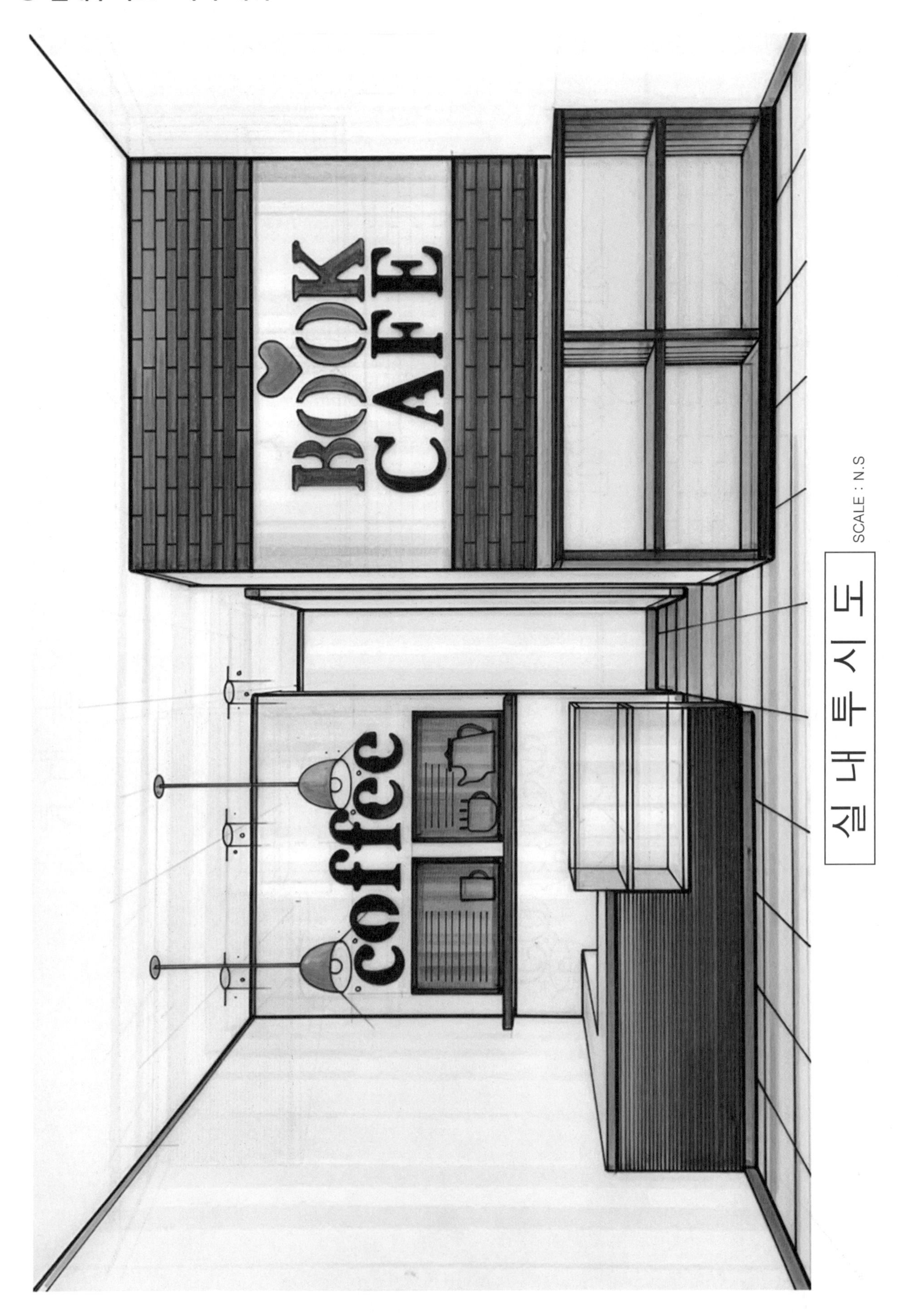
BOOK
CAFE
coffee
실 내 투 시 도
SCALE : N.S

과년도 기출문제 – 21

자격종목	실내건축기사	작업명	프랜차이즈 제과점

※ 시험시간 : 6시간 30분

1. 요구사항

주어진 도면은 중심상업지구 근린생활시설 1층에 위치한 프랜차이즈 제과점이다. 다음의 요구조건에 따라 요구도면을 작성하시오.

2. 요구조건

1) 설계면적 : 13,500mm × 9,000mm × 2,700mm(H)

2) 인적구성 : 직원 4명 근무

3) 벽체 : 철근콘크리트

4) 필요공간 및 가구

- 제조공간 : 냉장고, 냉동고, 오븐, 싱크대 및 기타 필요집기
- 판매공간 : 서비스 카운터, 쇼케이스(케이크, 음료 등)
- 수평진열대, 수직진열대, 4인용 테이블 3세트
  (그 외 가구는 수검자 임의로 작도한다.)

※ 이상 제시된 가구는 필수적이며, 이 외에 필요한 가구와 실내장식이 있다면 수험자가 임의로 추가할 수 있음

3. 요구도면

1) 평면도(가구배치 및 바닥마감재 표기) : S=1/50

평면도 우측 하단에 설계자의 의도한 DESIGN CONCEPT를 200자 내외로 적으시오.

2) 천장도(조명기구 및 마감재료 표기) : S=1/50

3) 내부입면도 A방향(벽면재료 표기) : S=1/50

4) 단면상세도 A–A′ : S=1/50

5) 실내투시도(채색작업 필수) : S=N.S

좋은 지점으로 지정하여 1소점 투시도 또는 2소점 투시도로 작성하되, 작성과정의 투시보조선을 남길 것

자격종목	실내건축기사	과제명	프랜차이즈 제과점	척 도	N.S

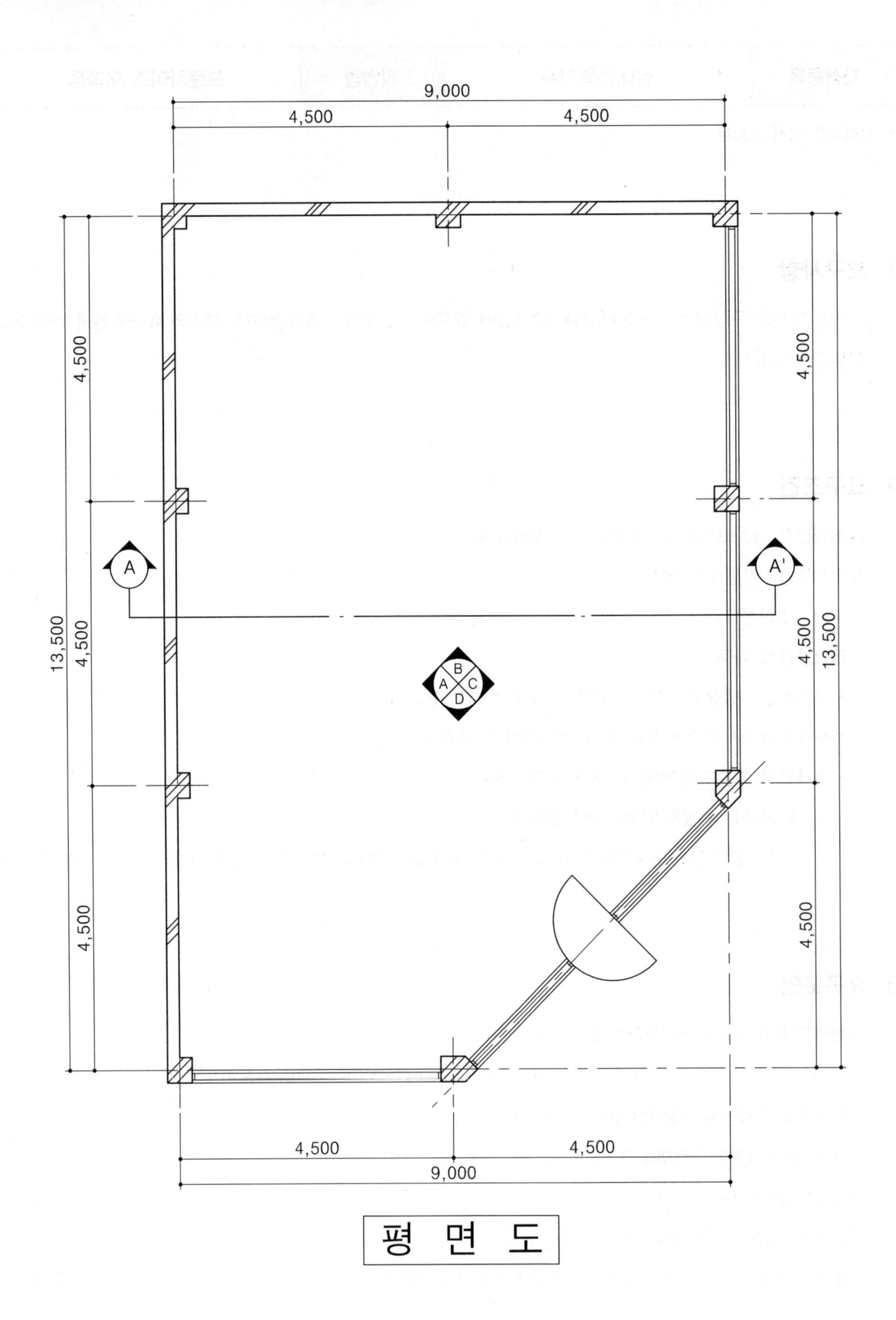

평 면 도

❶ 평면도

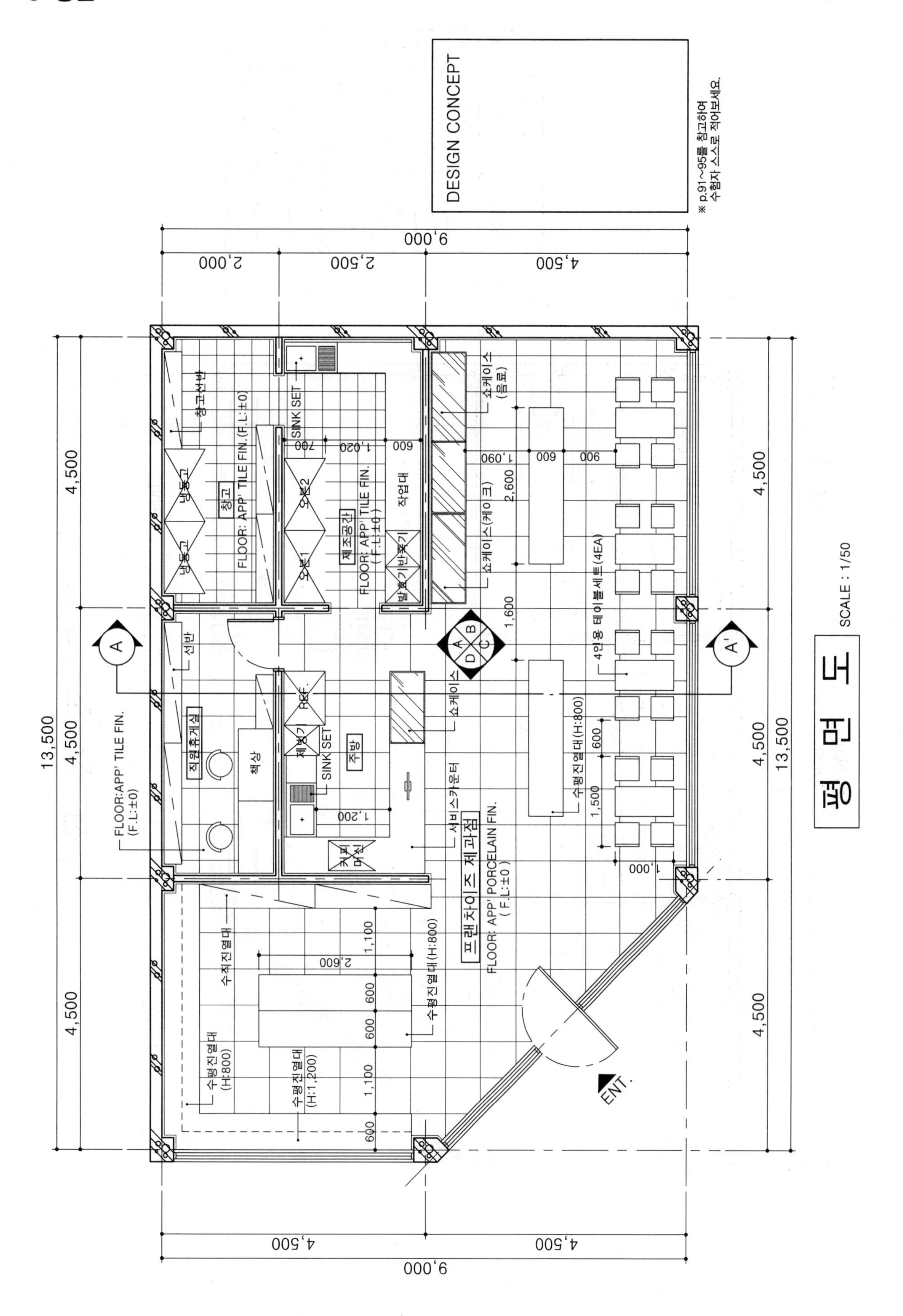
DESIGN CONCEPT
※ p.91~95를 참고하여 수험자 스스로 적어보세요.
평면도
SCALE : 1/50
창고
냉동고
냉동고
창고선반
FLOOR: APP' TILE FIN.(F.L:±0)
SINK SET
제조공간
FLOOR: APP' TILE FIN. (F.L:±0)
오븐1
오븐2
작업대
발효기반죽기
쇼케이스 (음료)
쇼케이스(케이크)
4인용 테이블세트(4EA)
수평진열대(H:800)
쇼케이스
서비스카운터
프랜차이즈 제과점
FLOOR: APP' PORCELAIN FIN. (F.L:±0)
주방
제빙기
REF.
SINK SET
커피머신
직원휴게실
책상
선반
FLOOR:APP' TILE FIN. (F.L:±0)
수직진열대
수평진열대(H:800)
수평진열대(H:1,200)
수평진열대(H:800)
ENT.
A
A'
9,000
2,000
2,500
4,500
13,500
4,500
4,500
4,500

❷ 천장도

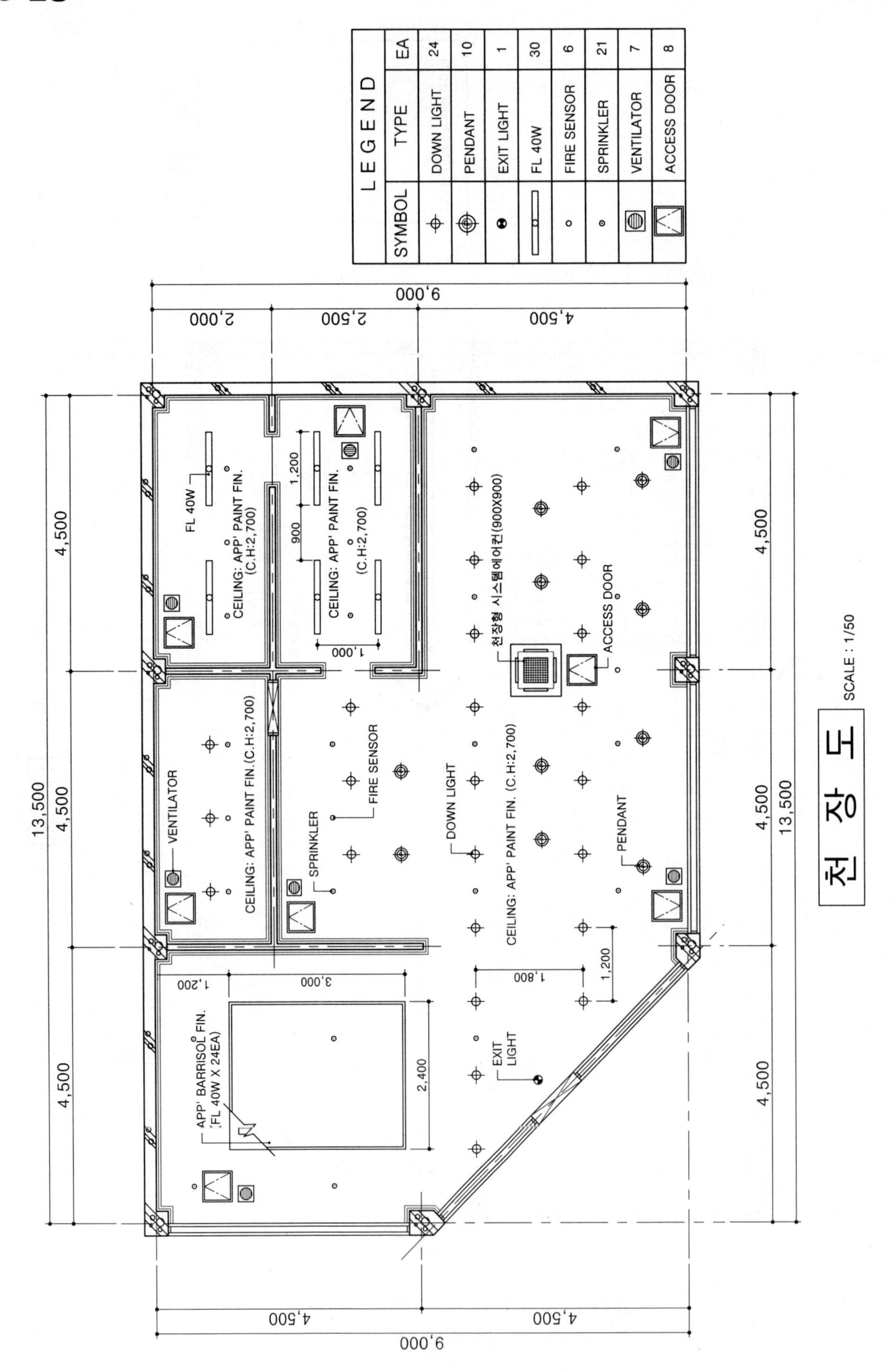

LEGEND
SYMBOL
TYPE
EA
DOWN LIGHT
24
PENDANT
10
EXIT LIGHT
1
FL 40W
30
FIRE SENSOR
6
SPRINKLER
21
VENTILATOR
7
ACCESS DOOR
8
9,000
2,000
2,500
4,500
13,500
4,500
4,500
4,500
FL 40W
CEILING: APP' PAINT FIN.
(C.H:2,700)
1,200
900
1,000
천장형 시스템에어컨(900X900)
ACCESS DOOR
VENTILATOR
CEILING: APP' PAINT FIN. (C.H:2,700)
SPRINKLER
FIRE SENSOR
DOWN LIGHT
PENDANT
1,200
3,000
1,800
APP' BARRISOL FIN.
FL 40W X 24EA
2,400
EXIT LIGHT
천장도
SCALE : 1/50

③ 내부입면도

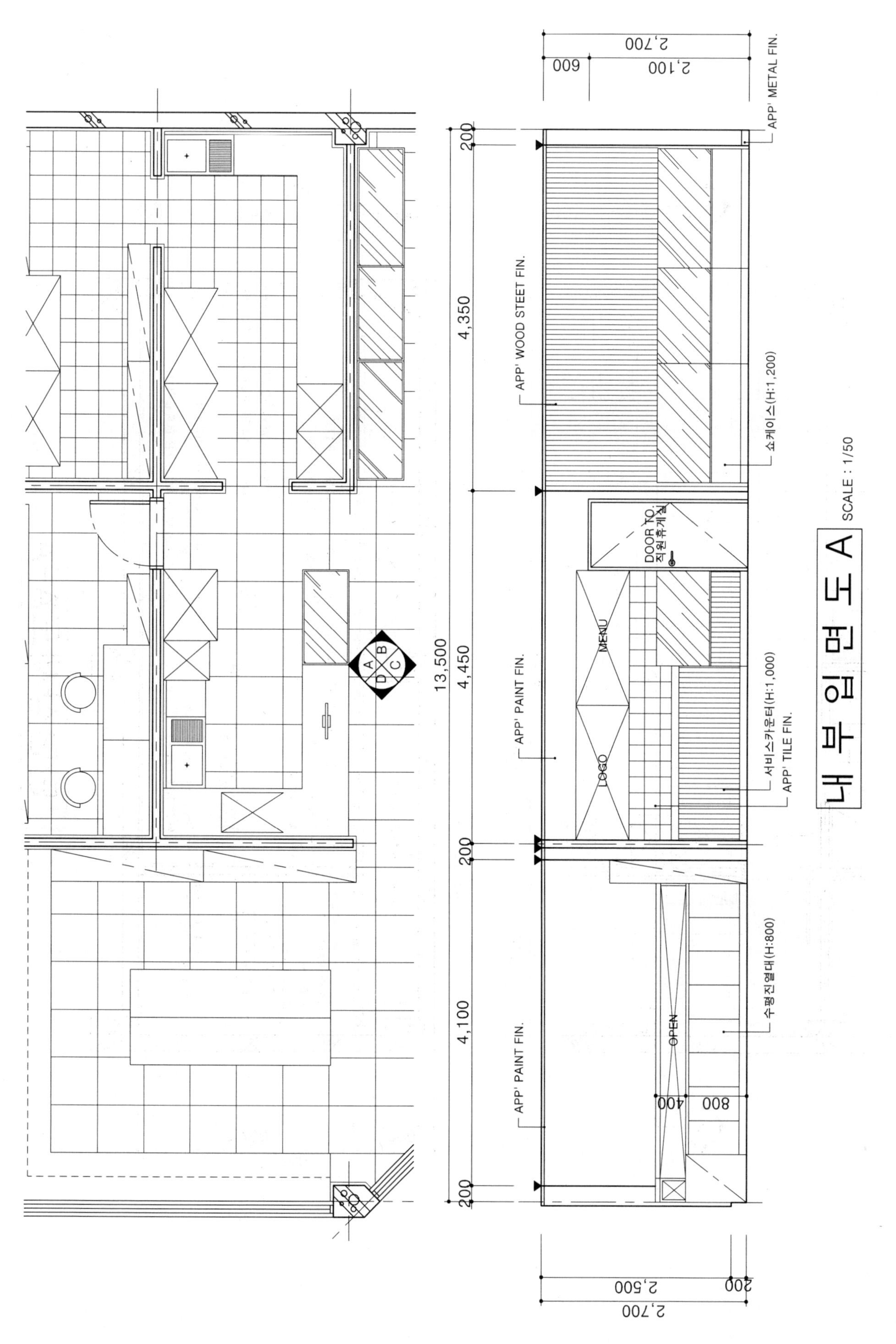

내부입면도 A
SCALE : 1/50
APP' METAL FIN.
APP' WOOD STEET FIN.
APP' PAINT FIN.
APP' PAINT FIN.
쇼케이스(H:1,200)
서비스카운터(H:1,000)
APP' TILE FIN.
수평진열대(H:800)
DOOR TO.
직원휴게실
MENU
LOGO
OPEN
13,500
200
4,350
4,450
200
4,100
200
2,700
2,100
600
2,500
200
2,700
800
400
A
B
C
D

❹ 단면상세도

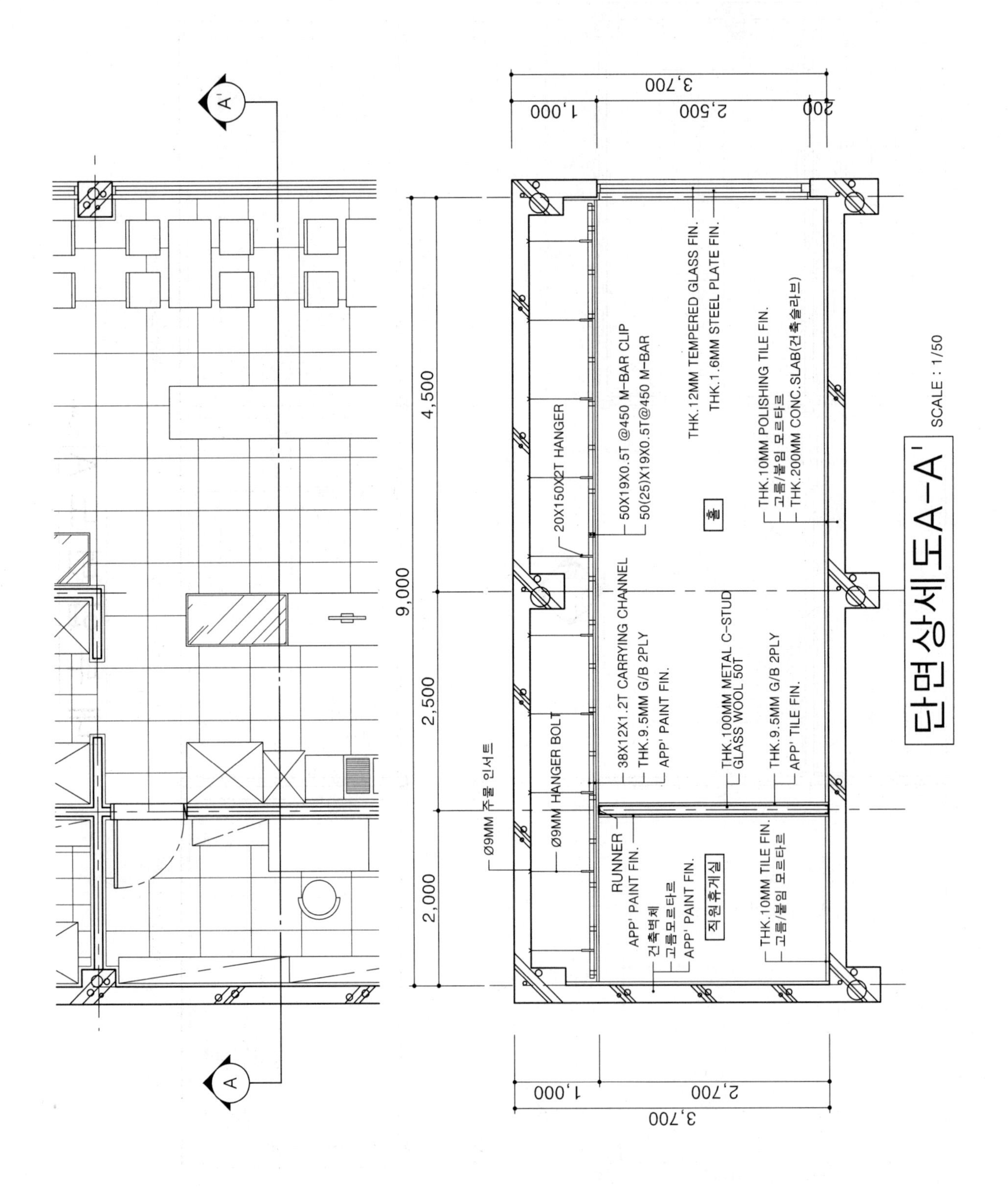

A'
A
3,700
1,000
2,500
200
2,700
9,000
4,500
2,000
20X150X2T HANGER
50X19X0.5T @450 M-BAR CLIP
50(25)X19X0.5T@450 M-BAR
THK.12MM TEMPERED GLASS FIN.
THK.1.6MM STEEL PLATE FIN.
THK.10MM POLISHING TILE FIN.
고름/붙임 모르타르
THK.200MM CONC.SLAB(건축슬라브)
홀
38X12X1.2T CARRYING CHANNEL
THK.9.5MM G/B 2PLY
APP' PAINT FIN.
THK.100MM METAL C-STUD
GLASS WOOL 50T
THK.9.5MM G/B 2PLY
APP' TILE FIN.
Ø9MM 주물 인서트
Ø9MM HANGER BOLT
RUNNER
APP' PAINT FIN.
건축벽체
고름모르타르
APP' PAINT FIN.
직원휴게실
THK.10MM TILE FIN.
고름/붙임 모르타르
단면상세도A-A'
SCALE : 1/50

❺ 실내투시도 – 샤프 작업/ 기본 그리드 작도

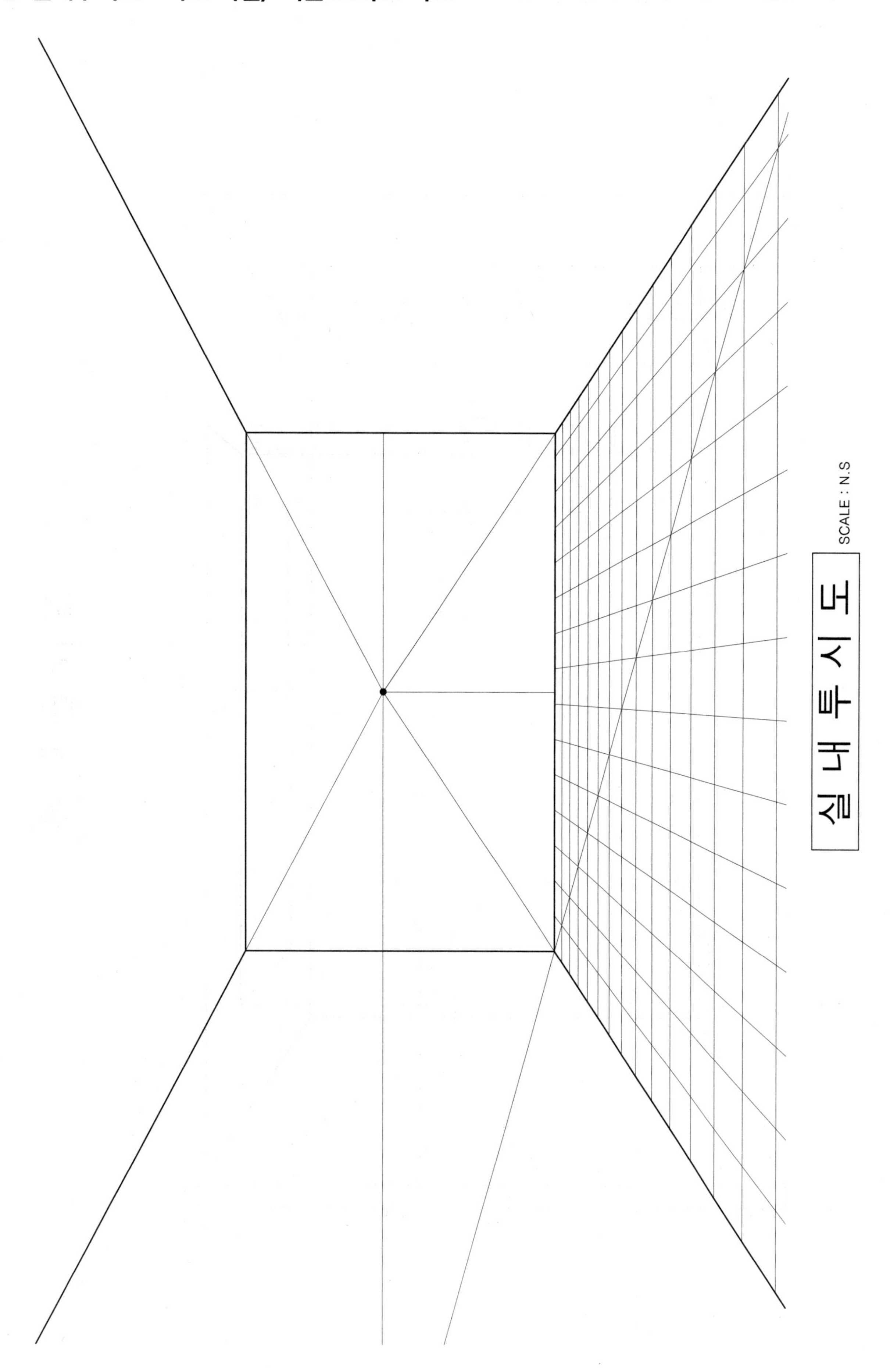

❻ 실내투시도 – 샤프 작업/ 공간 볼륨감 및 가구 작도

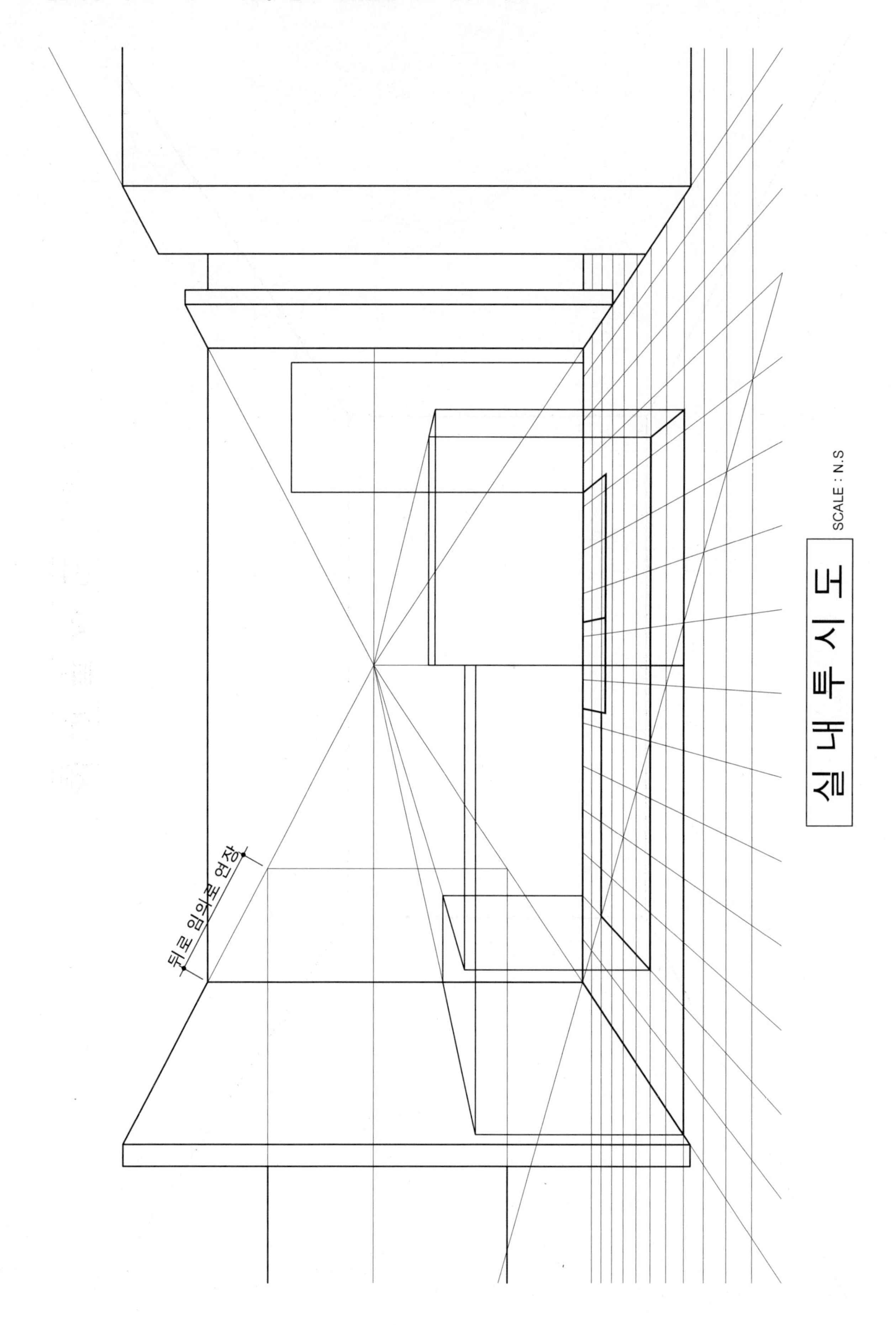

❼ 실내투시도 – 검정펜 작업

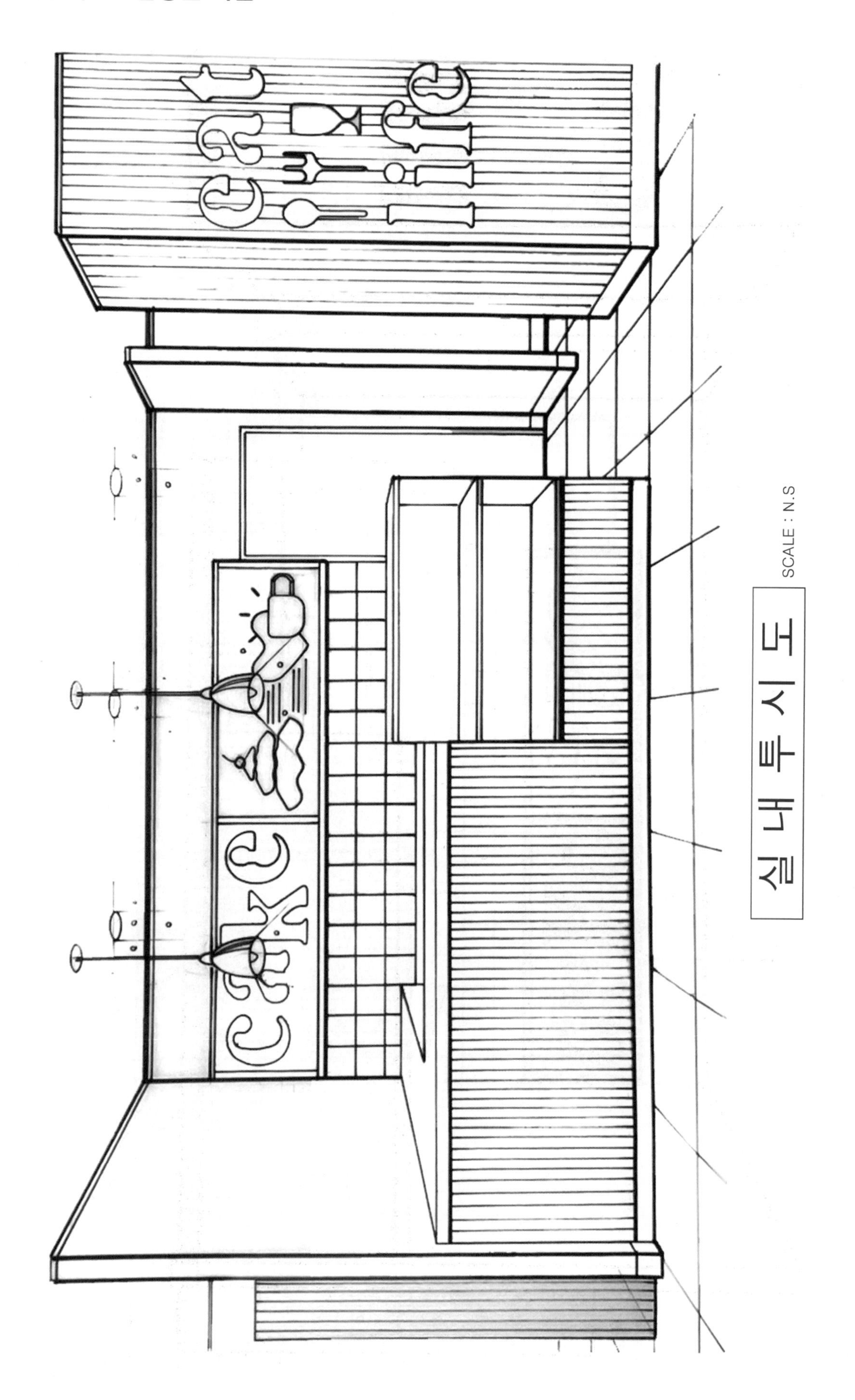

⑧ 실내투시도 – 마카 채색

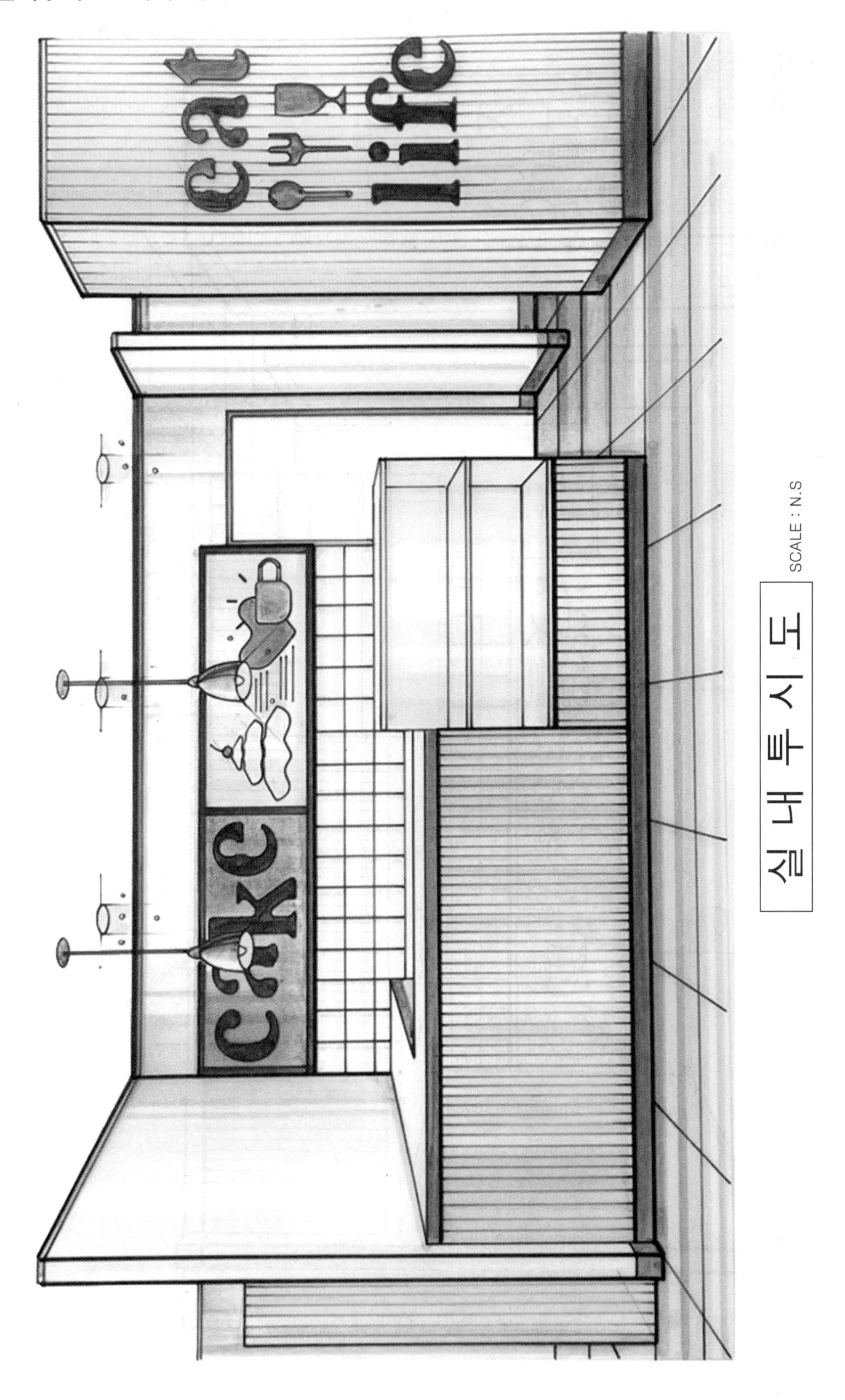

과년도 기출문제 – 22

자격종목	실내건축기사	작업명	인테리어 설계 사무소

※ 시험시간 : 6시간 30분

1. 요구사항

주어진 도면은 인테리어 설계 사무실의 평면도이다. 다음의 요구조건에 따라 요구도면을 작성하시오.

2. 요구조건

1) 설계면적 : 13,000mm × 9,000mm × 3,900mm(H)

[내력벽 : 200, 기둥 사이즈 : 700 × 500, 문 사이즈 : 1,500 × 2,100(복도는 제외하고 작도하시오.)]

2) 인적구성 : 소장 1명, 팀장 3명, 팀원 6명

3) 필요공간 및 가구

간이창고, 탕비실, 소장실, 회의실(원격회의 가능), 복사기 출력공간 마련

(그 외 가구는 수검자 임의로 작도한다.)

※ 이상 제시된 가구는 필수적이며, 이 외에 필요한 가구와 실내장식이 있다면 수험자가 임의로 추가할 수 있음

3. 요구도면

1) 평면도(가구배치 및 바닥마감재 표기) : S=1/50

평면도 우측 하단에 설계자의 의도한 DESIGN CONCEPT를 200자 내외로 적으시오.

2) 천장도(조명기구 및 마감재료 표기) : S=1/50

3) 내부입면도 C방향(벽면재료 표기) : S=1/50

4) 단면상세도 A–A′ : S=1/50

5) 실내투시도(채색작업 필수) : S=N.S

좋은 지점으로 지정하여 1소점 투시도 또는 2소점 투시도로 작성하되, 작성과정의 투시보조선을 남길 것

자격종목	실내건축기사	과제명	인테리어 설계 사무소	척 도	N.S

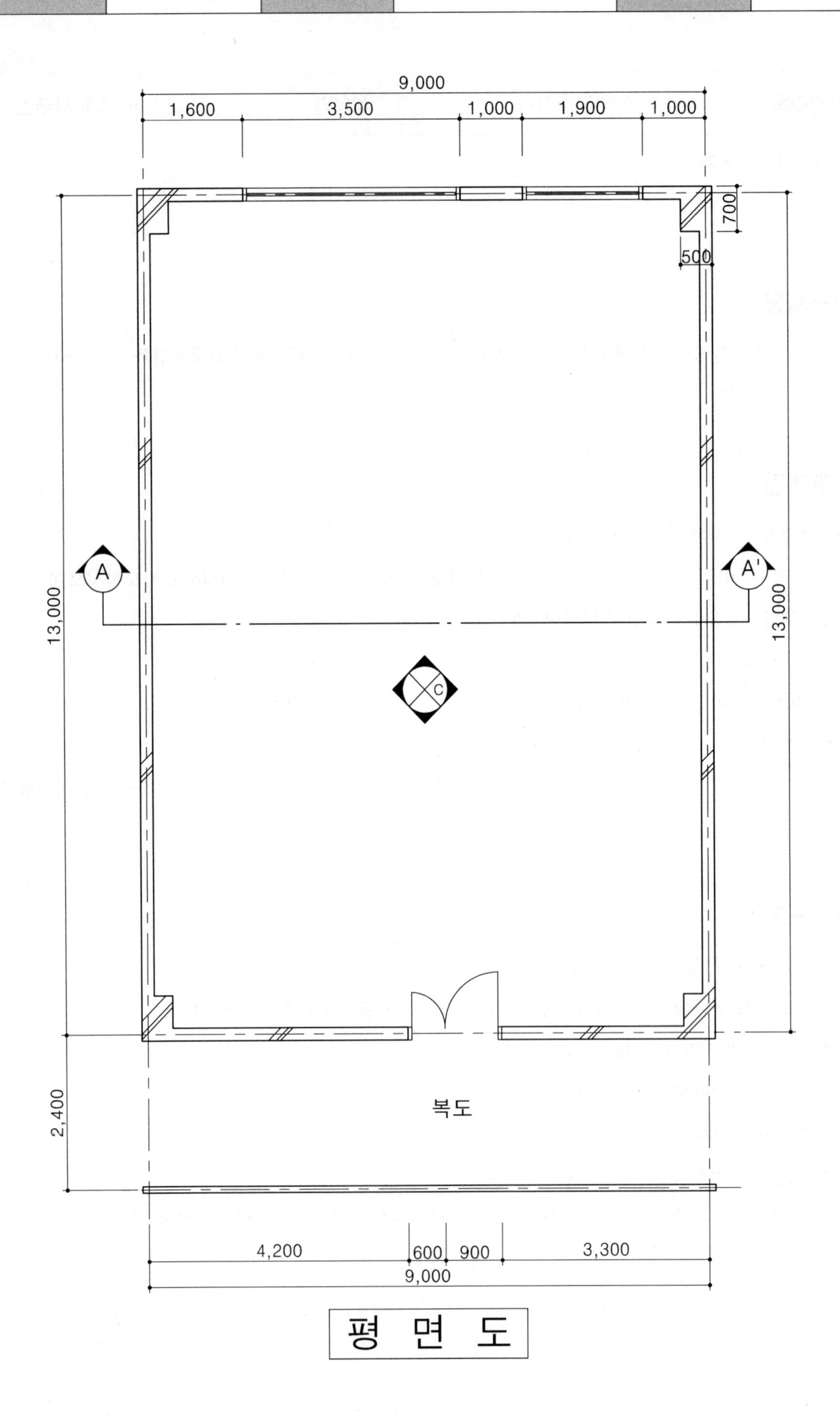

평 면 도

❶ 평면도

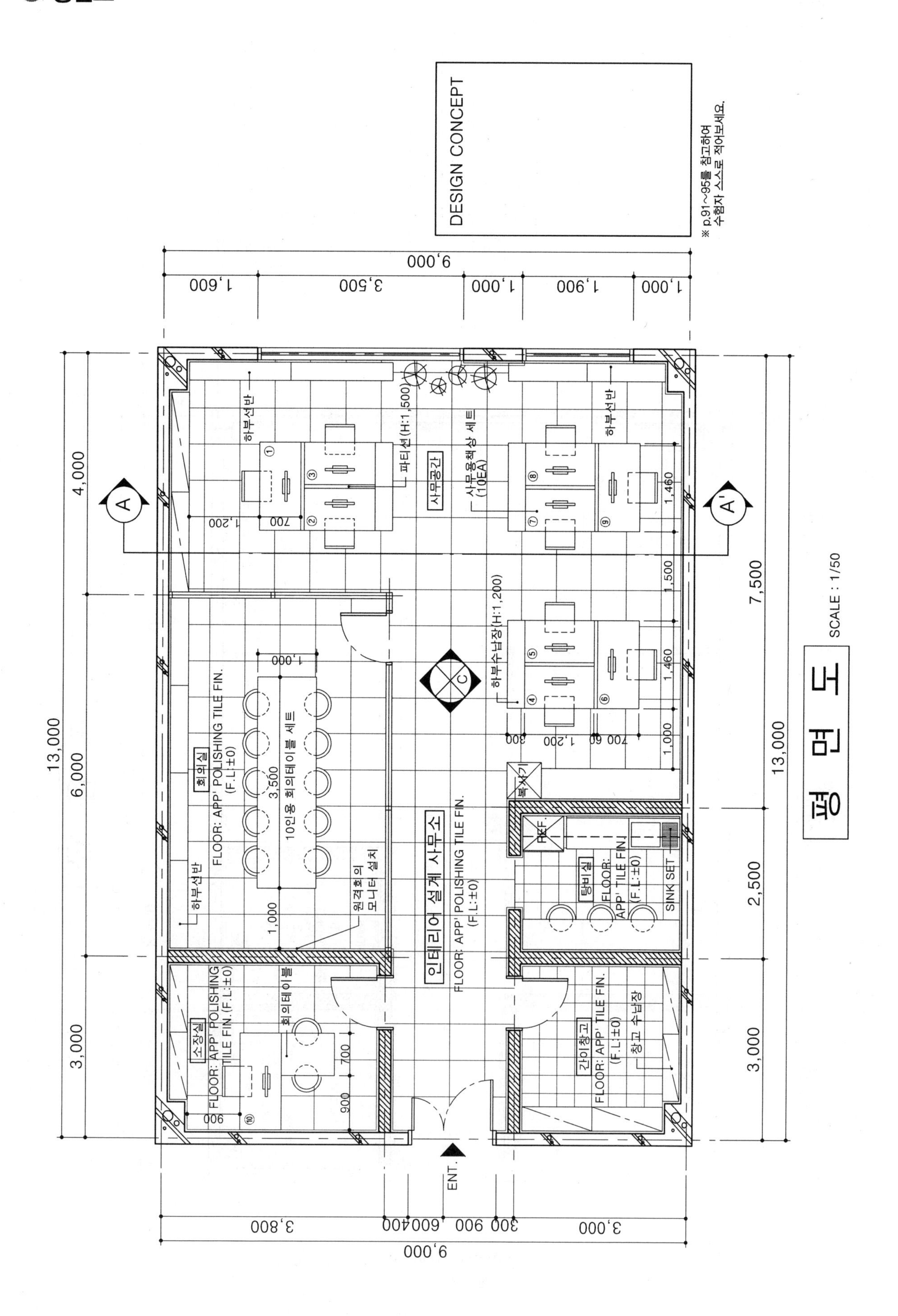

DESIGN CONCEPT
※ p.91~95를 참고하여 수험자 스스로 적어보세요.
9,000
1,600
3,500
1,000
1,900
1,000
13,000
4,000
6,000
3,000
7,500
2,500
하부선반
파티션(H:1,500)
사무공간
사무용책상 세트 (10EA)
하부수납장(H:1,200)
회의실
FLOOR: APP' POLISHING TILE FIN. (F.L:±0)
10인용 회의테이블 세트
원격회의 모니터 설치
인테리어 설계 사무소
복사기
REF.
탕비실
FLOOR: APP' TILE FIN. (F.L:±0)
SINK SET
소장실
회의테이블
간이창고
창고 수납장
ENT.
3,800
600
400
900
300
3,000
평 면 도
SCALE : 1/50

❷ 천장도

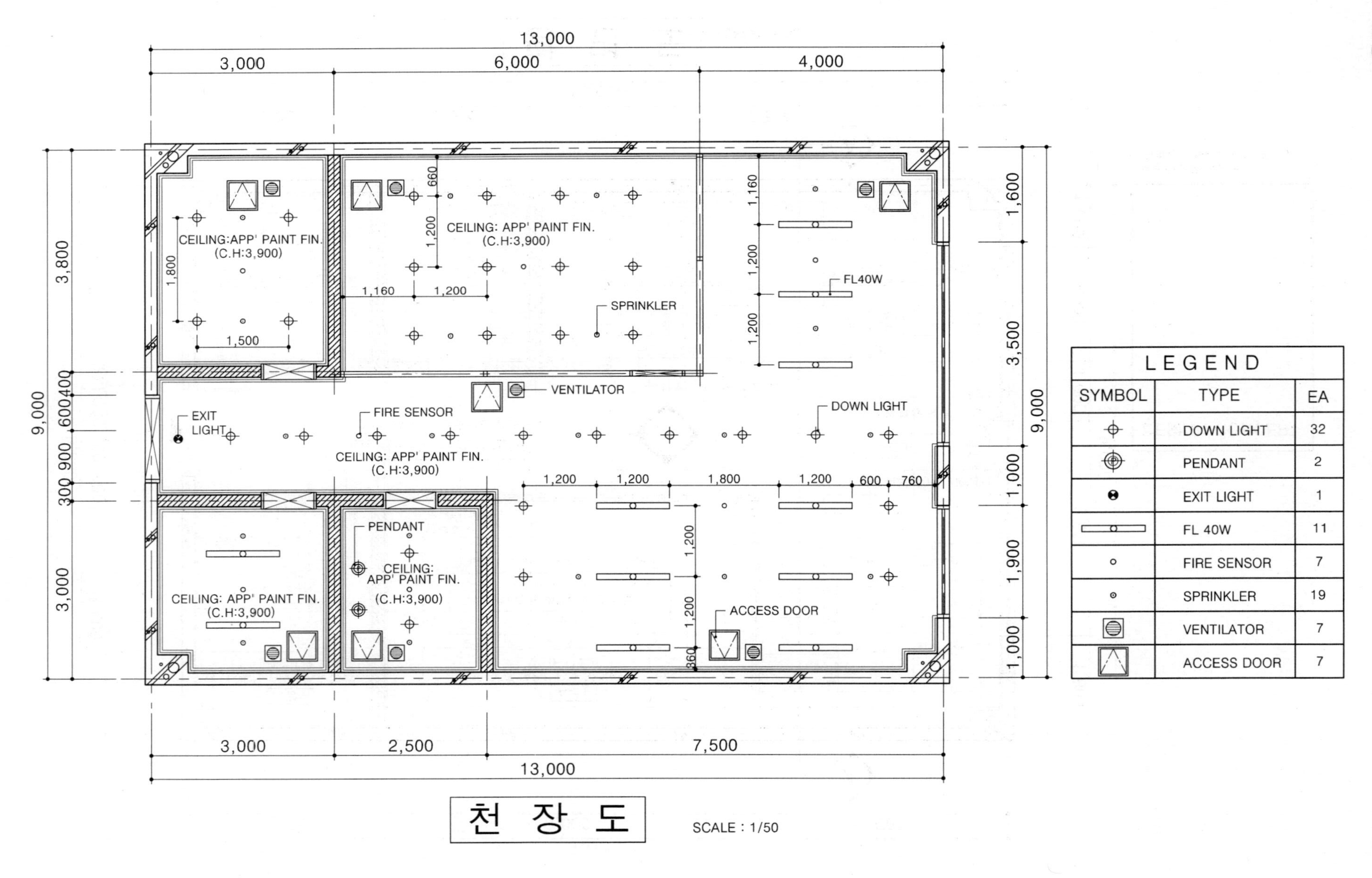

LEGEND		
SYMBOL	TYPE	EA
	DOWN LIGHT	32
	PENDANT	2
	EXIT LIGHT	1
	FL 40W	11
	FIRE SENSOR	7
	SPRINKLER	19
	VENTILATOR	7
	ACCESS DOOR	7

❸ 내부입면도

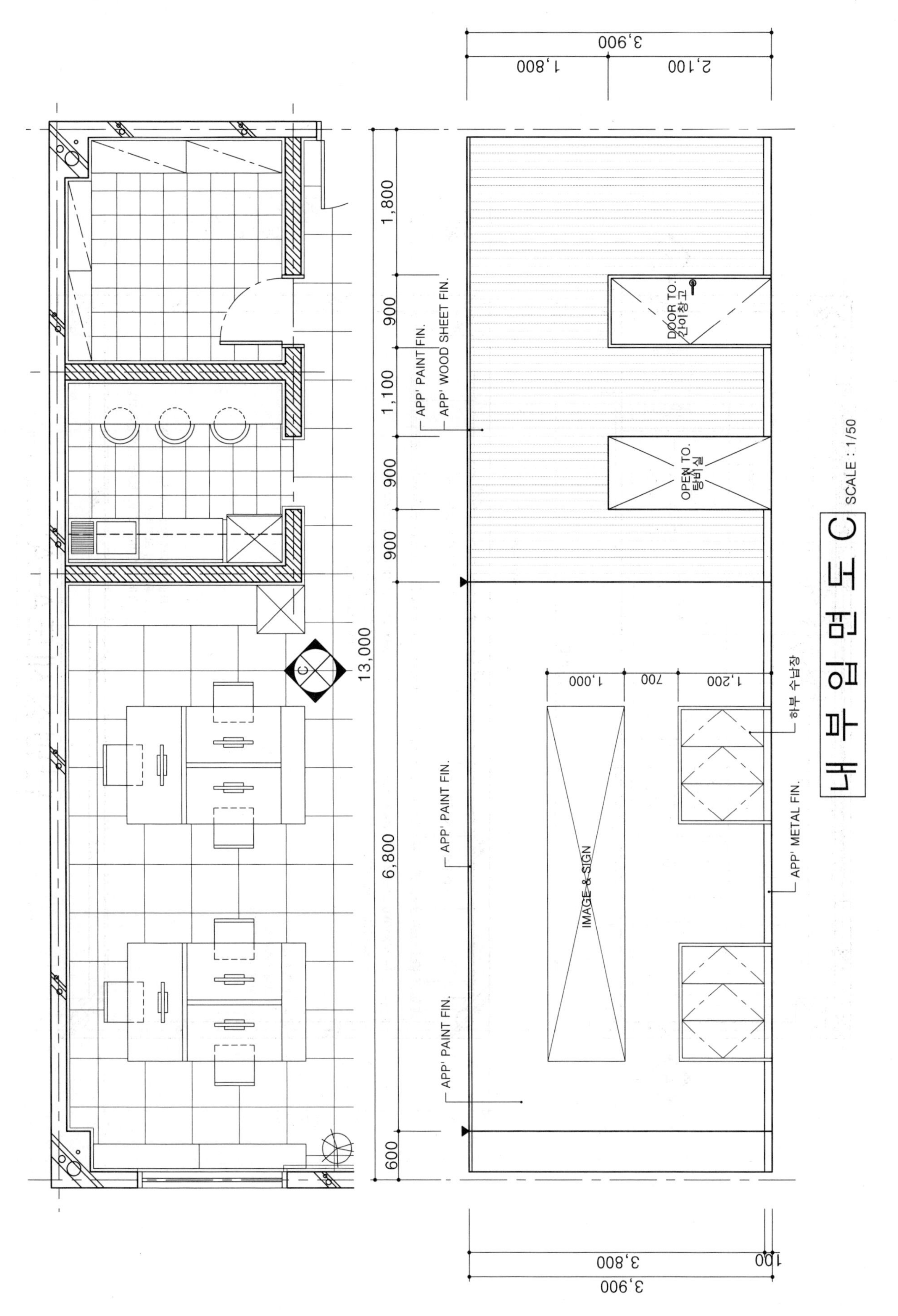

내부입면도 C
SCALE : 1/50
3,900
2,100
1,800
13,000
6,800
600
900
1,100
APP' PAINT FIN.
APP' WOOD SHEET FIN.
DOOR TO. 간이창고
OPEN TO. 탕비실
1,000
700
1,200
하부 수납장
IMAGE & SIGN
APP' METAL FIN.
3,800
100

❹ 단면상세도

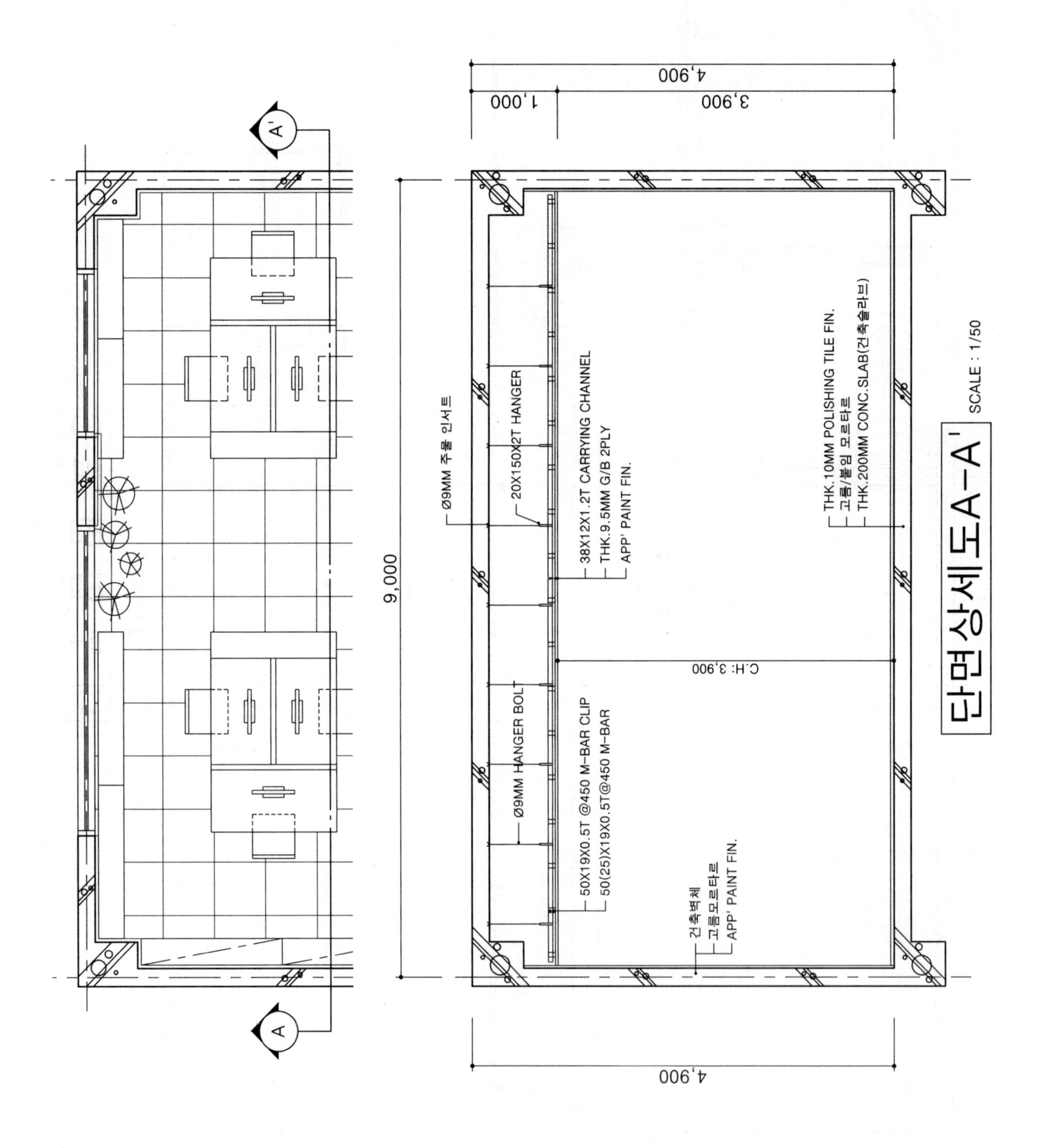

A'
A
4,900
1,000
3,900
9,000
Ø9MM 주물 인서트
20X150X2T HANGER
38X12X1.2T CARRYING CHANNEL
THK.9.5MM G/B 2PLY
APP' PAINT FIN.
Ø9MM HANGER BOLT
50X19X0.5T @450 M-BAR CLIP
50(25)X19X0.5T@450 M-BAR
건축벽체
고름모르타르
APP' PAINT FIN.
C.H: 3,900
THK.10MM POLISHING TILE FIN.
고름/붙임 모르타르
THK.200MM CONC.SLAB(건축슬라브)
단면상세도 A-A'
SCALE : 1/50

❺ 실내투시도 – 샤프 작업/ 기본 그리드 작도

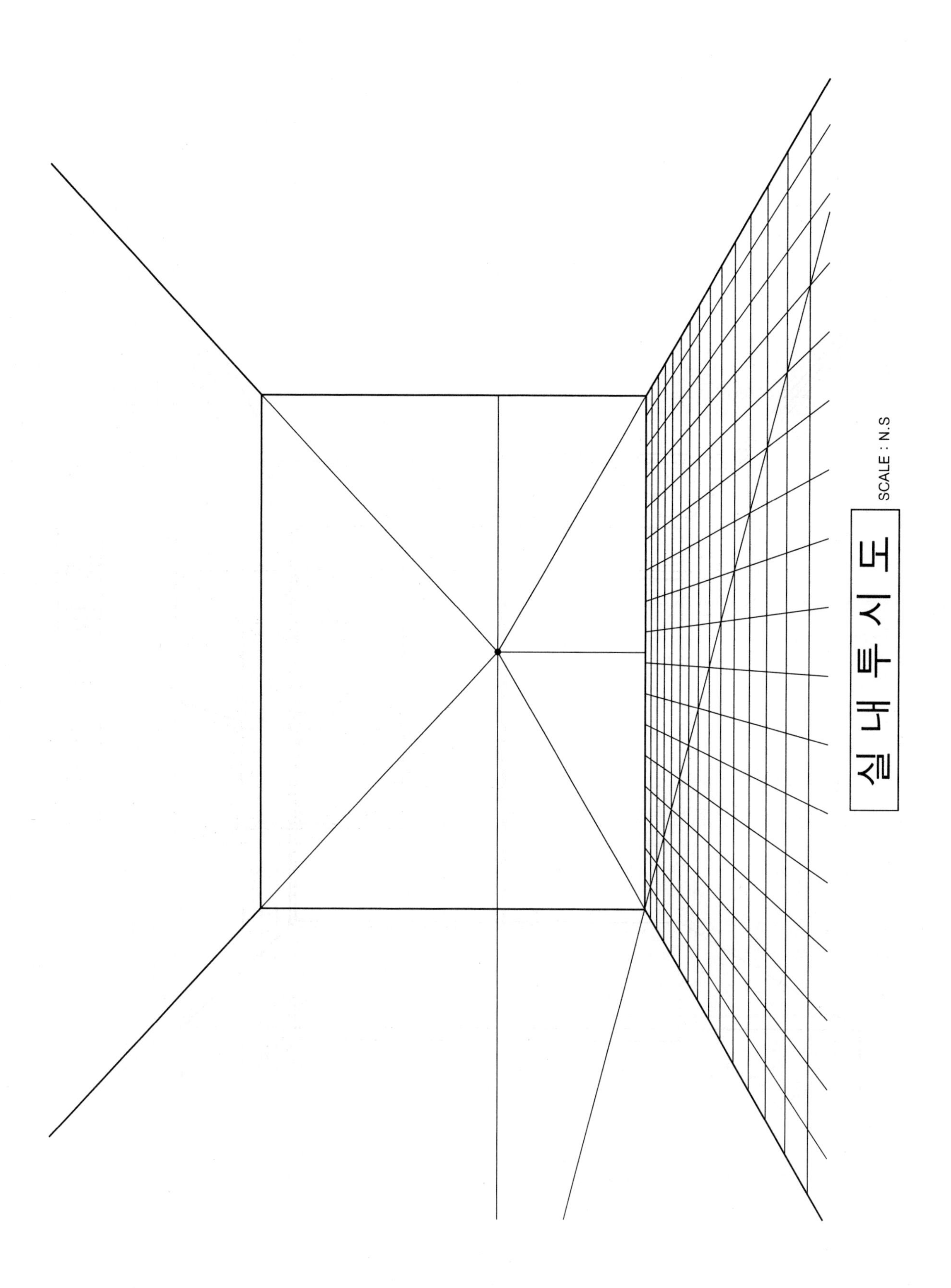

❻ 실내투시도 – 샤프 작업/ 공간 볼륨감 및 가구 작도

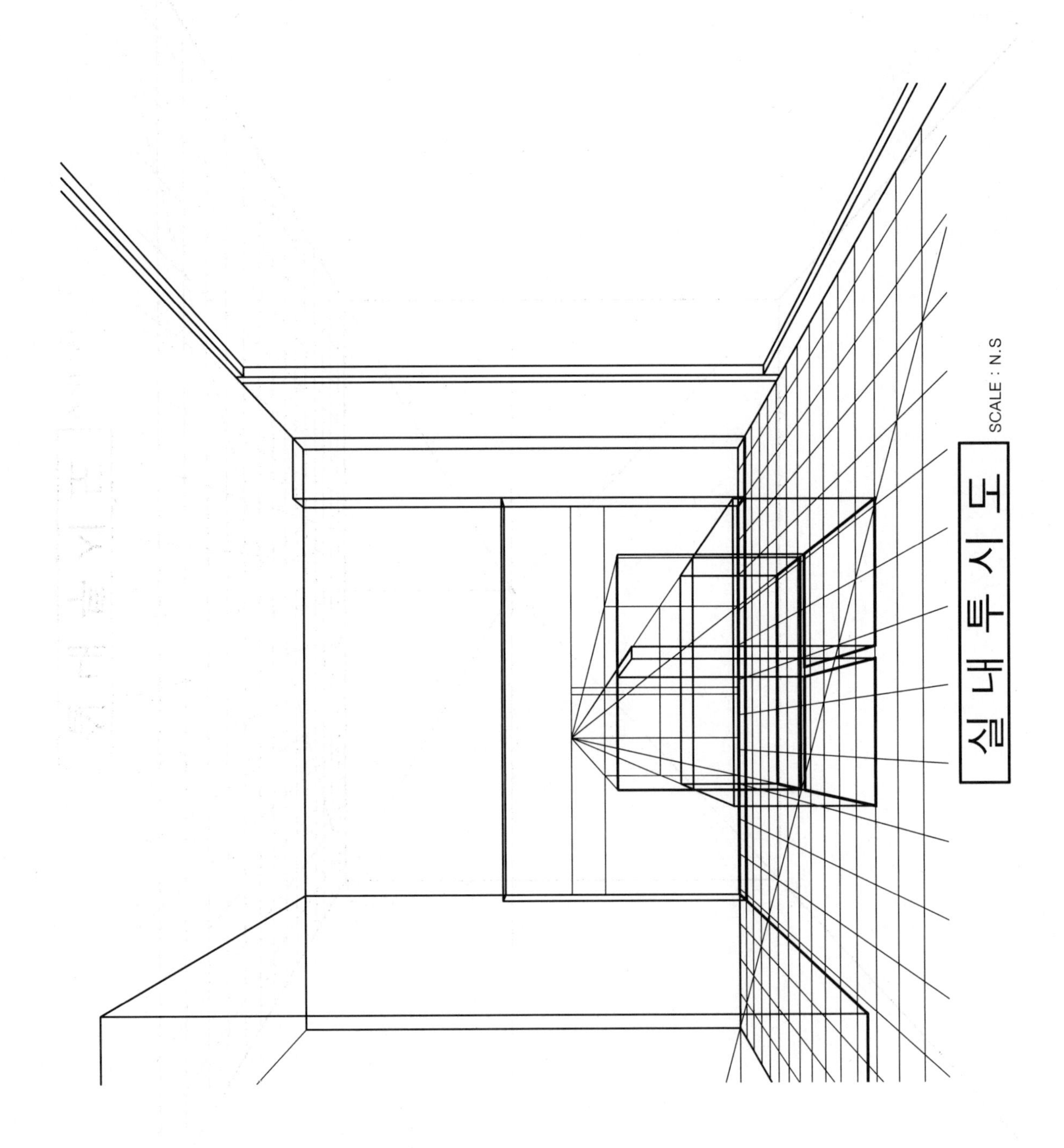

❼ 실내투시도 – 검정펜 작업

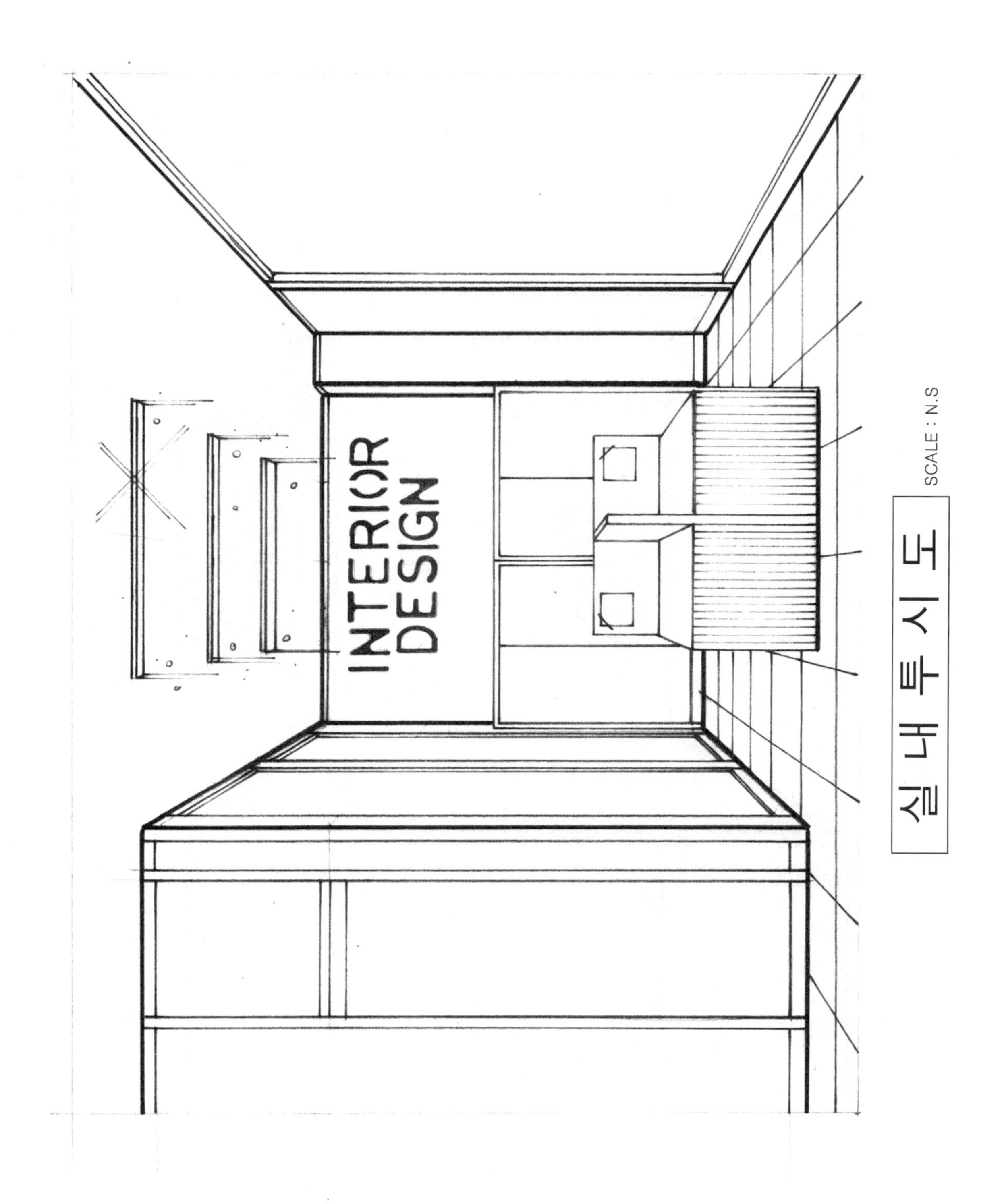

⑧ 실내투시도 – 마카 채색

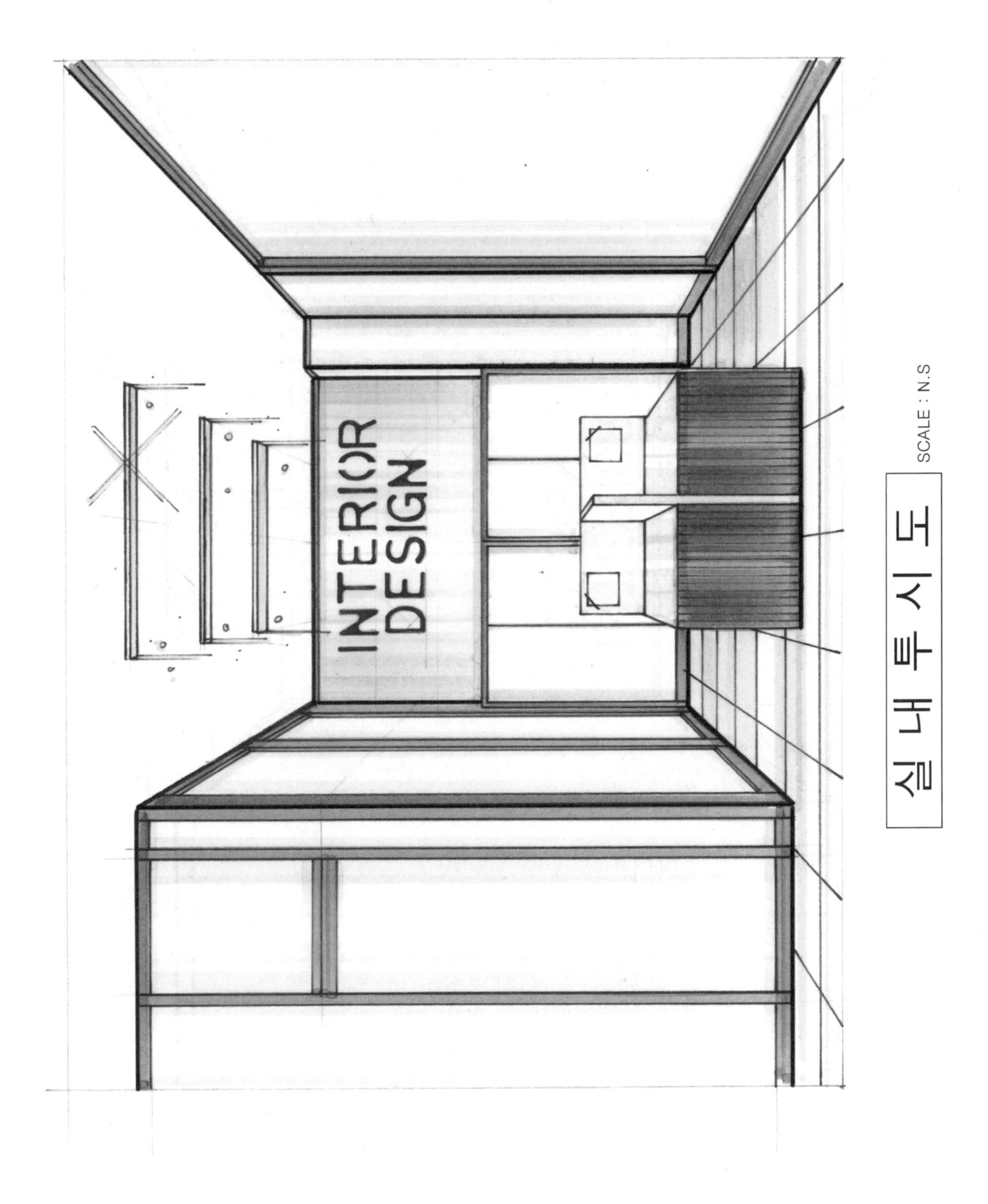

과년도 기출문제-23

자격종목	실내건축기사	작업명	프랜차이즈 커피숍

※ 시험시간 : 6시간 30분

1. 요구사항

주어진 도면은 근린상업지역 1층에 위치한 프랜차이즈 커피숍이다. 다음의 요구조건에 따라 요구도면을 작성하시오.

2. 요구조건

1) 설계면적 : 13,200mm × 9,000mm × 2,700mm~3,500mm(H)

2) 인적구성 : 종업원 2명

3) 필요공간 및 가구

- 오픈형 주방 : 바리스타 작업공간, 사무실(장비 및 물품보관 겸용), 직원휴게실
- 냉장 쇼케이스, 카운터, MD상품 진열공간
- 6인 테이블 1EA, 4인 테이블 6EA, 2인 테이블 3EA, 1인 테이블 6EA 이상
- 천장형 시스템 냉난방기

(그 외 가구는 수검자 임의로 작도한다.)

※ 이상 제시된 가구는 필수적이며, 이 외에 필요한 가구와 실내장식이 있다면 수험자가 임의로 추가할 수 있음

3. 요구도면

1) 평면도(가구배치 및 바닥마감재 표기) : S=1/50

평면도 우측 하단에 설계자의 의도한 DESIGN CONCEPT를 200자 내외로 적으시오.

2) 천장도(조명기구 및 마감재료 표기) : S=1/50

3) 내부입면도 A방향(벽면재료 표기) : S=1/50

4) 단면상세도 A-A′(조명기구 및 마감재료 표기) : S=1/50

5) 실내투시도(채색작업 필수) : S=N.S

좋은 지점으로 지정하여 1소점 투시도 또는 2소점 투시도로 작성하되, 작성과정의 투시보조선을 남길 것

자격종목	실내건축기사	과제명	프랜차이즈 커피숍	척 도	N.S

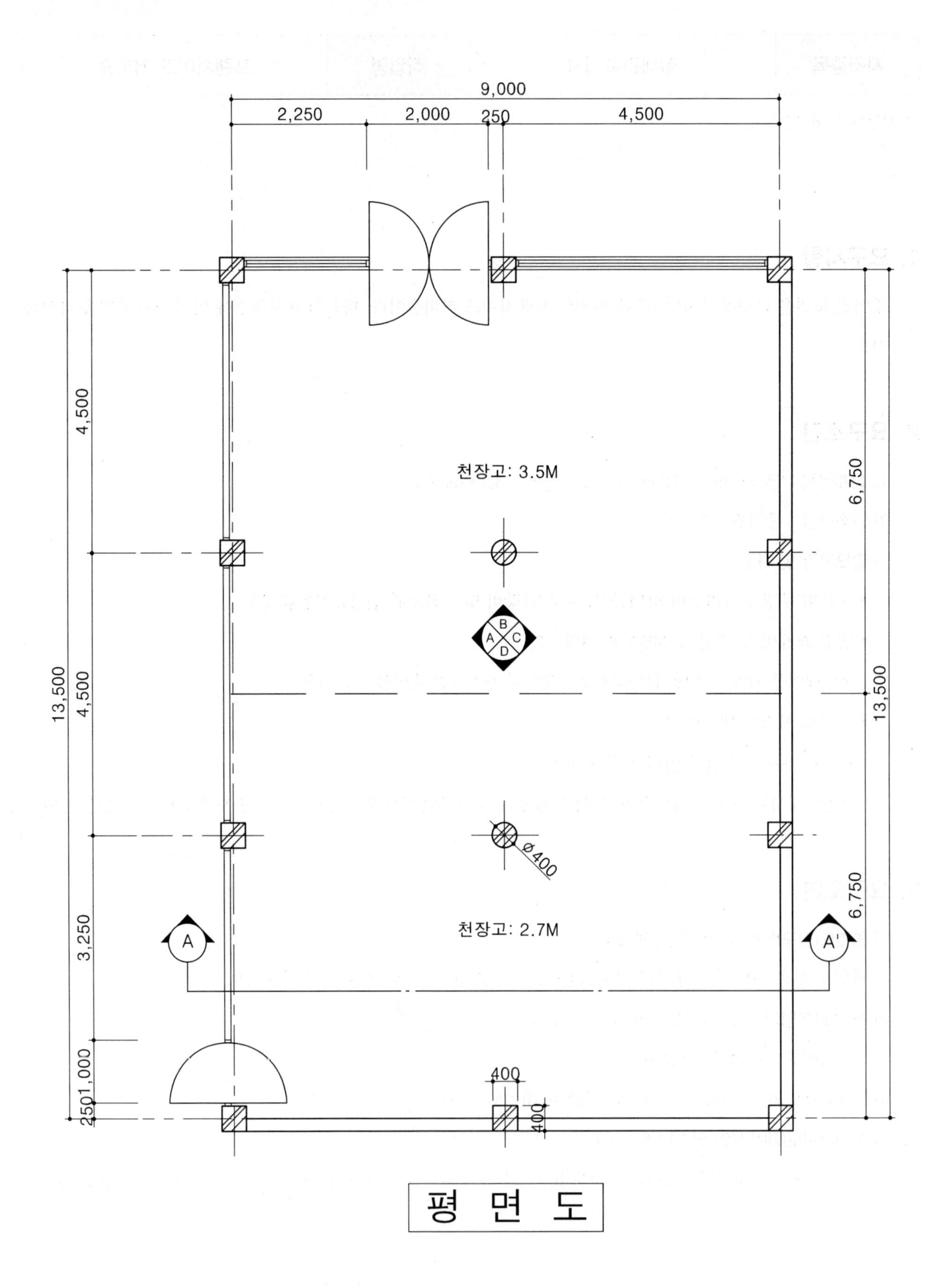

평 면 도

❶ 평면도

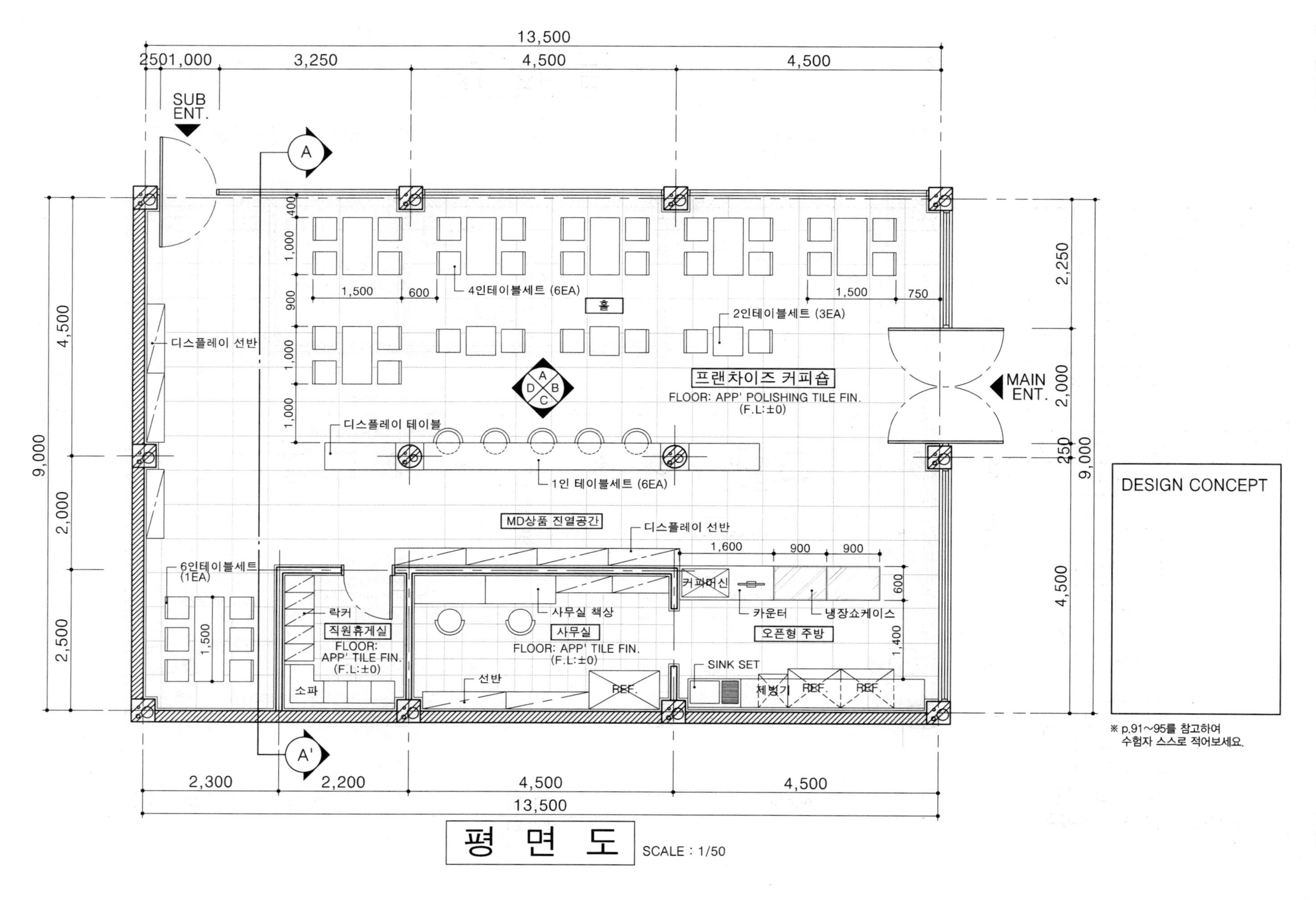

13,500
2501,000
3,250
4,500
4,500
SUB ENT.
A
4인테이블세트 (6EA)
홀
2인테이블세트 (3EA)
디스플레이 선반
프랜차이즈 커피숍
FLOOR: APP' POLISHING TILE FIN.
(F.L:±0)
MAIN ENT.
디스플레이 테이블
1인 테이블세트 (6EA)
MD상품 진열공간
디스플레이 선반
6인테이블세트 (1EA)
락커
직원휴게실
FLOOR: APP' TILE FIN. (F.L:±0)
소파
사무실 책상
사무실
FLOOR: APP' TILE FIN.
(F.L:±0)
선반
REF.
커피머신
카운터
냉장쇼케이스
오픈형 주방
SINK SET
제빙기
DESIGN CONCEPT
※ p.91~95를 참고하여
수험자 스스로 적어보세요.
A'
2,300
2,200
9,000
2,250
2,000
250
평 면 도
SCALE : 1/50

❷ 천장도

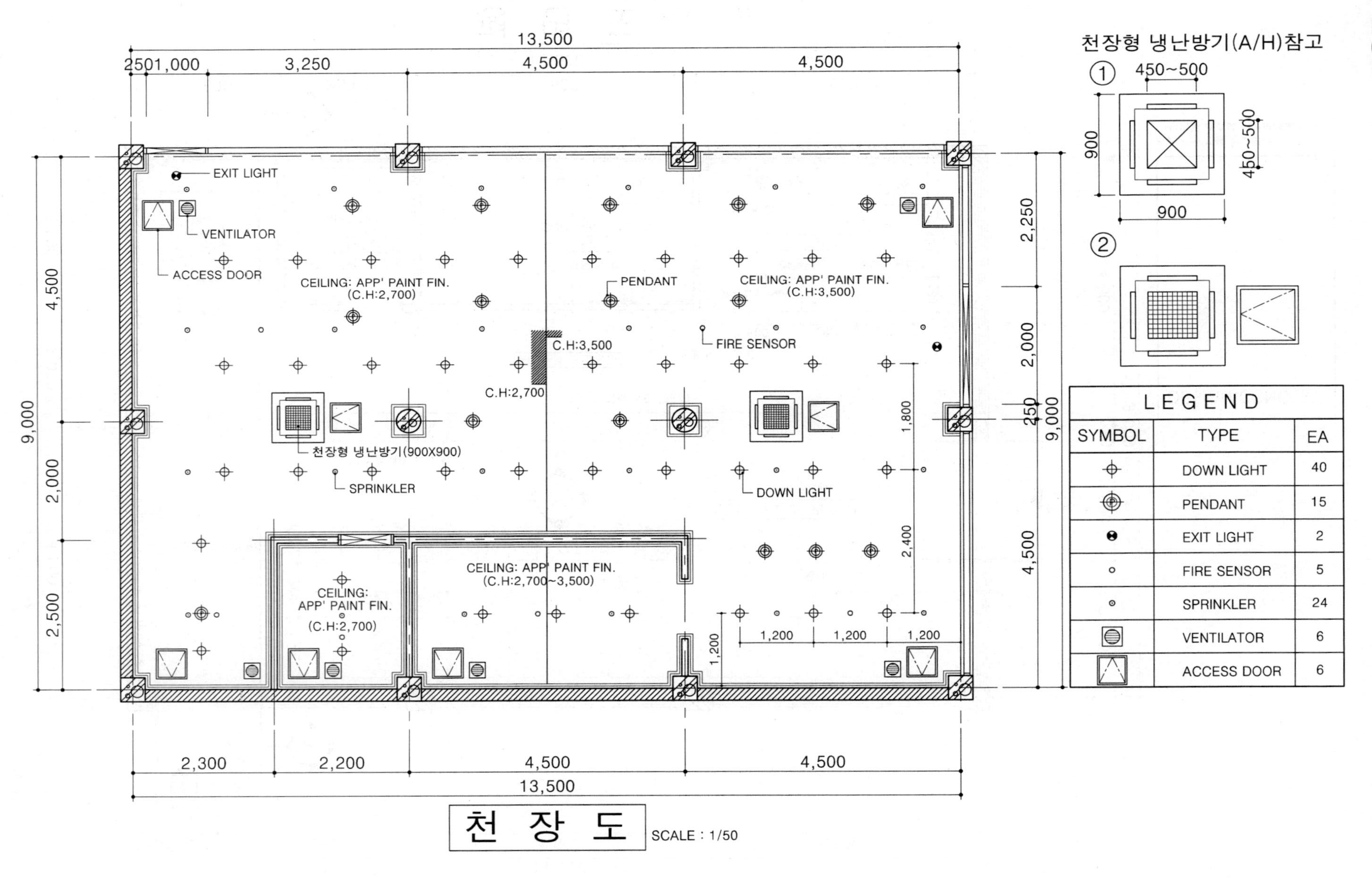

13,500
250
1,000
3,250
4,500
4,500
EXIT LIGHT
VENTILATOR
ACCESS DOOR
CEILING: APP' PAINT FIN.
(C.H:2,700)
PENDANT
CEILING: APP' PAINT FIN.
(C.H:3,500)
C.H:3,500
FIRE SENSOR
C.H:2,700
천장형 냉난방기(900X900)
SPRINKLER
DOWN LIGHT
CEILING:
APP' PAINT FIN.
(C.H:2,700)
CEILING: APP' PAINT FIN.
(C.H:2,700~3,500)
1,800
2,400
1,200
1,200
1,200
1,200
9,000
4,500
2,000
2,500
2,250
2,000
250
4,500
9,000
2,300
2,200
4,500
4,500
13,500
천 장 도
SCALE : 1/50
천장형 냉난방기(A/H)참고
①
450~500
900
450~500
900
②
LEGEND
SYMBOL
TYPE
EA
DOWN LIGHT
40
PENDANT
15
EXIT LIGHT
2
FIRE SENSOR
5
SPRINKLER
24
VENTILATOR
6
ACCESS DOOR
6

❸ 내부입면도

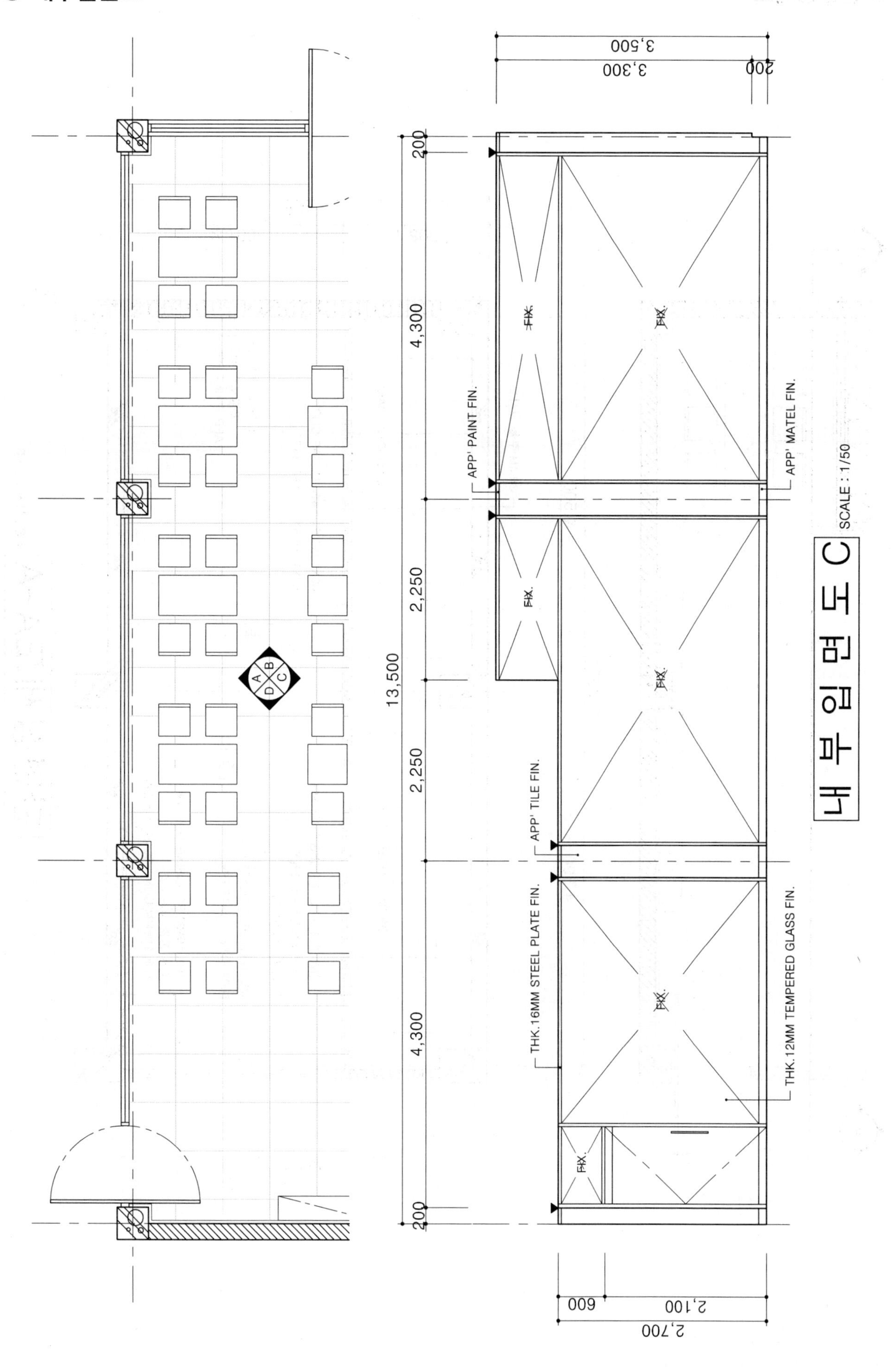

3,500
3,300
200
4,300
2,250
2,250
4,300
13,500
APP' PAINT FIN.
APP' MATEL FIN.
APP' TILE FIN.
THK.16MM STEEL PLATE FIN.
THK.12MM TEMPERED GLASS FIN.
FIX.
내 부 입 면 도 C
SCALE : 1/50
600
2,100
2,700
A
B
C
D

❹ 단면상세도

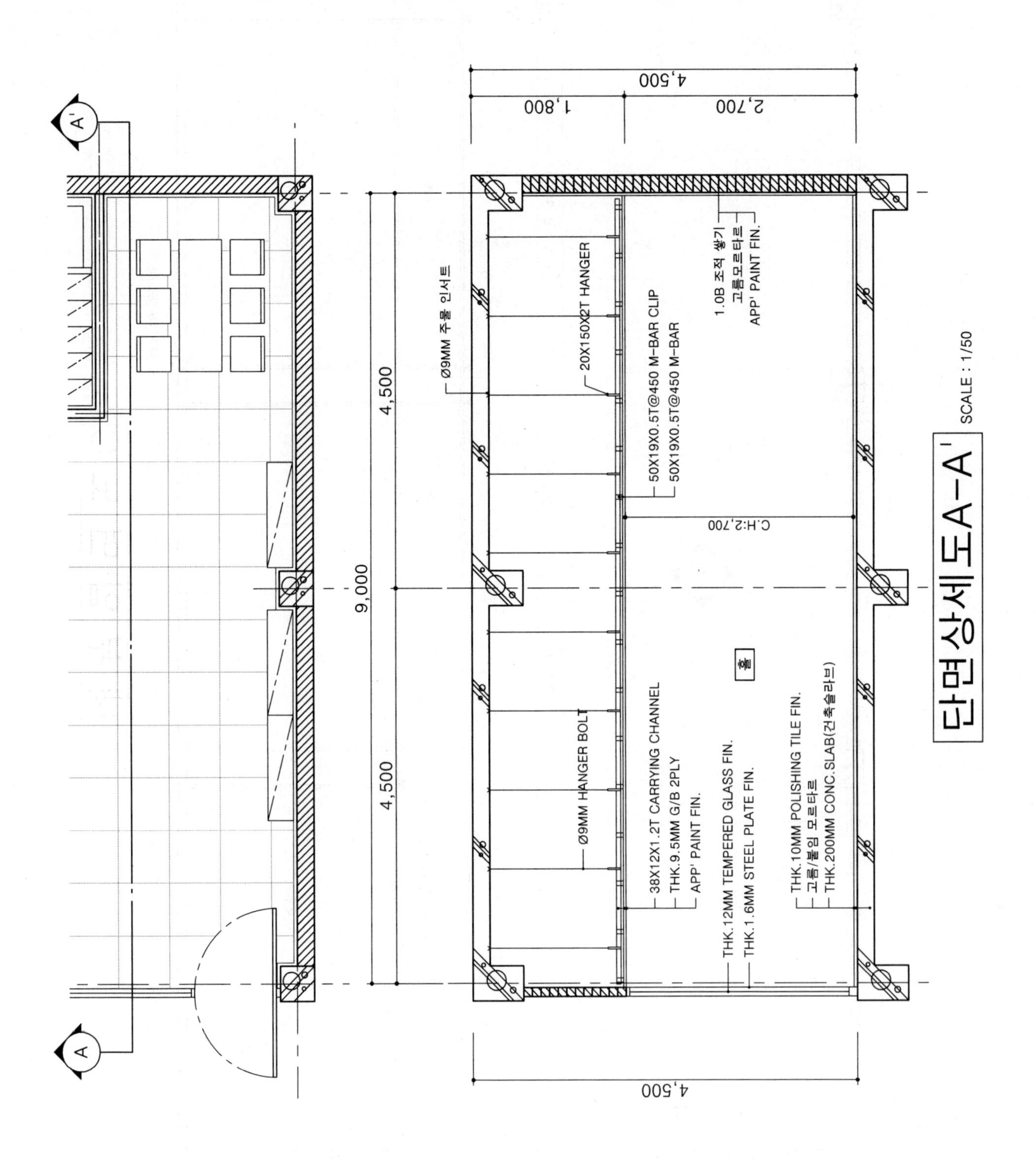

A'
A
4,500
1,800
2,700
9,000
4,500
4,500
Ø9MM 주물 인서트
20X150X2T HANGER
50X19X0.5T@450 M-BAR CLIP
50X19X0.5T@450 M-BAR
1.0B 조적 쌓기
고름모르타르
APP' PAINT FIN.
C.H:2,700
홀
Ø9MM HANGER BOLT
38X12X1.2T CARRYING CHANNEL
THK.9.5MM G/B 2PLY
APP' PAINT FIN.
THK.12MM TEMPERED GLASS FIN.
THK.1.6MM STEEL PLATE FIN.
THK.10MM POLISHING TILE FIN.
고름/붙임 모르타르
THK.200MM CONC.SLAB(건축슬라브)
단면상세도 A-A'
SCALE : 1/50

❺ 실내투시도 – 샤프 작업/ 기본 그리드 작도

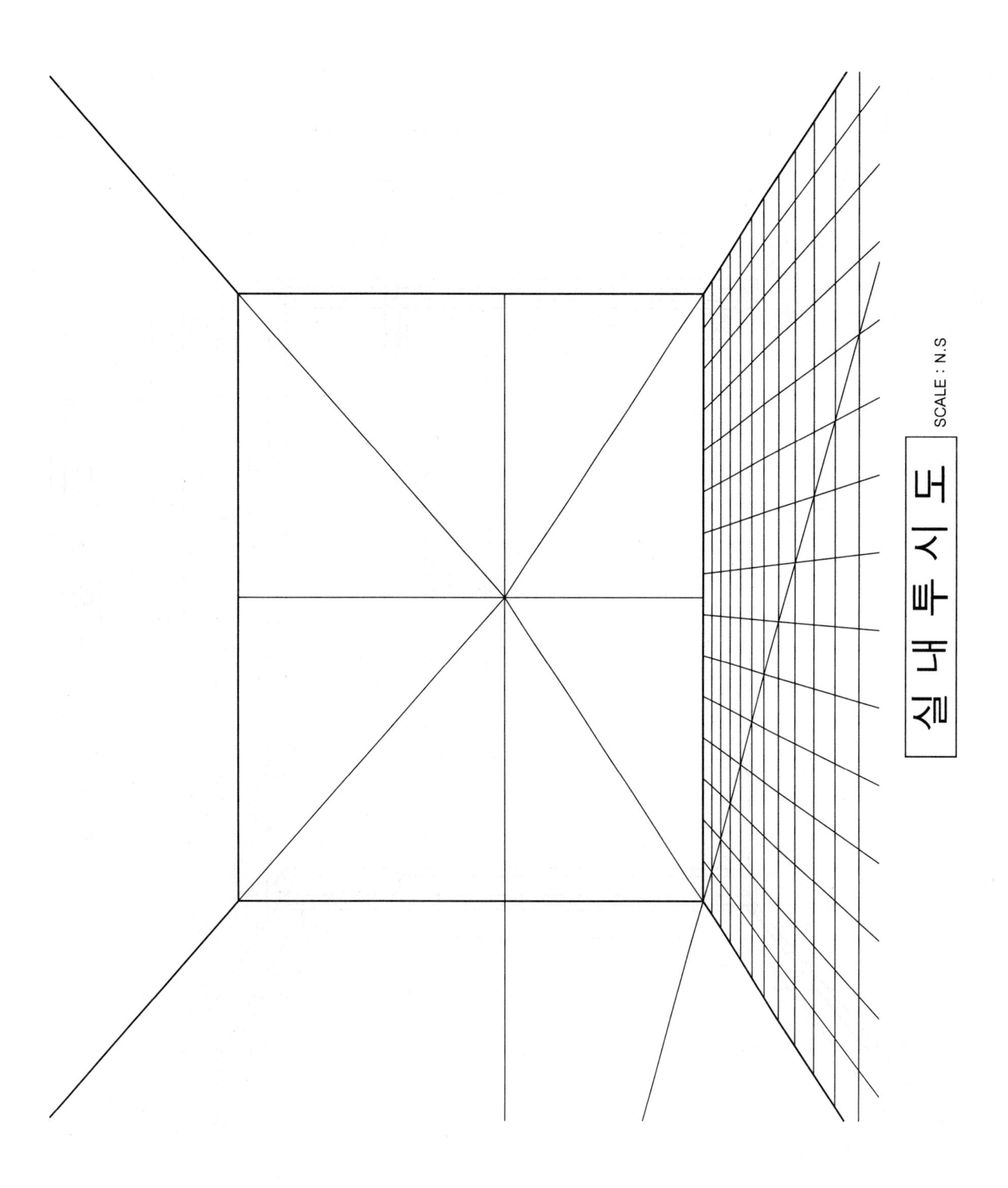

❻ 실내투시도－샤프 작업/ 공간 볼륨감 및 가구 작도

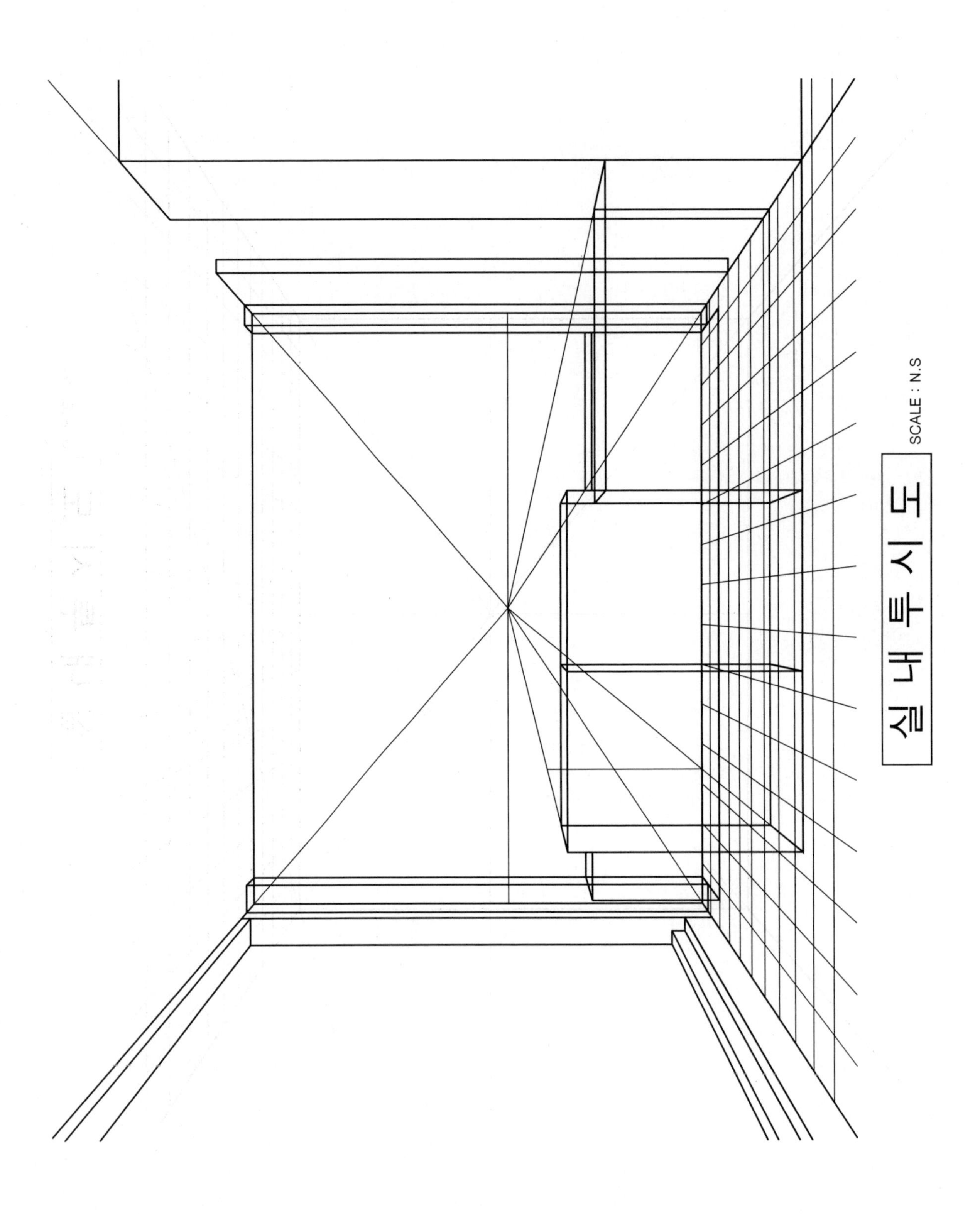

❼ 실내투시도 – 검정펜 작업

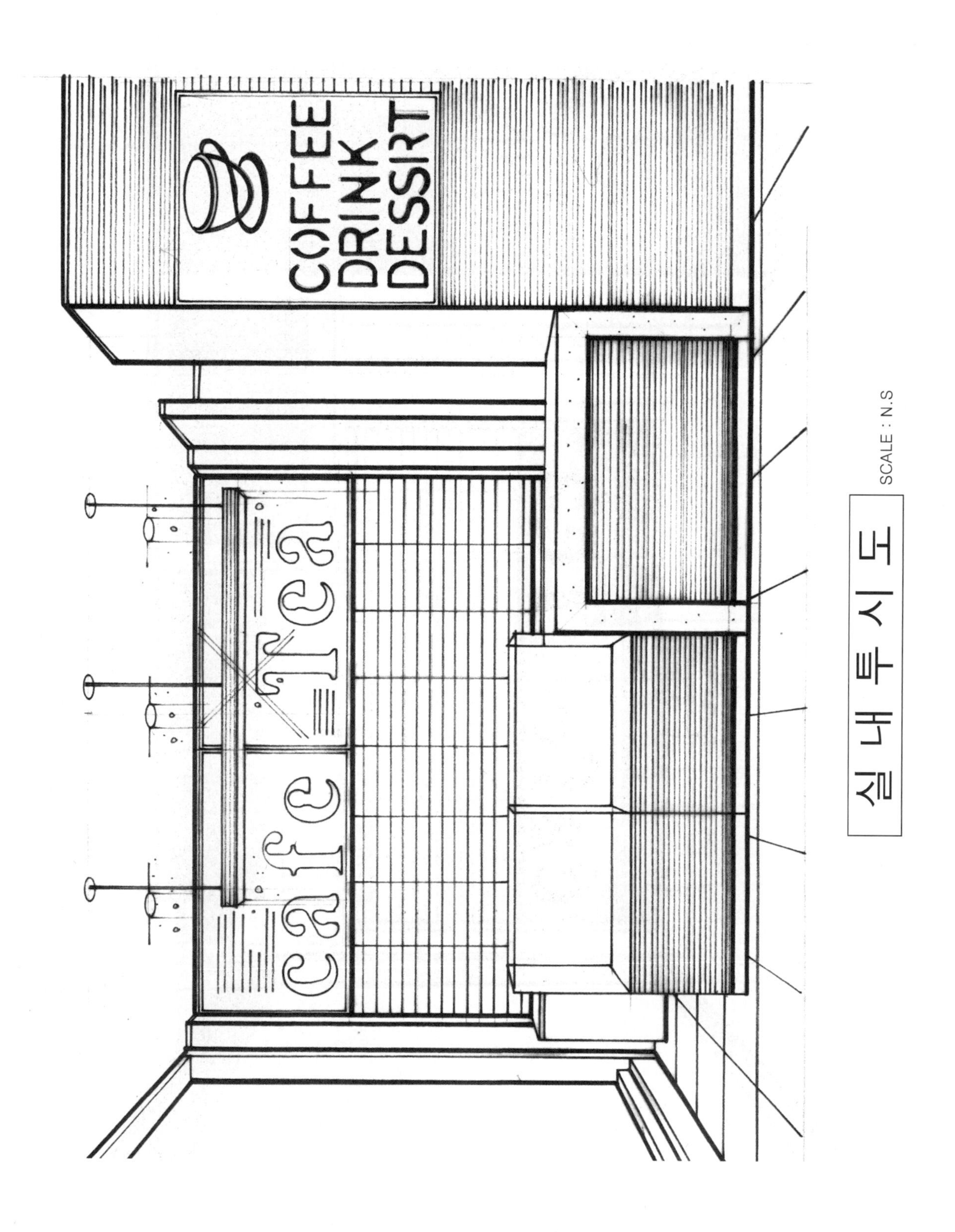

⑧ 실내투시도 – 마카 채색

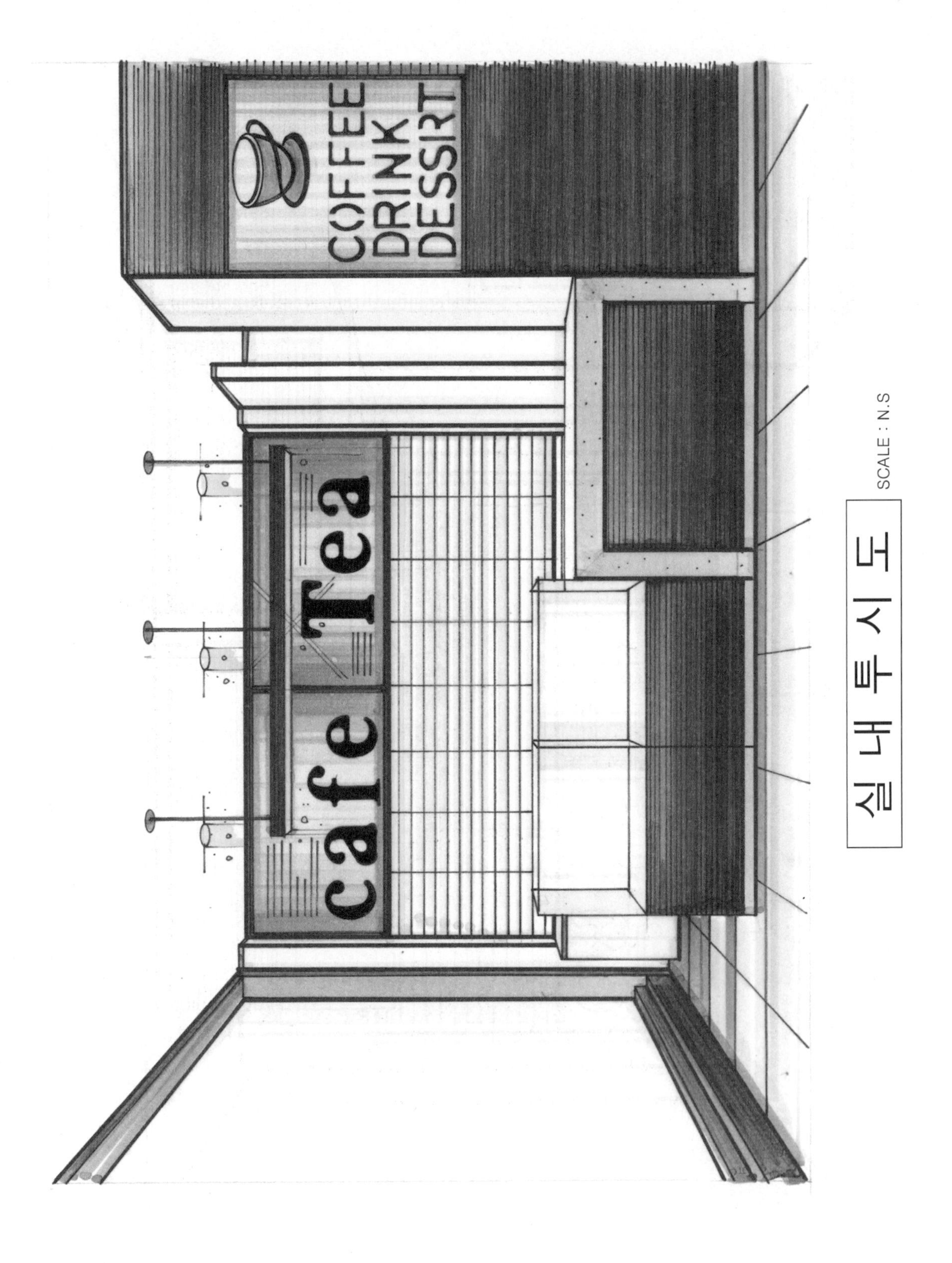

실내건축기사 실기

필답형＋작업형

발행일 | 2022. 8. 20 초판발행
2023. 9. 20 개정 1판1쇄
2025. 1. 10 개정 2판1쇄

편저자 | 유 희 정
발행인 | 정 용 수
발행처 | 예문사

주 소 | 경기도 파주시 직지길 460(출판도시) 도서출판 예문사
TEL | 031) 955-0550
FAX | 031) 955-0660
등록번호 | 11-76호

• 파본 및 낙장은 구입하신 서점에서 교환하여 드립니다.
• 예문사 홈페이지 http://www.yeamoonsa.com

정가 : 33,000원

ISBN 978-89-274-5536-3 14540

APPENDIX
부록

※ 절취선을 따라 잘라서 사용해 보세요.

❶ 영문 문자연습

❷ 한글 문자연습

❸ 마카 채색표

(1) MARKER COLORING LIST – (국산)신한마카 60색 A SET

벽, 천장												
	26		26		BG1		WG1		WG1		BG3	
	WG3		59		BG3		WG3		26		76	

바닥												
	WG3		104		76		103		CG3		104	
	WG5		WG5		BG5		21		CG5		103	
	WG7		WG7		BG7		WG7		CG7		99	

포인트 벽												
	26		26		BG3		26		76		26	
	48		59		76		7		67		104	
	46		56		74		83		63		101	

유리							조명			그림자		
	67		76		BG3			35			WG9	
	63		67		76			23			CG9	

가구												
	104		33		48		BG3		CG5		76	
	101		23		46		BG5		CG7		74	
	99		21		43		BG7		CG9		69	
	7		33		59		104					
	83		23		56		103					
	73		14		54		92					

(2) MARKER COLORING LIST – (국산)신한마카 60색 B SET

벽, 천장	25		25		36		CG0.5		WG0.5		GG1	
	84		77		34		CG2		WG2		GG3	

바닥	WG2		GG3		CG2		97		97		77	
	WG4		GG5		CG4		WG4		95		GG3	
	WG6		GG7		CG7		WG6		98		GG5	

포인트 벽	49		36		25		25		77			
	45		34		24		84		84			
	44		32		22		8		8			

유리	68		66		GG3		조명	34		그림자	WG8	
	66		64		68			24			CG8	

가구	97		31		24		47		58		84	
	95		100		97		55		57		8	
	98		102		93		52		53		82	
	64		44		24		58					
	62		31		22		57					
	70		42		13		62					

(3) MARKER COLORING LIST – (중국) 터치마카펜 60색 인테리어용

벽, 천장	28		WG1		WG1		CG1		WG1		BG3	
	25		28		36		CG2		77		76	

바닥	WG3		104		GG3		104		CG3			
	WG5		WG5		GG5		103		CG5			
	WG7		WG7		CG7		102		CG7			

포인트 벽	49		25		36		25		49		25	
	37		28		32		28		48		36	
	104		9		104		84		47		32	

유리	68		76		66		조명	34		그림자	CG7	
	66		66		63			23			WG7	

가구	36		28		49		58		103		56	
	32		103		48		57		97		54	
	103		102		47				95		50	
	95		104		CG3		48		76		28	
	92		103		CG5		47		70		84	
	98		102		CG7		43				73	

(4) 60색 마카 차트표 작성

마카번호									
마카채색									

마카번호									
마카채색									

(5) 80색 마카 차트표 작성

마카번호									
마카채색									

마카번호									
마카채색